T^le^ STI2D STL

Mathématiques

Collection **algomaths**

Sous la direction de Ludovic Legry
M. Aït Khelifa • P. Allart-Cagé
M. Béthencourt • F. Delannoy
S. Ducay • I. Gillard Hucleux
M. Huet • S. Morambert

DELAGRAVE

Crédits iconographiques
P. 17 : ph © Paul Nylander, bugman123.com ; p. 25, 29 : ph © Fotolia ; p. 30 : ph © T. Schamberger/Getty Images Europe/AFP ; p. 32 : ph © L. Zhen/Imaginechina/AFP ; p. 37 : ph © AVT G/Getty Images ; p. 53 : ph © Fotolia ; p. 59 : ph © Crocodile Images/Getty Images ; p. 69 : ph © Fotolia ; p. 75 : ph © P. Hertzog/AFP ; p. 77 : ph © Altrendo Images/ Getty Images ; p. 78 : ph © Fotolia ; p. 81 : ph © W. Shattil & B. Rozinski/Getty Images ; p. 95, 96, 97 : ph © Fotolia ; p. 99 : ph © JPL/ NASA ; p. 105, 122, 123, 124, 126, 127 : ph © Fotolia ; p. 131 : ph © G. Smith/View/Photononstop ; p. 148, 152, 155, 164, 165 : ph © Fotolia ; p. 170 : ph © Gilles Rolle/REA ; p. 173 : ph © Sharpshot/Dreamstime.com ; p. 185 : ph © IPGGutenbergUKLtd/Istock ; p. 193 : ph © Fotolia ; p. 197 : ph © D. Parker/ SPL/Cosmos ; p. 213 : ph © Fotolia ; p. 215 : ph © MCT/ZUMA/REA ; p. 216, 217, 220, 221, 225, 234, 237, 239, 240 : ph © Fotolia ; p. 242 : ph © SPL/Laguna Design/Biosphoto.

Remerciements
Nous remercions les sociétés Casio (Nathalie Gillette) et Texas Instrument (Hubert Colombat) grâce à qui nous avons pu réaliser les copies d'écran de calculatrices.

Maquette intérieure et couverture : Dominik Raboin
Iconographie : Sidonie Reboul
Mise en page et infographies : Lasergraphie

ISBN : 978-2-206-10111-8

5, allée de la 2e DB – 75015 Paris
www.editions-delagrave.fr

Avant-propos

La classe de terminale des séries STI2D et STL vise à préparer les élèves à la fois à développer les compétences qui leur seront nécessaires à l'obtention du baccalauréat mais également à la poursuite d'études post-baccalauréat. La motivation des élèves sera d'autant plus grande que les enseignants seront à même de **donner du sens aux apprentissages dans la discipline**. C'est dans cet esprit que nous nous sommes attachés à concevoir cet ouvrage.

Il est ainsi important de proposer des **activités transversales** qui montrent en quoi les notions mathématiques peuvent être mises en œuvre dans l'objectif de répondre à telle ou telle problématique issue de **disciplines** pour certaines **technologiques** ou pour d'autres **physiques et chimiques**.

L'intégration des TICE aux pratiques de classe est un prérequis permettant de traiter de mathématiques en rapport avec les préoccupations socio-professionnelles actuelles, des mathématiques de notre époque. Des **activités algorithmiques, de la programmation permettant d'implémenter ces dernières** et des exercices intégrant l'usage des **nouvelles technologies** doivent également permettre de motiver les élèves pour les enseignements présentés. C'est effectivement l'occasion lorsque c'est pertinent de mettre à profit ces outils pour **modéliser**, **conjecturer**, ou encore **vérifier**.

Afin de **gérer l'hétérogénéité**, nous avons fait le choix d'exercices de niveaux variés et vous les trouverez ainsi bien identifiés tout au long de ce manuel. Cette organisation devrait vous permettre de développer l'autonomie des élèves dans vos heures de classes ou en temps libre.

Ce livre est destiné aux élèves des séries STI2D et STL SPCL d'une part, à ceux des séries STL Biotechnologies d'autre part. Il doit surtout permettre d'accompagner les apprentissages tout au long de l'année scolaire :
- les **rappels et QCM** d'ouverture invitent à faire le tour des prérequis nécessaires ;
- les **exercices résolus**, directement mis **en relation avec les notions de cours**, montrent en quoi et comment ces concepts sont mis en application ;
- les nombreux **exercices corrigés** en fin d'ouvrage favorisent l'entraînement en autonomie ;
- l'**accompagnement personnalisé** assure la différenciation nécessaire à tout processus pédagogique ;
- l'entraînement au **baccalauréat** amène les élèves à aborder sereinement l'examen.

Cette réalisation développée avec le désir de correspondre aux attentes des élèves et des équipes enseignantes devrait permettre une formation personnalisée, différenciée visant à assurer la réussite dans la discipline.

Ludovic Legry

PRÉSENTATION DE L'OUVRAGE

Les objectifs du programme.

QCM, Rappels, Activités d'approche pour faire le tour des prérequis et introduire les nouvelles notions.

Des liens pour accéder directement à un fichier TICE téléchargeable.

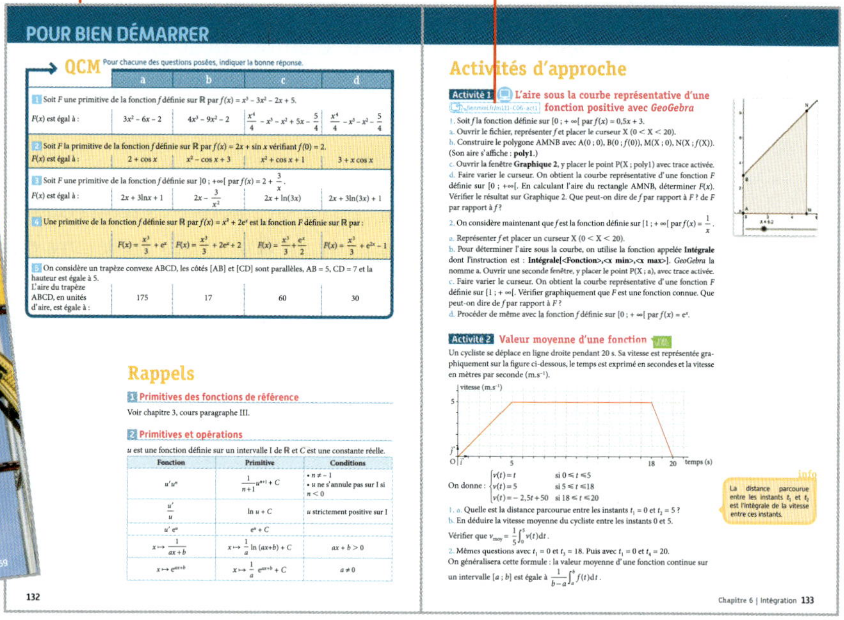

Des zooms sur des points essentiels.

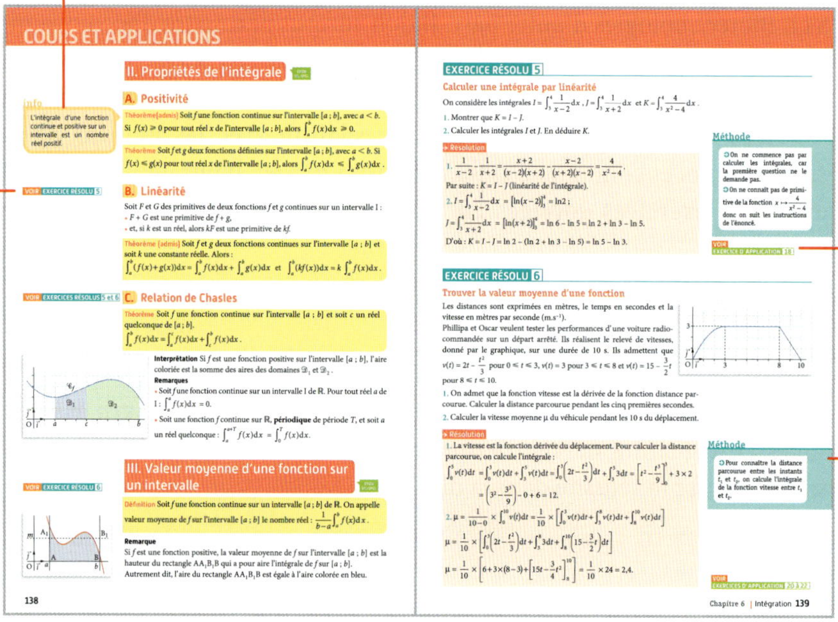

Exercices résolus mis en relation avec les notions du cours.

Un renvoi aux exercices faisant appel à la même méthode.

Une méthode de résolution dans chaque exercice résolu.

L'essentiel du cours à retenir.

Des propositions de travaux pratiques.

Les symboles de votre manuel

- ALGO — Indique la présence d'algorithmique
- Indique l'utilisation de l'ordinateur
- Indique l'utilisation de la calculatrice
- STI2D STL/SPCL — Indique une notion du programme de STI2D et de STL SPCL uniquement
- STL Biotechnologies — Indique une notion du programme de STL Biotechnologies uniquement

C1 C2 C3 C4 C5 C6

- C1 : chercher
- C2 : modéliser
- C3 : représenter
- C4 : calculer
- C5 : raisonner
- C6 : communiquer

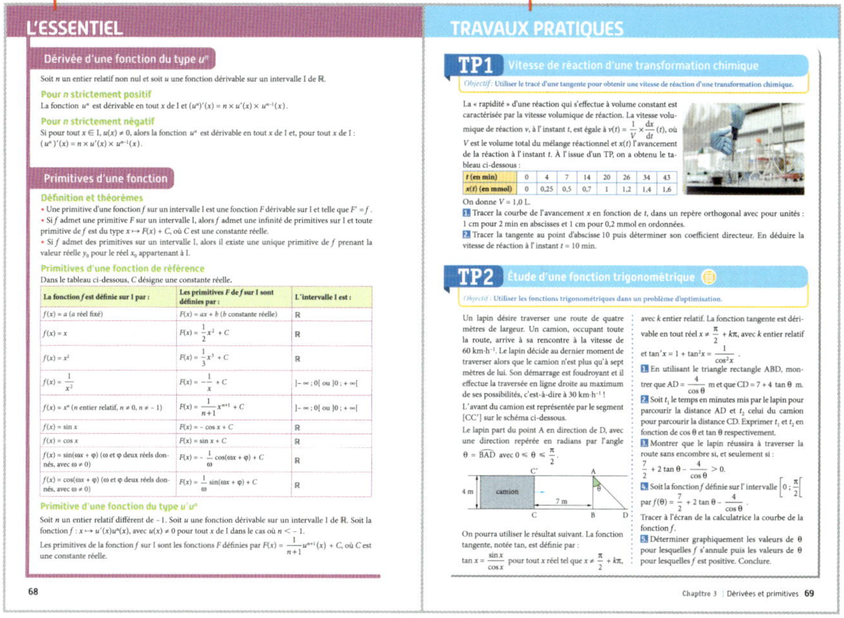

Des exercices corrigés en fin d'ouvrage.

Les compétences mises en jeu dans l'énoncé apparaissent en couleur vive.

Une page d'exercices pour se tester, suivie d'exercices pour s'entraîner au baccalauréat.

Un accompagnement personnalisé à la fin de chaque chapitre : soutien et approfondissement.

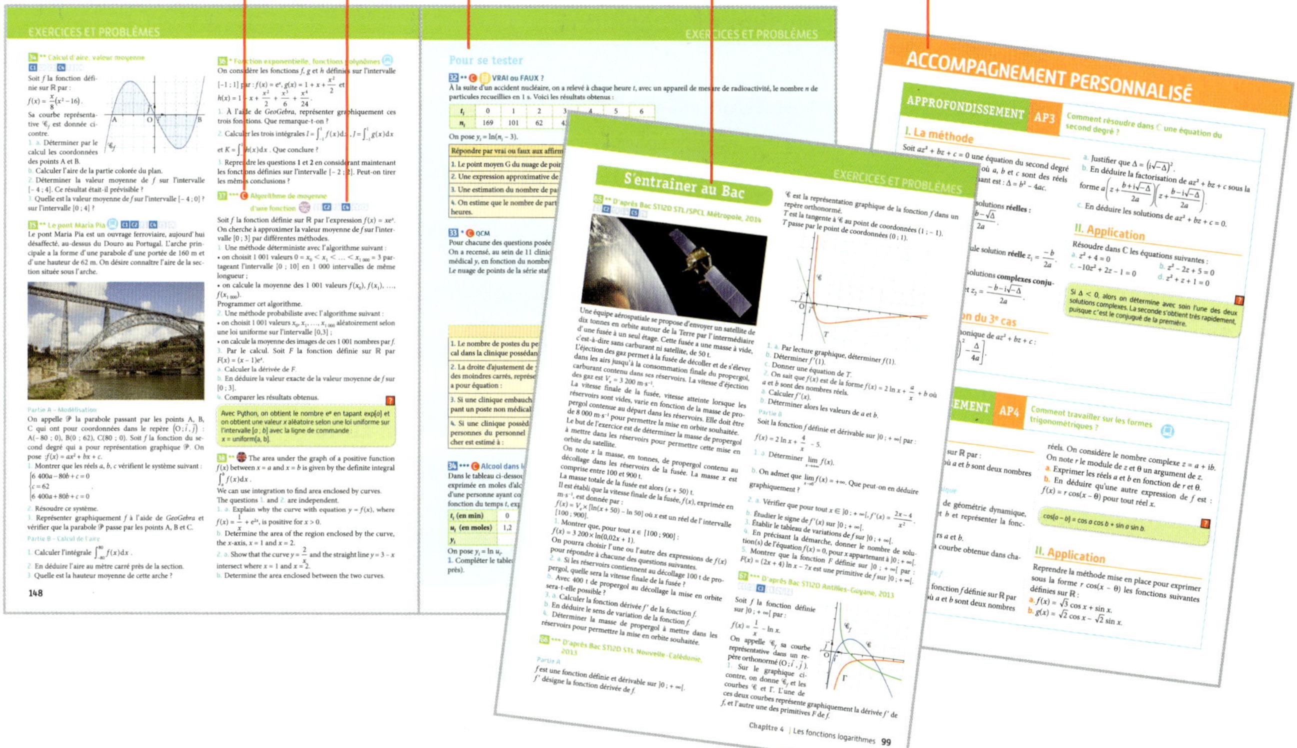

I. Qu'est-ce qu'un algorithme ?

- Un algorithme est une suite finie de règles appelées instructions, à appliquer dans un ordre déterminé, pour parvenir à répondre à un problème.
- Un algorithme se déroule en trois étapes.

– **La préparation du traitement** : on repère les données nécessaires à la résolution.
– **Le traitement** : on détermine toutes les instructions à donner pour la résolution du problème.
– **La sortie des résultats** : ces résultats peuvent être affichés ou conservés dans un fichier.

II. Le traitement

A. Les instructions élémentaires

Exemple On souhaite calculer le volume d'un cône de hauteur h et de rayon du disque de base r.

```
Variables     h hauteur, r rayon et
              v volume.
Traitement    Demander la valeur
              de h
              Demander la valeur
              de r

              Affecter à v la
              valeur (π × r² × h)/3
Sortie        Afficher v
```

La **lecture** (ou entrée) des données	L'**affectation** des données dans des variables	L'écriture (ou sortie) des données
Elle se fait par interrogation de l'utilisateur ou par extraction à partir d'un fichier.	Elle permet d'attribuer une valeur à une variable.	Elle permet d'afficher les valeurs des variables après traitement.

B. Les instructions de contrôle

Le traitement peut se faire sous conditions ou de manière spécifique. On utilise alors des instructions de contrôle.

1. L'instruction conditionnelle

On peut être amené à effectuer une instruction sous condition.

a. SI *condition* ALORS *instruction*

L'instruction ne sera exécutée que si la condition est vérifiée.

Exemple

```
Variables     N et r sont des entiers naturels
              Lire N
Traitement    Affecter à r le reste de la division euclidienne de N par 2
              SI r = 0 ALORS afficher « N est pair »
              Fin SI
```

Dans cet algorithme, si la condition $r = 0$ n'est pas vérifiée, il n'y aura pas d'instruction à effectuer.

b. SI *condition* ALORS *instruction (a)*, SINON *instruction (b)*

Selon que la condition est vérifiée ou non, on fera un certain traitement ou un autre.

Exemple

```
Variables     N et r sont des entiers naturels
Traitement    Affecter à r le reste de la division euclidienne de N par 2
              SI r = 0 ALORS afficher « N est pair »
              SINON afficher « N est impair »
              Fin SI
```

Dans cet algorithme, si la condition $r = 0$ est vérifiée, l'instruction afficher « N est pair » est effectuée, sinon, l'instruction afficher « N est impair » est effectuée.

2. La boucle conditionnelle

Cette structure consiste à répéter un certain traitement tant qu'une condition reste valide.
Elle est formulée ainsi : TANT QUE *condition* FAIRE *instruction(s)*.

Exemple

```
Variables     U est un nombre réel
              n est un entier naturel
Traitement    Affecter à n la valeur 0
              Lire U
              TANT QUE U ⩾ 5
              Affecter à U la valeur U/2
              Affecter à n la valeur n + 1
              Fin TANT QUE
Sortie        Afficher n
```

Dans cet algorithme, les instructions Affecter à U la valeur $U/2$ et Affecter à n la valeur $n + 1$ sont effectuées tant que $U \geqslant 5$.
Exemple avec $U = 21$

U	n	$U \geqslant 5$?
21	0	Oui
10,5	1	Oui
5,25	2	Oui
2,625	3	Non

Valeur affichée :
3

3. La boucle itérative

Cette structure consiste à répéter un certain traitement un nombre N de fois fixé à l'avance.
Elle est formulée ainsi : POUR i allant de 1 à N FAIRE *instruction(s)*.

Exemple

```
Variables     U est un nombre réel
              N et i sont des entiers naturels
Traitement    Affecter à U la valeur 21
              Lire N
              POUR i allant de 1 à N
              Affecter à U la valeur U/2
              FIN POUR
Sortie        Afficher U
```

Dans cet algorithme, l'instruction Affecter à U la valeur $U/2$ est effectuée N fois
Exemple avec $N = 3$

i	U
	21
1	10,5
2	5,25
3	2,625

Valeur affichée :
2,625

III. Lien avec les enseignements spécifiques

Dans les disciplines spécifiques (SIN et EE), on est amené à créer des organigrammes et des diagrammes d'états SysML et de graphes structurels.

Exemple de traduction d'un algorithme en un organigramme de programmation : la décomposition d'un entier supérieur ou égal à deux en un produit de facteurs premiers.

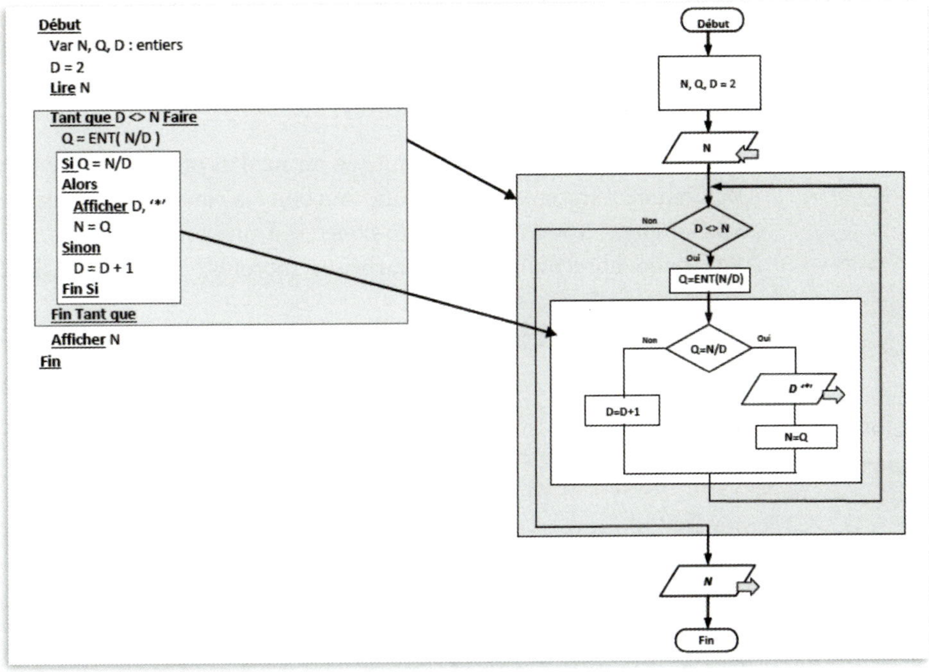

SOMMAIRE

PROGRAMME

I. Analyse

Programme d'enseignement de mathématiques classe terminale des séries STI2D, STL spécialité SPCL et STL spécialité Biotechnologies (d'après Bulletin officiel 2011)

Texte écrit en noir : programme commun aux STI2D et STL toutes spécialités.

Texte écrit en vert : ce qui est uniquement au programme des STI2D et STL spécialité SPCL.

Texte écrit en bleu : ce qui est uniquement au programme des STL spécialité Biotechnologies.

Contenus	Capacités attendues
Suites Limite d'une suite définie par son terme général. Notation $\lim_{n\to+\infty} u_n$.	Étant donné une suite (u_n), mettre en œuvre des algorithmes permettant, lorsque cela est possible, de déterminer : – un seuil à partir duquel $u_n \geqslant 10^p$, p étant un entier naturel donné ; – un seuil à partir duquel $\|u_n - \ell\| \leqslant 10^{-p}$, p étant un entier naturel donné.
Suites géométriques : – somme de termes consécutifs d'une suite géométrique ; – limite d'une suite géométrique dont la raison est un nombre réel strictement positif.	• Reconnaître et justifier la présence d'une suite géométrique dans une situation donnée. • Connaître et utiliser la formule donnant $1 + q + \ldots + q^n$, où q est un réel différent de 1. • Connaître et utiliser $\lim_{n\to+\infty} q^n$ pour q strictement positif. • Rechercher, à l'aide d'un logiciel ou d'une calculatrice, le plus petit entier n tel que $q^n \geqslant a$ ou tel que $q^n \leqslant a$, avec q et a deux réels strictement positifs donnés.
Limites de fonctions Asymptotes parallèles aux axes : – limite finie d'une fonction à l'infini ; – limite infinie d'une fonction en un point. Limite infinie d'une fonction à l'infini. Limites et opérations.	• Interpréter une représentation graphique en termes de limite. • Interpréter graphiquement une limite en termes d'asymptote. • Déterminer la limite d'une fonction simple. • Déterminer des limites pour des fonctions de la forme : $x \mapsto u^n(x)$, n entier naturel non nul ; $x \mapsto \ln(u(x))$; $x \mapsto e^{u(x)}$.
Dérivées et primitives Calculs de dérivées : compléments	• Calculer les dérivées des fonctions de la forme : $x \mapsto u^n(x)$, n entier relatif non nul ; $x \mapsto \ln(u(x))$; $x \mapsto e^{u(x)}$.
Primitives d'une fonction sur un intervalle.	• Connaître et utiliser des primitives des fonctions de référence. • Déterminer des primitives de fonctions de la forme $u'u^n$ (on se limite au cas où u est une fonction polynôme de degré 2 au plus), n entier relatif différent de -1, $\frac{u'}{u}$, $u'e^u$.

Contenus	Capacités attendues
Fonctions logarithmes Fonction logarithme népérien. Relation fonctionnelle. Nombre e. Fonction logarithme en base dix ou en base deux, selon les besoins.	• Utiliser la relation fonctionnelle pour transformer une écriture. • Connaître les variations, les limites et la représentation graphique de la fonction logarithme népérien. • Résoudre une inéquation d'inconnue n, entier naturel, de la forme $q^n \geqslant a$ ou $q^n \leqslant a$, avec q et a deux réels strictement positifs donnés.
Fonctions exponentielles Fonction $x \mapsto \exp(x)$. Relation fonctionnelle. Notation e^x. Fonction exponentielle de base dix.	• Connaître les variations, les limites et la représentation graphique de la fonction exponentielle. • Utiliser la relation fonctionnelle pour transformer une écriture. • Passer de $\ln x = a$ à $x = e^a$ et inversement, a étant un réel et x un réel strictement positif. • Passer de $\log x = a$ à $x = 10^a$ et inversement.
Exemples de fonctions exponentielles de base a, $x \mapsto a^x$, où a est un réel strictement positif, et de fonctions puissances $x \mapsto x^\alpha$, avec α réel. Fonctions puissances $x \mapsto x^\alpha$ définies sur $]0\,;+\infty[$ avec $\alpha > 0$. Comparaison des comportements en $+\infty$ de la fonction exponentielle (de base e) et de la fonction logarithme népérien avec les fonctions puissances.	• Utiliser les propriétés opératoires des puissances, notamment pour résoudre une équation de la forme $x^\alpha = k$ avec $k > 0$. • Connaître l'allure de la courbe représentative de la fonction $x \mapsto x^\alpha$ suivant la position de α par rapport à 1. • Connaître et utiliser les limites de $x \mapsto \dfrac{e^x}{x^n}$ et $x \mapsto \dfrac{\ln x}{x^n}$ en $+\infty$, n étant un entier naturel.
Intégration Définition de l'intégrale d'une fonction continue et positive sur $[a\,;b]$ comme aire sous la courbe. Notation $\int_a^b f(x)\,dx$. Formule $\int_a^b f(x)\,dx = F(b) - F(a)$ où F est une primitive de la fonction positive f. Intégrale d'une fonction continue de signe quelconque. Propriétés de l'intégrale : linéarité, positivité, relation de Chasles.	Pour une fonction monotone positive, mettre en œuvre un algorithme pour déterminer un encadrement d'une intégrale. • Calculer une intégrale d'une fonction positive simple.
Calculs d'aires. Valeur moyenne d'une fonction sur un intervalle.	• Déterminer l'aire du domaine défini comme l'ensemble des points $M(x\,;y)$ tels que $a \leqslant x \leqslant b$ et $f(x) \leqslant y \leqslant g(x)$, f et g étant deux fonctions positives.

Contenus	Capacités attendues
Équations différentielles Équation $y' + ay = b$, où a et b sont des nombres réels, avec $a \neq 0$. Existence et unicité de la solution satisfaisant une condition initiale donnée. Équation $y'' + \omega^2 y = 0$, où ω est un nombre réel non nul. Existence et unicité de la solution satisfaisant des conditions initiales données.	• Résoudre une équation différentielle qui peut s'écrire sous la forme $y' + ay = b$, où a et b sont des nombres réels, avec $a \neq 0$. • Déterminer la solution satisfaisant une condition initiale donnée. • Résoudre une équation différentielle qui peut s'écrire sous la forme $y'' + \omega^2 y = 0$, où ω est un nombre réel non nul. • Déterminer la solution satisfaisant des conditions initiales données.

2. Géométrie et nombres complexes

Contenus	Capacités attendues
Produit scalaire dans le plan Formules d'addition et de duplication des sinus et cosinus.	• Connaître et utiliser ces formules sur des exemples simples.
Nombres complexes Forme exponentielle $re^{i\theta}$ avec $r \geqslant 0$: – relation $e^{i\theta}e^{i\theta'} = e^{i(\theta+\theta')}$; – produit, quotient et conjugué.	• Utiliser l'écriture exponentielle pour effectuer des calculs algébriques avec des nombres complexes.

3. Probabilités et statistique

Contenus	Capacités attendues
Statistique descriptive à deux variables Nuage de points, point moyen. Ajustement affine selon la méthode des moindres carrés.	• Représenter graphiquement un nuage de points et déterminer le point moyen. • Trouver un ajustement affine selon la méthode des moindres carrés. • Utiliser un ajustement affine pour interpoler ou extrapoler.
Exemples de lois à densité Loi uniforme sur $[a\,;b]$ Espérance et variance d'une variable aléatoire suivant une loi uniforme.	• Concevoir et exploiter une simulation dans le cadre d'une loi uniforme.
Loi exponentielle. Espérance d'une variable aléatoire suivant une loi exponentielle.	• Calculer une probabilité dans le cadre d'une loi exponentielle. • Connaître et interpréter l'espérance d'une variable aléatoire suivant une loi exponentielle.
Loi normale d'espérance μ et d'écart type σ. Approximation d'une loi binomiale par une loi normale.	• Utiliser une calculatrice ou un tableur pour calculer une probabilité dans le cadre d'une loi normale. • Connaître et interpréter graphiquement une valeur approchée de la probabilité des événements suivants : $\{X \in [\mu - \sigma\,;\mu + \sigma]\}$, $\{X \in [\mu - 2\sigma\,;\mu + 2\sigma]\}$, $\{X \in [\mu - 3\sigma\,;\mu + 3\sigma]\}$, lorsque X suit la loi normale d'espérance μ et d'écart type σ. • Déterminer les paramètres de la loi normale approximant une loi binomiale donnée.

Contenus	Capacités attendues
Prise de décision et estimation Intervalle de fluctuation d'une fréquence.	• Connaître l'intervalle de fluctuation asymptotique à 95 % d'une fréquence obtenue sur un échantillon de taille n : $\left[p-1{,}96\sqrt{\frac{p(1-p)}{n}}\ ;\ p+1{,}96\sqrt{\frac{p(1-p)}{n}}\right]$ lorsque la proportion p dans la population est connue. • Exploiter un tel intervalle de fluctuation pour rejeter ou non une hypothèse sur une proportion.
Intervalle de confiance d'une proportion.	• Estimer une proportion inconnue avec un niveau de confiance de 95 % par l'intervalle : $\left[f-1{,}96\sqrt{\frac{f(1-f)}{n}}\ ;\ f+1{,}96\sqrt{\frac{f(1-f)}{n}}\right]$ calculé à partir d'une fréquence f obtenue sur un échantillon de taille n. • Juger de l'égalité de deux proportions à l'aide des intervalles de confiance à 95 % correspondant aux fréquences de deux échantillons de taille n.

4. Algorithmique

En seconde, les élèves ont conçu et mis en œuvre quelques algorithmes. Cette formation se poursuit tout au long du cycle terminal.

Dans le cadre de cette activité algorithmique, les élèves sont entraînés à :

• décrire certains algorithmes en langage naturel ou dans un langage symbolique ;
• en réaliser quelques-uns à l'aide d'un tableur ou d'un programme sur calculatrice ou avec un logiciel adapté ;
• interpréter des algorithmes plus complexes.

Aucun langage, aucun logiciel n'est imposé.

L'algorithmique a une place naturelle dans tous les champs des mathématiques et les problèmes posés doivent être en relation avec les autres parties du programme (algèbre et analyse, statistiques et probabilités, logique), mais aussi avec les autres disciplines ou le traitement de problèmes concrets.

À l'occasion de l'écriture d'algorithmes et de programmes, il convient de donner aux élèves de bonnes habitudes de rigueur et de les entraîner aux pratiques systématiques de vérification et de contrôle.

Instructions élémentaires (affectation, calcul, entrée, sortie) Les élèves, dans le cadre d'une résolution de problèmes, doivent être capables : • d'écrire une formule permettant un calcul ; • d'écrire un programme calculant et donnant la valeur d'une fonction, ainsi que les instructions d'entrées et sorties nécessaires au traitement.
Boucle et itérateur, instruction conditionnelle Les élèves, dans le cadre d'une résolution de problèmes, doivent être capables de : • programmer un calcul itératif, le nombre d'itérations étant donné ; • programmer une instruction conditionnelle, un calcul itératif, avec une fin de boucle conditionnelle.

5. Notations et raisonnement mathématiques

Cette rubrique, consacrée à l'apprentissage des notations mathématiques et à la logique, ne doit pas faire l'objet de séances de cours spécifiques mais doit être répartie sur toute l'année scolaire.

Notations mathématiques Les élèves doivent connaître les notions d'élément d'un ensemble, de sous-ensemble, d'appartenance et d'inclusion, de réunion, d'intersection et de complémentaire et savoir utiliser les symboles de base correspondants : $\in$, $\subset$, $\cup$, $\cap$ ainsi que la notation des ensembles de nombres et des intervalles. Pour le complémentaire d'un ensemble A, on utilise la notation des probabilités $\overline{A}$.
Pour ce qui concerne le raisonnement logique, les élèves sont entraînés sur des exemples à : • utiliser correctement les connecteurs logiques « et », « ou » et à distinguer leur sens des sens courants de « et », « ou » dans le langage usuel ; • utiliser à bon escient les quantificateurs universel, existentiel (les symboles $\forall$, $\exists$ ne sont pas exigibles) et repérer les quantifications implicites dans certaines propositions et, particulièrement, dans les propositions conditionnelles ; • distinguer, dans le cas d'une proposition conditionnelle, la proposition directe, sa réciproque, sa contraposée et sa négation ; • utiliser à bon escient les expressions « condition nécessaire », « condition suffisante » ; • formuler la négation d'une proposition ; • utiliser un contre-exemple pour infirmer une proposition universelle ; • reconnaître et utiliser des types de raisonnement spécifiques : raisonnement par disjonction des cas, recours à la contraposée, raisonnement par l'absurde.

Chapitre 1

Les suites

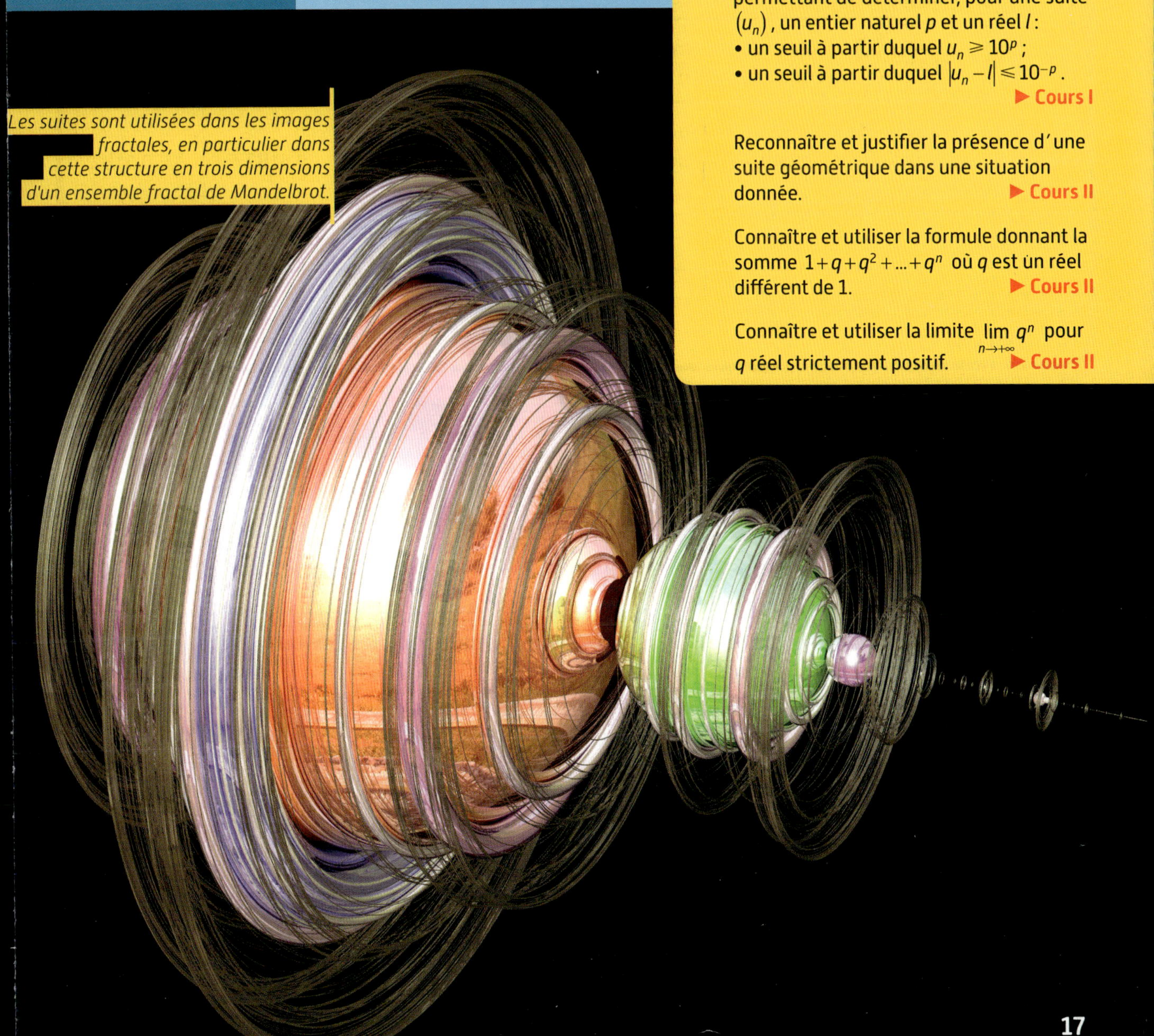

Les suites sont utilisées dans les images fractales, en particulier dans cette structure en trois dimensions d'un ensemble fractal de Mandelbrot.

OBJECTIFS

Mettre en œuvre un algorithme permettant de déterminer, pour une suite (u_n), un entier naturel p et un réel l :
- un seuil à partir duquel $u_n \geqslant 10^p$;
- un seuil à partir duquel $|u_n - l| \leqslant 10^{-p}$.

▶ Cours I

Reconnaître et justifier la présence d'une suite géométrique dans une situation donnée. ▶ Cours II

Connaître et utiliser la formule donnant la somme $1+q+q^2+...+q^n$ où q est un réel différent de 1. ▶ Cours II

Connaître et utiliser la limite $\lim_{n\to+\infty} q^n$ pour q réel strictement positif. ▶ Cours II

QCM

Pour chacune des questions posées, indiquer la bonne réponse.

	a	b	c	d
Dans les **questions 1 à 3**, la suite est géométrique de premier terme $u_0 = -4$ et de raison $q = -\frac{1}{2}$.				
1 Le terme u_4 est égal à :	$-\frac{1}{4}$	-8	$\frac{1}{4}$	1
2 L'expression de u_n en fonction de n est :	$u_n = -\frac{1^n}{2}\times(-4)$	$u_n = -\frac{1}{2^n}\times(-4)$	$u_n = -\left(\frac{1}{2}\right)^n\times(-4)$	$u_n = -\left(-\frac{1}{2}\right)^n\times 4$
3 Le terme u_{10} est égal à :	$\left(-\frac{1}{2}\right)^3\times u_7$	$\left(-\frac{1}{2}\right)^7\times u_7$	$\left(-\frac{1}{2}\right)^{10}\times u_7$	$\left(-\frac{1}{2}\right)^3+u_7$

	A	B
1	n	u_n
2	0	2
3	1	1
4	2	0,5
5	3	0,25
6	4	0,125
7	5	0,0625
8	6	0,03125
9	7	0,015625

Dans les **questions 4 à 7**, on a établi à l'aide d'un tableur, le tableau de valeurs d'une suite.

	a	b	c	d
4 Le sixième terme de la suite est :	4	0,125	0,031 25	0,062 5
5 La suite semble être géométrique de raison :	2	1	0,5	0
6 La formule à saisir dans la cellule B3, puis à recopier vers le bas afin d'obtenir les termes successifs de la suite est :	=2*A2	=2*B2	0,5*B2	= 0,5*B2
7 La suite semble converger vers :	0,016	9	7	0
8 Soit la suite définie par $u_n = \frac{n}{n+1}$. $\lvert u_n - 1\rvert$ est égal à :	$\frac{n-1}{n+1}$	$\frac{-1}{n+1}$	$\frac{1-n}{n+1}$	$\frac{1}{n+1}$

Rappels

1 Suites géométriques

• Une suite $(u_n)_{n\in\mathbb{N}}$ est dite **géométrique de raison q** lorsque, pour tout entier naturel n :

$\boldsymbol{u_{n+1} = q \times u_n}$.

• Si le premier terme de la suite est u_0, alors, pour tout entier naturel n :

$\boldsymbol{u_n = u_0 \times q^n}$.

• Si le terme u_p de la suite est connu, alors, pour tout entier naturel n, $n \geqslant p$:

$\boldsymbol{u_n = q^{n-p} \times u_p}$.

2 Valeur absolue

$$|x| = \begin{cases} x \text{ si } x \geqslant 0 \\ -x \text{ si } x < 0 \end{cases}.$$

Activités d'approche

Activité 1 La suite de Fibonacci et le nombre d'or STI2D STL/SPCL

lienmini.fr/m111-c01-act1

	A	B	C
1	mois numéro (n)	nombre de couples (u_n)	v_n
2	0	1	
3	1	1	
4	2	2	
5	3		

La feuille de calcul ci-contre sera complétée tout au long de l'activité.

Partie A

Un couple de lapins, né le 1er janvier 2016, donne naissance à un autre couple chaque mois, dès qu'il a atteint l'âge de deux mois.
On note u_0 le nombre de couples au 1er janvier 2016, u_1 le nombre de couples au 1er février 2016 et ainsi de suite.

info La suite $(u_n)_{n\in\mathbb{N}}$ est appelée suite de Fibonacci.

1. Déterminer u_1, u_2, u_3, u_4 et u_5.
2. Donner, pour tout entier naturel n, l'expression de u_{n+2} en fonction de u_n et u_{n+1}.
3. a. Compléter les colonnes A et B afin d'obtenir le nombre de couples obtenus au bout de quatre ans, en supposant qu'aucun couple n'aura disparu.
b. Conjecturer le comportement de la suite (u_n) pour les grandes valeurs de n.
c. Déterminer le rang à partir duquel tous les termes u_n sont supérieurs à 10^4, puis à 10^9.

Partie B

On considère la suite (v_n) définie pour tout entier naturel n par $v_n = \dfrac{u_{n+1}}{u_n}$.

1. Quelle formule doit-on entrer dans la cellule C2 et recopier vers le bas pour obtenir les termes successifs de la suite (v_n) ?
2. a. Compléter alors la colonne C et conjecturer le comportement de la suite (v_n).
b. La limite de la suite (v_n) est le nombre d'or, dont la valeur exacte est : $\Phi = \dfrac{1+\sqrt{5}}{2}$.
Vérifier la cohérence avec la conjecture obtenue.
c. Déterminer le rang à partir duquel tous les termes v_n sont à une distance de Φ inférieure à 10^{-5}.

info On note : $\lim\limits_{n\to+\infty} v_n = \dfrac{1+\sqrt{5}}{2}$.

Activité 2 Conjecturer avec un tableur

lienmini.fr/m111-c01-act2

On se propose d'étudier le comportement de la suite (q^n) pour différentes valeurs du réel q.
Dans la feuille de calcul ci-contre, la valeur de q figure dans la cellule B1.

1. Justifier la formule dans la cellule B4 qui permet, par recopie vers le bas, de calculer les premiers termes de la suite.
2. a. Ouvrir cette feuille et représenter les dix premiers termes de la suite.
b. Conjecturer alors $\lim\limits_{n\to+\infty} q^n$ pour $q = 0{,}1$.
3. a. Justifier alors le contenu de la plage B4:B14 lorsque $q=0$ et $q=1$.
b. En modifiant le contenu de la cellule B1, conjecturer $\lim\limits_{n\to+\infty} q^n$ lorsque $0<q<1$, puis lorsque $q>1$.
4. Que peut-on dire de la suite (q^n) lorsque $q<0$?

	A	B
1	valeur de q	0,1
2		
3	n	q^n
4	0	=B$1^A4
5	1	
6	2	
7	3	
8	4	
9	5	
10	6	

VOIR EXERCICE RÉSOLU 1

I. Limite infinie d'une suite

STI2D STL/SPCL

A. Définition

Définition Soit $(u_n)_{n \in \mathbb{N}}$ une suite. On dit que la suite $(u_n)_{n \in \mathbb{N}}$ a pour limite $+\infty$ quand n tend vers $+\infty$ lorsque, pour tout entier naturel p, on peut trouver un rang à partir duquel tous les termes u_n sont supérieurs à 10^p.

On note : $\lim\limits_{n \to +\infty} u_n = +\infty$.

B. Exemple

	A	B
1	n	u_n
2	100	10000
3	1000	1000000
4	5000	25000000
5	10000	100000000
6	15000	225000000
7	20000	400000000

Soit (u_n) la suite définie pour tout entier naturel n par : $u_n = n^2$.

On donne ci-contre un tableau de valeurs de la suite.

On constate que : $u_n \geqslant 10^4$ à partir du rang 100, $u_n \geqslant 10^6$ à partir du rang 10^3 et $u_n \geqslant 10^8$ à partir du rang 10^4.

On peut conjecturer que $\lim\limits_{n \to +\infty} u_n = +\infty$.

VOIR EXERCICE RÉSOLU 2

II. Limite finie d'une suite

STI2D STL/SPCL

A. Définition

info

Dire que la distance entre u_n et l est inférieure à 10^{-p} revient à dire que : $|u_n - l| \leqslant 10^{-p}$.

Définition Soit $(u_n)_{n \in \mathbb{N}}$ une suite numérique et l un réel. On dit que la suite $(u_n)_{n \in \mathbb{N}}$ a pour limite l quand n tend vers $+\infty$ lorsque, pour tout entier naturel p, on peut trouver un rang à partir duquel tous les termes u_n sont à une distance de l inférieure à 10^{-p}.

On note : $\lim\limits_{n \to +\infty} u_n = l$.

B. Exemple

Soit (u_n) la suite définie pour tout entier naturel n non nul par :

$$u_n = \frac{2n+1}{n}.$$

On donne ci-contre la représentation graphique de la suite.

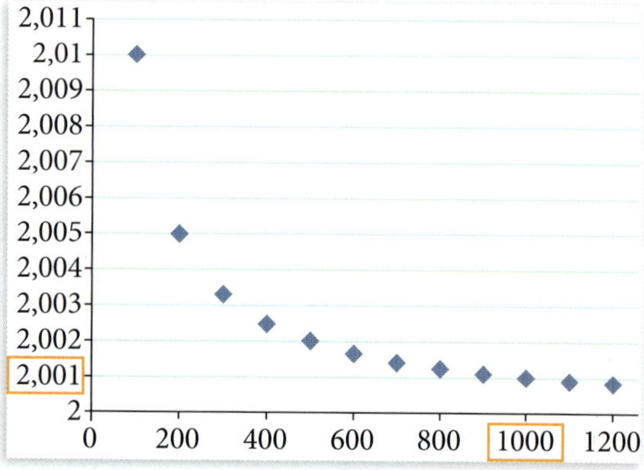

On constate que tous les termes u_n sont à une distance de 2 inférieure à 10^{-3} à partir du rang 1 000.

On peut conjecturer que : $\lim\limits_{n \to +\infty} u_n = 2$.

EXERCICE RÉSOLU 1

Recherche d'un seuil pour une suite divergeant vers $+\infty$

Soit (u_n) la suite définie par $u_0 = 2$ et, pour tout entier naturel n, par : $u_{n+1} = 3u_n + 5$.

1. Conjecturer à l'aide d'un tableur la limite de la suite (u_n).
2. Écrire un algorithme permettant de déterminer le plus petit entier N tel que $u_N \geqslant 10^5$.

→ Résolution

1. Le tableur donne le résultat ci-contre.
On conjecture : $\lim\limits_{n \to +\infty} u_n = +\infty$.

2. L'algorithme est de la forme :

```
Variables :  N entier, U réel
Traitement : Affecter 2 à U et 0 à N
             Tant que U < 100 000
                N prend la valeur N+1
                U prend la valeur 3U+5
             Fin Tant que
Affichage :  Afficher N
```

En faisant tourner cet algorithme, on obtient $N = 10$.

Méthode

➲ On observe que les valeurs de u_n sont de plus en plus grandes lorsque n devient très grand.

➲ Dans l'algorithme, on répète les calculs jusqu'à ce que U soit supérieur à 100 000, c'est-à-dire Tant que U est strictement inférieur à 100 000.

	A	B
1	n	u_n
2	0	2
3	1	11
4	2	38
5	3	119
6	4	362
7	5	1091
8	6	3278
9	7	9839
10	8	29522

VOIR
EXERCICES D'APPLICATION 1 à 5

EXERCICE RÉSOLU 2

Recherche d'un seuil pour une suite convergente

Soit (u_n) la suite définie pour tout entier naturel non nul n par : $u_n = \dfrac{3n^4 - 1}{n^4}$.

1. Conjecturer à l'aide d'un tableur la limite de la suite (u_n).
2. Exprimer, pour tout entier naturel non nul n, $|u_n - 3|$ en fonction de n.
3. Écrire un algorithme permettant de déterminer le plus petit entier N tel que $|u_N - 3| \leqslant 10^{-3}$.

→ Résolution

1. Le tableur donne le résultat ci-contre.
On conjecture : $\lim\limits_{n \to +\infty} u_n = 3$.

2. $|u_n - 3| = \left|\dfrac{3n^4 - 1}{n^4} - 3\right| = \left|\dfrac{3n^4 - 1 - 3n^4}{n^4}\right| = \left|\dfrac{-1}{n^4}\right| = \dfrac{1}{n^4}$.

3. L'algorithme est de la forme :

```
Variables :  N entier
Traitement : Affecter 1 à N
             Tant que 1/N⁴ > 0,001
                N prend la valeur N+1
             Fin Tant que
Affichage :  Afficher N
```

En faisant tourner cet algorithme, on obtient $N = 6$.

Méthode

➲ On observe que les valeurs de u_n sont de plus en plus proches de 3 lorsque n devient très grand.

➲ $|x| = \begin{cases} x \text{ si } x \geqslant 0 \\ -x \text{ si } x < 0 \end{cases}$.

	A	B
1	n	u_n
2	1	2,0000
3	2	2,9375
4	3	2,9877
5	4	2,9961
6	5	2,9984
7	6	2,9992
8	7	2,9996
9	8	2,9998

VOIR
EXERCICES D'APPLICATION 6 à 10

III. Suites géométriques : rappels et compléments

VOIR EXERCICE RÉSOLU 3

A. Rappels

1. Définition

Définition Une suite $(u_n)_{n \in \mathbb{N}}$ est une suite géométrique s'il existe un réel q tel que, pour tout entier naturel n :

$$u_{n+1} = q \times u_n$$

2. Forme explicite du terme général d'une suite géométrique

- Si le premier terme de la suite est u_0 alors, pour tout entier naturel n : $u_n = u_0 \times q^n$.
- Si le premier terme de la suite est u_1 alors, pour tout entier naturel $n \geqslant 1$: $u_n = u_1 \times q^{n-1}$.

VOIR EXERCICE RÉSOLU 4

B. Somme de termes consécutifs

Théorème Soit q un réel différent de 1. Pour tout entier naturel n :

$$1 + q + q^2 + \ldots + q^n = \frac{1-q^{n+1}}{1-q}$$

Application

Soit $(u_n)_{n \in \mathbb{N}}$ une suite géométrique de premier terme u_0 et de raison q, où q est un réel différent de 1.

Pour tout entier naturel n : $u_0 + u_1 + u_2 + \ldots + u_n = u_0 \times \dfrac{1-q^{n+1}}{1-q}$.

Procédé mnémotechnique : $u_0 + u_1 + u_2 + \ldots + u_n = 1^{\text{er}}\text{ terme} \times \dfrac{1-q^{\text{nombre de termes}}}{1-q}$.

Exemple $u_0 + u_1 + u_2 + u_3 + u_4 + u_5 = u_0 \times \dfrac{1-q^{5+1}}{1-q} = u_0 \times \dfrac{1-q^6}{1-q}$.

VOIR EXERCICE RÉSOLU 5

C. Limite de q^n avec q réel strictement positif

Théorème admis Soit q un réel strictement positif.

Si $0 < q < 1$, alors $\lim\limits_{n \to +\infty} q^n = 0$.

Si $q > 1$, alors $\lim\limits_{n \to +\infty} q^n = +\infty$.

Application

Soit (u_n) une suite géométrique de premier terme u_0 et de raison q, où q est un réel strictement positif.

Si $0 < q < 1$, alors $\lim\limits_{n \to +\infty} u_n = 0$.

Si $q > 1$ et si $u_0 > 0$, alors $\lim\limits_{n \to +\infty} u_n = +\infty$.

Si $q > 1$ et si $u_0 < 0$, alors $\lim\limits_{n \to +\infty} u_n = -\infty$.

Exemples

Si $q = 0{,}5$ alors $\lim\limits_{n \to +\infty} u_n = 0$ car $0 < q < 1$.

Si $q = 1{,}3$ et $u_0 = 2$ alors $\lim\limits_{n \to +\infty} u_n = +\infty$ car $q > 1$ et $u_0 > 0$.

Si $q = 2$ et $u_0 = -1$ alors $\lim\limits_{n \to +\infty} u_n = -\infty$ car $q > 1$ et $u_0 < 0$.

EXERCICE RÉSOLU 3

Reconnaître une suite géométrique dans une situation donnée

On injecte 1 mg de médicament dans le sang d'un patient.
La quantité de médicament présente dans le sang baisse de 10 % chaque heure.
On note u_n la masse en milligrammes de ce médicament n heures après l'injection. Ainsi $u_0 = 1$.
Démontrer que la suite (u_n) est géométrique et préciser sa raison.

→ Résolution

Pour tout entier naturel n : $u_{n+1} = u_n - 0{,}1u_n = 0{,}9u_n$.
Par définition, la suite (u_n) est géométrique de raison $q = 0{,}9$.

Méthode

➲ On exprime u_{n+1} en fonction de u_n afin d'obtenir une écriture de la forme : $u_{n+1} = q \times u_n$.

VOIR EXERCICES D'APPLICATION 11 à 16

EXERCICE RÉSOLU 4

Connaître et utiliser la formule de la somme de termes consécutifs

1. Calculer la somme $T = 1 + \frac{1}{4} + \left(\frac{1}{4}\right)^2 + \ldots + \left(\frac{1}{4}\right)^5$.

2. Soit (u_n) la suite géométrique de premier terme $u_0 = \frac{1}{2}$ et de raison $q = 2$.
Calculer les sommes $S = u_0 + u_1 + u_2 + \ldots + u_{10}$ et $S' = u_3 + u_4 + \ldots + u_8$.

→ Résolution

1. $q = \frac{1}{4}$ et $n = 5$, d'où $T = \dfrac{1 - \left(\frac{1}{4}\right)^6}{1 - \frac{1}{4}} = \dfrac{1\,365}{1\,024}$.

2. La somme S est composée de $10 - 0 + 1 = 11$ termes, d'où :
$S = u_0 \dfrac{1 - q^{11}}{1 - q} = \dfrac{1}{2} \times \dfrac{1 - 2^{11}}{1 - 2} = \dfrac{2\,047}{2}$.
La somme S' est composée de $8 - 3 + 1 = 6$ termes, d'où :
$S' = u_3 \times \dfrac{1 - q^6}{1 - q} = 4 \times \dfrac{1 - 2^6}{1 - 2} = 252$ car $u_3 = 2^3 \times \dfrac{1}{2} = 4$.

Méthode

➲ La somme : $u_m + u_{m+1} + \ldots + u_p$ est composée de $p - m + 1$ termes.

VOIR EXERCICES D'APPLICATION 17 à 20

EXERCICE RÉSOLU 5

Connaître et utiliser la limite de q^n, q réel strictement positif

Calculer $\lim\limits_{n \to +\infty} u_n$ dans chacun des cas suivants :

a. $u_n = 100 \times 0{,}9^n$ **b.** $u_n = 2 \times 1{,}7^n$ **c.** $u_n = -7 \times 3^n$

→ Résolution

a. $0 < 0{,}9 < 1$, donc $\lim\limits_{n \to +\infty} u_n = 0$.

b. $1{,}7 > 1$ et $2 > 0$, donc $\lim\limits_{n \to +\infty} u_n = +\infty$.

c. $3 > 1$ et $-7 < 0$, donc $\lim\limits_{n \to +\infty} u_n = -\infty$.

Méthode

➲ Si $q > 1$, on prend en compte le signe de u_0 pour calculer $\lim\limits_{n \to +\infty} u_0 \times q^n$.

VOIR EXERCICES D'APPLICATION 21 à 24

Limite d'une suite

STI2D STL/SPCL

Soit (u_n) une suite définie par $u_{n+1} = f(u_n)$ et de premier terme u_0 (où f est une fonction).

Cas où $\lim\limits_{n \to +\infty} u_n = +\infty$

L'algorithme qui permet de rechercher un seuil à partir duquel $u_n \geqslant 10^p$, p étant un entier naturel donné, est le suivant :

```
Variables :   N entier, U réel
Traitement :  U prend la valeur u0
              N prend la valeur 0
              Tant que U < 10^p
                 N prend la valeur N+1
                 U prend la valeur f(U)
              Fin Tant que
Affichage :   Afficher N
```

Cas où $\lim\limits_{n \to +\infty} u_n = l$ (où l est un réel)

L'algorithme qui permet de rechercher un seuil à partir duquel $|u_n - l| \leqslant 10^{-p}$, p étant un entier naturel donné, est le suivant :

```
Variables :   N entier, U réel
Traitement :  U prend la valeur u0
              N prend la valeur 0
              Tant que |U - l| > 10^-p
                 N prend la valeur N+1
                 U prend la valeur f(U)
              Fin Tant que
Affichage :   Afficher N
```

Suites géométriques

Soit (u_n) une suite géométrique de raison q, de premier terme u_0.

Définition

Pour tout entier naturel n : $u_{n+1} = q \times u_n$.

Forme explicite du terme général d'une suite géométrique

- Pour tout entier naturel n : $u_n = u_0 \times q^n$.
- Pour tout entier naturel $n \geqslant 1$: $u_n = u_1 \times q^{n-1}$.

Somme des termes consécutifs avec $q \neq 1$

Pour tout entier naturel n, on a :

$$1 + q + q^2 + ... + q^n = \frac{1-q^{n+1}}{1-q} \quad \text{et} \quad u_0 + u_1 + u_2 + ... + u_n = u_0 \times \frac{1-q^{n+1}}{1-q}.$$

Limites avec $q > 0$

- Si $0 < q < 1$, alors $\lim\limits_{n \to +\infty} u_n = 0$.
- Si $q > 1$ et si $u_0 > 0$, alors $\lim\limits_{n \to +\infty} u_n = +\infty$.
- Si $q > 1$ et si $u_0 < 0$, alors $\lim\limits_{n \to +\infty} u_n = -\infty$.

TRAVAUX PRATIQUES

TP1 Sans les abeilles, il ne resterait que peu de temps à l'Homme (*Einstein*)

ALGO

Objectif : **Étudier une suite arithmético-géométrique, calculer les limites et rechercher un seuil.**

Un apiculteur souhaite étendre son activité de production de miel à une nouvelle région.

Le 1er juillet 2015, il achète 300 colonies d'abeilles qu'il installe dans cette région. Renseignements pris auprès des services spécialisés, il s'attend à perdre 10 % des colonies durant l'hiver. Pour maintenir son activité et la développer, il a prévu d'installer 50 nouvelles colonies chaque printemps.

Tous les résultats seront arrondis à l'unité.

1. On note, pour tout entier naturel n, C_n le nombre de colonies le 1er juillet de l'année $(2015 + n)$. Ainsi : $C_0 = 300$.

a. Calculer C_1.

b. Exprimer, pour tout entier naturel n, C_{n+1} en fonction de C_n.

2. On considère la suite (V_n) définie pour tout entier n par $V_n = C_n - 500$.

a. Montrer que, pour tout entier naturel n, on a : $V_{n+1} = 0,9 \times V_n$.

b. Calculer V_0 puis exprimer V_n en fonction de n.

c. En déduire que, pour tout entier naturel n, on a $C_n = 500 - 200 \times 0,9^n$.

d. Déterminer la limite de la suite (C_n). L'apiculteur pourra-t-il doubler son nombre initial de colonies ?

3. Écrire et faire tourner un algorithme qui permet de déterminer à partir de quelle année le nombre de colonies sera supérieur à 475.

TP2 Production de perles à Tahiti

ALGO

Objectif : **Calculer la somme des termes consécutifs d'une suite géométrique.**

La production des perles de culture de Tahiti est une activité économique importante pour la Polynésie française. Après une nette baisse, la production semble à nouveau progresser depuis 2013.

D'après l'Institut de statistiques de Polynésie française, les productions en 2013 et 2014 ont été respectivement de 14 775 kg et 15 546 kg.

1. Calculer le taux d'évolution de la production entre 2013 et 2014. Arrondir au centième.

2. On suppose que la production va augmenter de 5 % par an à partir de 2014.

Pour tout entier naturel n, on note la production de perles en kilogrammes en $(2014 + n)$.

Ainsi : $u_0 = 15\,546$.

a. Montrer que la suite (u_n) est une suite géométrique dont on précisera la raison.

b. Exprimer, pour tout entier naturel n, u_n en fonction de n.

3. On considère l'algorithme suivant :

```
Variables  :  U et S réels
Traitement :  U prend la valeur 15 546
              S prend la valeur 15 546
              Pour n allant de 1 à 6
                U prend la valeur 1,05*U
                S prend la valeur S + U
              Fin Pour
Affichage  :  Afficher S
```

a. Programmer cet algorithme et interpréter le résultat.

b. Retrouver par le calcul le résultat précédent.

TP3 Véhicules hybrides et électriques

Objectif : **Modéliser l'évolution des ventes des véhicules hybrides et électriques en France.**

lienmini.fr/m111-c01-tp3

Le parc de véhicules particuliers (VP) et utilitaires légers (VUL) circulant en France est essentiellement constitué de véhicules thermiques. Au regard du parc et des ventes de véhicules en 2010, l'Ademe (Agence de l'environnement et de la maîtrise de l'énergie) a mobilisé ses services techniques et économiques en 2012, afin d'élaborer des visions énergétiques et de répondre aux enjeux environnementaux, et prévoit d'atteindre pour le parc 2030 un taux moyen d'émission de CO_2 par véhicule de 100 g·km^{-1}.

Les professionnels de l'automobile envisagent une augmentation de leurs ventes de véhicules hybrides et de véhicules électriques de 16 % par an de 2013 à 2030.

En 2013, 41 340 véhicules hybrides et 13 954 véhicules électriques ont été vendus.

Partie A Prévisions des ventes et du parc en 2030

Véhicules (VP-VUL)	Prévisions ventes 2030	Prévisions parc 2030
Véhicules thermiques	64 %	89 %
Véhicules hybrides	24 %	7 %
Véhicules électriques	12 %	4 %
Total des voitures VP et VUL	**2 millions**	**35 millions**
Émission moyenne de CO_2 par véhicule	49 g·km^{-1}	100 g·km^{-1}

Selon les prévisions de l'Ademe, quel serait en 2030 le nombre de véhicules hybrides vendus ainsi que le nombre de véhicules électriques ?

Partie B Évolution de la vente de véhicules hybrides

Pour tout entier naturel n, on note u_n le nombre de véhicules hybrides vendus durant l'année $(2013 + n)$.

1. Donner u_0, puis calculer u_1 et u_2.

2. Démontrer que la suite (u_n) est géométrique et en préciser la raison.

3. Exprimer, pour tout entier naturel n, u_n en fonction de n.

4. L'augmentation de 16 % par an des ventes de véhicules hybrides permettrait-elle d'atteindre la prévision de l'Ademe pour l'année 2030 ?

Partie C Évolution de la vente des véhicules électriques

1. Sur le fichier, la feuille de calcul détermine le nombre de véhicules électriques vendus de 2013 à 2030 en supposant une augmentation annuelle de 16 % à partir de 2013.

	A	B
1	Année	Prévision des ventes de voitures électriques
2	2013	13 954
3	2014	
4	2015	
5		

a. Compléter cette feuille de calcul afin d'obtenir les prévisions de ventes jusqu'en 2030.

b. Ce taux d'augmentation annuel permettrait-il d'atteindre les prévisions de l'Ademe des ventes de véhicules électriques en 2030 ?

2. Les professionnels de l'automobile cherchent un pourcentage d'augmentation annuelle des ventes de véhicules électriques qui permettrait d'atteindre les prévisions de l'Ademe en 2030.

On considère l'algorithme suivant :

```
Variables :  V et q réels
Traitement : Affecter à V la valeur 13 954
             Affecter à q la valeur 1,16
             Tant que V < 240 000
                Affecter à q la valeur
                q+0,01
                Affecter à V la valeur
                13 954×q^17
             Fin Tant que
Affichage :  Afficher (q-1)×100
```

a. Que représente la valeur 13 954 prise par la variable V dans l'initialisation de l'algorithme ?

b. Quelle est la valeur affichée par l'algorithme ? Interpréter le résultat.

Appliquer

Les exercices de la partie « Appliquer » sont tous corrigés en fin d'ouvrage.

Limite infinie d'une suite

STI2D STL/SPCL

VOIR EXERCICE RÉSOLU 1

Dans les **exercices 1 et 2**, les premiers termes d'une suite (u_n) sont représentés.

1 *

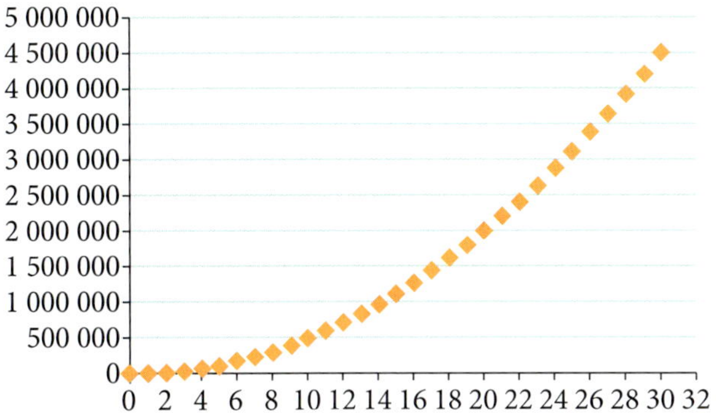

1. Conjecturer la limite de la suite.
2. Déterminer le plus petit entier N tel que $u_N \geqslant 10^6$.

2 *

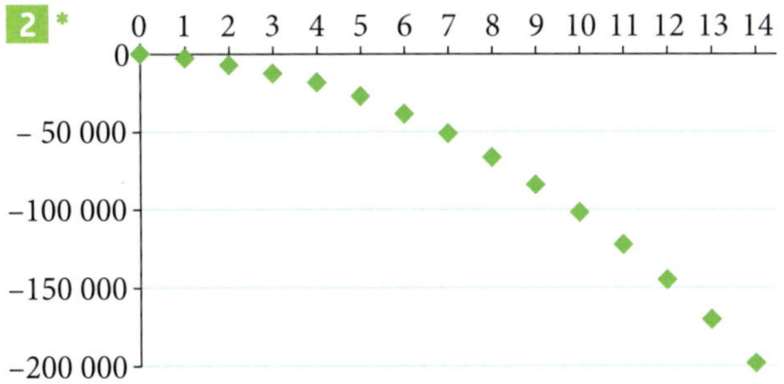

1. Conjecturer la limite de la suite.
2. Déterminer le plus petit entier N tel que $u_N \leqslant -10^5$.

3 ** ALGO Soit (u_n) une suite telle que $\lim\limits_{n\to+\infty} u_n = +\infty$. On considère l'algorithme suivant :

```
Variables :  N entier, U réel
Traitement : N prend la valeur 0
             U prend la valeur 5
             Tant que U < 10^6
               N prend la valeur N+1
               U prend la valeur 3U-5
             Fin Tant que
Affichage :  Afficher N
```

1. Que vaut u_0 ?
2. Donner l'expression de u_{n+1} en fonction de u_n.
3. La valeur affichée en exécutant cet algorithme est 12. Interpréter le résultat.

4 ** ALGO Soit (u_n) la suite définie pour tout entier naturel n par :

$u_0 = 3$ et $u_{n+1} = 5u_n + 3$.

1. Conjecturer à l'aide de la calculatrice la limite de la suite (u_n).
2. Compléter l'algorithme suivant afin de déterminer le plus petit entier N tel que $u_N \geqslant 10^5$.

```
Variables :  N entier, U réel
Traitement : N prend la valeur 0
             U prend la valeur ...
             Tant que U ......
               N prend la valeur ......
               U prend la valeur ......
             Fin Tant que
Affichage :  Afficher N
```

3. Programmer cet algorithme afin de déterminer N.

5 * Pour chacune des suites définies ci-dessous, conjecturer la limite à l'aide de la calculatrice.

a. Pour tout entier naturel n :
$u_n = \dfrac{n^2+2}{3n+1}$.

b. Pour tout entier naturel n :
$u_n = -5n^2$.

c. Pour tout entier naturel n :
$\begin{cases} u_0 = 3 \\ u_{n+1} = 1{,}5u_n + 10 \end{cases}$.

d. Pour tout entier naturel n :
$\begin{cases} u_0 = 0 \\ u_{n+1} = 2u_n - 3 \end{cases}$.

Limite finie d'une suite

STI2D STL/SPCL

VOIR EXERCICE RÉSOLU 2

Dans les **exercices 6 et 7**, les premiers termes d'une suite (u_n) sont représentés.

6 *

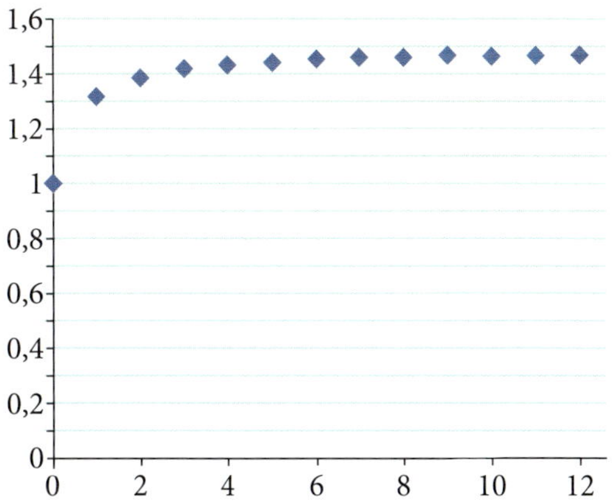

1. Conjecturer la limite de la suite.
2. Déterminer le plus petit entier N tel que $|u_N - 1{,}5| \leqslant 10^{-1}$.

7 *

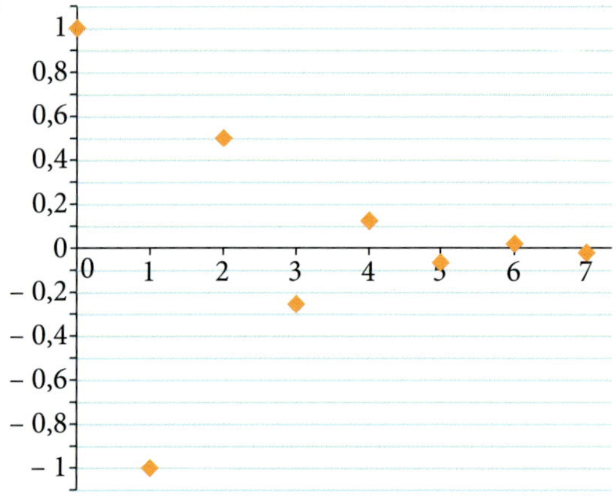

1. Conjecturer la limite de la suite.
2. Déterminer le plus petit entier N tel que $|u_N| \leqslant 10^{-1}$.

8 * Pour chacune des suites définies ci-dessous, conjecturer la limite à l'aide de la calculatrice.

a. Pour tout entier naturel n : $u_n = 5\times(-0,9)^n + 2$.

b. Pour tout entier naturel n : $u_n = \dfrac{n+2}{3n^2+1}$.

c. Pour tout entier naturel n : $\begin{cases} u_0 = 7 \\ u_{n+1} = 0,5u_n + 3 \end{cases}$.

d. Pour tout entier naturel n : $\begin{cases} u_0 = 9 \\ u_{n+1} = -\,0,3u_n - 1,3 \end{cases}$.

9 ** ALGO Soit $(u_n)_{n\in\mathbb{N}}$ la suite définie par :

$\begin{cases} u_0 = 5 \\ u_{n+1} = 0,5u_n + 2 \end{cases}$.

On considère l'algorithme suivant :

```
Variables :  N entier, U réel
Traitement : N prend la valeur 0
             U prend la valeur 5
             Tant que  |U-4|>10^-2
                N prend la valeur N+1
                U prend la valeur 0,5U+2
             Fin Tant que
Affichage :  Afficher N
```

1. Reproduire et compléter le tableau suivant en faisant fonctionner l'algorithme. Les valeurs de U seront arrondies à 10^{-3}.

N	U	$\lvert U-4\rvert > 10^{-2}$?
0	5	Oui
1	…	…
…	…	…

2. Donner une interprétation de la valeur affichée.
3. Conjecturer la limite de la suite (u_n).

10 ** ALGO Soit $(u_n)_{n\in\mathbb{N}}$ la suite définie par $u_0 = 0$ et $u_{n+1} = 0,3u_n + 1,4$.

1. Conjecturer à l'aide de la calculatrice la limite de la suite (u_n).
2. Compléter l'algorithme suivant afin de déterminer le plus petit entier N tel que $|u_N - 2| \leqslant 10^{-1}$.

```
Variables :  N entier, U réel
Traitement : N prend la valeur 0
             U prend la valeur …
             Tant que ……
                N prend la valeur ……
                U prend la valeur ……
             Fin Tant que
Affichage :  Afficher N
```

3. Programmer cet algorithme afin de déterminer N.

Reconnaître et utiliser une suite géométrique

VOIR EXERCICE RÉSOLU 3

11 * Dans chacun des cas suivants, dire si la suite est géométrique. Préciser alors son premier terme et sa raison.

a. $u_n = 3\times 2^n$ b. $u_{n+1} = 1,5u_n + 3$

c. $u_{n+1} = u_n - 0,1u_n$ d. $u_n = -2\times(2)^{n+1}$ e. $u_n = \dfrac{2}{3^n}$

12 * Dans chacun des cas suivants, dire si la situation donnée peut être modélisée par une suite géométrique. Préciser alors sa raison.

a. Une somme est placée sur un compte à intérêts composés de 1,5 % par an.

b. La population d'une ruche baisse de 5 % par an.

c. Chaque année, dans une association, 80 % des adhérents se réinscrivent et 30 nouveaux adhérents les rejoignent.

13 * Dans chacun des cas suivants, (u_n) est une suite géométrique de raison q.

a. $u_0 = 10$ et $q = 0,5$. Calculer u_4.

b. $u_0 = 3$ et $q = -5$. Calculer u_5.

c. $u_3 = 24$ et $q = 2$. Calculer u_0.

d. $u_4 = 162$ et $u_5 = 486$. Calculer q et u_0.

14 * Dans chacun des cas suivants, (u_n) est une suite géométrique de raison q. Exprimer u_{n+1} en fonction de u_n, puis u_n en fonction de n.

a. $u_0 = 2$ et $q = 1,5$, $n \in \mathbb{N}$.

b. $u_1 = 7,2$ et $q = 2$, $n \geqslant 1$.

c. $u_0 = -\,4$ et $q = \dfrac{1}{3}$, $n \in \mathbb{N}$.

15 ** ALGO Soit (u_n) la suite géométrique de premier terme $u_0 = 20$ et de raison $q = 2$.

1. Écrire un algorithme qui calcule et affiche le terme u_N, N étant un entier naturel donné.
2. Quel est le résultat affiché lorsque $N = 5$?

16 * ALGO On considère l'algorithme suivant qui calcule et affiche les premiers termes d'une suite (u_n).

```
Variable :   U réel
Traitement : U prend la valeur 2
             Pour i allant de 1 à 10
                U prend la valeur 0,5*U
                Afficher U
             Fin Pour
             Fin
```

1. Quelle est la valeur de u_0 ?
2. Combien de termes sont affichés ?
3. Exprimer, pour tout entier naturel n, u_{n+1} en fonction de u_n.
4. Exprimer, pour tout entier naturel n, u_n en fonction de n.

Calculer une somme de termes consécutifs d'une suite géométrique

VOIR EXERCICE RÉSOLU 4

17 * Soit (u_n) la suite géométrique de premier terme $u_0 = 100$ et de raison $q = 0,5$. Calculer les sommes :
$S = u_0 + u_1 + ... + u_5$ $\quad S' = u_1 + u_2 + ... + u_8$.

18 ** Dans chacun des cas suivants, n est un entier naturel et (u_n) une suite géométrique de raison q.
Exprimer $S_n = u_0 + u_1 + ... + u_n$ en fonction de n.

a. $u_0 = 120$ et $q = \frac{1}{2}$. b. $u_0 = 60$ et $q = \frac{1}{3}$.

c. $u_0 = 3$ et $q = \frac{3}{2}$.

19 ** Calculer les sommes suivantes.

a. $S = 1 + \frac{1}{2} + \frac{1}{4} + ... + \frac{1}{64}$. b. $S = 1 - 3 + 9 - 27 + ... - 2\,187$.

20 ** ALGO On considère une suite (u_n) et l'algorithme :

```
Variables :  U réel, S réel
Traitement : U prend la valeur 2
             S prend la valeur 2
             Pour i allant de 1 à 5
                U prend la valeur 3*U
                S  prend la valeur S + U
             Fin Pour
Sortie :     Afficher S
```

1. Quelle est la valeur de u_0 ?
2. Quelle est la nature de la suite (u_n) ?
3. Que représente le nombre S ?
4. Déterminer par le calcul la valeur de S.

Connaître et utiliser la limite de q^n

VOIR EXERCICE RÉSOLU 5

21 * Dans chacun des cas suivants, déterminer $\lim\limits_{n\to+\infty} q^n$ en justifiant le résultat.

a. $q = 0,5$ b. $q = 2$ c. $q = 1,01$ d. $q = 0,999$

Dans les **exercices 22 à 24**, calculer, en justifiant, les limites demandées.

22 * a. $\lim\limits_{n\to+\infty} 5 \times 0,5^n$ b. $\lim\limits_{n\to+\infty} 100 \times 0,1^n$

c. $\lim\limits_{n\to+\infty} -5 \times 2^n$ d. $\lim\limits_{n\to+\infty} 0,001 \times 3^n$

e. $\lim\limits_{n\to+\infty} 5 \times 1,001^n$

23 ** a. $\lim\limits_{n\to+\infty} -2 \times 3^n + 5$

b. $\lim\limits_{n\to+\infty} 1000 \times 0,1^n - 0,1$

c. $\lim\limits_{n\to+\infty} 5 \times \left(\frac{1000}{1001}\right)^n - 3$

d. $\lim\limits_{n\to+\infty} 3 \times 10^{2015} \times 0,02^n$

24 ** a. $\lim\limits_{n\to+\infty} \frac{1 - 0,5^n}{0,5}$

b. $\lim\limits_{n\to+\infty} 20(1 - 3^n)$

c. $\lim\limits_{n\to+\infty} 250(1 - 0,9^n)$

d. $\lim\limits_{n\to+\infty} 2(1,0001^n - 5)$

Approfondir

Les exercices notés C sont corrigés en fin d'ouvrage.

25 ** ALGO Soit (u_n) la suite géométrique de premier terme $u_0 = 1\,000$ et de raison $q = \frac{3}{4}$.

1. Écrire un algorithme qui calcule et affiche la somme $S = u_0 + u_1 + ... + u_4$.
2. Programmer cet algorithme et afficher le résultat.
3. Retrouver par le calcul le résultat obtenu.

26 ** ALGO Soit (u_n) la suite définie pour tout entier naturel n par $u_{n+1} = 1,3u_n$ et de premier terme $u_0 = 50$.

1. Exprimer, pour tout entier naturel n, u_n en fonction de n et déterminer la limite de la suite (u_n).
2. Écrire un algorithme qui détermine le plus petit entier N tel que $u_N \geqslant 10^3$.
3. Quelle est la valeur affichée par cet algorithme ?

27 ** C Production de jouets ALGO C1 C2 C3 C4 C5 C6

Un industriel étudie l'évolution de la production des jouets sur une machine de son entreprise. En 2010, lorsqu'il l'a achetée, elle pouvait produire 120 000 jouets par an.
Du fait de l'usure de la machine, la production diminue de 2 % par an.
On modélise le nombre total de jouets fabriqués au cours de l'année (2010 + n) par une suite (u_n).

1. Montrer que pour tout entier naturel n :
$u_n = 120\,000 \times 0{,}98^n$.
2. a. Quel a été le nombre de jouets fabriqués en 2015 ?
b. Déterminer à partir de quelle année, le nombre de jouets fabriqués sera strictement inférieur à 100 000.
3. Déterminer le nombre total de jouets fabriqués pendant les 15 premières années de production.
4. Cet industriel décide qu'il changera la machine lorsqu'elle produira moins de 90 000 jouets par an.
Compléter l'algorithme ci-dessous afin qu'il permette de déterminer le plus petit entier naturel n tel que $u_n < 90\,000$.

```
Variables : A réel, n entier naturel
Traitement : Affecter à A la valeur 120 000
             Affecter à n la valeur 0
             Tant que A > 90 000
                n prend la valeur ......
                A prend la valeur ......
             Fin Tant que
Affichage : Afficher n
```

28 ** QCM ALGO C1 C2 C3 C4 C5 C6

On considère la suite $(u_n)_{n \in \mathbb{N}}$ définie par $u_0 = 400$ et $u_{n+1} = 0{,}4 \times u_n + 12$ et la suite $(v_n)_{n \in \mathbb{N}}$ définie par :
$v_n = u_n - 20$.
Pour chaque question, indiquer la seule bonne réponse.

1. La valeur de u_1 est :
a. 380 b. 172 c. 160 d. 164,8
2. La suite (v_n) est géométrique de raison :
a. –40 % b. –0,4 c. 0,4 d. –20
3. La suite (u_n) a pour limite :
a. 400 b. 20 c. 0 d. 12
4. On considère l'algorithme suivant :

```
Variables : U, N
Traitement : U prend la valeur 400
             N prend la valeur 0
             Tant que U > 23
                N prend la valeur N + 1
                U prend la valeur 0,4×U + 12
             Fin Tant que
Affichage : Afficher N
```

Cet algorithme permet d'obtenir :
a. la valeur de u_{23} ;
b. le plus petit rang n pour lequel on a $u_n > 23$;
c. toutes les valeurs de u_0 à u_{23} ;
d. le plus petit rang n pour lequel on a $u_n \leqslant 23$.
5. La valeur affichée est :
a. 5 b. 6 c. 20 d. 21,55

29 ** C Suite arithmético-géométrique

On considère la suite $(u_n)_{n \in \mathbb{N}}$ définie par :
$u_0 = 6$ et $u_{n+1} = \frac{1}{3}u_n - 18$,
et la suite $(v_n)_{n \in \mathbb{N}}$ définie par :
$v_n = u_n + 27$.

1. Démontrer que la suite (v_n) est géométrique de raison $\frac{1}{3}$.
2. Exprimer v_n, puis u_n en fonction de n.
3. Déterminer la limite de la suite (u_n).

30 ** C1 C2 C3 C4 C5 C6

An oilfield's reserves are diminishing by 8 % each year. Knowing that 95 000 ML were the initial reserves, show that the crude oil reserves describe a geometric sequence and find the common ratio for it.
Which volume will remain twenty years later?

31 ** ALGO En Python

On considère le programme suivant en Python.

```python
u = 2
while u < 100 :
    u = u ** 2
print(u)
```

1. Le résultat affiché est :
a. 100 b. 99 c. 2 d. 256
2. Ce programme a été proposé par un élève pour répondre à la question « Quelle est la première valeur de u_n qui dépasse 100 ? » De quelle suite s'agit-il ?
a. $u_n = n^2$
b. $u_n = 2n$
c. $u_0 = 2$ et $u_{n+1} = u_n^2$
d. $u_0 = 2$ et $u_{n+1} = 2u_n$
3. Que se passe-t-il si on remplace la première ligne par **u = 1** ?

Pour se tester

32 * C VRAI ou FAUX ?

Répondre par vrai ou faux aux affirmations suivantes. Justifier.	Vrai	Faux
1. On considère la suite (u_n) définie pour tout entier naturel non nul n par : $u_n = \dfrac{3}{2n^2}$. Il existe un rang à partir duquel $u_n \leqslant 10^{-6}$.	V	F
2. Soit (u_n) la suite géométrique de raison 1,001 et de premier terme $u_0 = 0{,}000\,07$.		
a. La suite (u_n) converge vers 0.	V	F
b. $u_0 + u_1 + ... + u_{100} = 0{,}07(1{,}001^{101} - 1)$	V	F
3. Une somme placée sur un compte rémunéré à 2 % annuel aura doublé au bout de 35 ans.	V	F
4. On considère la suite (u_n) définie pour tout entier naturel n par : $u_n = 0{,}95^n \times 1\,000 + 20$. La suite (u_n) converge vers 1 020.	V	F

33 ** C QCM ALGO

L'algorithme ci-contre concerne une suite (u_n).

```
Variables :  n entier, u réel
Traitement : Saisir n
             Affecter 2 à la variable u
             Pour i variant de 1 à n
                Affecter 1,5u+3 à u
             Fin de Pour
Affichage :  Afficher u
```

Pour chacune des questions, indiquer la bonne réponse.

	a	b	c
1. La suite (u_n) :	est géométrique de raison 3	est géométrique de raison 1,5	n'est pas géométrique
2. La valeur affichée pour n = 3 est :	7,5	21	28,125
3. La suite (v_n) définie par $v_n = u_n + 6$ est géométrique de raison :	−1,5	9	1,5
4. La somme $v_0 + v_1 + ... + v_n$ est égale à :	$16(1-1{,}5^{n+1})$	$16 \times 0{,}5^{n+1}$	$16(1{,}5^{n+1}-1)$

34 ** C ALGO C1 C2 C3 C4 C5 C6

On considère la suite numérique (u_n) définie par :
$u_0 = 8$ et, pour tout entier naturel n, $u_{n+1} = 0{,}4u_n + 3$.

1. À l'aide de la calculatrice, conjecturer la limite de la suite (u_n).

2. Écrire un algorithme qui détermine le plus petit entier N tel que $u_N - 5 < 0{,}01$.

3. On considère la suite (v_n) définie pour tout entier naturel n, par $v_n = u_n - 5$.

a. Démontrer que la suite (v_n) est géométrique de premier terme $v_0 = 3$ et de raison 0,4.

b. Exprimer v_n en fonction de n.

c. Déterminer la limite de la suite (v_n).

d. Le résultat précédent permet-il de valider la conjecture faite à la question **1** ?

35 ** C Calculer les sommes suivantes :

a. $S = 1 + 2 + 4 + ... + 2^{10}$

b. $S = 4 + 8 + 16 + ... + 256$

c. $S = 1 - 4 + 16 - ... + 65\,536$

36 ** C Récompense C1 C2 C3 C4 C5 C6

Le roi Belkib demanda au brahmane Sissa, inventeur du jeu d'échec, ce qui lui ferait plaisir afin de le récompenser. Sissa lui demanda de lui donner un grain de riz pour la première case de l'échiquier, deux pour la deuxième case, quatre pour la troisième et ainsi de suite en doublant à chaque case le nombre de grains de riz jusqu'à la 64e case de l'échiquier.
Le conseiller du roi expliqua à celui-ci que les récoltes de l'année ne suffiraient pas. Que peut-on en penser ?

S'entraîner au Bac

37 ** D'après Bac STI2D STL Polynésie, 2014 ALGO

Une entreprise informatique a réalisé en 2013 un bénéfice de 22 000 €. La direction de cette entreprise se fixe pour objectif une hausse annuelle de son bénéfice de 4,5 %.
Pour tout entier naturel n, on note b_n le bénéfice prévu pour l'année 2013 + n : on a donc $b_0 = 22\,000$.

Partie A

1. Calculer les bénéfices b_1 et b_2 espérés pour 2014 et 2015.
2. Montrer que (b_n) est une suite géométrique dont on précisera les éléments caractéristiques.
3. Exprimer alors b_n en fonction de n.

Partie B

On considère l'algorithme ci-dessous :

```
N prend la valeur 0
B prend la valeur 22 000
Tant que B ⩽ 40 000
   N prend la valeur N+1
   B prend la valeur 1,045×B
Fin Tant que
A prend la valeur N+2013
Afficher A
```

Exécuter cet algorithme et donner le résultat affiché. Interpréter ce résultat.

38 *** Bac STI2D STL Antilles Guyane, 2013 ALGO

1. L'algorithme ci-dessous permet de calculer les termes successifs d'une suite que l'on appellera (u_n).

```
Entrée :      Saisir la valeur de l'entier
              naturel n
Traitement :  Affecter 2 à la variable u
              Pour i variant de 1 à n
                 Affecter 1,5u à u
              Fin de Pour
Sortie :      Afficher u
```

Quelles valeurs affiche cet algorithme lorsque l'on saisit $n = 1$, puis $n = 2$ et enfin $n = 3$?

2. On considère la suite (u_n) définie par $u_0 = 2$ et, pour tout entier naturel n, $u_{n+1} = 1{,}5u_n$.

a. Quelle est la nature de la suite (u_n) ? Préciser ses éléments caractéristiques.

b. Pour tout entier naturel n, donner l'expression du terme u_n en fonction de n.

3. On considère la suite (S_n) définie pour tout entier naturel n par : $S_n = \sum_{k=0}^{n} u_k = u_0 + u_1 + u_2 + ... + u_n$.

a. Calculer les valeurs des termes S_0, S_1 et S_2.

b. Modifier l'algorithme précédent pour qu'il affiche la valeur du terme S_n pour un n donné.

c. Exprimer le terme S_n en fonction de n.

d. En déduire la limite de la suite (S_n).

39 *** D'après Bac STI2D STL Métropole, 2013 ALGO

Une liaison électrique à courant continu relie la centrale hydro-électrique de Xiangjiaba à la ville de Shanghai. Elle mesure environ 1 900 km. Sa puissance électrique initiale est de 6 400 MW. Lorsque du courant électrique circule dans un câble, une partie de la puissance électrique est perdue. On estime les pertes de puissance électrique d'un courant continu à très haute tension à 0,3 % pour une distance de 100 km.

Partie A

On note $p_0 = 6\,400$. Pour tout nombre entier naturel n, on note p_n la puissance électrique restant dans la ligne Xiangjiaba-Shanghai au bout d'une distance de n centaines de kilomètres.

1. Montrer que $p_1 = 0{,}997\, p_0$.
2. Déterminer la nature de la suite (p_n) puis exprimer p_n en fonction de n.

Partie B

On considère l'algorithme ci-dessous :

```
Variables :  n entier, q et p réels
Traitement : Saisir n
             Affecter à p la valeur 6 400
             Affecter à q la valeur 0,997
             Répéter n fois
                Affecter à p la valeur p × q
Affichage :  Afficher p
```

1. Faire fonctionner cet algorithme pour $n = 3$ (arrondir à l'unité par défaut). Interpréter le résultat.
2. Quel est le pourcentage de perte de puissance électrique en ligne au bout de 300 km ?

Partie C

1. Quelle est la puissance électrique à l'arrivée de la ligne Xiangjiaba–Shanghai ?
2. On souhaite limiter la perte de puissance électrique à 7 % sur les lignes à très haute tension en courant continu.

a. La ligne Xiangjiaba–Shanghai répond-elle à cette contrainte ?

b. Déterminer, à cent kilomètres près, la longueur maximale d'une ligne à très haute tension en courant continu pour laquelle la perte de puissance reste inférieure à 7 %.

40 ** D'après Bac STL Biotechnologies Polynésie, 2014 ALGO C1 C2 C3 C4 C5 C6

STL Bio

Dans un lac de montagne, on a observé qu'une population de poissons diminuait de 6 % tous les ans en raison d'une modification écologique du lac.

On s'intéresse au nombre de poissons n années après la première observation effectuée en 2004, où l'on comptait 3 500 poissons.

La situation peut être modélisée par une suite (u_n) de premier terme $u_0 = 3\,500$, u_n fournissant une estimation du nombre de poissons l'année $2004 + n$.

1. Justifier que la suite (u_n) est une suite géométrique dont on donnera la raison.

2. On propose l'algorithme suivant :

```
Variables :       U, N
Initialisation : U prend la valeur 3 500
                  N prend la valeur 0
Traitement :      Tant que U > 2 500
                    U prend la valeur U ×0,94
                    N prend la valeur N+1
                  Fin du Tant que
Affichage :       Afficher N
```

Déterminer la valeur de N obtenue en faisant fonctionner l'algorithme et interpréter le résultat.

3. En 2010, une association s'est mobilisée pour améliorer les conditions écologiques du lac. Depuis, la population de poissons a augmenté de 4 % chaque année. En 2010, l'association a constaté que le lac contenait 2 400 poissons.

a. Déterminer le nombre de poissons présents en 2014.

b. Si l'augmentation se maintient au même rythme, en quelle année la population de poissons observée retrouvera-t-elle la valeur de l'année 2004 ?

41 ** D'après Bac STI2D STL Nouvelle-Calédonie, 2014 ALGO C1 C2 C3 C4 C5 C6

Au 1er janvier 2014, un particulier installe 20 m² de panneaux photovoltaïques à son domicile. Pour estimer la rentabilité de cette installation, il utilise les informations suivantes :

- en France, 1 m² de panneaux photovoltaïques correctement orientés produit environ 95 kWh par an ;
- la première année, une installation produit effectivement cette quantité et on estime que la perte de rendement est de 3 % par an ;
- la rentabilité financière est assurée à partir du moment où la quantité totale d'énergie produite depuis le début de l'installation dépasse 20 000 kWh.

Pour tout entier naturel n, on note u_n la quantité d'énergie produite par l'installation durant l'année $(2014 + n)$.

Partie A

1. a. Déterminer la quantité d'énergie produite en 2014 et la quantité d'énergie produite en 2015.

b. Vérifier que $u_{n+1} = 0{,}97 \times u_n$ pour tout n.

2. Quelle estimation, à la dizaine de kWh près, peut-on donner de la quantité d'énergie produite en 2044 ?

3. Que devient la quantité d'énergie produite annuellement au bout d'un grand nombre d'années ?

4. En quelle année l'installation aura-t-elle perdu plus de la moitié de son rendement ?

Partie B

On considère l'algorithme suivant :

```
Variables :  u, S réels, n entier
Traitement : n prend la valeur 0
             u prend la valeur 1 900
             S prend la valeur 1 900
             Tant que S < 20 000
                n prend la valeur n + 1
                u prend la valeur u × 0,97
                S prend la valeur S + u
             Fin Tant que
Affichage :  Afficher n
```

1. La valeur affichée en exécutant cet algorithme est 12. Que signifie ce résultat ?

2. On estime que la durée de vie de l'installation sera d'environ 25 ans.

Calculer $u_0 + u_1 + u_2 + \ldots + u_{24}$ et interpréter le résultat.

42 ***Permis de conduire ALGO C1 C2 C3 C4 C5 C6

Émilion, au cours de ses études, suit un stage de trois ans. Ce stage est rémunéré 100 € par mois. Économe et désirant passer son permis de conduire, il décide à partir du 1er septembre 2015 de placer chaque mois son salaire sur un compte rémunéré au taux mensuel de 0,16 %.

On note M_n le capital d'Émilion au bout de n mois, où n est un entier naturel. Ainsi $M_0 = 100$.

1. Calculer M_1 et M_2. Arrondir au centime d'euro.

2. Exprimer M_{n+1} en fonction de M_n. La suite est-elle géométrique ?

3. Soit (u_n) la suite définie par $u_n = M_n + 62\,500$.

a. Démontrer que la suite (u_n) est géométrique de raison 1,001 6.

b. En déduire que $M_n = 1{,}001\,6^n \times 62\,600 - 62\,500$.

4. Le permis de conduire coûte 1 500 €.

a. Compléter l'algorithme suivant afin qu'il permette de déterminer le plus petit entier n tel que $M_n \geqslant 1\,500$.

```
Variables :  n, M
Traitement : M prend la valeur 100
             n prend la valeur 0
             Tant que M .......
                n prend la valeur n + 1
                M prend la valeur .......
             Fin Tant que
Affichage :  Afficher n
```

b. À partir de quelle date Émilion pourra-t-il s'inscrire à l'auto-école ?

43 ** **Suite géométrique** ALGO C1 C2 C3 C4 C5 C6

Le 1er janvier 2010, Lucas a placé 3 000 € à intérêts composés au taux annuel de 2,5 %.

On note C_n le capital de Lucas au 1er janvier de l'année $2010 + n$, où n est un entier naturel.

1. Calculer C_1 et C_2. Arrondir les résultats au centime d'euro.
2. Exprimer C_{n+1} en fonction de C_n. En déduire la nature de la suite (C_n).
3. Exprimer C_n en fonction de n.
4. En janvier 2015, la voiture de Lucas est endommagée et le montant des réparations s'élève à 3 500 €.

a. Le montant du placement est-il suffisant ?

b. Lucas décide de se déplacer à vélo en attendant que cette épargne soit suffisante.
Écrire un algorithme qui détermine à partir de quelle année le capital atteindra la somme de 3 500 €.
Combien d'années Lucas devra-t-il encore pédaler ?

Aller plus loin

44 *** **Méthode de Newton** ALGO

C1 C2 C3 C4 C5 C6

Soit f une fonction définie et dérivable sur $\mathbb{R}$ dont la courbe $\mathscr{C}_f$ coupe l'axe des abscisses.

La méthode

Le but de la méthode de Newton est d'approcher une solution notée α de l'équation $f(x) = 0$, par étapes successives, en construisant une suite numérique (x_n) qui converge vers α.

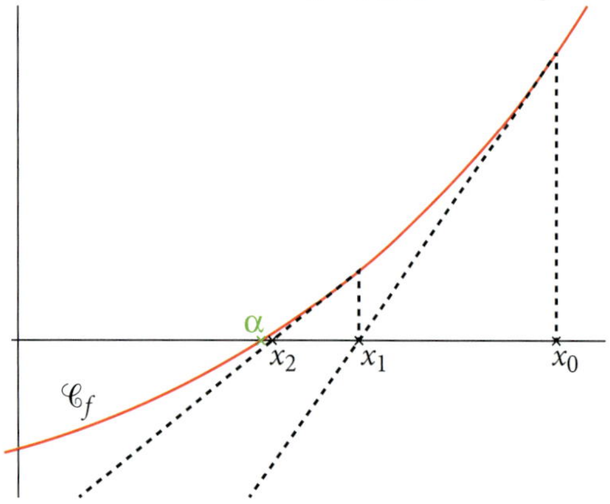

La méthode est la suivante :

- Soit x_0 un nombre assez proche de α.
- Pour un entier naturel n donné, si on connaît le terme x_n, on détermine x_{n+1} de la manière suivante :

1. On trace la tangente à la courbe $\mathscr{C}_f$ au point d'abscisse x_n.
2. On construit le point d'intersection de la tangente avec l'axe des abscisses.
3. La valeur de x_{n+1} est l'abscisse de ce point.

Sous certaines conditions, la suite (x_n) obtenue converge vers le réel α.

Étude d'un exemple

Soit f la fonction définie sur $\mathbb{R}$ par $f(x) = x^2 - 2$.
On souhaite approcher à l'aide de la méthode de Newton la solution positive de l'équation $f(x) = 0$.

Partie A Construction avec *GeoGebra*

1. Représenter la fonction f, puis construire le point $x_0(3\,;0)$.
2. Construire le point renommé M_0, intersection de la courbe et de la perpendiculaire à l'axe des abscisses passant par x_0.
3. Construire la tangente à $\mathscr{C}_f$ au point M_0 et le point d'intersection de cette tangente avec l'axe des abscisses. Renommer ce point x_1.
4. Réitérer ce procédé afin de construire le point nommé x_2. Conjecturer alors la limite de la suite (x_n).

Partie B Étude de la suite (x_n) et programmation sous Python

Soit n un entier naturel et x_n un réel non nul.

1. Déterminer une équation de la tangente à la courbe $\mathscr{C}_f$ au point d'abscisse x_n.
2. En déduire les coordonnées du point d'intersection de cette droite avec l'axe des abscisses.
3. On note x_{n+1} l'abscisse de ce point d'intersection. Vérifier que $x_{n+1} = \dfrac{x_n}{2} + \dfrac{1}{x_n}$.
4. Réaliser un algorithme à programmer sous Python qui demande la valeur de x_0 et affiche les dix premières valeurs de la suite (x_n).
5. a. Faire tourner cet algorithme pour $x_0 = 3$.

b. Que se passe-t-il pour les dernières valeurs affichées ?

c. Vers quelle valeur semble converger la suite ? Était-ce prévisible ?

6. Expliquer les résultats obtenus pour $x_0 = 0$ et pour $x_0 = -10$.

45 ** **Démontrer une propriété du cours**

Soit q est un réel différent de 1 et n un entier naturel.
On note $S_n = 1 + q + q^2 + \ldots + q^n$.

1. Calculer $q \times S_n$ puis $S_n - q \times S_n$.
2. En déduire que, pour tout entier naturel n :

$$1 + q + q^2 + \ldots + q^n = \frac{1-q^{n+1}}{1-q}.$$

3. Soit (u_n) une suite géométrique de raison q et de premier terme u_0.
Démontrer que, pour tout entier naturel n :

$$u_0 + u_1 + u_2 + \ldots + u_n = u_0 \times \frac{1-q^{n+1}}{1-q}.$$

SOUTIEN AP1 Comment utiliser la boucle Tant que pour la recherche d'un seuil dans une suite ?

ALGO

I. La méthode

Lorsqu'une suite (u_n) converge vers un nombre l, on est parfois amené à rechercher un seuil à partir duquel $|u_n - l| \leqslant A$, A étant un réel positif donné.

De même, lorsqu'une suite a pour limite $+\infty$, on est amené à rechercher un seuil à partir duquel $u_n \geqslant A$.

On utilise alors la boucle Tant que, structure qui consiste à répéter un certain traitement tant que la **condition** reste valide.

Exemple

```
Affecter à U la valeur 3
Affecter à n la valeur 0
Tant que U > 10^-2
   Affecter à n la valeur n + 1
   Affecter à U la valeur (1/4) U
Fin Tant que
Afficher n
```

Dans cet exemple, la suite (u_n) est géométrique de raison $\frac{1}{4}$ et de premier terme $u_0 = 3$. On recherche le seuil n à partir duquel $u_n \leqslant 10^{-2}$.

Il faut calculer tous les termes **jusqu'à ce que** $\boldsymbol{u_n \leqslant 10^{-2}}$, c'est-à dire **Tant que** $\boldsymbol{u_n > 10^{-2}}$.

II. Application

Dans chacun des cas suivants, compléter l'extrait d'algorithme.

Programmer alors ces algorithmes afin de déterminer chacun des seuils.

1 La suite (u_n), définie par $u_0 = 12$ et $u_{n+1} = 0{,}3u_n + 7$ converge vers 10.

Rechercher le seuil à partir duquel $u_n - 10 \leqslant 10^{-3}$.

```
Affecter à U la valeur 10
Affecter à n la valeur 0
Tant que U - 10 ......
   Affecter à n la valeur n + 1
   Affecter à U la valeur ...
Fin Tant que
Afficher n
```

2 La suite (u_n), définie par $u_0 = 50$ et $u_{n+1} = 1{,}02u_n + 100$ a pour limite $+\infty$.

Rechercher le seuil à partir duquel $u_n \geqslant 1\,000$.

```
Affecter à U la valeur ......
Affecter à n la valeur ......
Tant que ..............
   Affecter à n la valeur ......
   Affecter à U la valeur ......
Fin Tant que
Afficher n
```

SOUTIEN AP2 Comment calculer la somme de termes consécutifs d'une suite géométrique ?

I. La méthode

- Pour calculer la somme de termes consécutifs d'une suite géométrique (u_n) de raison q, on recherche le nombre de termes.

La somme $u_m + u_{m+1} + ... + u_p$ est composée de : $p - m + 1$ termes.

- On utilise alors le procédé mnémotechnique :

$$Somme = 1^{er}\text{ terme} \times \frac{1-q^{\text{nombre de termes}}}{1-q}.$$

II. Application

1 La suite (u_n) est géométrique de raison $\frac{1}{2}$ et de premier terme $u_0 = 3$. Calculer $S = u_0 + u_1 + u_2 + ... + u_6$ et $S' = u_2 + u_3 + u_4 + ... + u_7$.

2 La suite (u_n) est géométrique de raison 1,01 et de premier terme $u_0 = 100$. Exprimer, pour tout entier naturel n, $S_n = u_0 + u_1 + u_2 + ... + u_n$, puis $S'_n = u_0 + u_1 + u_2 + ... + u_{n-1}$, en fonction de n.

APPROFONDISSEMENT AP3 — Comment étudier une suite non géométrique et calculer le produit de ses termes consécutifs ?

Cet exercice nécessite la connaissance des fonctions logarithme népérien et exponentielle.

On considère la suite (u_n) définie par $u_0 = e^2$ et, pour tout entier naturel n : $u_{n+1} = \sqrt{u_n}$.

1 Calculer u_1.

2 À l'aide de la calculatrice, conjecturer la limite de la suite (u_n).

3 Soit, pour tout entier naturel n, la suite (v_n) définie par $v_n = \ln u_n$.

a. Calculer v_0 et v_1.

b. Démontrer que la suite (v_n) est une suite géométrique dont on précisera la raison.

c. En déduire l'expression de v_n puis celle de u_n en fonction de n.

d. Calculer la limite de la suite (u_n).

4 On note, pour tout entier naturel n :

$S_n = v_0 + v_1 + v_2 + ... + v_n$ et $P_n = u_0 \times u_1 \times u_2 \times ... \times u_n$.

a. Exprimer, pour tout entier naturel n, S_n puis P_n en fonction de n.

b. Calculer $\lim\limits_{n \to +\infty} P_n$.

APPROFONDISSEMENT AP4 — Comment étudier des suites de nombres complexes ?

Cet exercice nécessite la connaissance des nombres complexes.

On définit, pour tout entier naturel n, les nombres complexes z_n par :

$z_0 = 16$ et $z_{n+1} = \dfrac{1+i}{2} z_n$.

On note r_n le module du nombre complexe z_n :

$r_n = |z_n|$.

Dans le plan muni d'un repère orthonormé direct d'origine O, on considère les points A_n d'affixes z_n.

1 **a.** Calculer z_1 et z_2.

b. On admet que $z_3 = -4 + 4i$, $z_4 = -4$, $z_5 = -2 - 2i$ et $z_6 = -2i$.

Construire les points A_1, A_2, A_3, A_4 et A_5.

c. Écrire le nombre complexe $\dfrac{1+i}{2}$ sous forme trigonométrique.

d. Démontrer que le triangle OA_0A_1 est isocèle rectangle en A_1.

2 Démontrer que la suite (r_n) est géométrique, de raison $\dfrac{\sqrt{2}}{2}$.

La suite (r_n) est-elle convergente ? Interpréter géométriquement le résultat précédent.

3 On note L_n la longueur de la ligne brisée qui relie le point A_0 au point A_n en passant successivement par les points A_1, A_2, A_3, etc.

Ainsi :

$$L_n = \sum_{k=0}^{n-1} A_kA_{k+1} = A_0A_1 + A_1A_2 + A_2A_3 + ... + A_{n-1}A_n .$$

a. Démontrer que pour tout entier naturel n :

$A_nA_{n+1} = r_{n+1}$.

b. Donner une expression de L_n en fonction de n.

c. Déterminer la limite éventuelle de la suite (L_n).

Chapitre 2

Limites de fonctions

OBJECTIFS

- Interpréter graphiquement une limite en termes d'asymptote. ▶ Cours I
- Interpréter une représentation graphique en termes de limite. ▶ Cours II
- Déterminer la limite d'une fonction simple. ▶ Cours III
- Déterminer des limites pour des fonctions de la forme u^n, n entier naturel non nul. ▶ Cours III

Dans la circulation de nuit, les traînées de lumière forment des courbes asymptotes.

QCM Pour chacune des questions posées, indiquer la bonne réponse.

Dans les **questions 1 à 4**, on considère la figure ci-contre.

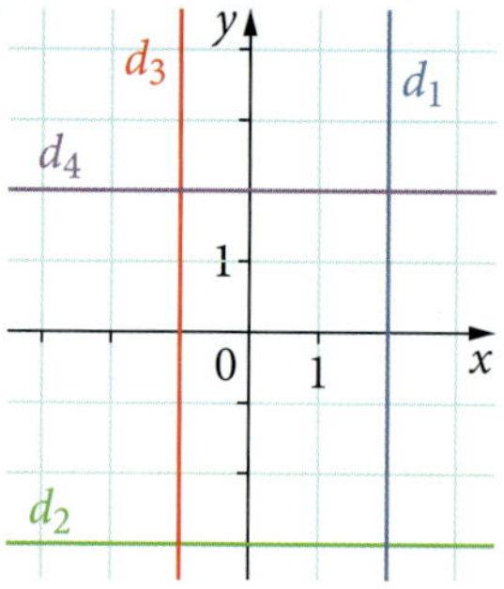

	a	b	c	d
1 La droite d_1 a pour équation :	$x=2$	$y=2$	$y=2x$	$x=2y$
2 La droite d_2 a pour équation :	$x=-3$	$y=-3x$	$x=-3y$	$y=-3$
3 La droite d_3 a pour équation :	$y=-1$	$y=-x$	$x=1$	$x=-1$
4 La droite d_4 a pour équation :	2	$y=2x$	$y=2$	$x=2$
5 L'inéquation $-2x+6>0$ a pour ensemble de solutions :	$]-\infty\,;3[$	$]-\infty\,;-3[$	$]3\,;+\infty[$	$[3\,;+\infty[$
6 Le polynôme $-x^2-x+6$ est :	positif sur $]-3\,;+\infty[$	négatif sur $]-\infty\,;2]$	négatif sur $[-3\,;2]$	positif sur $[-3\,;2]$

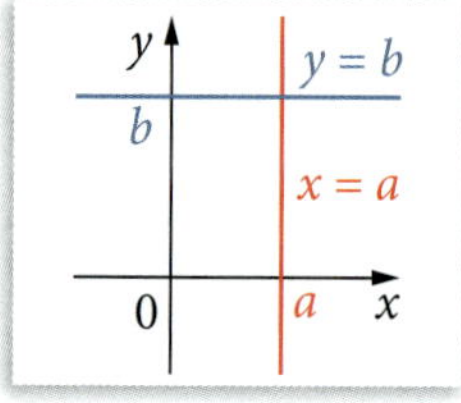

Rappels

1 Droites parallèles aux axes

L'équation d'une droite parallèle à l'axe des ordonnées est du type : $x = a$.
L'équation d'une droite parallèle à l'axe des abscisses est du type : $y = b$.

2 Signe de $ax^2 + bx + c$, avec a non nul

Soit $\Delta = b^2 - 4ac$.

- Si $\Delta > 0$

On note x_1 et x_2 les racines du polynôme avec $x_1 < x_2$.

x	$-\infty$		x_1		x_2		$+\infty$
Signe de $ax^2 + bx + c$		Signe de a	0	Signe de $-a$	0	Signe de a	

- Si $\Delta = 0$

On note x_0 la racine.

x	$-\infty$		x_0		$+\infty$
Signe de $ax^2 + bx + c$		Signe de a	0	Signe de a	

- Si $\Delta < 0$

x	$-\infty$		$+\infty$
Signe de $ax^2 + bx + c$		Signe de a	

Activités d'approche

Activité 1 Aire d'un trapèze

lienmini.fr/m111-c02-act1A

Dans le plan muni d'un repère orthonormé d'origine O, on considère le point A de coordonnées (1 ; 3) et le point H, projeté orthogonal de A sur l'axe des abscisses. M est un point de l'axe des abscisses, d'abscisse strictement supérieure à 1 et B est le point d'intersection de la droite (AM) avec l'axe des ordonnées.
On s'intéresse à l'aire du trapèze OHAB lorsque M varie.

Partie A Observation avec *GeoGebra*

À l'aide du logiciel *GeoGebra*, on a représenté la figure et fait apparaître l'aire du trapèze lorsque M se déplace sur l'axe des abscisses.
Faire varier le curseur et conjecturer le comportement de l'aire lorsque M se rapproche de H puis lorsque M s'éloigne indéfiniment de H.

Partie B Modélisation et approche graphique

Soit f la fonction qui à tout x réel de $]1\,;+\infty[$ associe l'aire du trapèze OHAB.

On admet que $f(x)=\dfrac{6x-3}{2x-2}$.

1. À l'aide du logiciel *GeoGebra*, représenter la fonction f, en entrant dans la barre de saisie **f=Fonction**[**(6x-3)/(2x-2),1,20**], ainsi que les droites d'équations **x=1** et **y=3**.
2. Conjecturer le comportement de la courbe $\mathscr{C}_f$ représentative de f lorsque :
a. x se rapproche de 1.
b. x devient de plus en plus grand.

info
On dit que les droites d'équations $x = 1$ et $y = 3$ sont **asymptotes** à la courbe $\mathscr{C}_f$ et que la fonction f a pour **limite** $+\infty$ lorsque x tend vers 1, et pour limite 3 lorsque x tend vers $+\infty$.

Activité 2 Quelques références

Partie A Fonctions puissances

1. Soit f la fonction définie sur $\mathbb{R}$ par $f(x) = x^2$.
a. À l'aide de la calculatrice, afficher le tableau de valeurs de $f(x)$ pour x allant de 20 à 100 avec un pas de 20 et conjecturer $\lim\limits_{x\to+\infty} x^2$.
b. À l'aide de la calculatrice, afficher le tableau de valeurs de $f(x)$ pour x allant de −20 à −100 avec un pas de 20 et conjecturer $\lim\limits_{x\to-\infty} x^2$.
2. Soit g, h et k les fonctions définies sur $\mathbb{R}$ par $g(x) = x^3$, $h(x) = x^4$ et $k(x) = x^5$.
a. À l'aide de la calculatrice, conjecturer pour chacune de ces fonctions, la limite en $-\infty$ et en $+\infty$.
b. Soit n un entier naturel non nul. Conjecturer alors $\lim\limits_{x\to-\infty} x^n$ et $\lim\limits_{x\to+\infty} x^n$.

Partie B Fonction inverse

1. Conjecturer à l'aide de la calculatrice $\lim\limits_{x\to-\infty} \dfrac{1}{x}$ et $\lim\limits_{x\to+\infty} \dfrac{1}{x}$.
2. Afficher le tableau de valeurs de la fonction inverse pour x allant de −0,9 à −0,1 avec un pas de 0,1, puis pour x allant de −0,09 à −0,01 avec un pas de 0,01.
Conjecturer alors $\lim\limits_{\substack{x\to0\\x<0}} \dfrac{1}{x}$.
3. Afficher le tableau de valeurs de la fonction inverse pour x allant de 0,1 à 0,9 avec un pas de 0,1, puis pour x allant de 0,01 à 0,09 avec un pas de 0,01.
Conjecturer alors $\lim\limits_{\substack{x\to0\\x>0}} \dfrac{1}{x}$.

VOIR EXERCICES RÉSOLUS 1 et 2

I. Limites et asymptotes

A. Limite finie à l'infini, asymptote horizontale

1. Définition

Définition Soit f une fonction définie sur un intervalle $]a\,;+\infty[$ ou $]-\infty\,;a[$ où a est un réel.

- On dit que f a pour limite le nombre réel L en $+\infty$ lorsque tout intervalle ouvert contenant L contient toutes les valeurs de $f(x)$ dès que x est assez grand. On note $\lim\limits_{x\to+\infty} f(x)=L$.
- On dit que f a pour limite le nombre réel L en $-\infty$ lorsque tout intervalle ouvert contenant L contient toutes les valeurs de $f(x)$ dès que x est négatif et assez grand en valeur absolue. On note $\lim\limits_{x\to-\infty} f(x)=L$.

2. Interprétation graphique : asymptote horizontale

Définition Dans un repère orthogonal du plan, si $\lim\limits_{x\to+\infty} f(x)=L$ ou si $\lim\limits_{x\to-\infty} f(x)=L$, on dit que la droite d'équation $y=L$ est asymptote horizontale à la courbe représentative $\mathscr{C}_f$ de f en $+\infty$ ou en $-\infty$.

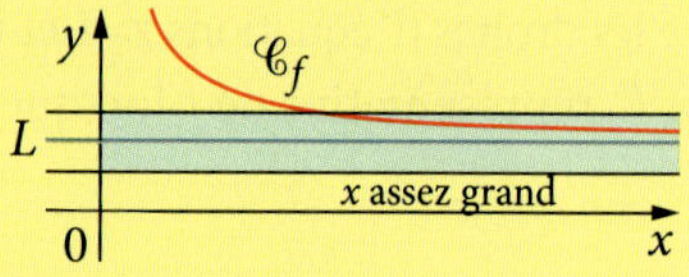

$\lim\limits_{x\to+\infty} f(x)=L$

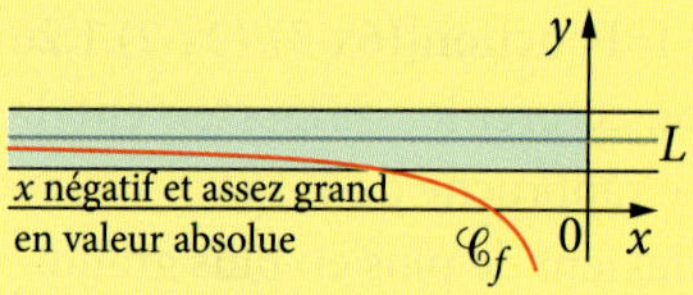

$\lim\limits_{x\to-\infty} f(x)=L$

B. Limite infinie en un point, asymptote verticale

1. Définition

Définition Soit f une fonction définie sur un intervalle $]a\,;b]$ ou $[b\,;a[$ où a et b sont des réels.

- On dit que f a pour limite $+\infty$ quand x tend vers a si tout intervalle de la forme $]A\,;+\infty[$, où A est un réel, contient toutes les valeurs de $f(x)$ pour x suffisamment proche de a. On note $\lim\limits_{x\to a} f(x)=+\infty$.
- On dit que f a pour limite $-\infty$ quand x tend vers a si tout intervalle de la forme $]-\infty\,;A[$, où A est un réel, contient toutes les valeurs de $f(x)$ pour x suffisamment proche de a, et on note $\lim\limits_{x\to a} f(x)=-\infty$.

2. Interprétation graphique : asymptote verticale

Définition Soit f une fonction définie sur un intervalle $]a\,;b]$ ou $[b\,;a[$ où a et b sont des réels.

Dans un repère orthogonal du plan, si $\lim\limits_{x\to a} f(x)=+\infty$ ou si $\lim\limits_{x\to a} f(x)=-\infty$, on dit que la droite d'équation $x=a$ est asymptote verticale à la courbe représentative $\mathscr{C}_f$ de f.

Limites « à gauche de a »

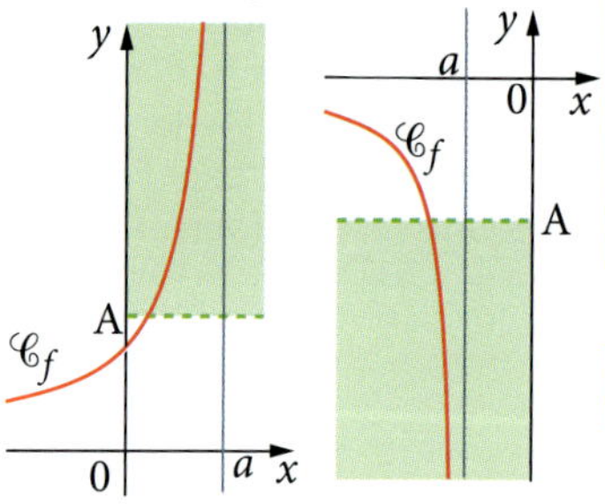

x suffisamment proche de a

$\lim\limits_{\substack{x\to a\\x<a}} f(x)=+\infty$ $\lim\limits_{\substack{x\to a\\x<a}} f(x)=-\infty$

Limites « à droite de a »

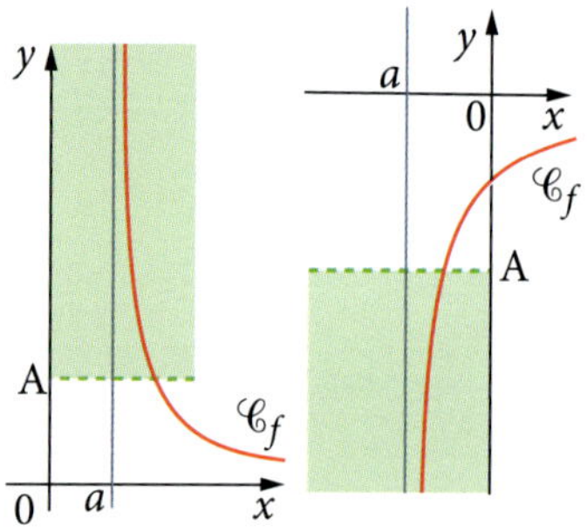

x suffisamment proche de a

$\lim\limits_{\substack{x\to a\\x>a}} f(x)=+\infty$ $\lim\limits_{\substack{x\to a\\x>a}} f(x)=-\infty$

EXERCICE RÉSOLU 1

Faire le lien entre limite et asymptote

On donne la représentation graphique d'une fonction f. Les droites d_1, d_2 et d_3 sont des asymptotes à la courbe.

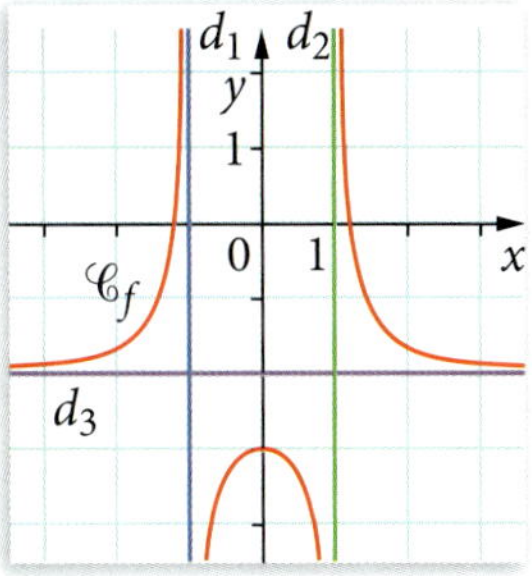

1. Donner une équation de chacune des asymptotes.

2. Lire les limites de f :

a. en $-\infty$ et en $+\infty$; b. en -1 à gauche et à droite ; c. en 1 à gauche et à droite.

→ Résolution

1. $d_1 : x = -1$, $d_2 : x = 1$, $d_3 : y = -2$.

2. a. On remarque que d_3 est asymptote à la courbe en $-\infty$ et en $+\infty$.
Donc $\lim\limits_{x \to -\infty} f(x) = -2$ et $\lim\limits_{x \to +\infty} f(x) = -2$.

b. On remarque que si x est suffisamment proche de -1 et si $x < -1$, alors $f(x)$ est aussi grand que l'on veut. Donc $\lim\limits_{\substack{x \to -1 \\ x < -1}} f(x) = +\infty$.

De même, si x est suffisamment proche de -1 et si $x > -1$, alors $f(x)$ est négatif et aussi grand que l'on veut en valeur absolue.
Donc $\lim\limits_{\substack{x \to -1 \\ x > -1}} f(x) = -\infty$.

c. Par un raisonnement analogue, on obtient :
$\lim\limits_{\substack{x \to 1 \\ x < 1}} f(x) = -\infty$ et $\lim\limits_{\substack{x \to 1 \\ x > 1}} f(x) = +\infty$.

Méthode

➲ On sait que l'asymptote horizontale a une équation de la forme $y = L$.

➲ On regarde si cette droite est asymptote en $-\infty$ ou en $+\infty$ et on en déduit la limite.

➲ On sait que l'asymptote verticale a une équation de la forme $x = a$.

➲ On regarde à gauche ($x < a$) et à droite ($x > a$) de cette droite si $f(x)$ est aussi grand que l'on veut (limite égale à $+\infty$) ou si $f(x)$ est négatif et aussi grand que l'on veut en valeur absolue (limite égale à $-\infty$).

VOIR
EXERCICES D'APPLICATION 1 à 4

EXERCICE RÉSOLU 2

Interpréter graphiquement des limites

On donne le tableau de variations d'une fonction f :

x	$-\infty$		0		$+\infty$
$f(x)$	0 ↗	$+\infty$	‖	$+\infty$ ↘	1

1. Déterminer l'ensemble de définition puis lire les limites aux bornes de l'ensemble de définition.

2. Donner une interprétation graphique de ces limites.

3. Construire une allure possible de la courbe.

→ Résolution

1. La fonction f est définie sur $]-\infty\,;0[\,\cup\,]0\,;+\infty[$.
Quatre limites sont à lire :
$\lim\limits_{x \to -\infty} f(x) = 0$, $\lim\limits_{\substack{x \to 0 \\ x < 0}} f(x) = +\infty$, $\lim\limits_{\substack{x \to 0 \\ x > 0}} f(x) = +\infty$, $\lim\limits_{x \to +\infty} f(x) = 1$.

2. La courbe admet une asymptote verticale d'équation $x = 0$ et deux asymptotes horizontales d'équations respectives : $y = 0$ en $-\infty$ et $y = 1$ en $+\infty$.

3. Voir la figure ci-contre.

Méthode

➲ Interpréter graphiquement une limite revient à donner, si elle existe, l'équation réduite de l'asymptote à la courbe.

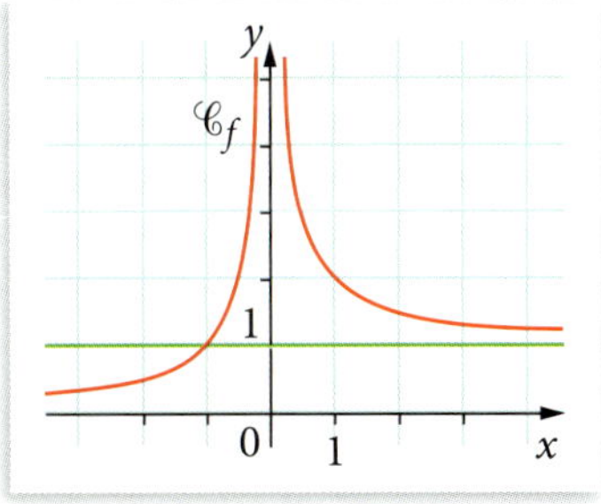

VOIR
EXERCICES D'APPLICATION 5 et 6

VOIR EXERCICE RÉSOLU 3

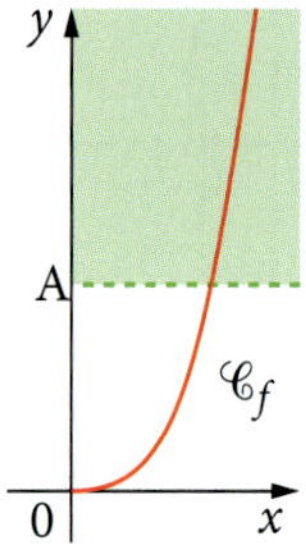

x assez grand

$\lim\limits_{x \to +\infty} f(x) = +\infty$

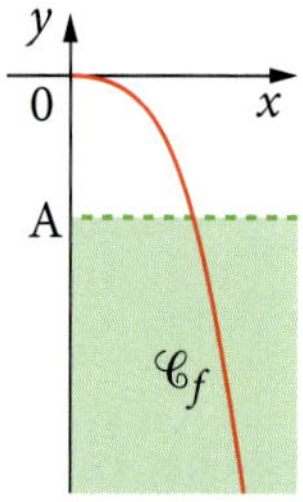

x assez grand

$\lim\limits_{x \to +\infty} f(x) = -\infty$

II. Limite infinie d'une fonction en l'infini

Définitions Soit f une fonction définie sur un intervalle $]a\,;+\infty[$ ou $]-\infty\,;a[$ où a est un réel.

- On dit que f a pour limite $+\infty$ en $+\infty$ si tout intervalle de la forme $]A\,;+\infty[$, où A est un réel, contient toutes les valeurs de $f(x)$ dès que x est assez grand. On note $\lim\limits_{x \to +\infty} f(x) = +\infty$.
- On dit que f a pour limite $-\infty$ en $+\infty$ si tout intervalle de la forme $]-\infty\,;A[$ contient toutes les valeurs de $f(x)$ dès que x est assez grand. On note $\lim\limits_{x \to +\infty} f(x) = -\infty$.
- On définit de façon analogue $\lim\limits_{x \to -\infty} f(x) = +\infty$ et $\lim\limits_{x \to -\infty} f(x) = -\infty$.

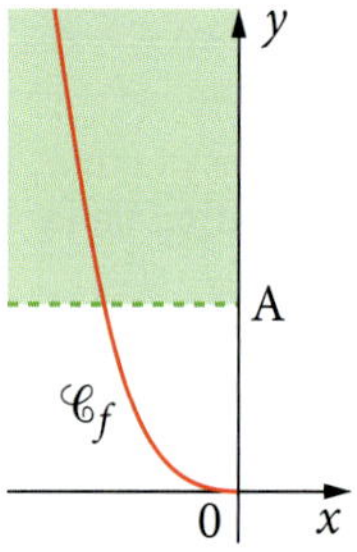

x négatif et assez grand en valeur absolue

$\lim\limits_{x \to -\infty} f(x) = +\infty$

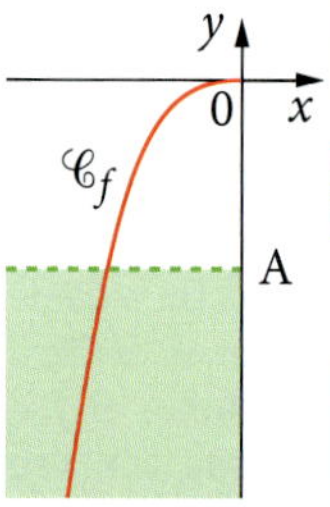

x négatif et assez grand en valeur absolue

$\lim\limits_{x \to -\infty} f(x) = -\infty$

III. Calcul de limites

A. Limite des fonctions de référence

1. Théorème (admis)

Nom de la fonction	Forme	Ensemble de définition	Limites
Fonction constante	$x \mapsto k$ k réel	$\mathbb{R}$	$\lim\limits_{x \to -\infty} k = k$ et $\lim\limits_{x \to +\infty} k = k$
Fonction puissance	$x \mapsto x^n$ n entier naturel non nul	$\mathbb{R}$	• $\lim\limits_{x \to +\infty} x^n = +\infty$ • Si n est pair, $\lim\limits_{x \to -\infty} x^n = +\infty$ • Si n est impair, $\lim\limits_{x \to -\infty} x^n = -\infty$
Fonction racine carrée	$x \mapsto \sqrt{x}$	$[0\,;+\infty[$	$\lim\limits_{x \to +\infty} \sqrt{x} = +\infty$
Fonction inverse	$x \mapsto \dfrac{1}{x}$	$\mathbb{R}^*$	$\lim\limits_{\substack{x \to 0 \\ x<0}} \dfrac{1}{x} = -\infty$, $\lim\limits_{\substack{x \to 0 \\ x>0}} \dfrac{1}{x} = +\infty$, $\lim\limits_{x \to +\infty} \dfrac{1}{x} = 0$, $\lim\limits_{x \to -\infty} \dfrac{1}{x} = 0$

2. Limite d'une fonction en un point de l'ensemble de définition

Les fonctions polynômes, rationnelles, sinus et cosinus définies sur un intervalle contenant a ont pour limite $f(a)$ en a : $\lim\limits_{x \to a} f(x) = f(a)$.

VOIR EXERCICE RÉSOLU 4

B. Produit d'une fonction par un réel non nul

Théorème (admis) Soit u une fonction, k un réel non nul et L un réel.

Si $\lim\limits_{x \to \alpha} u(x) = L$	$\lim\limits_{x \to \alpha} k \times u(x) = kL$
Si $\lim\limits_{x \to \alpha} u(x) = +\infty$	si $k > 0$, $\lim\limits_{x \to \alpha} k \times u(x) = +\infty$; si $k < 0$, $\lim\limits_{x \to \alpha} k \times u(x) = -\infty$.
Si $\lim\limits_{x \to \alpha} u(x) = -\infty$	si $k > 0$, $\lim\limits_{x \to \alpha} k \times u(x) = -\infty$; si $k < 0$, $\lim\limits_{x \to \alpha} k \times u(x) = +\infty$.

info

α désigne un réel ou $+\infty$ ou $-\infty$.

EXERCICE RÉSOLU 3

Conjecturer des limites infinies en l'infini

Pour chacune des fonctions représentées ci-dessous, lire la limite demandée.

a.

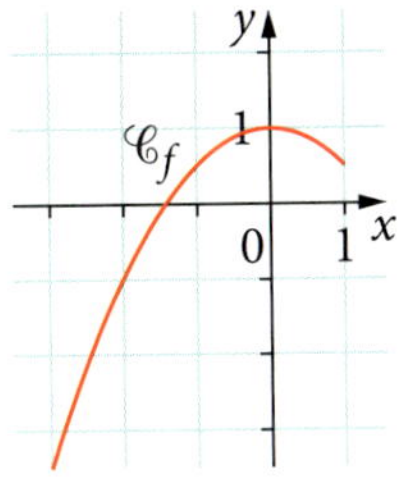

$\lim\limits_{x\to-\infty} f(x)$

b.

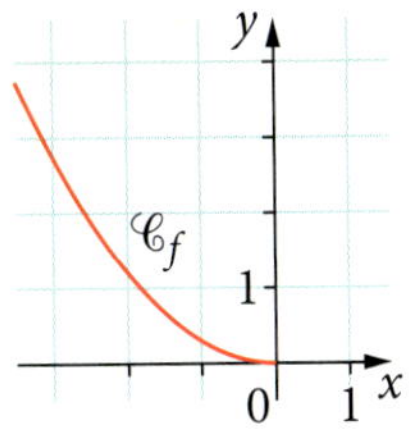

$\lim\limits_{x\to-\infty} f(x)$

c.

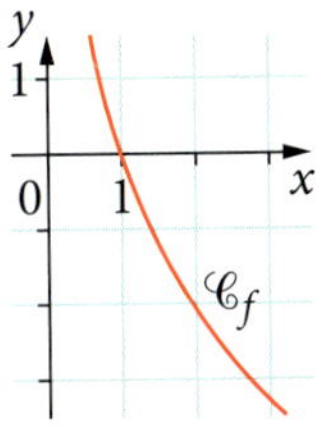

$\lim\limits_{x\to+\infty} f(x)$

d.

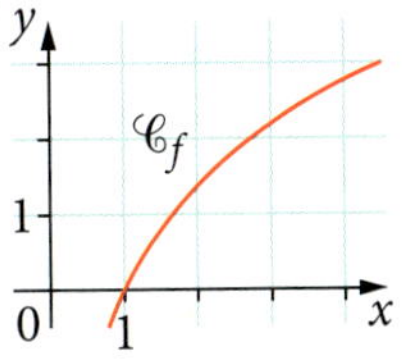

$\lim\limits_{x\to+\infty} f(x)$

→ Résolution

a. À gauche sur le graphique, les points ont des ordonnées négatives et de plus en plus grandes en valeur absolue. Donc $\lim\limits_{x\to-\infty} f(x)=-\infty$.

b. À gauche, les points ont des ordonnées positives et de plus en plus grandes. Donc $\lim\limits_{x\to-\infty} f(x)=+\infty$.

c. À droite, les points ont des ordonnées négatives et de plus en plus grandes en valeur absolue. Donc $\lim\limits_{x\to+\infty} f(x)=-\infty$.

d. À droite, les points ont des ordonnées positives et de plus en plus grandes. Donc $\lim\limits_{x\to+\infty} f(x)=+\infty$.

Méthode

➲ Pour lire $\lim\limits_{x\to+\infty} f(x)$, on regarde le comportement de la courbe sur la gauche du graphique :

- si les points ont des ordonnées positives de plus en plus grandes, alors la limite est égale à $+\infty$;
- si les points ont des ordonnées négatives de plus en plus grandes en valeur absolue, alors la limite est égale à $-\infty$.

➲ Pour lire $\lim\limits_{x\to+\infty} f(x)$, on utilise le même procédé en regardant le comportement de la courbe sur la droite du graphique.

VOIR
EXERCICES D'APPLICATION 7 à 10

EXERCICE RÉSOLU 4

Calculer la limite de *ku*, où *k* réel non nul

Calculer les limites suivantes :

a. $\lim\limits_{x\to-\infty} -3x^2$ **b.** $\lim\limits_{\substack{x\to0\\x>0}} \dfrac{3}{x}$ **c.** $\lim\limits_{x\to-\infty} -5x^7$ **d.** $\lim\limits_{x\to+\infty} -3\sqrt{x}$

→ Résolution

a. $-3x^2=-3\times u(x)$ avec $u(x)=x^2=x^n$ avec n pair.

Donc $\lim\limits_{x\to-\infty} x^2=+\infty$ et $\lim\limits_{x\to-\infty} -3x^2=-\infty$ car $-3<0$.

b. $\dfrac{3}{x}=3\times\dfrac{1}{x}$ et $\lim\limits_{\substack{x\to0\\x>0}}\dfrac{1}{x}=+\infty$, donc $\lim\limits_{\substack{x\to0\\x>0}}\dfrac{3}{x}=+\infty$ car $3>0$.

c. $\lim\limits_{x\to-\infty} x^7=-\infty$ car 7 est impair, donc $\lim\limits_{x\to-\infty} -5x^7=+\infty$ car $-5<0$.

d. $-3\sqrt{x}=-3\times\sqrt{x}$ et $\lim\limits_{x\to+\infty}\sqrt{x}=+\infty$, donc $\lim\limits_{x\to+\infty} -3\sqrt{x}=-\infty$ car $-3<0$.

Méthode

➲ On écrit la fonction f sous la forme ku, u étant une fonction de référence.

➲ On recherche la limite de la fonction u (voir cours, paragraphe **IIIA**).

➲ On applique le théorème sur la limite de la fonction ku (voir cours, paragraphe **IIIB**).

VOIR
EXERCICES D'APPLICATION 11 à 13

III. Calcul de limites (suite)

VOIR EXERCICE RÉSOLU 5

C. Somme de deux fonctions

Si $\lim\limits_{x\to\alpha} u(x)$ est égale à :	et si $\lim\limits_{x\to\alpha} v(x)$ est égale à :	alors $\lim\limits_{x\to\alpha}(u(x)+v(x))$ est égale à :
L	L'	$L+L'$
L	$+\infty$	$+\infty$
L	$-\infty$	$-\infty$
$+\infty$	$+\infty$	$+\infty$
$-\infty$	$-\infty$	$-\infty$
$-\infty$	$+\infty$	F.I.

info

F.I. (forme indéterminée) signifie qu'il n'y a pas de théorème général pour conclure.

VOIR EXERCICE RÉSOLU 5

D. Produit de deux fonctions

Si $\lim\limits_{x\to\alpha} u(x)$ est égale à :	et si $\lim\limits_{x\to\alpha} v(x)$ est égale à :	alors $\lim\limits_{x\to\alpha}(u(x)\times v(x))$ est égale à :
L	L'	$L\times L'$
$L\ (L\neq 0)$	∞	∞
∞	∞	∞
0	∞	F.I.

info

La règle des signes s'applique aux limites infinies : le choix entre $-\infty$ et $+\infty$ est déterminé par le signe de $u(x)$ et de $v(x)$.

VOIR EXERCICE RÉSOLU 5

E. Inverse d'une fonction

Si $\lim\limits_{x\to\alpha} v(x)$ est égale à :	alors $\lim\limits_{x\to\alpha}\dfrac{1}{v(x)}$ est égale à :
$L\ (L\neq 0)$	$\dfrac{1}{L}$
∞	0
0	$+\infty$ si $v(x)>0$ $-\infty$ si $v(x)<0$

VOIR EXERCICE RÉSOLU 6

F. Fonction de la forme u^n STI2D STL/SPCL

Théorème (admis) Soit u une fonction définie sur un intervalle $]-\infty\,;a[$ ou sur $]a\,;+\infty[$, L un réel et n un entier naturel non nul.

Si $\lim\limits_{x\to\alpha} u(x)$ est égale à :	alors $\lim\limits_{x\to\alpha} u^n(x)$ est égale à :
L	L^n
$+\infty$	$+\infty$
$-\infty$	$+\infty$ si n est pair $-\infty$ si n est impair

EXERCICE RÉSOLU 5

Calculer des limites

Calculer les limites suivantes :

a. $\lim\limits_{x\to-\infty} 3x^2-5x+50$ b. $\lim\limits_{x\to+\infty} (-2x+3)(x^2-1)$

c. $\lim\limits_{x\to+\infty} \dfrac{1}{2x^2+3}$ d. $\lim\limits_{\substack{x\to-1\\x>-1}} \dfrac{x+3}{x^2+4x+3}$

→ Résolution

a. Il s'agit d'une **somme** dont on calcule la limite de chacun des termes.

$\lim\limits_{x\to-\infty} 3x^2=+\infty$, $\lim\limits_{x\to-\infty} -5x=+\infty$ et $\lim\limits_{x\to-\infty} 50=50$.

On utilise le tableau du cours (**III C**), et on obtient :

$\lim\limits_{x\to-\infty} 3x^2-5x+50 = +\infty$.

b. Il s'agit d'un **produit** dont on calcule la limite de chacun des facteurs.

On obtient : $\lim\limits_{x\to+\infty} -2x+3=-\infty$ et $\lim\limits_{x\to+\infty} x^2-1=+\infty$.

On utilise le tableau du cours (**III D**), et on obtient :

$\lim\limits_{x\to+\infty} (-2x+3)(x^2-1)=-\infty$.

c. Il s'agit de l'inverse d'une fonction dont on calcule la limite :

$\lim\limits_{x\to+\infty} 2x^2+3=+\infty$.

On utilise le tableau du cours (**III E**), et on obtient : $\lim\limits_{x\to+\infty} \dfrac{1}{2x^2+3}=0$.

d. $\dfrac{x+3}{x^2+4x+3}=(x+3)\times\dfrac{1}{x^2+4x+3}$

avec $\lim\limits_{\substack{x\to-1\\x>-1}} x+3=2$ et $\lim\limits_{\substack{x\to-1\\x>-1}} x^2+4x+3=0$.

La limite du quotient est donc infinie. On étudie le signe du dénominateur.

x	$-\infty$		-3		-1		$+\infty$
x^2+4x+3		$+$	0	$-$	0	$+$	

$\lim\limits_{\substack{x\to-1\\x>-1}} x+3=2>0$. D'après le cours (**III E**), on a : $\lim\limits_{\substack{x\to-1\\x>-1}} x^2+4x+3 = 0^+$.

Donc $\lim\limits_{\substack{x\to-1\\x>-1}} \dfrac{1}{x^2+4x+3}=+\infty$. Et $\lim\limits_{\substack{x\to-1\\x>-1}} \dfrac{x+3}{x^2+4x+3}=+\infty$.

Méthode

➲ On repère l'opération correspondant à l'expression.

➲ On calcule la limite :
- de chaque **terme** pour une **somme,**
- de chaque **facteur** pour un **produit,**
- du **numérateur** et du **dénominateur** pour un **quotient.**

➲ On utilise les tableaux correspondants dans le cours.

VOIR EXERCICES D'APPLICATION 14 à 24

EXERCICE RÉSOLU 6

Calculer la limite d'une fonction u^n, n entier naturel non nul

Calculer la limite suivante : $\lim\limits_{x\to+\infty} (-2x+3)^5$.

→ Résolution

Il s'agit de trouver la limite d'une fonction de la forme u^n avec $u(x)=-2x+3$ et $n=5$. On a :

$\lim\limits_{x\to+\infty} -2x+3=-\infty$ et 5 impair.

Donc, en utilisant le tableau du cours (**III F**), on obtient :

$\lim\limits_{x\to+\infty} (-2x+3)^5=-\infty$.

Méthode

➲ On repère la forme u^n et la fonction u.

➲ On calcule la limite de la fonction u.

➲ On utilise le tableau dans le cours pour déduire la limite de u^n.

VOIR EXERCICES D'APPLICATION 25 à 27

L'ESSENTIEL

Limites et asymptotes

On se place dans un repère orthogonal du plan, f désigne une fonction, L et a des réels.

- Si $\lim\limits_{x\to+\infty} f(x) = L$ ou $\lim\limits_{x\to-\infty} f(x) = L$, la droite d'équation $y = L$ est asymptote horizontale à la courbe représentative $\mathscr{C}_f$ de f en $+\infty$ ou en $-\infty$.
- Si $\lim\limits_{x\to a} f(x) = +\infty$ ou $\lim\limits_{x\to a} f(x) = -\infty$, la droite d'équation $x = a$ est asymptote verticale à la courbe représentative $\mathscr{C}_f$ de f.

Limites des fonctions de référence

Fonction constante Pour tout k réel : $\lim\limits_{x\to+\infty} k = k$ et $\lim\limits_{x\to-\infty} k = k$.

Fonction puissance Pour tout entier naturel n non nul : $\lim\limits_{x\to+\infty} x^n = +\infty$; si n est pair, $\lim\limits_{x\to-\infty} x^n = +\infty$ et si n est impair, $\lim\limits_{x\to-\infty} x^n = -\infty$.

Fonction racine carrée $\lim\limits_{x\to+\infty} \sqrt{x} = +\infty$.

Fonction inverse $\lim\limits_{\substack{x\to 0\\ x<0}} \frac{1}{x} = -\infty$, $\lim\limits_{\substack{x\to 0\\ x>0}} \frac{1}{x} = +\infty$, $\lim\limits_{x\to+\infty} \frac{1}{x} = 0$, $\lim\limits_{x\to-\infty} \frac{1}{x} = 0$.

Calcul de limites

L et L' sont des réels ; α désigne un réel, $+\infty$ ou $-\infty$; u et v désignent des fonctions.

Produit d'une fonction par un réel *k* non nul

- Si $\lim\limits_{x\to\alpha} u(x) = L$, alors $\lim\limits_{x\to\alpha} k\times u(x) = kL$.
- Si $\lim\limits_{x\to\alpha} u(x) = +\infty$, alors $\lim\limits_{x\to\alpha} k\times u(x) = +\infty$ si $k > 0$ et $\lim\limits_{x\to\alpha} k\times u(x) = -\infty$ si $k < 0$.
- Si $\lim\limits_{x\to\alpha} u(x) = -\infty$, alors $\lim\limits_{x\to\alpha} k\times u(x) = -\infty$ si $k > 0$ et $\lim\limits_{x\to\alpha} k\times u(x) = +\infty$ si $k < 0$.

Somme de deux fonctions

Si $\lim\limits_{x\to\alpha} u(x)$ est égale à :	et si $\lim\limits_{x\to\alpha} v(x)$ est égale à :	alors $\lim\limits_{x\to\alpha}(u(x)+v(x))$ est égale à :
L	L'	$L+L'$
L	$+\infty$	$+\infty$
L	$-\infty$	$-\infty$
$+\infty$	$+\infty$	$+\infty$
$-\infty$	$-\infty$	$-\infty$
$-\infty$	$+\infty$	**F.I.**

Produit de deux fonctions

Si $\lim\limits_{x\to\alpha} u(x)$ est égale à :	et si $\lim\limits_{x\to\alpha} v(x)$ est égale à :	alors $\lim\limits_{x\to\alpha}(u(x)\times v(x))$ est égale à :
L	L'	$L\times L'$
$L\ (L\neq 0)$	∞	∞*
∞	∞	∞*
0	∞	**F.I.**

* La règle des signes s'applique aux limites infinies.

Inverse d'une fonction

Si $\lim\limits_{x\to\alpha} v(x)$ est égale à :	alors $\lim\limits_{x\to\alpha} \frac{1}{v(x)}$ est égale à :
$L\ (L\neq 0)$	$\frac{1}{L}$
∞	0
0	$+\infty$ si $v(x) > 0$ $-\infty$ si $v(x) < 0$

Fonction de la forme u^n STI2D STL/SPCL

Si $\lim\limits_{x\to\alpha} u(x)$ est égale à :	alors $\lim\limits_{x\to\alpha} u^n(x)$ est égale à :
L	L^n
$+\infty$	$+\infty$
$-\infty$	$+\infty$ si n est pair $-\infty$ si n est impair

TRAVAUX PRATIQUES

TP1 Limite en l'infini d'une fonction polynôme

Objectif : **Lever la forme indéterminée « + ∞ + (– ∞) » afin de déterminer la limite en l'infini d'un polynôme.**

Partie A Étude d'un exemple

Soit f la fonction polynôme définie sur $\mathbb{R}$ par $f(x) = 3x^2 - 2x + 5$.

1. On pose, pour tout réel x, $u(x) = 3x^2$ et $v(x) = -2x + 5$.
Calculer $\lim\limits_{x \to +\infty} u(x)$ et $\lim\limits_{x \to +\infty} v(x)$. Peut-on en déduire $\lim\limits_{x \to +\infty} f(x)$? Justifier.

2. On se propose de lever la forme indéterminée en transformant l'écriture de $f(x)$ à l'aide d'une factorisation.

a. Vérifier, en factorisant par le terme de plus haut degré $3x^2$ que, pour tout réel x non nul :
$f(x) = 3x^2\left(1 - \frac{2}{3x} + \frac{5}{3x^2}\right)$.

b. Calculer $\lim\limits_{x \to +\infty} 3x^2$ et $\lim\limits_{x \to +\infty}\left(1 - \frac{2}{3x} + \frac{5}{3x^2}\right)$.
En déduire $\lim\limits_{x \to +\infty} f(x)$.

c. Comparer le résultat obtenu à la limite du terme $3x^2$.

?

On admet le résultat suivant : la limite en l'infini d'une fonction polynôme est égale à la limite en l'infini de son terme de plus haut degré.

Partie B Application

Calculer les limites suivantes, en utilisant le résultat précédent.

1. $\lim\limits_{x \to -\infty} 5x^3 - 3x^2 - 2$

2. $\lim\limits_{x \to +\infty} -2x^2 + 50x - 100$

3. $\lim\limits_{x \to -\infty} x^4 + 3x^3 - 2x + 1$

TP2 Limite en l'infini d'une fonction rationnelle

Objectif : **Lever la forme indéterminée « $\frac{\infty}{\infty}$ » afin de déterminer la limite en l'infini d'une fonction rationnelle.**

Partie A Étude d'un exemple

Soit f la fonction définie sur $]-\infty\,;-1[$ par :
$f(x) = \frac{2x^2 - 2x + 1}{x + 1}$.
f est un quotient de deux fonctions polynômes : une telle fonction est appelée **fonction rationnelle**.

1. En utilisant le résultat vu dans le TP1, calculer la limite du numérateur en $-\infty$; puis la limite du dénominateur en $-\infty$.

2. Peut-on en déduire $\lim\limits_{x \to -\infty} f(x)$? Justifier.

3. Pour tout réel x de l'intervalle $]-\infty\,;-1[$, factoriser le numérateur par son terme de plus haut degré $2x^2$, puis le dénominateur par son terme de plus haut degré x. Justifier alors que :

$$f(x) = \frac{2x^2\left(1 - \frac{1}{x} + \frac{1}{2x^2}\right)}{x\left(1 + \frac{1}{x}\right)}, \text{ puis que}$$

$$f(x) = \frac{2x\left(1 - \frac{1}{x} + \frac{1}{2x^2}\right)}{\left(1 + \frac{1}{x}\right)}.$$

4. Calculer $\lim\limits_{x \to -\infty} 2x\left(1 - \frac{1}{x} + \frac{1}{2x^2}\right)$ et $\lim\limits_{x \to -\infty}\left(1 + \frac{1}{x}\right)$.
En déduire $\lim\limits_{x \to -\infty} f(x)$.

5. a. Simplifier le quotient du terme de plus haut degré du numérateur par le terme de plus haut degré du dénominateur puis calculer la limite en $-\infty$ de ce quotient.

b. Comparer le résultat à $\lim\limits_{x \to -\infty} f(x)$.

?

On admet le résultat suivant : la limite en l'infini d'une fonction rationnelle est égale à la limite en l'infini du quotient simplifié du terme de plus haut degré du numérateur par le terme de plus haut degré du dénominateur.

Partie B Application

Calculer les limites suivantes :

1. $\lim\limits_{x \to +\infty} \frac{3x + 100}{x - 1}$

2. $\lim\limits_{x \to +\infty} \frac{150x + 2}{75x^2}$

3. $\lim\limits_{x \to -\infty} \frac{x^3 - 2x^2 + 20x}{x^2 + 13}$

TP3 Une asymptote oblique à une courbe

Objectif : **Découvrir un autre type d'asymptote.**

Soit f la fonction définie sur $]-1\,;+\infty[$ par $f(x)=\dfrac{x^2-x-1}{2x+2}$, $\mathscr{C}_f$ sa représentation graphique dans un repère orthonormé du plan et D la droite d'équation : $y=\dfrac{1}{2}x-1$.

Partie A Observation avec *GeoGebra*

lienmini.fr/m111-c02-tp3A

1. À l'aide du logiciel *GeoGebra*, on a représenté la fonction f et la droite D. Que peut-on conjecturer pour $\mathscr{C}_f$ et D lorsque x tend vers $+\infty$?

2. On a défini un curseur **a** et les points M de $\mathscr{C}_f$ et P de D, tous deux d'abscisse **a.** Faire varier **a** et conjecturer la limite de la distance MP lorsque x tend vers $+\infty$.

Partie B Étude à l'aide d'un tableur

lienmini.fr/m111-c02-tp3B

On a réalisé la feuille de calcul suivante afin d'étudier le comportement de $d(x)=f(x)-\left(\dfrac{1}{2}x-1\right)$ pour x variant de 0 à 200 avec un pas de 10.

	A	B	C	D
1	x	f(x)	0,5 x - 1	f(x)-(0,5x-1)
2	0	-0,5	-1	
3	10	4,04545455	4	
4	20	9,02380952	9	
5	30	14,016129	14	
6	40	19,0121951	19	

1. Quelle formule faut-il saisir dans la cellule D2 afin d'obtenir, par recopie vers le bas, les valeurs successives de $d(x)$?

2. Ouvrir la feuille de calcul et la compléter.

3. Conjecturer alors $\lim\limits_{x\to+\infty} d(x)$.

Partie C Démonstration

1. Démontrer que pour tout réel x de l'intervalle $]-1\,;+\infty[$, $d(x)=\dfrac{1}{2x+2}$.

2. Calculer $\lim\limits_{x\to+\infty} d(x)$.

?

Dans un repère orthogonal du plan, on dit que la droite D d'équation $y = ax + b$ est asymptote oblique à la courbe représentative d'une fonction f en $+\infty$ (resp. en $-\infty$) lorsque $\lim\limits_{x\to+\infty}\left[f(x)-(ax+b)\right] = 0$ (resp. $\lim\limits_{x\to-\infty}\left[f(x)-(ax+b)\right] = 0$).

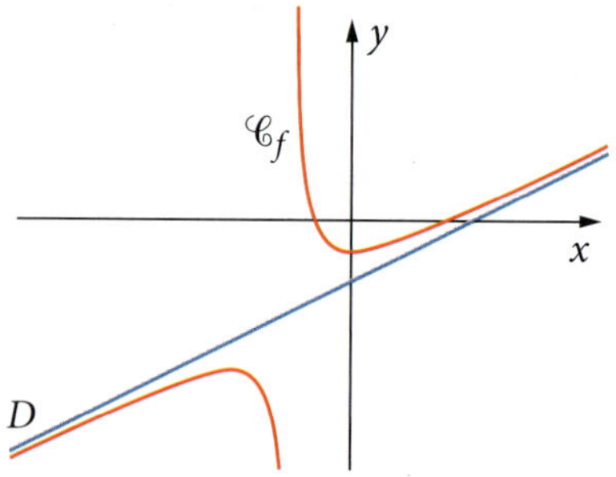

Partie D Application

Soit f la fonction définie sur $\mathbb{R}\backslash\{1\}$ par $f(x)=x+2-\dfrac{3}{x-1}$ et $\mathscr{C}_f$ sa courbe représentative dans un repère orthogonal du plan.

1. Calculer $\lim\limits_{\substack{x\to1\\x<1}} f(x)$ et $\lim\limits_{\substack{x\to1\\x>1}} f(x)$. En déduire l'existence d'une asymptote à la courbe.

2. Démontrer que la droite D d'équation $y=x+2$ est asymptote oblique à $\mathscr{C}_f$ en $-\infty$ et en $+\infty$.

3. On pose, pour tout réel x de $\mathbb{R}\backslash\{1\}$: $d(x) = f(x) - (x + 2)$.

a. Étudier le signe de $d(x)$ suivant les valeurs de x.

b. En déduire la position relative de $\mathscr{C}_f$ et D.

4. On note f' la dérivée de la fonction f et on admet que pour tout réel x de $\mathbb{R}\backslash\{1\}$:

$$f'(x)=1+\frac{3}{(x-1)^2}.$$

Dresser le tableau de variations de f.

5. Tracer $\mathscr{C}_f$ et ses asymptotes.

Appliquer

Les exercices de la partie « Appliquer » sont tous corrigés en fin d'ouvrage.

Faire le lien entre limite et asymptote

VOIR EXERCICE RÉSOLU 1

Dans les **exercices 1 à 3**, on donne la courbe représentative $\mathscr{C}$ d'une fonction f définie sur un ensemble $\mathscr{D}$.

a. Donner l'équation réduite des éventuelles asymptotes à $\mathscr{C}$.

b. Lire les limites de f aux bornes de $\mathscr{D}$.

c. Dresser le tableau de variations complet de f.

1 * $\mathscr{D} = \mathbb{R}\backslash\{0\}$

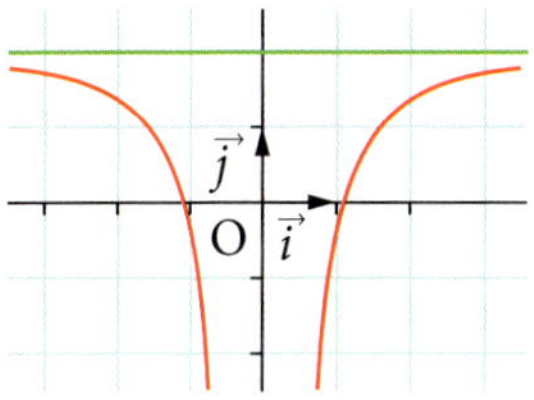

2 * $\mathscr{D} = \mathbb{R}$

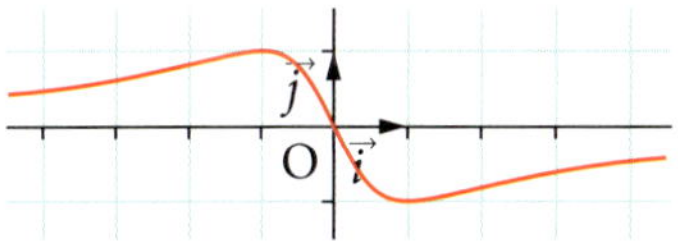

3 * $\mathscr{D} =]-\infty\ ;2[$

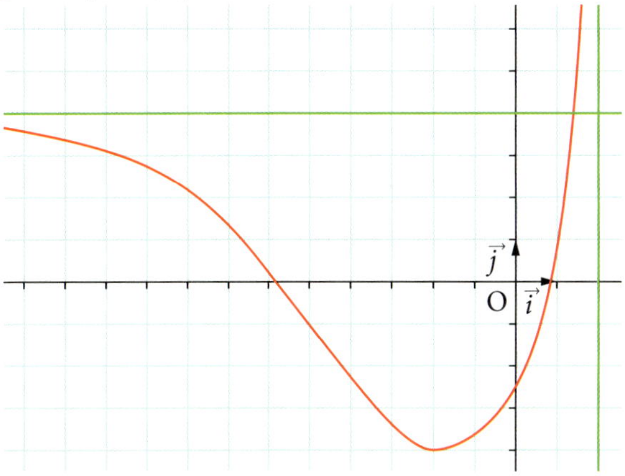

4 * On donne ci-dessous la courbe représentative d'une fonction f définie sur $\mathbb{R}$.
Déterminer l'équation réduite de l'asymptote à la courbe et en déduire la limite de f en $-\infty$ et en $+\infty$.

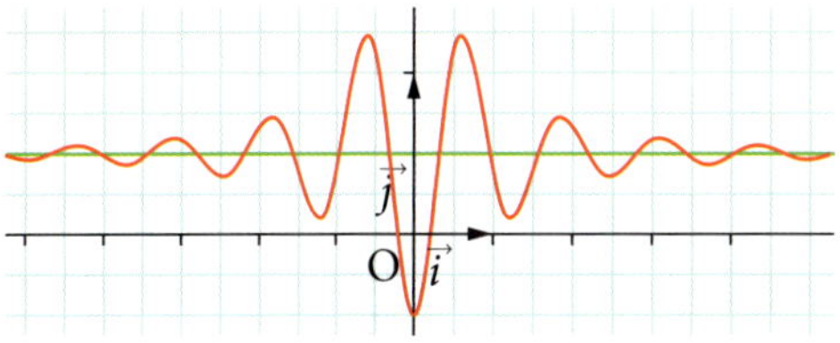

Interpréter graphiquement des limites

VOIR EXERCICE RÉSOLU 2

Dans les **exercices 5 et 6**, on donne le tableau de variations d'une fonction f.

a. Lire l'ensemble de définition de f.

b. Lire les limites de f aux bornes de son ensemble de définition.

c. Déterminer l'équation réduite des éventuelles asymptotes à la courbe représentative de f.

d. Tracer une courbe susceptible de représenter f.

5 *

x	0		4		$+\infty$
$f(x)$	‖ $+\infty$	↘	-2	↗	1

6 *

x	$-\infty$		-1		0		$+\infty$
$f(x)$	-3	↗	0	↘	$-\infty$ ‖ $+\infty$	↘	2

Conjecturer des limites infinies en l'infini

VOIR EXERCICE RÉSOLU 3

Dans les **exercices 7 et 8**, on donne la courbe représentative $\mathscr{C}$ d'une fonction f définie sur un ensemble $\mathscr{D}$.

a. Donner l'équation réduite des éventuelles asymptotes à $\mathscr{C}$.

b. Lire les limites de f aux bornes de $\mathscr{D}$.

c. Dresser le tableau de variations complet de f.

7 * $\mathscr{D} = \mathbb{R}\backslash\{-3\}$

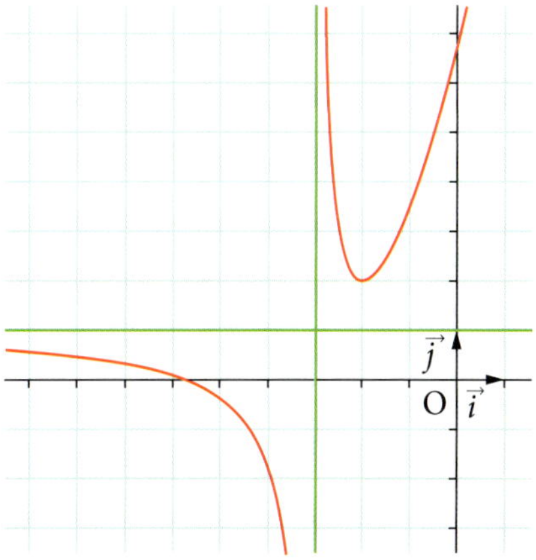

8 * $\mathscr{D} = \mathbb{R}\backslash\{0\}$

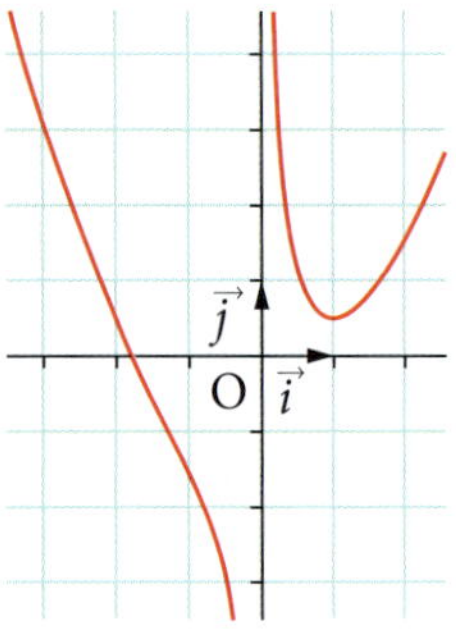

Dans les **exercices 9 et 10**, on donne le tableau de variations d'une fonction f.

a. Lire l'ensemble de définition de f.

b. Lire les limites de f aux bornes de son ensemble de définition.

c. Déterminer l'équation réduite des éventuelles asymptotes à la courbe représentative de f.

d. Tracer une courbe susceptible de représenter f.

9 *

x	$-\infty$		3		$+\infty$
$f(x)$	$+\infty$	↘	$-\infty$ ‖ $-\infty$	↗	2

10 *

x	$-\infty$		-3		-1		$2,5$		$+\infty$
$f(x)$	2	↘	$-\infty$ ‖ $+\infty$	↘	-3	↗	$+\infty$ ‖ $-\infty$	↗	$+\infty$

On précise aussi que l'équation $f(x) = 0$ admet quatre solutions : -5 ; -2 ; 1 et $4,5$.

Calculer la limite de *ku*, *k* réel non nul

VOIR EXERCICE RÉSOLU 4

Dans les **exercices 11 à 13**, déterminer les limites demandées après les avoir conjecturées à l'aide de la calculatrice.

11 * a. $\lim\limits_{x \to -\infty} -3x^2$ b. $\lim\limits_{x \to -\infty} 5x^7$

c. $\lim\limits_{x \to +\infty} -7x^2$ d. $\lim\limits_{x \to -\infty} -4x^3$

12 * a. $\lim\limits_{\substack{x \to 0 \\ x<0}} \frac{3}{x}$ b. $\lim\limits_{\substack{x \to 0 \\ x<0}} \frac{-2}{x}$

c. $\lim\limits_{\substack{x \to 0 \\ x>0}} \frac{5}{x}$ d. $\lim\limits_{\substack{x \to 0 \\ x>0}} \frac{-0,01}{x}$

13 * a. $\lim\limits_{x \to +\infty} -3\sqrt{x}$ b. $\lim\limits_{x \to +\infty} 2\sqrt{x}$

c. $\lim\limits_{x \to +\infty} -0,0001\sqrt{x}$

Calcul de limites

VOIR EXERCICE RÉSOLU 5

Dans les **exercices 14 à 18**, calculer les limites demandées puis en déduire l'équation réduite d'une éventuelle asymptote.

14 * a. $\lim\limits_{x \to -\infty} 3x^4 - 5x^3 + 2x^2 - 1$ b. $\lim\limits_{x \to +\infty} 2x^3 + 4x - 7$

15 * a. $\lim\limits_{x \to -\infty} -4x^2 + 3x - 9$ b. $\lim\limits_{x \to +\infty} -\frac{2x^3}{5} - \frac{x}{2} + 8$

16 * a. $\lim\limits_{x \to -\infty} 2x - 5 + \frac{3}{1-x}$ b. $\lim\limits_{x \to +\infty} \frac{1}{3} - \frac{6}{2x^4+1}$

17 * a. $\lim\limits_{x \to +\infty} 7x^2 + 3x + 4\sqrt{x} - 2$ b. $\lim\limits_{x \to +\infty} 5 - \frac{2\sqrt{x}}{3}$

18 * a. $\lim\limits_{x \to +\infty} 4 + \frac{1}{3\sqrt{x}}$ b. $\lim\limits_{x \to +\infty} 3x - \frac{5}{\sqrt{x}}$

19 * Soit f la fonction définie sur $\mathbb{R}\backslash\left\{\frac{1}{2}\right\}$ par $f(x) = \frac{5}{2x-1}$.

On note $\mathscr{C}$ sa courbe représentative.

1. Étudier le signe de $2x - 1$ suivant les valeurs de x.
2. Calculer les limites à gauche et à droite en $\frac{1}{2}$ de f.
3. En déduire l'équation réduite d'une asymptote à $\mathscr{C}$.

20 * Soit f la fonction définie sur $\mathbb{R}\backslash\{2\}$ par :

$f(x) = \frac{3x^2 - 16}{2 - x}$.

On note $\mathscr{C}$ sa courbe représentative.

1. Étudier le signe de $2 - x$ suivant les valeurs de x.
2. Calculer les limites à gauche et à droite en 2 de f.
3. En déduire l'équation réduite d'une asymptote à $\mathscr{C}$.

21 ** Soit f la fonction définie sur $\mathbb{R}\backslash\{-1 ; 3\}$ par :

$f(x) = \frac{7 - x^3}{x^2 - 2x - 3}$. On note $\mathscr{C}$ sa courbe représentative.

1. Étudier le signe de $x^2 - 2x - 3$ suivant les valeurs de x.
2. Calculer les limites à gauche et à droite en -1 et en 3 de f.
3. En déduire l'équation réduite de deux asymptotes à $\mathscr{C}$.

22 ** Soit f la fonction définie sur $\mathbb{R}\backslash\left\{-\frac{1}{3} ; 2\right\}$ par :

$f(x) = \frac{6x - 1}{-3x^2 + 5x + 2}$. On note $\mathscr{C}$ sa courbe représentative.

1. Étudier le signe de $-3x^2 + 5x + 2$ suivant les valeurs de x.
2. Calculer les limites à gauche et à droite en $-\frac{1}{3}$ et en 2 de f.
3. En déduire l'équation réduite de deux asymptotes à $\mathscr{C}$.

23 * Soit f la fonction définie sur $\mathbb{R}\backslash\{0\}$ par :

$f(x) = \frac{2x^4 - x^3 + 3x - 8}{5x^2}$.

On note $\mathscr{C}$ sa courbe représentative.

1. Étudier le signe de $5x^2$ suivant les valeurs de x.
2. Calculer les limites à gauche et à droite en 0 de f.
3. En déduire l'équation réduite d'une asymptote à $\mathscr{C}$.

24 * Soit f la fonction définie sur $\mathbb{R}\backslash\{0\}$ par :

$$f(x) = \frac{x^3 - 5x^2 - 4x - 11}{3x^5}.$$

On note $\mathscr{C}$ sa courbe représentative.

1. Étudier le signe de $3x^5$ suivant les valeurs de x.
2. Calculer les limites à gauche et à droite en 0 de f.
3. En déduire l'équation réduite d'une asymptote à $\mathscr{C}$.

Calculer des limites de fonctions de la forme u^n

STI2D STL/SPCL VOIR EXERCICE RÉSOLU 6

Dans les **exercices 25 à 27**, calculer les limites de la fonction f aux bornes de l'intervalle I.

25 * **a.** $f(x) = (3x - 1)^2$ avec $I = \mathbb{R}$.

b. $f(x) = \dfrac{1}{(2x-6)^5}$ avec $I =]-\infty\,; 3[$.

26 ** **a.** $f(x) = (5 - 3x^2)^3$ avec $I = \mathbb{R}$.

b. $f(x) = \dfrac{2}{(1-x)^4}$ avec $I =]-\infty\,; 1[$.

27 ** **a.** $f(x) = \left(7 - \dfrac{3}{x-8}\right)^2$ avec $I =]8\,; +\infty[$.

b. $f(x) = \left(\dfrac{11}{2x-4} - 5x\right)^3$ avec $I =]2\,; +\infty[$.

Approfondir

Les exercices notés Ⓒ *sont corrigés en fin d'ouvrage.*

Dans les **exercices 28 à 30**, calculer les limites demandées puis en déduire l'équation réduite d'une éventuelle asymptote.

28 ** **a.** $\lim\limits_{x \to -\infty} 2x^3 + 4x^2 - 9$ **b.** $\lim\limits_{x \to +\infty} -3x^2 + 5x - 3$

29 ** Ⓒ **a.** $\lim\limits_{x \to -\infty} \dfrac{5x^2 - 3x + 1}{2x^2 + 7}$ **b.** $\lim\limits_{x \to +\infty} \dfrac{4x - 3}{x^5 - x + 1}$

30 ** **a.** $\lim\limits_{x \to -\infty} \dfrac{2x^7 - 3}{3 - x^2}$ **b.** $\lim\limits_{x \to +\infty} \dfrac{4x^3 - x^2 + 1}{3x + 1}$

31 ** **Repérer des erreurs** C1 C2 C3 C4 C5 C6

Après avoir étudié la fonction f définie sur $\mathbb{R}\backslash\{-1\}$ par $f(x) = \dfrac{x^2 - x + 2}{x+1}$, Amélie a dressé le tableau de variations :

x	$-\infty$		-3		-1	-1		1		$+\infty$
$f(x)$	$+\infty$	↗	-7	↘	$-\infty$ ‖	‖ $-\infty$	↘	1	↗	0

Repérer puis corriger les erreurs se trouvant dans ce tableau.

32 ** **QCM**

Pour chacune des questions posées, indiquer la bonne réponse.

1. $\lim\limits_{x \to -\infty} 5x^4 - 2x^3 - x^2 - 10x + 3$ est égale à :

a. $-\infty$ **b.** $+\infty$ **c.** 3 **d.** 5

2. $\lim\limits_{x \to +\infty} 12x^3 - 5x^2 - 7x + 4$ est égale à :

a. 12 **b.** 4 **c.** $-\infty$ **d.** $+\infty$

3. $\lim\limits_{x \to +\infty} \dfrac{-2x+3}{5x^2+1}$ est égale à :

a. $-\dfrac{2}{5}$ **b.** 0 **c.** $-\infty$ **d.** $+\infty$

4. $\lim\limits_{x \to -\infty} \dfrac{-3x^2 + x - 8}{x^2 - 2x + 3}$ est égale à :

a. $-\infty$ **b.** $+\infty$ **c.** 0 **d.** -3

5. La courbe représentative de la fonction f définie par $f(x) = \dfrac{x^3 - x + 6}{2x^2 + x + 1}$:

a. n'admet ni asymptote horizontale ni asymptote verticale ;
b. n'admet qu'une asymptote horizontale ;
c. n'admet qu'une asymptote horizontale et une asymptote verticale ;
d. n'admet que deux asymptotes verticales.

6. La courbe représentative de la fonction f définie par $f(x) = \dfrac{6x^2 - x + 2}{2x^2 + 7x - 4}$:

a. n'admet ni asymptote horizontale ni asymptote verticale ;
b. n'admet qu'une asymptote horizontale ;
c. n'admet qu'une asymptote horizontale et deux asymptotes verticales ;
d. n'admet que deux asymptotes verticales.

33 ** **Vrai ou faux ?**

Répondre par vrai ou faux aux affirmations suivantes. Justifier (éventuellement par un graphique).

1. Si une fonction f est strictement croissante sur $]1\,; +\infty[$, alors la limite de f en $+\infty$ est forcément $+\infty$.
2. Si une fonction f, définie sur $\mathbb{R}$ a pour limite $-\infty$ en $-\infty$ et en $+\infty$, alors elle est strictement négative sur $\mathbb{R}$.
3. Si une fonction est strictement décroissante sur $]-\infty\,; 2[$ et que sa limite en 2 est $-\infty$ alors sa limite en $-\infty$ peut être égale à 1.
4. Si une fonction est définie sur $\mathbb{R}$, alors sa courbe représentative peut admettre une asymptote verticale.
5. Une droite horizontale peut être à la fois asymptote et tangente à la courbe représentative d'une fonction.

34 ** Ⓒ **Fonction polynôme**

Soit f la fonction polynôme définie sur $\mathbb{R}$ par : $f(x) = x^5 + 2x^3 + x - 2$.

1. Déterminer la limite de f en $-\infty$ et en $+\infty$.
2. Déterminer la fonction dérivée f' de la fonction f puis étudier son signe sur $\mathbb{R}$.
3. Dresser le tableau de variations de f sur $\mathbb{R}$.

35 ** Soit f la fonction polynôme définie sur $\mathbb{R}$ par : $f(x) = x^3 - 2x^2 + x - 7$.

1. Déterminer la limite de f en $-\infty$ et en $+\infty$.
2. Déterminer la fonction dérivée f' de la fonction f puis étudier son signe sur $\mathbb{R}$.
3. Dresser le tableau de variations de f sur $\mathbb{R}$.

36 ** Ⓒ Quotient de polynômes

Soit f la fonction définie sur $\mathbb{R}\setminus\left\{-\frac{5}{2}\right\}$ par :

$$f(x) = \frac{2x^2+11x+14}{2x+5}.$$

On a utilisé le logiciel de calcul formel *Xcas* pour déterminer des informations sur cette fonction.

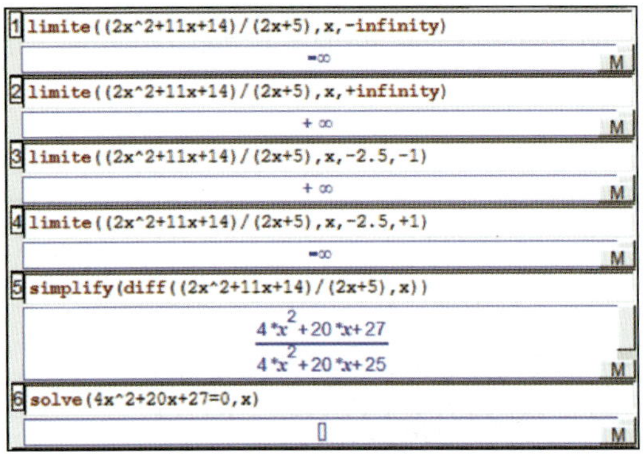

```
1 limite((2x^2+11x+14)/(2x+5),x,-infinity)
  -∞
2 limite((2x^2+11x+14)/(2x+5),x,+infinity)
  +∞
3 limite((2x^2+11x+14)/(2x+5),x,-2.5,-1)
  +∞
4 limite((2x^2+11x+14)/(2x+5),x,-2.5,+1)
  -∞
5 simplify(diff((2x^2+11x+14)/(2x+5),x))
  (4*x^2+20*x+27)/(4*x^2+20*x+25)
6 solve(4x^2+20x+27=0,x)
  []
```

1. Justifier les informations affichées par le logiciel.
2. En déduire le tableau de variations de la fonction f.

37 *** Fonction homographique C1 C2 C3 C4 C5 C6

Soit la fonction f définie sur $]-\infty\,;3[$ dont la courbe représentative $\mathscr{C}$ dans un repère orthonormé $(O\,;\vec{i},\vec{j})$ est donnée ci-dessous.

Le point A(2 ; – 3) est un point de $\mathscr{C}$ et D et D' sont asymptotes à $\mathscr{C}$.

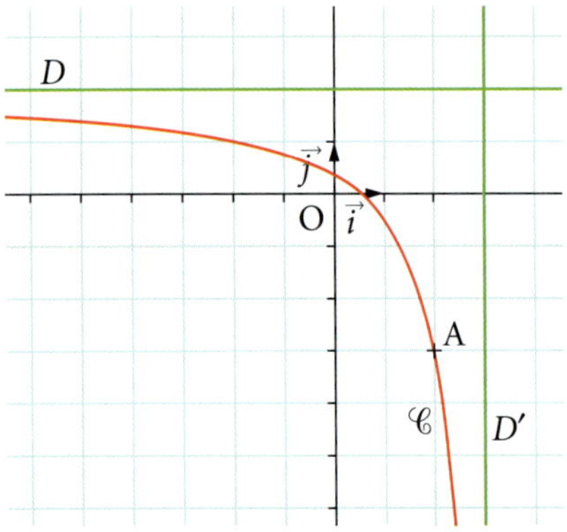

On admet que pour tout $x \in\,]-\infty\,;3[$, $f(x) = \dfrac{ax+b}{x-3}$ où a et b sont des réels.

1. a. Par lecture graphique, déterminer la limite de f en $-\infty$.
b. En déduire la valeur de a.
2. En utilisant le point A, déterminer la valeur de b.
3. En déduire l'expression de $f(x)$.

38 *** Ⓒ Expression de la fonction C1 C2 C3 C4 C5 C6

Soit f la fonction définie sur $]-1\,;+\infty[$ dont le tableau de variations est donné ci-dessous.

x	-1		0		$+\infty$
$f(x)$	‖ $-\infty$	↗	2	↘	$-\infty$

On admet que pour tout $x \in\,]-1\,;+\infty[$:

$f(x) = ax + 5 + \dfrac{b}{x-c}$ où a, b et c sont des réels.

1. Calculer $f'(x)$ pour tout $x \in\,]-1\,;+\infty[$.
2. En exploitant les informations données par le tableau de variations de f, déterminer les réels a, b et c et en déduire l'expression de $f(x)$.

39 ** De la courbe à la fonction

Soit f la fonction définie sur $\mathbb{R}\setminus\{-2\,;1\}$ dont la courbe représentative $\mathscr{C}$ dans un repère orthonormé $(O\,;\vec{i},\vec{j})$ est donnée ci-dessous.

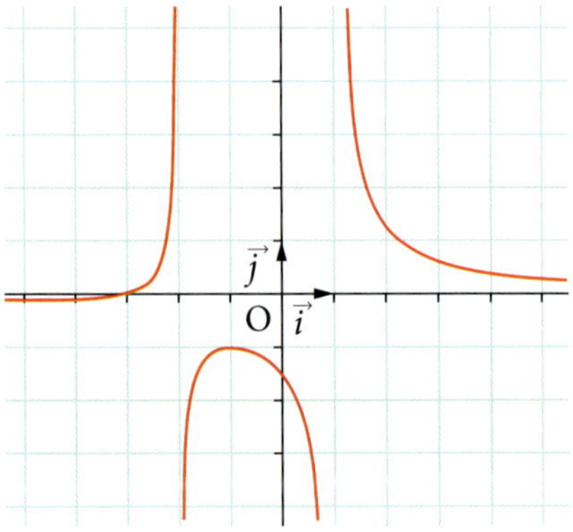

1. Par lecture graphique, conjecturer :
a. les limites de f aux bornes de son ensemble de définition ;
b. l'équation réduite d'éventuelles asymptotes à $\mathscr{C}$;
c. le tableau de variations de f.
2. On admet que la fonction f est définie par :

$$f(x) = \frac{x+3}{x^2+x-2}.$$

Confirmer ou infirmer les conjectures émises à la question **1**.

40 ** Soit f la fonction définie sur $\mathbb{R}\setminus\{3\}$ par :

$$f(x) = \frac{4x-1}{3-x}.$$

On note $\mathscr{C}$ sa courbe représentative dans un repère orthonormé $(O\,;\vec{i},\vec{j})$.

1. a. Déterminer les limites de f aux bornes de son ensemble de définition.
b. En déduire l'équation réduite des asymptotes à $\mathscr{C}$.
2. a. Déterminer la fonction dérivée f' de la fonction f puis étudier son signe sur $\mathbb{R}\setminus\{3\}$.
b. Dresser le tableau de variations de f sur $\mathbb{R}\setminus\{3\}$.
3. Déterminer les coordonnées des points d'intersection de $\mathscr{C}$ avec l'axe des abscisses et l'axe des ordonnées.

41 ** C Tangente à la courbe

Soit f la fonction définie sur $\mathbb{R}\backslash\{-2\ ;\ 2\}$ par :

$$f(x)=\frac{-x^2+4x}{x^2-4}.$$

On note $\mathscr{C}$ sa courbe représentative dans un repère orthonormé $(O\ ;\ \vec{i}\ ,\ \vec{j}\ )$.

1. a. Déterminer les limites de f aux bornes de son ensemble de définition.
b. Quelle conséquence graphique peut-on en déduire ?
2. a. Déterminer la fonction dérivée $f\,'$ de la fonction f puis étudier son signe sur $\mathbb{R}\backslash\{-2\ ;\ 2\}$.
b. Dresser le tableau de variations de f sur $\mathbb{R}\backslash\{-2\ ;\ 2\}$.
3. Déterminer l'équation réduite de la tangente T à la courbe $\mathscr{C}$ au point d'abscisse 0.

42 ** Retrouver la courbe

Soit f une fonction définie sur $]-2\ ;+\infty[$.

On note $\mathscr{C}$ sa courbe représentative dans un repère orthonormé $(O\ ;\ \vec{i}\ ,\ \vec{j}\ )$ d'unité graphique 1 cm. Le tableau de variations de f est donné ci-dessous.

x	-2		3		$+\infty$
$f(x)$	‖ $-\infty$	↗	$2{,}25$	↘	$-2{,}5$

1. a. Indiquer la limite de f en -2 puis celle en $+\infty$.
b. En déduire l'équation réduite des asymptotes à $\mathscr{C}$.
2. a. La fonction f admet-elle un maximum sur $]-2\ ;+\infty[$? Si oui, lequel ?
b. La fonction f admet-elle un minimum sur $]-2\ ;+\infty[$? Si oui, lequel ?
3. On souhaite tracer la courbe $\mathscr{C}$ et, pour cela, on donne le tableau de valeurs suivant :

x	$-1{,}5$	$-1{,}2$	$-0{,}8$	0	$1{,}3$	4	$6{,}5$	$10{,}4$
$f(x)$	$-4{,}2$	-2	0	1	2	2	0	$-1{,}8$

a. On donne $f\,'(0) = 1$ et $f\,'(4) = -0{,}5$.
Déterminer l'équation réduite des droites T_A et T_B, tangentes à $\mathscr{C}$ aux points A et B d'abscisses respectives 0 et 4.
b. Tracer, dans le repère $(O\ ;\ \vec{i}\ ,\ \vec{j}\ )$, les asymptotes, les tangentes T_A, T_B puis la courbe $\mathscr{C}$.
4. Résoudre l'inéquation $f(x) < 2$.
5. Déterminer le nombre de solutions de l'équation $f(x) = -5$. Justifier la réponse.

43 *** ALGO

Soit f la fonction définie sur $\mathbb{R}^*$ par :

$$f(x)=\frac{\sin x}{x}.$$

1. Peut-on, a priori, déterminer la limite de $f(x)$ à droite et à gauche de 0 ?
2. a. Écrire un programme qui donne une estimation de $\lim\limits_{\substack{x\to 0\\ x>0}} f(x)$. Quelle semble être la valeur de cette limite ?
b. Modifier ce programme afin d'obtenir $\lim\limits_{\substack{x\to 0\\ x<0}} f(x)$.

44 ** Fer à repasser ALGO

Un fer à repasser électrique est modélisé par le montage électrique suivant :

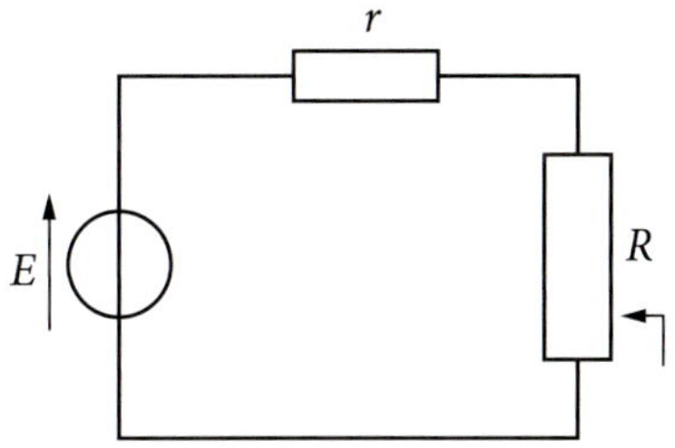

R : résistance variable ; $r = 10\ \Omega$; $E = 220$ V.

La puissance $\mathscr{P}$ dissipée par la résistance variable R est donnée par la formule suivante : $\mathscr{P}(R)=\dfrac{E^2\times R}{(r+R)^2}$.

La molette de réglage présente sur le fer permet de faire varier la valeur de R et de régler ainsi la température du fer. Le fer à repasser dispose d'un *mode sécurité*. En tournant la molette sur ce *mode sécurité*, on augmente progressivement la valeur de R jusqu'à obtenir une puissance $\mathscr{P}$ inférieure à 11 W.

1. Quelle puissance est dissipée lorsque R est réglée à $100\ \Omega$?
2. Quelle est la puissance limite lorsque R tend vers $+\infty$?
3. Pour baisser la puissance du fer à repasser, il suffit d'augmenter la valeur de la résistance R.
Écrire un programme en Python qui détermine la plus petite valeur entière de R ($R > 10$) pour laquelle $\mathscr{P}(R) \leqslant 100$.

45 ***

A rational function is defined by a quotient of two polynomials, $\dfrac{P(x)}{Q(x)}$, where $Q(x)$ has degree greater than zero and $Q(x) \neq 0$.

Suppose that the degree of the polynomial $P(x)$ is equal to n and the degree of $Q(x)$ is equal to m. We know that:

$$\lim_{x\to\pm\infty}\frac{P(x)}{Q(x)}=\lim_{x\to\pm\infty}\frac{ax^n+bx^{n-1}+...}{cx^m+dx^{m-1}+...}=\frac{a}{c}\lim_{x\to\pm\infty}x^{n-m}.$$

1. Give a condition about n and m for having a horizontal asymptote.
2. The rational function f is defined by:
$f(x)=\dfrac{2x^2-3x+1}{3x^4+2x^2+1}$. Prove that the x-axis is a horizontal asymptote for the graph of f.
3. Find a horizontal asymptote for the function g defined by
$g(x)=\dfrac{2x^2-3x+1}{3x^2+2x+1}$.

46 *** Problème ouvert C1 C2 C3 C4 C5 C6

Soit $(O\ ;\ \vec{i}\ ,\ \vec{j}\ )$ un repère orthonormé.

Sur la parabole d'équation $y = x^2$, on choisit un point M distinct de l'origine O. La médiatrice du segment [OM] coupe l'axe (Oy) en N. Vers quelle valeur tend l'ordonnée de N lorsque M s'approche de l'origine ?

Pour se tester

47 * C VRAI ou FAUX ?

Répondre par vrai ou faux aux affirmations suivantes. Justifier.	Vrai	Faux
1. $\lim\limits_{x\to-\infty} -2x^3+4x^2+x-5=-\infty$	V	F
2. $\lim\limits_{\substack{x\to 2\\ x>2}} \dfrac{x^3-11}{-3x^2+7x-2}=-\infty$	V	F
3. La courbe représentative de la fonction f définie par $f(x)=\dfrac{3x^2+1}{x^2+4x+4}$ admet une asymptote horizontale et deux asymptotes verticales.	V	F
4. La droite d'équation $y=-1$ est asymptote horizontale à la courbe de la fonction f définie par $f(x)=\dfrac{6-x}{x-1}$.	V	F
5. $\lim\limits_{x\to-\infty}\left(\dfrac{3x^2+1}{2x^2-7}\right)^4=+\infty$ STI2D STL/SPCL	V	F

48 ** C QCM

Pour chacune des questions, indiquer la bonne réponse.

Dans les **questions 1 et 2**, on travaillera avec la courbe ci-contre. Elle représente une fonction f définie sur $\mathbb{R}\backslash\{-2{,}6 ; 0{,}3 ; 2{,}3\}$ dans un repère orthonormé $(O ; \vec{i}, \vec{j})$.

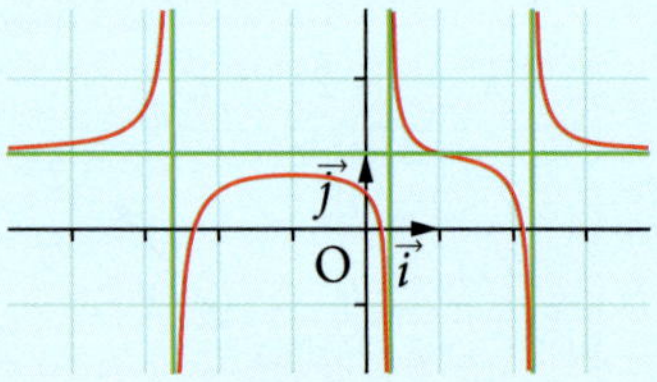

Dans les **questions 3 et 4**, g est la fonction définie sur $]-2 ; +\infty[$ par $g(x)=\dfrac{5x-4}{x+2}$.

	a	b	c	d
1. La limite à gauche de f en 2,3 est :	-2	$-\infty$	$+\infty$	2,3
2. La limite de f en $-\infty$ est :	$-\infty$	$+\infty$	-5	1
3. La limite à droite de g en -2 est :	$-\infty$	$+\infty$	5	-2
4. La limite de g en $+\infty$ est :	$-\infty$	$+\infty$	5	-2

49 ** C

Soit f la fonction définie sur $]-\infty ; -1[$ par $f(x)=\dfrac{x^2+4x+4}{x^2-2x-3}$. On note $\mathscr{C}$ sa courbe représentative dans un repère orthonormé $(O ; \vec{i}, \vec{j})$.

1. Déterminer la limite de f en $-\infty$. Interpréter graphiquement le résultat obtenu.

2. Déterminer la limite de f en -1. Interpréter graphiquement le résultat obtenu.

3. a. Montrer que pour tout $x \in]-\infty ; -1[$:

$$f'(x)=\frac{-6x^2-14x-4}{(x^2-2x-3)^2}.$$

b. Étudier le signe de f' sur $]-\infty ; -1[$ et en déduire le tableau de variations de f sur $]-\infty ; -1[$.

50 *** C C1 C2 C3 C4 C5 C6

Soit f une fonction définie sur $]-\infty ; 5[$ dont la courbe représentative $\mathscr{C}$ est donnée ci-contre, dans un repère orthonormé $(O ; \vec{i}, \vec{j})$. Le point $A(2 ; 1)$ est un point de $\mathscr{C}$ et D et D' sont asymptotes à $\mathscr{C}$.

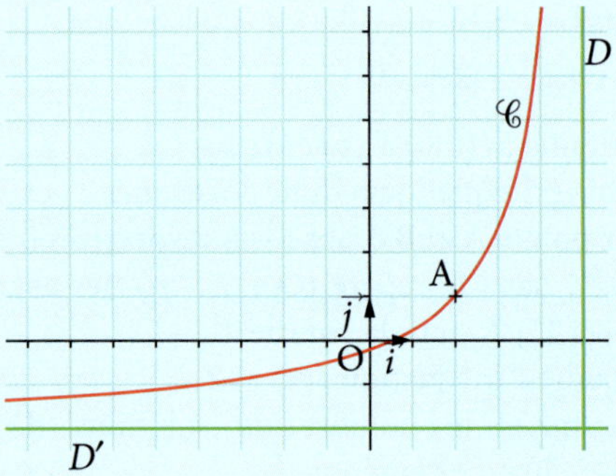

On admet que pour tout $x \in]-\infty ; 5[$, $f(x)=\dfrac{ax+b}{x+c}$ où a, b et c sont des réels.

1. En utilisant une des deux asymptotes, déterminer la valeur de c.

2. a. Par lecture graphique, déterminer la limite de f en $-\infty$.

b. En déduire la valeur de a.

3. En utilisant le point A, déterminer la valeur de b.

4. En déduire l'expression de $f(x)$.

S'entraîner au Bac

51 ** Vrai ou faux ?

On donne le tableau de variations d'une fonction f définie sur $]-2\,;+\infty[$:

x	-2		0		4		7		10		$+\infty$
$f(x)$	‖ $+\infty$	↘	2	↗	5	↘	1	↗	3	↘	0

On note $\mathscr{C}$ la courbe représentative de f dans un repère orthonormé $(O\,;\vec{i}\,,\vec{j}\,)$.

Répondre par vrai ou faux aux affirmations suivantes. Justifier.

1. Le maximum de la fonction f sur $]-2\,;+\infty[$ est 5.
2. L'équation $f(x) = 0$ admet une unique solution dans $]-2\,;+\infty[$.
3. Pour tout $x \in [4\,;7]$, $f'(x) \leqslant 0$.
4. La courbe $\mathscr{C}$ admet une tangente horizontale au point d'abscisse 0.
5. La courbe $\mathscr{C}$ admet une seule asymptote.

52 ** Tracer la courbe d'une fonction

Soit f la fonction définie sur $]0\,;+\infty[$ par $f(x) = \dfrac{x^3-2x+1}{x^3}$.

On note $\mathscr{C}$ sa courbe représentative dans un repère orthonormé $(O\,;\vec{i}\,,\vec{j}\,)$.

1. a. Tracer la courbe $\mathscr{C}$ sur la calculatrice et conjecturer les limites de f aux bornes de son ensemble de définition puis confirmer par le calcul ces conjectures.
b. Que peut-on en déduire pour la courbe $\mathscr{C}$?
2. a. Montrer que pour tout $x \in\,]0\,;+\infty[$, $f'(x) = \dfrac{4x-3}{x^4}$.
b. En déduire le tableau de variations de f sur $]0\,;+\infty[$.
3. a. Montrer que 1 est solution de l'équation $f(x) = 0$.
b. Justifier que l'équation $f(x) = 0$ admet une autre solution α dans l'intervalle $[0{,}5\,;0{,}75]$.
c. On donne l'algorithme suivant :

```
Variables :  a et p réels strictement positifs
Traitement : Saisir p
             a prend la valeur 0,5
             Tant que (a^3 - 2a + 1)/a^3 > 0
               a prend la valeur a + p
             Fin Tant que
Sortie :     Afficher a - p et a
```

Faire tourner à la main cet algorithme pour $p = 0{,}01$ puis déterminer son rôle.

53 *** Asymptotes et tangente C1 C2 C3 C4 C5 C6

On donne ci-dessous la courbe représentative $\mathscr{C}$ d'une fonction f dans un repère orthonormé $(O\,;\vec{i}\,,\vec{j}\,)$.

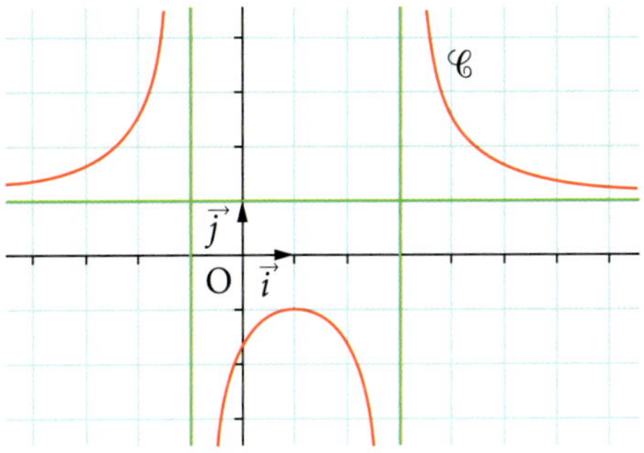

1. Donner l'équation réduite des trois asymptotes à $\mathscr{C}$.
2. On admet que $f(x) = \dfrac{ax^2-2x+5}{x^2+bx+c}$ où a, b et c sont trois nombres réels.
Utiliser les trois asymptotes à $\mathscr{C}$ pour déterminer les trois nombres réels a, b et c et en déduire l'expression de $f(x)$.
3. Déterminer la fonction dérivée f' de la fonction f puis en déduire le tableau de variations de f.
4. Déterminer l'équation de la tangente T à la courbe $\mathscr{C}$ au point d'abscisse -2.

54 *** Position de la courbe par rapport à l'asymptote

Soit f la fonction définie sur $]-\infty\,;-1[$ par :

$$f(x) = \frac{2x^2+x-6}{1-x^2}.$$

On note $\mathscr{C}$ sa courbe représentative dans un repère orthonormé $(O\,;\vec{i}\,,\vec{j}\,)$.

1. a. Déterminer les limites de f aux bornes de son ensemble de définition.
b. En déduire que $\mathscr{C}$ admet une asymptote horizontale D et une asymptote verticale D'. Préciser l'équation réduite de chacune de ces droites.
2. a. Déterminer la fonction dérivée f' de la fonction f puis étudier son signe sur $]-\infty\,;-1[$.
b. Dresser le tableau de variations de f sur $]-\infty\,;-1[$.
3. On se propose d'étudier la position relative de $\mathscr{C}$ et de son asymptote D. Pour cela, on considère la fonction d définie sur $]-\infty\,;-1[$ par $d(x) = f(x) + 2$.
a. Montrer que pour tout $x \in\,]-\infty\,;-1[$:

$$d(x) = \frac{x-4}{1-x^2}.$$

b. Étudier le signe de $d(x)$ lorsque $x \in\,]-\infty\,;-1[$.
c. En déduire la position de $\mathscr{C}$ par rapport à D.

Aller plus loin

55 *** Développement limité d'une fonction en 0

C1 C2 C3 C4 C5 C6

Partie A Définitions

Soit f une fonction définie en 0 et au voisinage de 0.
On dit que f admet un développement limité d'ordre n en 0 s'il existe des nombres réels a_0, a_1, a_2, …, a_n et une fonction ε tels que, au voisinage de $x = 0$, $f(x)$ peut s'écrire sous la forme :

$$f(x) = a_0 + a_1 x + a_2 x^2 + \ldots + a_n x^n + x^n\varepsilon(x) \text{ avec } \lim_{x\to 0} \varepsilon(x) = 0.$$

Le polynôme $a_0 + a_1x + a_2x^2 + \ldots + a_nx^n$ est appelé la partie régulière du développement limité d'ordre n de f en 0.

Partie B Étude d'un exemple

Soit f la fonction définie sur $]-1\,;+\infty[$ par $f(x) = \dfrac{1}{1+x}$. On note $\mathscr{C}_f$ sa courbe représentative. Le développement limité d'ordre n de f en 0 est :

$$f(x) = 1 - x + x^2 + \ldots + (-1)^n x^n + x^n\varepsilon(x) \text{ avec } \lim_{x\to 0} \varepsilon(x) = 0.$$

1. Écrire le développement limité d'ordre 1 de f en 0, celui d'ordre 2, celui d'ordre 3 puis celui d'ordre 4.
2. On note g, h, i et j les fonctions polynômes de degrés respectifs 1, 2, 3 et 4 correspondant aux parties régulières des développements limités de f en 0 obtenus à la question précédente.

lienmini.fr/m111-c02-ex55B2

Ouvrir le fichier.
a. Dans les cellules B3, C3, D3, E3 et F3, saisir une formule que l'on étirera vers le bas, permettant de calculer les images demandées dans les colonnes B, C, D, E et F.
b. Dans la cellule H3, saisir une formule que l'on étirera vers la droite et vers le bas, permettant de calculer les écarts demandés dans les colonnes H, I, J et K.
c. Interpréter les résultats obtenus.

3. On note $\mathscr{C}_g$, $\mathscr{C}_h$, $\mathscr{C}_i$ et $\mathscr{C}_j$ les courbes représentatives respectives des fonctions g, h, i et j précédemment définies.

lienmini.fr/m111-c02-ex55B3

Ouvrir le fichier.
La fonction f et le point A de $\mathscr{C}_f$ d'abscisse 0 y sont représentés.
a. Représenter les fonctions g, h, i et j.
b. Classer ces quatre courbes de la plus proche à la moins proche de $\mathscr{C}_f$ au voisinage de 0. Cela confirme-t-il l'interprétation faite à la question **2c** ?
c. Tracer la tangente à la courbe $\mathscr{C}_f$ au point A.
Que remarque-t-on ?

Partie C Un autre exemple

Soit k la fonction définie sur $\mathbb{R}$ par $k(x) = (1 + x)^7$. On note $\mathscr{C}_k$ sa courbe représentative.
Le développement limité d'ordre n de la fonction k au voisinage de 0 est :

$$(1 + x)^7 = 1 + \frac{7}{1}x + \frac{7\times 6}{1\times 2}x^2 + \ldots + \frac{7\times 6\times\ldots\times(7-n+1)}{1\times 2\times\ldots\times n}x^n + x^n\varepsilon(x) \text{ avec } \lim_{x\to 0}\varepsilon(x) = 0.$$

1. Écrire le développement limité d'ordre 1 de la fonction k en 0. En déduire l'équation de la tangente à la courbe $\mathscr{C}_k$ au point d'abscisse 0.
2. Écrire le développement limité d'ordre 3 de la fonction k en 0.
a. En remarquant que $1{,}1 = 1 + 0{,}1$, déduire de la question précédente une valeur approchée de $(1{,}1)^7$ sans utiliser la calculatrice.
b. Calculer à la calculatrice $(1{,}1)^7$ et comparer le résultat avec celui obtenu précédemment.

56 * QCM

Pour chacune des questions, indiquer la bonne réponse.
$\mathscr{C}_1$, $\mathscr{C}_2$ et $\mathscr{C}_3$ sont les courbes représentatives respectives de trois fonctions f, g et h définies sur $\mathbb{R}$.

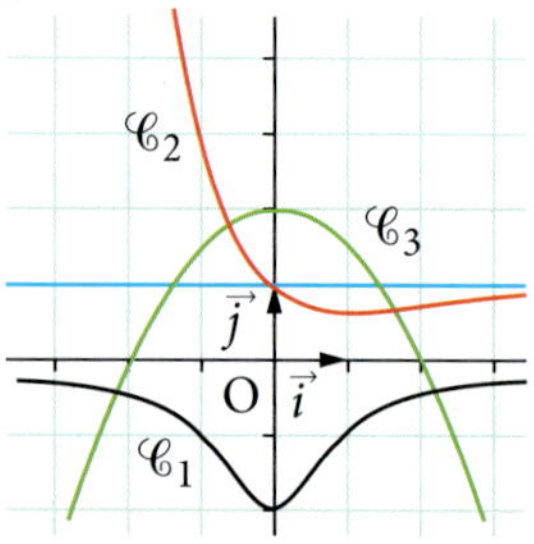

1. $\lim\limits_{x\to+\infty} f(x) + g(x)$ est égale à :
a. $+\infty$ b. 0 c. 1 d. on ne peut pas savoir.

2. $\lim\limits_{x\to-\infty} g(x) + h(x)$ est égale à :
a. $-\infty$ b. $+\infty$ c. 0 d. on ne peut pas savoir.

3. $\lim\limits_{x\to-\infty} f(x) - g(x)$ est égale à :
a. $-\infty$ b. $+\infty$ c. 0 d. on ne peut pas savoir.

4. $\lim\limits_{x\to-\infty} g(x) \times h(x)$ est égale à :
a. $-\infty$ b. $+\infty$ c. 0 d. on ne peut pas savoir.

5. $\lim\limits_{x\to-\infty} f(x) \times h(x)$ est égale à :
a. $-\infty$ b. $+\infty$ c. 0 d. on ne peut pas savoir.

6. $\lim\limits_{x\to+\infty} f(x) \times g(x)$ est égale à :
a. 1 b. $+\infty$ c. 0 d. on ne peut pas savoir.

7. $\lim\limits_{x\to+\infty} \dfrac{h(x)}{g(x)}$ est égale à :
a. -1 b. 1 c. $-\infty$ d. on ne peut pas savoir.

8. $\lim\limits_{x\to+\infty} \dfrac{g(x)}{f(x)}$ est égale à :
a. $-\infty$ b. 0 c. 1 d. on ne peut pas savoir.

9. $\lim\limits_{x\to-\infty} \dfrac{h(x)}{g(x)}$ est égale à :
a. $-\infty$ b. -1 c. 0 d. on ne peut pas savoir.

10. $\lim\limits_{x\to-\infty} \dfrac{g(x)}{f(x)}$ est égale à :
a. $-\infty$ b. $+\infty$ c. 0 d. on ne peut pas savoir.

SOUTIEN AP1 Comment interpréter une limite en terme d'asymptote et vice-versa ?

I. La méthode

Pour faire le lien entre limites d'une fonction et asymptotes à sa courbe, on utilise le tableau récapitulatif :

$\lim\limits_{x\to\pm\infty} f(x)=L$	$\lim\limits_{x\to a} f(x)=\pm\infty$	$\lim\limits_{x\to\pm\infty} f(x)=\pm\infty$
La droite d'équation $y = L$ est asymptote horizontale à $\mathscr{C}$ en $\pm\infty$.	La droite d'équation $x = a$ est asymptote verticale à $\mathscr{C}$.	$\mathscr{C}$ n'admet ni asymptote verticale ni asymptote horizontale.

II. Application

Soit $\mathscr{C}$ la courbe représentative d'une fonction f. Relier chaque case de gauche à une case de droite.

La droite d'équation $x = 3$ est asymptote verticale à $\mathscr{C}$. •	• $\mathscr{C}$ n'admet ni asymptote verticale ni asymptote horizontale.
$\lim\limits_{x\to-\infty} f(x) = -\infty$ •	• $\lim\limits_{x\to-\infty} f(x) = 3$
La droite d'équation $y = 3$ est asymptote horizontale à $\mathscr{C}$ en $-\infty$. •	• La droite d'équation $x = 1$ est asymptote verticale à $\mathscr{C}$.
$\lim\limits_{x\to-\infty} f(x) = 1$ •	• $\lim\limits_{\substack{x\to3\\x<3}} f(x) = -\infty$
$\lim\limits_{\substack{x\to1\\x>1}} f(x) = +\infty$ •	• La droite d'équation $y = 1$ est asymptote horizontale à $\mathscr{C}$ en $-\infty$.

SOUTIEN AP2 Comment tracer la courbe d'une fonction f à partir de son tableau de variations ?

I. La méthode

On voudrait tracer une courbe susceptible de représenter la fonction f dont le tableau de variations est donné ci-contre. On précise que $f(1) = 1$ et $f'(1) = -2{,}5$.

x	$-0{,}5$		5		$+\infty$
$f(x)$	‖ $+\infty$	↘	-4	↗	-2

1. On trace les asymptotes obtenues grâce au tableau de variations.

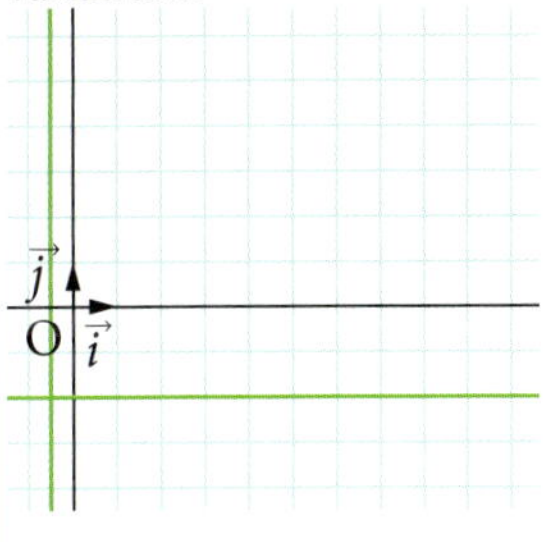

2. On place les points de la courbe donnés par le tableau ou par l'énoncé.

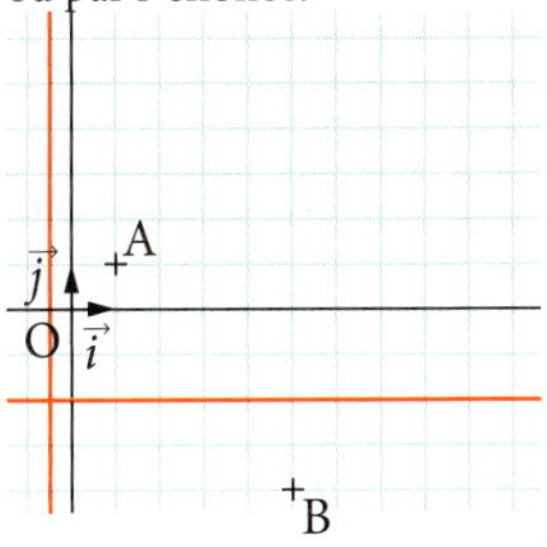

3. On trace les tangentes à la courbe données par le tableau ou par l'énoncé.

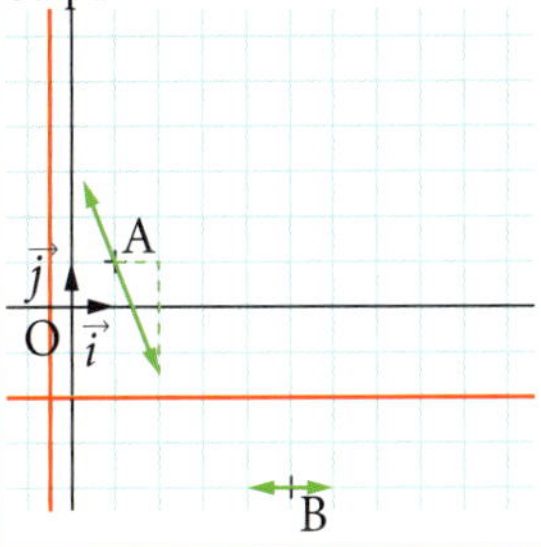

4. On trace la courbe en tenant compte des différentes informations.

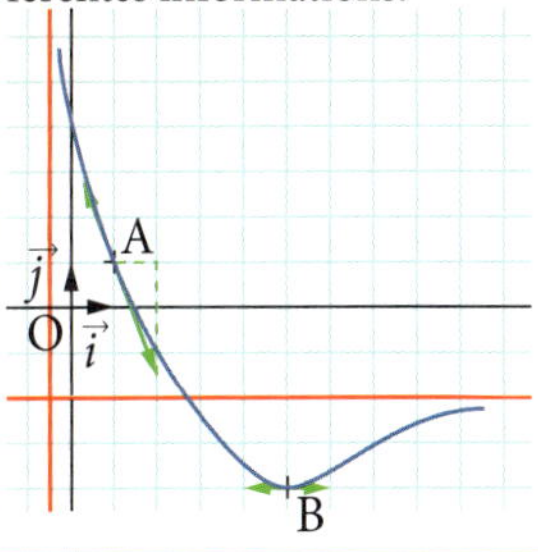

II. Application

Dans chaque cas, tracer une courbe susceptible de représenter la fonction f.

a.

x	$-\infty$		-4		0		$+\infty$
$f(x)$	-3	↗	2	↘	-3	↗	1

Les antécédents de 0 par f sont -6 ; -2 et 4.

b.

x	$-\infty$		-2		0		2
$f(x)$	$-\infty$	↗	$+\infty$ ‖ $+\infty$	↘	$1{,}5$	↗	$+\infty$ ‖

$f(-1) = f(1) = 2$; $f'(-1) = -1$; $f'(1) = 1$.

APPROFONDISSEMENT AP3 Comment trouver le centre de symétrie d'une courbe ?

I. Étude d'une fonction

Soit f la fonction définie sur $\mathbb{R}\backslash\{3\}$ par $f(x)=\dfrac{2x+1}{x-3}$.

1 Montrer que la courbe $\mathscr{C}$ admet une asymptote verticale d'équation $x = 3$ et une horizontale d'équation $y = 2$.

2 Représenter $\mathscr{C}$ et ses deux asymptotes sur *GeoGebra*. Les asymptotes se coupent en un point I. Que semble représenter le point I pour la courbe $\mathscr{C}$?

3 On se propose de démontrer ce résultat.

a. Quelles sont les coordonnées du point I ?

b. Soit h un réel non nul et M le point de $\mathscr{C}$ d'abscisse $3 + h$. Calculer l'ordonnée du point M.

c. Déterminer les coordonnées du point M′, symétrique de M par rapport à I.

d. Montrer que M′ appartient lui aussi à la courbe $\mathscr{C}$.

e. Conclure.

II. Application

Montrer que la courbe représentative de la fonction f donnée admet un centre de symétrie.

1 f définie sur $\mathbb{R}\backslash\{-1\}$ par $f(x)=\dfrac{-3x+5}{x+1}$.

2 f définie sur $\mathbb{R}\backslash\left\{\dfrac{1}{2}\right\}$ par $f(x)=\dfrac{4x+3}{2x-1}$.

APPROFONDISSEMENT AP4 Comment reconnaître des courbes asymptotes ?

lienmini.fr/m111-c02-ap4

I. Observer à l'aide de Geogebra

a. Ouvrir le fichier dans lequel sont représentées les courbes représentatives $\mathscr{C}_1$ et $\mathscr{C}_2$ des fonctions f et g définies sur $]-2\,;+\infty[$ par :

$f(x)=\dfrac{0,4x^3+0,8x^2+3}{2x+4}$ et $g(x)=0,2x^2$.

b. Créer un point M sur $\mathscr{C}_1$ puis construire le point N de $\mathscr{C}_2$ de même abscisse que M.

c. Construire le segment [MN] puis insérer une zone de texte dans laquelle la longueur MN sera affichée.

d. Faire bouger le point M sur $\mathscr{C}_1$ et décrire le comportement de la longueur MN lorsque l'abscisse de M prend des valeurs positives de plus en plus grandes.

II. Démontrer

Pour tout $x \in\,]-2\,;+\infty[$, on pose $d(x)=f(x)-g(x)$.

a. Montrer que pour tout $x \in\,]-2\,;+\infty[$:

$d(x)=\dfrac{3}{2x+4}$.

b. Étudier le signe de $d(x)$ pour tout $x \in\,]-2\,;+\infty[$ et en déduire la position de $\mathscr{C}_1$ par rapport à $\mathscr{C}_2$.

c. Que représente graphiquement $d(x)$ pour tout $x \in\,]-2\,;+\infty[$?

d. Calculer $\lim\limits_{x\to+\infty} d(x)$ puis interpréter graphiquement le résultat obtenu. Cela confirme-t-il ce que l'on a observé à la question **Id** ?

?

On dit que les courbes $\mathscr{C}_1$ et $\mathscr{C}_2$ sont asymptotes (l'une de l'autre) en $+\infty$.
Pour démontrer que les courbes représentatives de deux fonctions f et g sont asymptotes en $+\infty$ (respectivement en $-\infty$), on démontre que $\lim\limits_{x\to+\infty} f(x)-g(x)=0$ (respectivement $\lim\limits_{x\to-\infty} f(x)-g(x)=0$).

III. Application

Soit f la fonction définie sur $\mathbb{R}\backslash\{-1\,;1\}$ par :

$f(x)=\dfrac{x^5-x^3-1}{x^2-1}$; et g la fonction définie sur $\mathbb{R}$ par : $g(x)=x^3$.

Montrer que les courbes représentatives de ces fonctions sont asymptotes en $-\infty$ et en $+\infty$.

Chapitre 3

Dérivées et primitives

OBJECTIFS

- Calculer la dérivée d'une fonction de la forme u^n (n entier relatif non nul). ► Cours I
- Déterminer une primitive. ► Cours II
- Connaître et utiliser les primitives des fonctions de référence. ► Cours III
- Déterminer des primitives d'une fonction de la forme $u'u^n$ (n entier relatif différent de -1). ► Cours III

En cinématique, l'accélération est la dérivée de la vitesse. La dérivée de l'accélération permet par exemple de définir le confort des usagers d'un manège.

QCM

Pour chacune des questions posées, indiquer la bonne réponse.

	a	b	c	d
1 Soit f la fonction définie sur $\mathbb{R}$ par : $f(x) = -3x^2 + 4x - 1$. Alors pour tout x réel, $f'(x)$ est égale à :	$-6x + 4$	$-6x + 3$	$2x + 4$	$-2x - 1$
2 Soit g la fonction définie sur $]0\,;+\infty[$ par $g(x) = \dfrac{-4}{x}$. Alors pour tout $x \in\,]0\,;+\infty[$, $g'(x)$ est égale à :	$\dfrac{-4}{x^2}$	$-4x^2$	$\dfrac{4}{x^2}$	$\dfrac{1}{x^2}$
3 Soit h la fonction définie sur $]1\,;+\infty[$ par : $h(x) = \dfrac{2x-4}{x-1}$. Alors pour tout $x \in\,]1\,;+\infty[$, $h'(x)$ est égale à :	2	$\dfrac{2}{(x-1)^2}$	$\dfrac{-6}{(x-1)^2}$	$\dfrac{2}{x-1}$
4 Soit v la fonction définie sur $\mathbb{R}$ par $v(t) = \cos(2t - \pi)$. Alors pour tout t réel, $v'(t)$ est égale à :	$\pi \sin(2t - \pi)$	$-2 \sin(2t - \pi)$	$2 \sin(2t - \pi)$	$-2 \sin(2t)$
5 Soit $\mathscr{C}$ la courbe représentative d'une fonction f définie sur un intervalle de $\mathbb{R}$ ainsi que la tangente T à la courbe au point A(1 ; 4), dans un repère du plan. Le point B(0 ; – 2) est un point de la droite T. Le nombre dérivé $f'(1)$ est égal à :	-6	3	$\dfrac{1}{6}$	6
6 Soit f la fonction définie sur $\mathbb{R}$ par $f(x) = x^2 + 1$. Soit $\mathscr{C}$ la courbe représentative de f dans un repère du plan. Alors l'équation réduite de la tangente à la courbe $\mathscr{C}$ au point A d'abscisse -1 est :	$y = -2x$	$y = -2x + 4$	$y = 2x - 2$	$y = 2x + 4$

Rappels

Fonctions dérivées des fonctions usuelles

Soit f la fonction définie par :	alors :	pour tout x de l'ensemble I :
$f(x) = ax + b$, a et b deux réels fixés	$f'(x) = a$	$I = \mathbb{R}$
$f(x) = x^n$, n entier naturel non nul	$f'(x) = nx^{n-1}$	$I = \mathbb{R}$
$f(x) = \dfrac{1}{x}$	$f'(x) = -\dfrac{1}{x^2}$	$I = \,]0\,;+\infty[$ ou $I = \,]-\infty\,;0[$
$f(x) = \cos x$	$f'(x) = -\sin x$	$I = \mathbb{R}$
$f(x) = \sin x$	$f'(x) = \cos x$	$I = \mathbb{R}$
$f(x) = \cos(\omega x + \varphi)$, ω et φ deux réels donnés	$f'(x) = -\omega \sin(\omega x + \varphi)$	$I = \mathbb{R}$
$f(x) = \sin(\omega x + \varphi)$, ω et φ deux réels donnés	$f'(x) = \omega \cos(\omega x + \varphi)$	$I = \mathbb{R}$

Activités d'approche

Activité 1 Quelle puissance !

Soit u la fonction définie sur $\mathbb{R}$ par $u(x) = 3x + 1$: u est une fonction affine, donc u est dérivable sur $\mathbb{R}$.

1. Soit f la fonction définie sur $\mathbb{R}$ par $f(x) = (3x + 1)^2$.

a. Justifier que f est dérivable sur $\mathbb{R}$.

b. Développer $f(x)$ puis montrer que $f'(x) = 18x + 6$ pour tout x de $\mathbb{R}$.

c. En remarquant que $f(x) = u(x) \times u(x)$, montrer que $f'(x) = 2u(x) \times u'(x)$.

2. Soit $g(x) = (3x + 1)^3$.

a. Écrire $g(x)$ à l'aide de $f(x)$ et de $u(x)$, où f et u sont les fonctions définies précédemment.

b. Justifier que g est dérivable sur $\mathbb{R}$ puis montrer que $g'(x) = 3u^2(x) \times u'(x)$.

3. Soit $h(x) = (3x + 1)^4$. On a donc : $h(x) = (u(x))^4 = u^4(x)$.

a. Justifier que h est bien dérivable sur $\mathbb{R}$.

b. Un logiciel de calcul formel affiche le résultat suivant :

```
1 diff((3x+1)^4)
                                   12*(3*x+1)^3
```

Interpréter cet affichage.

c. Montrer que $12(3x + 1)^3 = 4u^3(x) \times u'(x)$.

4. De manière générale, soit f une fonction définie par $f(x) = u^n(x) = (u(x))^n$, où u est une fonction dérivable sur un intervalle I de $\mathbb{R}$ et n un entier naturel non nul. Conjecturer une formule de dérivation de f à l'aide de u', de u et de l'entier n.

5. Soit $H(x) = \dfrac{1}{(3x+1)^2}$ pour tout $x \in \left]-\dfrac{1}{3}; +\infty\right[$. On admet ici que H est dérivable sur l'intervalle $\left]-\dfrac{1}{3}; +\infty\right[$.

a. Calculer $H'(x)$ à l'aide de la formule de dérivation d'un quotient.

b. Montrer que, pour tout $x \in \left]-\dfrac{1}{3}; +\infty\right[$, $H'(x) = -2 \times 3 \times (3x+1)^{-3}$. Exprimer alors $H'(x)$ à l'aide de $u(x)$ et de $u'(x)$, où u est la fonction définie par $u(x) = 3x + 1$.

Activité 2 À un jet de pierre !

On lâche une pierre à partir d'un point A de la margelle d'un puits. La margelle est située à 1,5 m du sol.

La position de la pierre à un instant t est repérée par $y(t)$ sur un axe vertical orienté vers le bas, d'origine O.

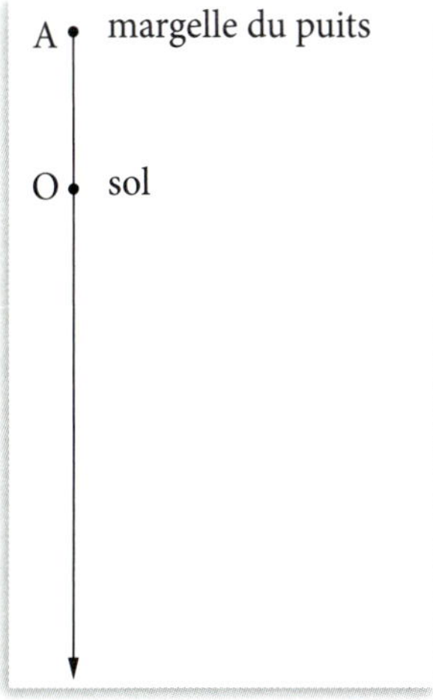

On suppose que la pierre est soumise à la seule force de son poids. La pierre subit une accélération constante $g = 9{,}8\ \text{m}\cdot\text{s}^{-2}$.

On rappelle qu'en cinématique, l'accélération instantanée $a(t)$ est la dérivée de la vitesse instantanée $v(t)$, qui est elle-même la dérivée de la position $y(t)$ de la pierre à l'instant t.

1. Déterminer une expression possible de la vitesse instantanée $v(t)$ de la pierre.

2. Existe-t-il d'autres expressions possibles de cette vitesse donnant la même accélération ? Parmi celles-ci, laquelle correspond à une vitesse nulle à l'instant $t = 0$?

3. Montrer que l'expression de la position $y(t)$ de la pierre à l'instant t est égale à $4{,}9t^2 - 1{,}5$.

On dira que l'expression $y(t)$ est **une primitive** de la vitesse $v(t)$.

I. Calculs de dérivées

VOIR EXERCICE RÉSOLU 1

A. Fonctions du type u^n

info

Si n est négatif, on suppose alors que pour tout x de I, $u(x)$ est non nul.

1. Définition de u^n

Définition Soit u une fonction définie sur un ensemble I de $\mathbb{R}$. Soit n un entier relatif non nul.
On note $\boldsymbol{u^n}$ la fonction définie sur I par $\boldsymbol{u^n(x) = (u(x))^n}$ ($u(x)$ à la puissance n).

Exemple

$\cos^3 x = (\cos x)^3$ pour x réel.

2. Dérivée de u^n

info

Ne pas oublier de multiplier par $u'(x)$.

Théorème (admis) Soit n un entier relatif non nul et soit u une fonction dérivable sur un intervalle I de $\mathbb{R}$.

- Pour n strictement positif, la fonction u^n est dérivable en tout x de I et :
$(u^n)'(x) = n \times u'(x) \times u^{n-1}(x)$.
- Pour n strictement négatif, si pour tout $x \in$ I, $u(x) \neq 0$, alors la fonction u^n est dérivable en tout x de I et :
$(u^n)'(x) = n \times u'(x) \times u^{n-1}(x)$.

Exemple

Soit $f(x) = \cos^3 x$ pour tout x réel. f est dérivable sur $\mathbb{R}$ et, pour tout x réel :
$f'(x) = 3 \times (-\sin x) \times \cos^2 x = -3 \sin x \cos^2 x$.

VOIR EXERCICE RÉSOLU 2

B. Dérivée seconde d'une fonction

info

Si u'' existe sur I, on dit que u est deux fois dérivable sur I. La dérivée seconde est parfois utile pour étudier les variations de u' et obtenir son signe.

Définition Soit u une fonction dérivable sur un intervalle I, dont la dérivée u' est elle-même dérivable sur I. On appelle **dérivée seconde**, et on note u'', la dérivée de la fonction u'.

Exemple

Soit u la fonction définie sur $\mathbb{R}$ par $u(x) = -3x^2 + 2x - 1$. u est deux fois dérivable sur $\mathbb{R}$ et, pour tout x de $\mathbb{R}$, $u''(x) = -6$.

VOIR EXERCICE RÉSOLU 3

C. Dérivée d'une fonction du type $x \mapsto f(u(x))$

1. Notation

On note $f(u(x))$ l'image, si elle existe, du réel $u(x)$ par la fonction f.
$f(u(x))$ est le réel obtenu en prenant successivement dans cet ordre, l'image de x par la fonction u, puis l'image par f du réel $u(x)$.

2. Calcul de la dérivée

info

Le nombre $f'(u(x))$ est l'image du réel $u(x)$ par la fonction dérivée f'.

Théorème (admis) Soit f une fonction dérivable sur un intervalle J et u une fonction dérivable sur un intervalle I, telle que pour tout $x \in$ I : $u(x) \in$ J.
Alors la fonction G définie pour tout x de I par $G(x) = f(u(x))$ est dérivable sur I et, pour tout $x \in$ I, on a :
$G'(x) = u'(x) \times f'(u(x))$.

Exemple

Soit h la fonction définie par $h(x) = \sin(x^2 + 1)$ pour tout x réel. h est dérivable sur $\mathbb{R}$ et, pour tout x réel :
$h'(x) = 2x \cos(x^2 + 1)$.

EXERCICE RÉSOLU 1

Calculer la dérivée d'une fonction du type u^n

1. Soit g la fonction définie sur $\mathbb{R}$ par $g(x) = (x^2 - 3x + 1)^4$. Montrer que g est dérivable sur $\mathbb{R}$ et calculer $g'(x)$ pour tout x réel.

2. Soit h la fonction définie sur $]-1\,;+\infty[$ par $h(x) = \dfrac{1}{(3x+3)^2}$.

Montrer que h est dérivable sur l'intervalle $]-1\,;+\infty[$ et calculer $h'(x)$ pour tout x appartenant à l'intervalle $]-1\,;+\infty[$.

→ Résolution

1. $g(x) = u^4(x)$ avec $u(x) = x^2 - 3x + 1$. u est dérivable sur $\mathbb{R}$ comme fonction polynôme de degré 2 avec $u'(x) = 2x - 3$. Donc, par théorème, g est dérivable sur $\mathbb{R}$. D'après la formule de dérivée de u^n :
$g'(x) = 4 \times u'(x) \times u^{4-1}(x) = 4(2x-3)(x^2 - 3x + 1)^3$.

2. On écrit : $h(x) = (3x+3)^{-2} = u^{-2}(x)$ avec $u(x) = 3x + 3$.
u ne s'annule pas sur l'intervalle $]-1\,;+\infty[$ et u est dérivable sur $]-1\,;+\infty[$ avec $u'(x) = 3$.
Donc h est bien dérivable sur l'intervalle $]-1\,;+\infty[$.
D'après la formule de dérivée de u^n, on a :
$h'(x) = -2 \times 3 \times (3x+3)^{-2-1} = -6(3x+3)^{-3} = \dfrac{-6}{(3x+3)^3}$.

Méthode

➲ On reconnaît en g une fonction du type u^n avec n entier positif :
$n = 4$ et $u(x) = x^2 - 3x + 1$.

➲ On montre que u est dérivable sur $\mathbb{R}$ et on calcule $u'(x)$.

➲ On écrit la formule de la dérivée de u^n.

Méthode

➲ On écrit $h(x)$ sous la forme $u^n(x)$, avec n entier négatif :
$u(x) = 3x + 3$ et $n = -2$.

➲ On montre que u est dérivable sur l'intervalle donné et on calcule $u'(x)$.

➲ On écrit la formule de la dérivée de u^n.

VOIR EXERCICES D'APPLICATION 9 à 16

EXERCICE RÉSOLU 2

Déterminer la dérivée seconde d'une fonction

Chacune des fonctions f suivantes est deux fois dérivable sur $\mathbb{R}$.
Calculer $f''(x)$ pour x appartenant à $\mathbb{R}$.

1. $f(x) = 3x^5 + 3x^2 - 2x + 3$. **2.** $f(t) = \sin(2t + \pi)$.

→ Résolution

1. Pour x réel, on a $f'(x) = 15x^4 + 6x - 2$. D'où $f''(x) = 60x^3 + 6$.

2. Pour t réel, on a $f'(t) = 2\cos(2t+\pi)$. D'où $f''(t) = -4\sin(2t+\pi)$.

Méthode

➲ On calcule $f'(x)$ pour x réel avec les règles de dérivation.

➲ On calcule la dérivée de $f'(x)$ avec les règles de dérivation.

VOIR EXERCICE D'APPLICATION 17

EXERCICE RÉSOLU 3

Calculer la dérivée d'une fonction du type : $x \mapsto f(u(x))$

Soit g la fonction définie et dérivable sur $]0\,;+\infty[$ avec $g(x) = \cos\left(\dfrac{1}{x}\right)$. Calculer $g'(x)$ pour tout x appartenant à l'intervalle $]0\,;+\infty[$.

→ Résolution

On a $g(x) = f(u(x))$ où f est la fonction cosinus et $u(x) = \dfrac{1}{x}$.

$$g'(x) = u'(x) \times f'(u(x)) = \frac{-1}{x^2} \times \left(-\sin\left(\frac{1}{x}\right)\right) = \frac{1}{x^2}\left(\sin\left(\frac{1}{x}\right)\right).$$

Méthode

➲ On reconnaît une fonction du type $x \mapsto f(u(x))$.

➲ On calcule $u'(x)$.

➲ On écrit la formule de dérivation.

VOIR EXERCICES D'APPLICATION 18 et 19

II. Primitives d'une fonction sur un intervalle

VOIR EXERCICE RÉSOLU 4

A. Notion de primitive

Définition Soit f une fonction définie sur un intervalle I. On dit qu'une fonction F est une **primitive de f** sur I si F est dérivable sur I et $F' = f$ (la dérivée de F est égale à f).

Exemple

Soit f la fonction définie sur $\mathbb{R}$ par $f(x) = 3x^2 + 2x - 1$.
La fonction F définie sur $\mathbb{R}$ par $F(x) = x^3 + x^2 - x + 2$ est une primitive de f sur $\mathbb{R}$.
F est dérivable sur $\mathbb{R}$ et, pour tout x réel, $F'(x) = 3x^2 + 2x - 1 = f(x)$.

Remarque

On peut dire que déterminer une primitive d'une fonction est l'opération « inverse » de la détermination de la dérivée de cette même fonction.

info

- Il existe un théorème qui affirme que toute fonction dérivable sur un intervalle I admet des primitives sur I.
- Toutes les fonctions rencontrées dans le programme de Terminale admettent des primitives sur les intervalles de leur ensemble de définition.

VOIR EXERCICE RÉSOLU 5

B. Ensemble des primitives d'une fonction sur un intervalle

Théorème (admis) Soit f une fonction admettant une primitive F sur un intervalle I. Alors l'ensemble des primitives de f sur I est constitué des fonctions définies sur I par : $x \mapsto F(x) + C$, où C est une constante réelle.

Remarque

Dès lors qu'une fonction f admet une primitive F sur I, alors elle admet une infinité de primitives sur I, qui diffèrent de F par une constante.

Exemple

L'ensemble des primitives de la fonction u définie sur $\mathbb{R}$ par $u(t) = \frac{2}{t^2} + 1$ sont les fonctions U définies sur $\mathbb{R}$ par $U(t) = \frac{-2}{t} + t + C$, où C est une constante réelle.

VOIR EXERCICE RÉSOLU 5

C. Primitive prenant une valeur donnée y_0 en x_0

Théorème (admis) Soit f une fonction admettant des primitives sur un intervalle I. Soit $(x_0 ; y_0)$ un couple de réels. Alors il existe une unique primitive F de f sur I telle que : $F(x_0) = y_0$.

Exemple

Déterminer la primitive U de la fonction u sur $\mathbb{R}$ définie par $u(t) = \frac{2}{t^2} + 1$, prenant la valeur $y_0 = 0$ en $t_0 = 1$.

Une primitive U de u est donnée par $U(t) = \frac{-2}{t} + t + C$, où C est une constante réelle.
On détermine la valeur de C telle que $U(1) = 0$. On obtient $C = 1$.

La primitive cherchée est la fonction U définie sur $\mathbb{R}$ par : $U(t) = \frac{-2}{t} + t + 1$.

EXERCICE RÉSOLU 4

Reconnaître une primitive F d'une fonction f sur un intervalle I

Soit F la fonction définie sur l'intervalle $]-\infty\,;-1[$ par $F(x)=\dfrac{2x-5}{x+1}$. Soit f la fonction définie sur l'intervalle $]-\infty\,;-1[$ par $f(x)=\dfrac{7}{(x+1)^2}$. Montrer que F est une primitive de f sur l'intervalle $]-\infty\,;-1[$.

→ Résolution

On a : $F(x)=\dfrac{u(x)}{v(x)}$. La fonction F est le quotient de deux fonctions dérivables sur l'intervalle$]-\infty\,;-1[$, dont le dénominateur ne s'annule pas sur $]-\infty\,;-1[$. F est donc dérivable sur cet intervalle. On a :

$F'(x)=\dfrac{2(x+1)-(2x-5)\times 1}{(x+1)^2}=\dfrac{7}{(x+1)^2}=f(x)$ pour tout $x<-1$.

Comme F est dérivable sur l'intervalle $]-\infty\,;-1[$ et comme pour tout $x\in\,]-\infty\,;-1[$, $F'(x)=f(x)$, on en conclut que F est une primitive de f sur l'intervalle $]-\infty\,;-1[$.

Méthode

- On vérifie que F est dérivable sur l'intervalle donné.
- On calcule $F'(x)$ avec la formule de dérivation adaptée.
- On compare $F'(x)$ et $f(x)$.

VOIR EXERCICES D'APPLICATION 20 à 24

EXERCICE RÉSOLU 5

Déterminer la primitive prenant une valeur donnée y_0 en x_0

Soit f la fonction définie sur $]0\,;+\infty[$ par $f(x)=\dfrac{5}{x^2}+2x-1$.

1. Montrer que les primitives de la fonction f sur l'intervalle $]0\,;+\infty[$ sont les fonctions F définies sur l'intervalle $]0\,;+\infty[$ par $F(x)=\dfrac{-5}{x}+x^2-x+C$, où C est une constante réelle.

2. Déterminer la primitive de f prenant la valeur 0 en $x=1$.

→ Résolution

1. Soit F définie sur $]0\,;+\infty[$ par $F(x)=\dfrac{-5}{x}+x^2-x+C$, où C est une constante réelle. F est dérivable sur l'intervalle $]0\,;+\infty[$ comme somme de fonctions dérivables sur l'intervalle $]0\,;+\infty[$.

En utilisant les dérivées des fonctions de référence, on obtient :

$F'(x)=\dfrac{5}{x^2}+2x-1$.

On a donc : $F'(x)=f(x)$ pour tout $x>0$.

L'ensemble des primitives de f est donc l'ensemble des fonctions F définies sur $]0\,;+\infty[$ par : $F(x)=\dfrac{-5}{x}+x^2-x+C$, où C est une constante réelle.

2. Soit G la primitive de f sur $]0\,;+\infty[$ prenant la valeur 0 en $x=1$.

On a : $G(x)=\dfrac{-5}{x}+x^2-x+C$, C constante réelle, et $G(1)=0$.

On doit donc trouver C telle que : $\dfrac{-5}{1}+1^2-1+C=0$. D'où $C=5$.

La primitive G de f sur $]0\,;+\infty[$ est donc : $G(x)=\dfrac{-5}{x}+x^2-x+5$.

Méthode

- On vérifie que F est dérivable sur l'intervalle donné.
- On calcule $F'(x)$ avec la formule de dérivation adaptée et on montre que $F'(x)=f(x)$.

Méthode

- On écrit que la primitive G cherchée est du type des fonctions F définies à la question 1.
- On détermine la valeur de la constante C telle que $G(1)=0$.

VOIR EXERCICES D'APPLICATION 25 à 27

III. Primitives des fonctions de référence

VOIR EXERCICE RÉSOLU 6

A. Tableau des primitives usuelles

Dans le tableau ci-dessous, C désigne une constante réelle.

La fonction f est définie sur I par :	Les primitives F de f sur I sont définies par :	L'intervalle I est :
$f(x) = a$ (a réel fixé)	$F(x) = ax + b$ (b constante réelle)	$\mathbb{R}$
$f(x) = x$	$F(x) = \frac{1}{2}x^2 + C$	$\mathbb{R}$
$f(x) = x^2$	$F(x) = \frac{1}{3}x^3 + C$	$\mathbb{R}$
$f(x) = \frac{1}{x^2}$	$F(x) = -\frac{1}{x} + C$	$]-\infty\,;0[$ ou $]0\,;+\infty[$
$f(x) = x^n$ (n entier relatif, $n \neq 0$, $n \neq -1$)	$F(x) = \frac{1}{n+1}x^{n+1} + C$	$]-\infty\,;0[$ ou $]0\,;+\infty[$
$f(x) = \sin x$	$F(x) = -\cos x + C$	$\mathbb{R}$
$f(x) = \cos x$	$F(x) = \sin x + C$	$\mathbb{R}$
$f(x) = \sin(\omega x + \varphi)$ (ω et φ deux réels donnés, avec $\omega \neq 0$)	$F(x) = -\frac{1}{\omega}\cos(\omega x + \varphi) + C$	$\mathbb{R}$
$f(x) = \cos(\omega x + \varphi)$ (ω et φ deux réels donnés, avec $\omega \neq 0$)	$F(x) = \frac{1}{\omega}\sin(\omega x + \varphi) + C$	$\mathbb{R}$

info

D'autres primitives apparaîtront dans les chapitres consacrés aux fonctions logarithmes et aux fonctions exponentielles.

VOIR EXERCICE RÉSOLU 6

B. Primitives et opérations

Théorème (admis) Soit f et g deux fonctions définies sur un intervalle I de $\mathbb{R}$ et k une constante réelle.

- Si F est une primitive de f sur I, alors kF est une primitive de kf sur I.
- Si F est une primitive de f sur I et G une primitive de g sur I, alors $F + G$ est une primitive de $f + g$ sur I.

VOIR EXERCICE RÉSOLU 7

C. Primitive de $u'u^n$

Théorème (admis) Soit n un entier relatif différent de -1. Soit u une fonction dérivable sur un intervalle I de $\mathbb{R}$. Soit la fonction $f : x \mapsto u'(x)u^n(x)$, avec $u(x) \neq 0$ pour tout x de I si $n < -1$.
Les primitives de la fonction f sur I sont les fonctions F définies par :
$F(x) = \frac{1}{n+1}u^{n+1}(x) + C.$

Remarques

- Le cas $n = -1$ sera étudié dans le chapitre 4.
- Dans le cas $n = -2$, les primitives de $f : x \mapsto u'(x)u^{-2}(x) = \frac{u'(x)}{u^2(x)}$ sont les fonctions $F : x \mapsto \frac{-1}{u(x)} + C$.

EXERCICE RÉSOLU 6

Utiliser les primitives des fonctions de référence

Pour chacune des fonctions f suivantes, déterminer une primitive F sur l'intervalle I donné.

a. $f(x) = 2x + 3$; $I = \mathbb{R}$.

b. $f(x) = x + 1$; $I = \mathbb{R}$.

c. $f(x) = 3x^2 + 1$; $I = \mathbb{R}$.

d. $f(x) = \dfrac{-1}{x^2} + 3x - 1$; $I =]0\,;+\infty[$.

e. $f(x) = 2\cos x - 3\sin x$; $I = \mathbb{R}$.

→ Résolution

a. $F(x) = x^2 + 3x$.

b. $F(x) = \dfrac{1}{2}x^2 + x$.

c. $F(x) = x^3 + x$.

d. $F(x) = \dfrac{1}{x} + \dfrac{3}{2}x^2 - x$.

e. $F(x) = 2\sin x + 3\cos x$.

Méthode

- Le plus souvent, f est une somme de fonctions de référence.
- On identifie le type des fonctions de référence qui interviennent dans la somme.
- On utilise le tableau des primitives des fonctions de référence et le théorème du cours (**III B**).

VOIR
EXERCICES D'APPLICATION 28 à 33

EXERCICE RÉSOLU 7

Déterminer une primitive d'une fonction de la forme $u'u^n$

Pour chacune des fonctions f suivantes, écrire $f(x)$ sous la forme $u'(x)u^n(x)$, puis déterminer une primitive F de f sur l'intervalle I donné.

a. $f(x) = 2x(x^2 + 3)^4$; $I = \mathbb{R}$.

b. $f(x) = \left(x + \dfrac{3}{2}\right)(x^2 + 3x + 1)^3$; $I = \mathbb{R}$.

c. $f(x) = \dfrac{-4x}{(6 - 2x^2)^2}$; $I =]-\infty\,;-\sqrt{3}\,[$.

d. $f(x) = \dfrac{x + \frac{1}{2}}{(x^2 + x + 1)^3}$; $I = \mathbb{R}$.

e. $f(x) = \cos x \sin^2 x$; $I = \mathbb{R}$.

→ Résolution

a. $f(x) = u'(x)u^n(x)$, avec $n = 4$, $u(x) = x^2 + 3$ et $u'(x) = 2x$.

$F(x) = \dfrac{1}{n+1}u^{n+1}(x) = \dfrac{1}{5}(x^2 + 3)^5$.

b. $f(x) = \dfrac{1}{2}u'(x)u^n(x)$, avec $n = 3$, $u(x) = x^2 + 3x + 1$ et $u'(x) = 2x + 3$.

$F(x) = \dfrac{1}{2} \times \dfrac{1}{n+1}u^{n+1}(x) = \dfrac{1}{2} \times \dfrac{1}{4}(x^2 + 3x + 1)^4 = \dfrac{1}{8}(x^2 + 3x + 1)^4$.

c. $f(x) = u'(x)u^n(x)$, avec $n = -2$, $u(x) = 6 - 2x^2$ et $u'(x) = -4x$.

$F(x) = \dfrac{-1}{u(x)} = \dfrac{-1}{6 - 2x^2} = \dfrac{1}{2x^2 - 6}$.

d. $f(x) = \dfrac{1}{2}u'(x)u^n(x)$, avec $n = -3$, $u(x) = x^2 + x + 1$ et $u'(x) = 2x + 1$.

$F(x) = \dfrac{1}{2} \times \dfrac{1}{n+1}u^{n+1}(x) = \dfrac{1}{2} \times \dfrac{1}{-2}u^{-2}(x)$

$F(x) = \dfrac{-1}{4} \times (x^2 + x + 1)^{-2} = \dfrac{-1}{4(x^2 + x + 1)^2}$.

e. $f(x) = u'(x)u^n(x)$, avec $n = 2$, $u(x) = \sin x$ et $u'(x) = \cos x$.

$F(x) = \dfrac{1}{n+1}u^{n+1}(x) = \dfrac{1}{3} \times \sin^3 x$.

Méthode

- On réécrit éventuellement $f(x)$ sous la forme $u'(x)u^n(x)$, avec n entier relatif différent de -1, et en faisant apparaître un coefficient k réel, si besoin.
- On identifie n, $u(x)$ et $u'(x)$.
- On applique la formule donnée par le théorème du cours (**III C**).

VOIR
EXERCICES D'APPLICATION 34 à 41

L'ESSENTIEL

Dérivée d'une fonction du type u^n

Soit n un entier relatif non nul et soit u une fonction dérivable sur un intervalle I de $\mathbb{R}$.

Pour *n* strictement positif

La fonction u^n est dérivable en tout x de I et $(u^n)'(x) = n \times u'(x) \times u^{n-1}(x)$.

Pour *n* strictement négatif

Si pour tout $x \in$ I, $u(x) \neq 0$, alors la fonction u^n est dérivable en tout x de I et, pour tout x de I :
$(u^n)'(x) = n \times u'(x) \times u^{n-1}(x)$.

Primitives d'une fonction

Définition et théorèmes

- Une primitive d'une fonction f sur un intervalle I est une fonction F dérivable sur I et telle que $F' = f$.
- Si f admet une primitive F sur un intervalle I, alors f admet une infinité de primitives sur I et toute primitive de f est du type $x \mapsto F(x) + C$, où C est une constante réelle.
- Si f admet des primitives sur un intervalle I, alors il existe une unique primitive de f prenant la valeur réelle y_0 pour le réel x_0 appartenant à I.

Primitives d'une fonction de référence

Dans le tableau ci-dessous, C désigne une constante réelle.

La fonction f est définie sur I par :	**Les primitives F de f sur I sont définies par :**	**L'intervalle I est :**
$f(x) = a$ (a réel fixé)	$F(x) = ax + b$ (b constante réelle)	$\mathbb{R}$
$f(x) = x$	$F(x) = \frac{1}{2}x^2 + C$	$\mathbb{R}$
$f(x) = x^2$	$F(x) = \frac{1}{3}x^3 + C$	$\mathbb{R}$
$f(x) = \frac{1}{x^2}$	$F(x) = -\frac{1}{x} + C$	$]-\infty ; 0[$ ou $]0 ; +\infty[$
$f(x) = x^n$ (n entier relatif, $n \neq 0$, $n \neq -1$)	$F(x) = \frac{1}{n+1}x^{n+1} + C$	$]-\infty ; 0[$ ou $]0 ; +\infty[$
$f(x) = \sin x$	$F(x) = -\cos x + C$	$\mathbb{R}$
$f(x) = \cos x$	$F(x) = \sin x + C$	$\mathbb{R}$
$f(x) = \sin(\omega x + \varphi)$ (ω et φ deux réels donnés, avec $\omega \neq 0$)	$F(x) = -\frac{1}{\omega}\cos(\omega x + \varphi) + C$	$\mathbb{R}$
$f(x) = \cos(\omega x + \varphi)$ (ω et φ deux réels donnés, avec $\omega \neq 0$)	$F(x) = \frac{1}{\omega}\sin(\omega x + \varphi) + C$	$\mathbb{R}$

Primitive d'une fonction du type $u'u^n$

Soit n un entier relatif différent de -1. Soit u une fonction dérivable sur un intervalle I de $\mathbb{R}$. Soit la fonction $f : x \mapsto u'(x)u^n(x)$, avec $u(x) \neq 0$ pour tout x de I dans le cas où $n < -1$.

Les primitives de la fonction f sur I sont les fonctions F définies par $F(x) = \frac{1}{n+1}u^{n+1}(x) + C$, où C est une constante réelle.

TP1 Vitesse de réaction d'une transformation chimique

Objectif : **Utiliser le tracé d'une tangente pour obtenir une vitesse de réaction d'une transformation chimique.**

La « rapidité » d'une réaction qui s'effectue à volume constant est caractérisée par la vitesse volumique de réaction. La vitesse volumique de réaction v, à l'instant t, est égale à $v(t) = \frac{1}{V} \times \frac{\mathrm{d}x}{\mathrm{d}t}(t)$, où V est le volume total du mélange réactionnel et $x(t)$ l'avancement de la réaction à l'instant t. À l'issue d'un TP, on a obtenu le tableau ci-dessous :

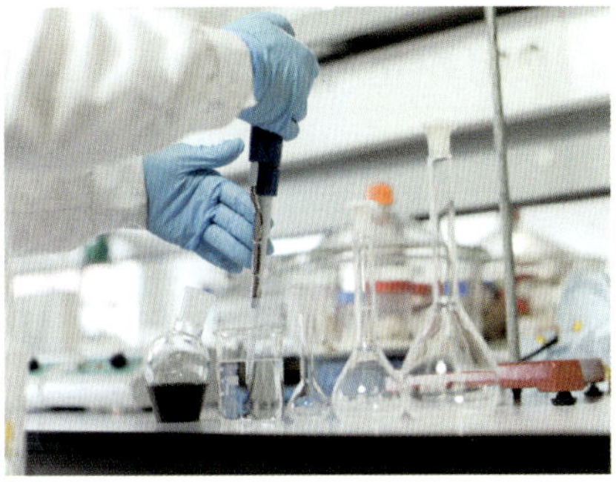

t (en min)	0	4	7	14	20	26	34	43
$x(t)$ (en mmol)	0	0,25	0,5	0,7	1	1,2	1,4	1,6

On donne $V = 1{,}0$ L.

1. Tracer la courbe de l'avancement x en fonction de t, dans un repère orthogonal avec pour unités : 1 cm pour 2 min en abscisses et 1 cm pour 0,2 mmol en ordonnées.

2. Tracer la tangente au point d'abscisse 10 puis déterminer son coefficient directeur. En déduire la vitesse de réaction à l'instant $t = 10$ min.

TP2 Étude d'une fonction trigonométrique

Objectif : **Utiliser les fonctions trigonométriques dans un problème d'optimisation.**

Un lapin désire traverser une route de quatre mètres de largeur. Un camion, occupant toute la route, arrive à sa rencontre à la vitesse de 60 km·h^{-1}. Le lapin décide au dernier moment de traverser alors que le camion n'est plus qu'à sept mètres de lui. Son démarrage est foudroyant et il effectue la traversée en ligne droite au maximum de ses possibilités, c'est-à-dire à 30 km·h^{-1} !

L'avant du camion est représentée par le segment [CC′] sur le schéma ci-dessous.

Le lapin part du point A en direction de D, avec une direction repérée en radians par l'angle $\theta = \widehat{BAD}$ avec $0 \leqslant \theta \leqslant \frac{\pi}{2}$.

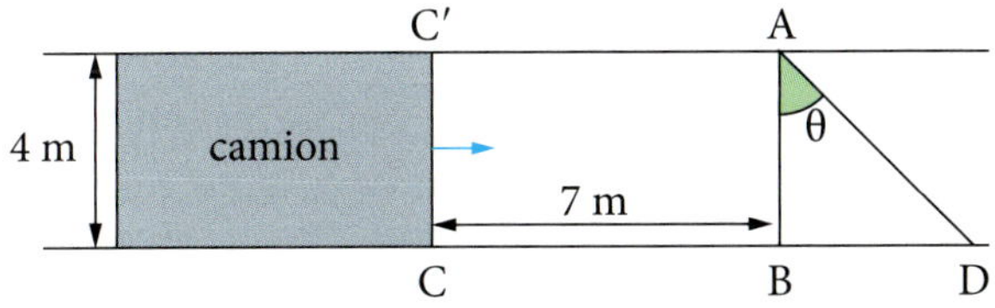

On pourra utiliser le résultat suivant. La fonction tangente, notée tan, est définie par :

$\tan x = \frac{\sin x}{\cos x}$ pour tout x réel tel que $x \neq \frac{\pi}{2} + k\pi$, avec k entier relatif. La fonction tangente est dérivable en tout réel $x \neq \frac{\pi}{2} + k\pi$, avec k entier relatif et $\tan' x = 1 + \tan^2 x = \frac{1}{\cos^2 x}$.

1. En utilisant le triangle rectangle ABD, montrer que $\mathrm{AD} = \frac{4}{\cos\theta}$ m et que $\mathrm{CD} = 7 + 4\tan\theta$ m.

2. Soit t_1 le temps en minutes mis par le lapin pour parcourir la distance AD et t_2 celui du camion pour parcourir la distance CD. Exprimer t_1 et t_2 en fonction de $\cos\theta$ et $\tan\theta$ respectivement.

3. Montrer que le lapin réussira à traverser la route sans encombre si, et seulement si :

$$\frac{7}{2} + 2\tan\theta - \frac{4}{\cos\theta} > 0.$$

4. Soit la fonction f définie sur l'intervalle $\left[0\,;\frac{\pi}{2}\right[$ par $f(\theta) = \frac{7}{2} + 2\tan\theta - \frac{4}{\cos\theta}$.

Tracer à l'écran de la calculatrice la courbe de la fonction f.

5. Déterminer graphiquement les valeurs de θ pour lesquelles f s'annule puis les valeurs de θ pour lesquelles f est positive. Conclure.

TP3 Courbe intégrale d'une fonction

Objectif : **Mettre en place la méthode d'Euler pour obtenir la courbe intégrale d'une fonction.**

Partie A Méthode d'Euler

lienmini.fr/m111-c03-tp3

Soit f une fonction de la variable x qui vérifie l'équation (E) : $f'(x) = \dfrac{1}{1+x^2}$ et la condition $f(0) = 0$.

A priori, on ne connaît pas la fonction f qui vérifie ces égalités, ou du moins on n'en connaît pas une « forme » explicite. On cherche alors à construire une approximation de la courbe $\mathscr{C}$ de cette fonction f, solution de l'équation (E), sur l'intervalle $[0 ; 1]$.

On utilise le résultat suivant pour approcher $\mathscr{C}$ par celle d'une fonction affine par morceaux.

?

Propriété admise

Soit f une fonction dérivable sur un intervalle I. Soit a un réel appartenant à I.
Alors la meilleure approximation affine de f en $a + h$ est donnée par l'égalité :
$f(a + h) = f(a) + hf'(a)$ avec h proche de 0.

• À partir d'un point $M_0(x_0 ; y_0)$ connu de la courbe $\mathscr{C}$, on trace une ligne polygonale qui est proche de la courbe $\mathscr{C}$.

i. On place $M_0(x_0 ; y_0)$ où $y_0 = f(x_0)$.

ii. On choisit $h \neq 0$ proche de 0.

iii. On pose $x_1 = x_0 + h$. On a alors, d'après la propriété : $f(x_1) = f(x_0 + h) = f(x_0) + h f'(x_0)$.
On place le point M_1 de coordonnées $(x_1 ; y_1)$ où $y_1 = f(x_1)$.

iv. On réitère l'étape **iii** en prenant $x_2 = x_1 + h$, on place le point M_2 de coordonnées $(x_2 ; y_2)$ et ainsi de suite.

• On met en œuvre la méthode avec un pas de 0,1 sur l'intervalle $[0 ; 1]$. On va donc construire une suite de points M_0, M_1, M_2… d'abscisses respectives $x_0 = 0$; $x_1 = 0{,}1$; $x_2 = 0{,}2$…

1. Quelle est la valeur de y_0 ?

2. Montrer que $y_{n+1} = y_n + 0{,}1 \times \dfrac{1}{1+x_n^2}$ pour n entier positif compris entre 0 et 9.

3. Ouvrir la feuille de calcul et la compléter comme ci-dessous.

D3 | =D2+$A$2*(1/(1+C2*C2))

	A	B	C	D	E
1	h	n	x_n	y_n	
2	0,1	0	0	0	
3		1	0,1	0,1	
4		2	0,2	0,1990099	
5		3	0,3	0,29516375	
6		4	0,4	0,38690687	
7		5	0,5	0,47311376	
8		6	0,6	0,55311376	
9		7	0,7	0,62664317	
10		8	0,8	0,69375727	
11		9	0,9	0,75473288	
12		10	1	0,8099815	

En D3, on pourra entrer la formule :
=D2+$A$2*(1/(1+C2*C2)).

4. Insérer le nuage de points sur la feuille. On obtient ainsi la courbe intégrale de la fonction f.

5. Reproduire la méthode en modifiant la feuille de calcul avec un pas $h = 0{,}05$.

Partie B Application

Appliquer la méthode d'Euler pour obtenir la courbe intégrale de la fonction f définie par $f'(x) = f(x)$ et $f(0) = 1$, sur l'intervalle $[0 ; 1]$, avec un pas $h = 0{,}1$. Soit le point $M_0(x_0 ; y_0)$ avec $x_0 = 0$ et $y_0 = f(x_0)$.

1. Quelles sont les coordonnées du point $M_1(x_1 ; y_1)$ où $x_1 = x_0 + h$ et $y_1 = f(x_1)$?

2. On note $x_{n+1} = x_n + h$ et $y_{n+1} = f(x_{n+1})$ (n est un entier variant de 0 à 9).
Montrer que $y_{n+1} = 1{,}1 \times y_n$.

3. De manière analogue à la question **A3**, construire une feuille de calcul permettant d'obtenir les valeurs de x_n et de y_n pour n allant de 0 à 9.
Visualiser le nuage de points obtenus.

Appliquer

Les exercices de la partie « Appliquer » sont tous corrigés en fin d'ouvrage.

Calculs de dérivées à l'aide des dérivées des fonctions usuelles

Dans les **exercices 1 à 5**, calculer la fonction dérivée de chacune des fonctions définies et dérivables sur l'intervalle I donné.

1 * **a.** $f(x) = 3 - 5x$; $I = \mathbb{R}$. **b.** $g(x) = x^2 - 4x$; $I = \mathbb{R}$.
c. $h(x) = \dfrac{3x+5}{2}$; $I = \mathbb{R}$.
d. $u(x) = -3x^2 + \dfrac{1}{2}x - 5$; $I = \mathbb{R}$.

2 * **a.** $f(x) = \dfrac{2}{x} + 3$; $I =]-\infty\,;0[$.
b. $g(x) = \dfrac{-5}{x} + 2x - 4$; $I =]0\,;+\infty[$.
c. $h(x) = x^3 - 6x^2 + 3x - 1$; $I = \mathbb{R}$.
d. $i(x) = \dfrac{3}{2}x^4 + \dfrac{1}{3}x^3 - \dfrac{1}{4}x^2 + 3x - 1$; $I = \mathbb{R}$.

3 * **a.** $u(t) = 3\cos t + 1$; $I = \mathbb{R}$.
b. $v(t) = 3 + 5\sin t$; $I = \mathbb{R}$.
c. $w(t) = 3\cos(2t + \pi)$; $I = \mathbb{R}$.
d. $z(t) = -\dfrac{1}{2}\cos\left(4t + \dfrac{\pi}{3}\right)$; $I = \mathbb{R}$.

4 * **a.** $f(x) = (2x - 1)(x + 4)$; $I = \mathbb{R}$.
b. $g(x) = (3x^2 + 2x - 1)(2x - 5)$; $I = \mathbb{R}$.
c. $h(x) = \cos(2x)\sin(2x)$; $I = \mathbb{R}$.
d. $i(x) = \dfrac{1}{x}(3x^2 - 2x + 1)$; $I =]-\infty\,;0[$.

5 * **a.** $u(x) = \dfrac{2x-1}{3x+1}$; $I = \left]-\dfrac{1}{3}\,;+\infty\right[$.
b. $v(x) = \dfrac{5}{3-x}$; $I =]-\infty\,;3[$.
c. $w(x) = \dfrac{x^2}{x^2+1}$; $I = \mathbb{R}$.
d. $z(t) = \dfrac{\sin t}{\cos t}$; $I = \left]-\dfrac{\pi}{2}\,;\dfrac{\pi}{2}\right[$.

Équation de la tangente en un point d'abscisse *a*

Dans les **exercices 6 à 8**, f est une fonction définie sur un intervalle I de $\mathbb{R}$ et $\mathscr{C}$ est la courbe représentative de f dans un repère orthonormé du plan. Déterminer une équation de la tangente à la courbe $\mathscr{C}$ au point A d'abscisse a donnée.

6 * $f(x) = 2x^2 - 3x + 1$; $I = \mathbb{R}$; $a = 0$.

7 * $f(x) = x^3 + 3x^2 + 3x + 1$; $I = \mathbb{R}$; $a = 1$.

8 * $f(x) = \dfrac{x-3}{x+2}$; $I =]-2\,;+\infty[$; $a = -1$.

Dérivée d'une fonction de la forme u^n

VOIR EXERCICE RÉSOLU 1

Dans les **exercices 9 à 16**, f est une fonction définie et dérivable sur un intervalle I. Calculer $f'(x)$ pour $x \in I$ dans chacun des cas.

9 * **a.** $f(x) = (x + 3)^2$; $I = \mathbb{R}$. **b.** $f(x) = (2x - 1)^3$; $I = \mathbb{R}$.
c. $f(x) = (4 - x)^4$; $I = \mathbb{R}$.

10 * **a.** $f(x) = (x^2 + 2x - 1)^2$; $I = \mathbb{R}$.
b. $f(x) = (3x^2 + 1)^3$; $I = \mathbb{R}$.
c. $f(x) = (x^3 + x^2 - 1)^4$; $I = \mathbb{R}$.

11 * **a.** $f(x) = \cos^3 x$; $I = \mathbb{R}$. **b.** $f(x) = \sin^2 x$; $I = \mathbb{R}$.
c. $f(x) = \cos^2(2x + \pi)$; $I = \mathbb{R}$.

12 * **a.** $f(x) = (2x + 1)(x^2 + 3)^2$; $I = \mathbb{R}$.
b. $f(x) = (2x - 1)(4 - 3x)^2$; $I = \mathbb{R}$.
c. $f(x) = \cos x \sin^2 x$; $I = \mathbb{R}$.

13 * **a.** $f(x) = (2x + 1)^{-3}$; $I = \left]-\dfrac{1}{2}\,;+\infty\right[$.
b. $f(x) = 2(x + 1)^{-2}$; $I =]-1\,;+\infty[$.
c. $f(x) = \cos^{-2} x$; $I = \left]-\dfrac{\pi}{2}\,;\dfrac{\pi}{2}\right[$.

14 * **a.** $f(x) = \dfrac{1}{(x+1)^2}$; $I =]-1\,;+\infty[$.
b. $f(x) = \dfrac{1}{(3x-3)^2}$; $I =]-\infty\,;1[$.
c. $f(x) = \dfrac{-2}{(x+3)^2}$; $I =]-\infty\,;-3[$.

15 * **a.** $f(x) = \dfrac{1}{(x^2+1)^2}$; $I = \mathbb{R}$.
b. $f(x) = \dfrac{1}{2(x+1)^2}$; $I =]-\infty\,;-1[$.
c. $f(x) = \dfrac{4}{(3x^2+1)^2}$; $I = \mathbb{R}$.

16 * **a.** $f(x) = \dfrac{x+1}{(x+2)^2}$; $I =]-2\,;+\infty[$.
b. $f(x) = \dfrac{(2x+1)^2}{(2x-2)^3}$; $I =]-1\,;+\infty[$.
c. $f(x) = \dfrac{3}{(x^2+x+1)^2}$; $I = \mathbb{R}$.

Dérivée seconde d'une fonction

VOIR EXERCICE RÉSOLU 2

17 * Pour chacune des fonctions f ci-dessous deux fois dérivables sur l'intervalle I indiqué, déterminer f'', dérivée seconde de f.
a. $f(x) = \dfrac{3}{2}x^4 - 2x^3 + 3x^2 - 3x + 1$; $I = \mathbb{R}$.
b. $f(x) = (4x + 1)^3$; $I = \mathbb{R}$.
c. $f(x) = \dfrac{2}{(x+3)^2}$; $I =]-3\,;+\infty[$.
d. $f(x) = -2\cos(3x + \pi)$; $I = \mathbb{R}$.
e. $f(x) = \sin^2(3x)$; $I = \mathbb{R}$.

Dérivée d'une fonction de la forme : $x \mapsto f[u(x)]$

VOIR EXERCICE RÉSOLU 3

Dans les **exercices 18 et 19**, calculer la dérivée g' de la fonction g définie et dérivable sur l'intervalle I donné.

18 * a. $g(x) = \cos(x^2+1)$; $I = \mathbb{R}$.
b. $g(x) = \sin\left(\frac{1}{x}\right)$; $I =]0 ; +\infty[$.
c. $g(x) = \sin(x^3)$; $I = \mathbb{R}$.

19 * a. $g(x) = \cos(\sin(x))$; $I = \mathbb{R}$.
b. $g(x) = \cos(\cos(x))$; $I = \mathbb{R}$.
c. $g(x) = \sin(\cos(x))$; $I = \mathbb{R}$.

Reconnaître une primitive d'une fonction sur un intervalle

VOIR EXERCICE RÉSOLU 4

Dans les **exercices 20 à 24**, on donne f et F deux fonctions définies sur un intervalle I.
Dans chacun des cas, montrer que F est une primitive de la fonction f sur l'intervalle I.

20 * $f(x) = 2x^3 - 5x^2 + 2x - 1$;
$F(x) = \frac{1}{2}x^4 - \frac{5}{3}x^3 + x^2 - x + 1$; $I = \mathbb{R}$.

21 * $f(x) = \frac{2}{x^2}$; $F(x) = \frac{-2}{x} + 3$; $I =]0 ; +\infty[$.

22 * $f(x) = \frac{-2}{x^3}$; $F(x) = \frac{1}{x^2} + 4$; $I =]0 ; +\infty[$.

23 * $f(x) = 2x + 3 + \frac{1}{x^2}$;
$F(x) = x^2 + 3x - \frac{1}{x}$; $I =]0 ; +\infty[$.

24 * $f(x) = \frac{1}{x^2}\sin\left(\frac{1}{x}\right)$;
$F(x) = \cos\left(\frac{1}{x}\right)$; $I =]0 ; +\infty[$.

Déterminer une primitive particulière

VOIR EXERCICE RÉSOLU 5

Dans les **exercices 25 à 27** : vérifier que F est une primitive de f sur l'intervalle I puis déterminer la primitive de f qui prend la valeur y_0 en x_0.

25 * $f(x) = 3x^2 + 1$; $F(x) = x^3 + x$; $I = \mathbb{R}$; $x_0 = 1$ et $y_0 = 0$.

26 * $f(x) = \sin(2x + \pi)$; $F(x) = -\frac{1}{2}\cos(2x+\pi)$; $I = \mathbb{R}$;
$x_0 = \frac{\pi}{2}$ et $y_0 = 0$.

27 * $f(x) = 2x - \frac{1}{x^2}$; $F(x) = x^2 + \frac{1}{x}$; $I =]0 ; +\infty[$;
$x_0 = 1$ et $y_0 = 0$.

Calculs de primitives à l'aide des primitives des fonctions de référence

VOIR EXERCICE RÉSOLU 6

Dans les **exercices 28 à 33**, déterminer toutes les primitives de f sur l'intervalle I à l'aide des primitives des fonctions de référence.

28 * $f(x) = x^2 - x + 1$; $I = \mathbb{R}$.

29 * $f(x) = 2x^3 + 2x - 1$; $I = \mathbb{R}$.

30 * $f(x) = \frac{3x^2 + x - 1}{2}$; $I = \mathbb{R}$.

31 * $f(x) = -3\cos x + 2\sin x$; $I = \mathbb{R}$.

32 * $f(x) = 3x^2 - 2x + \frac{1}{x^2}$; $I =]0 ; +\infty[$.

33 * $f(x) = \frac{2x^3 - x^2 + 3}{x^2}$; $I =]0 ; +\infty[$.

Déterminer une ou des primitives de fonctions de la forme $u'u^n$

VOIR EXERCICE RÉSOLU 7

Dans les **exercices 34 à 41**, reconnaître une fonction f de la forme $u'u^n$ et donner ses primitives sur l'intervalle I.

34 * $f(x) = -4(3 - 4x)^2$; $I = \mathbb{R}$.

35 * $f(x) = 2x(x^2 + 1)$; $I = \mathbb{R}$.

36 * $f(x) = 2x(x^2 + 1)^3$; $I = \mathbb{R}$.

37 * $f(x) = \cos x \sin^2 x$; $I = \mathbb{R}$.

38 * $f(x) = -3\sin x \cos^3 x$; $I = \mathbb{R}$.

39 * $f(x) = \frac{2x}{(x^2+1)^2}$; $I = \mathbb{R}$.

40 * $f(x) = \frac{2x+1}{(x^2+x+1)^2}$; $I = \mathbb{R}$.

41 * $f(x) = \frac{x}{(x^2+1)^4}$; $I = \mathbb{R}$.

Approfondir

Les exercices notés C sont corrigés en fin d'ouvrage.

42 * C Soit f la fonction définie sur $]-1,5 ; +\infty[$ par :
$f(x) = \frac{1}{(2x+3)^2}$.
1. Calculer $f'(x)$ et déterminer son signe.
2. Déterminer la limite de f en $+\infty$ puis en $-1,5$.
3. Établir le tableau de variations de f et tracer sa courbe représentative.

43 ** C QCM

Pour chacune des questions posées, indiquer la bonne réponse.

1. La fonction f est définie sur $\mathbb{R}$ par $f(x) = x^3 - 6x^2 - 15x + 3$. La fonction f est dérivable sur $\mathbb{R}$ et on note f' sa fonction dérivée. On a :

a. $f'(x) = (3x+3)(x-5)$ b. $f'(x) = 3x^2 - 6x + 3$
c. $f'(x) = 3x^2 - 12x + 3$ d. $f'(x) = -15x - 15$

2. La fonction g est définie sur $\mathbb{R}$. On suppose que g est dérivable sur $\mathbb{R}$ et on note g' sa fonction dérivée avec $g'(x) = -2x + 6$. On en déduit que :

a. La fonction g est décroissante sur $\mathbb{R}$.
b. La fonction g est croissante sur $\mathbb{R}$.
c. La fonction g est décroissante sur $[3\,;+\infty[$.
d. La fonction g est croissante sur $[3\,;+\infty[$.

3. La tangente au point d'abscisse $\frac{1}{2}$ à la courbe représentative de la fonction f, définie sur l'intervalle $]0\,;+\infty[$ par $f(x) = \frac{1}{x}$, a pour équation :

a. $y = -4x + 4$ b. $y = 4x + 4$ c. $y = -4x - 4$ d. $y = 4x - 4$

4. f est une fonction dérivable sur $I =]-\infty\,;3[$, définie par $f(x) = \frac{2x-4}{x-3}$. Alors :

a. $f'(2) = 1$ b. $f'(2) = 2$ c. $f'(2) = 0$ d. $f'(2) = -2$

44 * C Variations d'une fonction rationnelle

Soit f la fonction définie sur l'intervalle $I =]+1\,;+\infty[$ par $f(x) = \frac{x^3}{(x-1)^2}$ et dérivable sur I.

1. Montrer que $f'(x) = \frac{x^2(x-3)}{(x-1)^3}$ pour tout x de I.
2. Étudier le signe de $f'(x)$ sur I.
3. En déduire le tableau de variations de f.

45 * Développer ou ne pas développer

C1 C2 C3 C4 **C5** C6

On considère la fonction f définie sur $\mathbb{R}$ par $f(x) = (2x+4)^3$.

1. a. Montrer que $f(x) = 8x^3 + 48x^2 + 96x + 64$.
b. En déduire l'expression de $f'(x)$.
c. Résoudre l'équation $f'(x) = 0$ et en déduire le signe de $f'(x)$.
2. a. En utilisant la forme factorisée de f, calculer $f'(x)$ et en déduire son signe.
b. Quelle méthode semble la plus rapide ?
3. En utilisant une méthode au choix, déterminer la fonction dérivée ainsi que son signe pour les fonctions suivantes :
a. $g(x) = (2x+3)^2$ b. $h(x) = (2x+3)^8$ c. $l(x) = (\sin 2x)^5$

46 ** Comme au baccalauréat C1 C2 **C3** C4 **C5** C6

Soit f la fonction définie sur $\mathbb{R}$ par : $f(x) = \frac{x^2-1}{x^2+1}$.

1. a. Démontrer que pour tout x de $\mathbb{R}$, la fonction dérivée f' de f est définie par : $f'(x) = \frac{4x}{(x^2+1)^2}$.
b. Étudier le signe de $f'(x)$ suivant les valeurs de x.
c. Donner le tableau de variations de f.
2. Déduire de la question précédente, en justifiant la réponse, que les courbes $\mathscr{C}_1$ et $\mathscr{C}_2$ données ci-dessous ne peuvent pas représenter f.
3. a. Par le calcul, résoudre dans $\mathbb{R}$ l'équation : $f(x) = 0$.
b. Par lecture graphique, résoudre dans $\mathbb{R}$ l'inéquation : $f(x) \leqslant 0$.
c. Retrouver ce résultat par le calcul.

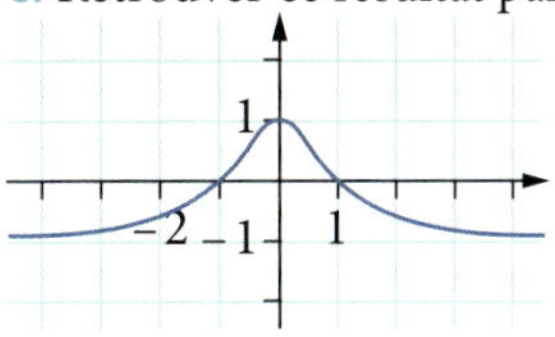

Courbe $\mathscr{C}_1$

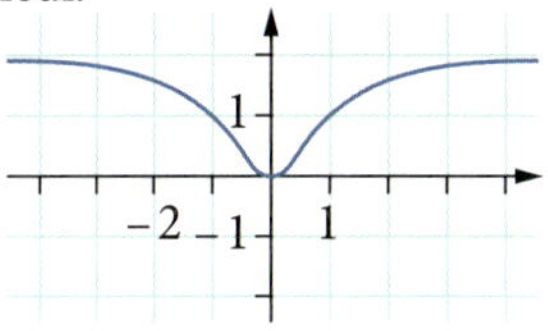

Courbe $\mathscr{C}_2$

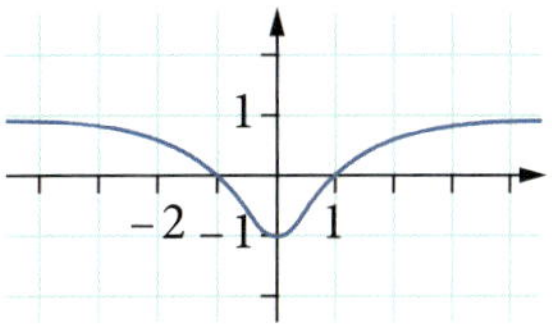

Courbe $\mathscr{C}_3$

47 * Ensemble de primitives C1 C2 C3 **C4** **C5** C6

Soit F et G deux fonctions définies sur $I =]0\,;+\infty[$ par :

$F(x) = -x^2 + 2x + \frac{4}{x} + 1$ et $G(x) = x(2-x) + \frac{4}{x} - \frac{1}{2}$.

1. Montrer que F et G sont dérivables sur I puis prouver que $F'(x) = G'(x)$.
2. En déduire que F et G sont deux primitives sur I d'une même fonction f que l'on précisera.
3. Déterminer l'ensemble des primitives de f sur I.

48 ** C Une primitive particulière

Soit f la fonction définie sur $I =]-1\,;+\infty[$ par :

$f(x) = \frac{x^2-2x+5}{(x-1)^2}$.

1. Déterminer le réel a tel que, pour tout x de I :
$f(x) = 1 + \frac{a}{(x-1)^2}$.
2. Déterminer la primitive F de f sur I qui s'annule en $x = 2$.

49 ** C Ensemble de primitives

Soit f la fonction définie sur $I =]-1\,;+\infty[$ par $f(x) = \frac{4}{(x+1)^2}$.

1. Montrer que la fonction $F : x \mapsto \frac{2x-2}{x+1}$ est une primitive de f sur I.
2. De même, montrer que la fonction $G : x \mapsto \frac{x-3}{x+1}$ est une primitive de f sur I.
3. a. Calculer $F(x) - G(x)$ pour tout x de I.
b. En déduire l'ensemble des primitives de f sur I.

50 *** C C1 C2 C3 C4 **C5** C6

On rappelle que, pour tout $x \in \mathbb{R}$, $\cos^2 x + \sin^2 x = 1$.

1. a. Montrer que, pour tout $x \in \mathbb{R}$, $\cos^3 x = \cos x - \cos x \sin x^2$.
b. En déduire une primitive sur $\mathbb{R}$ de la fonction : $x \mapsto \cos^3 x$.
2. En utilisant la même démarche qu'à la question **1**, déterminer une primitive de la fonction : $x \mapsto \sin^3 x$.

51 ** C Vitesse instantanée C1 C2 C3 C4 C5 C6

Un mobile glisse sans frottement le long d'un axe horizontal, muni d'un repère $(O\,;\vec{i})$. Son accélération instantanée à l'instant t est donnée par : $a(t) = \cos\left(2t+\dfrac{\pi}{2}\right)$.

1. Sachant qu'à l'instant $t = 0$, la vitesse initiale est nulle, déterminer $v(t)$, vitesse instantanée du mobile en fonction de t.

?

> En cinématique, la vitesse est une primitive de l'accélération.

2. À $t = 0$, le mobile, représenté par le point M d'abscisse $x(t)$ sur l'axe $(O\,;\vec{i})$, se trouve en O. Exprimer l'abscisse de M en fonction de t.

52 *** C D'après Bac STI Métropole, 2003 C1 C2 C3 C4 C5 C6

On désigne par I l'intervalle $\left[0\,;\dfrac{\pi}{2}\right]$. Soit f la fonction définie par $f(x) = \cos x + \sin x$.

1. Déterminer la fonction dérivée f' de f puis la fonction dérivée seconde f'' de f.
2. a. Montrer que, pour tout nombre réel x de I, $f''(x) \leqslant 0$.
b. En déduire le tableau de variations de f' sur I.
c. Calculer $f'\left(\dfrac{\pi}{4}\right)$. En déduire le signe de $f'(x)$ pour x appartenant à I.
d. En déduire le tableau de variations de f sur I.
3. Tracer la courbe $\mathscr{C}$ représentant f dans le plan muni d'un repère orthogonal $(O\,;\vec{i},\vec{j})$ (unités : 4 cm sur l'axe des abscisses et 1 cm sur celui des ordonnées).
4. a. Déterminer une primitive de f sur I.
b. Soit g la fonction définie sur I par $g(x) = [f(x)]^2$. Exprimer $g(x)$ à l'aide de $\cos x$ et de $\sin x$.
c. En déduire une primitive de g sur I.
d. Déterminer la primitive de g qui s'annule en 0.

53 *** C D'après Bac STI Polynésie, 2005 C1 C2 C3 C4 C5 C6

Un mobile, de masse 1 kg, est attaché à un ressort dont la constante de raideur vaut $k = 9\ \text{N·m}^{-1}$.
Si l'on écarte le mobile de sa position d'équilibre O, il effectue des oscillations autour de cette position.
À chaque instant t, la position du mobile est repérée par son abscisse $f(t)$ dans le repère $(O\,;\vec{i})$.
Les lois de la physique montrent que la fonction f vérifie la relation (E) :
$f'' + 9f = 0$, où f'' désigne la dérivée seconde de f.

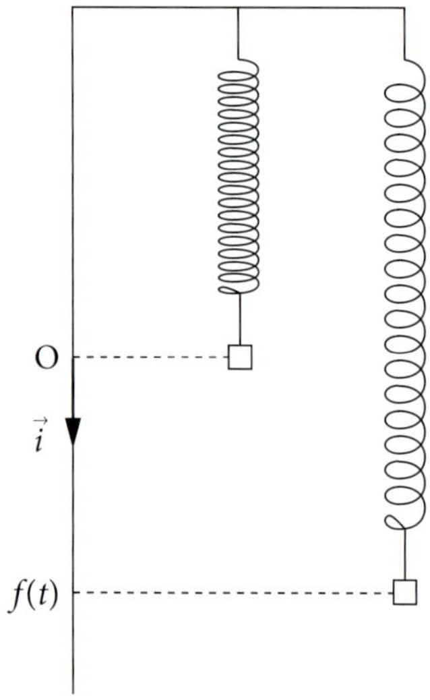

1. On admet que les fonctions f qui vérifient la relation (E) sont de la forme : $f(t) = A\cos(3t) + B\sin(3t)$, où A et B sont des constantes réelles.
On sait qu'à l'instant $t = 0$, le mobile est au point d'abscisse $f(0) = 0{,}5$ m et a une vitesse initiale $f'(0) = 1{,}5\ \text{m·s}^{-1}$.
Déterminer les valeurs des réels A et B.
2. On admet que $f(t) = \dfrac{\sqrt{2}}{2}\cos\left(3t-\dfrac{\pi}{4}\right)$.
a. Résoudre l'équation $f(t) = 0$ sur l'intervalle $[0\,;\pi]$.
b. À partir de l'instant $t = 0$, au bout de combien de temps le mobile repassera-t-il pour la première fois par sa position d'équilibre ? (On donnera la réponse arrondie au millième de seconde.)

54 ** C Derivative and antiderivative C1 C2 C3 C4 C5 C6

An antiderivative of a function f is a function F whose derivative is f. Another term for antiderivative is *indefinite integral*. It is written $\int f(x)\mathrm{d}x$ (we will see further in the 6th chapter the link between antiderivative and integration).

A function f has its derivative $\dfrac{\mathrm{d}f}{\mathrm{d}x} = f'(x) = 3x^2 + 1$.

1. Express $f(x)$ for x in $\mathbb{R}$.
2. We know that the curve of an antiderivative F of f passes through the point $(0\,;2)$. Find F.

55 *** Étude de la fonction tangente

La fonction tangente, notée tan, est définie par $\tan x = \dfrac{\sin x}{\cos x}$ pour tout x réel tel que $x \neq \dfrac{\pi}{2} + k\pi$, avec k entier relatif.

1. Montrer que la fonction tangente est dérivable en tout réel $x \neq \dfrac{\pi}{2} + k\pi$, avec k entier relatif.
2. Montrer que pour tout réel $x \neq \dfrac{\pi}{2} + k\pi$, avec k entier relatif, on a $\tan' x = 1 + \tan^2 x = \dfrac{1}{\cos^2 x}$.
3. En déduire le sens de variation de la fonction tangente sur l'intervalle $\left]-\dfrac{\pi}{2}\,;\dfrac{\pi}{2}\right[$ puis sur les intervalles de la forme $\left]-\dfrac{\pi}{2}+k\pi\,;\dfrac{\pi}{2}+k\pi\right[$.
4. Dresser le tableau de variations de la fonction tangente sur l'intervalle $]-2\pi\,;2\pi[$.

56 ** ALGO C1 C2 C3 C4 C5 C6

En Python, on peut définir une fonction mathématique de cette manière :

```
def f(x) :
  return x**2-4*x-10
```

Ici, on a défini la fonction $f : x \mapsto x^2 - 4x - 10$. On peut alors, comme en mathématiques, demander à Python d'afficher l'image de 3 par f ainsi :

```
print ( f(3) )
```

1. Que fait le programme suivant ?

```
from lycee import *

def f(x) :
    return x**2-4*x-10

pas = 0.1
x = -5
while x < 5 :
    repere.plot(x,f(x),'r.')
    x = x + pas

repere.grid()
repere.show()
```

Les calculatrices graphiques, qui ne font pas de calcul formel, ne savent pas dériver une fonction. Pourtant, elles savent tracer la courbe de la dérivée. Le calcul s'appuie sur la définition mathématique du nombre dérivé :

$f'(a)=\lim\limits_{h\to 0}\dfrac{f(a+h)-f(a)}{h}$. Comme elles ne savent pas non plus calculer une limite, elles prennent une valeur de h très proche de 0 (pax exemple, 10^{-10}).

2. Écrire un programme qui demande un réel a et affiche une valeur approchée de $f'(a)$.

3. Modifier le programme de la question **1** pour que Python trace sur un même graphique la courbe de f et celle de f'.

57 ** C On considère que l'accélération d'un TGV est de 0,2 m·s^{-2}. Un TGV part avec une vitesse nulle à l'instant 0 : $v(0) = 0$.

1. Sachant que la vitesse est une primitive de l'accélération, déterminer l'expression de $v(t)$ en fonction de t sachant que $v(0) = 0$.

2. Au bout de combien de temps le TGV aura-t-il atteint sa vitesse de croisière 83 m·s^{-1} ? Exprimer ce temps en secondes puis en minutes.

3. a. La distance parcourue $x(t)$ est une primitive de la vitesse. Sachant que $x(0) = 0$, exprimer $x(t)$ en fonction de t.

b. Quelle est la distance parcourue par le TGV en fin d'accélération, c'est-à-dire lorsque $v(t)$ atteint 83 m·s^{-1} ?

c. Lors de cette phase d'accélération, combien de temps lui faut-il pour parcourir les dix premiers kilomètres ? Quelle sera alors sa vitesse ?

58 ** Soit la fonction f définie sur $]1\,;+\infty[$ par :

$f(x)=1+\dfrac{4}{(x-1)^2}$.

1. Montrer que la fonction F définie sur $]1\,;+\infty[$ par :

$F(x)=\dfrac{x^2+x-6}{x-1}$ est une primitive de f sur $]1\,;+\infty[$.

2. Montrer que pour tout $x > 1$, $F(x) = x + 2 - \dfrac{4}{x-1}$.

3. Déterminer les limites de F aux bornes de son ensemble de définition. Quelle conséquence graphique peut-on en déduire ?

4. Déterminer $\lim\limits_{x\to+\infty}(F(x)-(x+2))$. Comment pourrait-on interpréter ce résultat d'un point de vue graphique ? (On pourra considérer la droite d'équation $y = x + 2$.)

59 *** **Générateur de force électromotrice**

C1 C2 C3 C4 C5 C6

Dans un circuit électrique, un générateur de force électromotrice $E = 20$ V, et de résistance interne $r = 15\ \Omega$, est branché en série avec une résistance variable R en ohms.

La puissance P, exprimée en watts, dissipée dans la résistance R est donnée par la relation :

$P=\dfrac{R\times E^2}{(R+r)^2}=\dfrac{400R}{(R+15)^2}$.

1. Soit la fonction f définie sur $[0\,;30]$ par $f(x)=\dfrac{400x}{(x+15)^2}$.

Calculer $f'(x)$. Montrer que $f'(x)$ est du même signe que $15 - x$ puis en déduire le signe de $f'(x)$.

2. Dresser le tableau de variations de f sur $[0\,;30]$.

3. a. Montrer que l'équation $f(x) = 6$ admet une unique solution sur l'intervalle $[0\,;30]$. On notera cette solution α.

b. À l'aide de la fonction tableur de la calculatrice, déterminer un encadrement de α à 10^{-2} près.

4. Utiliser les résultats des questions précédentes pour répondre aux questions suivantes.

a. Pour quelle valeur de R la puissance P dissipée dans la résistance R est-elle maximale ? Donner la valeur de cette puissance arrondie à 10^{-2} près.

b. Pour quelle valeur de R la puissance dissipée est-elle égale à 6 W ? Donner la valeur arrondie de R à 10^{-2} près.

Pour se tester

60 ** C VRAI ou FAUX ?

Répondre par vrai ou faux aux affirmations suivantes. Justifier.	Vrai	Faux
1. On considère une fonction f définie et dérivable sur l'intervalle $[1 ; 15]$. Son tableau de variations est donné ci-dessous.		

x	1		3		4		12		15
$f(x)$	3	↘	0	↘	-2	↗	-1	↘	-3

La fonction dérivée f' de f sur l'intervalle $[1 ; 15]$ est :		
a. négative sur l'intervalle $[3 ; 12]$;	V	F
b. négative sur l'intervalle $[1 ; 4]$;	V	F
c. positive sur l'intervalle $[4 ; 12]$.	V	F
2. Soit F une primitive de la fonction f définie à la question **1** sur l'intervalle $[1 ; 15]$.		
a. F est décroissante sur l'intervalle $[1 ; 3]$;	V	F
b. F est décroissante sur l'intervalle $[4 ; 15]$;	V	F
c. F est décroissante sur l'intervalle $[3 ; 4]$.	V	F

61 * C QCM

Pour chacune des questions, indiquer la bonne réponse.

	a	b	c	d
1. Le plan est muni d'un repère $(O ; \vec{i}, \vec{j})$. $\mathscr{C}$ est la courbe représentant la fonction f définie sur $\mathbb{R}$ par : $f(x) = -x^3+6x^2-9x+20$. Une équation de la tangente au point d'abscisse 2 est :	$y = 2x + 14$	$y = 3x$	$y = 18$	$y = 3x + 12$
2. Soit f définie sur $\mathbb{R}$ par : $f(x) = (-2x^2+3x-1)^3$. La fonction dérivée f' est définie sur $\mathbb{R}$ et $f'(x)$ égale :	$3(-2x^2+3x-1)^2$	$3(-2x^2+3x-1)^{-3}$	$(9-12x) \times (-2x^2+3x-1)^2$	$\frac{1}{3}(3-4x) \times (-2x^2+3x-1)^2$
3. Soit la fonction f définie sur $]7 ; +\infty[$ par $f(x) = 3x^2+x+\frac{1}{(x-7)^2}$. Une primitive F de f est F et $F(x)$ égale :	$6x+1+\frac{2}{(x-7)^3}$	$x^3+\frac{x^2}{2}-\frac{1}{x-7}$	$9x^3+x^2+\frac{1}{x-7}$	$x^3+\frac{x^2}{2}+\frac{1}{x-7}$
4. Soit f la fonction définie sur $]0 ; +\infty[$ par $f(x) = x^2-\frac{3}{x^2}+1$. Alors une primitive F de f sur $]0 ; +\infty[$ est telle que $F(x)$ égale :	$\frac{1}{3}x^3-\frac{3}{x}+x$	$x^3-\frac{3}{x}+x+1$	$\frac{1}{3}x^3+\frac{3}{x}+x+3$	$-\frac{1}{3}x^3-\frac{3}{x}+x$
5. Soit f la fonction définie sur $\mathbb{R}$ par $f(x) = -\cos(3x+\pi)$. Alors une primitive F de f sur $\mathbb{R}$ est telle que $F(x)$ égale :	$-\frac{1}{3}\sin(3x+\pi)$	$-\frac{1}{3}\sin(3x)+\pi x$	$-\sin(3x+\pi)$	$\frac{1}{3}\sin(3x+\pi)$

62 ** C

Soit la fonction f définie sur $]-\infty ; -3[$ par :

$f(x) = 2+\frac{3}{(x+3)^2}$.

1. Montrer que la fonction F définie sur $]-\infty ; -3[$ par :

$F(x) = 2x-\frac{3}{x+3}$ est la primitive de f sur $]-\infty ; -3[$ telle que $F(0) = -1$.

2. Déterminer le sens de variation de F sur $]-\infty ; -3[$.

3. Déterminer les limites de F aux bornes de son ensemble de définition puis dresser son tableau de variations.

4. Montrer que l'équation $F(x) = 0$ admet une unique solution, notée x_0, dans l'intervalle $]-4 ; -3[$. On donnera un encadrement de x_0 à 10^{-2} près.

S'entraîner au Bac

63 *** D'après Bac STI Arts appliqués Métropole, 2007

Un graphiste designer a conçu un flacon pour un parfum. Il s'agit d'un parallélépipède rectangle de base carrée surmonté d'un cube, comme le montre la figure ci-dessous.

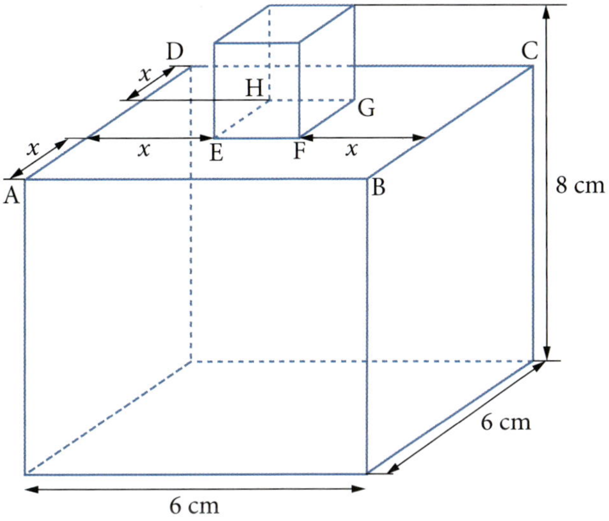

Le cube de base EFGH est placé au centre du carré supérieur ABCD. La variable x désigne la distance entre les côtés du carré de base EFGH du cube et les côtés du carré ABCD. Le flacon a une hauteur totale de 8 cm et les côtés du carré ABCD mesurent 6 cm. On admettra que l'on a : $0 \leqslant x \leqslant 3$.

Partie A

1. Démontrer que le volume du petit cube est :
$U(x) = -8x^3 + 72x^2 - 216x + 216$.
2. En déduire que le volume total du flacon est :
$V(x) = -8x^3 + 72x^2 - 144x + 288$.

Partie B

1. Soit f la fonction définie sur $[0 ; 3]$ par :
$f(x) = -x^3 + 9x^2 - 18x + 36$.

Soit $\mathscr{C}_f$ la courbe représentant la fonction f dans le plan muni d'un repère orthogonal $(O ; \vec{i}, \vec{j})$ (unités graphiques : 5 cm en abscisses et 0,5 cm en ordonnées).

a. f' désignant la dérivée de la fonction f, calculer $f'(x)$.

b. Résoudre l'équation $f'(x) = 0$ dans l'intervalle $[0 ; 3]$. On appelle α la valeur exacte de son unique solution. Déterminer α puis sa valeur arrondie au dixième.

c. Étudier le signe de $f'(x)$ sur $[0 ; 3]$ et dresser le tableau de variations de f sur $[0 ; 3]$.

d. Pour quelle valeur de x cette fonction admet-elle un minimum ?

2. Déterminer une équation de la tangente T à $\mathscr{C}_f$ en son point d'abscisse 1.
3. Construire la tangente T et la courbe $\mathscr{C}_f$ sur une feuille de papier millimétré.

Partie C

1. Vérifier que le volume du flacon est tel que $V(x) = 8f(x)$.
2. À l'aide de la partie B, déterminer la valeur en centimètres cubes, arrondie à l'unité, du volume minimal V_m. Donner ce volume en millilitres.

64 ** D'après Bac STI Métropole, 2006

Soit f la fonction numérique définie sur $]-1 ; +\infty[$ par :

$$f(x) = \frac{2x^2 + 4x - 1}{(x+1)^2}.$$

On appelle $\mathscr{C}_f$ la courbe représentative de f dans un repère orthonormé $(O ; \vec{i}, \vec{j})$ (unité : 2 cm).

1. Vérifier que $f(x)$ peut s'écrire sous la forme :
$$f(x) = 2 - \frac{3}{(x+1)^2}.$$
2. Déterminer $\lim\limits_{\substack{x \to -1 \\ x > -1}} f(x)$. En déduire l'existence d'une asymptote dont on déterminera une équation.
3. Déterminer $\lim\limits_{x \to +\infty} f(x)$. En déduire l'existence d'une asymptote dont on déterminera une équation.
4. Montrer que la dérivée de f est définie par :
$$f'(x) = \frac{6}{(x+1)^3}.$$
Donner le signe de $f'(x)$ sur $]-1 ; +\infty[$ puis en déduire le sens de variation de f. Dresser son tableau de variations.
5. Déterminer une équation de la tangente T à $\mathscr{C}_f$ au point d'abscisse 1.
6. Calculer les coordonnées du point d'intersection de $\mathscr{C}_f$ avec l'axe des ordonnées puis du point d'intersection de $\mathscr{C}_f$ avec l'axe des abscisses.
7. a. Compléter le tableau de valeurs, arrondies au dixième, suivant :

x	– 0,5	0	1	2	3	5
$f(x)$						

b. Construire sur un même graphique les asymptotes, T puis $\mathscr{C}_f$.

8. Déterminer une primitive F de la fonction f sur $]-1 ; +\infty[$.

Aller plus loin

65 ** D'après BTS Agencement architectural, 2003

C1 C2 C3 C4 C5 C6

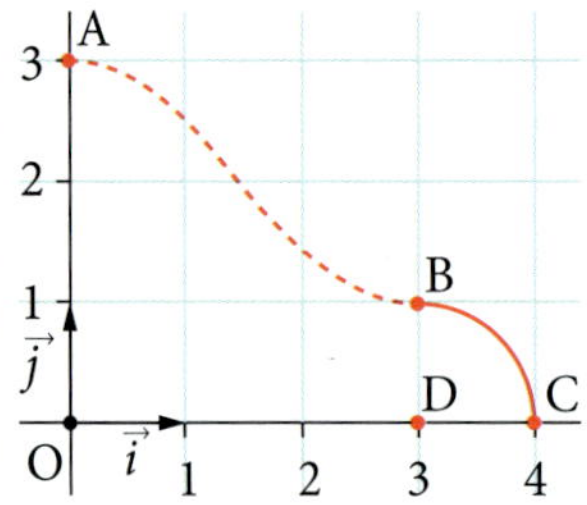

Le plan est muni d'un repère $(O\,;\vec{\imath}, \vec{\jmath})$ (unité graphique : 2 cm).

On considère les points A(0 ; 3), B(3 ; 1), C(4 ; 0) et D(3 ; 0).

La courbe $\mathscr{C}$ ci-contre est constituée de deux parties :

- la partie en trait continu est un quart de cercle de centre D et de rayon 1 ;
- la partie en trait pointillé est la représentation graphique d'une fonction f définie sur l'intervalle [0 ; 3].

La partie en pointillé doit satisfaire aux conditions suivantes :

- elle passe par A et B ;
- la tangente en A est parallèle à l'axe des abscisses ;
- le raccordement avec la partie en trait continu doit être le plus régulier possible, c'est-à-dire que la tangente au cercle en B est aussi tangente à la courbe en pointillé.

1. Traduire ces quatre conditions sur la fonction f et sa fonction dérivée f'.
2. Vérifier que la fonction f_0 définie sur l'intervalle [0 ; 3] par $f_0(x) = \frac{4}{27}x^3 - \frac{2}{3}x^2 + 3$ satisfait ces quatre conditions.

On admet que l'arc $\overset{\frown}{AB}$ est la courbe représentative de f_0.

3. Soit les points M(1 ; $f(1)$) et N(2 ; $f(2)$). On admet que l'aire du polygone OAMNBD est une bonne approximation de l'aire du domaine limité par les axes de coordonnées, la courbe $\mathscr{C}$ et la droite d'équation $x = 3$. Calculer l'aire de ce polygone.

En déduire une valeur approchée de l'aire en centimètres carrés de la surface délimitée par la courbe $\mathscr{C}$ et les deux axes (arrondir à l'unité).

66 ** BTS Assistant en création industrielle, 2006

C1 C2 C3 C4 C5 C6

Partie A

Soit g la fonction définie sur l'intervalle I =]0 ; + ∞[par :
$g(x) = 24x^3 - 1\,536$.

1. Calculer $g(4)$.
2. Déterminer les réels a, b, c tels que :
$g(x) = 24(x - 4)(ax^2 + bx + c)$.

Partie B

Soit f la fonction définie sur]0 ; + ∞[par :

$$f(x) = 12x^2 + \frac{1\,536}{x}.$$

1. Calculer $f'(x)$ et vérifier que pour tout x de]0 ; + ∞[:
$$f'(x) = \frac{24(x-4)(x^2+4x+16)}{x^2}.$$
2. Étudier le signe de $f'(x)$.
3. Déterminer les limites de f en 0 et + ∞.
4. Dresser le tableau de variations de la fonction f sur l'intervalle]0 ; + ∞[.
5. Tracer la courbe représentative de f dans un repère orthogonal dans lequel 1 cm représente une unité sur l'axe des abscisses et 100 unités sur l'axe des ordonnées. (On utilisera du papier millimétré.)

Partie C

On réalise une boîte en forme de parallélépipède rectangle à base carrée de volume 128 cm^3.

Des contraintes sur le coût de la boîte sont imposées. La matière utilisée coûte :

- 6 centimes d'euro le centimètre carré pour le fond et le couvercle ;
- 3 centimes d'euro le centimètre carré pour les faces latérales.

On désigne par x le côté en centimètres de la base et h la hauteur en centimètres de cette boîte.

1. Exprimer en fonction de x et de h le volume de la boîte. En déduire h en fonction de x.
2. Montrer que le coût de revient en centimes d'euro de la boîte est $C(x) = 12x^2 + \frac{1\,536}{x}$.
3. Pour quelle valeur de x le coût de la boîte sera-t-il minimal ? Quelle est alors la valeur de h ?

SOUTIEN AP1 — Comment étudier le sens de variation d'une fonction du type u^n ?

I. La méthode

a. On calcule la dérivée de u^n à l'aide de la formule du cours :

$(u^n)' = n \times u' \times u^{n-1}$.

b. On détermine le signe de la dérivée : on étudie le signe de chacun des facteurs et on déduit alors le signe du produit.

?

Ne pas chercher à développer la dérivée.

c. On déduit le sens de variation de la fonction u^n à partir du signe de sa dérivée.

II. Application

1. Étudier le sens de variation de la fonction f définie sur l'intervalle $[0\,;+\infty[$ par :
$f(x) = 3(x^2+1)^4$.

2. Montrer que la fonction g définie sur $\mathbb{R}$ par $g(x) = \dfrac{1}{(x^2+x+1)^3}$ est croissante sur l'intervalle $\left]-\infty\,;-\dfrac{1}{2}\right]$ et décroissante sur l'intervalle $\left[-\dfrac{1}{2}\,;+\infty\right[$.

SOUTIEN AP2 — Comment déterminer une primitive d'une fonction sur un intervalle I ?

I. La méthode

a. On reconnaît la fonction comme étant une fonction de référence dont on connaît une primitive.

Ou bien :

b. On reconnaît la fonction comme étant de la forme ku où u est une fonction dont on connaît une primitive et k une constante.

Ou bien :

c. On reconnaît la fonction comme étant une somme de fonctions dont on connaît pour chacune une primitive.

Ou bien :

d. On reconnaît la fonction comme étant de la forme $u' \times u^n$, où n est un entier relatif différent de -1 et u une fonction qui éventuellement ne s'annule pas.

II. Application

Déterminer une primitive F sur l'intervalle I donné pour chacune des fonctions f ci-dessous.

a. $f(x) = -5x^2$; $\mathrm{I} = \mathbb{R}$.

b. $f(x) = \dfrac{2}{x^2} + x + 1$; $\mathrm{I} =]0\,;+\infty[$.

c. $f(x) = -4\sin x$; $\mathrm{I} = \mathbb{R}$.

d. $f(x) = 2\cos(2x)$; $\mathrm{I} = \mathbb{R}$.

e. $f(x) = 2x\,(x^2+3)^2$; $\mathrm{I} = \mathbb{R}$.

f. $f(x) = \dfrac{(2x+1)}{(x^2+x+1)^3}$; $\mathrm{I} = \mathbb{R}$.

APPROFONDISSEMENT AP3 — Comment interpréter la notation différentielle utilisée en physique ?

I. La méthode

a. En physique, pour noter la dérivée f' d'une fonction f, on utilise la notation différentielle $\frac{\mathrm{d}f}{\mathrm{d}x}$.

De même, au lieu d'écrire f'' pour la dérivée seconde de f, on écrit : $\frac{\mathrm{d}^2 f}{\mathrm{d}x^2}$.

b. Exemple : soit la fonction $x : t \mapsto x(t)$ qui désigne la distance parcourue par un mobile sur un axe, à un instant t.

La vitesse instantanée du mobile à l'instant t est notée $v(t) = \frac{\mathrm{d}x}{\mathrm{d}t}(t)$.

De même, l'accélération instantanée du mobile $a(t)$ est notée $a(t) = \frac{\mathrm{d}v}{\mathrm{d}t}(t) = \frac{\mathrm{d}^2x}{\mathrm{d}t^2}(t)$.

II. Application

Une lame d'acier vibre périodiquement de haut en bas grâce à un électroaimant. Une corde attachée à la lame subit une perturbation périodique qui se propage le long de la corde.

On néglige l'effet de la pesanteur.

Soit M un point de la corde. L'altitude y d'un point M de la corde est donnée en fonction de l'instant t et de l'abscisse x de M par :

$$y = 4\sin\left(2\pi t - \frac{2\pi x}{3}\right).$$

Déterminer $\frac{\mathrm{d}y}{\mathrm{d}t}$ et $\frac{\mathrm{d}y}{\mathrm{d}x}$.

APPROFONDISSEMENT AP4 — Comment résoudre une équation du type $f(x) = 0$ où f est une fonction dérivable sur un intervalle I ?

I. La méthode

a. On étudie les variations de la fonction f sur l'intervalle I.

b. On dresse le tableau de variations de f.

c. On repère dans le tableau de variations les intervalles où f change de signe.

d. On localise la ou les solutions dans des intervalles de type $[a\,;\,b]$ avec $f(a)$ et $f(b)$ de signes contraires.

e. On utilise un tableur pour affiner l'encadrement de solutions.

II. Application

Soit la fonction f dérivable sur $\mathbb{R}$ et définie par : $f(x) = x^3 - x^2 + x + 1$ pour tout x de $\mathbb{R}$.

1. Calculer $f'(x)$ puis prouver que la fonction f est strictement croissante sur $\mathbb{R}$.

2. Soit l'équation $f(x) = 0$. Prouver que cette équation admet une unique solution (notée par la suite x_0) dans l'intervalle $[-1\,;\,0]$. Donner un encadrement à 0,1 près de x_0.

Chapitre 4

Les fonctions logarithmes

OBJECTIFS

- Définir la fonction logarithme népérien et étudier ses variations et ses limites. ▶ Cours I
- Découvrir les propriétés algébriques de la fonction logarithme népérien. ▶ Cours II
- Étudier des fonctions de la forme ln *u*. ▶ Cours III
- Définir la fonction logarithme décimal. ▶ Cours IV

La faille géologique de San Andreas, en Californie, provoque d'importants séismes. La formule qui lie la magnitude d'un séisme à son intensité utilise la fonction logarithme décimal.

QCM

Pour chacune des questions posées, indiquer la bonne réponse.

	a	b	c	d
1 $81 \times 10^{-2} \times 16 \times 10^{5}$ est égal à :	$81 \times 16 \times 10^{-10}$	$1\,296 \times 10^{-7}$	$6^4 \times 10^3$	$6^8 \times 10^3$
2 L'inéquation $3x - 4 < 5x + 6$ a pour ensemble de solutions sur $\mathbb{R}$:	$]-\infty\,;-5[$	$]-5\,;+\infty[$	$]-\infty\,;5[$	$]5\,;+\infty[$
3 L'ensemble des nombres réels x qui vérifient simultanément les deux conditions données $2x - 4 > 0$ et $-9 - 3x < 0$ est l'intervalle :	$]-3\,;2[$	$]-3\,;+\infty[$	$]2\,;+\infty[$	$]-\infty\,;-3[$
4 L'équation $(2x+3)^2 = (x-3)^2$ équivaut à :	$2x - 3 = x - 3$	$2x + 3 = 3 - x$	$3x(x+6) = 0$	$3x^2 + 18x + 18 = 0$
5 Soit la fonction $f(x) = \sqrt{-x^2+2x+3}$. L'ensemble de définition de f est l'intervalle :	$]-\infty\,;+\infty[$	$]-1\,;3[$	$[-1\,;3]$	$[-3\,;1]$
6 Soit une fonction f dérivable sur $\mathbb{R}^*$ dont le tableau de variations est donné : 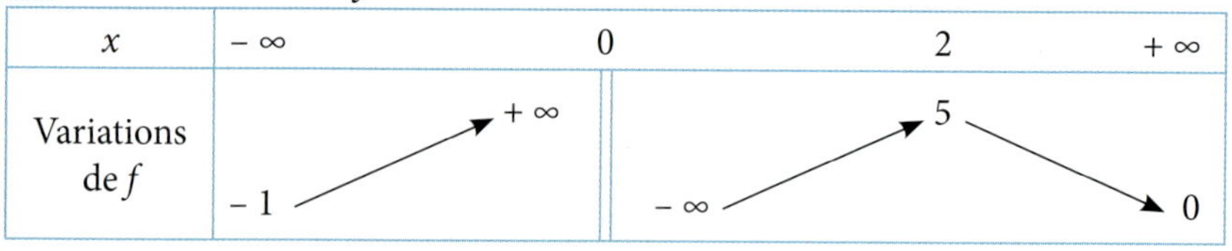 L'équation $f(x) = 0$ admet dans $\mathbb{R}^*$:	deux solutions	une solution	aucune solution	trois solutions
7 Soit f définie par $f(x) = (2-3x)^3$ pour tout x réel. Alors, pour tout x réel, $f'(x)$ égale :	$9(2-3x)^2$	$6(2-3x)^2$	$-9(2-3x)^2$	$-6(2-3x)^2$
8 Soit $f(x) = \dfrac{2x+1}{(x^2+x+3)^2}$ pour tout x réel. Une primitive F de f sur $\mathbb{R}$ est définie par $F(x)$ où $F(x)$ égale :	$\dfrac{2}{x^2+x+3}$	$-\dfrac{2}{x^2+x+3}$	$\dfrac{1}{x^2+x+3}$	$-\dfrac{1}{x^2+x+3}$

Rappels

1 Propriétés sur les puissances

Pour tous entiers relatifs m et n et tout réel a non nul, on a les règles de calculs suivantes :

- $a^m \times a^n = a^{m+n}$ et $\dfrac{a^m}{a^n} = a^{m-n}$.
- $(a^m)^n = a^{m \times n}$.

2 Ensemble de définition d'une fonction

L'ensemble de définition d'une fonction f est l'ensemble des nombres réels qui ont une image par la fonction f.

Activités d'approche

Activité 1 Multiplier, c'est additionner !

John Neper (ou Napier) est un savant écossais du XVIe siècle qui travailla notamment à simplifier les calculs en astronomie. Les mesures astronomiques étaient alors nécessaires aux navigateurs. Elles impliquaient des calculs longs et fastidieux.

Neper chercha à créer un outil, sous la forme d'une table numérique à deux colonnes, permettant qu'à la multiplication de deux nombres de la colonne de gauche corresponde l'addition de deux nombres de la colonne de droite.

Un extrait de la première table de ce type, publiée par John Neper en 1614, est donné ci-contre.

0,1	
0,5	
1	
1,5	
2	0,693 1
3	1,098 6
4	1,386 3
5	1,609 4
6	1,791 8
7	1,945 9
8	
9	2,197 2
10	2,302 6
11	2,397 9
12	2,484 9
13	2,564 9
14	2,639 1
15	
16	2,772 6
17	2,833 2
18	
19	
20	
100	

Ainsi, à la multiplication 2×3 correspond 1,791 8, soit la somme des deux nombres de la colonne de droite 0,693 1 et 1,098 6.

1. Vérifier sur d'autres exemples la propriété inventée par Neper.
2. Quel nombre doit-on mettre en face de 8 ? de 15 ? de 18 ?
3. Quel nombre doit-on mettre en face de 1 ?
4. Peut-on compléter ainsi toutes les cases de la colonne de droite ?

Activité 2 Quand l'image d'un produit est la somme des images

On cherche à définir une fonction f telle qu'on a la relation fonctionnelle suivante, notée (E) :

« pour tous réels a et b strictement positifs, $f(a \times b) = f(a) + f(b)$ ».

On va s'intéresser plus particulièrement aux fonctions définies et dérivables sur $]0\,;+\infty[$, en admettant qu'il en existe.

1. À l'aide de la relation (E), en prenant $b = 1$, montrer que $f(1) = 0$.
2. On fixe le nombre a dans l'intervalle $]0\,;+\infty[$. On pose :
$G(x) = f(ax)$ et $H(x) = f(a) + f(x)$.
G et H sont définies et dérivables sur $]0\,;+\infty[$ et, pour tout $x > 0$, on a :
$G(x) = H(x)$.
Calculer, pour tout $x > 0$, $G'(x)$ et $H'(x)$.
3. En déduire que $f'(ax) = \dfrac{f'(x)}{a}$.
4. On choisit ici $x = 1$. Montrer qu'alors, pour tout $a > 0$, on a :
$f'(a) = \dfrac{\alpha}{a}$. Préciser la valeur de la constante α.

On admettra qu'il n'existe qu'une seule fonction solution de l'équation fonctionnelle (E), dérivable sur $]0\,;+\infty[$ dont la fonction dérivée est $x \mapsto \dfrac{1}{x}$.

Cette fonction est appelée fonction **logarithme népérien**. Elle est notée **ln**.

Par la suite, on verra d'autres fonctions logarithmes solutions de l'équation fonctionnelle (E).

I. La fonction logarithme népérien

info

La fonction ln étant définie sur $]0\,;+\infty[$, le logarithme népérien d'un nombre réel négatif ou nul n'existe pas.

info

Avec la calculatrice, on lit : $e \approx 2{,}718$.

VOIR EXERCICE RÉSOLU 1

A. Définitions

Définition La fonction logarithme népérien est la primitive sur $]0\,;+\infty[$ de la fonction inverse qui s'annule en 1. Elle est notée ln.

Ainsi, $\ln 1 = 0$ et, pour tout $x > 0$, $\ln' x = \dfrac{1}{x}$.

Définition Le nombre réel strictement positif ayant pour image 1 par la fonction ln est noté e. Ainsi $\ln e = 1$.

B. Représentation graphique de la fonction ln

Par définition, pour tout $x > 0$, $\ln' x = \dfrac{1}{x}$. Or, sur $]0\,;+\infty[$, $\dfrac{1}{x} > 0$. D'où :

Propriété La fonction ln est strictement croissante sur $]0\,;+\infty[$.

La fonction ln étant définie sur $]0\,;+\infty[$, on s'intéressera à ses limites en 0 et en $+\infty$. On admettra :

Tableau de variations

x	0	1	$+\infty$
$\ln x$	$-\infty$ ↗	0 ↗	$+\infty$

Courbe représentative

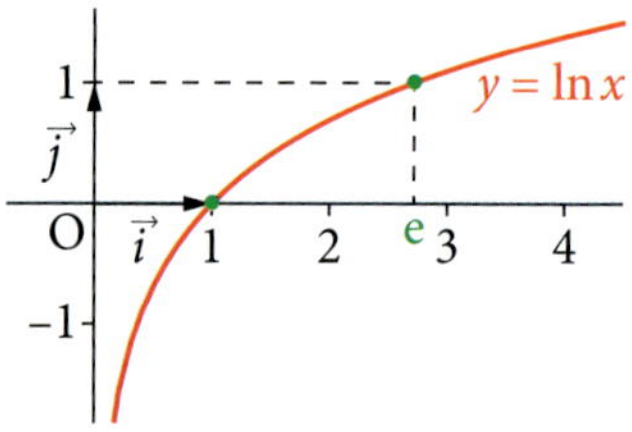

L'axe des ordonnées est asymptote verticale à la courbe.

De la stricte croissance de la fonction ln, on déduit les propriétés suivantes :

Propriété Soit x et y deux nombres réels strictement positifs :
- $\ln x = \ln y$ si et seulement si $x = y$.
- $\ln x < \ln y$ si et seulement si $x < y$.

Remarque

Cette propriété sera utile dans la résolution d'équations et d'inéquations comportant des logarithmes népériens.

Propriété Soit x un nombre réel strictement positif :
- $\ln x < 0$ si et seulement si $0 < x < 1$.
- $\ln x = 0$ si et seulement si $x = 1$.
- $\ln x > 0$ si et seulement si $x > 1$.

VOIR EXERCICE RÉSOLU 2

C. Limite à connaître

Propriété (admise) $\displaystyle\lim_{x \to +\infty} \frac{\ln x}{x} = 0$, et plus généralement $\displaystyle\lim_{x \to +\infty} \frac{\ln x}{x^n} = 0$, où $n \in \mathbb{N}^*$.

Remarque

Ces résultats seront souvent utilisés pour lever les formes indéterminées dans les calculs de limites.

EXERCICE RÉSOLU 1

Résoudre des équations et des inéquations

1. Résoudre l'équation $\ln(x+2)=1$.
2. Résoudre l'inéquation $\ln(-4x^2+5x) \leqslant 0$.

→ Résolution

1. $x+2>0$ si et seulement si $x>-2$. On résout donc l'équation sur $\mathcal{D}=\left]-2\,;+\infty\right[$.

Sur $\mathcal{D}$, l'équation est équivalente à : $\ln(x+2)=\ln \mathrm{e}$. Soit : $x+2=\mathrm{e}$.
D'où : $x=\mathrm{e}-2$. Or $\mathrm{e}-2 \in \mathcal{D}$, donc $S=\{\mathrm{e}-2\}$.

2. $-4x^2+5x$ est un trinôme dont les racines sont 0 et 1,25. D'après la règle des signes d'un trinôme, on en déduit le tableau de signes :

x	$-\infty$		0		1,25		$+\infty$
Signe de $-4x^2+5x$		$-$	0	$+$	0	$-$	

$-4x^2+5x>0$ si et seulement si $x \in \left]0\,;1{,}25\right[$. On résout donc l'inéquation sur $\mathcal{D}=\left]0\,;1{,}25\right[$.
Sur $\mathcal{D}$, l'inéquation est équivalente à :
$\ln(-4x^2+5x) \leqslant \ln 1$, soit $-4x^2+5x \leqslant 1$; d'où $-4x^2+5x-1 \leqslant 0$.
On étudie alors le signe du trinôme $-4x^2+5x-1$ sur $\mathcal{D}$.
On obtient $\Delta=9$ et deux racines pour le trinôme : 0,25 et 1. D'après la règle des signes d'un trinôme, on en déduit :

x	0		0,25		1		1,25
Signe de $-4x^2+5x-1$	‖	$-$	0	$+$	0	$-$	‖

$-4x^2+5x-1 \leqslant 0$ si et seulement si $x \in \left]0\,;0{,}25\right] \cup \left[1\,;1{,}25\right[$.
Donc $S=\left]0\,;0{,}25\right] \cup \left[1\,;1{,}25\right[$.

Méthode

- On cherche l'ensemble $\mathcal{D}$ sur lequel doit être résolue l'(in)équation.
- On transforme l'(in)équation pour faire apparaître un logarithme népérien de part et d'autre du symbole d'égalité ou d'inégalité.
- En utilisant la propriété du cours, on se ramène alors à une (in)équation sans logarithme népérien que l'on résout.
- On conclut en ne gardant dans l'ensemble des solutions S que les nombres réels appartenant à $\mathcal{D}$.

VOIR EXERCICES D'APPLICATION 31 à 40

EXERCICE RÉSOLU 2

Lever une forme indéterminée

Soit f la fonction définie sur $\left]\frac{3}{2}\,;+\infty\right[$ par $f(x)=\frac{\ln x}{2x-3}$. Calculer $\lim\limits_{x\to+\infty} f(x)$.

→ Résolution

$\lim\limits_{x\to+\infty} \ln x=+\infty$ et $\lim\limits_{x\to+\infty} 2x-3=+\infty$, donc par quotient, on obtient une forme indéterminée.

Or, $\lim\limits_{x\to+\infty} \frac{\ln x}{2x-3}=\lim\limits_{x\to+\infty} \frac{\ln x}{x\left(2-\frac{3}{x}\right)}=\lim\limits_{x\to+\infty} \frac{\ln x}{x}\times\frac{1}{2-\frac{3}{x}}$.

D'après le cours : $\lim\limits_{x\to+\infty} \frac{\ln x}{x}=0$ et $\lim\limits_{x\to+\infty} \frac{3}{x}=0$. Donc $\lim\limits_{x\to+\infty} \frac{1}{2-\frac{3}{x}}=\frac{1}{2}$.

Par produit, on en déduit : $\lim\limits_{x\to+\infty} \frac{\ln x}{x}\times\frac{1}{2-\frac{3}{x}}=\lim\limits_{x\to+\infty} \frac{\ln x}{2x-3}=0$.

Méthode

- On transforme $f(x)$ pour faire apparaître $\frac{\ln x}{x}$.
- On utilise la propriété : $\lim\limits_{x\to+\infty} \frac{\ln x}{x}=0$ et les tableaux sur les limites pour en déduire la limite cherchée.

VOIR EXERCICES D'APPLICATION 8 à 10

VOIR EXERCICES RÉSOLUS 3 et 4

II. Propriétés algébriques de la fonction ln

Dans ce paragraphe, a et b désignent deux nombres réels strictement positifs.

info
Cette propriété s'appelle la relation fonctionnelle de la fonction ln.

A. La relation fonctionnelle de la fonction ln

Propriété $\ln(ab) = \ln a + \ln b$.

Exemple $\ln 21 = \ln(3 \times 7) = \ln 3 + \ln 7$.

B. Conséquences

Propriété $\ln\left(\frac{1}{b}\right) = -\ln b$.

Démonstration

$\ln\left(b \times \frac{1}{b}\right) = \ln 1$. Or $\ln 1 = 0$ et, d'après la relation fonctionnelle, on en déduit :

$\ln b + \ln\left(\frac{1}{b}\right) = 0$. D'où $\ln\left(\frac{1}{b}\right) = -\ln b$.

Propriété $\ln\left(\frac{a}{b}\right) = \ln a - \ln b$.

Démonstration

$\ln\left(\frac{a}{b}\right) = \ln\left(a \times \frac{1}{b}\right)$. Donc, d'après la relation fonctionnelle, on en déduit :

$\ln\left(\frac{a}{b}\right) = \ln a + \ln\left(\frac{1}{b}\right) = \ln a - \ln b$.

Propriété $\ln(a^n) = n \ln a$ où $n \in \mathbb{Z}$.

Démonstration

Dans le cas où n désigne un entier naturel non nul :

$\ln(a^n) = \ln(\underbrace{a \times a \times \ldots \times a}_{n \text{ facteurs}})$.

Donc, d'après la relation fonctionnelle, on en déduit :

$\ln(a^n) = \underbrace{\ln a + \ln a + \ldots + \ln a}_{n \text{ termes}}$.

D'où : $\ln(a^n) = n \ln a$.

On admettra que ce résultat s'étend au cas où n est un entier relatif.

Propriété $\ln(\sqrt{a}) = \frac{1}{2}\ln a$.

Démonstration $\ln(\sqrt{a}^2) = \ln a$, donc $2\ln(\sqrt{a}) = \ln a$. D'où $\ln(\sqrt{a}) = \frac{1}{2}\ln a$.

Propriété $\ln(e^n) = n$ où $n \in \mathbb{Z}$.

Démonstration $\ln(e^n) = n \ln e = n \times 1 = n$.

Exemples

$\ln(e^4) = 4$; $\ln\left(\frac{1}{e^5}\right) = -\ln(e^5) = -5$; $\frac{\ln 9}{\ln(\sqrt{3})} = \frac{\ln(3^2)}{\frac{1}{2}\ln 3} = \frac{2\ln 3}{\frac{1}{2}\ln 3} = \frac{2}{\frac{1}{2}} = 2 \times 2 = 4$.

EXERCICE RÉSOLU 3

Simplifier des écritures

1. Montrer que $\ln\left(\frac{1\,024}{e^3}\right) - \ln\left(\frac{1}{256}\right) - 6\ln 8 + 3 = 0$.

2. Montrer que pour tout nombre réel $x > 0$:
$\ln(\sqrt{4x^2+x} - 2x) + \ln(\sqrt{4x^2+x} + 2x) = \ln x$.

→ Résolution

1. $$\ln\left(\frac{1\,024}{e^3}\right) - \ln\left(\frac{1}{256}\right) - 6\ln 8 + 3 = \ln(1\,024) - \ln(e^3) + \ln(256) - 6\ln 8 + 3$$
$$= \ln(2^{10}) - 3 + \ln(2^8) - 6\ln(2^3) + 3$$
$$= 10\ln 2 + 8\ln 2 - 6 \times 3\ln 2 = 0.$$

2. Pour tout nombre réel $x > 0$:
$$\ln(\sqrt{4x^2+x} - 2x) + \ln(\sqrt{4x^2+x} + 2x) = \ln[(\sqrt{4x^2+x} - 2x)(\sqrt{4x^2+x} + 2x)]$$
$$= \ln[(\sqrt{4x^2+x})^2 - (2x)^2]$$
$$= \ln(4x^2 + x - 4x^2) = \ln x$$

Méthode

➲ On repère dans les calculs tout ce qui est de la même forme que les propriétés de la fonction ln.

➲ On applique les propriétés.

VOIR EXERCICES D'APPLICATION 1 à 3

EXERCICE RÉSOLU 4

Résoudre des inéquations de la forme $q^n \geqslant a$ ou $q^n \leqslant a$ ($q > 0$ et $a > 0$)

1. Résoudre l'inéquation $(2)^n \geqslant 350$.
2. Résoudre l'inéquation $(1{,}64)^n \leqslant 8$.
3. Résoudre l'inéquation $(0{,}8)^n > 0{,}25$.

→ Résolution

1. Dans $\mathbb{N}$, l'inéquation $(2)^n \geqslant 350$ est équivalente à :
$\ln[(2)^n] \geqslant \ln 350$, soit $n\ln 2 \geqslant \ln 350$. D'où $n \geqslant \frac{\ln 350}{\ln 2}$.
Or $\frac{\ln 350}{\ln 2} \approx 8{,}5$. Les solutions de l'inéquation à résoudre sont donc les entiers naturels n supérieurs ou égaux à 9.

2. Dans $\mathbb{N}$, l'inéquation $(1{,}64)^n \leqslant 8$ est équivalente à :
$\ln[(1{,}64)^n] \leqslant \ln 8$, soit $n\ln 1{,}64 \leqslant \ln 8$. D'où $n \leqslant \frac{\ln 1{,}64}{\ln 8}$.
Or $\frac{\ln 1{,}64}{\ln 8} \approx 4{,}2$. Les solutions de l'inéquation à résoudre sont donc les entiers naturels n inférieurs ou égaux à 4.

3. Dans $\mathbb{N}$, l'inéquation $(0{,}8)^n > 0{,}25$ est équivalente à :
$\ln[(0{,}8)^n] > \ln 0{,}25$, soit $n\ln 0{,}8 > \ln 0{,}25$. Comme $\ln 0{,}8 < 0$, l'inégalité change de sens pour donner : $n < \frac{\ln 0{,}25}{\ln 0{,}8}$.
Or $\frac{\ln 0{,}25}{\ln 0{,}8} \approx 6{,}2$. Les solutions de l'inéquation à résoudre sont donc les entiers naturels inférieurs ou égaux à 6.

Méthode

➲ On écrit l'inéquation sous la forme $\ln(q^n) \geqslant \ln a$.

➲ On utilise la propriété $\ln(q^n) = n\ln q$.

➲ On divise les deux membres de l'inéquation par $\ln q$ en faisant attention au signe de celui-ci.

VOIR EXERCICES D'APPLICATION 41 à 43

III. Fonctions de la forme ln *u*

Dans ce paragraphe, u désigne une fonction définie, strictement positive et dérivable sur un intervalle I de $\mathbb{R}$.
La fonction $x \mapsto \ln(u(x))$ définie sur I est notée ln u.

VOIR EXERCICES RÉSOLUS 5 et 6

A. Dérivée et primitives

Propriété (admise) La fonction ln u est dérivable sur I et $(\ln u)' = \dfrac{u'}{u}$.

De cette propriété, on déduit alors la propriété suivante :

Propriété Les primitives d'une fonction de la forme $\dfrac{u'}{u}$ sont $\ln u + C$ où C est un nombre réel.

VOIR EXERCICE RÉSOLU 7

B. Limites

STI2D STL/SPCL

Propriété a désigne un nombre réel, $-\infty$ ou $+\infty$, b désigne un nombre réel strictement positif ou $+\infty$ et c désigne un nombre réel, $-\infty$ ou $+\infty$.
Si $\lim\limits_{x \to a} u(x) = b$ et si $\lim\limits_{X \to b} \ln X = c$ alors $\lim\limits_{x \to a} \ln(u(x)) = c$.

IV. La fonction logarithme décimal

A. Définition

Définition La fonction logarithme décimal est la fonction, notée log, définie sur $]0\,;+\infty[$ par $\log x = \dfrac{\ln x}{\ln 10}$.

Conséquences immédiates

$\log 1 = 0 \left(\text{car } \log 1 = \dfrac{\ln 1}{\ln 10} = 0\right)$ et $\log 10 = 1 \left(\text{car } \log 10 = \dfrac{\ln 10}{\ln 10} = 1\right)$.

Toutes les propriétés algébriques vues pour la fonction ln restent valables pour la fonction log. On ajoutera un cas particulier de la dernière de ces propriétés :

Propriété $\log(10^n) = n$ où $n \in \mathbb{Z}$.

Démonstration $\log(10^n) = n \log 10 = n \times 1 = n$.

B. Représentation graphique de la fonction log

Pour tout $x > 0$, $\log x = \dfrac{1}{\ln 10} \times \ln x$. Or, $\dfrac{1}{\ln 10}$ est un nombre réel strictement positif, donc les fonctions log et ln ont le même sens de variation et la même limite en 0 et en $+\infty$. On a donc :

x	0		1		$+\infty$
$\log x$	‖ $-\infty$	↗	0	↗	$+\infty$

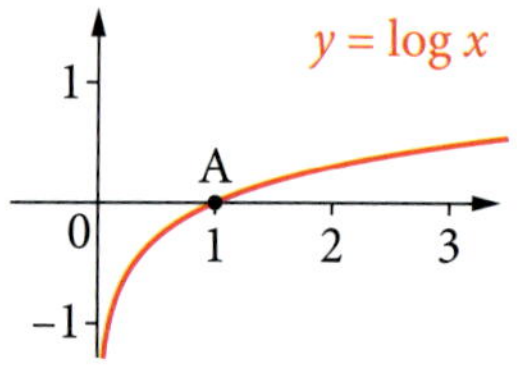

EXERCICE RÉSOLU 5

Dériver une fonction de la forme ln *u*

Soit f la fonction définie sur $\mathbb{R}$ par $f(x) = \ln(x^2 + 1)$. Calculer $f'(x)$, pour tout $x \in \mathbb{R}$.

→ Résolution

$f = \ln u$ où, pour tout $x \in \mathbb{R}$, $u(x) = x^2 + 1$. D'où $u'(x) = 2x$.
Ainsi, pour tout $x \in \mathbb{R}$:
$f'(x) = \dfrac{2x}{x^2+1}$.

Méthode

➲ On repère dans $f(x)$ la forme $\ln(u(x))$ pour déterminer l'expression de $u(x)$ et en déduire $u'(x)$.
➲ On calcule $f'(x)$ en utilisant les formules de dérivation.

VOIR EXERCICES D'APPLICATION 16 à 19

EXERCICE RÉSOLU 6

Trouver les primitives d'une fonction de la forme $\dfrac{u'}{u}$

1. Soit f la fonction définie sur $\mathbb{R}$ par $f(x) = \dfrac{8x}{4x^2+1}$. Déterminer les primitives de la fonction f sur $\mathbb{R}$.

2. Soit f la fonction définie sur $]-3\,;+\infty[$ par $f(x) = \dfrac{5}{2x+6}$. Déterminer les primitives de la fonction f sur $]-3\,;+\infty[$.

→ Résolution

1. Pour tout $x \in \mathbb{R}$, on pose $u(x) = 4x^2 + 1$.
Pour tout $x \in \mathbb{R}$, on a alors $u'(x) = 8x$. Ainsi, $f = \dfrac{u'}{u}$.
Les primitives sur $\mathbb{R}$ de la fonction f sont donc les fonctions de la forme $x \mapsto \ln(4x^2 + 1) + C$ où $C \in \mathbb{R}$.

2. Pour tout $x \in\,]-3\,;+\infty[$, on pose $u(x) = 2x + 6$.
Pour tout $x \in\,]-3\,;+\infty[$, on a alors $u'(x) = 2$.
Or, pour tout $x \in\,]-3\,;+\infty[$, $f(x) = \dfrac{5\times\frac{1}{2}\times 2}{2x+6} = \dfrac{5}{2}\times\dfrac{2}{2x+6}$. Ainsi, $f = \dfrac{5}{2}\times\dfrac{u'}{u}$.
Les primitives sur $]-3\,;+\infty[$ de la fonction f sont donc les fonctions de la forme $x \mapsto \dfrac{5}{2}\ln(2x+6) + C$ où $C \in \mathbb{R}$.

Méthode

➲ On définit l'expression de $u(x)$.
➲ On calcule $u'(x)$.
➲ On vérifie alors que l'on a bien $f(x) = \dfrac{u'(x)}{u(x)}$. Si ce n'est pas le cas, on transforme $f(x)$ pour faire apparaître $\dfrac{u'(x)}{u(x)}$.

VOIR EXERCICES D'APPLICATION 26 à 30

EXERCICE RÉSOLU 7

Calculer les limites d'une fonction de la forme ln *u* (STI2D STL/SPCL)

Soit f la fonction définie sur $]2\,;+\infty[$ par $f(x) = \ln(x^2 - 4)$. Déterminer les limites de f aux bornes de son ensemble de définition.

→ Résolution

- $\lim\limits_{x\to 2} x^2 - 4 = 0$ et $\lim\limits_{X\to 0} \ln X = -\infty$. Donc $\lim\limits_{x\to 2} \ln(x^2 - 4) = -\infty$.
- $\lim\limits_{x\to +\infty} x^2 - 4 = +\infty$ et $\lim\limits_{X\to +\infty} \ln X = +\infty$. Donc $\lim\limits_{x\to +\infty} \ln(x^2 - 4) = +\infty$.

Méthode

➲ On calcule $\lim\limits_{x\to a} u(x)$ notée b.
➲ On détermine $\lim\limits_{X\to b} \ln X$ notée c.
➲ On conclut que $\lim\limits_{x\to a} \ln(u(x)) = c$.

VOIR EXERCICES D'APPLICATION 20 à 22

L'ESSENTIEL

La fonction logarithme népérien

Ensemble de définition
$]0\,;+\infty[$.

Valeurs remarquables
$\ln 1 = 0$ et $\ln e = 1$ où $e \approx 2{,}718$.

Dérivée
Pour tout $x > 0$, $\ln' x = \dfrac{1}{x}$.

Sens de variation
La fonction ln est strictement croissante sur $]0\,;+\infty[$.

Limites
$\lim\limits_{x\to 0} \ln x = -\infty$; $\lim\limits_{x\to +\infty} \ln x = +\infty$ et $\lim\limits_{x\to +\infty} \dfrac{\ln x}{x} = 0$.

Plus généralement, $\lim\limits_{x\to +\infty} \dfrac{\ln x}{x^n} = 0$, où $n \in \mathbb{N}^*$.

Courbe représentative

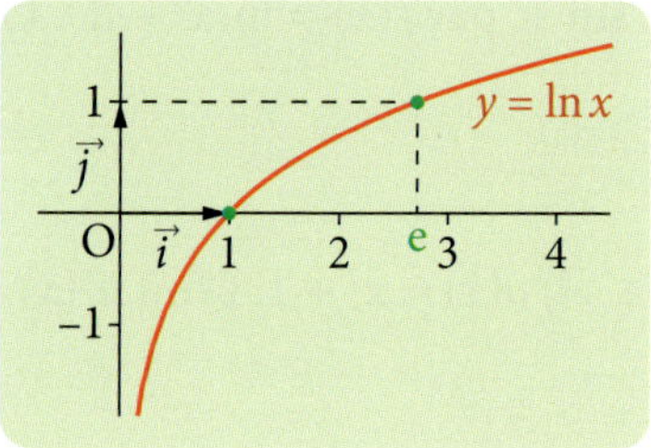

Signe
$\ln x < 0$ si et seulement si $0 < x < 1$;
$\ln x = 0$ si et seulement si $x = 1$;
$\ln x > 0$ si et seulement si $x > 1$.

Propriétés algébriques
a et b désignent deux nombres réels strictement positifs et n un entier relatif.

$\ln(ab) = \ln a + \ln b$; $\ln\left(\dfrac{1}{b}\right) = -\ln b$;

$\ln\left(\dfrac{a}{b}\right) = \ln a - \ln b$; $\ln(a^n) = n \ln a$;

$\ln(\sqrt{a}) = \dfrac{1}{2}\ln a$; $\ln(e^n) = n$.

Fonction de la forme ln u

Soit u une fonction définie, strictement positive et dérivable sur un intervalle I de $\mathbb{R}$.

Dérivée
$(\ln u)' = \dfrac{u'}{u}$.

Primitives
Les primitives d'une fonction de la forme $\dfrac{u'}{u}$ sont $\ln u + C$ où C est un nombre réel.

Limites STI2D STL/SPCL
Si $\lim\limits_{x\to a} u(x) = b$ et si $\lim\limits_{X\to b} \ln X = c$ alors $\lim\limits_{x\to a} \ln(u(x)) = c$.

Fonction logarithme décimal

Définition
Pour tout $x > 0$, $\log x = \dfrac{\ln x}{\ln 10}$.

Valeurs remarquables
$\log 1 = 0$ et $\log 10 = 1$.

Sens de variation
Le même que celui de la fonction ln.

Propriétés algébriques
Les mêmes que celles de la fonction ln.

Autre propriété
$\log(10^n) = n$ où $n \in \mathbb{Z}$.

TP1 Étude de niveaux sonores et d'intensités de sons

Objectif : **Utiliser la fonction log pour étudier une situation concrète.**

Pour qu'un son « chatouille » l'oreille, il faut que le pavillon de celle-ci réussisse à en capter une « quantité » suffisante. Cette quantité, notée I, est appelée l'intensité sonore de ce son. Elle s'exprime en watts par mètre carré ($W \cdot m^{-2}$).

Le niveau sonore N de ce son, exprimé en décibels (dB), est alors donné par la relation :

$N = 10 \log\left(\frac{I}{I_0}\right)$ où I_0 est la plus petite puissance sonore perceptible par l'oreille humaine.

On donne $I_0 = 10^{-12}$ $W \cdot m^{-2}$.

1. Une conversation entre deux amis a une intensité sonore de 10^{-5} $W \cdot m^{-2}$. Quel est son niveau sonore ?

2. Une sirène d'alarme a un niveau sonore de 150 dB. Quelle est son intensité sonore ?

3. Quelle intensité ne doit pas être dépassée pour une oreille dont le seuil de douleur se situe à 130 dB ?

4. Si on augmente le niveau sonore d'un son de 20 dB, que se passe-t-il pour son intensité sonore ?

5. En général, on cherche plutôt à réduire le niveau sonore. Comment réduire l'intensité d'un son pour diminuer son niveau sonore de 10 dB ?

6. Si on triple l'intensité sonore d'un son, de combien augmente le niveau sonore ?

7. Julien possède une enceinte dans sa chambre dont la puissance fournit un niveau sonore de 80 dB.

Il souhaite en acheter une seconde de puissance identique et l'installer à côté de celle qu'il possède déjà.

Ses parents protestent : « Tu es fou ! 160 dB, mais tu risques d'avoir des lésions irréversibles aux oreilles ! »

Sachant que les intensités sonores de plusieurs sons émis d'un même point s'additionnent, que penser de l'affirmation des parents de Julien ?

TP2 Utilisation des logarithmes dans l'écriture des nombres

Objectif : **Utiliser la fonction logarithme décimal et la fonction logarithme de base 2.**

Partie A Évaluation du nombre de chiffres d'un nombre

On rappelle que la notation log désigne la fonction logarithme de base 10.

1. Soit un nombre entier positif N comportant deux chiffres. N est donc compris entre 10 et 99. On a alors $10^1 \leqslant N \leqslant 10^2 - 1$, ce qui peut s'écrire $10^1 \leqslant N < 10^2$. Montrer que l'on a :

$1 \leqslant \log(N) < 2$.

2. Soit N un entier positif à trois chiffres. Montrer que $2 \leqslant \log(N) < 3$.

3. De manière générale, soit N un entier positif à p chiffres. Montrer que $p - 1 \leqslant \log(N) < p$.

Le nombre p de chiffres de l'entier positif N est donc le premier entier supérieur (ou égal) à son logarithme décimal. On note $\text{ENT}(x)$ le nombre entier tel que : $\text{ENT}(x) \leqslant x < \text{ENT}(x) + 1$. On a donc $p = \text{ENT}(\log(N)) + 1$.

4. Application

Déterminer le nombre de chiffres des nombres suivants : 99^{99} ; 2^{371}.

Partie B Application du logarithme de base 2

En informatique, les nombres sont codés en base 2 sous forme de suites de 0 et de 1. Le bit (*binary digit*) est la plus petite unité d'information manipulable par un ordinateur. Un bit a pour état soit 0 soit 1.

Si on utilise 2 bits pour stocker un nombre entier positif, on a comme états possibles : 00 ; 01 ; 10 et 11.

00 correspond à 0 ; 01 correspond à l'entier 1 ; 10 correspond à 2 et 11 correspond à 3.

1. On fixe à trois le nombre de bits destinés à stocker un nombre entier positif. Jusqu'à quel entier naturel peut-on coder ?

2. On fixe à quatre bits la capacité de stockage. Combien d'entiers naturels peut-on coder ?

3. On note n le nombre de bits utilisés pour la capacité de stockage. Conjecturer le nombre d'entiers naturels que l'on peut alors coder.

4. La fonction logarithme de base 2, appelée également log binaire et notée $\log_2$ ou lb est définie sur l'intervalle $]0 ; +\infty[$ par $\text{lb}(x) = \dfrac{\ln x}{\ln 2}$.

On montre en informatique que le nombre de bits N nécessaires pour coder un entier $e > 0$ est donné par la relation : $N = \text{ENT}(\text{lb}(e)) + 1$.

Combien de bits seront nécessaires pour coder 10^{19} ? 2^{371} ?

TP3 Une longueur de tuyau minimale

***Objectif* : Étudier un problème d'optimisation faisant intervenir la fonction ln.**

Philippe a acheté un terrain sur lequel passe une rivière.

Il souhaite faire un potager et pour arroser celui-ci, il décide d'installer un arroseur au point A qu'il veut raccorder au cours d'eau par un tuyau.

Le but de ce TP est de déterminer quelle longueur de tuyau devra prévoir Philippe, sachant qu'il souhaite qu'elle soit la plus courte possible.

A. Conjecturer une solution approchée au problème à l'aide de *GeoGebra*

lienmini.fr/m111-c04-tp3

1. Ouvrir le fichier. Dans un repère orthonormé $(O ; \vec{i}, \vec{j})$ (unité graphique : 1 pour 10 m), on a représenté l'arroseur (A) et le bord du cours d'eau concerné. L'arc de courbe rouge est le morceau de la courbe représentative de la fonction ln sur l'intervalle $[0,1 ; 4]$.

2. Placer un point M, libre, sur l'arc de courbe rouge et conjecturer la réponse au problème posé.

B. Trouver une solution approchée au problème par le calcul

1. Soit f la fonction définie sur $[0,1 ; 4]$ par $f(x) = x^2 + (\ln x - 2)^2$.

Dans le repère $(O ; \vec{i}, \vec{j})$ de la partie **A**, soit $A(0 ; 2)$ et M un point de l'arc de courbe rouge.

Justifier que, pour tout $x \in [0,1 ; 4]$, $AM^2 = f(x)$.

2. Soit g la fonction définie sur $[0,1 ; 4]$ par $g(x) = x^2 - 2 + \ln x$.

a. Dresser le tableau de variations complet de la fonction g sur $[0,1 ; 4]$.

b. Montrer que l'équation $g(x) = 0$ admet une unique solution α dans $[0,1 ; 4]$. Justifier que $\alpha \in [1 ; 2]$.

c. On donne l'algorithme suivant :

```
Variables :   p et a nombres réels
                 strictement positifs
Traitement :  Saisir p
              a prend la valeur 1
              Tant que a² - 2 + ln(a) < 0
                 a prend la valeur a + p
              Fin Tant que
Affichage :   Afficher a - p et p
```

Le faire fonctionner pour $p = 0,1$ et déterminer son rôle.

d. Déterminer, dans un tableau, le signe de $g(x)$ suivant les valeurs de x.

3. a. Montrer que, pour tout $x \in [0,1 ; 4]$, $f'(x)$ et $g(x)$ ont le même signe.

b. En déduire le tableau de variations de la fonction f sur $[0,1 ; 4]$.

4. En utilisant le résultat obtenu à la question **2c**, déterminer une valeur approchée, arrondie à 10^{-2}, de la solution au problème.

Appliquer

Les exercices de la partie « Appliquer » sont tous corrigés en fin d'ouvrage.

Utiliser les propriétés algébriques de la fonction ln

VOIR EXERCICE RÉSOLU 3

1 * Exprimer en fonction de ln 2 et de ln 5 les nombres réels suivants :

$A = \ln 10\,000$ $\quad B = \ln\left(\dfrac{125}{8}\right)$

$C = \ln 0{,}1$ $\quad D = \ln(\sqrt{12\,500})$.

2 * Dans chaque cas, montrer que pour tout $x \in]0\,;+\infty[$, $A(x) = B(x)$.

1. $A(x) = 2\ln x - \ln(3x)$ et $B(x) = \ln\left(\dfrac{x}{3}\right)$.
2. $A(x) = \ln(2x) - \dfrac{1}{2}\ln x$ et $B(x) = \ln(2\sqrt{x})$.
3. $A(x) = 4\ln x + \ln(2x) - \ln 4 - \ln(x^3)$ et $B(x) = \ln\left(\dfrac{x^2}{2}\right)$.

3 * Donner la valeur exacte des nombres réels suivants sans utiliser la calculatrice.

$A = \ln(\sqrt{e})$ $\quad B = \ln\left(\dfrac{1}{e}\right)$ $\quad C = \ln(e^3) + \ln\left(\dfrac{1}{e^3}\right)$

$D = 2\ln(e^5) - 5\ln\left(\dfrac{1}{e^2}\right)$ $\quad E = 4 - 3\ln\left(\dfrac{1}{\sqrt{e}}\right)$

Calculer des limites sans forme indéterminée

Dans les **exercices 4 à 7**, calculer les limites demandées.

4 * $\lim\limits_{x\to+\infty} x^2 + 3\ln x + \dfrac{2}{x}$; $\lim\limits_{x\to 0} \ln x - x + 1$.

5 * $\lim\limits_{x\to+\infty} (x^2+2)\ln x$; $\lim\limits_{x\to+\infty} (4x^3 + x^2 + 1)\ln x$.

6 * $\lim\limits_{\substack{x\to 0\\ x>0}} \dfrac{\ln x}{x^2}$; $\lim\limits_{\substack{x\to 0\\ x>0}} \dfrac{\ln x}{x-2}$.

7 * $\lim\limits_{\substack{x\to 3\\ x<3}} \dfrac{2\ln x}{x-3}$; $\lim\limits_{\substack{x\to 0,5\\ x<0,5}} \dfrac{\ln x}{2x-1}$.

Utiliser la propriété $\lim\limits_{x\to+\infty} \dfrac{\ln x}{x} = 0$

VOIR EXERCICE RÉSOLU 2

Dans les **exercices 8 à 10**, utiliser la propriété $\lim\limits_{x\to+\infty} \dfrac{\ln x}{x} = 0$ pour calculer les limites demandées.

8 ** a. $\lim\limits_{x\to+\infty} 5 + \dfrac{3}{x}\ln x$ b. $\lim\limits_{x\to+\infty} \ln x - 2x + 6$

9 ** a. $\lim\limits_{x\to+\infty} 3x + 1 - \ln x$ b. $\lim\limits_{x\to+\infty} 1 + x^2 - 4\ln x$

10 ** a. $\lim\limits_{x\to+\infty} \dfrac{\ln x}{4x-1}$ b. $\lim\limits_{x\to+\infty} \dfrac{x+1}{\ln x}$

Calculer des fonctions dérivées

Dans les **exercices 11 à 15**, déterminer les fonctions dérivées des fonctions *f* et *g* définies sur $]0\,;+\infty[$.

11 * $f(x) = x - 3 + 2\ln x$ $\quad g(x) = 4x^2 - \ln x$

12 * $f(x) = x^2 \ln x$ $\quad g(x) = 1 - (x+2)\ln x$

13 * $f(x) = x(1 - \ln x)$ $\quad g(x) = (\ln x)^3$

14 * $f(x) = \dfrac{\ln x}{x}$ $\quad g(x) = \dfrac{2-\ln x}{x}$

15 * $f(x) = \dfrac{1}{\ln x}$ $\quad g(x) = \dfrac{\ln x}{x+3}$

Utiliser la formule $(\ln u)' = \dfrac{u'}{u}$

VOIR EXERCICE RÉSOLU 5

Dans les **exercices 16 à 19**, déterminer les fonctions dérivées des fonctions *f* définies sur I par :

16 * a. $f(x) = \ln(2x-5)$ sur $I =]2{,}5\,;+\infty[$.
b. $f(x) = \ln(x^2+x+1)$ sur $I = \mathbb{R}$.

17 * a. $f(x) = \ln(x+1) - x$ sur $]-1\,;+\infty[$.
b. $f(x) = x^2 + \ln(x^2)$ sur $I =]0\,;+\infty[$.

18 * a. $f(x) = x\ln(3x+1)$ sur $I = \left]-\dfrac{1}{3}\,;+\infty\right[$.
b. $f(x) = (4-x)\ln(x^3)$ sur $I =]0\,;+\infty[$.

19 * a. $f(x) = \dfrac{\ln(3x-6)}{x}$ sur $I =]2\,;+\infty[$.
b. $f(x) = \dfrac{\ln(2x+1)}{2x+1}$ sur $I =]-0{,}5\,;+\infty[$.

Calculer des limites de fonctions de la forme ln *u*

STI2D STL/SPCL

VOIR EXERCICE RÉSOLU 7

Dans les **exercices 20 à 22**, calculer les limites des fonctions *f* aux bornes de leur ensemble de définition.

20 * a. $f(x) = \ln(4x-1)$ sur $\left]\dfrac{1}{4}\,;+\infty\right[$.
b. $f(x) = \ln(5-x)$ sur $]-\infty\,;5[$.

21 * a. $f(x) = \ln(2x^2+x-1)$ sur $]-\infty\,;-1[\,\cup\,\left]\dfrac{1}{2}\,;+\infty\right[$.
b. $f(x) = \ln\left(x^2 - 1 + \dfrac{1}{x}\right)$ sur $]0\,;+\infty[$.

22 ** a. $f(x) = \ln\left(\dfrac{x}{3x+1}\right)$ sur $\left]-\infty\,;-\dfrac{1}{3}\right[\,\cup\,]0\,;+\infty[$.

b. $f(x) = \ln\left(\frac{2}{4-x}\right)$ sur $]-\infty\,;4[$.

c. $f(x) = \ln\left(\frac{2x^3}{x+2}\right)$ sur $]0\,;+\infty[$.

Calculer des primitives simples

23 * Déterminer une primitive sur $]0\,;+\infty[$ des fonctions f définies par :

a. $f(x) = x + \frac{1}{x}$ **b.** $f(x) = 5 - \frac{3}{x}$

24 * Déterminer les primitives sur $]0\,;+\infty[$ des fonctions f définies par :

a. $f(x) = \frac{1}{x} - \frac{1}{x^2}$ **b.** $f(x) = \frac{3x}{2} - \frac{2}{3x}$

25 * Déterminer la primitive F sur $]0\,;+\infty[$ des fonctions f vérifiant la condition donnée :

a. $f(x) = x^2 - 1 + \frac{2}{x}$ avec $F(1) = 3$.

b. $f(x) = 3x + 2 - \frac{1}{5x}$ avec $F(2) = 0$.

Calculer des primitives de fonctions de la forme $\frac{u'}{u}$

VOIR EXERCICE RÉSOLU 6

Dans les **exercices 26 à 28**, déterminer une primitive sur I des fonctions f.

26 * **a.** $f(x) = \frac{2x}{x^2-1}$ sur $I =]1\,;+\infty[$.

b. $f(x) = \frac{-4}{3-x}$ sur $I =]-\infty\,;3[$.

27 ** **a.** $f(x) = \frac{6}{2x+1}$ sur $I = \left]-\frac{1}{2}\,;+\infty\right[$.

b. $f(x) = \frac{6x+3}{x^2+x+5}$ sur $I = \mathbb{R}$.

28 ** **a.** $f(x) = \frac{4}{7x+3}$ sur $I = \left]-\frac{3}{7}\,;+\infty\right[$.

b. $f(x) = \frac{2}{1-3x}$ sur $I = \left]-\infty\,;\frac{1}{3}\right[$.

Dans les **exercices 29 et 30**, déterminer la primitive F sur I des fonctions f vérifiant la condition donnée.

29 ** **a.** $f(x) = \frac{5}{x+1}$ sur $I =]-1\,;+\infty[$ avec $F(2) = 0$.

b. $f(x) = 3 + \frac{2}{2x-5}$ sur $I = \left]\frac{5}{2}\,;+\infty\right[$ avec $F(3) = 4$.

30 ** **a.** $f(x) = \frac{x}{3x^2+1}$ sur $I = \mathbb{R}$ avec $F(0) = 0$.

b. $f(x) = 2x + \frac{3}{1-2x}$ sur $I = \left]-\infty\,;\frac{1}{2}\right[$ avec $F(0) = 1$.

Résoudre des équations

VOIR EXERCICE RÉSOLU 1

Dans les **exercices 31 à 35**, résoudre les équations.

31 * **a.** $\ln(3x+1) = \ln x$ **b.** $\ln(2x-6) = \ln(x-5)$

32 * **a.** $\ln(4x) = 1$ **b.** $\ln(x^2) = 0$

33 * **a.** $\ln(1-2x) = 4$ **b.** $\ln(x^2) = 2$

34 ** **a.** $2\ln x = \ln 8 + \ln(x-2)$
b. $\ln(x-1) + \ln(x+1) = \ln(4x-1) - 2\ln 2$

35 ** **a.** $\ln(2x) - \ln(x-3) = \ln 5$
b. $\ln(x-3) = \ln(18-2x) - \ln(x-4)$

Résoudre des inéquations

VOIR EXERCICE RÉSOLU 1

Dans les **exercices 36 à 40**, résoudre les inéquations.

36 * **a.** $\ln(2x-1) < \ln(3-x)$ **b.** $\ln x \geqslant \ln(2-5x)$

37 * **a.** $\ln(3x-5) > 0$ **b.** $\ln(4-x) - 1 \leqslant 0$

38 * **a.** $\ln(x-7) \geqslant -1$ **b.** $\ln(5-3x) < 6$

39 ** **a.** $\ln(3x^2 - x) \leqslant \ln 2$ **b.** $\ln x + \ln(2x+1) > 0$

40 ** **a.** $\ln\left(\frac{x+2}{7-x}\right) < 0$ **b.** $2\ln x - \ln(6+x) \geqslant 0$

Résoudre des inéquations de la forme $q^n > a$

VOIR EXERCICE RÉSOLU 4

Dans les **exercices 41 à 43**, résoudre dans $\mathbb{N}$ les inéquations.

41 * **a.** $(2{,}1)^n < 18{,}42$ **b.** $(1{,}3)^n \geqslant 5$

42 * **a.** $(0{,}45)^n \leqslant 0{,}029$ **b.** $(0{,}11)^n > 10^{-6}$

43 * **a.** $(0{,}7)^n < 3{,}24$ **b.** $3(1{,}09)^n + 1{,}5 \geqslant 27{,}42$

Approfondir

Les exercices notés **C** *sont corrigés en fin d'ouvrage.*

44 * **1.** Résoudre l'équation $X^2 - 4X + 3 = 0$.
2. En déduire les solutions de l'équation :
$(\ln x)^2 - 4\ln x + 3 = 0$.

45 ** C **1.** Factoriser le trinôme $X^2 - 7X + 10$.
2. Résoudre l'inéquation $(\ln x)^2 - 7 \ln x + 10 < 0$.

?

Utiliser la question **1** pour factoriser $(\ln x)^2 - 7 \ln x + 10$ puis faire un tableau de signes.

46 ** Soit f la fonction définie sur $\left]\frac{1}{6} ; +\infty\right[$ par :

$$f(x) = \frac{6x^2 - 19x - 2}{6x - 1}.$$

1. Montrer que, pour tout $x \in \left]\frac{1}{6} ; +\infty\right[$:

$$f(x) = x - 3 - \frac{5}{6x - 1}.$$

2. En déduire les primitives de f sur $\left]\frac{1}{6} ; +\infty\right[$.

47 ** Soit f la fonction définie sur $\left]\frac{2}{3} ; +\infty\right[$ par :

$$f(x) = \frac{3(x-2)}{(3x-2)^2}.$$

1. Montrer que, pour tout $x \in \left]\frac{2}{3} ; +\infty\right[$:

$$f(x) = \frac{1}{3x-2} - \frac{4}{(3x-2)^2}.$$

2. En déduire la primitive F de f sur $\left]\frac{2}{3} ; +\infty\right[$ qui s'annule en 1.

48 * ALGO C1 C2 C3 C4 C5 C6

Régis a tapé le programme sous Python suivant pour déterminer les images de nombres réels par la fonction f telle que :
$f : x \mapsto \ln(-\sqrt{x})$.

```
from lycee import *
x = demande("Quelle valeur pour x ?")
image = ln( -sqrt(x) )
print ("L'image de",x,"vaut",image)
```

Mais pour chaque valeur entrée, il obtient le message :

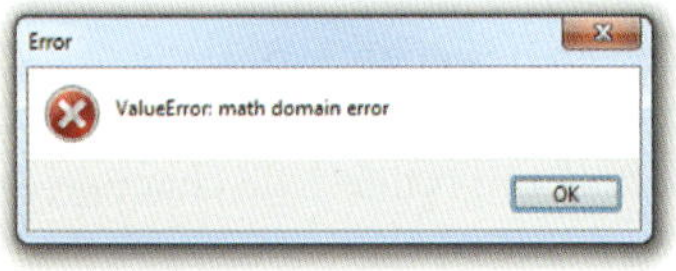

Expliquer pourquoi.

49 ** ALGO C1 C2 C3 C4 C5 C6

1. Bob a tapé le programme sous Python suivant pour calculer des images arrondies à dix chiffres après la virgule de dix nombres réels aléatoires de l'intervalle [–5 ; 5] par une certaine fonction f.

```
from lycee import *

for i in range(10) :
    x = uniform(-5,5)
    image = ln(sqrt(1+x**2)+x) + ln(sqrt(1+x**2)-x)
    print ("L'image de",x,"par f vaut",round(image,10))
```

De quelle fonction Bob cherche-t-il les images ?

2. Son ami Patrick a testé le programme, mais pense que celui-ci ne doit pas fonctionner car il affiche toujours le même résultat. Que penser de cela ?

?

En Python, on obtient la valeur arrondie du nombre a à n chiffres après la virgule avec l'instruction : **round(a, n)**.

50 ** **QCM**

Pour chacune des questions, indiquer la bonne réponse.

1. L'équation $\ln(2x + 3) = 0$ admet comme solution dans l'intervalle $\left]-\frac{3}{2} ; +\infty\right[$:

a. $-\frac{3}{2}$ **b.** -1 **c.** $\ln 3$ **d.** $-\frac{2}{3}$

2. Soit f la fonction définie sur $]0 ; +\infty[$ par $f(x) = 5 \ln x$. On note f' la fonction dérivée de f sur $]0 ; +\infty[$. Pour tout x de $]0 ; +\infty[$, on a :

a. $f'(x) = 5 \ln x$ **b.** $f'(x) = 5(\ln x + 1)$

c. $f'(x) = \frac{5}{x}$ **d.** $f'(x) = \frac{5}{x^2}$

3. f est la fonction définie à la question **2**. Une primitive F de f sur $]0 ; +\infty[$ est définie par :

a. $F(x) = 5(x \ln x - x)$ **b.** $F(x) = \frac{5}{x}$

c. $F(x) = 5x \ln x$ **d.** $F(x) = 5$

4. Soit f la fonction définie sur $]0 ; +\infty[$ par $f(x) = x^2 \ln x$. On note f' la fonction dérivée de f sur $]0 ; +\infty[$. Pour tout x de $]0 ; +\infty[$, on a :

a. $f'(x) = 2$ **b.** $f'(x) = x(2 \ln x + 1)$

c. $f'(x) = 2x \ln x + 1$ **d.** $f'(x) = 2x \ln x$

5. f est la fonction définie à la question **4**. Le coefficient directeur de la tangente à la courbe représentative de f au point d'abscisse 1 est :

a. 0 **b.** 1 **c.** 2 **d.** 3

6. f est la fonction définie à la question **4**. La limite de f en $+\infty$ est :

a. 0 **b.** 1 **c.** $-\infty$ **d.** $+\infty$

51 ** **Au laboratoire** ALGO C1 C2 C3 C4 C5 C6

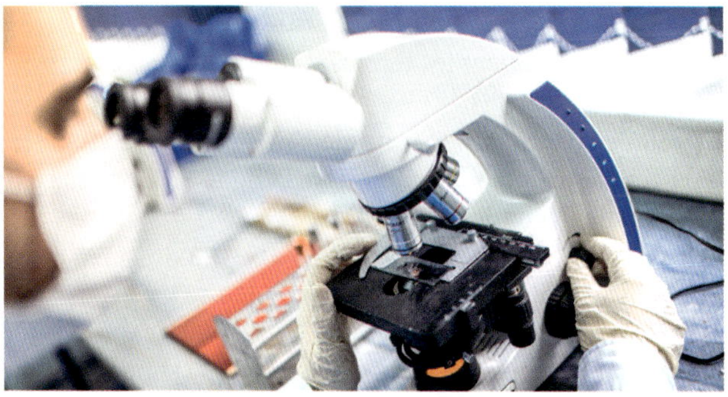

Le prix de vente, en euros, d'un équipement neuf pour laboratoires d'analyses biologiques était $u_0 = 12\,000$ en 2005.
On admet que cet équipement perd 5 % de sa valeur chaque année. Pour tout entier naturel n, on note u_n la valeur de cet équipement, en euros, l'année $(2005 + n)$.

1. Montrer que la suite (u_n) est une suite géométrique dont on précisera les caractéristiques.
2. Donner l'expression de u_n en fonction de n.
3. On cherche à déterminer l'année à partir de laquelle cet équipement aura perdu la moitié de sa valeur initiale.
a. Recopier et compléter l'algorithme suivant afin qu'il réponde au problème.

```
Variables :        n entier naturel, u nombre
                   réel strictement positif
Initialisation : n prend la valeur 0
                   u prend la valeur 12000
Traitement :       ..............
                      ..............
                      ..............
                   Fin ..............
Affichage :        ..............
```

b. Programmer l'algorithme sur la calculatrice et donner le résultat au problème.
c. Retrouver ce résultat par le calcul.

52 *** C Étude de bactéries C1 C2 C3 C4 C5 C6

On a étudié le nombre de bactéries du type coliforme dans une certaine quantité d'une culture liquide. Au départ, il y avait 15 000 bactéries. On a constaté que, chaque minute, le nombre de bactéries augmentait approximativement de 20 % mais qu'à chaque minute, 500 bactéries étaient aussi détruites.

On appelle u_n le nombre de bactéries vivantes présentes au bout de n minutes et on définit ainsi une suite (u_n) dont le premier terme est $u_0 = 15\,000$.

1. On donne ci-dessous une feuille de calcul construite à l'aide d'un tableur :

	A	B	C	D	E	F	G	H
1	n	0	1	2	3	4	5	
2	Nombre de bactéries u_n	15000	17500	20500	24100	28420	33604	
3	v_n	12500	15000	18000	21600	25920	31104	
4	v_{n+1} / v_n		1,2	1,2	1,2	1,2	1,2	
5								

Quelle formule a-t-on entrée en C2 puis recopiée vers la droite pour compléter la ligne 2 ?

2. Exprimer, pour tout $n \in \mathbb{N}$, u_{n+1} en fonction de u_n. La suite (u_n) est-elle géométrique ? Justifier la réponse.

3. La ligne 3 contient les termes d'une suite (v_n) calculée à partir de la suite (u_n).
La cellule B3 contient la formule **=B2-2500** qui a été recopiée vers la droite pour compléter la ligne 3. Donner l'expression de v_n en fonction de u_n.

4. La cellule C4 contient la formule **=C3/B3** qui a été recopiée vers la droite pour compléter la ligne 4.
a. Que peut-on conjecturer pour la nature de la suite (v_n) ?
b. Démontrer cette conjecture puis en déduire v_n en fonction de n.
c. À l'aide de la question **3**, justifier que, pour tout $n \in \mathbb{N}$, $u_n = 12\,500 \times (1{,}2)^n + 2\,500$.
d. Déterminer au bout de combien de minutes, cette culture liquide contiendra plus de 500 000 bactéries.

53 *** pH d'une solution C1 C2 C3 C4 C5 C6

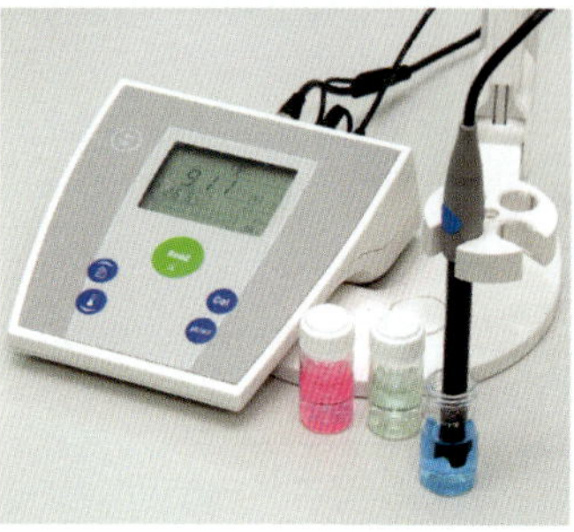

Le pH d'une solution aqueuse est donné par la formule :
$pH = -\log([H_3O^+])$
où $[H_3O^+]$ désigne la concentration molaire, en $mol \cdot L^{-1}$, en ions hydronium H_3O^+.

1. Montrer que le pH d'une solution dont la concentration molaire en ions H_3O^+ est 2×10^{-6} est égale à $6 - \log 2$, soit environ 5,7.
2. Une solution est dite neutre si son pH est égal à 7. Déterminer alors sa concentration molaire en ions H_3O^+.
3. Que devient le pH lorsque la concentration est divisée par 10 ? Par 100 ?
4. Que devient la concentration quand le pH diminue de 1 ? de 2 ?

54 ** Étude d'une courbe C1 C2 C3 C4 C5 C6

Partie A Graphiquement

Dans le plan muni d'un repère orthonormé $(O ; \vec{i}, \vec{j})$, on donne la courbe $\mathscr{C}$ représentant une fonction f définie sur $]0 ; +\infty[$.

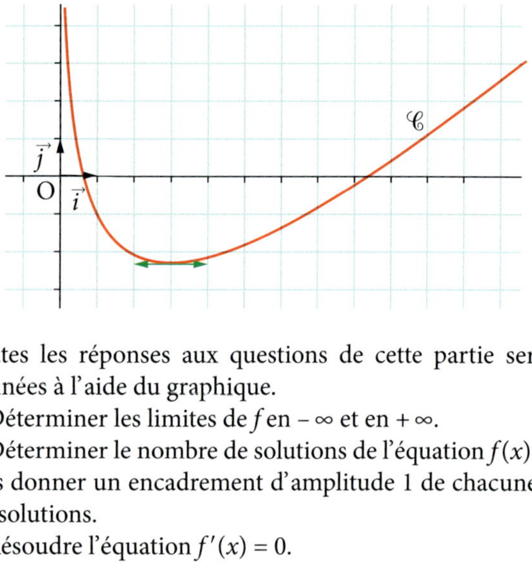

Toutes les réponses aux questions de cette partie seront données à l'aide du graphique.

1. Déterminer les limites de f en $-\infty$ et en $+\infty$.
2. Déterminer le nombre de solutions de l'équation $f(x) = 0$ puis donner un encadrement d'amplitude 1 de chacune de ces solutions.
3. Résoudre l'équation $f'(x) = 0$.

Partie B Par le calcul

On admet que la fonction f représentée ci-dessus est définie sur $]0 ; +\infty[$ par $f(x) = x - 2 - 3\ln x$.

1. Déterminer les limites de f en 0 et en $+\infty$. Comparer les résultats à ceux obtenus à la question **A1**.
2. Étudier les variations de la fonction f sur $]0 ; +\infty[$ puis dresser son tableau de variations.
3. a. Justifier que l'équation $f(x) = 0$ admet deux solutions α et β dans $]0 ; +\infty[$.
b. À l'aide de la calculatrice, déterminer un encadrement d'amplitude 10^{-2} de α et β.
Comparer les résultats à ceux obtenus à la question **A2**.

55 *** Ⓒ Soit la fonction f définie sur $]0\,;+\infty[$ par :
$f(x) = \dfrac{x^2}{4} - 1 - 2\ln x$.
On note $\mathscr{C}$ la courbe représentative de f dans un repère.
1. Calculer la limite de f en 0 puis en $+\infty$.
2. Déterminer la dérivée f' de la fonction f et vérifier que pour tout $x \in\,]0\,;+\infty[$, $f'(x) = \dfrac{x^2-4}{2x}$.
3. Étudier sur $]0\,;+\infty[$ le signe de $f'(x)$ et établir le tableau de variations de la fonction f.
4. Déterminer l'équation de la tangente à la courbe $\mathscr{C}$ au point A d'abscisse 1.
5. Soit g la fonction définie sur $]0\,;+\infty[$ par : $g(x) = x\ln x - x$.
a. Déterminer la dérivée g' de la fonction g.
b. En déduire la primitive F sur $]0\,;+\infty[$ de la fonction f telle que $F(1) = 0$.

56 *** Une fonction f est définie sur $\mathbb{R}$ par :
$f(x) = \ln(ax^2 + bx + c)$ où a, b et c sont trois nombres réels.
On admet que le tableau de variations ci-dessous est celui de la fonction f.

x	$-\infty$		-2		$-0{,}5$		0		$+\infty$
$f'(x)$			$+$		0		$-$		
$f(x)$	↘		$\ln 5$	↘	m	↗	0	↗	

1. À l'aide des données numériques du tableau de variations, déterminer a, b et c puis en déduire l'expression de $f(x)$ pour tout $x \in \mathbb{R}$.
2. Calculer $f'(x)$ pour tout $x \in \mathbb{R}$ puis vérifier que les variations de la fonction f sont bien celles indiquées dans le tableau.
3. Déterminer la valeur exacte du minimum m de la fonction f sur $\mathbb{R}$.

57 ** **Problème d'optimisation** C1 C2 C3 C4 C5 C6

Partie A Une fonction

On considère la fonction C définie sur $[10\,;80]$ par : $C(x) = \ln(0{,}4x^2 + 1)$.
1. Montrer que pour tout $x \in [10\,;80]$, $C'(x) = \dfrac{0{,}8x}{0{,}4x^2+1}$.
2. Étudier sur $[10\,;80]$ le signe de $C'(x)$. En déduire le tableau de variations de la fonction C.
3. Recopier et compléter le tableau de valeurs suivant en donnant les résultats arrondis à 10^{-1} près.

x	10	15	20	25	30	40	60	80
$C(x)$								7,8

4. On munit le plan d'un repère orthogonal : 1 cm pour 5 unités sur l'axe des abscisses et 1 cm pour 1 unité sur l'axe des ordonnées. Tracer dans ce repère la courbe représentative Γ de la fonction C puis la droite $\mathscr{D}$ d'équation $y = 7{,}5$.

Partie B Application

Un industriel envisage la production de 10 à 80 fauteuils pour un hôtel. Le coût de production de x fauteuils est égal, en dizaines de milliers d'euros, à $C(x) = \ln(0{,}4x^2 + 1)$ pour x compris entre 10 et 80.

1. Déterminer, à l'aide du graphique précédent, le nombre maximal de fauteuils que l'industriel peut produire avec un budget de 75 000 €.
2. Le prix de vente à l'hôtel d'un fauteuil est de 1 500 €.
a. Donner l'expression $R(x)$ du chiffre d'affaires de l'industriel en dizaines de milliers d'euros.
b. Représenter la fonction R définie sur $[10\,;80]$ dans le même repère que précédemment.
c. L'hôtel passe une commande de 40 fauteuils. Est-ce rentable pour l'industriel ? Justifier par un calcul.
d. Déterminer graphiquement le nombre minimal de fauteuils à vendre afin que l'opération soit rentable pour l'industriel. Justifier.

58 ** Ⓒ Soit f la fonction définie sur $]0\,;+\infty[$ par : $f(x) = (2 - \ln x)\ln x$.
On note $\mathscr{C}$ sa courbe représentative dans un repère.
1. Déterminer la limite de la fonction f en 0. Que peut-on en déduire pour la courbe $\mathscr{C}$?
2. Déterminer la limite de la fonction f en $+\infty$.
3. Montrer que pour tout $x \in\,]0\,;+\infty[$, $f'(x) = \dfrac{2(1-\ln x)}{x}$.
4. Étudier le signe de $f'(x)$ sur $]0\,;+\infty[$ puis dresser le tableau de variations de la fonction f sur $]0\,;+\infty[$.
5. a. Démontrer que la courbe $\mathscr{C}$ coupe l'axe des abscisses en deux points dont on déterminera les coordonnées (on notera A celui dont l'abscisse est entière).
b. Calculer le coefficient directeur de la tangente T à la courbe $\mathscr{C}$ au point A.

59 * C1 C2 C3 C4 C5 C6
We suppose below that x is always positive.
The natural logarithm, $\ln x$, is the logarithmic function of base e. The common logarithm, $\log x$, has no base indicated and the understood base is always 10.
It is defined by $\log x = \dfrac{\ln x}{\ln 10}$.
The binary logarithm, $\text{lb}\, x$, is the logarithmic function of base 2. It is defined by $\text{lb}\, x = \dfrac{\ln x}{\ln 2}$.
1. Prove that for any natural number n, $\text{lb}(2^n)$ is equal to n.
2. Prove that $\text{lb}\, x = \dfrac{\ln 10}{\ln 2} \times \log x$.
3. Find a similar identity for $\log x$ written with $\text{lb}\, x$.

Pour se tester

60 ** C VRAI ou FAUX ?

Répondre par vrai ou faux aux affirmations suivantes. Justifier.	Vrai	Faux
1. L'ensemble des solutions de l'équation $\ln(x^2 - 1) = \ln(4x - 4)$ est $\{1 ; 3\}$.	V	F
2. $\lim\limits_{x \to 0} \dfrac{2x - 5 - \ln x}{x} = +\infty$.	V	F
3. Soit f la fonction définie sur $]0 ; +\infty[$ par $f(x) = (x^2 + x) \ln x$. Pour tout $x \in]0 ; +\infty[$, $f'(x) = \dfrac{2x+1}{x}$.	V	F
4. La fonction f définie par $f(x) = \ln(x^2 - 3x + 2)$ est strictement croissante sur $]2 ; +\infty[$.	V	F

61 * C QCM

Pour chacune des questions, indiquer la bonne réponse.

	a	b	c	d
1. Soit f la fonction définie sur $]0 ; +\infty[$ par $f(x) = \ln x(2 \ln x - 1)$. Pour tout $x \in]0 ; +\infty[$:	$f'(x) = \dfrac{4\ln x - 1}{x}$	$f'(x) = \dfrac{2}{x^2}$	$f'(x) = -\dfrac{1}{x}$	$f'(x) = \dfrac{2\ln x - 1}{x}$
2. La limite en $+\infty$ de la fonction f définie par $f(x) = \dfrac{5 + 2x + \ln x}{x}$ est :	$+\infty$	$-\infty$	0	2
3. Soit f la fonction définie sur $]0 ; +\infty[$ par $f(x) = 3x - \dfrac{4}{x}$. Une primitive F de f sur $]0 ; +\infty[$ est définie par :	$F(x) = x^3 - 4 \ln x$	$F(x) = 1{,}5x^2 - \ln(4x)$	$F(x) = 1{,}5x^2 - 4 \ln x$	$F(x) = 1{,}5x^2 + \dfrac{4}{x^2}$
4. Soit f la fonction définie sur $\mathbb{R}$ par $f(x) = \dfrac{3x+2}{3x^2+4x+2}$. Une primitive F de f sur $\mathbb{R}$ est définie par $F(x)$ égale à :	$\ln(3x^2 + 4x + 2)$	$2 \ln(3x^2 + 4x + 2)$	$\dfrac{1}{2}\ln(3x^2 + 4x + 2)$	$\dfrac{1}{3}\ln(3x^2 + 4x + 2)$

62 ** C Soit f la fonction définie sur $]0 ; +\infty[$ par $f(x) = \dfrac{1 + \ln x}{x}$. On note $\mathscr{C}$ sa courbe représentative.

1. a. Calculer les limites de f aux bornes de son ensemble de définition.

b. Quelles conséquences graphiques peut-on en déduire ?

2. Calculer $f'(x)$ pour tout $x \in]0 ; +\infty[$ puis dresser le tableau de variations de la fonction f.

3. Déterminer l'équation de la tangente T à la courbe $\mathscr{C}$ au point A d'abscisse e.

63 ** C STI2D STL/SPCL Soit f la fonction définie sur $]2{,}5 ; +\infty[$ par $f(x) = x + \ln(2x - 5)$. On note $\mathscr{C}$ sa courbe représentative dans un repère.

1. Justifier que le tableau de variations de la fonction f sur $]2{,}5 ; +\infty[$ est :

x	2,5	$+\infty$
$f(x)$	$-\infty$ ↗	$+\infty$

2. Justifier que la courbe $\mathscr{C}$ coupe l'axe des abscisses en un unique point.

3. Montrer que la fonction F définie sur $]2{,}5 ; +\infty[$ par $F(x) = (x - 2{,}5) \ln(2x - 5) + 0{,}5x^2 - x$ est une primitive de la fonction f sur $]2{,}5 ; +\infty[$.

64 ** C **Rayon lumineux** C1 C2 C3 C4 C5 C6

En traversant une plaque de verre teinté, un rayon lumineux perd 25 % de son intensité lumineuse exprimée en candélas (cd). On dispose d'un rayon lumineux dont l'intensité, en candélas, est $I_0 = 160$. On lui fait traverser une superposition de n plaques de verre teinté identiques. On note I_n son intensité, en candélas, à la sortie de la $n^{\text{ième}}$ plaque.

1. Montrer que la suite (I_n) est une suite géométrique dont on précisera la raison.

2. En déduire l'expression de I_n en fonction de n, pour tout $n \in \mathbb{N}$.

3. Déterminer le nombre minimal de plaques que ce rayon doit avoir traversé pour que son intensité sortante soit inférieure ou égale à 40 cd.

S'entraîner au Bac

65 ** D'après Bac STI2D STL/SPCL Métropole, 2014

C1 C2 C3 C4 C5 C6

Une équipe aérospatiale se propose d'envoyer un satellite de dix tonnes en orbite autour de la Terre par l'intermédiaire d'une fusée à un seul étage. Cette fusée a une masse à vide, c'est-à-dire sans carburant ni satellite, de 50 t.

L'éjection des gaz permet à la fusée de décoller et de s'élever dans les airs jusqu'à la consommation finale du propergol, carburant contenu dans ses réservoirs. La vitesse d'éjection des gaz est $V_e = 3\,200$ m·s^{-1}.

La vitesse finale de la fusée, vitesse atteinte lorsque les réservoirs sont vides, varie en fonction de la masse de propergol contenue au départ dans les réservoirs. Elle doit être de 8 000 m·s^{-1} pour permettre la mise en orbite souhaitée.

Le but de l'exercice est de déterminer la masse de propergol à mettre dans les réservoirs pour permettre cette mise en orbite du satellite.

On note x la masse, en tonnes, de propergol contenu au décollage dans les réservoirs de la fusée. La masse x est comprise entre 100 et 900 t.

La masse totale de la fusée est alors $(x + 50)$ t.

Il est établi que la vitesse finale de la fusée, $f(x)$, exprimée en m·s^{-1}, est donnée par :

$f(x) = V_e \times [\ln(x + 50) - \ln 50]$ où x est un réel de l'intervalle $[100 ; 900]$.

1. Montrer que, pour tout $x \in [100 ; 900]$:

$f(x) = 3\,200 \times \ln(0{,}02x + 1)$.

On pourra choisir l'une ou l'autre des expressions de $f(x)$ pour répondre à chacune des questions suivantes.

2. a. Si les réservoirs contiennent au décollage 100 t de propergol, quelle sera la vitesse finale de la fusée ?

b. Avec 400 t de propergol au décollage la mise en orbite sera-t-elle possible ?

3. a. Calculer la fonction dérivée f' de la fonction f.

b. En déduire le sens de variation de la fonction f.

4. Déterminer la masse de propergol à mettre dans les réservoirs pour permettre la mise en orbite souhaitée.

66 *** D'après Bac STI2D STL Nouvelle-Calédonie, 2013

Partie A

f est une fonction définie et dérivable sur $]0 ; +\infty[$.

f' désigne la fonction dérivée de f.

$\mathscr{C}$ est la représentation graphique de la fonction f dans un repère orthonormé.

T est la tangente à $\mathscr{C}$ au point de coordonnées $(1 ; -1)$.

T passe par le point de coordonnées $(0 ; 1)$.

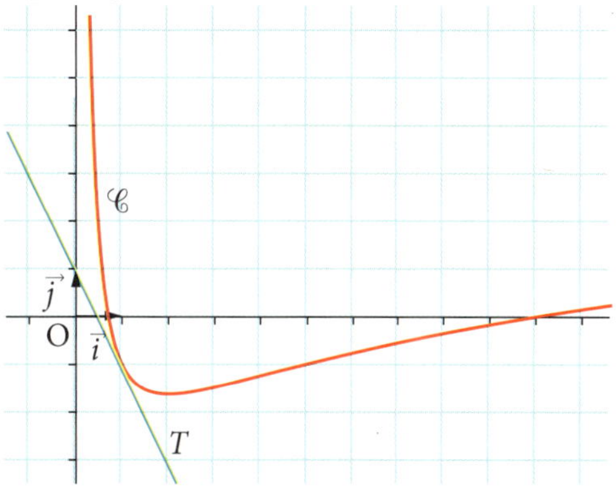

1. a. Par lecture graphique, déterminer $f(1)$.

b. Déterminer $f'(1)$.

c. Donner une équation de T.

2. On sait que $f(x)$ est de la forme $f(x) = 2\ln x + \dfrac{a}{x} + b$ où a et b sont des nombres réels.

a. Calculer $f'(x)$.

b. Déterminer alors les valeurs de a et b.

Partie B

Soit la fonction f définie et dérivable sur $]0 ; +\infty[$ par :

$f(x) = 2\ln x + \dfrac{4}{x} - 5.$

1. a. Déterminer $\lim\limits_{x \to +\infty} f(x)$.

b. On admet que $\lim\limits_{x \to 0} f(x) = +\infty$. Que peut-on en déduire graphiquement ?

2. a. Vérifier que pour tout $x \in]0 ; +\infty[$, $f'(x) = \dfrac{2x - 4}{x^2}$.

b. Étudier le signe de $f'(x)$ sur $]0 ; +\infty[$.

3. Établir le tableau de variations de f sur $]0 ; +\infty[$.

4. En précisant la démarche, donner le nombre de solution(s) de l'équation $f(x) = 0$, pour x appartenant à $]0 ; +\infty[$.

5. Montrer que la fonction F définie sur $]0 ; +\infty[$ par : $F(x) = (2x + 4)\ln x - 7x$ est une primitive de f sur $]0 ; +\infty[$.

67 *** D'après Bac STI2D Antilles-Guyane, 2013

C1 C2 C3 C4 C5 C6

Soit f la fonction définie sur $]0 ; +\infty[$ par :

$f(x) = \dfrac{1}{x} - \ln x.$

On appelle $\mathscr{C}_f$ sa courbe représentative dans un repère orthonormé $(O ; \vec{i}, \vec{j})$.

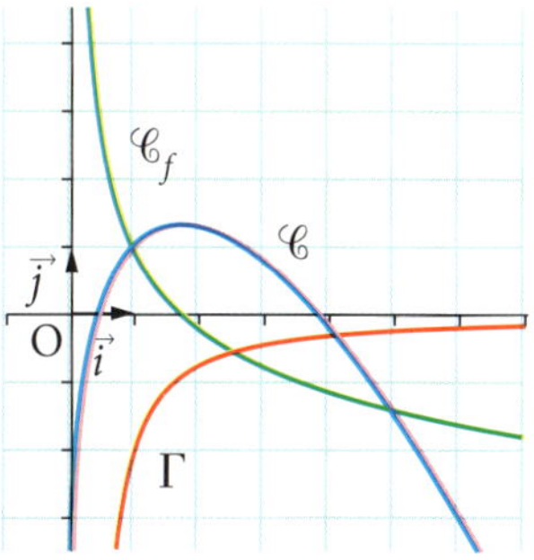

1. Sur le graphique ci-contre, on donne $\mathscr{C}_f$ et les courbes $\mathscr{C}$ et Γ. L'une de ces deux courbes représente graphiquement la dérivée f' de f, et l'autre une des primitives F de f.

a. Indiquer laquelle des deux courbes $\mathscr{C}$ et Γ représente f'. Justifier.
b. Par lecture graphique, donner $F(1)$.
2. Dans cette question, on pourra vérifier la cohérence des résultats obtenus avec les courbes représentatives données sur le dessin.
a. Déterminer la limite de la fonction f quand x tend vers 0. Interpréter graphiquement cette limite.
b. Déterminer la limite de la fonction f quand x tend vers $+\infty$.
c. Montrer que pour tout $x \in]0 ; +\infty[$:
$f'(x) = \dfrac{-x-1}{x^2}$.
d. Étudier le signe de $f'(x)$ puis donner le tableau de variations de f.
3. Soit H la fonction définie sur $]0 ; +\infty[$ par :
$H(x) = x - (x-1)\ln x$.
a. Montrer que H est une primitive de f sur $]0 ; +\infty[$.
b. En déduire l'expression de la fonction F de la question **1**.

68 ** D'après Bac L spécialité Antilles-Guyane, 2010

C1 C2 C3 C4 C5 C6

Soit f la fonction définie sur l'intervalle $I = [1 ; 7]$ par :
$f(x) = \dfrac{x^2}{2} - 6x + 4 + 8\ln x$.
On note $\mathscr{C}$ sa courbe représentative dans un repère du plan, d'unités graphiques 1 cm en abscisses et 1 cm en ordonnées.
1. Recopier et compléter le tableau de valeurs ci-dessous. On donnera des valeurs approchées de $f(x)$ à 10^{-1} près.

x	1	2	3	4	5	6	7
$f(x)$			– 0,7		– 0,6	0,3	

2. a. On note f' la fonction dérivée de f.
Montrer que pour tout nombre réel x de l'intervalle I :
$f'(x) = \dfrac{x^2-6x+8}{x}$.
b. Étudier les variations de la fonction f sur l'intervalle I puis dresser le tableau de variations de f.
3. Montrer que la courbe $\mathscr{C}$ admet deux tangentes parallèles à l'axe des abscisses.
4. a. Construire la courbe $\mathscr{C}$ et ses deux tangentes parallèles à l'axe des abscisses.
b. Déterminer graphiquement le nombre de solutions de l'équation $f(x) = 0$ sur l'intervalle I.
c. À l'aide du tableau de variations obtenu à la question **2b**, justifier la réponse à la question précédente.

69 ** D'après Bac L spécialité Amérique du Nord, 2011

C1 C2 C3 C4 C5 C6

La capacité pulmonaire d'une personne est la quantité d'air (mesurée en litres) pouvant être inspirée.
Dans le cas d'une inspiration forcée, à partir de 10 ans, la capacité pulmonaire (en litres) d'une personne peut être modélisée en fonction de son âge x (en années) par la fonction f définie par :
$f(x) = \dfrac{110(\ln x - 2)}{x}$.

1. On donne ci-dessous la courbe $\mathscr{C}$ représentative de la fonction f sur l'intervalle $[10 ; 100]$ dans un repère orthogonal.

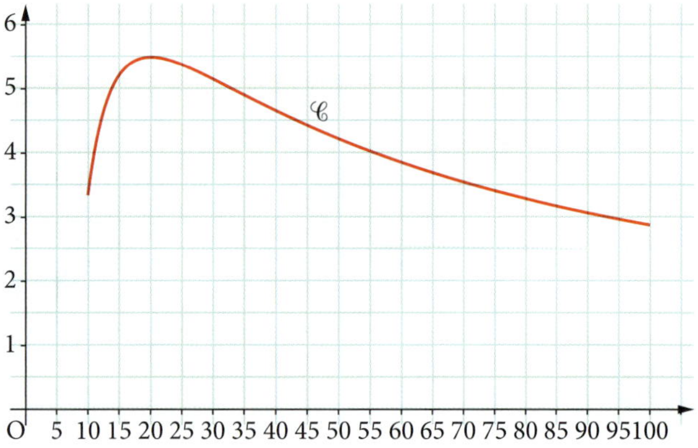

En utilisant la courbe $\mathscr{C}$:
a. Estimer graphiquement à quel âge la capacité pulmonaire est maximale puis donner cette capacité.
b. Estimer graphiquement l'âge à partir duquel un adulte a une capacité pulmonaire inférieure à celle d'un enfant de 10 ans.
2. a. On note f' la fonction dérivée de la fonction f sur l'intervalle $[10 ; 100]$. Vérifier que pour tout nombre réel x de l'intervalle $[10 ; 100]$:
$f'(x) = 110\dfrac{3-\ln x}{x^2}$.
b. Dresser le tableau de variations de la fonction f sur l'intervalle $[10 ; 100]$.
c. Déterminer la valeur exacte du maximum de f puis la valeur arrondie à 10^{-2}.

70 ** D'après Bac L spécialité, centres étrangers, 2010

Partie A Une fonction

On considère la fonction f définie sur l'intervalle $[0 ; 3]$ par $f(x) = x + 4\ln(3x+1) + 3$.
1. On désigne par f' la fonction dérivée de f sur $[0 ; 3]$.
Montrer que, pour tout nombre x appartenant à $[0 ; 3]$:
$f'(x) = \dfrac{3x+13}{3x+1}$.
2. Étudier les variations de la fonction f sur $[0 ; 3]$ et dresser son tableau de variations.

Partie B Application

Dans cette partie, on considère un enfant dont le poids à la naissance est 3 kg. Pendant les trois premières années de la vie de l'enfant, on estime que son poids (en kg) est donné en fonction de son âge x (en années) par :
$f(x) = x + 4\ln(3x+1) + 3$.
La courbe représentative de la fonction f est donnée ci-après.
1. Calculer le poids de cet enfant à l'âge de 6 mois. On donnera une valeur arrondie au dixième.
2. Déterminer graphiquement, avec la précision permise par le graphique, l'âge correspondant à un poids de 12 kg.

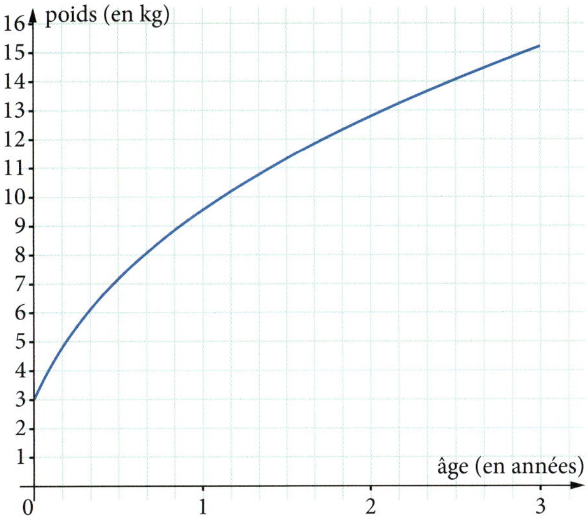

71 ** QCM

Pour chacune des questions, indiquer la bonne réponse.

1. L'équation $\ln(2x+3)=0$ admet comme solution dans l'intervalle $\left]-\frac{3}{2}\,;+\infty\right[$:

a. $-\frac{3}{2}$ b. -1 c. $\ln 3$ d. $-\frac{2}{3}$

2. Soit f la fonction définie sur $]0\,;+\infty[$ par $f(x)=5x\ln x$. On note f' la fonction dérivée de f sur $]0\,;+\infty[$. On a :

a. $f'(x)=5\ln x$ b. $f'(x)=5(\ln x+1)$ c. $f'(x)=\frac{5}{x}$

d. $f'(x)=\ln x+1$

3. Dans l'intervalle $]2\,;+\infty[$, l'ensemble des solutions de l'inéquation $\ln x+\ln 2 \geqslant \ln(3x-6)$ est :

a. $]2\,;6]$ b. $[6\,;+\infty[$ c. $]0\,;6]$ d. $]0\,;4]$

4. Soit f la fonction dérivable définie sur $]0\,;+\infty[$ par :

$f(x)=\frac{2\ln x}{x+1}-4$.

Dans le plan muni d'un repère, la tangente à la courbe représentative de la fonction f au point d'abscisse 1 admet pour équation :

a. $y=x+3$ b. $y=x-5$ c. $y=-x-3$ d. $y=2x-6$

72 ** D'après Bac ES Nouvelle-Calédonie, 2013

On considère la fonction f définie sur l'intervalle $[1\,;10]$ par $f(x)=x^2-14x+15+20\ln x$.

1. Montrer que pour tout nombre réel x de l'intervalle $[1\,;10]$, on a : $f'(x)=\frac{2x^2-14x+20}{x}$.

2. Construire en justifiant le tableau de variations de la fonction f sur l'intervalle $[1\,;10]$.

3. En déduire le nombre de solutions de l'équation $f(x)=3$ dans l'intervalle $[1\,;10]$.

73 *** D'après Bac STI2D STL/SPCL Antilles-Guyane, 2015

Partie A

On considère la fonction f définie sur $]0\,;+\infty[$ par : $f(x)=ax+b\ln x+1$ où a et b sont deux nombres réels.

$\mathscr{C}_f$ est la représentation graphique de la fonction f dans un repère orthonormé. Les points A et E sont deux points de la courbe $\mathscr{C}_f$. Le point A a pour coordonnées (1 ; 2) et le point E a pour abscisse 4.

La tangente à $\mathscr{C}_f$ au point E est horizontale.

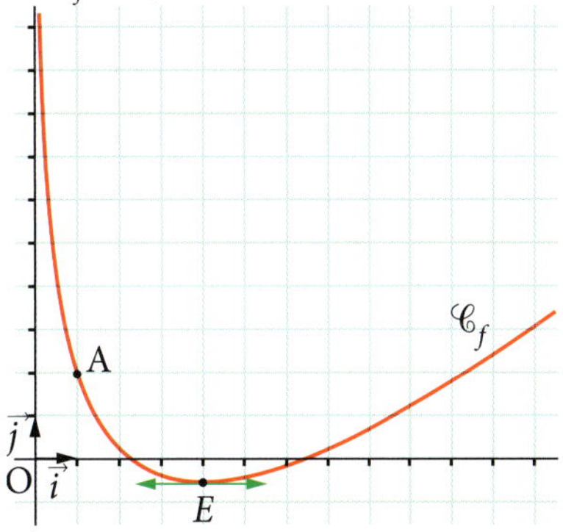

1. Déterminer $f(1)$ et $f'(4)$ où f' désigne la fonction dérivée de f.

2. Calculer $f'(x)$ puis exprimer $f'(4)$ en fonction de a et b.

3. Déterminer les valeurs de a et b.

Partie B

Soit la fonction f définie sur $]0\,;+\infty[$ par : $f(x)=x-4\ln x+1$.

1. Déterminer $\lim\limits_{x\to 0} f(x)$ en justifiant la réponse. Donner une interprétation graphique du résultat.

2. Déterminer $\lim\limits_{x\to +\infty} f(x)$ en justifiant la réponse (on pourra factoriser l'expression de $f(x)$ par x).

3. Calculer la dérivée f' de f. En déduire le tableau des variations de f.

Aller plus loin

74 *** D'après BTS Microtechniques 1997 STI2D STL/SPCL

On considère la fonction f définie sur l'intervalle $]-1\,;+\infty[$ par $f(x)=\frac{1}{2}(x-1)^2-3\ln(x+1)+3$.

On note $\mathscr{C}$ la courbe représentative de f dans un repère orthonormé $(O\,;\vec{i},\vec{j})$.

1. a. Calculer la limite de $f(x)$ quand x tend vers -1. Que peut-on en déduire pour $\mathscr{C}$?

b. Vérifier que $f(x)=(x+1)\left[\frac{1}{2}\frac{(x-1)^2}{x+1}-3\frac{\ln(x+1)}{x+1}+\frac{3}{x+1}\right]$.

En déduire la limite de $f(x)$ quand x tend vers $+\infty$.

2. a. Calculer la dérivée f' de f sur $]-1\,;+\infty[$.

b. Étudier le signe de f' sur $]-1\,;+\infty[$. En déduire les variations de f sur $]-1\,;+\infty[$.

75 ** D'après BTS Domotique, 1998

Soit f la fonction définie sur $]1\,;+\infty[$ par $f(x)=\frac{\ln x}{x-1}$.

1. Montrer que pour tout x dans $]1\,;+\infty[$, $f'(x)=\frac{1-\frac{1}{x}-\ln x}{(x-1)^2}$.

2. Afin de déterminer le signe de f', on s'intéresse à la fonction g définie sur $[1 ; +\infty[$, par $g(x) = 1 - \frac{1}{x} - \ln x$.

a. Étudier le sens de variation de g sur $[1 ; +\infty[$. On précisera $g(1)$.

b. En déduire le signe de g, puis celui de f' et les variations de f sur $]1 ; +\infty[$.

76 ** D'après BTS Industrie matériaux souples, 1998

On considère la fonction f définie sur $[1 ; e^2]$ par :

$f(x) = \dfrac{-1+2\ln x}{x^2}$.

On note $\mathscr{C}$ sa courbe représentative dans le repère orthogonal $(O ; \vec{i}, \vec{j})$.

1. Calculer $f'(x)$. On trouvera $f'(x) = \dfrac{4(1-\ln x)}{x^3}$.

2. Étudier le signe de $f'(x)$ et donner le tableau de variations de f.

3. Déterminer les coordonnées du point d'intersection de $\mathscr{C}$ avec l'axe des abscisses.

4. Soit F la fonction définie sur $[1 ; e^2]$ par $F(x) = -\dfrac{1+2\ln x}{x}$.

Vérifier que F est une primitive de f sur $[1 ; e^2]$.

77 *** D'après BTS Microtechniques, 1998 STI2D STL/SPCL

Soit f la fonction définie sur $]-1 ; +\infty[$ par :

$f(x) = \dfrac{-x+\ln(1+x)}{1+x}$.

1. Montrer que, quand x tend vers -1 par valeurs supérieures, la limite de f est $-\infty$.

2. a. Montrer que, sur $]-1 ; +\infty[$:

$f(x) = -1+\dfrac{1}{1+x}+\dfrac{\ln(1+x)}{1+x}$.

b. En déduire $\lim\limits_{x\to+\infty} f(x)$.

3. Déterminer les variations de f sur $]-1 ; +\infty[$.

4. Calculer la dérivée de la fonction u définie sur $]-1 ; +\infty[$ par $u(x) = \dfrac{1}{2}[\ln(1+x)]^2$. En déduire une primitive de la fonction f.

78 ** D'après BTS Informatique de gestion, 2006

Partie A Étude d'une fonction

On donne la fonction f définie sur l'intervalle $[0 ; 100]$ par :

$f(x) = 216x - x^2 - 4\,000 \ln\left(\dfrac{x+12}{12}\right)$.

On note $\mathscr{C}$ sa courbe représentative dans un repère orthogonal (unités graphiques : 1 cm pour 5 en abscisses et 1 cm pour 200 en ordonnées).

1. Calculer $f'(x)$ et montrer que, sur l'intervalle $[0 ; 100]$, son signe est celui du polynôme P défini par :

$P(x) = -2x^2 + 192x - 1\,408$.

2. Étudier le signe de $P(x)$ et dresser le tableau de variations de f sur l'intervalle $[0 ; 100]$. On arrondira les valeurs numériques à l'unité.

3. Montrer que l'équation $f(x) = 0$ admet une unique solution non nulle sur l'intervalle $[10 ; 30]$.

4. Tracer la courbe $\mathscr{C}$ pour $x \in [0 ; 100]$.

5. À l'aide du graphique, donner une valeur approchée à l'entier près de la solution non nulle de l'équation $f(x) = 0$, puis à l'aide du tableur de la calculatrice, préciser cette valeur arrondie au millième.

Partie B Application

Pour des raisons d'approvisionnement limité, la coopérative le Val-de-Seine ne peut produire et commercialiser plus de 100 tonnes de tomates confites par an.

Le coût total de production (en euros) est donné par la fonction g définie sur l'intervalle $[0 ; 100]$ par :

$g(x) = 10x^2 + 40\,000 \ln\left(\dfrac{x+12}{12}\right)$, où x désigne le nombre de tonnes produites.

Le Val-de-Seine vend toute cette production à 2 160 € la tonne.

1. Déterminer, en fonction de x, le bénéfice de la société sur le poste « tomates confites ». Exprimer ce bénéfice en utilisant la fonction f de la partie **A**.

2. Combien de kilogrammes faut-il produire au minimum pour que ce bénéfice soit positif ?

3. Combien de tonnes faut-il produire pour que ce bénéfice soit maximum ? Que vaut-il alors ?

79 ** D'après BTS Informatique de gestion, 2001

Une entreprise fabrique et commercialise un produit rare. Sa production mensuelle, qui ne peut excéder 7 tonnes, est notée x (en tonnes). On rappelle que 1 M€ = 10^6 €.

Partie A

Soit la fonction f définie pour tout x appartenant à l'intervalle $[0 ; 7]$ par : $f(x) = 100 - 25 \ln(31 - 4x)$.

1. Montrer que f est croissante sur $[0 ; 7]$.

2. Tracer la courbe représentative de f dans le plan rapporté à un repère orthogonal (unités : 2 cm sur l'axe des abscisses et 2 mm sur l'axe des ordonnées).

Partie B

On considère ici que la fonction f étudiée dans la partie **A** est la fonction « coût total de production mensuelle » du produit fabriqué par l'entreprise.

x est donc exprimé en tonnes et $f(x)$ en M€.

1. À l'aide de la fonction tableur de la calculatrice, déterminer à quelle production mensuelle correspond un coût de 50 M€. Donner la réponse arrondie au kilogramme.

2. Le prix de vente d'une tonne de produit est 9 M€. On note $B(x)$ le bénéfice en M€ pour x tonnes de produit.

a. Montrer que $B(x) = 9x - 100 + 25 \ln(31 - 4x)$.

b. Calculer $B'(x)$ et montrer que $B'(x) = \dfrac{36x-179}{4x-31}$.

Dresser le tableau de variations de la fonction B.

c. Montrer que l'équation $B(x) = 0$ admet deux solutions notées α et β (on choisira $\alpha < \beta$). Déterminer à l'aide de la calculatrice une valeur approchée de α et β à 0,01 près.

d. Dresser le tableau de signes de $B(x)$ à l'aide des réponses aux questions précédentes.

e. À quel intervalle la production mensuelle en tonnes doit-elle appartenir pour que l'entreprise réalise un bénéfice ?

SOUTIEN AP1 Comment simplifier une expression avec la fonction logarithme népérien ?

I. La méthode

Soit a et b des réels strictement positifs.

a. On applique l'une des relations fonctionnelles suivantes :
$\ln a + \ln b = \ln(ab)$ ou bien $\ln a - \ln b = \ln\left(\frac{a}{b}\right)$.

b. On peut aussi appliquer la relation $\ln(a^n) = n \ln a$.

c. On peut aussi appliquer la relation $\ln\sqrt{a} = \frac{1}{2}\ln a$.

II. Application

1 Exprimer en fonction de ln 2 les nombres suivants :

a. $\ln 32$ **b.** $3 \ln 4 + 5 \ln 8$ **c.** $\ln\left(\frac{1}{4}\right)$

d. $2 \ln 4\mathrm{e} + 3 \ln \mathrm{e}^2 - \ln 16\,\mathrm{e}^2 + \ln \frac{1}{8}$.

2 Simplifier l'écriture du nombre suivant :

$$\ln\left(\frac{1}{2}\right) + \ln\left(\frac{2}{3}\right) + \ln\left(\frac{3}{4}\right) + \ldots + \ln\left(\frac{98}{99}\right) + \ln\left(\frac{99}{100}\right).$$

3 Calculer :

$$\ln\sqrt{\mathrm{e}} + \ln \mathrm{e}^2 - \ln\frac{1}{\mathrm{e}^3}.$$

SOUTIEN AP2 Comment résoudre une inéquation du type $q^n \geqslant a$ ou $q^n \leqslant a$ (avec $q > 0$, $q \neq 1$ et $a > 0$) ?

I. La méthode

1 Pour résoudre $q^n \geqslant a$:

a. On écrit que $q^n \geqslant a$ équivaut à $\ln(q^n) \geqslant \ln a$ soit $n \ln q \geqslant \ln a$.

b. On détermine le signe de $\ln q$:
- si $q > 1$, alors $\ln q > 0$;
- si $0 < q < 1$, alors $\ln q < 0$.

c. Puis on résout l'inéquation en divisant chaque membre par $\ln q$ en changeant éventuellement le sens de l'inégalité (si $\ln q < 0$) :
- si $q > 1$, cela équivaut à $n \geqslant \frac{\ln a}{\ln q}$;
- si $0 < q < 1$, cela équivaut à $n \leqslant \frac{\ln a}{\ln q}$.

d. On conclut en utilisant la calculatrice pour déterminer $\frac{\ln a}{\ln q}$.

2 Pour résoudre $q^n \leqslant a$, on applique la même démarche en changeant le sens des inégalités.

II. Application

1 Résoudre les inéquations suivantes :

a. $0{,}1^n > 2$ **b.** $3^n < 5$ **c.** $1{,}2^n \leqslant 3{,}6$

d. $0{,}3^n \geqslant 0{,}1$

2 Soit (u_n) une suite géométrique de premier terme $u_0 = 3$ et de raison $q = 1{,}05$.

Déterminer le plus petit entier n tel que $u_n > 324$.

3 Soit (v_n) une suite géométrique telle que :
$v_{n+1} = 0{,}8v_n$ et $v_0 = 300$.
Déterminer le plus petit entier n tel que $v_n < 150$.

APPROFONDISSEMENT AP3

Comment résoudre une équation ou une inéquation où intervient le logarithme ?

I. La méthode

a. On détermine l'ensemble E dans lequel on résout l'équation.

b. On se ramène à une égalité du type $\ln(u(x)) = \ln(v(x))$ (ou $\ln(u(x)) < \ln(v(x))$) en utilisant les propriétés algébriques du logarithme.

II. Application

1 Résoudre dans $\mathbb{R}$ l'équation :
$\ln(x - 3) + \ln(x + 1) = \ln(x - 1)$.

2 Résoudre dans $\mathbb{R}$ l'inéquation :
$\ln(x - 1) + \ln(x + 1) < \ln(2x)$.

3 Résoudre dans $]0 ; +\infty[$ l'équation :
$(\ln x)^2 - 2 \ln x + 1 = 0$.

? On pourra poser : $X = \ln x$.

APPROFONDISSEMENT AP4

Comment établir le tableau de variations complet d'une fonction du type ln *u* (avec *u* fonction positive et dérivable sur un intervalle I) ?

STI2D STL/SPCL

I. La méthode

a. On détermine les limites aux bornes de l'intervalle I.

b. On calcule la dérivée à l'aide de la formule :
$[\ln u]' = \dfrac{u'}{u}$.

c. On étudie le signe de la dérivée puis on en déduit les variations de la fonction.

II. Application

1 Dresser le tableau de variations complet de la fonction f définie sur $\mathbb{R}$ par $f(x) = \ln(3x^2 + 1)$.

2 Déterminer l'ensemble de définition de la fonction f définie par $f(x) = \ln\left(\dfrac{x-1}{x+3}\right)$ puis dresser le tableau de variations complet de la fonction f.

3 Soit la fonction f définie sur $]2 ; +\infty[$ par :
$f(x) = x + 1 + \ln\left(\dfrac{x-2}{x}\right)$. On note $\mathscr{C}$ la courbe représentative de f dans un repère orthonormé (unité graphique : 2 cm).

a. Déterminer les limites de la fonction f aux bornes de son ensemble de définition.
Que peut-on en déduire graphiquement ?

b. Montrer que $f'(x) = \dfrac{x^2 - 2x + 3}{x(x-2)}$ puis dresser le tableau de variations de f.

c. Montrer que l'équation $f(x) = 0$ admet une unique solution notée α dans l'intervalle $]2 ; +\infty[$. Donner une valeur arrondie de α à 0,1 près.

d. Construire $\mathscr{C}$ et sa ou ses asymptote(s) éventuelle(s).

Chapitre 5

Fonctions exponentielles

OBJECTIFS

- Définir la fonction exponentielle. ▶ Cours I
- Utiliser la relation fonctionnelle. ▶ Cours I
- Connaître les variations, les limites et la représentation graphique de la fonction exponentielle. ▶ Cours II
- Étudier les fonctions de type : $x \longmapsto e^{u(x)}$. ▶ Cours III
- Étudier la fonction exponentielle de base *a* et les fonctions puissances. ▶ Cours IV
- Comparer les comportements en $+\infty$ des fonctions exponentielles, de la fonction logarithme népérien et des fonctions puissances. ▶ Cours IV

Centrale nucléaire
Le nombre de noyaux radioactifs (instables) dans un échantillon diminue avec le temps suivant une décroissance exponentielle.

QCM Pour chacune des questions posées, indiquer la bonne réponse.

	a	b	c	d
1 Pour tout réel $m > 0$, l'équation $\ln x = m$ admet sur $]0\,;+\infty[$:	aucune solution	une solution	deux solutions	une infinité de solutions
2 La fonction $f(x) = \ln x$ définie sur $]0\,;+\infty[$ est :	strictement positive sur $]0\,;+\infty[$	négative sur $]0\,;+\infty[$	négative sur $]0\,;1[$	positive sur $]0\,;1[$
3 L'inéquation $\ln x \geqslant 1$ a pour ensemble de solutions sur $]0\,;+\infty[$:	$]0\,;+\infty[$	$]1\,;+\infty[$	$]\mathrm{e}\,;+\infty[$	$]0\,;1[$
4 L'expression $\ln a + \ln b$ avec a et b réels strictement positifs est égale à :	$\ln a \times \ln b$	$\ln(a+b)$	$\ln(ab)$	$\ln(ab+b)$
5 Le produit $2^n 2^m$ où n et m sont deux entiers relatifs est égal à :	2^{nm}	$(2^n)^m$	4^{nm}	2^{n+m}
6 On appelle $\mathscr{C}$ la courbe représentative de la fonction f dans un repère donné. Si $\lim\limits_{x\to+\infty} f(x)=0$, alors :	la droite d'équation $x = 0$ est asymptote verticale à $\mathscr{C}$.	l'axe des ordonnées est asymptote verticale à $\mathscr{C}$.	la droite d'équation $x = 0$ est asymptote horizontale à $\mathscr{C}$.	l'axe des abscisses est asymptote horizontale à $\mathscr{C}$.
7 Si U et f sont des fonctions dérivables sur un intervalle I de dérivées respectives notées U' et f', alors la dérivée de la fonction U suivie de f est :	$U'f(U)$	$f'(U)$	$U'f'(U)$	$Uf'(U)$
8 Si $\lim\limits_{x\to+\infty} U(x) = -\infty$ et $\lim\limits_{x\to-\infty} f(x)=0$ alors $\lim\limits_{x\to+\infty} f(U(x))$ est égale à :	$-\infty$	n'existe pas	$+\infty$	0

Rappels

1 Limites et conséquences graphiques

Si $\lim\limits_{x\to+\infty} f(x)=a$, alors la droite d'équation $y = a$ est asymptote horizontale à la courbe représentative de f en $+\infty$.

Si $\lim\limits_{x\to a} f(x)=\pm\infty$, alors la droite d'équation $x = a$ est asymptote verticale à la courbe représentative de f.

2 Primitives d'une fonction

Soit a un nombre réel d'un intervalle I, b un autre nombre réel. Il existe une unique primitive F d'une fonction f définie sur I telle que pour tout réel x de I, $F'(x) = f(x)$ et $F(a) = b$.

3 Puissances d'un réel

Soit a et b deux réels non nuls et p et q deux entiers :

$a^p a^q = a^{p+q}$ $\quad (a^p)^q = a^{pq}$ $\quad a^p b^p = (ab)^p$ $\quad \dfrac{a^p}{a^q} = a^{p-q}$ $\quad \dfrac{b^p}{a^p} = \left(\dfrac{b}{a}\right)^p$.

Activités d'approche

Activité 1 Construire une courbe par symétrie

On donne ci-dessous les courbes représentatives des fonctions f et g définies respectivement sur $\mathbb{R}$ et sur $]0\,;+\infty[$ par $f(x)=x$ et $g(x)=\ln x$.

1. Donner la valeur exacte des ordonnées des points A, B et C de la courbe de g d'abscisses respectives 1, 2 et 0,5.

2. Construire la courbe symétrique de celle de g par rapport à la droite d'équation $y=x$. On admet que cette courbe est celle d'une nouvelle fonction que l'on appelle « fonction exponentielle ».

3. Conjecturer le sens de variation, le signe, l'ensemble de définition et les limites de la fonction exponentielle.

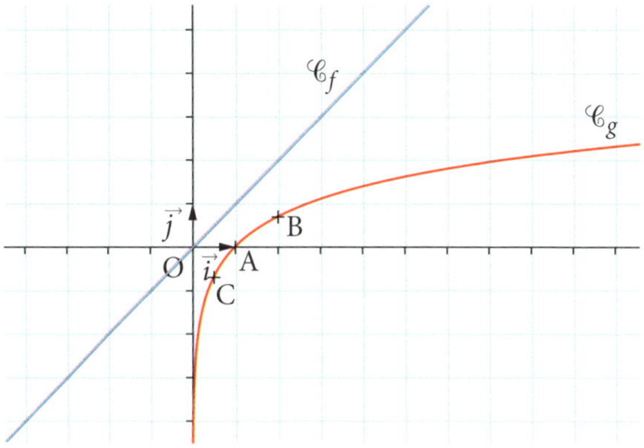

4. a. À l'aide d'un logiciel dynamique, représenter les courbes de f et de g.
b. Représenter la fonction exponentielle, notée $\exp(x)$.
c. Avec différentes valeurs de x et de y, comparer $\exp(x)\times\exp(y)$ et $\exp(x+y)$. Quelle conjecture peut-on émettre ?
d. Pour différentes valeurs de x et de y, comparer $\dfrac{\exp(x)}{\exp(y)}$ et $\exp(x-y)$. Quelle conjecture peut-on émettre ?

Activité 2 Recherche d'une fonction égale à sa dérivée et à sa primitive

Soit une fonction f définie et dérivable sur $\mathbb{R}$, on note f' sa dérivée.

Partie A. Avec un logiciel dynamique

1. Sur *GeoGebra*, créer un curseur k allant de 0 à 1, d'incrément 0,1 et entrer dans le champ de saisie :
résolVequadiff[**y,0,k,1,0.1**].

2. Entrer dans le champ de saisie ***f*(x) = exp(x)**.

Partie B. Avec un logiciel de calcul formel

En utilisant un logiciel de calcul formel, entrer : **desolve([y'=y,y(0)=1],y)**.

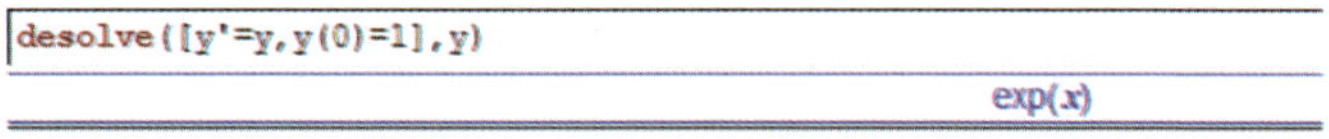

Partie C. Conjecture

Que peut-on conjecturer des observations précédentes ?

I. Définition et propriétés de la fonction exponentielle

VOIR EXERCICES RÉSOLUS 1 et 3

A. Définition

Définition On appelle fonction exponentielle la fonction définie sur $\mathbb{R}$ qui à tout réel x associe le réel strictement positif y tel que $\ln y = x$. On note cette fonction exp.

info

Comme π, le nombre e est irrationnel, c'est-à-dire qu'il s'écrit avec un nombre infini de décimales sans suite logique. Ses premières décimales sont :
$e \approx$ 2,7182818284 5904523536 0287471352 6624977572 4709369995 9574966967 6277240766 3035354759 4571382178 5251664274…

Remarque

On note $\exp(x) = e^x$. En outre, $e^0 = 1$ car $\ln 1 = 0$ et $e^1 = e$ car $\ln e = 1$.

Sur la calculatrice

On utilise la touche **exp**.

Exemple

$\ln x = 3$ équivaut à $x = e^3$.

Conséquences

- $\exp(x) > 0$.
- $\ln(e^a) = a$ pour tout réel a et $e^{\ln b} = b$ pour tout réel b strictement positif.

VOIR EXERCICE RÉSOLU 2

B. Propriétés algébriques

Relation fonctionnelle Pour tous réels x et y, on a : $\exp(x+y) = \exp x \exp y$.

Démonstration

On a $\ln(\exp(x + y)) = x + y$.
On a aussi $\ln(\exp(x)\exp(y)) = \ln(\exp(x)) + \ln(\exp(y)) = x + y$.
Donc $\ln(\exp(x + y)) = \ln(\exp(x)\exp(y))$.
Or, si deux logarithmes sont égaux, alors les nombres sont égaux.
Donc $\exp(x + y) = \exp(x)\exp(y)$.

Remarque

Cette formule permet de transformer une somme en produit et réciproquement.

Corollaires

Pour tous réels x et y, on a :

- $\exp(-x) = \dfrac{1}{\exp x}$;
- $\exp(x-y) = \dfrac{\exp x}{\exp y}$;
- $\exp(nx) = (\exp x)^n$ avec n entier relatif.

Remarques

Avec la nouvelle notation, on a :

- $e^{x+y} = e^x e^y$;
- $e^{x-y} = \dfrac{e^x}{e^y}$;
- $e^{-x} = \dfrac{1}{e^x}$;
- $(e^x)^n = e^{nx}$ où n est un entier relatif.

On retrouve les propriétés des puissances. Par exemple :

$$\frac{e^7 \times e^{-4}}{e^{-5}} = \frac{e^{7-4}}{e^{-5}} = \frac{e^3}{e^{-5}} = e^{3+5} = e^8.$$

EXERCICE RÉSOLU 1

Savoir résoudre une équation du type ln x = a ou $e^x = a$, où a réel fixé

Résoudre les équations suivantes.

a. $-3e^x + 6 = 0$ dans $\mathbb{R}$. **b.** $4\ln x = -1$ sur $]0\,;+\infty[$.

c. $2 + \dfrac{4}{e^x} = 8$ dans $\mathbb{R}$. **d.** $1 - 2e^{-x} = 0$ dans $\mathbb{R}$.

Méthode

➲ On écrit les équations sous la forme $\ln x = a$ ou $e^x = a$.

➲ On connaît la solution de l'équation $\ln x = a$: $x = e^a$.

➲ De même, on connaît la solution de $e^x = a\,(a > 0)$: $x = \ln a$.

VOIR EXERCICES D'APPLICATION 1 à 5

➔ Résolution

a. $-3e^x + 6 = 0 \Leftrightarrow e^x = 2 \Leftrightarrow x = \ln 2$.

b. $4\ln x = -1 \Leftrightarrow \ln x = \dfrac{-1}{4} \Leftrightarrow x = e^{\frac{-1}{4}}$.

c. $2 + \dfrac{4}{e^x} = 8 \Leftrightarrow \dfrac{4}{e^x} = 6 \Leftrightarrow 4 = 6e^x \Leftrightarrow e^x = \dfrac{4}{6} = \dfrac{2}{3} \Leftrightarrow x = \ln\dfrac{2}{3}$.

d. $1 - 2e^{-x} = 0 \Leftrightarrow 1 = 2e^{-x} \Leftrightarrow \dfrac{1}{2} = e^{-x} \Leftrightarrow -x = \ln\dfrac{1}{2} = -\ln 2 \Leftrightarrow x = \ln 2$.

EXERCICE RÉSOLU 2

Simplifier une expression en utilisant les propriétés algébriques

Simplifier les expressions suivantes.

a. $e^{x-\ln 4}$ **b.** $\dfrac{2}{e^{\ln 3 - x}}$ **c.** $e^{-2x}e^{3x}\dfrac{1}{(e^{2x})^{-3}}$ **d.** $\dfrac{e^x}{(e^{-2x})^{0,5}}$

Méthode

➲ On utilise les propriétés :

$e^{x+y} = e^x e^y$; $e^{x-y} = \dfrac{e^x}{e^y}$;

$e^{-x} = \dfrac{1}{e^x}$; $(e^x)^n = e^{nx}$ où n entier relatif.

VOIR EXERCICES D'APPLICATION 10 à 16

➔ Résolution

a. $e^{x-\ln 4} = \dfrac{e^x}{e^{\ln 4}} = \dfrac{e^x}{4}$. **b.** $\dfrac{2}{e^{\ln 3 - x}} = 2e^{x-\ln 3} = 2\dfrac{e^x}{e^{\ln 3}} = \dfrac{2}{3}e^x$.

c. $e^{-2x}e^{3x}\dfrac{1}{(e^{2x})^{-3}} = \dfrac{e^{-2x+3x}}{e^{-6x}} = e^{-2x+3x+6x} = e^{7x}$. **d.** $\dfrac{e^x}{(e^{-2x})^{0,5}} = \dfrac{e^x}{e^{-x}} = e^{2x}$.

EXERCICE RÉSOLU 3

Résoudre une inéquation du type ln x > a ou $e^x < a$, a réel fixé

Résoudre les inéquations suivantes.

a. $3\ln\left(\dfrac{x}{2}\right) > 1$ sur $]0\,;+\infty[$. **b.** $e^{3\ln x} < 0,5$ dans $\mathbb{R}$. **c.** $-2e^x + 1 < 0$ dans $\mathbb{R}$.

➔ Résolution

a. $3\ln\left(\dfrac{x}{2}\right) > 1 \Leftrightarrow \ln\left(\dfrac{x}{2}\right) > \dfrac{1}{3} \Leftrightarrow \ln\left(\dfrac{x}{2}\right) > \ln e^{\frac{1}{3}} \Leftrightarrow \dfrac{x}{2} > e^{\frac{1}{3}} \Leftrightarrow x > 2e^{\frac{1}{3}}$.

Donc l'ensemble des solutions est $S = \left]2e^{\frac{1}{3}}\,;+\infty\right[$.

b. $e^{3\ln x} < 0,5 \Leftrightarrow e^{3\ln x} < e^{\ln 0,5} \Leftrightarrow 3\ln x < \ln 0,5 \Leftrightarrow \ln x < \dfrac{1}{3}\ln 0,5 \Leftrightarrow x < e^{\frac{1}{3}\ln 0,5}$.

Donc l'ensemble des solutions est $S = \left]-\infty\,; e^{\frac{1}{3}\ln 0,5}\right[$.

c. $-2e^x + 1 < 0 \Leftrightarrow 1 < 2e^x \Leftrightarrow \dfrac{1}{2} < e^x \Leftrightarrow e^{\ln\frac{1}{2}} < e^x \Leftrightarrow \ln\dfrac{1}{2} < x$.

Donc l'ensemble des solutions est $S = \left]\ln\dfrac{1}{2}\,;+\infty\right[$.

Méthode

➲ On utilise $\ln x < a \Leftrightarrow x < e^a$ et $e^x < a \Leftrightarrow x < \ln a\,(a > 0)$.

➲ On utilise aussi :
$\ln a < \ln b \Leftrightarrow a < b$ avec $a > 0$, $b > 0$;
et $e^a < e^b \Leftrightarrow a < b$.

VOIR EXERCICES D'APPLICATION 7 à 9

II. Étude de la fonction exponentielle sur $\mathbb{R}$

VOIR EXERCICE RÉSOLU 4

A. Limites en $+\infty$ et en $-\infty$

Propriété $\lim_{x \to -\infty} \exp x = 0$ et $\lim_{x \to +\infty} \exp x = +\infty$.

Conséquence graphique

La droite d'équation $y = 0$ (l'axe des abscisses) est asymptote horizontale à la courbe représentant la fonction exponentielle dans un repère donné en $-\infty$.

Exemple $\lim_{x \to +\infty} (x+3)e^x = +\infty$ car $\lim_{x \to +\infty} x+3 = +\infty$ et $\lim_{x \to +\infty} e^x = +\infty$.

VOIR EXERCICES RÉSOLUS 5 et 6

B. Dérivée et sens de variation de la fonction exponentielle

Propriété La fonction exponentielle est dérivable sur $\mathbb{R}$ et, pour tout réel x, $(\exp x)' = \exp x$.

La fonction exponentielle est strictement croissante sur $\mathbb{R}$.

Démonstration

Comme $(\exp x)' = \exp x > 0$, la fonction exponentielle est strictement croissante sur $\mathbb{R}$. D'où le tableau de variations :

x	$-\infty$	$+\infty$
$(\exp x)'$	+	
$\exp x$	0 ↗	$+\infty$

Remarques

- La fonction exponentielle est croissante sur $\mathbb{R}$. Sa croissance est très rapide, ainsi exp(21) dépasse le milliard.
- Une primitive de la fonction f définie sur $\mathbb{R}$ par $f(x) = e^x$ est la fonction F définie sur $\mathbb{R}$ par $F(x) = e^x$ car $f'(x) = f(x)$.

info

Penser à factoriser par e^x.

Exemple

La dérivée de la fonction f telle que $f(x) = (x + 1)e^x$ est la fonction f' telle que : $f'(x) = 1 \times e^x + (1 + x)e^x = e^x(2 + x)$.

C. Courbe représentative de la fonction exponentielle

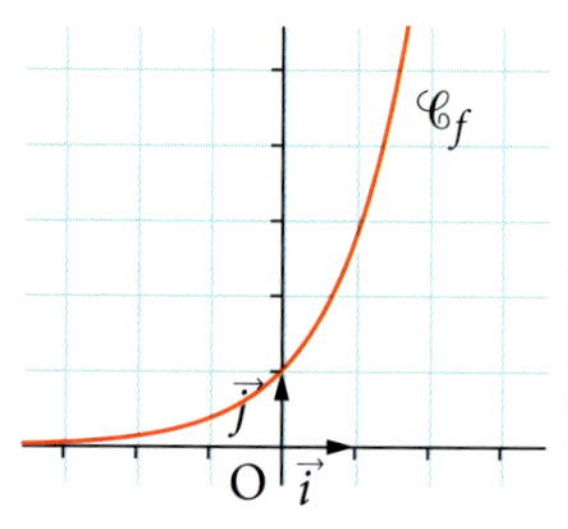

$f(x) = e^x$

- L'équation de la tangente à la courbe de la fonction exponentielle au point d'abscisse 0 est :
$y = f'(0)(x - 0) + f(0) \Leftrightarrow y = 1x + 1 \Leftrightarrow y = x + 1$.
- L'équation de la tangente à la courbe de la fonction exponentielle au point d'abscisse 1 est :
$y = f'(1)(x - 1) + f(1)$. Or $f(1) = e^1 = e$ et $f'(1) = e^1 = e$.
D'où $y = e(x - 1) + e \Leftrightarrow y = ex - e + e \Leftrightarrow y = ex$.

Attention : ne pas confondre les expressions e^x et ex. L'expression e^x correspond à l'application de la fonction exponentielle sur la variable x. L'expression ex correspond à la multiplication de la variable x par le nombre e.

$e^2 = e \times e$ et $e \times 2 = 2e = e + e$.

EXERCICE RÉSOLU 4

Savoir calculer des limites de fonctions

Pour chacune des fonctions suivantes définies sur l'intervalle I, calculer les limites en $+\infty$ et en $-\infty$.

a. $f(x) = (e^x - 3)(1 - e^x)$; $I = \mathbb{R}$. **b.** $f(x) = 2e^x + \dfrac{1}{x}$; $I = \mathbb{R}^*$.

→ Résolution

a. $\lim\limits_{x \to +\infty} (e^x - 3)(1 - e^x) = -\infty$ car $\lim\limits_{x \to +\infty} (e^x - 3) = +\infty$ et $\lim\limits_{x \to +\infty} (1 - e^x) = -\infty$.

$\lim\limits_{x \to -\infty} (e^x - 3)(1 - e^x) = -3$ car $\lim\limits_{x \to -\infty} (e^x - 3) = -3$ et $\lim\limits_{x \to -\infty} (1 - e^x) = 1$.

b. $\lim\limits_{x \to +\infty} \left(2e^x + \dfrac{1}{x}\right) = +\infty$ car $\lim\limits_{x \to +\infty} e^x = +\infty$ et $\lim\limits_{x \to +\infty} \dfrac{1}{x} = 0$.

$\lim\limits_{x \to -\infty} \left(2e^x + \dfrac{1}{x}\right) = 0$ car $\lim\limits_{x \to -\infty} 2e^x = 0$ et $\lim\limits_{x \to -\infty} \dfrac{1}{x} = 0$.

Méthode

➲ On utilise $\lim\limits_{x \to -\infty} \exp x = 0$ et $\lim\limits_{x \to +\infty} \exp x = +\infty$.

➲ On utilise les limites des fonctions usuelles et les opérations sur les limites.

VOIR EXERCICES D'APPLICATION 17 à 22

EXERCICE RÉSOLU 5

Savoir dériver des fonctions

Calculer les dérivées de chacune des fonctions suivantes sur l'intervalle I.

a. $f(x) = (1 - x)e^x$; $I = \mathbb{R}$. **b.** $f(x) = \dfrac{2e^x}{x+1}$; $I =]-\infty ; -1[\cup]-1 ; +\infty[$.

→ Résolution

a. Pour tout x de I, $f'(x) = -1 \times e^x + (1 - x)e^x = -xe^x$.

b. Pour tout x de I, $f'(x) = \dfrac{2e^x(x+1) - 2e^x \times 1}{(x+1)^2} = \dfrac{2e^x(x+1-1)}{(x+1)^2} = \dfrac{2xe^x}{(x+1)^2}$.

Méthode

➲ On utilise la dérivée de l'exponentielle ; la dérivée des fonctions usuelles ; les opérations sur les dérivées.

➲ On pense à factoriser par e^x.

VOIR EXERCICES D'APPLICATION 23 à 28

EXERCICE RÉSOLU 6

Savoir déterminer des primitives de fonctions

Pour chacune des fonctions suivantes définies sur $\mathbb{R}$, déterminer la primitive F qui s'annule en 0.

a. $f(x) = e^x(e^x + 1)$ **b.** $f(x) = \dfrac{e^x}{e^x + 2}$

→ Résolution

a. Pour tout réel x, $F(x) = \dfrac{(e^x + 1)^2}{2} + k$, avec k réel.

En outre : $F(0) = 0 \Leftrightarrow 2 + k = 0 \Leftrightarrow k = -2$.

Donc $F(x) = \dfrac{(e^x + 1)^2}{2} - 2$.

b. $F(x) = \ln(e^x + 2) + k$, avec k réel.

En outre : $F(0) = 0 \Leftrightarrow \ln(1 + 2) + k = 0 \Leftrightarrow \ln 3 + k = 0 \Leftrightarrow k = -\ln 3$.

Donc $F(x) = \ln(e^x + 2) - \ln 3$.

Méthode

➲ On utilise une primitive de l'exponentielle ; une primitive des fonctions usuelles ; les opérations sur les primitives.

➲ Dans la question **a**, on note que la fonction est de la forme $u'u$.

➲ Dans la question **b**, on note que la fonction est de la forme $\dfrac{u'}{u}$.

VOIR EXERCICES D'APPLICATION 29 à 31

III. Étude des fonctions du type $x \mapsto \exp(u(x))$ où u fonction définie sur $\mathbb{R}$

VOIR EXERCICE RÉSOLU 7

A. Limites

Théorème (admis) Soit u une fonction définie sur un intervalle I et a un réel ou $\pm\infty$, et b un réel.

- Si $\lim\limits_{x \to a} u(x) = +\infty$ alors $\lim\limits_{x \to a} e^{u(x)} = +\infty$.
- Si $\lim\limits_{x \to a} u(x) = -\infty$ alors $\lim\limits_{x \to a} e^{u(x)} = 0$.
- Si $\lim\limits_{x \to a} u(x) = b$ alors $\lim\limits_{x \to a} e^{u(x)} = e^b$.

Exemple

$\lim\limits_{x \to +\infty} e^{1-x} = 0$ car $\lim\limits_{x \to +\infty} (1-x) = -\infty$.

VOIR EXERCICES RÉSOLUS 8 et 9

B. Dérivée et primitives

info

La dérivée de $f : x \mapsto e^{ax+b}$ est la fonction $f' : x \mapsto ae^{ax+b}$ où a et b réels.
Une primitive de $f : x \mapsto e^{ax+b}$ est $F : x \mapsto \frac{1}{a} e^{ax+b}$ avec $a \neq 0$.

Propriété Soit u une fonction dérivable sur un intervalle I de dérivée u'.
La fonction $f : x \mapsto e^{u(x)}$ est dérivable sur I et $f'(x) = u'(x)e^{u(x)}$ et donc une primitive sur I de la fonction $g : x \mapsto u'(x)e^{u(x)}$ est la fonction $f : x \mapsto e^{u(x)}$.

Exemples

La dérivée de $f : x \mapsto e^{x^2+3x-1}$ est $f' : x \mapsto (2x+3)\,e^{x^2+3x-1}$.

Une primitive de $g : x \mapsto e^{5-2x}$ est $G : x \mapsto \frac{-1}{2} e^{5-2x}$.

Conséquence

Comme $e^{u(x)} > 0$ alors $f'(x) = u'(x)e^{u(x)}$ est du signe de $u'(x)$. Donc f et u ont les mêmes variations.

IV. Fonctions exponentielles de base a et fonctions puissances

A. Les fonctions exponentielles de base a

Définition Soit a un réel strictement positif. On appelle fonction exponentielle de base a, notée $\exp_a$, la fonction définie et dérivable sur $\mathbb{R}$ telle que :
$f(x) = \exp_a(x) = a^x = e^{x \ln a}$ et $f'(x) = \ln a \times e^{x \ln a} = \ln a \times a^x$.

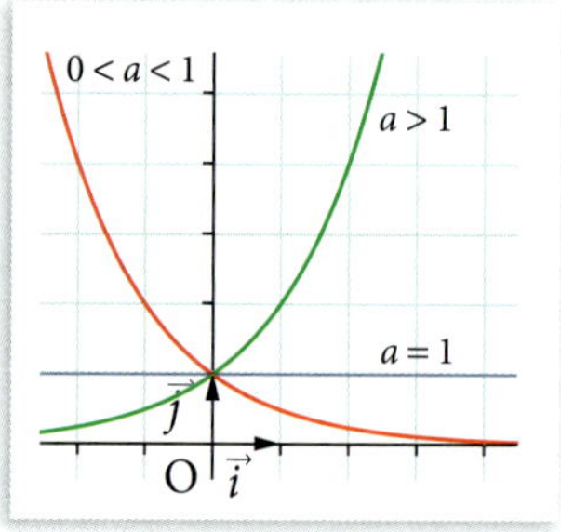

Remarque La fonction $\exp_a$ a les mêmes propriétés algébriques que la fonction exponentielle.

Conséquences

- Si $\ln a > 0$, soit si $a > 1$, alors f est strictement croissante sur $\mathbb{R}$.
- Si $\ln a < 0$, soit si $0 < a < 1$, alors f est strictement décroissante sur $\mathbb{R}$.
- Si $a = 1$, alors $f(x) = 1$ est une fonction constante sur $\mathbb{R}$.

Exemple Soit f la fonction définie pour tout réel x par $f(x) = \pi^x$. Alors $f'(x) = \ln \pi \times \pi^x > 0$. Donc f est strictement croissante sur $\mathbb{R}$; $f(0) = 1$ et $f(1) = \pi$.

EXERCICE RÉSOLU 7

Savoir calculer des limites de fonctions

Calculer les limites suivantes.

a. $\lim\limits_{x\to+\infty} e^{-x^2+1}$

b. $\lim\limits_{x\to-\infty} 2e^{1-2x}$

c. $\lim\limits_{x\to+\infty} (e^{-x}+2x)$

d. $\lim\limits_{\substack{x\to0\\x>0}} e^{3x-\frac{3}{x}}$

Résolution

a. $\lim\limits_{x\to+\infty} e^{-x^2+1}=0$ car $\lim\limits_{x\to+\infty}(-x^2+1)=-\infty$.

b. $\lim\limits_{x\to-\infty} 2e^{1-2x}=+\infty$ car $\lim\limits_{x\to-\infty}(1-2x)=+\infty$.

c. $\lim\limits_{x\to+\infty} (e^{-x}+2x)=+\infty$ car $\lim\limits_{x\to+\infty} e^{-x}=\lim\limits_{x\to+\infty}\frac{1}{e^x}=0$ et $\lim\limits_{x\to+\infty} 2x=+\infty$.

d. $\lim\limits_{\substack{x\to0\\x>0}} e^{3x-\frac{3}{x}}=0$ car $\lim\limits_{\substack{x\to0\\x>0}}\left(3x-\frac{3}{x}\right)=-\infty$ car $\lim\limits_{\substack{x\to0\\x>0}}\frac{3}{x}=+\infty$.

Méthode

➲ On reconnaît une fonction u.

➲ On utilise :

- si $\lim\limits_{x\to a} u(x)=-\infty$ alors $\lim\limits_{x\to a} e^{u(x)}=0$ (en **a**).
- si $\lim\limits_{x\to a} u(x)=+\infty$ alors $\lim\limits_{x\to a} e^{u(x)}=+\infty$ (en **b**).
- si $\lim\limits_{x\to a} u(x)=b$ alors $\lim\limits_{x\to a} e^{u(x)}=e^b$.

VOIR EXERCICES D'APPLICATION 32 à 35

EXERCICE RÉSOLU 8

Savoir dériver des fonctions

Calculer les dérivées de chacune des fonctions suivantes définies sur $\mathbb{R}$.

a. $f(x)=2e^{-2x+3}$ b. $f(x)=xe^{1-x}$ c. $f(x)=e^{x^2+2x+4}$.

Résolution

a. $f'(x)=2\times(-2)\times e^{-2x+3}=-4e^{-2x+3}$.

b. $f'(x)=1\times e^{1-x}+x\times(-1)e^{1-x}=e^{1-x}(1-x)$.

c. $f'(x)=(2x+2)\,e^{x^2+2x+4}$.

Méthode

➲ On utilise la dérivée de $(e^u)'=u'e^u$.

➲ On utilise les opérations sur les dérivées.

➲ On pense à factoriser par l'exponentielle, si nécessaire.

VOIR EXERCICES D'APPLICATION 36 à 38

EXERCICE RÉSOLU 9

Déterminer une primitive d'une fonction $u'e^u$

Pour chacune des fonctions suivantes définies sur $\mathbb{R}$, trouver une primitive.

a. $f(x)=2e^{3+2x}$

b. $f(x)=(2x+3)\,e^{x^2+3x-1}$

c. $f(x)=3e^{-2x}$

Résolution

a. $F(x)=e^{3+2x}$ (f est de la forme $u'e^u$).

b. $F(x)=e^{x^2+3x-1}$.

c. $F(x)=3\times\frac{-1}{2}\times e^{-2x}$.

Méthode

➲ On reconnaît la fonction u telle que f s'écrive $u'e^u$.

➲ On utilise le fait qu'une primitive de $u'e^u$ vaut e^u.

➲ En particulier, on utilise le fait qu'une primitive de $f(x)=e^{ax+b}$ vaut : $F(x)=\frac{1}{a}e^{ax+b}$.

VOIR EXERCICES D'APPLICATION 40 à 42

IV. Fonctions exponentielles de base *a* et fonctions puissances (suite)

VOIR EXERCICES RÉSOLUS 10 et 11

B. La fonction puissance

Définition Soit α un nombre réel strictement positif. On appelle fonction puissance f la fonction définie sur $]0\,;+\infty[$ par $f(x) = x^{\alpha} = e^{\alpha \ln x}$.

Exemple $f(x) = x^{\pi} = e^{\pi \ln x}$.

Remarque La fonction puissance a les mêmes propriétés algébriques que la fonction exponentielle. Pour tous réels α et β strictement positifs :

$$x^{\alpha}x^{\beta} = x^{\alpha+\beta},\quad \frac{x^{\alpha}}{x^{\beta}} = x^{\alpha-\beta},\quad \frac{1}{x^{\alpha}} = x^{-\alpha}.$$

Exemples

- $x^{0,5} = \sqrt{x}$.
- $x^{1,4} = 4,5 \Leftrightarrow e^{1,4\ln x} = e^{\ln 4,5} \Leftrightarrow 1,4\ln x = \ln 4,5 \Leftrightarrow \ln x = \dfrac{\ln 4,5}{1,4}$
  $\Leftrightarrow x = e^{\frac{\ln 4,5}{1,4}} = 4,5^{\frac{1}{1,4}}$.

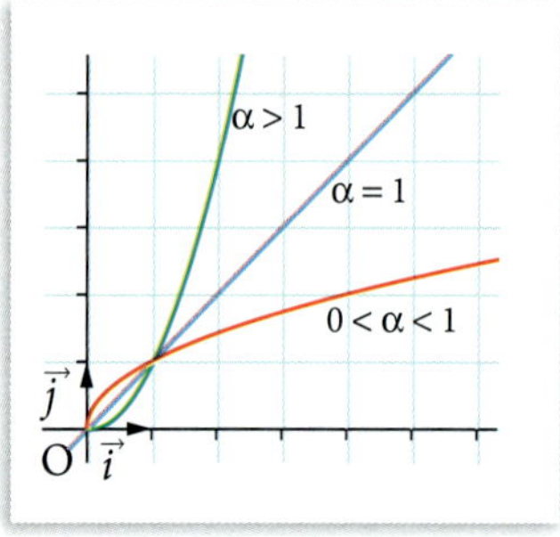

Propriété Soit α un nombre réel strictement positif. La fonction f définie sur $]0\,;+\infty[$ par $f(x) = x^{\alpha} = e^{\alpha \ln x}$ est dérivable sur $\mathbb{R}$ et sa dérivée est :

$$f'(x) = \frac{\alpha}{x} e^{\alpha \ln x} = \alpha x^{\alpha-1}.$$

Conséquence Comme $\alpha > 0$ alors f est strictement croissante sur $\mathbb{R}$ et si $\alpha = 1$ alors $f(x) = x$, fonction linéaire, est croissante sur $\mathbb{R}$.

VOIR EXERCICE RÉSOLU 12

C. Comparaison de fonctions en $+\infty$

Théorème $\lim\limits_{x\to+\infty} \dfrac{e^x}{x} = +\infty$ et, pour tout entier n, $\lim\limits_{x\to+\infty} \dfrac{e^x}{x^n} = +\infty$.

$\lim\limits_{x\to+\infty} \dfrac{\ln x}{x} = 0$ et, pour tout entier n, $\lim\limits_{x\to+\infty} \dfrac{\ln x}{x^n} = 0$.

Exemples

- Comparaison de la fonction $x \mapsto e^x$ et de la fonction $x \mapsto x^4$ dans différentes fenêtres graphiques.

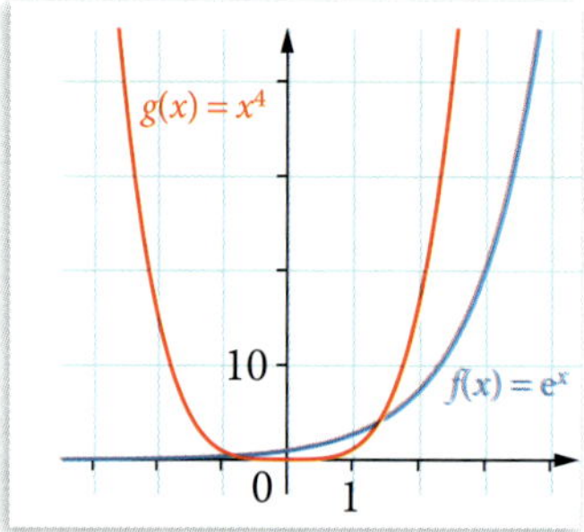

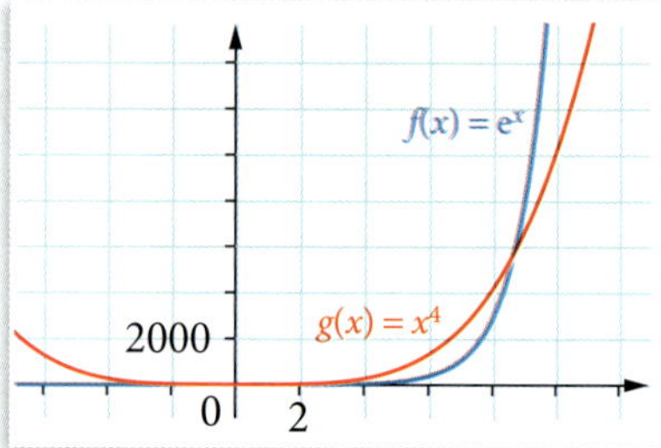

On constate que pour x suffisamment grand (à droite), la fonction $x \mapsto e^x$ « dépasse » la fonction $x \mapsto x^4$.

- $\lim\limits_{x\to+\infty} (x - e^x) = \lim\limits_{x\to+\infty} x\left(1 - \dfrac{e^x}{x}\right)$. Or $\lim\limits_{x\to+\infty} \left(1 - \dfrac{e^x}{x}\right) = -\infty$.

Donc $\lim\limits_{x\to+\infty} x\left(1 - \dfrac{e^x}{x}\right) = -\infty$.

info

Penser à factoriser par x ou x^n.

EXERCICE RÉSOLU 10

Savoir résoudre une équation du type $a^x = b$ ou une inéquation $a^x < b$

Résoudre dans $\mathbb{R}$ les équations ou inéquations suivantes.

a. $0{,}54^x = 3$ **b.** $10^x = 8{,}1$ **c.** $1{,}5^x > 10$

→ Résolution

a. $0{,}54^x = 3 \Leftrightarrow e^{x \ln 0{,}54} = e^{\ln 3} \Leftrightarrow x \ln 0{,}54 = \ln 3$.

D'où $x = \dfrac{\ln 3}{\ln 0{,}54}$. Le résultat est un réel négatif.

b. $10^x = 8{,}1 \Leftrightarrow e^{x \ln 10} = 8{,}1 \Leftrightarrow e^{x \ln 10} = e^{\ln 8{,}1} \Leftrightarrow x \ln 10 = \ln 8{,}1$.

D'où $x = \dfrac{\ln 8{,}1}{\ln 10}$. Soit, sous forme de logarithme décimal, $x = \log 8{,}1$.

c. $1{,}5^x > 10 \Leftrightarrow e^{x \ln 1{,}5} > e^{\ln 10} \Leftrightarrow x \ln 1{,}5 > \ln 10 \Leftrightarrow x > \dfrac{\ln 10}{\ln 1{,}5}$.

D'où l'ensemble des solutions : $S = \left]\dfrac{\ln 10}{\ln 1{,}5} ; +\infty\right[$.

Méthode

- On transforme a^x en $e^{x \ln a}$.
- On résout alors les équations (ou les inéquations) comme dans l'exercice résolu **1** (ou l'exercice résolu **3**).

VOIR EXERCICES D'APPLICATION 45 et 46

EXERCICE RÉSOLU 11

Savoir résoudre une équation du type $x^\alpha = b$ ou une inéquation $x^\alpha < b$

Résoudre sur $]0 ; +\infty[$ les équations ou inéquations suivantes.

a. $x^{3{,}5} = 5$ **b.** $(1 + t)^{2{,}5} = 1{,}8$ **c.** $5x^{6{,}2} < 1$

→ Résolution

a. $x^{3{,}5} = 5$ équivaut à $x = 5^{\frac{1}{3{,}5}} = 5^{\frac{2}{7}}$.

b. $(1 + t)^{2{,}5} = 1{,}8$ équivaut à $(1 + t) = 1{,}8^{\frac{1}{2{,}5}} = 1{,}8^{\frac{2}{5}}$. D'où $t = 1{,}8^{\frac{2}{5}} - 1$.

c. $5x^{6{,}2} < 1$ équivaut à $x^{6{,}2} < \dfrac{1}{5}$. Soit $e^{6{,}2 \ln x} < e^{\ln\frac{1}{5}}$, d'où $6{,}2 \ln x < \ln\dfrac{1}{5}$ et

$\ln x < \dfrac{\ln\frac{1}{5}}{6{,}2}$. Donc $x < e^{\frac{\ln\frac{1}{5}}{6{,}2}}$. L'ensemble des solutions est $S = \left]-\infty ; e^{\frac{\ln\frac{1}{5}}{6{,}2}}\right[$.

Méthode

- On transforme x^α en $e^{\alpha \ln x}$.
- On résout alors les équations (ou les inéquations) comme dans l'exercice résolu **1** (ou l'exercice résolu **3**).
- On peut aussi transformer $x^\alpha = k$ en $x = k^{\frac{1}{\alpha}}$, $\alpha > 0$.

VOIR EXERCICES D'APPLICATION 49 et 50

EXERCICE RÉSOLU 12

Savoir calculer des limites par croissance comparée

Calculer les limites suivantes.

a. $\lim\limits_{x \to +\infty} 2 - \dfrac{\ln x}{x^2}$ **b.** $\lim\limits_{x \to +\infty} \dfrac{e^x}{x^{10}} + \dfrac{10}{x} + 10x$ **c.** $\lim\limits_{x \to +\infty} \dfrac{e^x + 2x}{x^2}$.

→ Résolution

a. $\lim\limits_{x \to +\infty} 2 - \dfrac{\ln x}{x^2} = 2$ car $\lim\limits_{x \to +\infty} \dfrac{\ln x}{x^n} = 0$.

b. $\lim\limits_{x \to +\infty} \dfrac{e^x}{x^{10}} + \dfrac{10}{x} + 10x = +\infty$ car $\lim\limits_{x \to +\infty} \dfrac{e^x}{x^n} = +\infty$ et $\lim\limits_{x \to +\infty} \dfrac{10}{x} = 0$.

c. $\lim\limits_{x \to +\infty} \dfrac{e^x + 2x}{x^2} = \lim\limits_{x \to +\infty} \dfrac{e^x}{x^2} + \dfrac{2x}{x^2} = \lim\limits_{x \to +\infty} \dfrac{e^x}{x^2} + \dfrac{2}{x} = +\infty$ car $\lim\limits_{x \to +\infty} \dfrac{e^x}{x^n} = +\infty$.

Méthode

- On utilise les limites des croissances comparées :
  - $\lim\limits_{x \to +\infty} \dfrac{e^x}{x} = +\infty$ et, pour tout entier n, $\lim\limits_{x \to +\infty} \dfrac{e^x}{x^n} = +\infty$;
  - $\lim\limits_{x \to +\infty} \dfrac{\ln x}{x} = 0$ et, pour tout entier n, $\lim\limits_{x \to +\infty} \dfrac{\ln x}{x^n} = 0$.

VOIR EXERCICE D'APPLICATION 53

L'ESSENTIEL

La fonction exponentielle

Limites $\lim_{x \to -\infty} \exp x = 0$ et $\lim_{x \to +\infty} \exp x = +\infty$.

Dérivée La fonction exponentielle est dérivable sur $\mathbb{R}$ et, pour tout réel x, $(\exp x)' = \exp x$.

Variations La fonction exponentielle est strictement croissante sur $\mathbb{R}$.

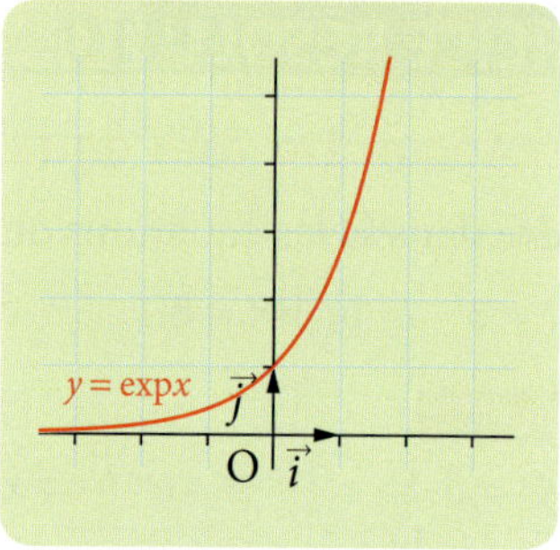

Représentation graphique

Propriétés algébriques

Pour simplifier les expressions, on utilise les propriétés :

$e^{x+y} = e^x e^y$; $e^{x-y} = \dfrac{e^x}{e^y}$; $e^{-x} = \dfrac{1}{e^x}$; $(e^x)^n = e^{nx}$ où n est un entier relatif.

Fonction composée d'une fonction avec l'exponentielle

Limites Soit u une fonction définie sur un intervalle I et a un réel ou $\pm\infty$ et b réel.

- Si $\lim_{x \to a} u(x) = +\infty$ alors $\lim_{x \to a} e^{u(x)} = +\infty$.
- Si $\lim_{x \to a} u(x) = -\infty$ alors $\lim_{x \to a} e^{u(x)} = 0$.
- Si $\lim_{x \to a} u(x) = b$ alors $\lim_{x \to a} e^{u(x)} = e^b$.

Dérivée et primitive Soit u une fonction dérivable sur un intervalle I de dérivée u'.
La fonction $f(x) = e^{u(x)}$ est dérivable sur I et $f'(x) = u'(x)e^{u(x)}$. Une primitive sur I de la fonction $g(x) = u'(x)e^{u(x)}$ est donc $f(x) = e^{u(x)}$.

Variations Comme $e^{u(x)} > 0$ alors $f'(x) = u'(x)e^{u(x)}$ est du signe de $u'(x)$.
$f(x) = e^{u(x)}$ et $u(x)$ ont donc les mêmes variations.

Fonction exponentielle de base *a*

Définition Soit a un réel strictement positif. On appelle fonction exponentielle de base a, notée $\exp_a$, la fonction définie sur $\mathbb{R}$ par $f(x) = \exp_a(x) = a^x = e^{x \ln a}$.

Propriété La fonction f, définie pour tout réel x par $f(x) = a^x = e^{x\ln a}$, est dérivable sur $\mathbb{R}$ et sa dérivée est définie, pour tout réel x, par $f'(x) = \ln a \times e^{x\ln a} = \ln a \times a^x$.

Fonction puissance

Définition Soit α un nombre réel strictement positif. On appelle fonction puissance f la fonction définie sur $]0 ; +\infty[$ par $f(x) = x^\alpha = e^{\alpha \ln x}$.

Propriété La fonction f définie pour tout réel x par $f(x) = x^\alpha = e^{\alpha \ln x}$ est dérivable sur $\mathbb{R}$ et sa dérivée est :
$f'(x) = \dfrac{\alpha}{x} \times e^{\alpha \ln x} = \alpha x^{\alpha - 1}$.

Comportements en $+\infty$

- $\lim_{x \to +\infty} \dfrac{e^x}{x} = +\infty$ et, pour tout entier n, $\lim_{x \to +\infty} \dfrac{e^x}{x^n} = +\infty$.
- $\lim_{x \to +\infty} \dfrac{\ln x}{x} = 0$ et, pour tout entier n, $\lim_{x \to +\infty} \dfrac{\ln x}{x^n} = 0$.

TRAVAUX PRATIQUES

TP1 Exponentielle et suite

Objectif : **Étudier la croissance exponentielle d'une population de cellules tumorales.**

La plus petite tumeur détectable par palpation est constituée d'environ 10^9 cellules, ce qui correspond à peu près à une tumeur d'une masse de 1 g. Un modèle mathématique de la population de cellules tumorales est, dans ces conditions, nécessaire pour affiner le diagnostic à partir des analyses effectuées en laboratoire.

On appelle temps de doublement le temps T qu'il faut pour que double le nombre de cellules constituant la tumeur.

Par exemple, pour un cancer du sein, ce temps de doublement T vaut environ 13 semaines.

On décide de modéliser la croissance d'une tumeur du sein par une suite (u_n) géométrique de raison 2 et de terme initial $u_0 = 1$.

1. Donner les valeurs de u_1, u_2 et u_3 et interpréter concrètement ces valeurs.

2. Calculer, à l'aide d'un tableur, les valeurs de u_n pour n allant de 0 à 400.

3. Déterminer la plus petite valeur de n telle que $u_n > 10^9$. À partir de combien de temps après l'apparition de la première cellule tumorale la tumeur est-elle détectable par palpation ?

4. Représenter graphiquement à l'aide du tableur les 33 premiers termes de la suite (u_n), en reliant les points par une courbe.

Cette courbe a pour équation $y = 2^x$. Pourquoi parle-t-on de « croissance exponentielle » ?

5. Lorsqu'on traite une tumeur par une opération chirurgicale, il arrive qu'il reste un résidu de 10^3 cellules tumorales. Ce résidu est-il détectable immédiatement après l'intervention ?

6. Après le traitement chirurgical d'un cancer du sein, il est d'usage de surveiller la patiente sur une période de 5 ans. Expliquer le choix de 5 ans comme période de surveillance d'un cancer du sein après traitement chirurgical.

TP2 Exponentielle en pratique

Objectif : **Respecter une distance de sécurité.**

Une caténaire, du latin « *catena* » (chaîne), est la forme prise par un câble suspendu entre deux points. C'est donc la forme prise par un câble électrique entre deux poteaux. Une ligne à très haute tension est représentée ici :

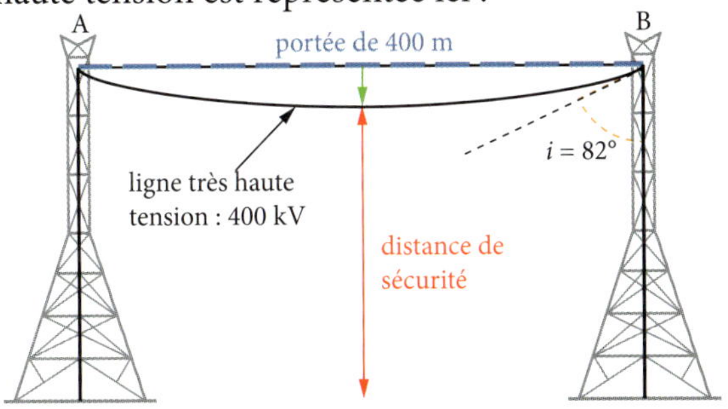

Les agents d'ERDF souhaitent accrocher de manière régulière la ligne entre deux attaches A et B de même hauteur. La distance entre les deux pylônes est de 400 m. Dans un repère orthonormé, on considère les points A(– 200 ; 25) et B(200 ; 25).

En notant i l'angle formé par le poteau et la tangente à l'arc de chaînette en B, les techniciens souhaitent, pour des contraintes d'électromagnétisme, fixer la ligne telle que $i = 82°$.

On établit en mécanique que la courbe ainsi formée par le câble représente une fonction f de la forme :

$f(x) = \frac{a}{2}\left(e^{\frac{x}{a}} + e^{-\frac{x}{a}}\right) - 1\,400$ où a est un réel strictement positif. On souhaite vérifier si la distance de sécurité OH câble-sol de 10 m est respectée.

1. Montrer que $f'(200) = \frac{1}{\tan 82°}$.

2. À l'aide d'un logiciel de calcul formel, Jean se lance dans la recherche. On peut voir l'affichage des résultats (page suivante).

a. Retrouver le résultat de la ligne de commande 4.

b. Expliquer la démarche de Jean dans la ligne de commande 8.

c. La distance sera-t-elle respectée pour une hauteur de poteau de 25 m ?

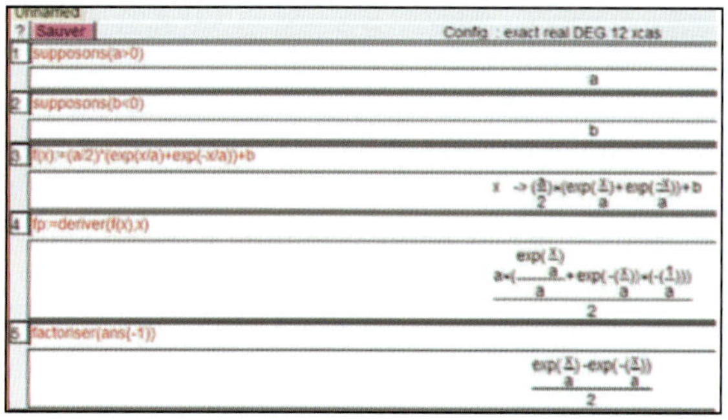

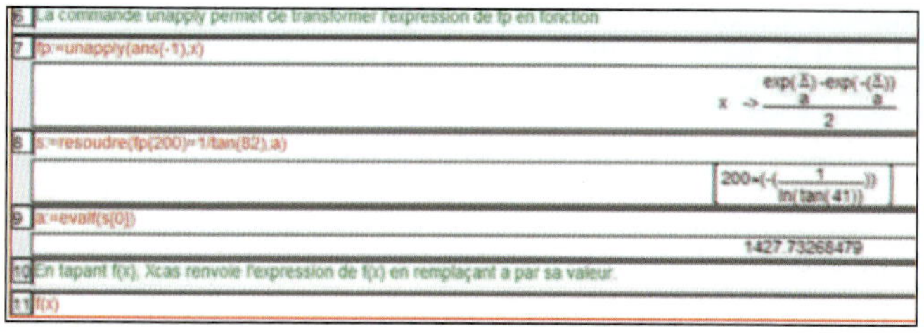

TP3 Vente de sandwichs à la kermesse

***Objectif* : Chercher le chiffre d'affaires d'un vendeur en utilisant une fonction exponentielle.**

Les tarifs des sandwichs vendus lors d'une kermesse sont caractérisés par les plans d'offre et de demande suivants :

Prix (en €)	Quantité offerte	Quantité demandée
3	6	85
4	11	69
5	20	56
6	37	46
7	67	39
8	121	31

La loi de l'offre et de la demande représente le modèle principal de l'économie de marché et repose sur l'équilibre de la quantité de biens offerts et la demande d'un certain bien. Le tout a une influence sur le prix de ce bien suivant l'importance de l'offre ou de la demande.

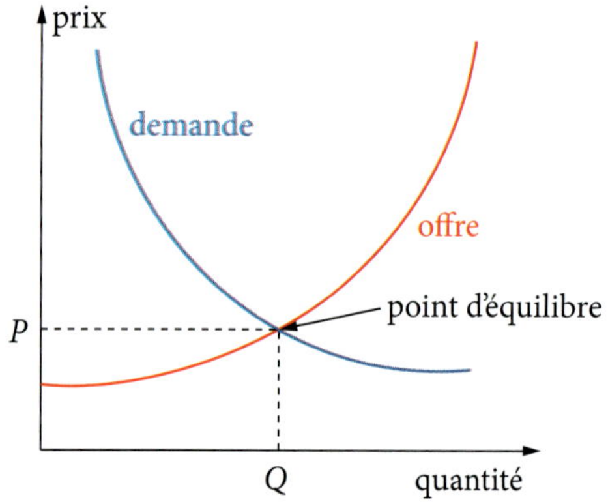

Le chiffre d'affaires (ou CA) est le total des ventes de biens (et/ou de services) d'une entreprise. Le CA réalisé pour n objets vendus au prix unitaire de p (en euros) est donc égal à np (en euros).

1. Avec le logiciel *GeoGebra*, représenter le nuage de points (du prix et des quantités offertes) et faire des essais pour déterminer l'expression algébrique de la fonction g la mieux adaptée pour ajuster ce nuage de points.

2. Recopier l'expression algébrique de g.

? Sur *GeoGebra*, il faut taper **e^x.**

3. À l'aide de la calculatrice, compléter le tableau de valeurs (résultats arrondis à 0,1 près).

x	0	0,5	1	2	3	4	5	6	7	8	9	10
$g(x) = e^x$												

4. La quantité demandée peut être modélisée par la fonction h définie sur l'intervalle [0 ; 10] par : $h(x) = ke^{-0,2x}$ où k est une constante. On souhaite déterminer k.

Avec le logiciel *GeoGebra*, sur le même graphique, créer une liste de points du prix et des quantités demandées. Dans la fenêtre Saisie, écrire **AjustExp[liste2]**. Dans la fenêtre Algèbre apparaît alors l'expression complète de la fonction créée. En déduire la valeur du nombre k.

5. Donner l'expression algébrique de la fonction h trouvée.

6. Résoudre graphiquement l'équation $g(x) = h(x)$.

7. Déterminer alors le prix d'équilibre, en euros.

On admet que $g(x) = h(x)$ peut s'écrire $e^{0,8x} = 153$.

8. À partir d'un logiciel de calcul formel, résoudre l'équation $e^{0,8x} = 153$. Arrondir le résultat à 0,01.

9. Répondre alors à la problématique : quel est le prix d'équilibre de ce produit ?

10. On se place au prix d'équilibre. Calculer le CA réalisé par le vendeur.

Appliquer

Les exercices de la partie « Appliquer » sont tous corrigés en fin d'ouvrage.

Découverte de la fonction exponentielle et propriétés

VOIR EXERCICE RÉSOLU 1

Dans les **exercices 1 et 2**, résoudre les équations dans $]0\,;+\infty[$.

1 * a. $\ln x = -3$ b. $-\ln x + 8 = 1$ c. $2\ln x = 0$

2 * a. $\frac{2}{3}\ln x = 6$ b. $\frac{1}{2\ln x} + 1 = 0$
c. $5\ln x + 4 = 2 - 7\ln x$

Dans les **exercices 3 à 5**, résoudre les équations dans $\mathbb{R}$.

3 * a. $e^x = 5$ b. $2 + e^x = 1$ c. $4e^x = 1$

4 * a. $2e^{0,5x} = 3$ b. $\frac{2}{e^x} = 4$ c. $4e^{-x} = 0,1$

5 * a. $e^{3x-4} = 1$ b. $e^{1-x} - 1 = 0$ c. $\frac{1}{e^x+1} = \frac{-3}{e^x}$

6 * 1. Résoudre dans $\mathbb{R}$ l'équation $2X^2 - 3X - 2 = 0$.
2. En déduire les solutions dans $\mathbb{R}$ de l'équation $2(e^x)^2 - 3e^x - 2 = 0$.

VOIR EXERCICE RÉSOLU 3

7 * Résoudre les inéquations dans $]0\,;+\infty[$.
a. $\ln x > -2$ b. $4\ln x < -1$ c. $2\ln(3x) > 1$

Dans les **exercices 8 et 9**, résoudre les inéquations dans $\mathbb{R}$.

8 * a. $e^x \geqslant 1$ b. $4 - e^x < 0$ c. $-2 + 4e^x < 1$

9 * a. $e^{-3x+2} > 0$ b. $e^{-x} < 1$ c. $e^{2x} \geqslant 5$
d. $e^{1,5x} < 0,5$

VOIR EXERCICE RÉSOLU 2

Dans les **exercices 10 à 13**, simplifier l'écriture des expressions.

10 * a. $\ln\left(\frac{1}{e}\right)$ b. $\ln e^2$ c. $2\ln(\sqrt{e})$

11 * a. $e^{\ln 2}$ b. $e^{-\ln 2}$ c. $e^{2\ln 2}$

12 * a. $e^{1+\ln 2}$ b. $e^{-2\ln 3+1}$ c. $e^{\frac{-\ln 3}{2}}$

13 * a. $\ln(3e^x)$ b. $xe^{3\ln x}$ c. $\ln\left(\frac{1}{e^{-3x}}\right)$

Dans les **exercices 14 à 16**, simplifier les expressions.

14 * a. $e^2e^{-1}e^5$ b. $\frac{e^{-2}\times e^3}{e^{-1}}$ c. $\left(e^{\frac{1}{2}}\right)^{-3}$

15 * a. $e^{\frac{3}{2}}e^{-2,5}e^{1,2}$ b. $\frac{e^{-1,5}\times e^{2,8}}{e^{-3,2}}$ c. $(e^{0,5})^5$

16 * a. $e^{\ln 3+\ln 4}$ b. $e^{2-3\ln 2}$ c. $e^{-2\ln 2}e^{2\ln 3}$

Limites, dérivées, primitives, sens de variation de la fonction exponentielle

VOIR EXERCICE RÉSOLU 4

Dans les **exercices 17 et 18**, calculer les limites.

17 ** a. $\lim\limits_{x\to+\infty}(2e^x - 5)$ b. $\lim\limits_{x\to+\infty} -e^x(e^x+1)$
c. $\lim\limits_{x\to+\infty}\frac{e^x+1}{2}$ d. $\lim\limits_{x\to-\infty}(e^x+1)$
e. $\lim\limits_{x\to-\infty} -e^x(e^x+1)$ f. $\lim\limits_{x\to-\infty}\frac{2}{e^x+1}$

18 ** a. $\lim\limits_{x\to+\infty}(x+3)e^x$ b. $\lim\limits_{x\to+\infty}\left(2x+\frac{2}{e^x}\right)$
c. $\lim\limits_{x\to 0}(e^x-3)(e^x+1)$

19 * Soit f la fonction définie pour tout réel x par $f(x) = (e^x + 2)(1 - e^x)$.
1. Développer $f(x)$.
2. Calculer les limites de f en $+\infty$ et en $-\infty$.
3. En déduire que la courbe représentative $\mathscr{C}$ de f admet une asymptote dont on donnera une équation.

20 ** Calculer les limites de f en $+\infty$ et en $-\infty$ dans les cas suivants.
a. $f(x) = \ln(e^x + 2)$ b. $f(x) = -x^2 - 2e^x$
c. $f(x) = e^x(1 - 2e^x)$

21 * Soit la fonction f définie sur $\mathbb{R}$ par $f(x) = \frac{2e^x+1}{2-e^x}$.
1. Vérifier que $f(x) = \frac{2+e^{-x}}{2e^{-x}-1}$.
2. En déduire les limites de f en $+\infty$ et en $-\infty$.

22 * Soit f la fonction définie sur $\mathbb{R}$ par $f(x) = -2e^x + x + 1$.
1. Calculer la limite de f en $-\infty$.
2. Montrer que $f(x) = x\left(\frac{-2e^x}{x}+1+\frac{1}{x}\right)$.
3. En déduire la limite de f en $+\infty$.

?

$\lim\limits_{x\to+\infty}\frac{e^x}{x} = +\infty.$

VOIR EXERCICE RÉSOLU 5

Dans les **exercices 23 à 25**, calculer les dérivées des fonctions définies sur l'intervalle I.

23 * a. $f(x) = 2e^x - x - 3$; $I = \mathbb{R}$. b. $f(x) = xe^x$; $I = \mathbb{R}$.
c. $f(x) = \frac{e^x}{x}$; $I =]-\infty\,;0[\,\cup\,]0\,;+\infty[$.

24 * **a.** $f(x)=\dfrac{3}{e^x}+2x$; $I=\mathbb{R}$. **b.** $f(x)=(x-2)e^x$; $I=\mathbb{R}$.
c. $f(x)=\dfrac{1}{e^x+2}$; $I=\mathbb{R}$.

25 * **a.** $f(x)=\dfrac{e^x}{x+1}$; $I=]-\infty\,;-1[\,\cup\,]-1\,;+\infty[$.
b. $f(x)=\dfrac{e^x+\dfrac{1}{e^x}}{2}$; $I=\mathbb{R}$.
c. $f(x)=(e^x-3)(e^x+1)$; $I=\mathbb{R}$.

Dans les **exercices 26 à 28**, la fonction f est dérivable sur I. Dans chaque cas, calculer la dérivée $f'(x)$, étudier le signe de $f'(x)$ et donner le sens de variation de f sur I.

26 ** **a.** $f(x)=2x+1+e^x$; $I=\mathbb{R}$.
b. $f(x)=1-x+2e^x$; $I=\mathbb{R}$. **c.** $f(x)=\dfrac{2}{e^x}$; $I=\mathbb{R}$.

27 ** **a.** $f(x)=xe^x$; $I=\mathbb{R}$. **b.** $f(x)=(2-x)e^x$; $I=\mathbb{R}$.
c. $f(x)=e^x(e^x+2)$; $I=\mathbb{R}$.

28 ** **a.** $f(x)=\dfrac{e^x}{x}$; $I=]-\infty\,;0[\,\cup\,]0\,;+\infty[$.
b. $f(x)=\dfrac{e^x}{e^x+1}$; $I=\mathbb{R}$.
c. $f(x)=\dfrac{x+1}{e^x}$; $I=\mathbb{R}$.

VOIR EXERCICE RÉSOLU 6

Dans les **exercices 29 à 31**, les fonctions admettent des primitives sur $\mathbb{R}$. Pour chacune d'elles, donner la primitive F qui vérifie la condition initiale.

29 ** **a.** $f(x)=x+4-2e^x$ et $F(0)=1$.
b. $f(x)=e^x-x^2$ et $F(0)=\ln 2$.

30 ** **a.** $f(x)=e^x(e^x+1)$ et $F(\ln 2)=0$.
b. $f(x)=-2e^x(1-e^x)^2$ et $F(0)=1$.

31 ** **a.** $f(x)=\dfrac{e^x}{e^x+1}$ et $F(0)=0$.
b. $f(x)=\dfrac{3e^x}{(e^x+2)^2}$ et $F(\ln 2)=0$.

Limites, dérivées et primitives des fonctions du type e^u

VOIR EXERCICE RÉSOLU 7

Dans les **exercices 32 à 34**, calculer les limites des fonctions.

32 * **a.** $\lim\limits_{x\to+\infty} e^{3-2x}$ **b.** $\lim\limits_{x\to-\infty} e^{x^2-1}$ **c.** $\lim\limits_{x\to 0} e^{1-x}$

33 ** **a.** $\lim\limits_{x\to+\infty} (x+3-e^{-2x})$ **b.** $\lim\limits_{x\to+\infty} e^{\frac{2}{x}+2}$
c. $\lim\limits_{x\to-\infty} 2e^{-1,5x+2}$

34 * **a.** $\lim\limits_{x\to+\infty} xe^{-x}$ **b.** $\lim\limits_{x\to-\infty} e^{-x}(e^{2x}+1)$
c. $\lim\limits_{x\to+\infty} \dfrac{e^{-x-1}}{e^{2x}}$

35 ** Calculer les limites de chacune des fonctions suivantes en $+\infty$ et en $-\infty$.
a. $f(x)=2e^{2x+1}$ **b.** $f(x)=x^2+3e^{-3x}$

VOIR EXERCICE RÉSOLU 8

Dans les **exercices 36 à 38**, calculer les dérivées des fonctions f définies sur l'intervalle I.

36 * **a.** $f(x)=2e^{-2x+3}$; $I=\mathbb{R}$.
b. $f(x)=2x-e^{-x}+e^{3x}$; $I=\mathbb{R}$.
c. $f(x)=e^{x-2x^2}$; $I=\mathbb{R}$.

37 * **a.** $f(x)=xe^{-2x}$; $I=\mathbb{R}$.
b. $f(x)=e^{-x}(1+x)$; $I=\mathbb{R}$.
c. $f(x)=(e^{2x}-1)(e^{-x}+2)$; $I=\mathbb{R}$.

38 * **a.** $f(x)=\dfrac{1}{e^{4x}}$; $I=\mathbb{R}$.
b. $f(x)=\dfrac{e^{-2x}+e^{2x}}{2}$; $I=\mathbb{R}$.
c. $f(x)=\dfrac{e^{2x}}{x}$; $I=]-\infty\,;0[\,\cup\,]0\,;+\infty[$.

39 * Pour chacune des fonctions suivantes définies sur $\mathbb{R}$, calculer les limites en $+\infty$ et en $-\infty$, la dérivée, et donner le sens de variation sur $\mathbb{R}$.
a. $f(x)=2e^{1-x}$ **b.** $f(x)=e^{\frac{-x^2}{2}}$

VOIR EXERCICE RÉSOLU 9

Dans les **exercices 40 à 42**, donner une primitive de chacune des fonctions sur $\mathbb{R}$.

40 ** **a.** $f(x)=3e^{-x}+x$ **b.** $f(x)=e^{3x+3}$
c. $f(x)=e^{2x}+e^{-2x}$

41 * **a.** $f(x)=2e^{1-2x}$ **b.** $f(x)=(x-1)\,e^{\frac{x^2}{2}-x+1}$
c. $f(x)=\dfrac{-1}{x}e^{\frac{1}{x^2}+1}$

42 * **a.** $f(x)=\dfrac{-2e^{-2x}}{(e^{-2x}+3)}$ **b.** $f(x)=\dfrac{-1}{xe^{\frac{1}{x^2}}}$ **c.** $f(x)=\dfrac{1}{e^{4x}}$

Fonctions exponentielles de base a et puissances

Dans les **exercices 43 et 44,** simplifier les expressions (sous la forme a^b) puis donner une valeur approchée à 10^{-2} près.

43 * **a.** $2{,}1^{3{,}4}\times 2{,}1^{0{,}5}$ **b.** $3{,}5^{1{,}5}\times 2^{1{,}5}$
c. $\left(\dfrac{1}{3}\right)^{\frac{1}{2}}\times\left(\dfrac{1}{3}\right)^{\frac{2}{3}}\times\dfrac{1}{3}$.

44 * **a.** $(5{,}5^{1{,}5})^{7{,}5}$ **b.** $(0{,}62^{1{,}3})^3$ **c.** $\dfrac{4{,}5^{2{,}5}}{\sqrt{4{,}5}}$

VOIR EXERCICE RÉSOLU 10

Dans les **exercices 45 et 46**, résoudre dans $\mathbb{R}$ les équations ou inéquations. Donner une valeur approchée à 10^{-2} près de la solution quand il s'agit d'une équation.

45 ** a. $4^x = 7$ b. $0{,}6^x = 1$ c. $10^x = 500$

46 ** a. $2^{x+1} > 10$ b. $0{,}8^x = \frac{1}{4}$ c. $\frac{1}{3{,}1^x} = 2$

47 * Calculer la dérivée et déterminer une primitive des fonctions suivantes définies sur $\mathbb{R}$.
a. $f(x) = 0{,}6^x$ b. $f(t) = 2{,}8^t$ c. $f(x) = \frac{1}{8{,}5^x}$

48 ** **Inéquation en calcul formel**

Voici le résultat d'une inéquation avec calcul formel :

```
resoudre(4.5^x =19)
                                   [1.95763794169]
ln(19)/ln(4.5)
                                    1.95763794169
```

Vérifier ces résultats en expliquant la démarche mise en place.

VOIR EXERCICE RÉSOLU 11

Dans les **exercices 49 et 50,** résoudre les équations ou inéquations dans $]0\,;+\infty[$. Puis, pour les équations, donner une valeur approchée à 10^{-2} près de la solution.

49 * a. $x^4 = 7$ b. $x^{0,5} = 1$ c. $2x^{1,5} < 5$

50 ** a. $x^{\frac{1}{6}} > 10$ b. $(1-t)^{5,5} = \frac{1}{4}$ c. $\frac{1}{x^{3,1}} = 2$

51 ** Calculer la dérivée des fonctions suivantes définies sur $]0\,;+\infty[$.
a. $f(x) = x^{0,6}$ b. $f(t) = t^{\frac{2}{3}}$ c. $f(x) = \frac{1}{x^{8,5}}$

52 * **Vrai ou faux ?**

Répondre par vrai ou faux aux affirmations suivantes. Justifier.
1. La fonction $f(x) = x^{0,33}$ est strictement croissante sur $]0\,;+\infty[$.
2. $x^{0,5} \times x^{0,25} = x^{0,125}$.
3. La solution de l'équation $x^{3,1} = 2$ est $e^{3,1\ln 2}$.
4. La dérivée de $f(x) = 2x^{5,5}$ est $f'(x) = 11x^{4,5}$.

53 * VOIR EXERCICE RÉSOLU 12

Calculer les limites suivantes.

a. $\lim\limits_{x\to+\infty}\left(\frac{e^x}{x^3}+\frac{1}{x}\right)$ b. $\lim\limits_{x\to+\infty}\left(e^{2x}-3\frac{\ln x}{x}\right)$

c. $\lim\limits_{x\to+\infty} x\left(1-\frac{e^x}{x}\right)$ d. $\lim\limits_{x\to+\infty} -x^2\left(1+\frac{\ln x}{x^2}\right)$

54 ** Que fait ce calcul ?

```
limite(2*x-exp(x),x,+infinity)
                                   -∞
```

Justifier (penser à factoriser par x).

Approfondir

Les exercices notés C sont corrigés en fin d'ouvrage.

55 ** C **Courbe représentative et une tangente**

C1 C2 C3 C4 C5 C6

Soit f une fonction définie sur $\mathbb{R}$ par $f(x) = 2x + 2 - e^x$ et $\mathscr{C}$ sa courbe représentative dans un repère orthonormé $(O\,;\vec{i},\vec{j})$.
1. Calculer $\lim\limits_{x\to-\infty} f(x)$.
2. Vérifier que, pour tout réel x, $f(x) = x\left(2+\frac{2}{x}-\frac{e^x}{x}\right)$ et en déduire $\lim\limits_{x\to+\infty} f(x)$.
3. a. Résoudre dans $\mathbb{R}$ l'inéquation $2 - e^x > 0$.
b. Calculer $f'(x)$, étudier son signe et dresser le tableau de variations de f sur $\mathbb{R}$.
4. Déterminer une équation de la tangente à $\mathscr{C}$ au point d'abscisse 0.
5. Tracer la courbe et la tangente dans le repère orthonormé $(O\,;\vec{i},\vec{j})$.

56 ** C **Limites et dérivées**

C1 C2 C3 C4 C5 C6

Soit f la fonction définie sur $\mathbb{R}$ par $f(x) = e^x - \frac{1}{2}x - 1$.
1. Calculer $\lim\limits_{x\to-\infty} f(x)$.
2. Vérifier que, pour tout réel x, $f(x) = x\left(\frac{e^x}{x}-\frac{1}{2}-\frac{1}{x}\right)$ et en déduire $\lim\limits_{x\to+\infty} f(x)$.
3. a. Résoudre dans $\mathbb{R}$ l'inéquation $e^x - \frac{1}{2} > 0$.
b. Calculer la dérivée $f'(x)$ de $f(x)$ pour tout réel x.
c. Étudier le signe de $f'(x)$ sur $\mathbb{R}$ et donner la valeur exacte de $f\left(\ln\frac{1}{2}\right)$.
d. Dresser le tableau de variations de f sur $\mathbb{R}$.

57 ** C C1 C2 C3 C4 C5 C6 Soit f la fonction définie sur $\mathbb{R}$ par $f(x) = (ax + b)e^x$ avec a et b réels.
1. a. Exprimer la dérivée $f'(x)$ de $f(x)$ en fonction de a et de b pour tout réel x.
b. Déterminer les réels a et b tels que $f(0) = 1$ et $f'(0) = 3$.
2. Soit f la fonction définie sur $\mathbb{R}$ par $f(x) = (2x + 1)e^x$.
a. Calculer $f'(x)$ et montrer que $f'(x) = (2x + 3)e^x$.
b. Calculer les limites de f en $+\infty$ et en $-\infty$.

?

$\lim\limits_{x\to-\infty} xe^x = 0$

c. Dresser le tableau de variations de f.

58 ** **Résolution par lecture graphique puis étude**

On donne ci-après la courbe représentative $\mathscr{C}$ d'une fonction f définie et dérivable sur $\mathbb{R}$ et T sa tangente au point $A(0\,;2)$.

1. Répondre aux questions par lecture graphique.

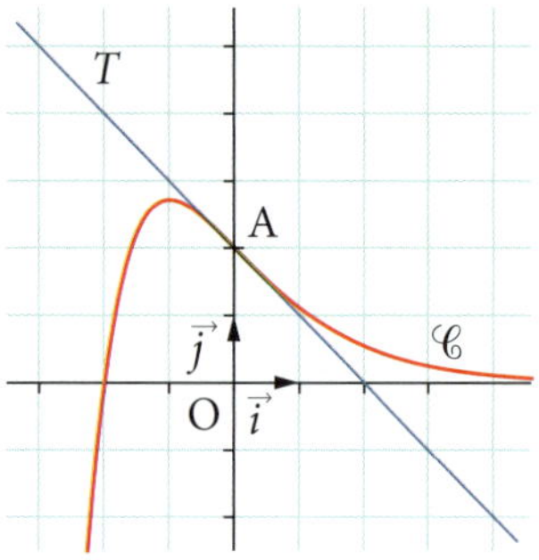

a. Donner $f'(0)$ et $f'(-1)$.
b. Donner une équation de T.
c. Résoudre les inéquations $f(x) > 0$ et $f'(x) > 0$.
d. Donner $\lim\limits_{x \to -\infty} f(x)$ et $\lim\limits_{x \to +\infty} f(x)$.

2. On suppose que, pour tout x réel, $f(x) = \dfrac{x+2}{e^x}$.

a. Calculer $f'(x)$ et montrer que, pour tout x réel, $f'(x) = \dfrac{-x-1}{e^x}$. Étudier le signe de la dérivée de f sur $\mathbb{R}$.

b. Calculer $\lim\limits_{x \to -\infty} f(x)$ et $\lim\limits_{x \to +\infty} f(x)$. En déduire que $\mathscr{C}$ admet une asymptote que l'on précisera.

?

Pour calculer les limites, montrer que $f(x) = \dfrac{1+\dfrac{2}{x}}{\dfrac{e^x}{x}}$.

c. Dresser le tableau de variations de f.

59 ** C C1 C2 C3 C4 C5 C6 Soit la fonction f définie sur $\mathbb{R}$ par $f(x) = \dfrac{2e^x - 1}{e^x + 1}$ et $\mathscr{C}$ sa courbe représentative dans un repère orthonormé.

1. Calculer $\lim\limits_{x \to -\infty} f(x)$. Que peut-on en déduire sur $\mathscr{C}$?

2. Vérifier que, pour tout réel x, $f(x) = \dfrac{2-\dfrac{1}{e^x}}{1+\dfrac{1}{e^x}}$.

En déduire $\lim\limits_{x \to +\infty} f(x)$. Que peut-on en déduire sur $\mathscr{C}$?

3. a. Calculer $f'(x)$ pour tout réel x.
b. Étudier le signe de f' sur $\mathbb{R}$ et dresser le tableau de variations de f sur $\mathbb{R}$.

4. Résoudre l'équation $f(x) = 0$ dans $\mathbb{R}$. En déduire que $\mathscr{C}$ coupe l'axe des abscisses en un point A dont on donnera les coordonnées.

5. Donner une équation de la tangente à la courbe $\mathscr{C}$ au point d'abscisse A.

60 ** On souhaite étudier la fonction f définie sur $\mathbb{R}$ par $f(x) = (x^2 + 5x + 4)e^x$.

À l'aide d'un logiciel de calcul formel, on a obtenu les écrans ci-après.

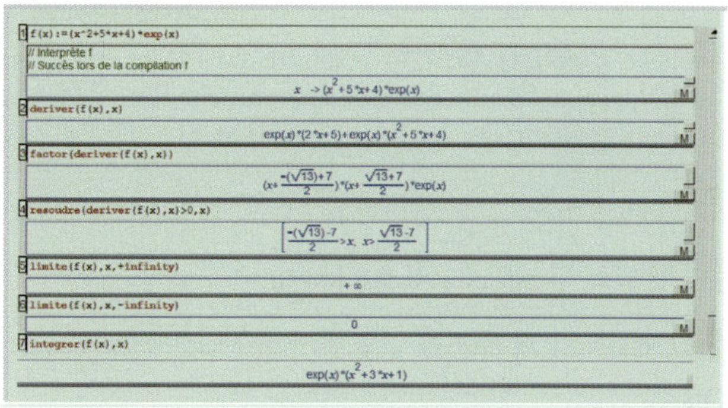

1. Donner $f'(x)$ sous forme factorisée.
2. Dresser le tableau de variations de f sur $\mathbb{R}$.
3. Déterminer la primitive F de f telle que $F(0) = 1$.

61 * **Fabrication de robinets** C1 C2 C3 C4 C5 C6

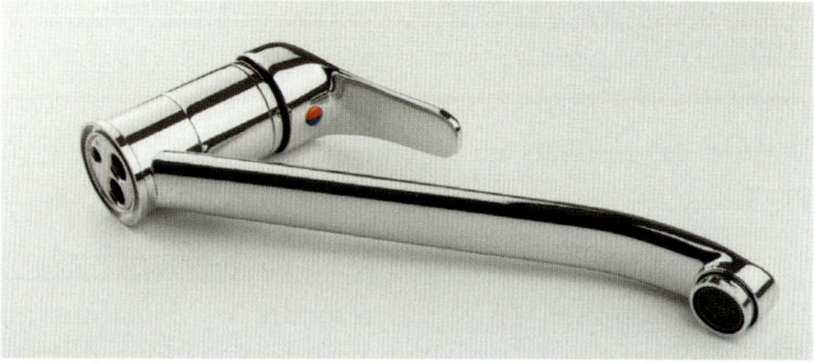

Une entreprise du Vimeu en Picardie fabrique chaque mois x tonnes de robinets où $x \in]0\,;10]$. Le coût moyen de fabrication $C(x)$, en milliers d'euros, est donné par :

$C(x) = \dfrac{0{,}01e^x + 2}{x}$.

1. À l'aide d'un logiciel de calcul formel, donner le coût moyen de fabrication pour 500 kg de robinets.
2. Est-il possible d'atteindre un coût moyen de 4 000 € ?
3. Pour tout x appartenant à $]0\,;10]$, donner la dérivée de C et résoudre $C'(x) > 0$.
4. Dresser le tableau de variations de C sur $]0\,;10]$.

62 ** C C1 C2 C3 C4 C5 C6 Soit f la fonction définie sur $[0\,;+\infty[$ par : $f(x) = 2e^{2x} - 5e^x + 2$.

1. Calculer $\lim\limits_{x \to +\infty} f(x)$.
2. Montrer que, pour tout réel x positif, $f'(x) = e^x(4e^x - 5)$. Étudier le signe de f' sur $[0\,;+\infty[$.
3. Dresser le tableau de variations de f sur $[0\,;+\infty[$ en donnant les valeurs exactes de $f(0)$ et du minimum.
4. Résoudre dans $[0\,;+\infty[$ l'équation $2X^2 - 5X + 2 = 0$. En déduire la résolution de l'équation $f(x) = 0$. Dresser le tableau de signes de f sur $[0\,;+\infty[$.

63 ** C Soit f la fonction définie sur $\mathbb{R}$ par : $f(x) = (ax + b)e^{cx}$ avec a, b et c réels. f est dérivable sur $\mathbb{R}$.

1. Montrer que $f'(x) = e^{cx}(cax + a + cb)$.
2. On suppose que $f(0) = 0$, $f'(1) = 0$ et $f'(0) = 10$. Trouver, dans ces conditions, les réels a, b et c.
3. On admet que $f(x) = 10xe^{-x}$.
a. Calculer les limites de f en $+\infty$ et en $-\infty$.
b. Dresser le tableau de variations de f.

64 * C C1 C2 **C3 C4** C5 C6 Soit la fonction f définie sur $\mathbb{R}$ par $f(x) = e^{2x} + 2e^{-x}$.

1. Calculer les limites de f en $+\infty$ et en $-\infty$.
2. Calculer la dérivée $f'(x)$ pour tout réel x et montrer que $f'(x) = 2e^{-x}(e^{3x} - 1)$ pour tout réel x.
3. Résoudre l'inéquation $(e^{3x} - 1) > 0$. En déduire le signe de $f'(x)$ sur $\mathbb{R}$.
4. Dresser le tableau de variations de f.

65 * An egg is dropped into the water. As the egg cools, its temperature T, in degrees Celsius, t minutes after it enters the water, is given by $T(t) = 400e^{-0{,}05t} + 25$.

1. Find the temperature of the egg as it enters the water.
2. Find t for which $T = 400$.
3. Derivative T and give the table of variations to T.

66 ** Avec logiciel de calcul formel

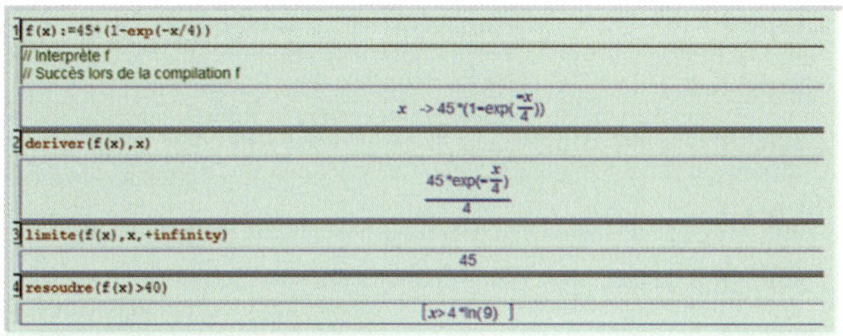

1. À l'aide d'un logiciel de calcul formel, trouver la fonction étudiée et les questions posées.
2. Prouver tous les résultats.

67 * **C1 C2 C3** C4 C5 C6

On donne ci-dessous la courbe représentative de la fonction f définie sur $I = [0 ; +\infty[$ par : $f(x) = ae^{-x+1} + b$ où a et b sont des réels.

La droite horizontale d'équation $y = 2$ est asymptote à la courbe représentative de f. La courbe passe par le point $A(1 ; 0)$.

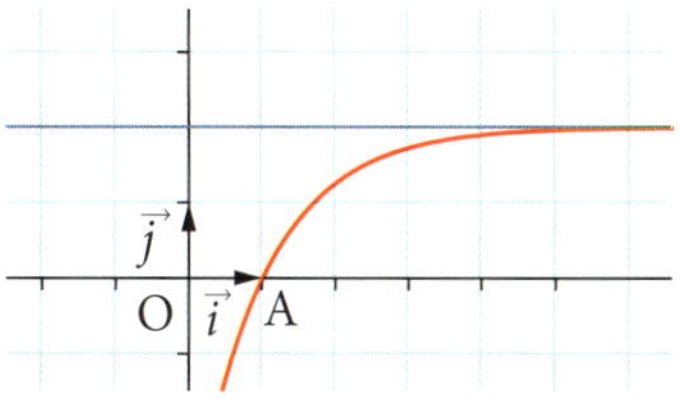

1. Trouver les réels a et b.
2. Calculer $f'(x)$ et étudier son signe sur I.
3. En déduire le sens de variation de f.

68 * C Taxis parisiens

On estime que les recettes cumulées (en milliers d'euros) procurées par l'exploitation de taxis à Paris sont données à l'instant t, exprimé en années, par :
$R(t) = 750 + 150t - 750e^{0{,}1t}$ sur $[0 ; 10]$.

1. Calculer $R'(t)$ puis étudier son signe sur $[0 ; 10]$.
2. Dresser le tableau de variations de R.

69 * C Réaction chimique C1 C2 C3 C4 C5 C6

La température T, en degrés Celsius, d'une réaction chimique à l'instant t est donnée par $T(t) = (20t + 10)e^{-0{,}5t}$.

1. Donner l'ensemble de définition I de cette fonction.
2. Donner la température initiale.
3. Calculer $T'(t)$ et étudier son signe sur l'intervalle I.
4. Calculer $\lim_{t \to +\infty} T(t)$.
5. À l'aide d'un logiciel de calcul formel résoudre l'équation $T(t) = 10$. Au bout de combien de temps la température redescend-elle à sa valeur initiale ?

70 ** On admet que la charge q d'un condensateur est donnée en fonction du temps t en secondes par : $q(t) = 6 - 6e^{-0{,}2t}$. La fonction q est définie sur l'intervalle $I = [0 ; +\infty[$.

1. Montrer que q est strictement croissante sur I. Interpréter le résultat.
2. Calculer $\lim_{t \to +\infty} q(t)$ et interpréter le résultat.
3. Résoudre $q(t) > 5{,}5$. Interpréter le résultat.

71 * Croissance d'un goéland

Au bord de la mer, deux biologistes étudient la croissance en grammes d'un goéland en fonction du temps t en jours.
Le *biologiste 1* modélise cette croissance par :
$C_1(t) = 97{,}4e^{0{,}084t}$.
Le *biologiste 2* modélise cette croissance par :

$$C_2(t) = \frac{992}{1 + 12{,}3e^{-0{,}155t}}.$$

1. Calculer les dérivées de C_1 et C_2 puis donner leur sens de variation sur $I = [0 ; +\infty[$.
2. Calculer leurs limites en $+\infty$. Interpréter les résultats.
3. On suppose qu'au bout de 40 jours un goéland pèse 1 kg. Quel est le modèle qui se rapproche le plus de cette mesure expérimentale ?

72 ** Pont suspendu

On suppose qu'un pont suspendu suit une courbe d'une fonction f définie sur $[-180 ; 180]$ par $f(x) = e^{\frac{x}{41}} + e^{-\frac{x}{41}}$. On considère le point A de coordonnées $(180 ; 0)$, A représentant le pied du deuxième pylône.

1. À l'aide d'un logiciel de calcul formel, dresser le tableau de variations de f.
2. Quelle est la hauteur du pylône AB, B représentant le haut du deuxième pylône ?

73 * Radioactivité

L'iode 131 est un produit radioactif qui diminue par désintégration. Au bout du temps t, exprimé en jours, la masse en grammes est $M(t) = 100 \times (0{,}917)^t$.

1. Calculer la dérivée de M et dresser son tableau de variations sur $[0\,;+\infty[$.
2. Résoudre $M(t) = 50$ sur $[0\,;+\infty[$.
3. Au bout de combien de jours sa masse a-t-elle diminué de moitié (ce résultat est appelé demi-vie) ?

74 ** Cocotte-minute

Dans une cocotte-minute, la pression p est $p(t) = \left(\frac{t}{100}\right)^4$ où t est la température en degrés Celsius. p est exprimée en atmosphères (atm).

La soupape de sécurité limite la pression à une valeur maximale de 1,5 atm.

1. Étudier les variations de p sur $[0\,;+\infty[$.
2. Résoudre $p(t) = 1{,}5$. Conclure.

75 * Production d'un bien C1 C2 C3 C4 C5 C6

La production d'un bien est fonction de la quantité de travail L consacrée à la fabrication de ce bien :

$P(L) = 5\,L^{\frac{2}{3}}$, L en milliers d'euros (masse salariale) et P en milliers d'objets.

Étudier le sens de variation de P sur $]0\,;+\infty[$ et la limite de P en $+\infty$.

76 **

À l'aide d'un logiciel de géométrie dynamique, créer un curseur α allant de 0 à 1 avec un incrément de 0,001 et dans le champ de saisie, écrire $f(x) = \frac{\ln x}{x^\alpha}$. Conjecturer sur la limite en $+\infty$ de f.

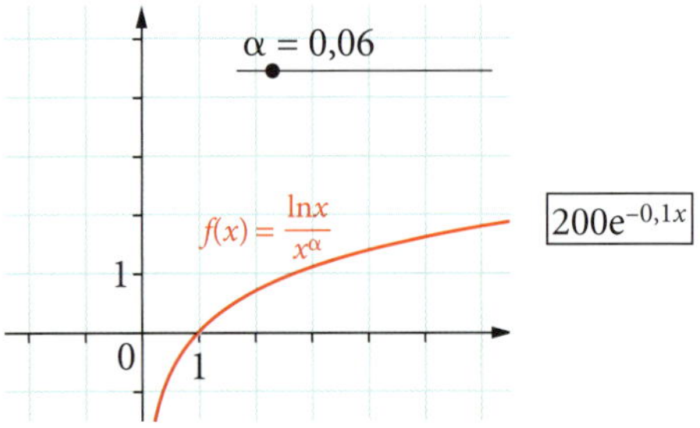

77 *** ALGO

On considère la fonction f définie sur $\mathbb{R}$ par : $f(x) = e^x - x - 2$.

Dans cet exercice, on cherche à approcher les solutions de l'équation dont on ne connaît pas de solution explicite.

1. a. Calculer $f(-2)$ et $f(2)$.
b. Dresser le tableau de variations de la fonction f.
c. En déduire que l'équation $f(x) = 0$ admet exactement deux solutions de signes contraires. Préciser un encadrement de ces solutions.
2. On cherche désormais à résoudre l'équation $f(x) = 0$ pour $x \in [0\,;2]$.
a. Voici un programme qui détermine, par *dichotomie*, une valeur approchée de cette équation à 0,1 près.

```
from lycee import *

def f(x):
    return exp(x)-2-x

a=0
b=2
while b-a>0.1:
    if f(a)*f((a+b)/2)<0:
        b=(a+b)/2
    else:
        a=(a+b)/2

print('Une valeur approchée de f(x)=0',(a+b)/2)
```

Faire tourner ce programme à la main et compléter le tableau suivant :

	a	b	$b-a > 0{,}1$	$\frac{a+b}{2}$	$f\left(\frac{a+2}{2}\right) \times f(a)$
Étape 1	0	2	oui	1	0,28
Étape 2	1	2	oui	1,5	− 0,28
Étape 3	1	1,5			
Étape 4					
Étape 5					
Étape 6					

b. Modifier le programme afin de donner une solution de $f(x) = 0$ approchée à 10^{-5}.

?

En langage Python, a^n s'obtient grâce à la syntaxe a**n.

c. Modifier une dernière fois le programme afin de déterminer la solution négative de l'équation $f(x) = 0$. On donnera une valeur approchée à 10^{-5} près.

78 ***

Une entreprise fabrique des vérins. Si chaque vérin est vendu x euros, la quantité de vérins demandés est $f(x) = 200e^{-0{,}1x}$ (en milliers d'unités). La fonction demande f est définie sur $[15\,;40]$.

1. Calculer la quantité de vérins demandés si les vérins sont à 23 €.
2. Déterminer dans quel intervalle doit se situer le prix d'un vérin pour que la quantité demandée soit supérieure ou égale à 9 000.
3. Calculer $f'(x)$ où f' est la dérivée de f et en déduire le tableau de variations sur $[15\,;40]$.
4. On appelle fonction d'offre la fonction g telle que, sur $[15\,;40]$: $g(x) = 4x - 60$. $g(x)$ est le nombre de milliers de vérins que l'entreprise est capable de produire et de vendre au prix de x euros.
a. À l'aide d'un logiciel dynamique, représenter sur le même graphique les courbes de f et de g.
b. Déterminer graphiquement le prix d'équilibre (celui tel que $f(x) = g(x)$).
c. Déterminer graphiquement combien l'entreprise peut compter vendre de vérins au prix d'équilibre.

Pour se tester

79 ** C VRAI ou FAUX ?

Répondre par vrai ou faux aux affirmations suivantes. Justifier.	Vrai	Faux
1. La courbe représentative de la fonction exponentielle coupe l'axe des abscisses en 0.	V	F
2. Pour tout réel x, $e^{\ln x} = x$.	V	F
3. $e^{x+2\ln 3} = 6e^x$.	V	F
4. L'équation $-2e^{1-x} = 1$ n'a pas de solution dans $\mathbb{R}$.	V	F
5. Pour tout réel x, $e^{-2x} > 4$ si et seulement si $x < -\ln 2$.	V	F

80 * C QCM

Pour chacune des questions, indiquer la bonne réponse.

	a	b	c
1. $\lim\limits_{x\to+\infty}\left(e^{-x}+\frac{1}{x}-2\right)$ est égale à :	-2	0	$+\infty$
2. La fonction $f(x) = \frac{3}{e^x+2}$ définie sur $\mathbb{R}$ est :	croissante sur $\mathbb{R}$.	décroissante sur $\mathbb{R}$.	négative sur $\mathbb{R}$.
3. La fonction $F(x) = -xe^{-x} - e^{-x}$ est une primitive sur $\mathbb{R}$ de :	$f(x) = xe^{-x} - e^{-x}$	$f(x) = xe^{-x}$	$f(x) = -xe^x$
4. La solution sur $\mathbb{R}$ de l'équation $x^{\frac{3}{4}} = 1{,}5$ est :	$e^{\frac{3}{4}\ln\frac{3}{2}}$	$1{,}5^{\frac{3}{4}}$	$1{,}5^{\frac{4}{3}}$
5. $\lim\limits_{x\to+\infty}\frac{x^{2015}}{e^x}$ est égale à :	0	$+\infty$	$-\infty$

81 * C Soit f la fonction définie sur $\mathbb{R}$ par $f(x) = 10 + e^{-0{,}1x}$ et $\mathscr{C}$ sa courbe représentative dans un repère orthonormé.

1. Calculer les limites de f en $+\infty$ et en $-\infty$. Que peut-on en déduire graphiquement ?

2. Résoudre dans $\mathbb{R}$ l'inéquation $f(x) < 12$.

3. Pour tout réel x, calculer $f'(x)$, étudier son signe et dresser le tableau de variations de f sur $\mathbb{R}$.

82 ** C Soit $f(x) = 3x + 2 - e^x$ définie sur $\mathbb{R}$.

1. Calculer les limites de f en $+\infty$ et en $-\infty$.

2. Résoudre dans $\mathbb{R}$ l'inéquation $3 - e^x > 0$.

3. Pour tout réel x, calculer $f'(x)$, étudier son signe et dresser le tableau de variations de f sur $\mathbb{R}$ (donner la valeur exacte du maximum).

83 ** C Au 1er janvier 2016, la production de vérins dans une entreprise s'élève à 30 000 (par an). Chaque année, elle augmente de 2 %. Soit $P(x)$ la production à l'année $2016 + x$.

1. Montrer que $P(x) = 30\,000 \times (1{,}02)^x$.

2. Calculer $P'(x)$.

3. Résoudre, dans $[0 ; +\infty[$, l'inéquation $P(x) \geqslant 36\,000$. Conclure.

84 * C Soit la fonction f pour laquelle un logiciel de calcul formel donne les informations suivantes :

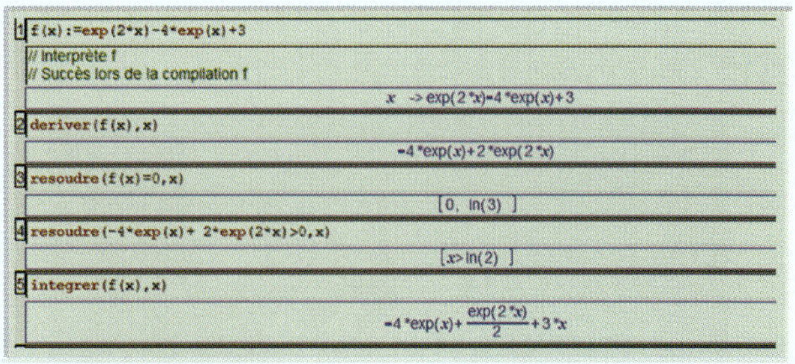

1. Donner l'expression de f pour tout réel x.

2. Montrer par le calcul tous les résultats que suggère cette copie d'écran.

S'entraîner au Bac

85 * D'après Bac STI2D Polynésie, 2015

Un pont à une seule arche d'une longueur de 16 m enjambe une route à double circulation.

La figure ci-dessous donne une vue de l'une des deux façades de ce pont (1 unité représente 1 m).

La partie supérieure du pont est à une hauteur de 5 m au-dessus de la route.

La partie de l'axe des abscisses comprise entre – 8 et 8 représente la chaussée sur laquelle sont délimitées les zones de circulation des piétons, des cyclistes et des véhicules motorisés.

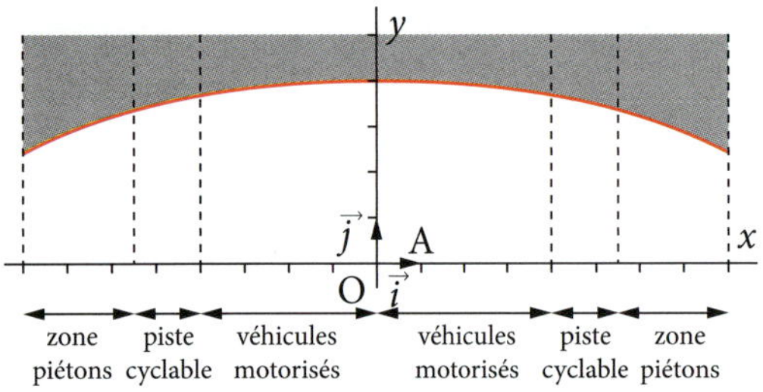

Soit la fonction f définie, pour tout réel x de l'intervalle $[-8\,;8]$, par : $f(x) = k - 0{,}5(e^{0{,}2x} + e^{-0{,}2x})$ où k désigne un entier naturel fixé.

On note $\mathscr{C}$ sa courbe représentative, donnée ci-dessus dans le repère orthonormé $(O\,;\vec{i}\,,\vec{j})$.

1. Déterminer graphiquement $f(0)$. En déduire que pour tout réel x de l'intervalle $[-8\,;8]$: $f(x) = 5 - 0{,}5(e^{0{,}2x} + e^{-0{,}2x})$.

2. En tenant compte du fait que l'on doit laisser une hauteur de sécurité de 50 cm, quelle doit être la hauteur maximale, exprimée en mètres, d'un véhicule motorisé pour qu'il puisse passer sous le pont ? On arrondira le résultat à 10^{-1}.
Montrer que la fonction f' dérivée de la fonction f est définie pour tout réel x de l'intervalle $[-8\,;8]$ par :
$f'(x) = 0{,}1e^{-0{,}2x}(1 - e^{0{,}4x})$.

3. Étudier le signe de $f'(x)$ sur $[-8\,;8]$. En déduire le tableau de variations de f sur $[-8\,;8]$.

86 ** D'après Bac STI Polynésie, 2012

L'organisateur d'une compétition de skateboard souhaite construire une piste dont le profil dans un plan est schématisé ci-après dans un repère orthonormé, en convenant qu'une unité dans le repère correspond à 1 m.

Sur ce profil, on considère que :
- la piste entre les points A et B est rectiligne, elle est donc modélisée par un segment ;
- la piste entre les points B et C est modélisée par la fonction f définie pour tout réel x de l'intervalle $[0\,;4]$ par :

$f(x) = 2 + \left(\frac{1}{4}x^2 - x + 2\right)e^{\frac{x}{4}}$.

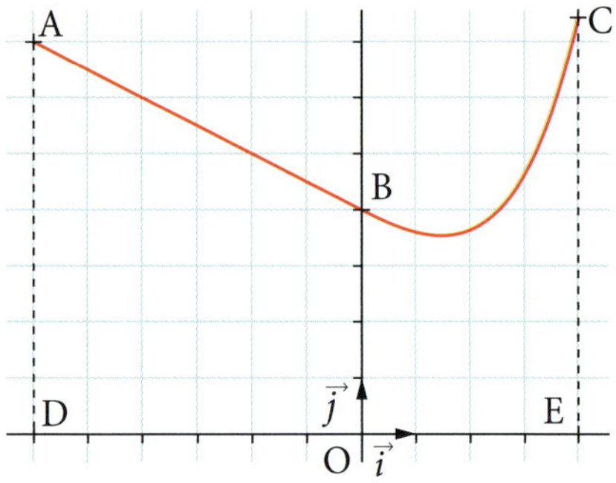

Partie A Modélisation de la piste

Dans le repère, les coordonnées des points A et B sont respectivement $A(-6\,;7)$ et $B(0\,;4)$.

1. La droite (AB) a une équation du type $y = ax + b$, où a et b sont des réels que l'on va déterminer dans cette question.
a. À partir des données de l'énoncé, donner la valeur du nombre b.
b. En utilisant les coordonnées du point A, déterminer la valeur du nombre a.

2. On note f' la dérivée de f et $\mathscr{C}_f$ la courbe représentative de la fonction f dans le repère.
a. Démontrer que pour tout nombre réel x :
$f'(x) = \frac{1}{16}(x^2 + 4x - 8)e^{\frac{x}{4}}$.
b. Vérifier que le point B est situé sur la courbe $\mathscr{C}_f$ puis que la droite (AB) est tangente à la courbe $\mathscr{C}_f$ au point B.

Partie B Étude de la fonction f

1. a. Résoudre dans $\mathbb{R}$ l'équation $x^2 + 4x - 8 = 0$.
b. Étudier le signe de $f'(x)$ sur l'intervalle $[0\,;4]$.
c. Dresser le tableau de variations de la fonction f sur l'intervalle $[0\,;4]$. Préciser les valeurs, arrondies au dixième, du maximum et du minimum de la fonction f sur cet intervalle.
d. En déduire que, pour tout x de l'intervalle $[0\,;4]$, $f(x) > 3{,}5$.

2. Soit F la fonction définie pour tout réel x de l'intervalle $[0\,;4]$ par : $F(x) = 2x + (x^2 - 12x + 56)\,e^{\frac{x}{4}}$.
a. Démontrer que F est une primitive de la fonction f sur l'intervalle $[0\,;4]$.
b. En déduire la valeur exacte de l'intégrale :
$I = \int_0^4 f(x)\,dx = F(4) - F(0)$.

87 ** D'après Bac STI Nouvelle-Calédonie, 2012

Partie A Exploitation d'informations graphiques

On considère la fonction g définie pour tout réel x par : $g(x) = ax + b + e^{-x}$, où a et b sont deux nombres réels que l'on va déterminer dans cette partie.

On donne les renseignements graphiques suivants sur la courbe représentative de la fonction g dans un repère d'axes (Ox) et (Oy) :

- le point A de coordonnées $(0 ; 4)$ appartient à cette courbe représentative ;
- la tangente à cette courbe au point d'abscisse 0 est parallèle à l'axe des abscisses.

1. À partir des renseignements précédents, donner la valeur de $g(0)$ ainsi que celle du nombre dérivé $g'(0)$.
2. Déterminer la valeur du nombre b en utilisant la question **1**.
3. Pour tout réel x, calculer $g'(x)$ en fonction de a. En déduire la valeur du nombre a.

Partie B Étude d'une fonction

On considère la fonction f définie pour tout réel x par : $f(x) = x + 3 + e^{-x}$.
On note $\mathscr{C}$ la courbe représentative de la fonction f dans un repère orthonormé.

1. Déterminer la limite de $f(x)$ lorsque x tend vers $+\infty$.
2. a. Pour tout réel x, démontrer l'égalité : $f(x) = e^{-x}(1 + xe^{x} + 3e^{x})$.
b. En déduire la limite de $f(x)$ lorsque x tend vers $-\infty$.
3. Soit f' la fonction dérivée de la fonction f.
a. Pour tout réel x, démontrer que $f'(x) = 1 - e^{-x}$, puis étudier le signe de $f'(x)$ sur $\mathbb{R}$.
b. Dresser le tableau de variations de la fonction f sur $\mathbb{R}$.
4. Représenter graphiquement la courbe $\mathscr{C}$ dans le repère. On prendra pour unité 1 cm sur chacun des axes.
5. Existe-t-il une tangente à la courbe $\mathscr{C}$ qui est parallèle à l'asymptote D d'équation $y = x + 3$?

88 *** D'après Bac STI Métropole, 2011

Lors d'un usinage, la partie active d'un outil, en mouvement relatif par rapport à la pièce travaillée et aux copeaux que l'on désire produire, est soumise à des sollicitations mécaniques et thermiques très importantes.

On usine ici des barres cylindriques (en alliage d'aluminium). Le volume V, exprimé en centimètres cubes, de copeaux obtenus avant la mort de l'outil est modélisé par la relation :
$V = 36\,000(e^{-0{,}002v} - e^{-0{,}04v})$ où v désigne la vitesse de coupe, exprimée en mètres par minute ($m{\cdot}min^{-1}$).

Les parties A et B peuvent être traitées indépendamment l'une de l'autre.

Partie A

L'objectif de cette partie est de déterminer la vitesse de coupe conduisant à une production maximale de copeaux avant la mort de l'outil.

1. a. Calculer le volume, en centimètres cubes, de copeaux obtenus avant la mort de l'outil lorsque la vitesse de coupe est de 1 200 $m{\cdot}min^{-1}$; on donnera la valeur approchée arrondie au centimètre cube.
b. Calculer V lorsque v égale 0 $m{\cdot}min^{-1}$. Pouvait-on prévoir ce résultat ?
2. On considère la fonction numérique f, définie pour tout réel x de l'intervalle $[0 ; 1\,200]$ par :
$f(x) = 36\,000(e^{-0{,}002x} - e^{-0{,}004x})$.
On note f' la fonction dérivée de la fonction f, définie pour tout réel x de l'intervalle $[0 ; 1\,200]$.
a. Vérifier que $f'(x) = 72e^{-0{,}002x}(2e^{-0{,}002x} - 1)$ pour tout réel x de l'intervalle $[0 ; 1\,200]$.
b. Soit g la fonction numérique, définie pour tout réel x de l'intervalle $[0 ; 1\,200]$ par : $g(x) = 2e^{-0{,}002x} - 1$.
La courbe représentative de la fonction g est donnée :

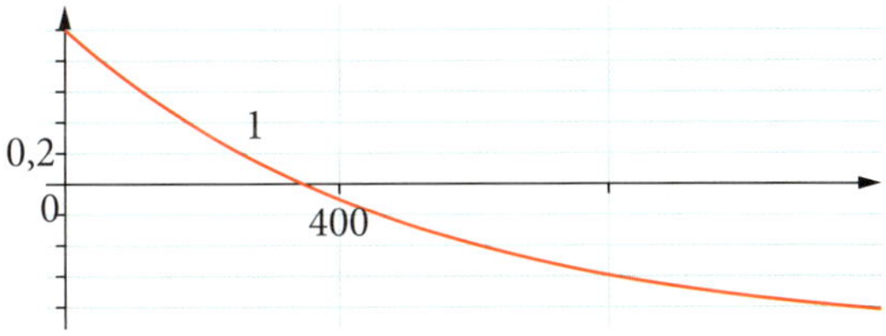

Vérifier que la fonction g s'annule en $500 \ln 2$.
c. À l'aide de la question **2b** et du graphique réalisé, déterminer le signe de $g(x)$ sur l'intervalle $[0 ; 1\,200]$.
d. En déduire le signe de $f'(x)$ sur cet intervalle.
e. Dresser alors le tableau de variations de la fonction f sur l'intervalle $[0 ; 1\,200]$.
f. On note $\mathscr{C}$ la courbe représentative de f dans un repère orthogonal du plan (unités : 1 cm pour 100 unités en abscisses et 1 cm pour 1 000 unités en ordonnées).
Tracer la courbe $\mathscr{C}$ dans ce repère orthogonal.
3. a. Déduire de l'étude précédente le volume maximal, en centimètres cubes, de copeaux que l'on peut obtenir lors de l'usinage d'une pièce, avant la mort de l'outil.
b. Donner alors une valeur approchée, arrondie au mètre par minute, de la vitesse de coupe correspondante.

Partie B

L'objectif de cette partie est, à vitesse de coupe donnée, de déterminer le nombre d'outils nécessaires à l'obtention de 10 000 cm^3 de copeaux.
On considère désormais que la vitesse de coupe v est de 350 $m{\cdot}min^{-1}$ et que la section d'usinage s est de 0,004 cm^2.

1. Le temps d'usinage T_0 (exprimé en minutes) nécessaire pour obtenir 10 000 cm^3 de copeaux est donné par la relation : $T_0 = \dfrac{10\,000}{v \times 100 \times s} = \dfrac{100}{v \times s}$ où v désigne la vitesse de coupe, exprimée en mètres par minute ($m{\cdot}min^{-1}$) et s est la section d'usinage exprimée en centimètres carrés.

Déterminer une valeur approchée (par excès à la minute près) de ce temps d'usinage T_0.

2. Le temps effectif de coupe d'un outil (exprimé en minutes) est donné par la relation $T_{eff} = C \times x^n$ où x désigne la vitesse de coupe exprimée en mètres par minute.
Dans le cas d'une usure maximale possible de 0,3 mm, on obtient expérimentalement les valeurs suivantes :
$C \approx 1{,}8 \times 10^7$ et $n \approx -2{,}25$.
Déterminer une valeur approchée (par défaut à la minute près) de ce temps effectif de coupe d'un outil, noté T_{eff} pour une vitesse de coupe de 350 m·min^{-1}.

3. En déduire le nombre d'outils nécessaires à l'obtention de 10 000 cm^3 de copeaux.

4. L'exposant négatif dans la relation $T_{eff} = 1{,}8 \times 10^7 \times x^{-2{,}25}$ obtenue expérimentalement paraît-il conforme à l'intuition ? Justifier la réponse.

Aller plus loin

89 ** Question de température (ALGO)

La température T, en degrés Celsius, d'un corps est donnée en fonction du temps t, en minutes, par :

$T(t) = 20 + 180e^{kt}$ où $k = \frac{1}{40}\ln\left(\frac{9}{19}\right)$ sur $[0\,;+\infty[$.

1. Calculer $\lim\limits_{t \to +\infty} T(t)$.
2. Résoudre $T(t) < 30$ puis conclure.
3. Compléter cet algorithme. Quel est son rôle ?

```
Variables :    T entier
               N réel
Traitement :   0→T
               Lire N
               Tant que ........ > N
                  T+1→T
               Fin Tant que
Affichage :    Afficher ..............
```

90 *** Vitesse d'un parachutiste

Soit v la vitesse d'un parachutiste en fonction du temps t en secondes après l'ouverture du parachute. La fonction v est définie pour tout réel t positif sur $[0\,;+\infty[$ et est donnée par :

$$v(t) = \frac{-\sqrt{10}\left(ke^{\sqrt{10}t}+1\right)}{2-2ke^{\sqrt{10}t}}.$$

1. À l'aide un logiciel de calcul formel, trouver k pour que $v(0) = 1$.
2. Calculer la limite de v en $+\infty$.
3. Donner la dérivée $v'(t)$ sur $[0\,;+\infty[$ et résoudre $v'(t) > 0$. Conclure.

91 *** Taux d'intérêt à FinanceCity (ALGO)

Dans la ville de FinanceCity, les banques proposent un taux d'intérêt annuel exceptionnel de 100 %.
Arnaud désire placer 1 000 €.

1. La première banque propose de lui verser 100 % d'intérêts à la fin de l'année. De quelle somme disposerait alors Arnaud au bout d'un an ?
2. La banque suivante, pour défier la concurrence, propose de lui verser 50 % d'intérêts composés tous les six mois. Cette proposition est-elle plus intéressante que la précédente ?
3. Chacune des banques suivantes propose alors à Arnaud une offre plus alléchante que la précédente.
   - La troisième banque propose de lui verser 33,3 % d'intérêts composés trois fois par an.
   - La quatrième banque propose de lui verser 25 % d'intérêts composés quatre fois par an.
   - La $n^{\text{ième}}$ banque propose de verser à Arnaud $\frac{100}{n}$ % d'intérêts composés n fois par an.

   Exprimer, en fonction de n, la somme S_n dont disposera Arnaud à la fin de l'année s'il choisit la banque n.

> ?
> Augmenter une valeur de p % revient à multiplier cette valeur par $\left(1+\frac{p}{100}\right)$.

4. Arnaud se dit que s'il continue à faire ainsi marcher la concurrence, il deviendra milliardaire avant la fin de l'année, surtout que FinanceCity est réputée pour posséder un million de banques.
Pour simuler ses gains, Arnaud programme alors la fonction suivante.

```
from lycee import *

def placement(n):
    Sn=1000*(1+1/n)**n
    return Sn
```

a. Quel montant serait disponible sur le compte d'Arnaud au bout d'un an s'il plaçait 1 000 € à $\frac{100}{1\,000\,000}$ % d'intérêts composés touchés 1 000 000 de fois par an ?

b. Le montant dont disposerait Arnaud serait-il à la hauteur de ses espérances ?

c. Conjecturer la limite de la suite $\left(1+\frac{1}{n}\right)^n$.

d. Écrire un programme qui détermine le nombre minimum de banques qu'Arnaud devra passer voir pour que la différence entre une offre et cette limite soit inférieure à 0,01 €.

SOUTIEN AP1 Comment calculer la dérivée d'une fonction comportant une fonction exponentielle ?

I. La méthode

Soit f une fonction définie et dérivable sur un intervalle I.

a. On reconnaît dans l'écriture de la fonction f, la fonction $g : x \mapsto e^x$ ou la fonction $h : x \mapsto e^{u(x)}$ où u est une fonction définie et dérivable sur un intervalle I.

On sait que $g'(x) = e^x$ et $h'(x) = u'(x)e^{u(x)}$.

b. On écrit la formule de dérivation adaptée.

c. On développe ou on factorise par e^x l'expression obtenue.

II. Application

Déterminer $f'(x)$, x appartenant à un intervalle I précisé, pour chacune des fonctions suivantes.

a. $f(x) = 2e^x - 5x + 1$; $I = \mathbb{R}$.

b. $f(x) = 1 - e^{-0,5x}$; $I = \mathbb{R}$.

c. $f(x) = 2e^x(1 - e^x)$; $I = \mathbb{R}$.

d. $f(x) = xe^{2x}$; $I = \mathbb{R}$.

e. $f(x) = \dfrac{e^x + 2}{x}$; $I =]-\infty ; 0[\cup]0 ; +\infty[$.

f. $f(x) = \dfrac{e^{-x} + e^x}{x}$; $I =]-\infty ; 0[\cup]0 ; +\infty[$.

g. $f(x) = (2x + 3)e^{\frac{1}{2}x}$; $I =]-\infty ; 0[\cup]0 ; +\infty[$.

SOUTIEN AP2 Comment calculer une limite d'une fonction exponentielle ?

I. La méthode

a. Utiliser les limites suivantes :

- $\lim\limits_{x \to -\infty} \exp x = 0$ et $\lim\limits_{x \to +\infty} \exp x = +\infty$.
- $\lim\limits_{x \to +\infty} \dfrac{e^x}{x} = +\infty$ et, pour tout entier n, $\lim\limits_{x \to +\infty} \dfrac{e^x}{x^n} = +\infty$.
- Soit u une fonction.

1er cas : si $\lim\limits_{x \to a} u(x) = +\infty$, alors $\lim\limits_{x \to a} e^{u(x)} = +\infty$.

2e cas : si $\lim\limits_{x \to a} u(x) = -\infty$, alors $\lim\limits_{x \to a} e^{u(x)} = 0$.

3e cas : si $\lim\limits_{x \to a} u(x) = b$, alors $\lim\limits_{x \to a} e^{u(x)} = e^b$.

b. Utiliser les opérations sur les limites.

II. Application

Déterminer les limites suivantes.

a. $\lim\limits_{x \to -\infty} (e^{-x} + 1)$

b. $\lim\limits_{x \to +\infty} -e^x(e^x + 1)$

c. $\lim\limits_{x \to +\infty} \dfrac{e^x + 1}{2}$

d. $\lim\limits_{x \to +\infty} \dfrac{2}{e^x + 1}$

e. $\lim\limits_{x \to +\infty} (-x + 6)e^x$

f. $\lim\limits_{x \to -\infty} \left(x + \dfrac{2}{e^x}\right)$

g. $\lim\limits_{x \to 0} (e^x - 3)e^{-x}$

h. $\lim\limits_{x \to -\infty} e^{3-x}$

i. $\lim\limits_{x \to -\infty} e^{-x^2+1}$

j. $\lim\limits_{x \to 2} e^{1-x}$

k. $\lim\limits_{x \to -\infty} (x - e^{-2x})$

l. $\lim\limits_{\substack{x \to 0 \\ x > 0}} e^{\frac{2}{x}+2}$

m. $\lim\limits_{x \to +\infty} e^{-1,5x+2}$

n. $\lim\limits_{x \to +\infty} xe^{-x}$

o. $\lim\limits_{x \to +\infty} e^{-x}(e^{2x} + 1)$

p. $\lim\limits_{x \to -\infty} \dfrac{e^{-x-1}}{e^{2x}}$

APPROFONDISSEMENT AP3

Comment résoudre une équation comportant fonction exponentielle, fonctions puissances ou logarithme népérien ?

I. La méthode

• Avec la fonction exponentielle, on sait que, pour un réel k strictement positif donné :
$e^x = k$ est équivalent à $x = \ln k$ sur $\mathbb{R}$.

• Avec le logarithme népérien, on sait que, pour un réel k donné :
$\ln x = k$ est équivalent à $x = e^k$ sur $]0 ; +\infty[$.

• Avec les fonctions puissances, on sait que, pour deux réels a et k strictement positifs donnés :
$a^x = k$ est équivalent à $x = \dfrac{\ln k}{\ln a}$ sur $\mathbb{R}$.

Et $x^a = k$ avec $k > 0$ et $a > 0 \Leftrightarrow x = e^{\frac{1}{a}\ln k} = k^{\frac{1}{a}}$ sur $[0 ; +\infty[$.

II. Application

Résoudre dans l'intervalle précisé les équations suivantes.

a. $e^{-x} = 2$ dans $\mathbb{R}$.

b. $4e^{2x} = 1$ dans $\mathbb{R}$.

c. $\ln x + \dfrac{1}{3} = 4$ sur $]0 ; +\infty[$.

d. $2{,}6^x = 0{,}5$ sur $\mathbb{R}$.

e. $\left(\dfrac{3}{7}\right)^x = 1$ sur $\mathbb{R}$.

f. $x^{4{,}9} = 10$ sur $]0 ; +\infty[$.

APPROFONDISSEMENT AP4

Comment déterminer une primitive d'une fonction comportant une fonction exponentielle ?

I. La méthode

Utiliser les formules suivantes :

Fonction $f(x)$	Primitive $F(x)$
$f(x) = e^x$	$F(x) = e^x$
$f(x) = e^{ax+b}$, $a \neq 0$	$F(x) = \dfrac{1}{a} e^{ax+b}$
$f(x) = u'(x)e^{u(x)}$	$F(x) = e^{u(x)}$

b. Retrouver la forme de la fonction et utiliser les opérations sur les primitives.

II. Application

Déterminer une primitive de chacune des fonctions suivantes sur $\mathbb{R}$.

a. $f(x) = 2e^x + 1$

b. $f(x) = e^x(6 + e^x)$

c. $f(x) = 5e^{2-3x}$

d. $f(x) = x\,e^{\frac{1}{2}x^2-4}$

e. $f(x) = \dfrac{-e^{-x}}{(2+e^{-x})}$

f. $f(x) = \dfrac{-e^{-x}}{(2+e^{-x})^3}$

Chapitre 6

Intégration

OBJECTIFS

- Savoir interpréter une intégrale comme aire sous la courbe. ▶ Cours I
- Savoir calculer l'intégrale d'une fonction de signe quelconque. ▶ Cours I
- Savoir utiliser les propriétés de l'intégrale. ▶ Cours II
- Savoir calculer la valeur moyenne d'une fonction sur un intervalle. ▶ Cours III
- Savoir calculer l'aire d'un domaine limité par deux courbes. ▶ Cours IV

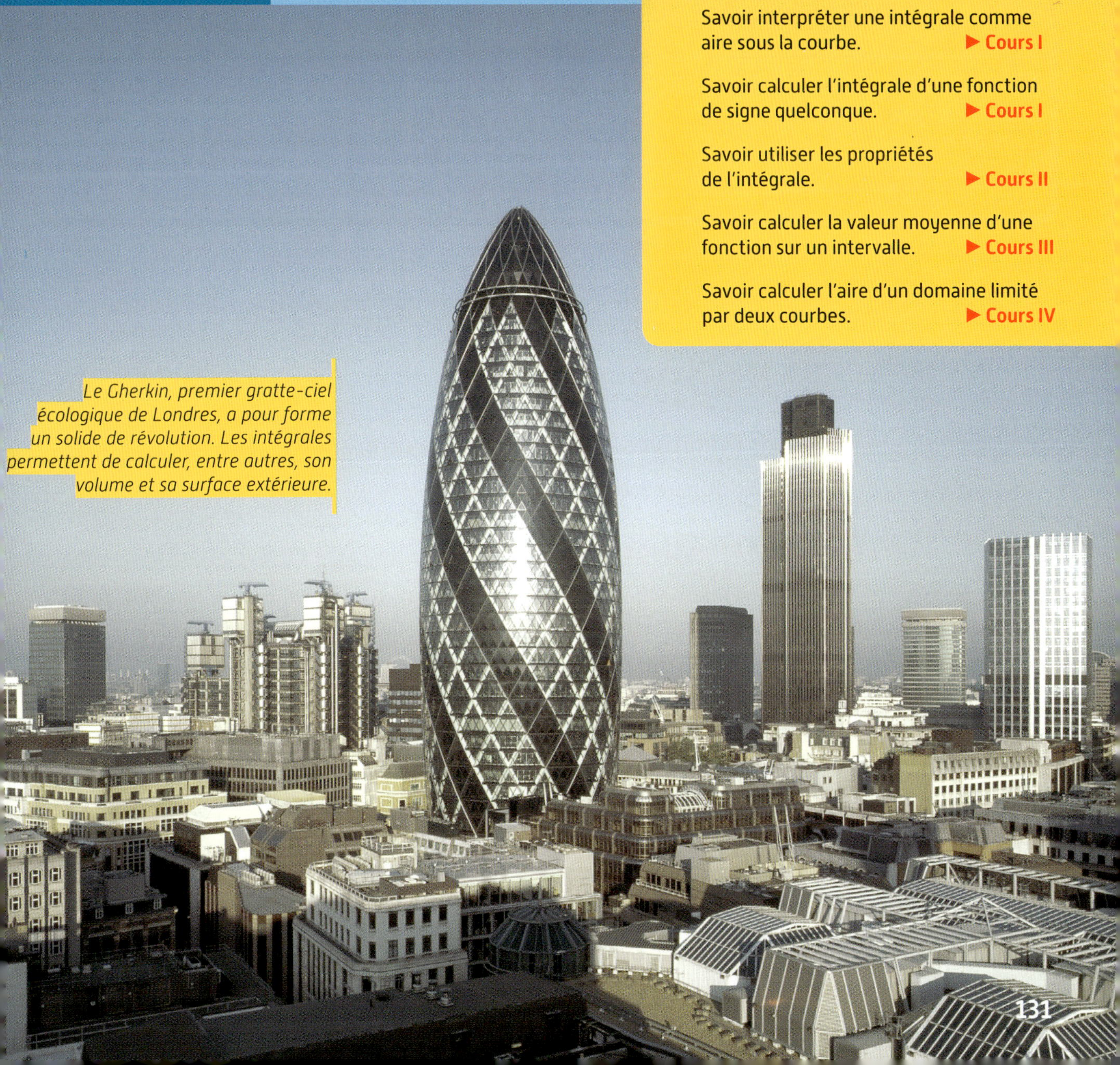

Le Gherkin, premier gratte-ciel écologique de Londres, a pour forme un solide de révolution. Les intégrales permettent de calculer, entre autres, son volume et sa surface extérieure.

QCM

Pour chacune des questions posées, indiquer la bonne réponse.

	a	b	c	d
1 Soit F une primitive de la fonction f définie sur $\mathbb{R}$ par $f(x) = x^3 - 3x^2 - 2x + 5$.				
$F(x)$ est égal à :	$3x^2 - 6x - 2$	$4x^3 - 9x^2 - 2$	$\frac{x^4}{4} - x^3 - x^2 + 5x - \frac{5}{4}$	$\frac{x^4}{4} - x^3 - x^2 - \frac{5}{4}$
2 Soit F la primitive de la fonction f définie sur $\mathbb{R}$ par $f(x) = 2x + \sin x$ vérifiant $f(0) = 2$.				
$F(x)$ est égal à :	$2 + \cos x$	$x^2 - \cos x + 3$	$x^2 + \cos x + 1$	$3 + x\cos x$
3 Soit F une primitive de la fonction f définie sur $]0\,;+\infty[$ par $f(x) = 2 + \frac{3}{x}$.				
$F(x)$ est égal à :	$2x + 3\ln x + 1$	$2x - \frac{3}{x^2}$	$2x + \ln(3x)$	$2x + 3\ln(3x) + 1$
4 Une primitive de la fonction f définie sur $\mathbb{R}$ par $f(x) = x^2 + 2e^x$ est la fonction F définie sur $\mathbb{R}$ par :				
	$F(x) = \frac{x^3}{3} + e^x$	$F(x) = \frac{x^3}{3} + 2e^x + 2$	$F(x) = \frac{x^3}{3} + \frac{e^x}{2}$	$F(x) = \frac{x^3}{3} + e^{2x} - 1$
5 On considère un trapèze convexe ABCD, les côtés [AB] et [CD] sont parallèles, AB = 5, CD = 7 et la hauteur est égale à 5.				
L'aire du trapèze ABCD, en unités d'aire, est égale à :	175	17	60	30

Rappels

1 Primitives des fonctions de référence

Voir chapitre 3, cours paragraphe III.

2 Primitives et opérations

u est une fonction définie sur un intervalle I de $\mathbb{R}$ et C est une constante réelle.

Fonction	Primitive	Conditions
$u'u^n$	$\frac{1}{n+1}u^{n+1} + C$	• $n \neq -1$ • u ne s'annule pas sur I si $n < 0$
$\frac{u'}{u}$	$\ln u + C$	u strictement positive sur I
$u'\,e^u$	$e^u + C$	
$x \mapsto \frac{1}{ax+b}$	$x \mapsto \frac{1}{a}\ln(ax+b) + C$	$ax + b > 0$ et $a \neq 0$
$x \mapsto e^{ax+b}$	$x \mapsto \frac{1}{a}\,e^{ax+b} + C$	$a \neq 0$

Activités d'approche

Activité 1 L'aire sous la courbe représentative d'une fonction positive avec *GeoGebra*

lienmini.fr/m111-c06-act1

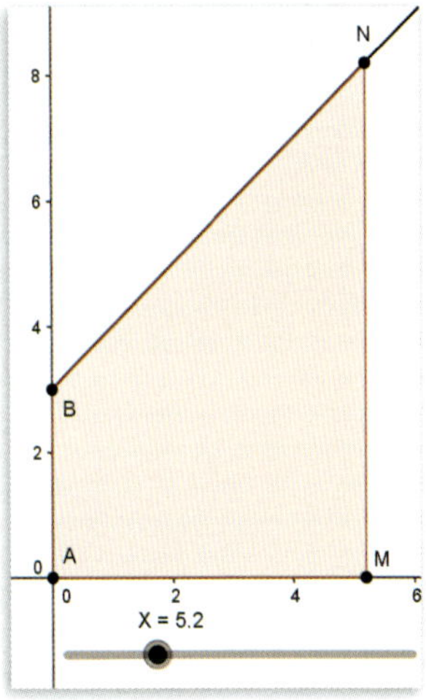

1. Soit f la fonction définie sur $[0 ; +\infty[$ par $f(x) = 0{,}5x + 3$.
a. Ouvrir le fichier, représenter f et placer le curseur X ($0 < X < 20$).
b. Construire le polygone AMNB avec A(0 ; 0), B(0 ; $f(0)$), M(X ; 0), N(X ; $f(X)$). (Son aire s'affiche : **poly1**.)
c. Ouvrir la fenêtre **Graphique 2**, y placer le point P(X ; poly1) avec trace activée.
d. Faire varier le curseur. On obtient la courbe représentative d'une fonction F définie sur $[0 ; +\infty[$. En calculant l'aire du rectangle AMNB, déterminer $F(x)$. Vérifier le résultat sur Graphique 2. Que peut-on dire de f par rapport à F ? de F par rapport à f ?

2. On considère maintenant que f est la fonction définie sur $[1 ; +\infty[$ par $f(x) = \dfrac{1}{x}$.
a. Représenter f et placer un curseur X ($0 < X < 20$).
b. Pour déterminer l'aire sous la courbe, on utilise la fonction appelée **Intégrale** dont l'instruction est : **Intégrale[<Fonction>,<x min>,<x max>]**. *GeoGebra* la nomme a. Ouvrir une seconde fenêtre, y placer le point P(X ; a), avec trace activée.
c. Faire varier le curseur. On obtient la courbe représentative d'une fonction F définie sur $[1 ; +\infty[$. Vérifier graphiquement que F est une fonction connue. Que peut-on dire de f par rapport à F ?
d. Procéder de même avec la fonction f définie sur $[0 ; +\infty[$ par $f(x) = e^x$.

Activité 2 Valeur moyenne d'une fonction

STI2D STL/SPCL

Un cycliste se déplace en ligne droite pendant 20 s. Sa vitesse est représentée graphiquement sur la figure ci-dessous, le temps est exprimé en secondes et la vitesse en mètres par seconde ($m.s^{-1}$).

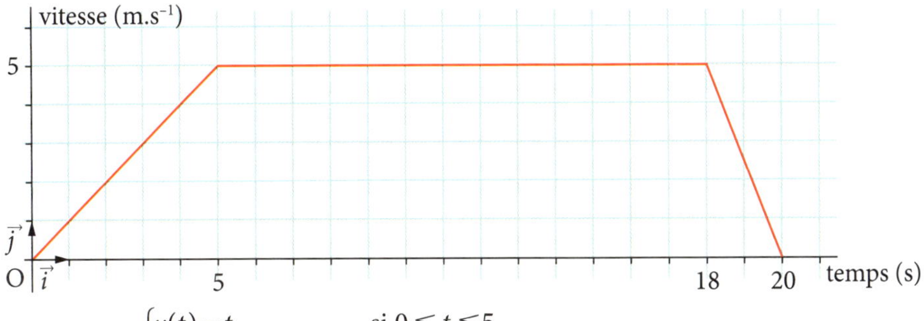

On donne : $\begin{cases} v(t) = t & \text{si } 0 \leqslant t \leqslant 5 \\ v(t) = 5 & \text{si } 5 \leqslant t \leqslant 18 \\ v(t) = -2{,}5t + 50 & \text{si } 18 \leqslant t \leqslant 20 \end{cases}$

1. a. Quelle est la distance parcourue entre les instants $t_1 = 0$ et $t_2 = 5$?
b. En déduire la vitesse moyenne du cycliste entre les instants 0 et 5.
Vérifier que $v_{\text{moy}} = \dfrac{1}{5}\displaystyle\int_0^5 v(t)\,dt$.

2. Mêmes questions avec $t_1 = 0$ et $t_3 = 18$. Puis avec $t_1 = 0$ et $t_4 = 20$.
On généralisera cette formule : la valeur moyenne d'une fonction continue sur un intervalle $[a ; b]$ est égale à $\dfrac{1}{b-a}\displaystyle\int_a^b f(t)\,dt$.

info
La distance parcourue entre les instants t_1 et t_2 est l'intégrale de la vitesse entre ces instants.

I. Intégrale d'une fonction continue

VOIR EXERCICE RÉSOLU 1

A. Notion de fonction continue

Définition Une fonction f définie sur un intervalle I de $\mathbb{R}$ est dite **continue** sur I si on peut tracer sa courbe représentative dans un repère « sans lever le crayon ».

Exemples

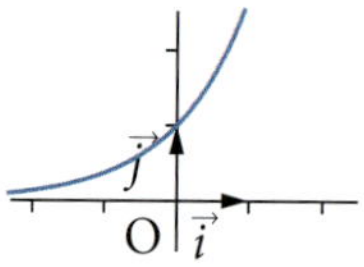

La fonction exponentielle e est continue sur $\mathbb{R}$.

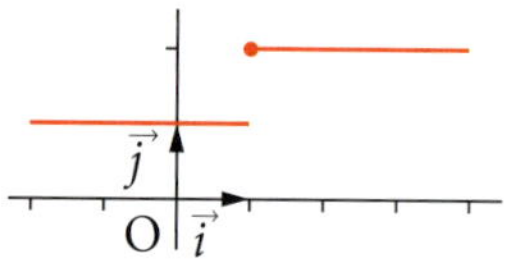

La fonction f définie sur $\mathbb{R}$ par $f(x) = 1$ pour $x < 1$ et $f(x) = 2$ pour $x \geqslant 1$ n'est pas continue sur $\mathbb{R}$.

Propriété (admise) Toute fonction dérivable sur un intervalle I est continue sur cet intervalle.

Remarque La réciproque est fausse. Par exemple, la fonction valeur absolue est continue mais n'est pas dérivable en 0.

Théorème (admis) Toute fonction continue sur un intervalle I de $\mathbb{R}$ admet une primitive sur I.

VOIR EXERCICE RÉSOLU 2

B. Intégrale d'une fonction continue et positive sur un intervalle

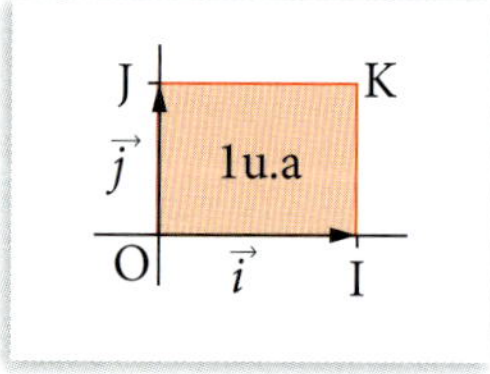

Définition Le plan est muni d'un repère orthogonal $\left(\mathrm{O}\,;\vec{i},\vec{j}\right)$. On appelle **unité d'aire**, l'aire du rectangle OIKJ, où I, J et K sont les points de coordonnées respectives (1 ; 0), (0 ; 1) et (1 ; 1).

Remarque L'unité d'aire est notée u.a.

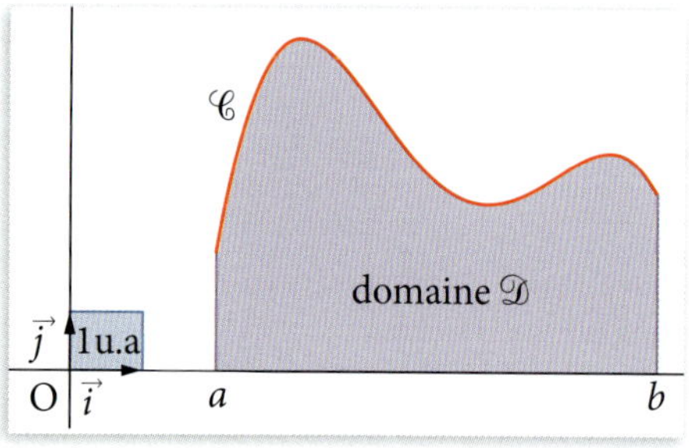

Définition Soit f une fonction **continue et positive** sur un intervalle $[a\,;b]$ de $\mathbb{R}$ et $\mathscr{C}$ sa courbe représentative dans le repère orthogonal $\left(\mathrm{O}\,;\vec{i},\vec{j}\right)$. On appelle **intégrale de f de a à b,** et on note $\int_a^b f(x)\mathrm{d}x$, **l'aire**, exprimée en unités d'aire, du domaine $\mathscr{D}$ du plan délimité par :

- l'axe des abscisses ;
- la courbe $\mathscr{C}$;
- les droites d'équations $x = a$ et $x = b$.

Vocabulaire

- a et b sont les **bornes de l'intégrale**.
- x est la **variable d'intégration**. Cette variable peut être notée indifféremment y, t, θ…

$$\int_a^b f(x)\mathrm{d}x = \int_a^b f(y)\mathrm{d}y = \int_a^b f(t)\mathrm{d}t = \int_a^b f(\theta)\mathrm{d}\theta\ldots$$

On dit que la variable d'intégration est « muette ».

EXERCICE RÉSOLU 1

Savoir si une fonction est continue

Pour chacune des fonctions suivantes, préciser si elle est continue.

- f définie sur $\mathbb{R}$ par $f(x) = 4x^3 - 5x^2 + 7x - 4$.
- g définie sur $\mathbb{R}$ par $g(x) = 4x + 2e^{3x} + 4$.
- k définie sur $[-3\,;4]$ par $k(x) = 1$ si $0 \leqslant x \leqslant 2$, $k(x) = 1 - 0{,}5x$ si $x < 0$ ou $x > 2$.

Résolution

Les fonctions f et g sont des fonctions dérivables sur $\mathbb{R}$. Elles sont donc continues sur $\mathbb{R}$.
La fonction k n'est pas continue sur l'intervalle $[-3\,;4]$. Il y a un « saut » pour $x = 2$ (représentation ci-dessous).

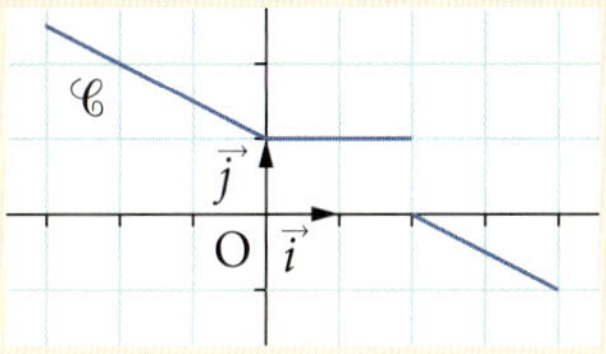

Méthode

- Si l'on connaît l'expression de la fonction, on regarde si elle est dérivable sur un intervalle I. Si elle l'est, alors elle est continue sur I.
- Si l'on connaît sa représentation graphique, on regarde si l'on peut la tracer sans lever le crayon.

VOIR EXERCICES D'APPLICATION 1 et 2

EXERCICE RÉSOLU 2

Calculer des intégrales

La représentation graphique ci-dessous est celle d'une fonction numérique f définie sur l'intervalle $[-5\,;6]$.

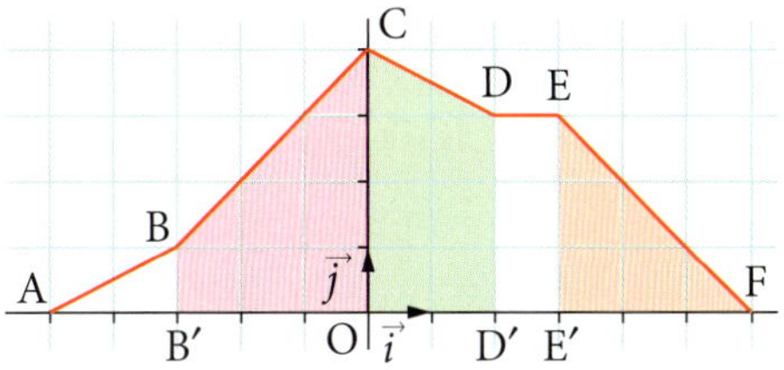

Calculer les intégrales suivantes :

a. $\int_3^6 f(t)\,dt$ **b.** $\int_{-3}^2 f(t)\,dt$

Résolution

a. L'intégrale $\int_3^6 f(t)\,dt$ est égale à l'aire du triangle EE′F. Donc :

$$\int_3^6 f(t)\,dt = \frac{1}{2} \times EE' \times E'F = \frac{1}{2} \times 3 \times 3 = \frac{9}{2}.$$

b. L'intégrale $\int_{-3}^2 f(t)\,dt$ est égale à la somme des aires des trapèzes B′OCB et OD′DC. Donc :

$$\int_{-3}^2 f(t)\,dt = \frac{(B'B + OC)}{2} \times B'O + \frac{(OC + D'D)}{2} \times OD' = \frac{1+4}{2} \times 3 + \frac{4+3}{2} \times 2$$

$$= \frac{29}{2}.$$

Méthode

- On s'assure que la fonction est positive sur l'intervalle.
- On calcule l'aire du domaine situé « sous la courbe ».

VOIR EXERCICES D'APPLICATION 3 à 5

I. Intégrale d'une fonction continue (suite)

VOIR EXERCICE RÉSOLU 3

C. Intégrale et primitive

Dans l'activité d'approche 1, on a conjecturé que la fonction F qui donnait l'aire sous la courbe entre 0 (ou 1) et x était une primitive de la fonction f. Ici, on généralise.

Théorème Soit f une fonction continue et monotone sur un intervalle $[a\,;b]$.
La fonction $F: x \mapsto \int_a^x f(t)\mathrm{d}t$ est dérivable sur $[a\,;b]$ et $F'(x) = f(x)$ pour tout x appartenant à $[a\,;b]$.

Démonstration Voir TP3.

Remarques

- Ce résultat reste valable pour une fonction f non monotone sur $[a\,;b]$. On décompose cet intervalle en une réunion d'intervalles tels que, sur chacun, f est monotone.
- Dans l'intégrale $\int_a^x f(t)\mathrm{d}t$, la variable d'intégration doit être différente de x.

Propriété Soit f une fonction continue et positive sur un intervalle $[a\,;b]$ de $\mathbb{R}$ et F une primitive de f sur $[a\,;b]$. Alors :

$$\int_a^b f(x)\mathrm{d}x = F(b) - F(a).$$

Notation : On écrit $\int_a^b f(x)\mathrm{d}x = [F(x)]_a^b = F(b) - F(a)$.

Remarque Le nombre $F(b) - F(a)$ est indépendant du choix de la primitive F de f. En effet, soit G une autre primitive de f, il existe un unique réel k tel que pour tout x de $[a\,;b]$, $G(x) = F(x) + k$. Alors :
$G(b) - G(a) = [F(b) + k] - [F(a) + k] = F(b) + k - F(a) - k = F(b) - F(a)$.

VOIR EXERCICES RÉSOLUS 3 et 4

D. Intégrale d'une fonction continue de signe quelconque STI2D STL/SPCL

On utilise la formule $\int_a^b f(x)\mathrm{d}x = F(b) - F(a)$, valable avec une fonction continue positive, pour définir l'intégrale d'une fonction de signe quelconque.

Définition Soit f une fonction continue sur un intervalle $[a\,;b]$ de $\mathbb{R}$. Soit F une primitive de f sur $[a\,;b]$. Alors :

$$\int_a^b f(x)\mathrm{d}x = F(b) - F(a).$$

Exemple

$$\int_0^{\pi} \cos\theta\,\mathrm{d}\theta = [\sin\theta]_0^{\pi} = \sin\pi - \sin 0 = 0 - 0 = 0.$$

Remarques

- Comme le montre cet exemple, on a $\int_a^b f(x)\mathrm{d}x = 0$ bien que f ne soit pas nulle sur l'intervalle $[a\,;b]$.
- Certains logiciels et les calculatrices scientifiques permettent d'obtenir une valeur approchée voire exacte d'une intégrale.

Avec *GeoGebra* : **Intégrale[<Fonction>, <x min>, <x max>]**

Sur TI : MATH → 9 fnInt(syntaxe : fnInt(f(X), X, xmin, xmax)

Sur Casio : menu RUN → OPTN → CALC → syntaxe : $\int$ (f(x), xmin, xmax).

EXERCICE RÉSOLU 3

Calculer une intégrale à l'aide d'une primitive

Calculer les intégrales suivantes ;

$I = \int_1^3 (3x^2 + 4x + 5)\mathrm{d}x$;

$J = \int_0^1 2\mathrm{e}^x\,\mathrm{d}x$;

$K = \int_0^2 \frac{2x}{x^2+4}\mathrm{d}x$.

→ Résolution

- Une primitive de la fonction $f : x \mapsto 3x^2 + 4x + 5$ est la fonction $F : x \mapsto x^3 + 2x^2 + 5x$.

Donc :

$I = \int_1^3 (3x^2 + 4x + 5)\mathrm{d}x = \left[x^3 + 2x^2 + 5x\right]_1^3$

$I = (3^3 + 2 \times 3^2 + 5 \times 3) - (1^3 + 2 \times 1^2 + 5 \times 1) = 52.$

- Une primitive de la fonction $f : x \mapsto 2\mathrm{e}^x$ est la fonction $F : x \mapsto 2\mathrm{e}^x$.

Donc :

$J = \int_0^1 2\mathrm{e}^x\mathrm{d}x = \left[2\mathrm{e}^x\right]_0^1 = 2\mathrm{e} - 2.$

- Une primitive de la fonction $f : x \mapsto \frac{2x}{x^2+4}$ est la fonction $F : x \mapsto \ln(x^2 + 4)$.

Donc :

$K = \int_0^2 \frac{2x}{x^2+4}\mathrm{d}x = \left[\ln(x^2+4)\right]_0^2 = \ln 8 - \ln 4 = \ln 2.$

Méthode

Pour calculer l'intégrale d'une fonction f entre a et b :

- on recherche une primitive F de la fonction f ;
- on calcule $F(b) - F(a)$.

Méthode

Pour déterminer une primitive d'une fonction f :

- si f s'exprime sous forme d'une somme, on cherche une primitive pour chaque terme de la somme ;
- si f s'exprime sous forme d'un produit, on cherche à utiliser les formules $u'u^n$, $u'\mathrm{e}^u$, $\frac{u'}{u}$;
- sinon, on suit les indications de l'énoncé.

VOIR
EXERCICES D'APPLICATION 6 à 14

EXERCICE RÉSOLU 4

Calculer une intégrale, une primitive étant donnée

Soit l'intégrale $I = \int_1^{\mathrm{e}} (2x + 1 + \ln x)\mathrm{d}x$ et la fonction F définie sur $]0\,;+\infty[$ par $F(x) = x^2 + x\ln x$.

1. Déterminer F', la fonction dérivée de F.
2. En déduire la valeur de l'intégrale I.

→ Résolution

1. $F'(x) = 2x + \ln x + x \times \frac{1}{x} = 2x + 1 + \ln x.$
2. On remarque que F est une primitive de la fonction $x \mapsto 2x + 1 + \ln x$.

Donc :

$I = \int_1^{\mathrm{e}} (2x + 1 + \ln x)\mathrm{d}x = \left[x^2 + x\ln x\right]_1^{\mathrm{e}} = (\mathrm{e}^2 + \mathrm{e}\ln \mathrm{e}) - (1^2 + \ln 1) = \mathrm{e}^2 + \mathrm{e} - 1.$

Méthode

- On ne connaît pas de primitive de la fonction à intégrer, on suit donc l'énoncé qui donne des pistes.
- On est très attentif à l'expression « en déduire » qui signifie que les résultats de la ou des questions précédentes doivent être utilisés (car ils sont très utiles).

VOIR
EXERCICES D'APPLICATION 15 à 17

II. Propriétés de l'intégrale

STI2D STL/SPCL

info
L'intégrale d'une fonction continue et positive sur un intervalle est un nombre réel positif.

A. Positivité

Théorème(admis) Soit f une fonction continue sur l'intervalle $[a\,;b]$, avec $a < b$. Si $f(x) \geqslant 0$ pour tout réel x de l'intervalle $[a\,;b]$, alors $\int_a^b f(x)\mathrm{d}x \geqslant 0$.

Théorème Soit f et g deux fonctions définies sur l'intervalle $[a\,;b]$, avec $a < b$. Si $f(x) \leqslant g(x)$ pour tout réel x de l'intervalle $[a\,;b]$, alors $\int_a^b f(x)\mathrm{d}x \leqslant \int_a^b g(x)\mathrm{d}x$.

VOIR EXERCICE RÉSOLU 5

B. Linéarité

Soit F et G des primitives de deux fonctions f et g continues sur un intervalle I :
- $F + G$ est une primitive de $f + g$,
- et, si k est un réel, alors kF est une primitive de kf.

Théorème (admis) Soit f et g deux fonctions continues sur l'intervalle $[a\,;b]$ et soit k une constante réelle. Alors :
$\int_a^b (f(x)+g(x))\mathrm{d}x = \int_a^b f(x)\mathrm{d}x + \int_a^b g(x)\mathrm{d}x$ et $\int_a^b (kf(x))\mathrm{d}x = k\int_a^b f(x)\mathrm{d}x$.

VOIR EXERCICES RÉSOLUS 5 et 6

C. Relation de Chasles

Théorème Soit f une fonction continue sur l'intervalle $[a\,;b]$ et soit c un réel quelconque de $[a\,;b]$.
$\int_a^b f(x)\mathrm{d}x = \int_a^c f(x)\mathrm{d}x + \int_c^b f(x)\mathrm{d}x$.

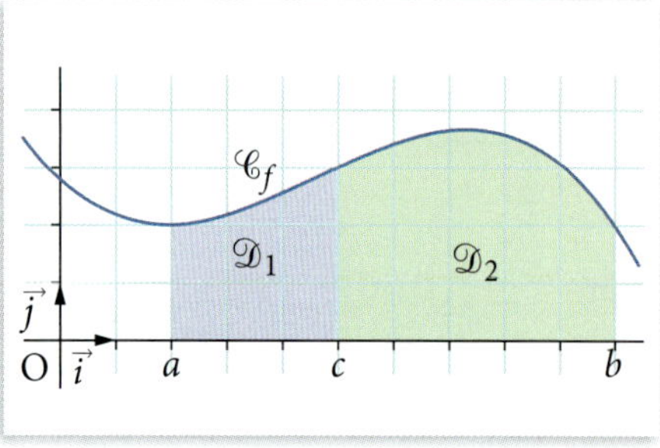

Interprétation Si f est une fonction positive sur l'intervalle $[a\,;b]$, l'aire coloriée est la somme des aires des domaines $\mathscr{D}_1$ et $\mathscr{D}_2$.

Remarques
- Soit f une fonction continue sur un intervalle I de $\mathbb{R}$. Pour tout réel a de I : $\int_a^a f(x)\mathrm{d}x = 0$.
- Soit une fonction f continue sur $\mathbb{R}$, **périodique** de période T, et soit a un réel quelconque : $\int_a^{a+T} f(x)\mathrm{d}x = \int_0^T f(x)\mathrm{d}x$.

III. Valeur moyenne d'une fonction sur un intervalle

STI2D STL/SPCL

VOIR EXERCICE RÉSOLU 6

Définition Soit f une fonction continue sur un intervalle $[a\,;b]$ de $\mathbb{R}$. On appelle valeur moyenne de f sur l'intervalle $[a\,;b]$ le nombre réel : $\frac{1}{b-a}\int_a^b f(x)\mathrm{d}x$.

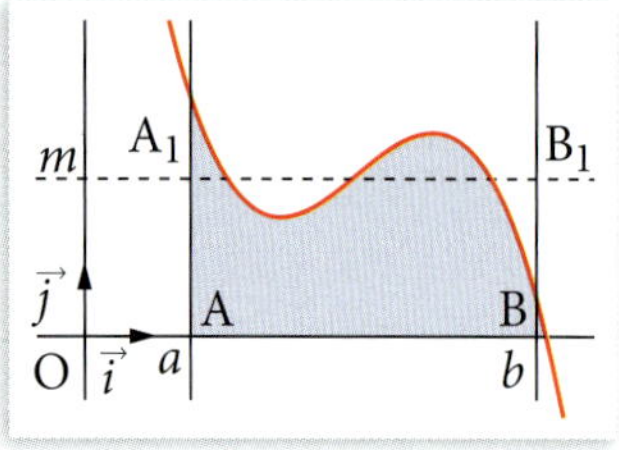

Remarque
Si f est une fonction positive, la valeur moyenne de f sur l'intervalle $[a\,;b]$ est la hauteur du rectangle AA_1B_1B qui a pour aire l'intégrale de f sur $[a\,;b]$.
Autrement dit, l'aire du rectangle AA_1B_1B est égale à l'aire colorée en bleu.

EXERCICE RÉSOLU 5

Calculer une intégrale par linéarité

On considère les intégrales $I = \int_3^4 \frac{1}{x-2}\,dx$, $J = \int_3^4 \frac{1}{x+2}\,dx$ et $K = \int_3^4 \frac{4}{x^2-4}\,dx$.

1. Montrer que $K = I - J$.
2. Calculer les intégrales I et J. En déduire K.

→ Résolution

1. $\frac{1}{x-2} - \frac{1}{x+2} = \frac{x+2}{(x-2)(x+2)} - \frac{x-2}{(x+2)(x-2)} = \frac{4}{x^2-4}$.

Par suite : $K = I - J$ (linéarité de l'intégrale).

2. $I = \int_3^4 \frac{1}{x-2}\,dx = [\ln(x-2)]_3^4 = \ln 2$;

$J = \int_3^4 \frac{1}{x+2}\,dx = [\ln(x+2)]_3^4 = \ln 6 - \ln 5 = \ln 2 + \ln 3 - \ln 5$.

D'où : $K = I - J = \ln 2 - (\ln 2 + \ln 3 - \ln 5) = \ln 5 - \ln 3$.

Méthode

➲ On ne commence pas par calculer les intégrales, car la première question ne le demande pas.

➲ On ne connaît pas de primitive de la fonction $x \mapsto \frac{4}{x^2-4}$ donc on suit les instructions de l'énoncé.

VOIR
EXERCICE D'APPLICATION 18

EXERCICE RÉSOLU 6

Trouver la valeur moyenne d'une fonction

Les distances sont exprimées en mètres, le temps en secondes et la vitesse en mètres par seconde ($m.s^{-1}$).

Phillipa et Oscar veulent tester les performances d'une voiture radiocommandée sur un départ arrêté. Ils réalisent le relevé de vitesses, donné par le graphique, sur une durée de 10 s. Ils admettent que $v(t) = 2t - \frac{t^2}{3}$ pour $0 \leqslant t \leqslant 3$, $v(t) = 3$ pour $3 \leqslant t \leqslant 8$ et $v(t) = 15 - \frac{3}{2}t$ pour $8 \leqslant t \leqslant 10$.

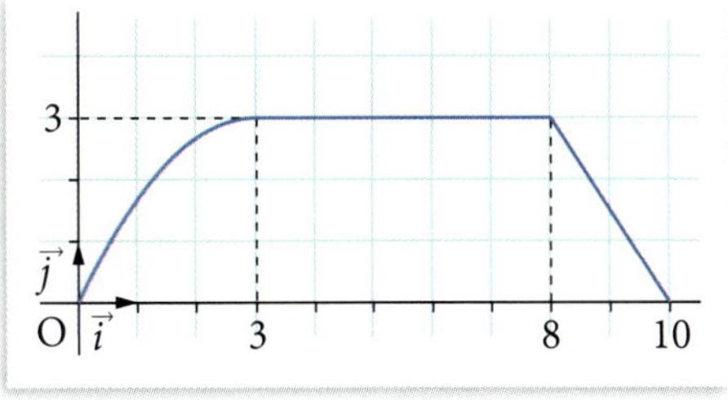

1. On admet que la fonction vitesse est la dérivée de la fonction distance parcourue. Calculer la distance parcourue pendant les cinq premières secondes.
2. Calculer la vitesse moyenne μ du véhicule pendant les 10 s du déplacement.

→ Résolution

1. La vitesse est la fonction dérivée du déplacement. Pour calculer la distance parcourue, on calcule l'intégrale :

$$\int_0^5 v(t)\,dt = \int_0^3 v(t)\,dt + \int_3^5 v(t)\,dt = \int_0^3 \left(2t - \frac{t^2}{3}\right)dt + \int_3^5 3\,dt = \left[t^2 - \frac{t^3}{9}\right]_0^3 + 3 \times 2$$

$$= \left(3^2 - \frac{3^3}{9}\right) - 0 + 6 = 12.$$

2. $\mu = \frac{1}{10-0} \times \int_0^{10} v(t)\,dt = \frac{1}{10} \times \left[\int_0^3 v(t)\,dt + \int_3^8 v(t)\,dt + \int_8^{10} v(t)\,dt\right]$

$$\mu = \frac{1}{10} \times \left[\int_0^3 \left(2t - \frac{t^2}{3}\right)dt + \int_3^8 3\,dt + \int_8^{10} \left(15 - \frac{3}{2}t\right)dt\right]$$

$$\mu = \frac{1}{10} \times \left[6 + 3 \times (8-3) + \left[15t - \frac{3}{4}t^2\right]_8^{10}\right] = \frac{1}{10} \times 24 = 2{,}4.$$

Méthode

➲ Pour connaître la distance parcourue entre les instants t_1 et t_2, on calcule l'intégrale de la fonction vitesse entre t_1 et t_2.

VOIR
EXERCICES D'APPLICATION 20 à 22

IV. Calculs d'aires

A. Aire d'un domaine défini par une fonction négative STI2D STL/SPCL

La symétrie axiale conserve l'aire. On en déduit :

Théorème (admis) Soit f une fonction continue et **négative** sur un intervalle $[a\,;b]$ de $\mathbb{R}$ ($a < b$). L'aire de la partie du plan limitée par la courbe $\mathscr{C}$, l'axe des abscisses et les droites d'équations $x = a$ et $x = b$ est égale, en unités d'aire, à :
$\int_a^b -f(x)\mathrm{d}x = -\int_a^b f(x)\mathrm{d}x$.

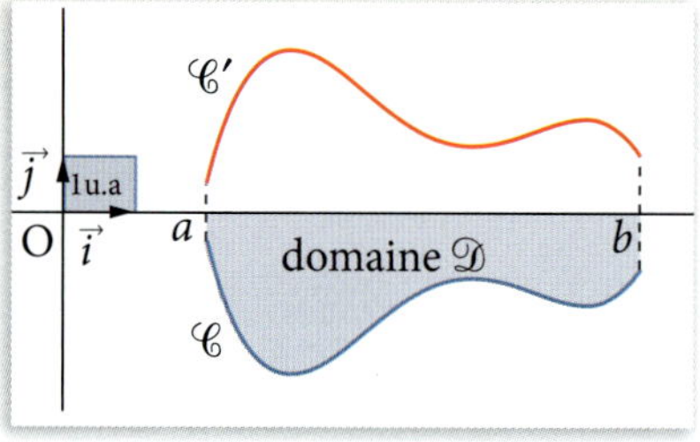

VOIR EXERCICE RÉSOLU 7

B. Aire définie par une fonction changeant de signe STI2D STL/SPCL

Théorème (admis) Si la fonction f change de signe sur un intervalle $[a\,;b]$ de $\mathbb{R}$ ($a < b$), on découpe l'intervalle d'intégration en plusieurs intervalles sur lesquels f est de signe constant. L'aire totale est la somme des aires de chacun des domaines.

Exemple

Sur la figure ci-dessous, l'aire totale a pour expression, en unités d'aire :

$$\mathscr{A} = \int_a^b f(x)\mathrm{d}x - \int_b^c f(x)\mathrm{d}x + \int_c^d f(x)\mathrm{d}x.$$

On notera le signe moins (–) devant l'intégrale de b à c puisque la fonction f est négative sur l'intervalle $[b\,;c]$.

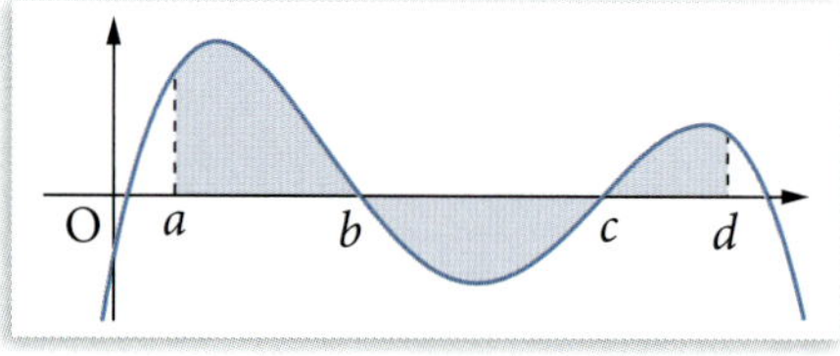

VOIR EXERCICE RÉSOLU 8

C. Aire d'un domaine compris entre deux courbes

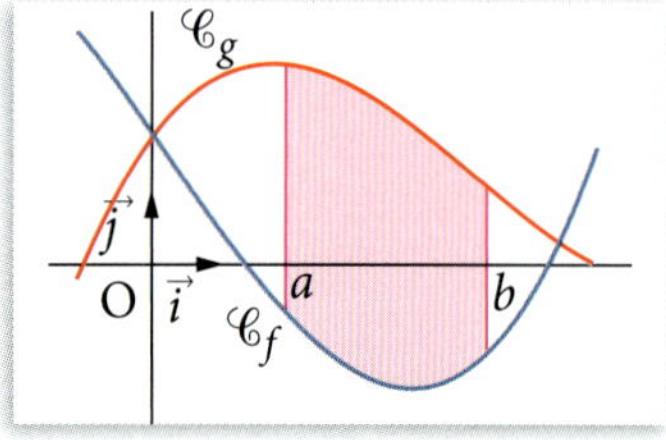

Théorème (admis) Soit f et g deux fonctions définies et continues sur un intervalle $[a\,;b]$ de $\mathbb{R}$ ($a < b$) telles que $f(x) \leqslant g(x)$ pour tout x vérifiant $a \leqslant x \leqslant b$. L'aire de la partie du plan limitée par les courbes $\mathscr{C}_f$, $\mathscr{C}_g$ et les droites d'équations $x = a$ et $x = b$ est égale à : $\mathscr{A} = \int_a^b (g(x) - f(x))\mathrm{d}x$.

Remarque

Cette formule est vraie, quels que soient les signes des fonctions f et g sur l'intervalle $[a\,;b]$.

EXERCICE RÉSOLU 7

Calculer une aire

Soit f la fonction définie sur $[0 ; 2\pi]$ par $f(x) = \sin x$.

1. Calculer $I = \int_0^{2\pi} f(x)\mathrm{d}x$.

2. Déterminer l'aire de la surface colorée en bleu.

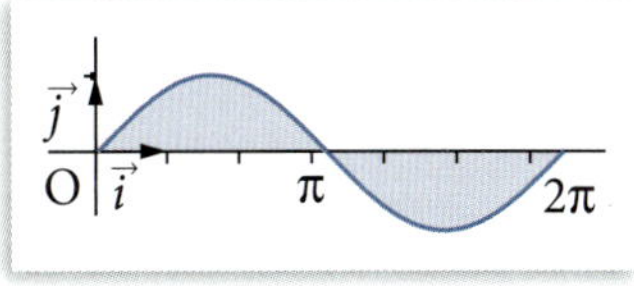

→ Résolution

1. $I = \int_0^{2\pi} f(x)\mathrm{d}x = \int_0^{2\pi} \sin x\,\mathrm{d}x = [-\cos x]_0^{2\pi}$

$I = -\cos(2\pi) - (-\cos 0) = -1 - (-1) = 0.$

L'intégrale est nulle bien que la fonction f ne soit pas identiquement nulle. On peut déjà conjecturer que l'aire de la question **2** ne sera pas nulle.

2. La fonction sinus est positive sur l'intervalle $[0 ; \pi]$ et négative sur l'intervalle $[\pi ; 2\pi]$ (résultat connu). Donc :

$\mathcal{A} = \int_0^{\pi} \sin x\,\mathrm{d}x + \int_{\pi}^{2\pi} -\sin x\,\mathrm{d}x = [-\cos x]_0^{\pi} + [\cos x]_{\pi}^{2\pi}$

$= [-\cos\pi - (-\cos 0)] + [\cos 2\pi - \cos\pi]$

$\mathcal{A} = [1 - (-1)] + [1 - (-1)] = 4.$

Méthode

- On détermine les intervalles sur lesquels la fonction a un signe constant.
- On calcule l'aire de chacun des domaines.
- On effectue la somme des résultats.

VOIR
EXERCICES D'APPLICATION 23 à 26

EXERCICE RÉSOLU 8

Calculer l'aire entre deux courbes

Soit les fonctions f et g définies sur $\mathbb{R}$ par :
$f(x) = -0{,}5x^2 + 2x + 1$ et $g(x) = 0{,}5x^2 - 5x + 7$.

1. Justifier les coordonnées des deux points A et B, points d'intersection des courbes $\mathcal{C}_f$ et $\mathcal{C}_g$.

2. Déterminer l'aire du domaine coloré.

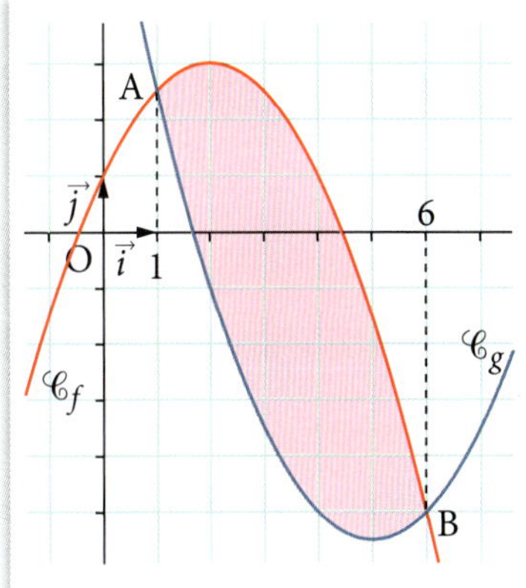

→ Résolution

1. Les abscisses des points A et B sont les solutions de l'équation $f(x) = g(x)$.

$f(x) = g(x)$ équivaut à :

$-0{,}5x^2 + 2x + 1 = 0{,}5x^2 - 5x + 7.$

Soit : $-x^2 + 7x - 6 = 0.$

En résolvant l'équation, on obtient : $x = 1$ ou $x = 6$.

Les points ont donc pour coordonnées A(1 ; 2,5) et B(6 ; –5).

2. $f(x) - g(x) = -x^2 + 7x - 6$ est un polynôme du second degré qui a pour racines 1 et 6 et qui est donc positif sur $[1 ; 6]$. On peut appliquer la formule de calcul d'aire.

$\mathcal{A} = \int_1^6 (f(x) - g(x))\mathrm{d}x = \int_1^6 (-x^2 + 7x - 6)\mathrm{d}x$

$\mathcal{A} = \left[-\frac{x^3}{3} + \frac{7}{2}x^2 - 6x\right]_1^6 = \frac{125}{6}.$

Méthode

- On s'assure que $f(x) - g(x)$ est positif sur l'intervalle $[a ; b]$.
- On calcule l'intégrale.

VOIR
EXERCICES D'APPLICATION 27 et 28

L'ESSENTIEL

Intégrale d'une fonction continue et positive sur un intervalle

$\int_a^b f(x)\mathrm{d}x$, l'intégrale de a à b de la fonction continue et positive est égale à l'aire du domaine $\mathscr{D}$, exprimée en unités d'aire.

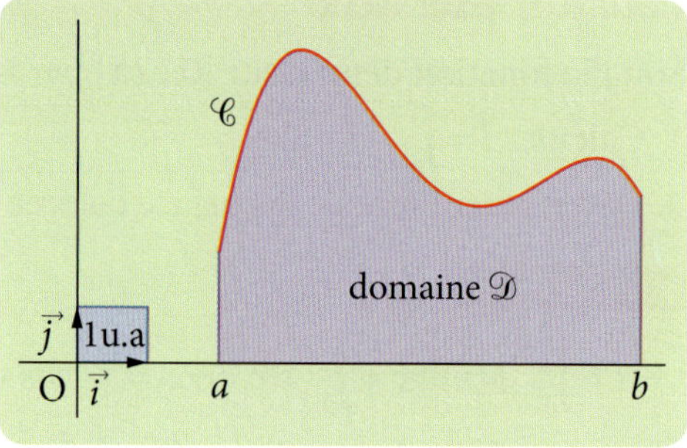

Intégrale et primitive

Si F est une primitive de la fonction f sur $[a\,;b]$ alors : $\int_a^b f(x)\mathrm{d}x = [F(x)]_a^b = F(b) - F(a)$.

Propriétés de l'intégrale

STI2D STL/SPCL

Positivité	Linéarité	Relation de Chasles
Si f est positive sur $[a\,;b]$ avec $a < b$ alors : $\int_a^b f(x)\mathrm{d}x \geqslant 0$. 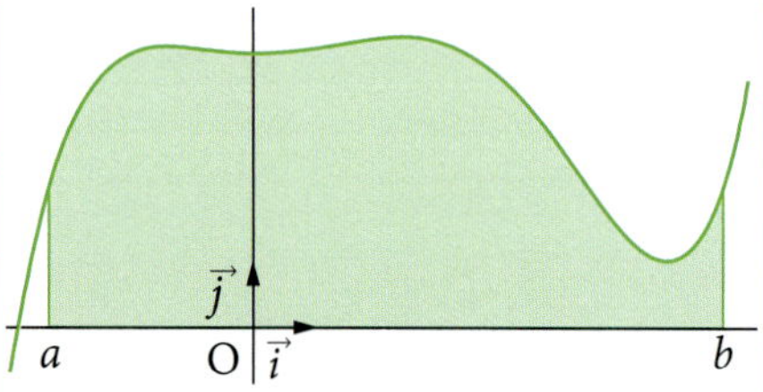	$\int_a^b (f(x)+g(x))\mathrm{d}x = \int_a^b f(x)\mathrm{d}x + \int_a^b g(x)\mathrm{d}x$ $\int_a^b (kf(x))\mathrm{d}x = k\int_a^b f(x)\mathrm{d}x$	$\int_a^c f(x)\mathrm{d}x = \int_a^b f(x)\mathrm{d}x + \int_b^c f(x)\mathrm{d}x$ 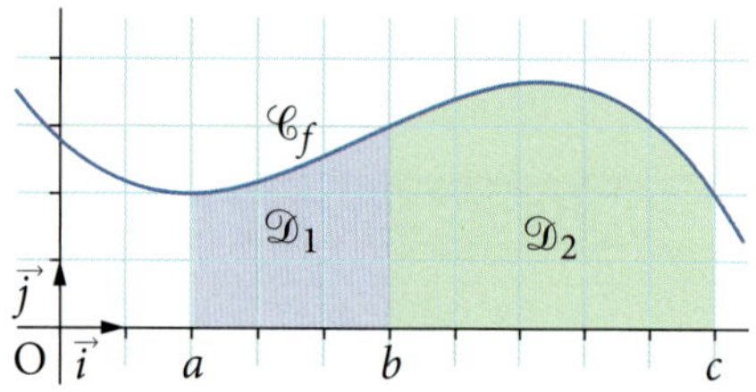 Cas où f est positive sur $[a\,;c]$

Valeur moyenne d'une fonction sur un intervalle

STI2D STL/SPCL

Soit f une fonction continue sur $[a\,;b]$.

La valeur moyenne de f sur $[a\,;b]$ est $m = \dfrac{1}{b-a}\int_a^b f(x)\mathrm{d}x$.

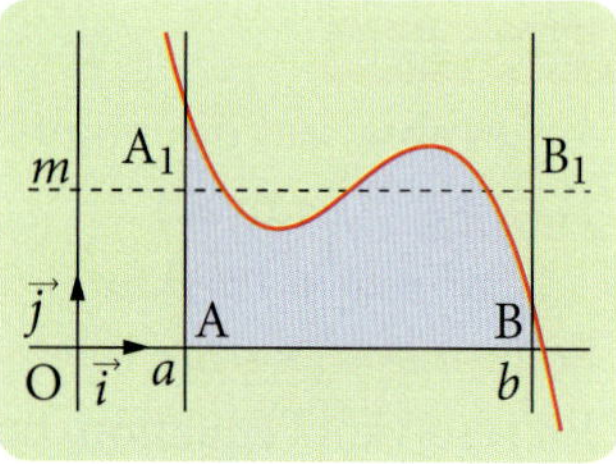

Calcul d'aires

STI2D STL/SPCL 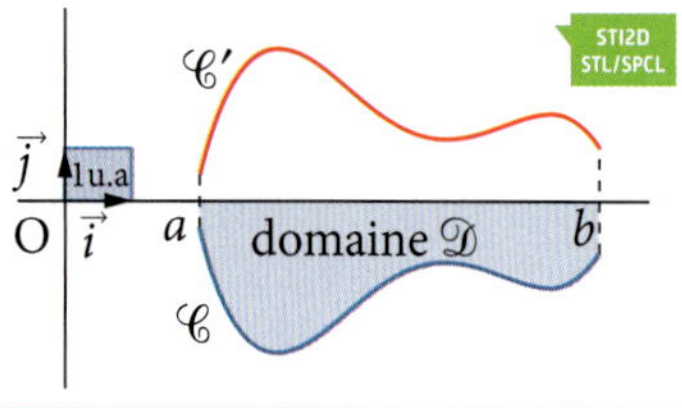	STI2D STL/SPCL 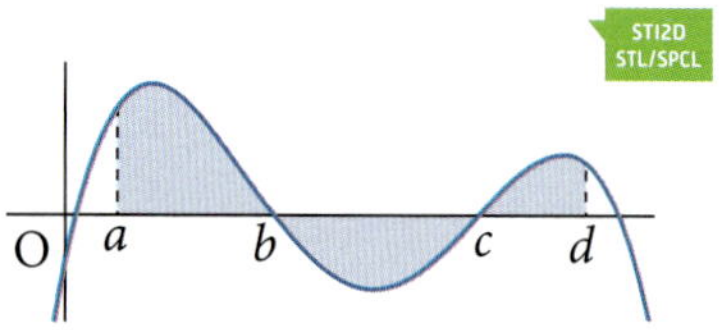	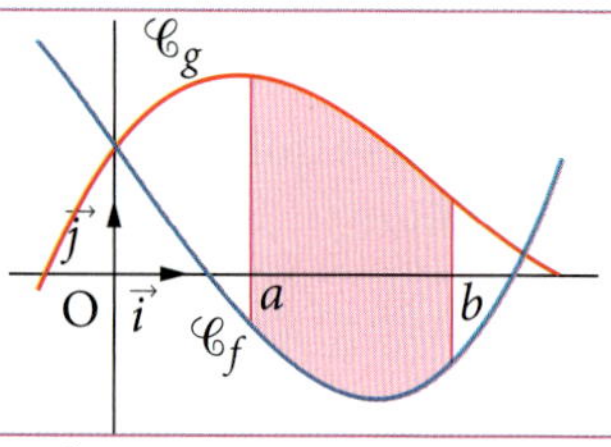
$\mathscr{A} = \int_a^b -f(x)\mathrm{d}x = -\int_a^b f(x)\mathrm{d}x$	$\mathscr{A} = \int_a^b f(x)\mathrm{d}x - \int_b^c f(x)\mathrm{d}x + \int_c^d f(x)\mathrm{d}x$	$\mathscr{A} = \int_a^b (g(x) - f(x))\mathrm{d}x$ si $f(x) \leqslant g(x)$ pour tout x de $[a\,;b]$.

TRAVAUX PRATIQUES

TP1 Suite définie par une intégrale

Objectif : **Étudier la convergence d'une suite définie par une intégrale.**

Soit f la fonction définie sur $]0\ ;+\infty[$ par : $f(x)=\dfrac{x+1}{x^2}$ et $\mathscr{C}$ sa courbe représentative dans le repère orthonormé $(\mathrm{O}\,;\vec{i},\vec{j})$.

1. Montrer que $f'(x)=-\dfrac{x+2}{x^3}$. En déduire le sens de variation de f et tracer sa courbe représentative à l'aide de *GeoGebra*.

2. On note I_n l'aire de la partie du plan limitée par la courbe $\mathscr{C}$, l'axe des abscisses et les droites d'équations $x = 1$ et $x = n$.

a. Dans *GeoGebra*, créer le curseur **n**, avec **n** entier variant de 1 à 100.

b. À l'aide de l'instruction :
Intégrale[**<Fonction>**,**<x min>**,**<x max>**], faire apparaître I_n.

c. Pour $1 \leqslant n \leqslant 100$, quelle est la valeur maximale de I_n ?

d. Observer comment varie I_n lorsque n augmente.

e. Quel est le plus petit entier n tel que $I_n \geqslant 5$? Quelle modification faut-il apporter au curseur pour déterminer l'entier n à partir duquel $I_n \geqslant 7$?

3. On considère l'algorithme suivant :

```
Variables  :  N entier
Traitement : 1→N
              Tant que Intégrale
                        ((X+1)/X²,X,1,N)≤5
                   1+N→N
              Fin Tant que
Affichage  :  Afficher N
```

Que permet de déterminer cet algorithme ?

4. a. Montrer que $f(x)=\dfrac{1}{x}+\dfrac{1}{x^2}$ pour tout réel x strictement positif.

b. Déterminer une primitive F de f sur l'intervalle $]0\ ;+\infty[$.

c. En déduire $I_2=\int_1^2 f(x)\,\mathrm{d}x$ et $I_{55}=\int_1^{55} f(x)\,\mathrm{d}x$.

d. Vérifier que $I_n = 1 + \ln n - \dfrac{1}{n}$.

e. En déduire une modification de l'algorithme précédent pour déterminer le plus petit entier n tel que $I_n \geqslant 5$. Quel est le plus rapide de ces deux algorithmes ?

f. Quelle est la limite de I_n lorsque n tend vers $+\infty$?

TP2 Valeurs approchées d'une intégrale

Objectif : **Découvrir les méthodes des trapèzes et de Simpson.**

Soit f la fonction définie sur $[-1\ ;1]$ par : $f(x)=\dfrac{1}{0{,}5x^2+1}$. On désire évaluer les intégrales $I=\int_0^{0,2} f(x)\,\mathrm{d}x$ et $J=\int_0^1 f(x)\,\mathrm{d}x$. $\mathscr{D}_1$ est le domaine limité par la courbe, les axes de coordonnées et la droite d'équation $x = 0{,}2$.

1. Tracer la représentation graphique de f à l'aide de *GeoGebra*.

2. Soit les points A(0 ; $f(0)$), B(0,2 ; $f(0{,}2)$) et B_0(0,2 ; 0). Placer ces points. Encadrer l'aire du domaine $\mathscr{D}_1$ par les aires de deux rectangles.

3. On considère que l'aire du trapèze OABB_0 est une bonne approximation de l'intégrale I. Calculer cette aire.

4. Reprendre les questions **1** et **2** pour les intervalles [0,2 ; 0,4] ; [0,4 ; 0,6] ; [0,6 ; 0,8] ; [0,82 ; 1]. En déduire un encadrement de J et une valeur approchée de J.

5. On désire améliorer l'approximation. On appelle M_1 le point de coordonnées (0,1 ; $f(0{,}1)$). Par le calcul, ou à l'aide de *GeoGebra*, déterminer la fonction polynôme du second degré g_1 dont la représentation graphique passe par les points A, M_1 et B (instruction : **g1(x)=Polynôme[<Liste Points>]**). Calculer $\int_0^{0,2} g_1(x)\,\mathrm{d}x$.

6. Reprendre la question **4** pour les intervalles [0,2 ; 0,4] ; [0,4 ; 0,6] ; [0,6 ; 0,8] ; [0,82 ; 1] (utiliser *GeoGebra*). En déduire une nouvelle valeur approchée de J.

TP3 Lien entre primitives et intégrales

STI2D STL/SPCL

Objectif : **Démontrer le théorème du paragraphe de cours I C.**

lienmini.fr/m111-c06-tp3]

Soit f une fonction continue, positive, croissante sur l'intervalle $I = [0\,;+\infty[$. On appelle F la fonction définie sur I par $F(x) = \int_0^x f(t)\mathrm{d}t$.

Soit a et h deux nombres réels tels que $a > 0$ et $h > 0$. On appelle $\mathcal{A}_1$ et $\mathcal{A}_2$ les aires respectives des domaines $\mathcal{D}_1$ et $\mathcal{D}_2$.

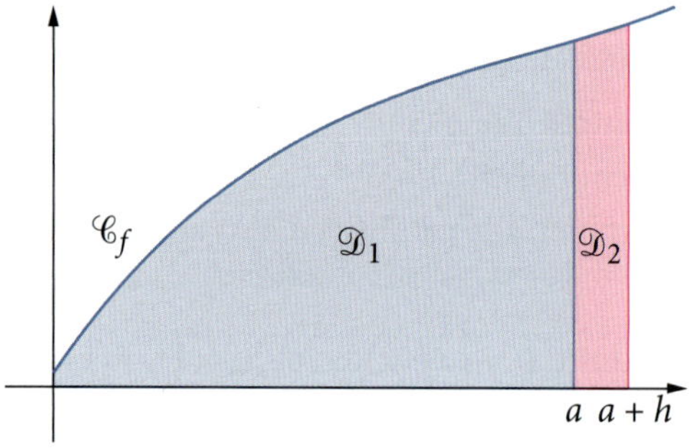

1. Exprimer les intégrales suivantes en fonction de $\mathcal{A}_1$ et $\mathcal{A}_2$:

$\int_0^a f(t)\mathrm{d}t$; $\int_a^{a+h} f(t)\mathrm{d}t$ et $\int_0^{a+h} f(t)\mathrm{d}t$.

2. On veut déterminer, s'il existe, le nombre dérivé de F en a ; on doit déterminer, si elle existe, la limite du quotient $\dfrac{F(a+h)-F(a)}{h}$ quand h tend vers 0.

a. Déduire de la question **1** que :
$F(a+h) - F(a) = \mathcal{A}_2$.

b. Ouvrir le fichier. Dans *GeoGebra*, placer deux curseurs a et h tels que 0 < a < 15 et 0 < h < 2 puis reproduire la figure ci-dessous en posant :
$f(x) = 0{,}005x^3 - 0{,}13x^2 + 1{,}4x + 0{,}25$.

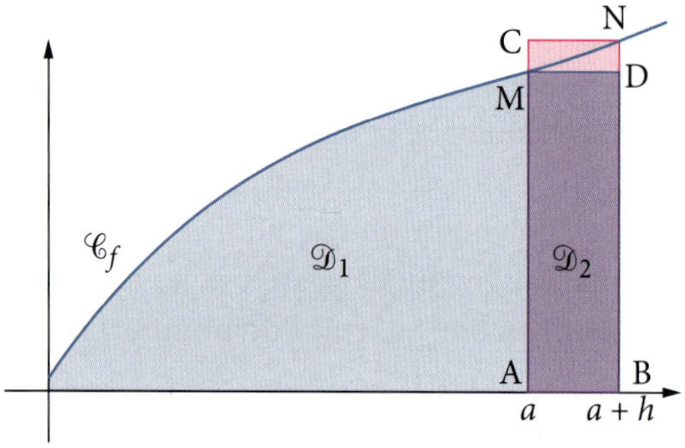

Les rectangles ABNC et ABDM seront tracés à l'aide du bouton **Polygone**. Leurs aires apparaissent sous la forme **poly 1** et **poly 2**.

c. Encadrer $\mathcal{A}_2$ par les aires des deux rectangles ABDM et ABNC. En déduire un encadrement de $\dfrac{F(a+h)-F(a)}{h}$.

d. Dans *GeoGebra*, on pose q1=poly1/h et q2=poly2/h. À l'aide du curseur, faire varier h. Que remarque-t-on ?

e. q2 semble constant, que dire de sa valeur ? Que dire de q1 quand h tend vers 0 ?

f. Justifier que $f(a) \leqslant \dfrac{F(a+h)-F(a)}{h} \leqslant f(a+h)$ et conclure.

g. Reprendre les questions précédentes avec $h < 0$ et $a + h > 0$. Donner $F'(a)$. On s'aidera des figures ci-dessous et on n'oubliera pas que $a + h < a$.

h. Conclure.

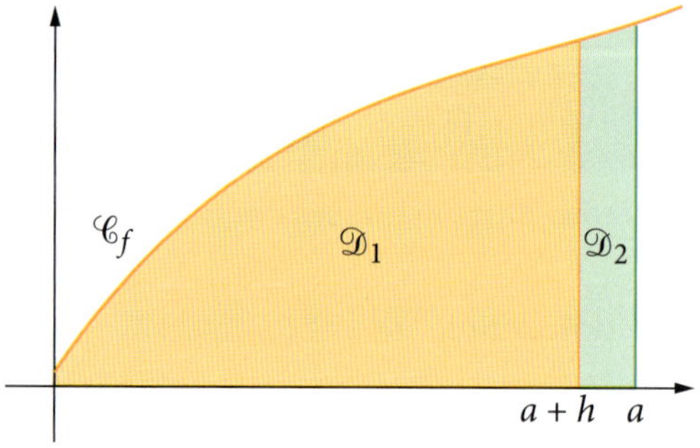

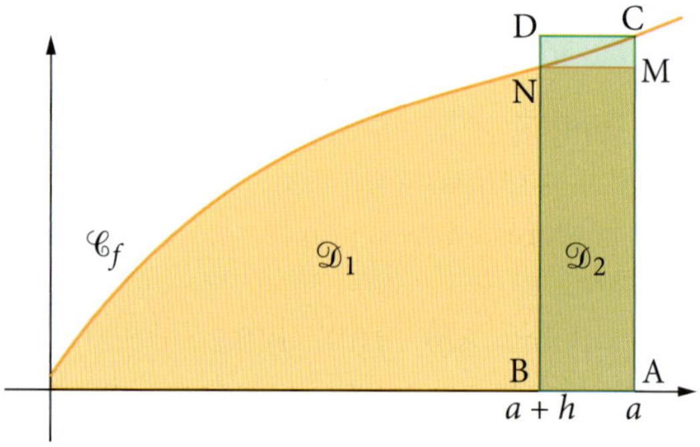

Appliquer

Les exercices de la partie « Appliquer » sont tous corrigés en fin d'ouvrage.

Continuité des fonctions

VOIR EXERCICE RÉSOLU 1

1 * Les fonctions f, g et h représentées graphiquement ci-dessous sont définies sur l'intervalle $[0\,;5]$.

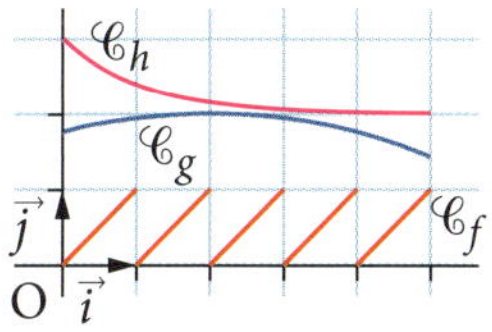

Conjecturer leur continuité sur cet intervalle en expliquant.

2 * Les fonctions f et g représentées graphiquement ci-dessous sont définies sur l'intervalle $[-3\,;4]$.
Conjecturer leur continuité sur cet intervalle en expliquant.

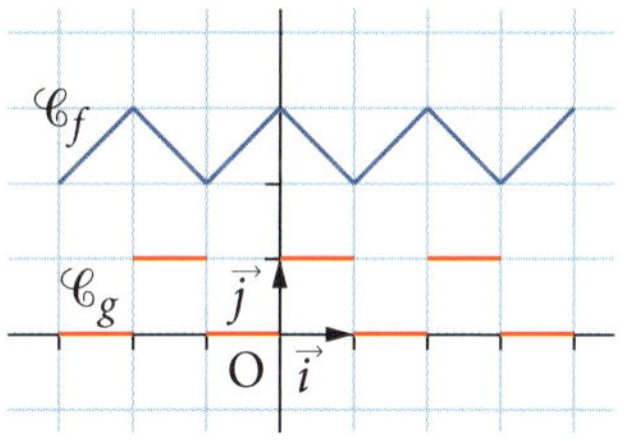

Calculs d'intégrales à l'aide des aires

VOIR EXERCICE RÉSOLU 2

3 * Soit f la fonction définie sur $\mathbb{R}$ par $f(x) = 5$. Calculer les intégrales suivantes :

$I=\int_1^3 f(x)\mathrm{d}x$; $J=\int_{-1}^3 f(x)\mathrm{d}x$;

$K=\int_{-3}^0 f(x)\mathrm{d}x$; $L=\int_{2016}^{2020} f(x)\mathrm{d}x$.

4 *

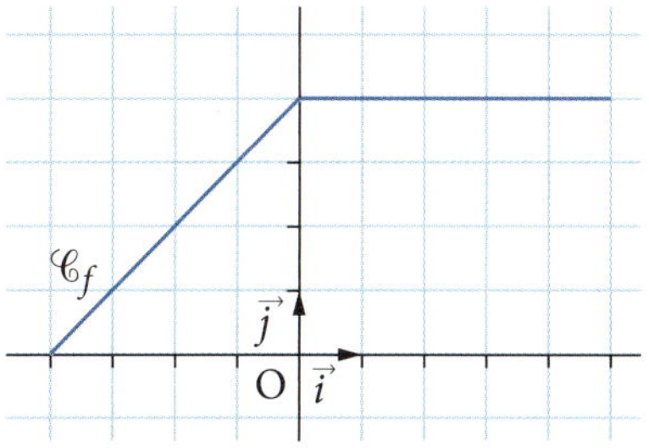

En utilisant la représentation graphique ci-dessus de la fonction f, définie sur l'intervalle $[-4\,;5]$, calculer les intégrales suivantes :

$I=\int_1^5 f(x)\mathrm{d}x$; $J=\int_0^3 f(x)\mathrm{d}x$;

$K=\int_{-4}^0 f(x)\mathrm{d}x$; $L=\int_{-4}^3 f(x)\mathrm{d}x$.

5 **

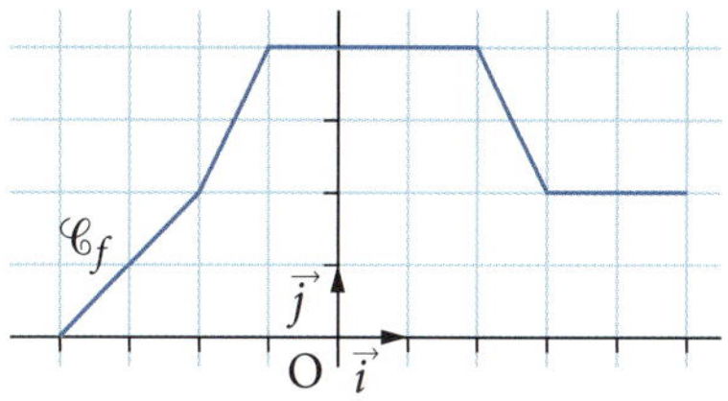

En utilisant la représentation graphique ci-dessus de la fonction f, définie sur l'intervalle $[-4\,;5]$, calculer les intégrales suivantes :

$I=\int_{-4}^{-2} f(x)\mathrm{d}x$; $J=\int_{-2}^{-1} f(x)\mathrm{d}x$;

$K=\int_{-1}^3 f(x)\mathrm{d}x$; $L=\int_{-4}^5 f(x)\mathrm{d}x$.

Calcul d'une intégrale à l'aide d'une primitive

VOIR EXERCICE RÉSOLU 3

6 * Calculer les intégrales suivantes :

$I=\int_1^3 (2x+1)\mathrm{d}x$; $J=\int_0^3 (3x^2+4x+1)\mathrm{d}x$;

$K=\int_{-1}^1 (x^3+3)\mathrm{d}x$; $L=\int_0^2 (5-x^2)\mathrm{d}x$.

7 * Calculer les intégrales suivantes :

$I=\int_0^2 3\mathrm{e}^x\,\mathrm{d}x$; $J=\int_{\ln 2}^{\ln 3} \mathrm{e}^x\,\mathrm{d}x$;

$K=\int_0^3 \mathrm{e}^{x+3}\,\mathrm{d}x$; $L=\int_0^{\ln 3} \mathrm{e}^{2x}\,\mathrm{d}x$.

8 ** Calculer les intégrales suivantes : STI2D STL/SPCL

$I=\int_0^{\frac{\pi}{4}} \sin x\,\mathrm{d}x$; $J=\int_0^{\frac{2\pi}{3}} \cos\left(x+\frac{\pi}{3}\right)\mathrm{d}x$;

$K=\int_0^{\frac{\pi}{4}} \sin(3x)\mathrm{d}x$; $L=\int_{-\frac{\pi}{4}}^{\frac{\pi}{4}} \cos\left(2x-\frac{\pi}{4}\right)\mathrm{d}x$.

9 * Calculer les intégrales suivantes :

$I=\int_1^3 \frac{1}{x}\mathrm{d}x$; $J=\int_0^3 \frac{1}{x+1}\mathrm{d}x$;

$K=\int_{-1}^1 \frac{3}{x+2}\mathrm{d}x$; $L=\int_1^{\mathrm{e}} \frac{1}{2x}\mathrm{d}x$.

10 ** Calculer les intégrales suivantes :

$I=\int_1^3 \frac{2x}{x^2+1}\mathrm{d}x$; $J=\int_1^2 \frac{3x^2+1}{x^3+x}\mathrm{d}x$;

$K=\int_0^3 \frac{\mathrm{e}^x}{\mathrm{e}^x+2}\mathrm{d}x$; $L=\int_{\frac{\pi}{4}}^{\frac{\pi}{3}} \frac{\cos x}{\sin x}\mathrm{d}x$.

?

On cherchera une primitive d'une fonction de la forme $\frac{u'}{u}$.

11 ** Calculer les intégrales suivantes :

$I=\int_0^{\ln 3} 2\mathrm{e}^{2x}\,\mathrm{d}x$; $J=\int_0^3 2x\,\mathrm{e}^{x^2+1}\,\mathrm{d}x$;

$K=\int_{-1}^1 3x^2\,\mathrm{e}^{x^3+1}\,\mathrm{d}x$; $L=\int_0^{\frac{\pi}{2}} \cos x\,\mathrm{e}^{\sin x}\,\mathrm{d}x$.

?

On cherchera une primitive d'une fonction de la forme $u'\,\mathrm{e}^u$.

12 ** Calculer les intégrales suivantes :

$I=\int_{-1}^{1}(x+3)^2\,dx$; $\quad J=\int_{0}^{2}3(3x-5)^2\,dx$;

$K=\int_{0}^{3}(2x+1)^3\,dx$; $\quad L=\int_{0}^{1}2x(x^2+1)^2\,dx$.

? On cherchera une primitive d'une fonction de la forme $u'u^n$.

13 * La représentation graphique ci-dessous est celle de la fonction f définie sur $\mathbb{R}$ par $f(x) = 4 - \dfrac{x^2}{4}$.

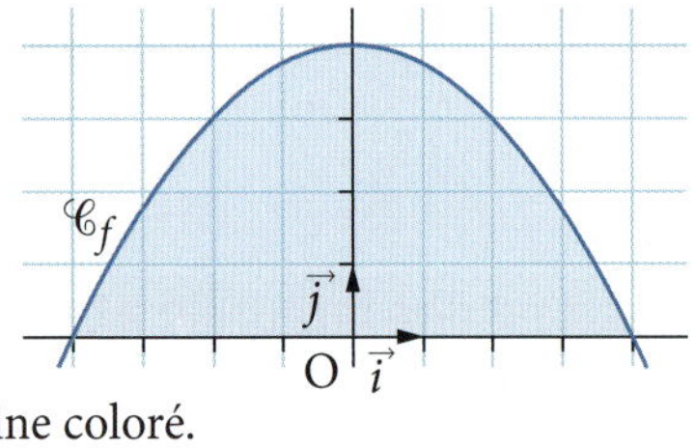

Calculer l'aire du domaine coloré.

14 * Soit f la fonction définie sur $]0\,;+\infty[$ par $f(x) = \dfrac{1}{x}$ et $\mathscr{C}_f$ sa courbe représentative dans le repère $(O\,;\vec{i},\vec{j})$.

1. Calculer l'intégrale $\int_{1}^{5}\frac{1}{x}\,dx$.
2. Interpréter géométriquement ce résultat.

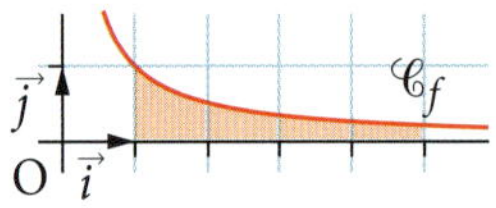

Calcul d'une intégrale, une primitive étant donnée

VOIR EXERCICE RÉSOLU 4

15 * Soit f la fonction définie sur $\mathbb{R}$ par $f(x) = (2x - 3)e^x$.
1. Déterminer $f'(x)$.
2. En déduire le calcul de l'intégrale $I=\int_{0}^{\frac{3}{2}}(2x-1)e^x\,dx$.

16 ** On considère les fonctions f et F définies sur $\mathbb{R}$ par : $f(x) = 2\sin^2 x$ et $F(x) = x - \sin x \cos x$. STI2D STL/SPCL
1. Déterminer $F'(x)$. En remarquant que $\cos^2 x = 1 - \sin^2 x$, vérifier que $F'(x) = f(x)$.
2. En déduire $J=\int_{0}^{2\pi}2\sin^2 x\,dx$.

17 * Soit F la fonction définie sur $]0\,;+\infty[$ par : $F(x) = x\ln x - x$.
1. Montrer que F est une primitive sur $]0\,;+\infty[$ de la fonction $f : x \mapsto \ln x$.
2. En déduire la valeur exacte de l'intégrale $I=\int_{1}^{e}\ln x\,dx$.

Utilisation des propriétés de l'intégrale

VOIR EXERCICES RÉSOLUS 5 et 6

18 * On considère la fonction f définie sur l'intervalle $]3\,;+\infty[$ par $f(x)=\dfrac{x+7}{x^2-x-2}$.
1. Vérifier que $\dfrac{x+7}{x^2-x-2}=\dfrac{3}{x-2}-\dfrac{2}{x+1}$.
2. Calculer les intégrales $I=\int_{3}^{5}\frac{3}{x-2}\,dx$ et $J=\int_{3}^{5}\frac{2}{x+1}\,dx$.
3. En déduire l'intégrale $K=\int_{3}^{5}\frac{x+7}{x^2-x-2}\,dx$.

19 * Soit f la fonction définie sur l'intervalle $[0\,;5]$ par :

$$\begin{cases} f(x)=\dfrac{2}{3}x \text{ si } 0\leqslant x\leqslant 3 \\ f(x)=-\dfrac{x^2}{2}+3x-\dfrac{5}{2} \text{ si } 3\leqslant x\leqslant 5 \end{cases}.$$

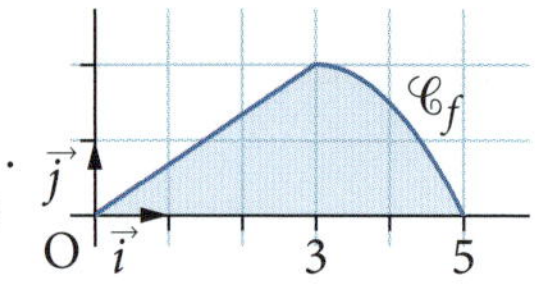

On admet que la fonction f est continue sur l'intervalle $[0\,;5]$.
1. Calculer les intégrales :
$I=\int_{0}^{3}\frac{2}{3}x\,dx$ et $J=\int_{3}^{5}\left(-\frac{x^2}{2}+3x-\frac{5}{2}\right)dx$.
2. En déduire l'intégrale $\int_{0}^{5}f(x)\,dx$.

Valeur moyenne d'une fonction

VOIR EXERCICE RÉSOLU 6

20 * Soit f la fonction définie sur $\mathbb{R}$ par : STI2D STL/SPCL
$f(x) = 1 - \dfrac{x}{2}$.
1. Calculer la valeur moyenne de f sur l'intervalle $[-2\,;2]$, puis sur l'intervalle $[3\,;6]$ et enfin sur l'intervalle $[0\,;4]$.
2. Pouvait-on prévoir les signes des deux premiers résultats ?

21 * Calculer la valeur moyenne de la fonction $x \mapsto \cos x$ sur l'intervalle $[0\,;2\pi]$. STI2D STL/SPCL

22 * Calculer la valeur moyenne de la fonction $x \mapsto \sin x$ sur l'intervalle $[0\,;\pi]$. STI2D STL/SPCL

Calcul d'aire

VOIR EXERCICE RÉSOLU 7

23 * Le plan est muni d'un repère orthonormé $(O\,;\vec{i},\vec{j})$.
Soit f la fonction définie sur $\mathbb{R}$ par : $f(x) = e^{2x} - e^x$.
On admet que pour tout réel x positif, $f(x) \geqslant 0$.
Calculer l'aire du domaine du plan délimité par l'axe des abscisses, la courbe représentative $\mathscr{C}$ de f et les droites d'équations $x = 0$ et $x = \ln 2$.

24 * Soit l'intégrale $I=\int_{0}^{3}x\,dx$.
1. Déterminer la valeur exacte de cette intégrale.
2. On donne ci-contre la courbe représentative de la fonction f définie sur l'intervalle $[0\,;3]$ par $f(x) = x$. Retrouver le résultat de la question **1** à l'aide de considérations géométriques.

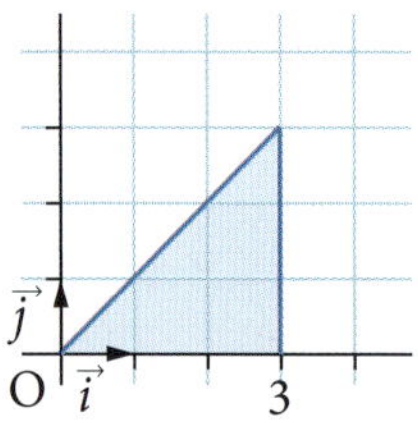

25 * Soit f la fonction définie sur $\mathbb{R}$ par $f(x) = x^2 - 16$ et $\mathscr{C}$ sa courbe représentative dans un repère orthonormé $(O\,;\vec{i},\vec{j})$.
1. Montrer que $f(x) < 0$ pour tout x de l'intervalle $[-2\,;2]$.
2. Déterminer l'aire de la partie du plan limitée par $\mathscr{C}$ et les droites d'équations $x = -2$ et $x = 2$.

26 * Soit $\mathscr{C}$ la courbe représentative de la fonction cosinus dans le repère orthonormé $(O\,;\vec{i},\vec{j})$. STI2D STL/SPCL

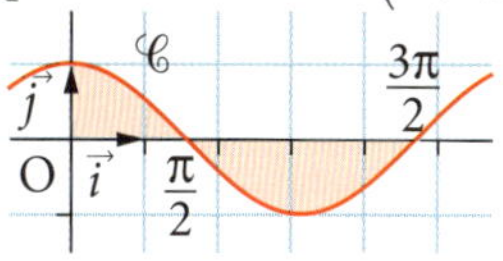

1. Calculer l'intégrale $\int_0^{\frac{3\pi}{2}} \cos x\,dx$.
2. Déterminer l'aire de la partie colorée du plan.

Aire entre deux courbes

VOIR EXERCICE RÉSOLU 8

27 * Soit f et g les fonctions définies sur $\mathbb{R}$ par :
$f(x) = x^2 - 5x + 4$
et $g(x) = x - 1$.
On admet que les courbes se coupent aux points A et B de coordonnées respectives A(1 ; 0) et B(5 ; 4) et que $f(x) \leqslant g(x)$ pour tout réel x vérifiant $1 \leqslant x \leqslant 5$.
Calculer l'aire de la partie colorée du plan.

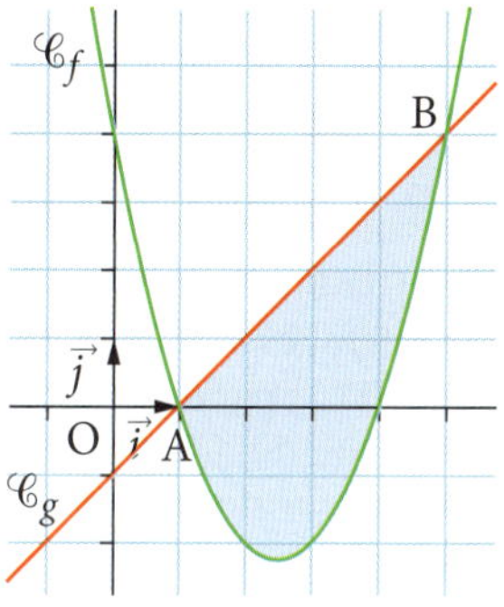

28 * Soit f la fonction définie sur l'intervalle $]-1\,;+\infty[$ par $f(x) = \dfrac{2x+1}{x+1}$, de représentation graphique $\mathscr{C}_f$.
On appelle Δ la droite d'équation $y = 2$.

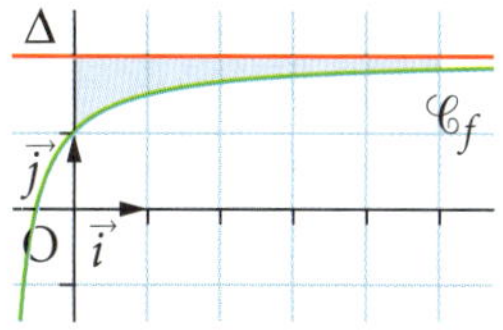

Calculer l'aire de la partie colorée du plan.

Approfondir

Les exercices notés **C** *sont corrigés en fin d'ouvrage.*

29 * **Calcul d'une aire** C1 C2 C3 C4 C5 C6 STI2D STL/SPCL

Soit f la fonction définie sur $\mathbb{R}$ par $f(x) = 2\sin\left(\dfrac{x}{2}\right)$ et Δ la droite d'équation $y = \dfrac{2}{\pi}x$. On admet que le point A a pour coordonnées A(π ; 2) et que $f(x) \geqslant \dfrac{2}{\pi}x$ pour tout x vérifiant $0 \leqslant x \leqslant \pi$. On note $I = \int_0^{\pi}\left(2\sin\left(\dfrac{x}{2}\right) - \dfrac{2}{\pi}x\right)dx$.

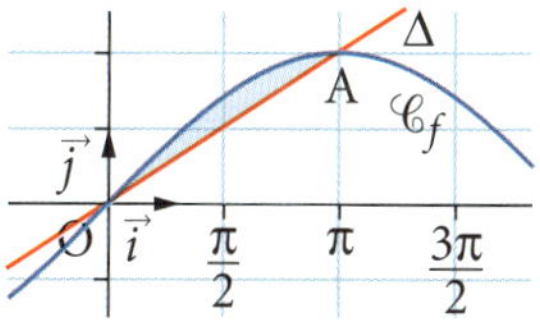

1. Vérifier que $I = 4 - \pi$.
2. Interpréter géométriquement ce résultat.

30 ** **C** **Par la primitive** C1 C2 C3 C4 C5 C6

Soit la fonction F définie sur $\mathbb{R}$ par $F(x) = \dfrac{1}{2}e^{x^2}$.
1. Déterminer $F'(x)$.
2. En déduire la valeur exacte de l'intégrale $\int_0^1 x e^{x^2}\,dx$.
3. Justifier que $x e^{x^2} \geqslant 0$ sur [0 ; 1]. Interpréter alors graphiquement le nombre $\int_0^1 x e^{x^2}\,dx$.

31 ** **C** **Par morceaux** C1 C2 C3 C4 C5 C6 STI2D STL/SPCL

Soit f la fonction définie sur [0 ; 10] par :
$f(x) = x$ si $0 \leqslant x \leqslant 3$,
$f(x) = x^2 - 10x + 24$ si $3 \leqslant x \leqslant 7$,
$f(x) = 10 - x$ si $7 \leqslant x \leqslant 10$.

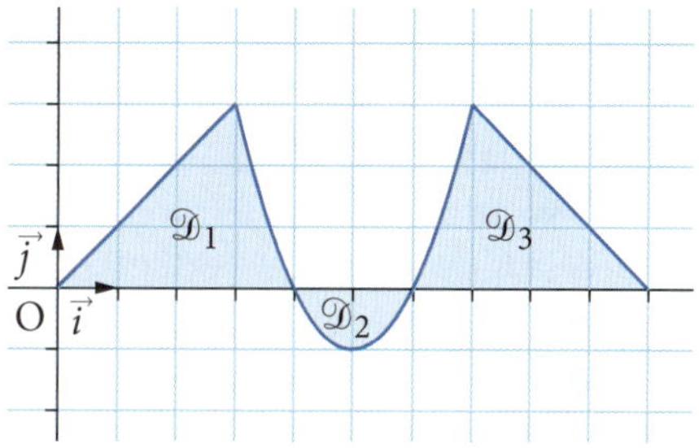

1. Calculer l'aire $\mathscr{A}$ de la surface colorée.
2. Calculer la valeur moyenne de f sur l'intervalle [0 ; 4].

32 ** **Calcul d'aire et valeur moyenne** STI2D STL/SPCL
C1 C2 C3 C4 C5 C6

$\mathscr{C}_g$ est la représentation graphique de la fonction g définie sur $\mathbb{R}$ par $g(x) = \dfrac{x^2}{2} - x - 4$.

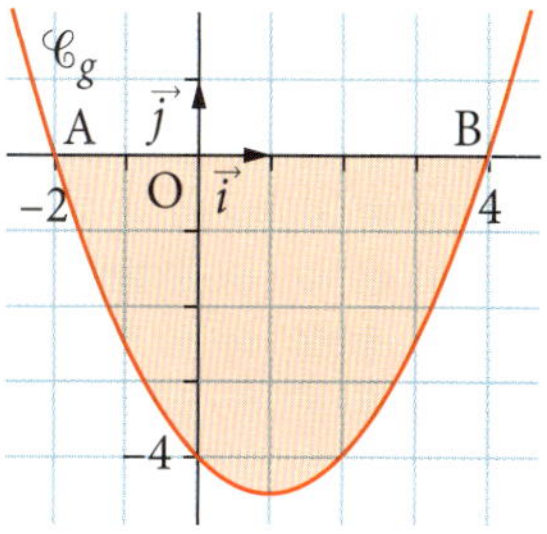

1. Justifier les abscisses des points A et B.
2. Quel est le signe de $g(x)$ sur l'intervalle $[-2\,;4]$?
3. Exprimer l'aire du domaine coloré.
4. Calculer la valeur moyenne de g sur l'intervalle $[-2\,;4]$.

33 *** **C** C1 C2 C3 C4 C5 C6

$\mathscr{C}_f$ et $\mathscr{C}_g$ sont les représentations graphiques des fonctions f et g définies sur $]0\,;+\infty[$ par :
$f(x) = 2 - \dfrac{1}{x^2}$ et $g(x) = \dfrac{1}{x}$.

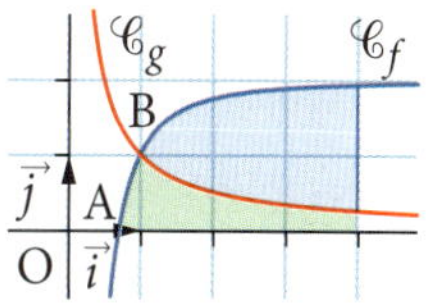

1. a. Comparer $f(x)$ et $g(x)$ pour tout réel x strictement positif (graphiquement ou algébriquement).
b. En déduire la position relative des courbes $\mathscr{C}_f$ et $\mathscr{C}_g$.
c. Calculer l'aire du domaine coloré en bleu.
2. a. Déterminer les coordonnées du point A.
b. Résoudre l'équation $f(x) = g(x)$. En déduire les coordonnées du point B.
c. Calculer l'aire du domaine coloré en vert.

34 ** **Calcul d'aire, valeur moyenne** STI2D STL/SPCL C1 C2 C3 C4 C5 C6

Soit f la fonction définie sur $\mathbb{R}$ par :

$f(x) = \frac{x}{8}(x^2 - 16)$.

Sa courbe représentative $\mathscr{C}_f$ est donnée ci-contre.

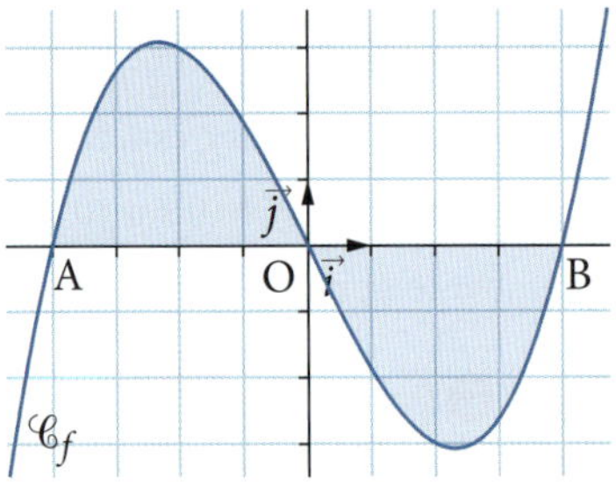

1. a. Déterminer par le calcul les coordonnées des points A et B.

b. Calculer l'aire de la partie colorée du plan.

2. Déterminer la valeur moyenne de f sur l'intervalle $[-4\,;4]$. Ce résultat était-il prévisible ?

3. Quelle est la valeur moyenne de f sur l'intervalle $[-4\,;0]$? sur l'intervalle $[0\,;4]$?

35 ** **Le pont Maria Pia** C1 C2 C3 C4 C5 C6

Le pont Maria Pia est un ouvrage ferroviaire, aujourd'hui désaffecté, au-dessus du Douro au Portugal. L'arche principale a la forme d'une parabole d'une portée de 160 m et d'une hauteur de 62 m. On désire connaître l'aire de la section située sous l'arche.

Partie A - Modélisation

On appelle $\mathscr{P}$ la parabole passant par les points A, B, C qui ont pour coordonnées dans le repère $(O\,;\vec{i},\vec{j})$: A(– 80 ; 0), B(0 ; 62), C(80 ; 0). Soit f la fonction du second degré qui a pour représentation graphique $\mathscr{P}$. On pose : $f(x) = ax^2 + bx + c$.

1. Montrer que les réels a, b, c vérifient le système suivant :

$$\begin{cases} 6\,400a - 80b + c = 0 \\ c = 62 \\ 6\,400a + 80b + c = 0 \end{cases}.$$

2. Résoudre ce système.

3. Représenter graphiquement f à l'aide de *GeoGebra* et vérifier que la parabole $\mathscr{P}$ passe par les points A, B et C.

Partie B - Calcul de l'aire

1. Calculer l'intégrale $\int_{-80}^{80} f(x)\,\mathrm{d}x$.

2. En déduire l'aire au mètre carré près de la section.

3. Quelle est la hauteur moyenne de cette arche ?

36 * **Fonction exponentielle, fonctions polynômes**

On considère les fonctions f, g et h définies sur l'intervalle $[-1\,;1]$ par : $f(x) = \mathrm{e}^x$, $g(x) = 1 + x + \frac{x^2}{2}$ et $h(x) = 1 + x + \frac{x^2}{2} + \frac{x^3}{6} + \frac{x^4}{24}$.

1. À l'aide de *GeoGebra*, représenter graphiquement ces trois fonctions. Que remarque-t-on ?

2. Calculer les trois intégrales $I = \int_{-1}^{1} f(x)\,\mathrm{d}x$, $J = \int_{-1}^{1} g(x)\,\mathrm{d}x$ et $K = \int_{-1}^{1} h(x)\,\mathrm{d}x$. Que conclure ?

3. Reprendre les questions **1** et **2** en considérant maintenant les fonctions définies sur l'intervalle $[-2\,;2]$. Peut-on tirer les mêmes conclusions ?

37 *** **C** **Algorithme de moyenne d'une fonction** ALGO C1 C2 C3 C4 C5 C6

Soit f la fonction définie sur $\mathbb{R}$ par l'expression $f(x) = x\mathrm{e}^x$. On cherche à approximer la valeur moyenne de f sur l'intervalle $[0\,;3]$ par différentes méthodes.

1. Une méthode déterministe avec l'algorithme suivant :
- on choisit 1 001 valeurs $0 = x_0 < x_1 < \ldots < x_{1\,000} = 3$ partageant l'intervalle $[0\,;10]$ en 1 000 intervalles de même longueur ;
- on calcule la moyenne des 1 001 valeurs $f(x_0)$, $f(x_1)$, …, $f(x_{1\,000})$.

Programmer cet algorithme.

2. Une méthode probabiliste avec l'algorithme suivant :
- on choisit 1 001 valeurs $x_0, x_1, \ldots, x_{1\,000}$ aléatoirement selon une loi uniforme sur l'intervalle $[0\,;3]$;
- on calcule la moyenne des images de ces 1 001 nombres par f.

3. Par le calcul. Soit F la fonction définie sur $\mathbb{R}$ par $F(x) = (x-1)\mathrm{e}^x$.

a. Calculer la dérivée de F.

b. En déduire la valeur exacte de la valeur moyenne de f sur $[0\,;3]$.

4. Comparer les résultats obtenus.

?

Avec Python, on obtient le nombre e^a en tapant exp[a] et on obtient une valeur x aléatoire selon une loi uniforme sur l'intervalle $[a\,;b]$ avec la ligne de commande :
x = uniform[a, b].

38 ** The area under the graph of a positive function $f(x)$ between $x = a$ and $x = b$ is given by the definite integral $\int_a^b f(x)\,\mathrm{d}x$.

We can use integration to find area enclosed by curves.

The questions **1.** and **2.** are independent.

1. a. Explain why the curve with equation $y = f(x)$, where $f(x) = \frac{1}{x} + \mathrm{e}^{2x}$, is positive for $x > 0$.

b. Determine the area of the region enclosed by the curve, the x-axis, $x = 1$ and $x = 2$.

2. a. Show that the curve $y = \frac{2}{x}$ and the straight line $y = 3 - x$ intersect where $x = 1$ and $x = 2$.

b. Determine the area enclosed between the two curves.

Pour se tester

39 * C **VRAI ou FAUX ?**

Répondre par vrai ou faux aux affirmations suivantes. Justifier.	Vrai	Faux
1. L'intégrale d'une fonction positive sur un intervalle $[a\ ;b]$ $(a<b)$ est un réel positif.	V	F
2. Le réel $I=-\int_a^b f(x)\,\mathrm{d}x$ est toujours un réel négatif.	V	F
3. Le réel $J=\int_{-1}^{1} \mathrm{e}^x\,\mathrm{d}x$ représente l'aire (exprimée en unités d'aire) de la partie du plan limitée par l'axe des abscisses, les droites d'équations $x=-1$ et $x=1$ ainsi que la courbe représentative de la fonction exponentielle.	V	F
4. Le réel $K=\int_{-1}^{1}(x^2-1)\,\mathrm{d}x$ représente l'aire (exprimée en unités d'aire) de la partie du plan limitée par l'axe des abscisses, les droites d'équations $x=-1$ et $x=1$ ainsi que la courbe représentative de la fonction $x\mapsto x^2-1$.	V	F

40 ** C **QCM**

Pour chacune des questions, indiquer la ou les bonnes réponses.

	a	b	c	d
1. $\int_{-4}^{2}(x^2+3x-5)\,\mathrm{d}x =$	6	– 24	24	0
2. $\int_{0}^{2\pi}\cos(x)\,\mathrm{d}x =$	1	4	2π	0
3. $\int_{0}^{\ln 2} 2\mathrm{e}^x\,\mathrm{d}x =$	2	$2\mathrm{e}^2$	$2\mathrm{e}^2-2$	$2\ln 2-2$
4. $\int_{1}^{\mathrm{e}}\left(2x+\frac{1}{x}\right)\mathrm{d}x =$	e^2	$2\mathrm{e}+\frac{1}{\mathrm{e}}-3$	$\mathrm{e}^2+\frac{1}{\mathrm{e}}-2$	$\ln \mathrm{e}$
5. $\int_{1}^{3}\frac{2x}{x^2+1}\,\mathrm{d}x =$	$-\frac{2}{5}$	$\ln 5$	0	$\ln 10$
6. $\int_{0}^{\ln 3}\mathrm{e}^{2x}\,\mathrm{d}x =$	8	5	16	4

41 ** C Soit h la fonction définie sur l'intervalle $[-4\ ;5]$ par :

$$\begin{cases} h(x)=0{,}5x+2 & \text{si } -4\leqslant x<2 \\ h(x)=5-x & \text{si } 2\leqslant x\leqslant 5 \end{cases}.$$

1. Tracer la représentation graphique $\mathscr{C}_h$ de la fonction h.
2. La fonction h est-elle continue sur l'intervalle $[-4\ ;5]$?
3. Déterminer les intégrales suivantes :

$I=\int_{-4}^{-2}h(x)\,\mathrm{d}x$; $J=\int_{-4}^{2}h(x)\,\mathrm{d}x$;

$K=\int_{2}^{5}h(x)\,\mathrm{d}x$; $L=\int_{-4}^{5}h(x)\,\mathrm{d}x$.

42 ** C Calculer les intégrales suivantes :

a. $\int_{-1}^{1}(4x^3+3x^2-5)\,\mathrm{d}x$ **b.** $\int_{-1}^{2}\mathrm{e}^{x+1}\,\mathrm{d}x$

c. $\int_{2}^{\mathrm{e}}\left(x^2-\frac{2}{x}\right)\mathrm{d}x$ **d.** $\int_{0}^{\frac{\pi}{2}}\sin(2x)\,\mathrm{d}x$.

43 ** C Soit f la fonction définie sur $\mathbb{R}$ par $f(x)=\mathrm{e}^x$.
Calculer l'aire de la partie du plan colorée.

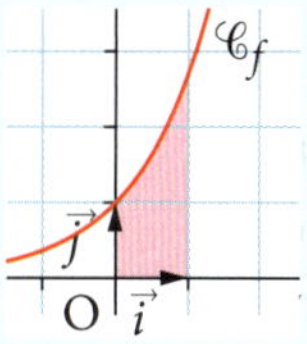

44 *** C On appelle g la fonction définie sur $]0\ ;+\infty[$ par :
$g(x)=x\ln x-x$.
1. Déterminer la fonction dérivée de g.
2. En déduire une primitive F de la fonction f définie sur $]0\ ;+\infty[$ par $f(x)=\ln x+2x+1$.
3. Calculer l'intégrale $I=\int_{1}^{\mathrm{e}}(\ln x+2x+1)\,\mathrm{d}x$.

S'entraîner au Bac

45 ** D'après Bac STI2D Polynésie, 2014

Soit f la fonction définie sur $]0\ ;+\infty[$ par :
$f(x) = 6 \ln x - 3x + 4$.

Partie 1

Dans cette partie, on pourra vérifier la cohérence des résultats obtenus avec la courbe $\mathscr{C}_f$ de la figure ci-contre.

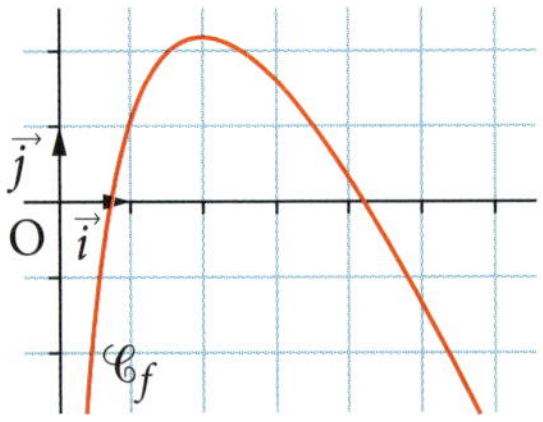

1. Calculer la limite de la fonction f lorsque x tend vers 0. Interpréter graphiquement cette limite.

2. Montrer que pour tout x de l'intervalle $]0\ ;+\infty[$:
$f'(x) = \dfrac{3}{x}(2 - x)$.

3. Étudier le signe de $f'(x)$ puis donner les variations de la fonction f.

4. En déduire que la fonction f admet un extremum dont on calculera la valeur exacte.

Partie 2

Soit F la fonction définie sur $]0\ ;+\infty[$ par :

$F(x) = 6x \ln x - \dfrac{3}{2}x^2 - 2x$.

1. Montrer que F est une primitive de f sur $]0\ ;+\infty[$.

2. Calculer la valeur exacte de $I = \int_1^{e} f(x)\mathrm{d}x$.

3. Donner une interprétation graphique du nombre I.

46 ** D'après Bac STI2D Antilles Guyane, 2014

On note f la fonction définie sur l'intervalle $]0\ ;+\infty[$ par :
$f(x) = (2 - \ln x) \ln x$.

Sa courbe représentative $\mathscr{C}_f$ dans un repère orthonormé est donnée ci-contre.

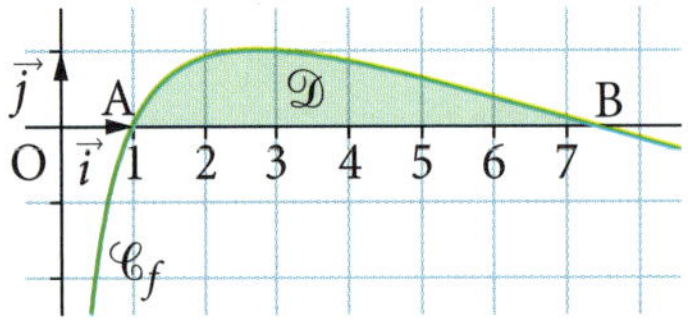

1. Lire sur le graphique la limite de la fonction f en 0. Retrouver ce résultat à l'aide de l'expression de $f(x)$.

2. Montrer que la fonction dérivée de f sur l'intervalle $]0\ ;+\infty[$ est définie par $f'(x) = \dfrac{2(1-\ln x)}{x}$.

3. Étudier le signe de $f'(x)$ lorsque x est dans l'intervalle $]0\ ;+\infty[$ puis donner les variations de la fonction f sur l'intervalle $]0\ ;+\infty[$.

4. On appelle A et B les points d'intersection de la courbe $\mathscr{C}_f$ avec l'axe des abscisses (voir la figure). Calculer les abscisses des points A et B.

5. Montrer que la fonction F définie par :
$F(x) = -x(\ln x)^2 + 4x \ln x - 4x$ est une primitive de la fonction f sur l'intervalle $]0\ ;+\infty[$.

6. On note $\mathscr{D}$ le domaine du plan limité par la courbe $\mathscr{C}_f$ et l'axe des abscisses. Calculer l'aire du domaine $\mathscr{D}$.

47 *** Évolution du taux d'alcool dans le sang

Une personne a ingéré une certaine quantité d'alcool. On s'intéresse à l'évolution du taux d'alcool dans le sang de cette personne, en fonction du temps x, en heures.

Compte tenu du délai d'absorption par l'organisme, le taux d'alcool dans le sang de cette personne est donné par la fonction f définie sur $[0{,}025\ ;+\infty[$ par :
$f(x) = (2x - 0{,}05)\,e^{-x}$.

1. À l'aide du logiciel *GeoGebra*, représenter graphiquement la fonction f. On note $\mathscr{C}_f$ la représentation graphique de la fonction f dans un repère orthonormé.

2. On désigne par f' la fonction dérivée de la fonction f. Montrer que $f'(x) = (2{,}05 - 2x)\,e^{-x}$.

3. a. Étudier le signe de $f'(x)$ et en déduire la valeur exacte du maximum de la fonction f.

b. Retrouver ce résultat avec *GeoGebra*. (Instruction : **Max[<Fonction>,<x initial>,<x final>]**).

4. a. Démontrer que la fonction F définie sur $[0\ ;+\infty[$ par $F'(x) = (-2x - 1{,}95)\,e^{-x}$ est une primitive de la fonction f sur $[0\ ;+\infty[$.

b. Pour tout réel strictement positif m, on pose :

$T_m = \dfrac{1}{m}\int_{0{,}025}^{m} f(x)\mathrm{d}x$.

T_m est le taux d'alcool moyen entre les instants $x = 0$ et $x = m$.

Calculer la valeur exacte de $T_4 = \dfrac{1}{4}\int_{0{,}025}^{4} f(x)\mathrm{d}x$ et en donner une valeur arrondie à 0,01 près.

c. Dans *GeoGebra*, créer un curseur m variant de 0,025 à 10 et poser :
Tm=(Intégrale[<Fonction>,<x min>,<x max>])/m avec $f(x)$ la fonction, 0,025 pour x min et m pour x max. Faire varier m et décrire l'évolution de Tm.

d. Ouvrir une seconde fenêtre (**Affichage/Graphique 2**) ; y placer le point M de coordonnées (m,Tm). On affichera la trace et fera apparaître la courbe dans **Graphique 2**.

e. Déterminer, à l'aide du graphique, à quel instant m le taux moyen T_m est maximum et donner ce maximum.

48 ** Vitesse en fonction du temps

L'étude d'un mouvement a montré que la vitesse exprimée en mètres par seconde est une fonction dérivable de la variable réelle t, définie sur $[0\ ;+\infty[$ par : $f(t) = 25(1 - e^{-2t})$.

1. Démontrer que la fonction f est strictement croissante sur l'intervalle $[0\ ;+\infty[$.

2. En utilisant le graphique donné ci-contre, estimer l'aire en unités d'aire de la partie du plan comprise entre la courbe Γ, l'axe des abscisses et les droites d'équation $t = 1$ et $t = 2$.

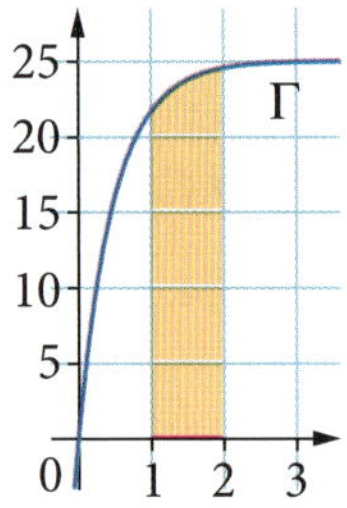

3. a. Déterminer une primitive F de la fonction f sur l'intervalle $[0\ ;+\infty[$.

b. Calculer l'intégrale $\int_1^2 f(x)\mathrm{d}t$.

En donner une interprétation graphique.

49 ** D'après Bac STI, 2012

La courbe $\mathscr{C}_f$ représentée ci-dessous est celle d'une fonction f définie et dérivable sur l'intervalle $[-1\ ;\ 1]$ par : $f(x) = (1 - x^2)\,e^x$.

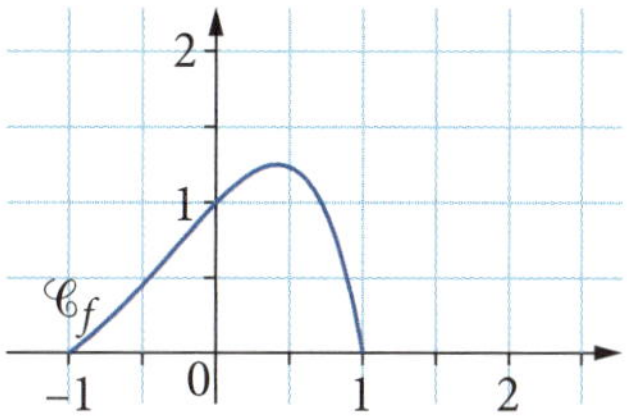

1. Pour tout réel x de l'intervalle $[-1\ ;\ 1]$, on pose $F(x) = (-1 + 2x - x^2)\,e^x$. Montrer que la fonction F est une primitive de la fonction f sur l'intervalle $[-1\ ;\ 1]$.

2. Calculer l'aire exacte, en unités d'aire, de la surface comprise entre l'axe des abscisses, la courbe $\mathscr{C}_f$, les droites d'équations $x = -1$ et $x = 1$.

50 ** D'après Bac STI2D/STL Antilles Guyane, 2013

C1 C2 C3 C4 C5 C6

Soit f la fonction définie sur $]0\ ;+\infty[$ par : $f(x) = \dfrac{1}{x} - \ln x$.

On appelle $\mathscr{C}_f$ sa courbe représentative dans un repère orthonormé $(O\,;\vec{i},\vec{j})$.

1. Sur le graphique ci-dessous, on donne $\mathscr{C}_f$ et les courbes $\mathscr{C}$ et Γ. L'une de ces deux courbes représente graphiquement la dérivée f' de f, et l'autre une des primitives F de f.

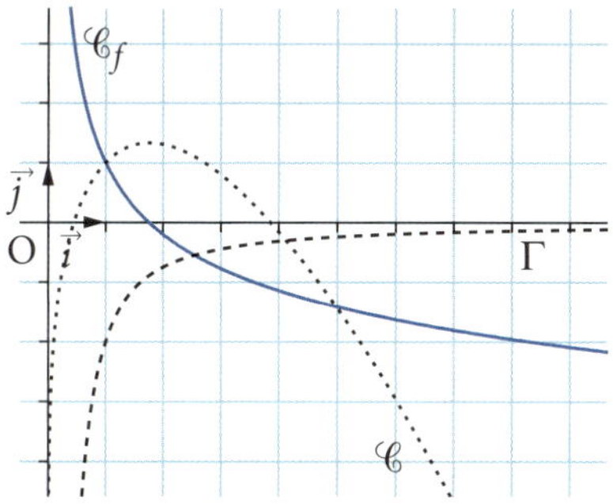

a. Indiquer laquelle des deux courbes $\mathscr{C}$ ou Γ représente graphiquement f'. Justifier.

b. Par lecture graphique, donner $F(1)$.

2. Dans cette question, on pourra vérifier la cohérence des résultats obtenus avec les courbes représentatives données sur le dessin.

a. Déterminer la limite de la fonction f quand x tend vers 0. Interpréter graphiquement cette limite.

b. Déterminer la limite de la fonction f quand x tend vers $+\infty$.

c. Calculer $f'(x)$ et montrer que l'on peut écrire :

$$f'(x) = \frac{-x-1}{x^2}.$$

d. Étudier le signe de $f'(x)$ puis donner le tableau de variations de f.

3. Soit H la fonction définie sur $]0\ ;+\infty[$ par :
$H(x) = x - (x - 1)\ln x$.

a. Montrer que H est une primitive de f sur $]0\ ;+\infty[$.

b. En déduire l'expression de la fonction F de la question **1**.

c. Calculer $\int_1^e f(x)\,dx$.

51 ** D'après Bac STI2D/STL Nouvelle-Calédonie, 2013

C1 C2 C3 C4 C5 C6

Partie A

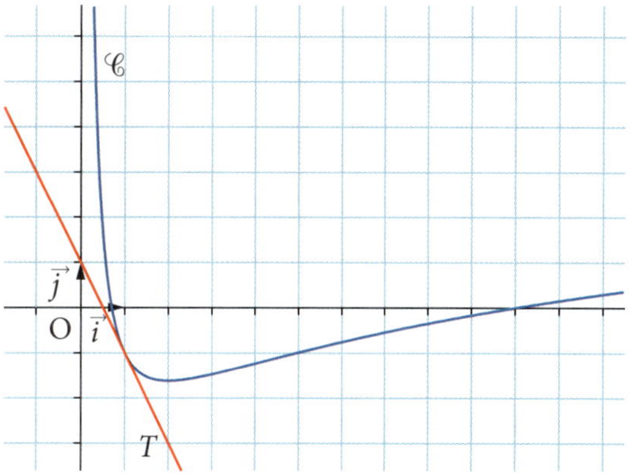

f est une fonction définie et dérivable sur l'intervalle $]0\ ;+\infty[$.

f' désigne la fonction dérivée de f.

$\mathscr{C}$ est la représentation graphique de la fonction f dans un repère orthonormé.

T est la tangente à $\mathscr{C}$ au point de coordonnées $(1\ ;-1)$.

T passe par le point de coordonnées $(0\ ;1)$.

1. a. Par lecture graphique, déterminer $f(1)$.

b. Déterminer $f'(1)$.

c. Donner une équation de T.

2. On sait que $f(x)$ est de la forme :

$f(x) = 2\ln x + \dfrac{a}{x} + b$ où a et b sont des nombres réels.

a. Calculer $f'(x)$.

b. Déterminer alors les valeurs de a et b.

Partie B

Soit la fonction f définie et dérivable sur $]0\ ;+\infty[$ par :

$$f(x) = 2\ln x + \frac{4}{x} - 5.$$

1. a. Déterminer $\lim\limits_{x\to+\infty} f(x)$.

b. On admet que $\lim\limits_{x\to 0} f(x) = +\infty$. Que peut-on en déduire graphiquement ?

2. a. Pour tout nombre réel x appartenant à $]0\ ;+\infty[$, vérifier que $f'(x) = \dfrac{2x-4}{x^2}$.

b. Étudier le signe de $f'(x)$ sur $]0\ ;+\infty[$.

3. Établir le tableau de variations de f sur $]0\ ;+\infty[$.

4. En précisant la démarche, donner le nombre de solution(s) de l'équation $f(x) = 0$, pour x appartenant à $]0\ ;+\infty[$.

5. a. Donner le signe de $f(x)$ pour x appartenant à $[1\ ;3]$.

b. Montrer que la fonction F définie sur $]0\ ;+\infty[$ par $F(x) = (2x + 4)\ln x - 7x$ est une primitive de f.

c. Déterminer l'aire $\mathscr{A}$ du domaine limité par la courbe $\mathscr{C}$, l'axe des abscisses et les droites d'équation $x = 1$ et $x = 3$, en unités d'aire.

On donnera la valeur exacte puis une valeur approchée à 10^{-2} près de $\mathscr{A}$.

Aller plus loin

52 *** Traitement de troubles de la vision

C1 C2 C3 C4 C5 C6

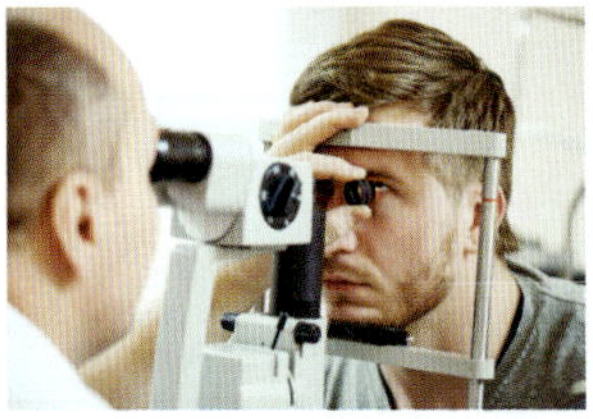

On s'intéresse à une maladie dégénérative de l'œil qui occasionne des troubles de la vision. Afin de freiner son évolution, des traitements sont possibles. Dans cet exercice, on étudie, pour un des traitements, l'évolution de la quantité des principes actifs présents dans le sang en fonction du temps.

Ce traitement consiste à faire absorber au malade, par voie orale, un médicament qui libère peu à peu le principe actif passant dans le sang. Il est efficace lorsque la quantité de principe actif est supérieure ou égale à 5 mg. On admet qu'à l'instant $t = 0$ la quantité de principe actif présente dans le sang est de 1 mg.

Partie A - Étude d'une fonction

L'évolution en fonction du temps (exprimé en heures) de la quantité de principe actif présente dans le sang après absorption (exprimée en milligrammes) est modélisée par la fonction f définie pour tout t de l'intervalle $[0\,;+\infty[$ par $f(t) = (2t + 1)\,\mathrm{e}^{-0,1t}$.

1. On admet que la limite de f en $+\infty$ est 0. Interpréter graphiquement cette limite.
2. On note f' la fonction dérivée de f. Vérifier que $f'(t) = (1,9 - 0,2t)\,\mathrm{e}^{-0,1t}$.
Étudier le signe de $f'(t)$ sur l'intervalle $[0\,;+\infty[$, dresser le tableau des variations de f sur $[0\,;+\infty[$ et représenter graphiquement f dans le repère $(O\,;\vec{i}, \vec{j})$.

Partie B - Application

1. Au bout de combien de temps la quantité de principe actif dans le sang sera-t-elle maximale ?
2. Sur quel intervalle de temps le médicament sera-t-il efficace ?
3. Soit F la fonction définie sur $[0\,;+\infty[$ par $F(x) = (-20t - 210)\,\mathrm{e}^{-0,1t}$. Vérifier que F est une primitive de f et déterminer la quantité moyenne de principe actif présente dans le sang entre 0 et 24 h. On donnera la valeur exacte puis le résultat arrondi au dixième.

53 ** Dans un circuit électrique

Les unités de mesure utilisées sont les unités du système international SI.

Un condensateur de capacité $C = 0,0001$ F (farad) est chargé sous une tension initiale de 20 V.

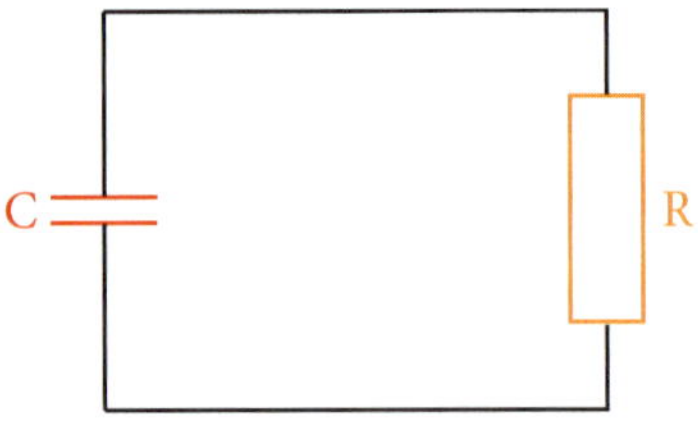

Il se décharge ensuite dans un résistor de résistance $R = 1\,000\ \Omega$ (ohm). On note $a = RC$. On démontre que la tension aux bornes du condensateur est une fonction V du temps t définie sur $[0\,;+\infty[$ par $V(t) = 20\,\mathrm{e}^{-10t}$.

1. Étudier les variations de la fonction V.
2. Déterminer les valeurs de t pour lesquelles on a $V(t) \geqslant 0,02$.
3. L'intensité traversant le circuit est une fonction I du temps ; on a $I(t) = CV'(t)$. Déterminer $I(t)$.
4. Calculer l'énergie W dissipée dans le résistor entre les instants $t = 0$ et $t = 10$ sachant que $W = \int_0^{10} RI^2(t)\,\mathrm{d}t$.

54 ** Pièce métallique par estampage

On veut fabriquer, par estampage, une pièce métallique. Le patron de cette pièce est limité par un domaine plan obtenu à partir de la représentation graphique d'une fonction numérique f.

f est la fonction définie sur $[0\,;+\infty[$ par $f(x) = 3x\,\mathrm{e}^{-x} + 1$.

On note $\mathscr{C}$ la représentation graphique de f dans le plan muni d'un repère orthonormé $(O\,;\vec{i}, \vec{j})$ (unité graphique : 4 cm).

Partie A – Étude d'une fonction numérique

1. Déterminer la fonction f', dérivée de f. Étudier le signe de $f'(x)$. En déduire le tableau de variations de f (on admettra que $f(x)$ tend vers 0 quand x tend vers $+\infty$).
2. Soit A le point de $\mathscr{C}$ d'abscisse 0. Déterminer une équation de la droite T tangente à $\mathscr{C}$ en A.
3. Tracer la droite T et la partie de la courbe $\mathscr{C}$ correspondant à l'intervalle $[0\,;4]$.

Partie B – Domaine plan utile à la fabrication de la pièce

1. On pose $I = \int_0^4 3x\mathrm{e}^{-x}\,\mathrm{d}x$. Montrer que la fonction F définie sur $[0\,;+\infty[$ par $F(x) = -3(x + 1)\,\mathrm{e}^{-x}$ vérifie $F'(x) = 3x\,\mathrm{e}^{-x}$ et que $I = -15\mathrm{e}^{-4} + 3$.
2. Calculer $J = \int_0^4 f(x)\,\mathrm{d}x$.

En déduire une valeur décimale approchée à 10^{-2} près par défaut de l'aire $\mathscr{A}$, exprimée en cm^2, du domaine plan $\mathscr{D}$ limité par les axes de coordonnées, la courbe $\mathscr{C}$ et la droite d'équation $x = 4$.

SOUTIEN AP1 Comment calculer une intégrale à l'aide d'une primitive ?

I. La méthode

Soit f une fonction continue définie sur un intervalle I de $\mathbb{R}$, et soit a et b deux réels de I. Pour calculer l'intégrale $I = \int_a^b f(x)\,\mathrm{d}x$, on détermine une primitive F de la fonction f, l'intégrale I est égale alors à $F(b) - F(a)$. Pour la recherche d'une primitive, on se reportera au chapitre 3, paragraphe II ainsi qu'aux chapitres 4 et 5 (fonctions logarithme et exponentielle).

II. Application

Calculer les intégrales suivantes et vérifier les résultats à l'aide de la calculatrice ou d'un logiciel.

a. $\int_1^3 (x^2 + 4x - 9)\,\mathrm{d}x$ **b.** $\int_1^2 \left(3 + \frac{4}{x}\right)\mathrm{d}x$

c. $\int_0^2 (\mathrm{e}^x + 1)\,\mathrm{d}x$ **d.** $\int_{\frac{\pi}{6}}^{\frac{\pi}{3}} \sin(x)\,\mathrm{d}x$

SOUTIEN AP2 Comment calculer une aire ?

I. La méthode

1er cas – Le domaine est limité par l'axe des abscisses, la courbe $\mathscr{C}$ représentation graphique d'une fonction f et les droites d'équation $x = a$ et $x = b$ avec $a < b$.

Si $f(x) \geqslant 0$ pour tout x compris entre a et b, l'aire est égale à l'intégrale $\int_a^b f(x)\,\mathrm{d}x$.

Si $f(x) \leqslant 0$ pour tout x compris entre a et b, l'aire est égale à $-\int_a^b f(x)\,\mathrm{d}x$.

Si f change de signe, on découpe l'intervalle en intervalles sur lesquels f est de signe constant.

2e cas – Le domaine est limité par les courbes $\mathscr{C}$ et $\mathscr{C}'$ représentations graphiques des fonctions f et g, et les droites d'équations $x = a$ et $x = b$ avec $a < b$ et $f(x) < g(x)$ pour $a < x < b$.

On calcule l'intégrale $\int_a^b (g(x) - f(x))\,\mathrm{d}x$.

II. Application

Calculer les aires suivantes :

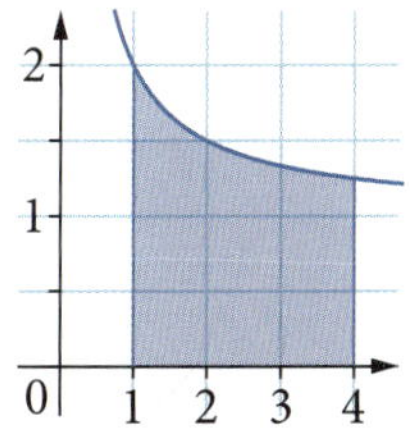

a. $f(x) = 1 + \frac{1}{x}$
(1 cm en abscisses et 2 cm en ordonnées)

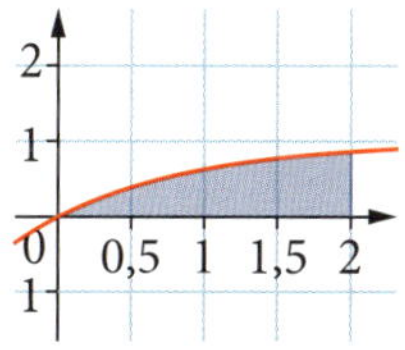

b. $f(x) = 1 - \mathrm{e}^{-x}$
(2 cm en abscisses et 1 cm en ordonnées)

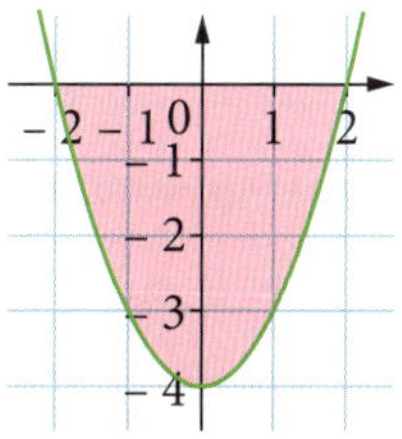

c. $f(x) = x^2 - 4$
(2 cm en abscisses et en ordonnées)
STI2D STL/SPCL

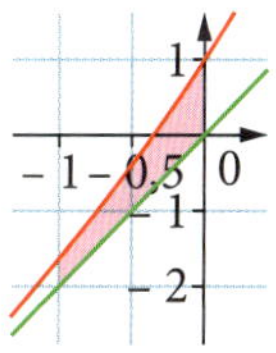

d. $f(x) = 2x$; $g(x) = 2x + \mathrm{e}^x$
(2 cm en abscisses et 1 cm en ordonnées)
STI2D STL/SPCL

APPROFONDISSEMENT AP3 Comment calculer un volume de révolution ?

STI2D STL/SPCL

I. La méthode

Soit f une fonction continue sur un intervalle $[a ; b]$ et $\mathscr{D}$ l'ensemble des points M$(x ; y)$ du plan tels que $a \leqslant x \leqslant b$ et $0 \leqslant y \leqslant f(x)$. On démontre que le volume engendré par la rotation de $\mathscr{D}$ autour de l'axe des abscisses est $V = \pi\int_a^b [f(x)]^2 \, dx$.

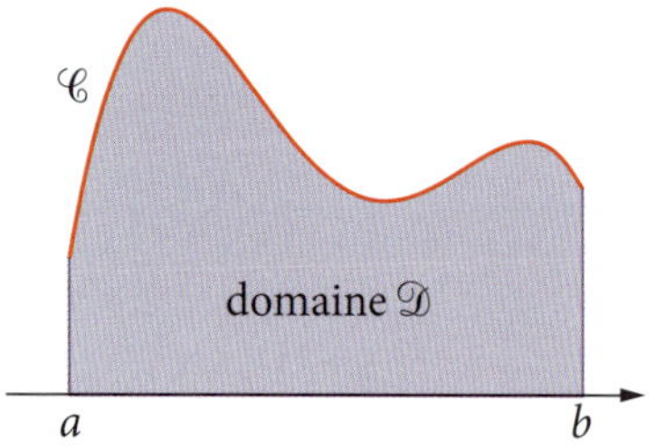

II. Application

1 Soit h et R deux réels strictement positifs. Si f est la fonction définie sur l'intervalle $[0 ; h]$ par $f(x) = R$, le solide obtenu est un cylindre. Calculer son volume.

2 Soit h et R deux réels strictement positifs.

a. Déterminer la fonction affine définie sur l'intervalle $[0 ; h]$ telle que $f(0) = R$ et $f(h) = 0$.

b. Le solide obtenu est un cône. Calculer son volume.

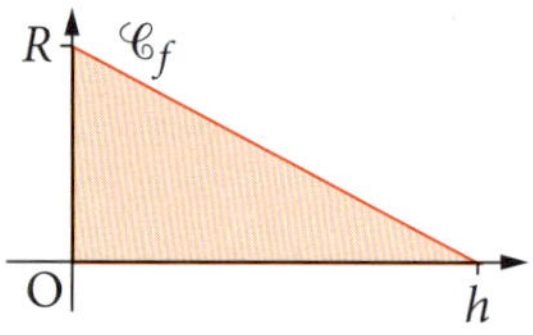

APPROFONDISSEMENT AP4 Comment déterminer l'intégrale d'une fonction rationnelle ?

STI2D STL/SPCL

I. La méthode

Soit f une fonction rationnelle (quotient de deux polynômes) définie sur un intervalle I. Pour déterminer une primitive de f, deux cas se présentent :

1er cas – f est de la forme $\frac{u'}{u}$, avec u strictement positive sur I. Une primitive de f sur I est de la forme $\ln u$.

2e cas – f n'a pas cette forme. L'énoncé propose alors de transformer $f(x)$ en une somme de quotients qui sont de la forme $\frac{u'}{u}$ (avec $u(x) > 0$ sur I) ou $\frac{\alpha}{(ax+b)^n}$ (d'autres formes sont possibles mais hors programme).

Ces quotients admettent pour primitives respectives les fonctions $\ln(u)$ et $x \mapsto -\frac{\alpha}{a(n-1)(ax+b)^{n-1}}$.

II. Application

1 Soit l'intégrale $I = \int_2^4 f(x)\,dx$ avec :

$f(x) = \frac{5}{x^2+3x-4}$.

a. Montrer qu'il existe deux réels a et b tels que : $\frac{5}{x^2+3x-4} = \frac{a}{x-1} + \frac{b}{x+4}$.

b. En déduire une primitive de la fonction f sur l'intervalle et calculer I.

2 Calculer l'intégrale $J = \int_2^3 g(x)\,dx$ avec :

$g(x) = \frac{x^2-2x-2}{x^3-1}$.

On posera $g(x) = \frac{ax+b}{x^2+x+1} + \frac{c}{x-1}$.

Chapitre 7

Les équations différentielles

OBJECTIFS

- Résoudre une équation différentielle de la forme $y' + ay = 0$ avec a réel fixé non nul. ▶ Cours I
- Résoudre une équation différentielle de la forme $y' + ay = b$ avec a et b réels fixés non nuls. ▶ Cours II
- Trouver la solution de l'équation différentielle $y' + ay = b$ qui vérifie une condition initiale donnée. ▶ Cours III
- STI2D STL/SPCL Résoudre une équation différentielle de la forme $y'' + \omega^2 y = 0$ où ω réel non nul et trouver la solution de l'équation différentielle $y'' + \omega^2 y = 0$ qui vérifie des conditions initiales données. ▶ Cours III

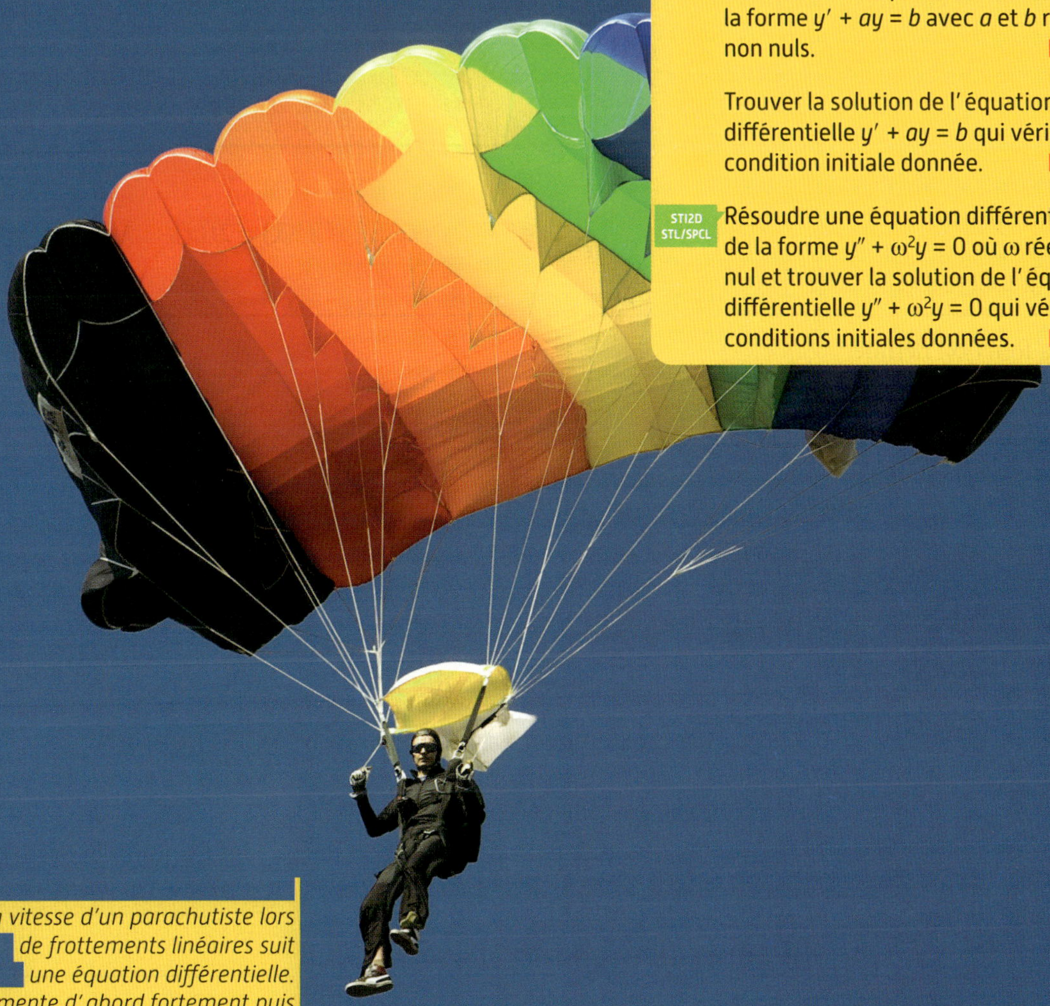

La vitesse d'un parachutiste lors de frottements linéaires suit une équation différentielle. Elle augmente d'abord fortement puis de plus en plus faiblement pour finalement atteindre une valeur limite.

QCM

Pour chacune des questions posées, indiquer la bonne réponse.

	a	b	c	d
1 La fonction définie pour tout réel x par $f(x) = ke^{-3x}$ où k est un réel non nul est dérivable pour tout réel x et sa dérivée est égale à :	ke^{-3x}	$-3e^{-3x}$	$3ke^{-3x}$	$-3ke^{-3x}$
2 Soit la fonction définie pour tout réel x par : $f(x) = ke^{2x} + \frac{1}{2}$ où k est un réel non nul. Si $f(0) = -1$, alors le réel k vaut :	0,5	$-\frac{3}{2}$	-1	$-0{,}5$
3 $\cos\left(x - \frac{\pi}{6}\right)$ est égal à :	$\frac{1}{2}\cos x + \frac{\sqrt{3}}{2}\sin x$	$\frac{1}{2}\cos x - \frac{\sqrt{3}}{2}\sin x$	$\frac{\sqrt{3}}{2}\cos x - \frac{1}{2}\sin x$	$\frac{\sqrt{3}}{2}\cos x + \frac{1}{2}\sin x$
4 La dérivée de la fonction définie pour tout réel x par $f(x) = \sin\left(3x - \frac{\pi}{3}\right)$ est :	$3\cos\left(3x - \frac{\pi}{3}\right)$	$-3\sin\left(3x - \frac{\pi}{3}\right)$	$-3\cos\left(3x - \frac{\pi}{3}\right)$	$-3\sin\left(3x - \frac{\pi}{3}\right)$
5 Soit la fonction définie pour tout réel x par $f(x) = 3e^{-2x}$ et f' sa dérivée. Alors, pour tout réel x :	$f'(x) = f(x)$	$0{,}5f'(x) = -f(x)$	$f'(x) = 2f(x)$	$f'(x) = -f(x)$
6 Soit la fonction définie pour tout réel t par : $f(t) = \cos\left(3t + \frac{\pi}{6}\right)$ et f'' sa dérivée seconde. Alors, pour tout réel t :	$f''(t) = 9f(t)$	$f''(t) = 3f(t)$	$f''(t) = -9f(t)$	$f''(t) = -3f(t)$

Rappels

1 Exponentielle et dérivée

- Soit U une fonction dérivable sur un intervalle I de l'ensemble des réels $\mathbb{R}$. Les fonctions e^U et U ont les mêmes variations et la dérivée de la fonction e^U est $U'e^U$ où U' est la dérivée de U.
- En particulier, la dérivée de la fonction définie pour tout réel x par $f(x) = ke^{-ax}$ (avec k et a réels non nuls) est $f'(x) = -kae^{-ax}$.

2 Formule trigonométrique

Pour a et b réels, on a :

$\cos(a - b) = \cos a \cos b + \sin a \sin b$ $\quad$ $\cos(a + b) = \cos a \cos b - \sin a \sin b$

$\sin(a - b) = \sin a \cos b - \cos a \sin b$ $\quad$ $\sin(a + b) = \sin a \cos b + \cos a \sin b$

Activités d'approche

Activité 1 Recherche de solutions d'une équation différentielle

Partie A

Soit f une fonction dérivable sur $\mathbb{R}$. Le but est de trouver toutes les fonctions qui vérifient l'équation différentielle du premier ordre $f'(x) = -af(x)$, où a est un réel et f' la dérivée de f.

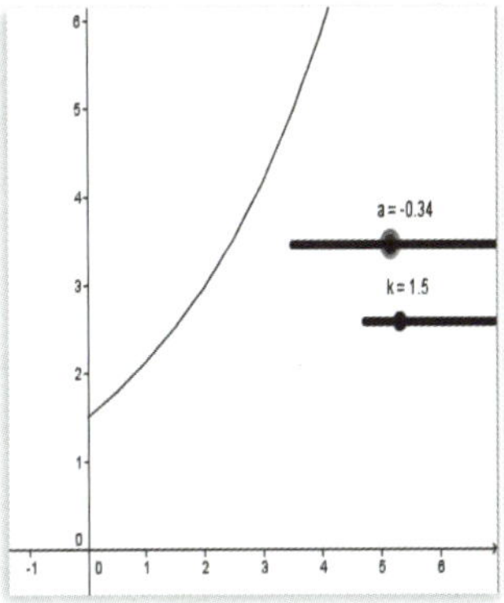

1. Sur *GeoGebra*, créer un curseur **a** allant de – 2 à 2 avec un incrément 0,01 et un curseur **k** allant de 0 à 100 avec un incrément de 10.
Dans la barre de saisie, entrer l'expression : **=RésolEquaDiff[-a*y,0,k,100,0.1]**.
(On obtient la représentation graphique d'une fonction solution de l'équation différentielle.)
2. Fixer **a=0,5** et modifier les valeurs de **k**. Par clic droit, activer la « trace » du lieu tracé.
Par quelle transformation passe-t-on d'une courbe à l'autre ?
3. Fixer **k=40** et modifier les valeurs de **a**. Quel est le rôle du réel a sur l'allure de la courbe ?
Dans la barre de saisie, entrer l'expression : $f(x) = ke^{-ax}$ (**f(x)=k*exp(-ax)**). Que remarque-t-on ? En déduire les solutions de l'équation $f'(x) = -af(x)$.

Partie B STI2D STL/SPCL

Soit l'équation différentielle $f''(x) = -\omega^2 f(x)$ où ω est un réel positif, f une fonction définie et dérivable deux fois sur $\mathbb{R}$ et f'' sa dérivée seconde.

1. Sur *GeoGebra*, créer un curseur ω allant de 0 à 10 avec un incrément de 0,5.
Dans la barre de saisie, entrer l'expression :
=RésolEquaDiff[0,ω²,0,0,1,3,10,0.1].
2. Fixer $\omega = 3$. Dans la barre de saisie, entrer l'expression : **f(x)=cos(3x)+sin(3x)**.
Que remarque-t-on ?

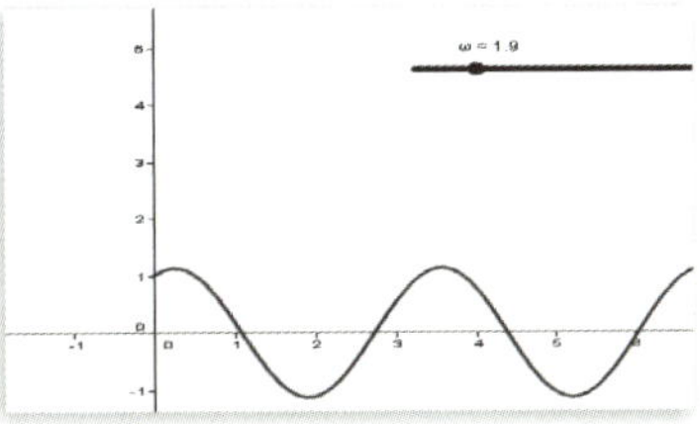

info

GeoGebra : **RésolEquadiff[b,c,(x),x_i,y_i,y'_i,x,pas]**
où $y''+by'+cy=f(x)$
et $y(x_i)=y_i$ $y'(x_i)=y'_i$.

Activité 2 Décharge d'un condensateur dans un circuit RC

À partir de l'instant $t = 0$, un condensateur de capacité C se décharge dans un circuit de résistance R.
La tension $u(t)$ aux bornes du condensateur vérifie, à l'instant t :

$u'(t) + \dfrac{1}{RC}u(t) = 0$, équation différentielle notée (E).

On suppose que $R = 10\,000\ \Omega$ et $C = 10^{-4}$ F.

1. La tension $u(t) = 3t$ est-elle solution de (E) ? Et la tension $u(t) = 2t^2 + 3t - 1$?
2. Montrer que la tension $u(t) = e^{-t}$ est solution de (E).
3. Trouver toutes les tensions $u(t)$ solutions de (E).

I. Équation différentielle

info
Dans une équation différentielle, l'inconnue est une fonction.

Définition Une équation différentielle est une équation liant une fonction (f ou y) et sa ou ses dérivées successives (notées f', f'' ou y', y''). Résoudre une telle équation revient à déterminer toutes les fonctions qui satisfont à l'égalité.

II. Équation différentielle du premier ordre

VOIR EXERCICE RÉSOLU 1

A. Équation différentielle de la forme $y' + ay = 0$

1. Définition

Définition On appelle équation linéaire du premier ordre homogène une équation différentielle de la forme $y' + ay = 0$ où a est un réel non nul.

Exemples
- $y' + 3y = 0$.
- $2y' = 5y$, soit $y' - \dfrac{5}{2}y = 0$.

2. Résolution

Théorème Les solutions de l'équation différentielle $y' + ay = 0$ sont les fonctions dérivables pour tout réel x telles que $f(x) = k\mathrm{e}^{-ax}$ où k est un réel non nul.

Exemples
- La fonction $f : x \mapsto k\mathrm{e}^{-3x}$ est solution de $y' + 3y = 0$ ($a = 3$).
- La solution de l'équation $2y' = 5y$ est $g : x \mapsto k\mathrm{e}^{2,5x}$.

B. Équation différentielle de la forme $y' + ay = b$

VOIR EXERCICE RÉSOLU 2

1. Résolution

Théorème (admis) Les solutions de l'équation différentielle du premier ordre $y' + ay = b$ où a et b sont des réels non nuls sont les fonctions définies pour tout réel x par : $f(x) = k\mathrm{e}^{-ax} + \dfrac{b}{a}$ où k est un réel non nul.

Exemple
Les solutions de l'équation $y' + 3y = 2$ sont les fonctions définies pour tout réel x par : $f(x) = k\mathrm{e}^{-3x} + \dfrac{2}{3}$ ($a = 3$ et $b = 2$).

VOIR EXERCICE RÉSOLU 3

2. Unicité de la solution sous condition initiale

Théorème Soit deux réels x_0 et y_0. Il existe une **unique** fonction f solution de l'équation $y' + ay = b$ où a et b sont des réels non nuls telle que $f(x_0) = y_0$.

Démonstration
L'existence d'une solution a été établie précédemment. Soit f et g deux solutions de l'équation $y' + ay = b$ vérifiant $f(x_0) = y_0$ et $g(x_0) = y_0$. Dans ce cas :
$f(x) = k\mathrm{e}^{-ax} + \dfrac{b}{a}$ et $g(x) = k'\mathrm{e}^{-ax} + \dfrac{b}{a}$ où k et k' sont des réels non nuls.
Donc $f(x) - g(x) = (k - k')\mathrm{e}^{-ax}$ et $f(x_0) - g(x_0) = (k - k')\,\mathrm{e}^{-ax_0} = 0$. D'où $k = k'$ et $f(x) = g(x)$. La solution est donc unique.

Exemple
La solution f de l'équation $y' + 3y = 0$ telle que $f(0) = 1$ est $f : x \mapsto \mathrm{e}^{-3x}$.

EXERCICE RÉSOLU 1

Résoudre une équation différentielle de la forme $y' + ay = 0$

Pour chacune des équations différentielles suivantes, déterminer les fonctions solutions.

a. $y' - \frac{1}{2}y = 0$ **b.** $y' = 5y$ **c.** $4y' + y = 0$.

> Résolution

a. $a = -\frac{1}{2}$ et donc $f : x \mapsto k\mathrm{e}^{-\frac{1}{2}x}$.

b. $y' - 5y = 0$, $a = -5$, donc $f : x \mapsto k\mathrm{e}^{-5x}$.

c. L'équation devient $y' + \frac{1}{4}y = 0$ avec $a = \frac{1}{4}$. Donc $f : x \mapsto k\mathrm{e}^{-\frac{1}{4}x}$.

Méthode

- On écrit l'équation différentielle sous la forme $y' + ay = 0$.
- On reconnaît a et on écrit la fonction solution : $f : x \mapsto k\mathrm{e}^{-ax}$.

VOIR EXERCICES D'APPLICATION 1 à 4

EXERCICE RÉSOLU 2

Résoudre une équation différentielle de la forme $y' + ay = b$

Pour chacune des équations différentielles suivantes, déterminer les fonctions solutions.

a. $y' + 2y = 6$ **b.** $4y = y' - 1$ **c.** $2y' + y = 3$

> Résolution

a. $a = 2$ et $b = 6$, d'où $f : x \mapsto k\mathrm{e}^{-2x} + \frac{6}{2} = k\mathrm{e}^{-2x} + 3$.

b. L'équation devient $y' - 4y = 1$ où $a = -4$ et $b = 1$. D'où $f : x \mapsto k\mathrm{e}^{-4x} - \frac{1}{4}$.

c. L'équation devient $y' + \frac{1}{2}y = \frac{3}{2}$ où $a = \frac{1}{2}$ et $b = \frac{3}{2}$. D'où $f : x \mapsto k\mathrm{e}^{\frac{1}{2}x} + 3$.

Méthode

- On écrit l'équation sous la forme $y' + ay = b$ pour reconnaître a et b.
- On reconnaît a et b.
- On écrit la fonction solution : $f : x \mapsto k\mathrm{e}^{-ax} + \frac{b}{a}$.

VOIR EXERCICES D'APPLICATION 7 à 11

EXERCICE RÉSOLU 3

Rechercher la solution particulière de l'équation différentielle $y' + ay = b$

Déterminer la fonction f solution de l'équation $y' + 2y = 7$ qui vérifie la condition initiale $f(0) = 5$.

> Résolution

$a = 2$ et $b = 7$ d'où $f : x \mapsto k\mathrm{e}^{-2x} + \frac{7}{2}$.

Donc $f(0) = k\mathrm{e}^{0} + \frac{7}{2} = 5$. D'où : $k + \frac{7}{2} = 5$, soit $k = 5 - \frac{7}{2} = \frac{3}{2}$.

La solution est $f : x \mapsto \frac{3}{2}\mathrm{e}^{-2x} + \frac{7}{2}$.

Méthode

- On écrit l'équation différentielle sous la forme $y' + ay = b$ pour reconnaître a et b.
- On écrit la fonction f solution : $f : x \mapsto k\mathrm{e}^{-ax} + \frac{b}{a}$.
- On vérifie la condition initiale et on détermine la constante k.

VOIR EXERCICES D'APPLICATION 13 à 15

STI2D STL/SPCL

III. Équation différentielle du second ordre

VOIR EXERCICE RÉSOLU 4

A. Résolution de $y'' + \omega^2 y = 0$ avec ω réel non nul

Théorème Les solutions de l'équation linéaire du second ordre $y'' + \omega^2 y = 0$ où ω est un réel non nul sont les fonctions définies et dérivables pour tout réel x telles que $f(x) = k\cos \omega x + k'\sin \omega x$ où k et k' sont des réels.

Exemple

Les solutions de l'équation $y'' + 9y = 0$ avec $\omega = 3$ sont les fonctions f de la forme : $f : x \mapsto k\cos 3x + k'\sin 3x$.

Remarque

Il peut arriver que, pour plus de facilité, on doive transformer cette écriture en $f : x \mapsto K\cos(\omega x + \varphi)$ où K et φ sont des réels à déterminer en utilisant la formule $\cos a \cos b - \sin a \sin b = \cos(a + b)$.

VOIR EXERCICES RÉSOLUS 5 et 6

B. Unicité de la solution sous condition initiale

Théorème admis L'équation différentielle $y'' + \omega^2 y = 0$ où ω est un réel non nul admet une unique fonction solution f définie et dérivable deux fois sur $\mathbb{R}$ vérifiant deux conditions initiales données.

Remarque

En général, on aura des conditions initiales du type $f(x_0) = y_0$ et $f(x_1) = y_1$ ou $f(x_0) = y_0$ et $f'(x_1) = y_1$.

Exemples

• La solution f de l'équation $y'' + 9y = 0$ qui vérifie $f(0) = 1$ et $f\left(\frac{\pi}{2}\right) = 1$ est $f : x \mapsto \cos 3x - \sin 3x$.

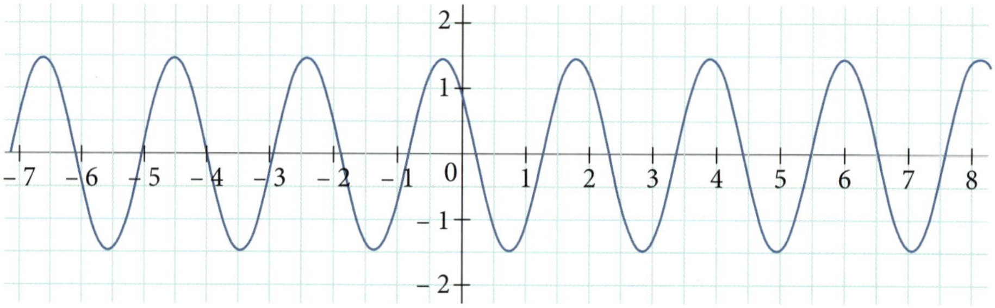

• La solution f de l'équation différentielle $y'' + y = 0$ qui vérifie $f(0) = 1$ et $f'(0) = 1$ est de la forme :

$f(x) = k\cos x + k'\sin x$. Or $f(0) = k = 1$ et $f'(x) = -k\sin x + k'\cos x$; $f'(0) = k' = 1$, donc $f(x) = \cos x + \sin x$.

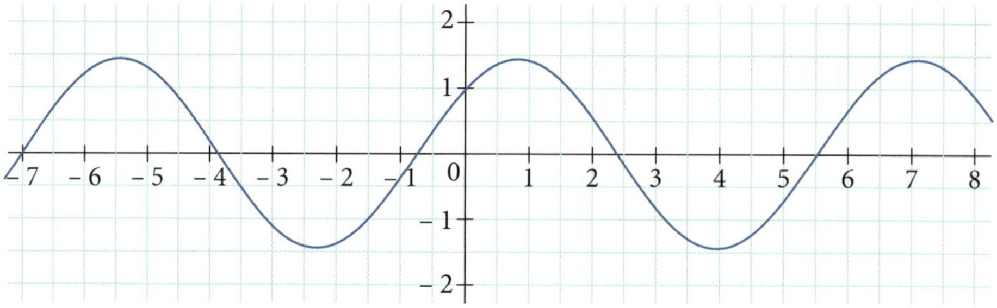

EXERCICE RÉSOLU 4

Résoudre une équation différentielle du second ordre $y'' + \omega^2 y = 0$

Pour chacune des équations différentielles suivantes, déterminer les fonctions solutions.

a. $y'' + 16y = 0$ **b.** $y'' = -\frac{1}{9}y$ **c.** $2y'' + 8y = 0$

→ Résolution

a. $\omega = 4$ d'où $f : x \mapsto k\cos 4x + k'\sin 4x$.

b. $\omega = \frac{1}{3}$ d'où $f : x \mapsto k\cos\left(\frac{1}{3}x\right) + k'\sin\left(\frac{1}{3}x\right)$.

c. L'équation devient $y'' + 4y = 0$ avec $\omega = 2$.
D'où $f : x \mapsto k\cos 2x + k'\sin 2x$.

Méthode

- On écrit l'équation différentielle sous la forme $y'' + \omega^2 y = 0$.
- On reconnaît ω.
- On écrit la fonction solution : $f : x \mapsto k\cos\omega x + k'\sin\omega x$ où k et k' sont des réels non nuls.

VOIR EXERCICES D'APPLICATION 19 à 22

EXERCICE RÉSOLU 5

Rechercher l'unique solution d'une équation différentielle du second ordre

Trouver la solution f de l'équation différentielle $y'' + 25y = 0$ qui vérifie les conditions initiales $f(0) = 1$ et $f'(0) = 1$.

→ Résolution

$\omega = 5$ d'où $f(x) = k\cos 5x + k'\sin 5x$ et $f'(x) = -5k\sin 5x + 5k'\cos 5x$.

Or $f(0) = k\cos 0 + k'\sin 0 = k = 1$ et $f'(0) = -5k\sin 0 + 5k'\cos 0 = 5k' = 1$.

D'où $k' = \frac{1}{5}$ et $f(x) = \cos 5x + \frac{1}{5}\sin 5x$.

Méthode

- On écrit l'équation différentielle sous la forme $y'' + \omega^2 y = 0$.
- On reconnaît ω et on écrit la fonction solution : $f : x \mapsto k\cos\omega x + k'\sin\omega x$.
- On vérifie les conditions initiales et on trouve k et k'.

VOIR EXERCICES D'APPLICATION 25 et 26

EXERCICE RÉSOLU 6

Montrer qu'une fonction est solution d'une équation différentielle du second ordre

Montrer que la fonction $f(t) = 2\cos\left(5t + \frac{\pi}{6}\right)$ deux fois dérivables pour tout réel t est solution de l'équation différentielle : $y'' + 25y = 0$.

→ Résolution

On applique l'équation à f :

$f''(t) = -2 \times 5^2\cos\left(5t + \frac{\pi}{6}\right) = -50\cos\left(5t + \frac{\pi}{6}\right)$.

Et $25f(t) = 50\cos\left(5t + \frac{\pi}{6}\right)$. D'où $f''(t) + 25f(t) = 0$.

La fonction f est donc une solution de l'équation différentielle $y'' + 25y = 0$.

Méthode

- On dérive deux fois la fonction f.
- On utilise la formule de double dérivation de la fonction cosinus : si $f(x) = \cos(ax + b)$, alors $f''(x) = -a^2\cos(ax + b)$.
- On vérifie que : $f''(t) + 25f(t) = 0$.

VOIR EXERCICES D'APPLICATION 29 et 30

L'ESSENTIEL

Reconnaître une équation différentielle

- Identifier une équation différentielle de la forme $y' + ay = 0$ ou $y' + ay = b$ ou $y'' + \omega^2 y = 0$, avec y une fonction deux fois dérivable sur $\mathbb{R}$ et a, b, ω des réels non nuls.

- Les fonctions f solutions de ces équations différentielles sont définies et dérivables deux fois sur un intervalle I. Ce sont des fonctions exponentielles ou circulaires.

Équation différentielle du premier ordre

Résolution de l'équation différentielle du premier ordre de la forme $y' + ay = 0$ avec a réel non nul

- Les fonctions f solutions de cette équation sont de la forme $f : x \mapsto ke^{-ax}$ avec k constante réelle.
- Il existe une unique fonction f solution de cette équation vérifiant une condition initiale $f(x_0) = y_0$.

En effet : $y_0 = ke^{-ax_0}$, donc $k = y_0 e^{ax_0}$ et $f(x) = y_0 e^{a(x_0 - x)}$.

Résolution de l'équation différentielle du premier ordre de la forme $y' + ay = b$ avec a et b réels non nuls

- Les fonctions f solutions de cette équation sont de la forme $f : x \mapsto ke^{-ax} + \frac{b}{a}$ avec k constante réelle.

- Il existe une unique fonction f solution de cette équation vérifiant une condition initiale $f(x_0) = y_0$.

En effet : $y_0 = ke^{-ax_0} + \frac{b}{a}$, d'où $k = \left(y_0 - \frac{b}{a}\right)e^{ax_0}$.

Équation différentielle du second ordre

STI2D STL/SPCL

Résolution de l'équation différentielle du second ordre $y'' + \omega^2 y = 0$ avec ω réel non nul

Les fonctions f solutions de cette équation sont de la forme :
$f : x \mapsto k \cos \omega x + k' \sin \omega x$ avec k et k' réels.

Unicité de la solution sous condition initiale

Il existe une unique fonction f solution de cette équation vérifiant deux conditions initiales :
$f(x_0) = y_0$ et $f(x_1) = y_1$
ou $f'(x_0) = y_0$ et $f'(x_1) = y_1$.
Ces deux conditions permettent de déterminer les constantes k et k'.

TP1 Bobine et équation différentielle

Objectif : **Utiliser un logiciel de calcul formel pour résoudre un problème d'électricité.**

Une bobine en électricité est un composant constitué d'un enroulement de fil conducteur (souvent en cuivre).

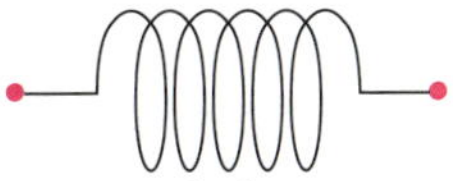

symbole d'une bobine

Sa propriété principale est de s'opposer à la variation du courant et donc de protéger les appareils électriques des fluctuations de tensions et d'intensités.

Les bobines sont présentes dans tous les transformateurs et sur les cartes électroniques.

Elles sont caractérisées par leur inductance, notée L (unité : le henry H).

On considère le circuit électrique RL ci-contre composé d'un générateur de tension U en volts (V), d'une résistance R en ohms (Ω) et d'une bobine d'inductance L en henrys (H).

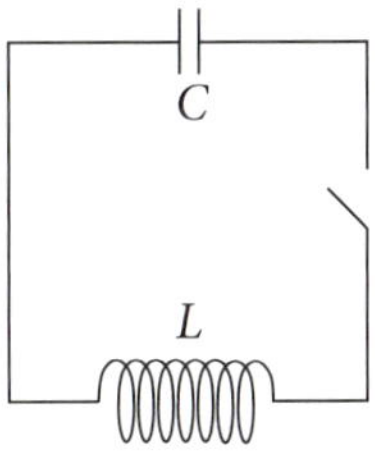

La fonction intensité $i(t)$ vérifie la relation :

$$U = Ri(t) + L\frac{\mathrm{d}i}{\mathrm{d}t} \qquad \text{(E)}$$

Dans la suite, on a :

$R = 100\ \Omega$, $L = 10$ H et $U = 9$ V.

1. Vérifier la solution de l'équation différentielle (E).

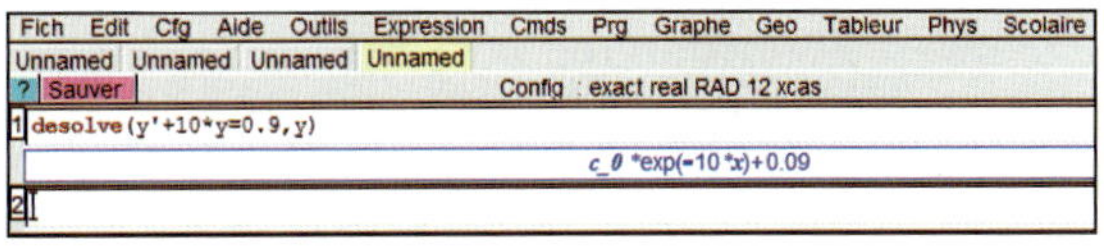

2. On suppose que $i(0) = 0$. Trouver la solution particulière de cette équation puis donner la représentation graphique de cette solution $i(t)$.

3. Donner la dérivée, puis la limite de $i(t)$ quand t devient de plus en plus grand. Dresser alors son tableau de variations.

4. Déterminer $\dfrac{1}{20}\displaystyle\int_0^{20} i(t)\mathrm{d}t$ et interpréter le résultat.

TP2 Des équations « dynamiques »

STI2D STL/SPCL

Objectif : **Rechercher à l'aide d'un logiciel dynamique les solutions d'une équation différentielle du second ordre et trouver la fonction vérifiant des conditions initiales.**

Soit l'équation différentielle (E) : $y'' + 4y = 0$.

1. Dans un fichier *GeoGebra*, créer un curseur k qui varie de 0 à 5, avec un incrément de 0,1, et un curseur k' qui varie de 0 à 1, avec un incrément de 0,1.

Dans le champ de saisie, entrer la fonction $f(x) = k\cos 2x + k'\sin 2x$ puis tracer différentes fonctions. Trouver la période T de chacune de ces courbes sinusoïdales.

2. Définir deux curseurs K et φ variant de 0 à 5, avec un incrément de 0,001 et, dans le champ de saisie, entrer la fonction $f(x) = K\cos(2x + \varphi)$. Trouver K et φ tels que $f(2) = 0$ et $f'(2) = 1$.

3. Placer le point A(2 ; 0), créer le point B intersection de la perpendiculaire à l'axe des abscisses passant par A et de la courbe puis représenter la tangente en B à la courbe de f.

?

Quand une solution de l'équation différentielle s'écrit sous la forme $f(x) = K\cos(2x + \varphi)$, la fonction est périodique de période $T = \dfrac{2\pi}{\omega}$, sa fréquence est $F = \dfrac{1}{T}$ (en hertz) et φ est le déphasage.

TP3 Déplacement d'un chariot

STI2D STL/SPCL

Objectif : **Résoudre un problème de mécanique utilisant des équations différentielles.**

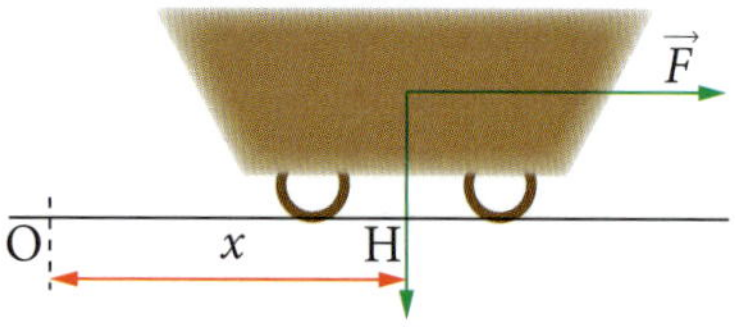

Un chariot se déplace sur des rails rectilignes et horizontaux. Il est soumis à des forces d'entraînement et de frottement. Sa position est repérée par la distance x, en mètres, du point H à l'origine O du repère en fonction du temps t exprimé en secondes.

La fonction $x(t)$ est solution de l'équation différentielle (E) : $200x'' + 25x' = 50$.

On note $v(t)$ la vitesse du chariot au temps t et on a $v(t) = x'(t)$.

1. À l'aide d'un logiciel de calcul formel, résoudre l'équation (E).

```
1 desolve(200*y''+25y'=50,y)
```

$$\frac{\exp(-\frac{x}{8})*(-64*c\_1+128)}{8}+2*x+c\_0+8*c\_1-16$$

2. On suppose que $x(0) = x'(0) = 0$. Montrer que $x(t) = 2t - 16 + 16\,e^{\frac{-t}{8}}$.

3. Donner $v(t)$ en fonction de t.

Le résultat suivant correspond-il à cette question ?

```
1 desolve(200*y'+25y=50,y)
```

$$c\_0*\exp(-\frac{x}{8})+2$$

4. Calculer la vitesse du chariot au bout de 2 s.

Calculer $\lim\limits_{t \to +\infty} v(t)$.

5. Donner son accélération $a(t) = v'(t)$ en fonction de t.

6. Quelle est la distance parcourue par le chariot au bout de 30 s ?

Appliquer

Les exercices de la partie « Appliquer » sont tous corrigés en fin d'ouvrage.

Résolution d'une équation différentielle du premier ordre

VOIR EXERCICE RÉSOLU 1

Dans les **exercices 1 à 4**, trouver les fonctions solutions des équations différentielles.

1 * a. $y' + 8y = 0$ b. $y' - 0{,}5y = 0$ c. $y' + \pi y = 0$

2 * a. $y + 3y' = 0$ b. $y' = 7y$ c. $-2y' + 8y = 0$

3 * a. $y' - \dfrac{1}{4}y = 0$ b. $y' + \sqrt{2}y = 0$ c. $3y' = \pi y$
d. $y' + y \ln 3 = 0$

4 * a. $x' + x = 0$ b. $4\theta' - \theta = 0$ c. $i' + \dfrac{1}{10}i = 0$

5 * Vérifier que la fonction $f : x \mapsto -4e^{-2x}$ est solution de l'équation différentielle (E) : $y' + 2y = 0$.
Trouver deux autres fonctions solutions de (E).

6 * Trouver le réel a tel que la fonction $f : x \mapsto 5e^{3x}$ soit une solution de l'équation $y' = ay$.

VOIR EXERCICE RÉSOLU 2

Dans les **exercices 7 à 10**, trouver les fonctions solutions des équations de la forme $y' + ay = b$.

7 ** a. $y' + 3y = 1$ b. $y' - y = 3$ c. $y' + y = 10$

8 * a. $2y' + y = 4$ b. $y' = 5 - 3y$ c. $y' + 3y + 1 = 0$

9 * a. $y' + \sqrt{3}\,y = 1$ b. $\dfrac{1}{2}y' + \dfrac{1}{3}y = \dfrac{1}{6}$
c. $y' + 2y = \pi$

10 ** a. $2x' - x = 2$ b. $i' + 0{,}5i = 3$
c. $-\theta' + 200\,\theta = 10$

Le mouvement des ressorts entre écartement et position initiale suit une équation différentielle du premier ordre.

11 * Trouver trois fonctions solutions de l'équation $2y' - 5y = 1$.

12 * Trouver le réel b tel que la fonction $f : x \mapsto 3e^{5x} + 10$ soit solution de l'équation $y' - 5y = b$.

VOIR EXERCICE RÉSOLU 3

Dans les **exercices 13 et 14**, trouver la fonction f solution de l'équation différentielle qui vérifie la condition initiale donnée.

13 * a. $y' - y = 3$ et $f(1) = 0$.
b. $y' - 3y = 0$ et $f(1) = 2$. c. $y' + 2y + 1 = 0$ et $f'(3) = 1$.

14 * a. $2y' + y = 2$ et $f(\ln 2) = 1$.
b. $-6y' - 18y = -9$ et $f(-2) = 0$. c. $4y = y' + \dfrac{1}{2}$ et $f'(1) = 1$.

Les mouvements des boules suivent des équations différentielles du premier ordre.

15 ** 1. Résoudre l'équation différentielle (E) : $y' + 2y = 10$.
2. Trouver la fonction f solution de (E) dont la courbe représentative dans un repère orthonormé passe par le point A(0 ; 1).
3. Trouver la fonction g solution de (E) dont le coefficient directeur de la tangente à la courbe de g au point d'abscisse 1 vaut 2.

16 ** **Vrai ou faux ?**
Pour chacune des affirmations suivantes, indiquer si elle est vraie ou fausse en justifiant.
1. L'équation différentielle $y = y'$ a une unique solution.
2. La fonction définie pour tout réel x par $f(x) = -2e^{-x}$ est solution de l'équation $y' = y$.
3. Toute solution de l'équation $y' - 3y = 0$ est positive sur $\mathbb{R}$.
4. Toute solution de l'équation $y' - 3y = 0$ est croissante sur $\mathbb{R}$.
5. Les solutions de l'équation $2y' + 3y = 1$ ont pour limite $\dfrac{1}{3}$ en $+\infty$.

17 ** Voici les résultats d'une résolution d'équation différentielle par un logiciel de calcul formel.

```
desolve(3*y'+9*y=12,y)
        (3*c_|0*exp(-3*x)+4)/3
f(x):=(3*c_0*exp(-3*x)+4)/3
// Interprète f
// Attention: c_0, déclarée(s) comme variable(s) globale(s) lors de la compilation f
        x -> (3*c_0*exp((-3)*x)+4)/3
limite(f(x),x,+infinity)
        4/3
derive(f(x))
        -3*c_0*exp(-3*x)
integrer(f(x),x)
        (-c_0*exp(-3*x)+4*x)/3
```

1. Donner les quatre questions auxquelles un logiciel de calcul formel est capable de fournir les réponses.
2. Trouver la solution f de l'équation différentielle qui vérifie $f(\ln 5) = 1$.

18 * Démontrer le théorème du cours (**II A2**) : les solutions de l'équation différentielle $y' + ay = 0$ sont les fonctions dérivables pour tout réel x telles que $f(x) = ke^{-ax}$ où k est un réel non nul.

Résolution d'équation différentielle du second ordre

STI2D STL/SPCL

VOIR EXERCICE RÉSOLU 4

Dans les **exercices 19 à 22**, déterminer les fonctions solutions des équations différentielles.

19 * a. $y'' + y = 0$ b. $y'' + 81y = 0$ c. $y'' + 100y = 0$

20 * a. $9y'' + y = 0$ b. $4y'' + 25y = 0$ c. $y'' + 3y = 0$

21 * a. $y'' = \frac{-1}{4}y$ b. $9y'' + \pi^2 y = 0$
c. $-100y = 10y''\left(\frac{\pi}{4} - 3x\right)$

22 * a. $x'' + 4x = 0$ b. $f''(x) = -36f(x)$
c. $\frac{d^2u(t)}{dt^2} + \frac{1}{100}u(t) = 0$

23 ** Vérifier si la fonction f est solution de l'équation différentielle (E).
a. $f(x) = e^x + \cos x$ et (E) : $y'' + y = 2e^x$.
b. $f(x) = -x\cos x$ et (E) : $y'' + y = 2\sin x$.

24 ** Montrer que les fonctions $f : x \mapsto 3\cos 2x$ et $g : x \mapsto -2\sin 2x$ sont solutions d'une même équation différentielle à déterminer.

VOIR EXERCICE RÉSOLU 5

Dans les **exercices 25 et 26**, trouver la fonction f solution de l'équation différentielle qui vérifie les conditions initiales.

25 * a. $y'' + 16y = 0$ avec $f(0) = 1$ et $f'(0) = 1$.
b. $y'' + 4y = 0$ avec $f\left(\frac{\pi}{6}\right) = 0$ et $f'\left(\frac{\pi}{6}\right) = 1$.

26 * a. $y'' + y = 0$ avec $f(0) = \frac{\sqrt{3}}{2}$ et $f'(0) = 2$.
b. $y'' + 9y = 0$ avec $f(\pi) = 1$ et $f\left(\frac{\pi}{2}\right) = -1$.

27 * Déterminer la solution f de l'équation différentielle $9y'' + y = 0$ telle que la droite d'équation $y = x$ est tangente à la courbe de f au point d'abscisse 0.

28 * On considère l'équation différentielle (E) : $4y'' + \pi^2 y = 0$.
1. Résoudre l'équation différentielle (E).
2. Déterminer la fonction f solution de (E) qui satisfait aux conditions suivantes.
a. La courbe représentative de f passe par le point : $B\left(0,5\,;\,\frac{\sqrt{2}}{2}\right)$.
b. La tangente à cette courbe en B est parallèle à l'axe des abscisses.

29 * VOIR EXERCICE RÉSOLU 6
Soit l'équation différentielle (E) : $y'' + y = 0$.
1. Déterminer la solution f de (E) telle que $f(0) = 1$ et $f'(0) = 1$.
2. Montrer que $f(x) = \sqrt{2}\cos\left(x - \frac{\pi}{4}\right)$.

30 * VOIR EXERCICE RÉSOLU 6
1. Déterminer la solution f de l'équation différentielle :
$y'' + 9y = 0$ vérifiant $f(0) = \sqrt{2}$ et $f'\left(\frac{\pi}{3}\right) = 3\sqrt{2}$.
2. Montrer que pour tout réel x : $f(x) = 2\sin\left(\frac{\pi}{4} - 3x\right)$.

31 * **Vrai ou faux ?**
Pour chacune des affirmations suivantes, indiquer si elle est vraie ou fausse en justifiant.
1. Les fonctions définies pour tout réel x par $f(x) = 2\cos 3x$ et $g(x) = -\sin 3x$ sont solutions d'une même équation différentielle.
2. Les fonctions définies pour tout réel x par :
$f(x) = 2\cos x - 3\sin x$ et $g(x) = 3\cos\left(x - \frac{\pi}{2}\right)$ sont solutions d'une même équation différentielle.
3. La fonction g définie sur $\mathbb{R}$ par $g(x) = 2\cos\left(\frac{1}{2}x + \frac{\pi}{4}\right)$ est l'unique solution de l'équation différentielle $y'' + \frac{1}{4}y = 0$ vérifiant $g(0) = \sqrt{2}$ et $g'(0) = \frac{-\sqrt{2}}{2}$.

32 ** À quelle question répondent ces calculs d'un logiciel de calcul formel ?

```
desolve(4*y''+y=0,y)
                    4*(c_0*cos(x/2)/4 + c_1*sin(x/2)/2)
f(x):=cos(x/2)+ 2*sin(x/2)
// Interprète f
// Succès lors de la compilation f
                    x -> cos(x/2)+2*sin(x/2)
f(0)
                    1
f'(0)
                    1
```

Approfondir

Les exercices notés C *sont corrigés en fin d'ouvrage.*

33 * Soit (E) l'équation différentielle : $y' + 0{,}1y = 1$.
Chacune des courbes ci-après (page suivante) représente une fonction solution de (E) définie sur $\mathbb{R}$.

Déterminer pour chacune des courbes l'expression de la fonction associée.

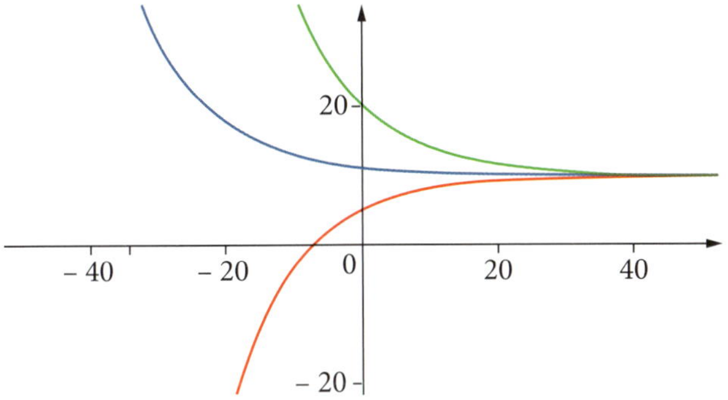

34 ** En physique nucléaire

Suite à un incident nucléaire, on relève à l'instant t (en heures) le nombre $N(t)$ de particules radioactives captées par un appareil en une seconde.
On suppose que N est solution de l'équation différentielle (E) : $y' = a(y - 2)$ où a est une constante positive.
1. On suppose que $a = 1$.
a. Résoudre (E).
b. Déterminer la solution N de (E) qui vérifie $N(0) = 170$.
2. Pour tout réel a positif, déterminer la solution N de (E) qui vérifie $N(6) = 9$.

35 * C Valeur moyenne C1 C2 C3 C4 C5 C6

Soit (E) l'équation différentielle : $y' + y = 0$ où y est une fonction définie et dérivable sur $\mathbb{R}$.
1. Résoudre (E).
2. Déterminer la solution f de (E) telle que $f(0) = 1$.
3. Calculer la valeur moyenne de f sur $[2 ; 3]$.

?

La valeur moyenne V de f sur $[a ; b]$ est définie par :
$V = \dfrac{1}{b-a}\int_a^b f(x)\mathrm{d}x$.

36 *

Dans chacun des cas suivants, y est une fonction définie et dérivable sur $[0 ; +\infty[$ et y' sa dérivée. Utiliser un logiciel de calcul formel pour résoudre les équations différentielles suivantes qui vérifient la condition initiale donnée.
1. $1\,000y' + 50y = 20{,}5$ avec $f(0) = 400$.
2. $y' = -(y - 18)$ avec $f(0) = 1$.

37 ** C En électricité C1 C2 C3 C4 C5 C6

Un circuit électrique est composé d'un condensateur de capacité C en farads, d'un résistor R en ohms et d'un interrupteur K. À l'instant $t = 0$, l'interrupteur K se ferme et le condensateur se décharge. On note $u(t)$, en volts, la tension aux bornes du condensateur à l'instant t en secondes.
On admet que u, dérivable sur $[0 ; +\infty[$, est solution de l'équation différentielle (E) : $y' + \dfrac{1}{RC}y = 0$.
Dans tout l'exercice, on prend :
$C = 15 \times 10^{-5}$ F et $R = 2 \times 10^4\ \Omega$.

1. a. Résoudre l'équation différentielle (E).
b. Déterminer la solution particulière u de (E) vérifiant $u(0) = 12$.
2. À partir de quel instant t_1 la tension est-elle telle que $u(t) < 1{,}2$? On donnera la valeur exacte de t_1 puis une valeur approchée à 10^{-2} près.
3. Calculer la valeur moyenne de u sur $[0 ; t_1]$. On donnera la valeur exacte puis une valeur approchée à 10^{-2} près.
4. L'énergie emmagasinée dans le condensateur, en joules, a pour valeur à l'instant t :
$W(t) = \dfrac{1}{2}C\,[u(t)]^2$.
Calculer la valeur moyenne W_m de W entre les instants $t = 0$ et $t = 2$. On donnera la valeur exacte puis une valeur approchée à 10^{-2} près.

38 ** Refroidissement d'un corps C1 C2 C3 C4 C5 C6

La vitesse de refroidissement d'un corps est proportionnelle à la différence de température entre ce corps et l'air ambiant. Soit $T(t)$ la température du corps à l'instant t (en secondes).
T est une solution de l'équation différentielle (E) :
$y' + k(y - t_1) = 0$ où t_1 est la température de l'air ambiant (en degrés Celsius) et k réel positif.
1. Résoudre (E).
2. Trouver la température T solution de (E) telle que $T(0) = 5$.
3. Au bout de six minutes, la température vaut 70 °C. Trouver la valeur de k en fonction de t_1.

39 ** C Étude d'une fonction

On considère l'équation différentielle (E) : $y' + 0{,}05y = 20$ où y est une fonction définie et dérivable sur $\mathbb{R}$.
1. Résoudre (E).
2. Trouver la solution particulière f de (E) telle que $f(0) = 0$.
3. Soit f la fonction définie sur $\mathbb{R}$ par $f(x) = 400(1 - \mathrm{e}^{-0{,}05x})$.
a. Calculer $\lim\limits_{x\to\infty} f(x)$. Interpréter le résultat.
b. Calculer la dérivée f' de f sur $\mathbb{R}$. En déduire le sens de variation de f sur $\mathbb{R}$.
c. Résoudre $f(x) = 100$. On donnera la valeur exacte puis une valeur approchée à 10^{-2} près.
d. Donner la valeur moyenne de f sur $[0 ; 100]$. On donnera la valeur exacte puis une valeur approchée à 10^{-2} près.

40 ** C En électricité C1 C2 C3 C4 C5 C6

Aux bornes d'une bobine de résistance R (en ohms) et d'inductance L (en henrys), on branche un générateur de force électromotrice E (en volts).
L'intensité i du courant (en ampères) est fonction du temps t (en secondes), i est une fonction solution de l'équation différentielle (E) : $y' + \dfrac{1}{RL}y = E$.
On suppose que $E = 3$ V, $L = 0{,}5$ H et $R = 5\ \Omega$.
1. Déterminer $i(t)$ solution de l'équation différentielle ci-dessus sachant que $i(0) = 0$.
2. Calculer $\lim\limits_{t\to\infty} i(t)$.

41 ** C **Économie et entreprise**

Un entrepreneur achète à un instant $t = 0$ des nouvelles machines d'un montant de 200 000 €. Mais cet investissement se déprécie. La dépréciation en milliers d'euros à l'instant t (en années) est notée $d(t)$. On suppose que d est solution sur $[0 ; 13]$ de l'équation différentielle (E) : $y' + 0{,}086y = 17{,}2$ et que $d(0) = 0$.

1. Déterminer la solution d qui vérifie (E).
2. On pose $d(t) = 200(1 - e^{-0{,}086t})$ définie sur $[0 ; 13]$.
Déterminer au bout de combien d'années l'investissement aura perdu 60 % de sa valeur, en résolvant une inéquation sur $[0 ; 13]$.

42 * **Cinétique chimique**

À l'instant $t = 0$, une bille est lâchée à la surface d'une colonne de liquide. On note $v(t)$ la vitesse en mètres par seconde ($m \cdot s^{-1}$) de la bille en fonction du temps t.
On admet que v est dérivable sur $[0 ; +\infty[$ et qu'elle est solution de l'équation différentielle (E) : $y' + 140y = 5{,}88$.

1. Résoudre (E) et déterminer la solution particulière qui s'annule en 0.
2. Calculer $\lim_{t \to \infty} v(t)$ et interpréter le résultat.
3. À quel instant t la bille atteint-elle 95 % de sa vitesse limite ?

43 ** C Soit l'équation différentielle (E) : STI2D STL/SPCL

$y'' + 4y = 0$ où y désigne une fonction de la variable x deux fois dérivable sur $\mathbb{R}$ et y'' sa dérivée seconde.

1. Résoudre (E).
2. Déterminer la solution particulière f de (E) telle que $f(0) = \sqrt{3}$ et $f'(0) = 2$.
3. Montrer que $f : x \mapsto 2\cos\left(2x - \frac{\pi}{6}\right)$.
4. Calculer la valeur moyenne de f sur $\left[0 ; \frac{\pi}{2}\right]$.

44 * **En électricité** STI2D STL/SPCL

On considère un circuit électrique composé d'une bobine, d'un condensateur et d'un interrupteur.
À $t = 0$, on ferme l'interrupteur. La charge du condensateur, à un instant t, est fonction du temps et solution de l'équation différentielle (E) : $q'' + 1{,}21 \times 10^8 q = 0$.

1. Résoudre (E).
2. Déterminer l'expression de la solution particulière q de (E) qui vérifie les conditions : $q(0) = 2 \times 10^{-6}$ et $q'(0) = 0$.
3. Montrer que l'intensité $i(t)$ ($i(t) = q'(t)$ dérivée de q) est donnée pour tout réel t de $[0 ; +\infty[$ par :
$i(t) = -2{,}2 \times 10^{-2} \sin(11 \times 10^3 t)$.
4. Donner la valeur exacte de la valeur moyenne de la fonction q sur $\left[0 ; \frac{\pi}{4}\right]$.

45 ** C 1. Résoudre l'équation différentielle : STI2D STL/SPCL
$4y'' + y = 0$.
2. Déterminer la solution particulière f de cette équation telle que $f(\pi) = \sqrt{3}$ et $f(0) = 1$.
3. Montrer que, pour tout réel x, cette fonction f vérifie :
$f(x) = 2\cos\left(\frac{x}{2} - \frac{\pi}{3}\right)$.
4. Résoudre sur $[0 ; 2\pi]$ l'équation $f(x) = 1$.

?

Dans $\mathbb{R}$, l'équation $\cos x = \cos a$ a pour solutions :
$x = a + 2k\pi$ ou $x = -a + 2k\pi$, où k est un entier relatif.

46 ** C **Circuit électrique** C1 C2 C3 C4 C5 C6 STI2D STL/SPCL

On considère un circuit composé d'une bobine L, d'un condensateur C et d'un interrupteur.
Le condensateur est initialement chargé.
À $t = 0$, on ferme l'interrupteur. La charge du condensateur, à un instant t, est fonction du temps et solution de l'équation différentielle (E) : $q'' + \frac{1}{LC}q = 0$.
Dans la suite de l'exercice, $C = 2 \times 10^{-7}$ F et $L = 1{,}25 \times 10^2$ H.
On s'aidera d'un logiciel de calcul formel.

1. Résoudre l'équation différentielle (E).
2. Déterminer la fonction q vérifiant :
$q(0) = \frac{\sqrt{2}}{400}$ et $q'(0) = \frac{\sqrt{2}}{2}$.
3. Montrer que pour tout réel t de $[0 ; +\infty[$:
$q(t) = \frac{1}{200}\sin\left(200t + \frac{\pi}{4}\right)$.
4. Donner la valeur exacte de la valeur moyenne de q sur l'intervalle $\left[0 ; \frac{\pi}{800}\right]$.

47 ** C Ci-dessous apparaissent les résultats STI2D STL/SPCL de la résolution, par un logiciel de calcul formel, d'une équation différentielle : $9y'' + y = 0$ avec $f(0) = \frac{1}{2}$ et $f'(0) = -\frac{\sqrt{3}}{6}$.

```
1 desolve([9y''+y=0,y(0)=1/2,y'(0)=-sqrt(3)/6],y)
```

$$9*\left(\frac{\cos\left(\frac{x}{3}\right)}{18} - \frac{\frac{1}{6}*\sin\left(\frac{x}{3}\right)}{\sqrt{3}}\right)$$

1. Donner l'équation différentielle ainsi que sa solution.
2. Vérifier que $f(x) = \sin\left(\frac{x}{3} + \frac{5\pi}{6}\right)$ avec le logiciel.
3. D'après les résultats ci-dessus, donner la valeur exacte de la valeur efficace de f sur $[0 ; 6\pi]$.

?

On appelle valeur efficace de f sur $[a ; b]$, le réel V_{eff} défini par :
$V_{eff} = \sqrt{\frac{1}{b-a}\int_a^b f^2[x]\,dx}$.

48 * 1. Solve the following differential equation with a real number: $2y' - 3y = 4$.
2. Find the only possible solution as a function of the equation which checks that $f(0) = 1$.

Pour se tester

49 * C VRAI ou FAUX ?

Répondre par vrai ou faux aux affirmations suivantes. Justifier.	Vrai	Faux
1. La solution f de l'équation différentielle $y' + 7y = 0$ vérifiant $f(0) = 9$ est $f : x \mapsto 9e^{-7x}$.	V	F
2. La fonction $f : x \mapsto 3e^{2x} + 3$ vérifie l'équation différentielle $y' - 2y = \frac{2}{3}$.	V	F
3. Toute solution de l'équation $y' - 5y = 1$ est une fonction strictement croissante sur $\mathbb{R}$.	V	F
4. La fonction $f : x \mapsto 0{,}7\sin 3x$ est une solution de l'équation différentielle $y'' + 9y = 0$. STI2D STL/SPCL	V	F
5. La solution f de l'équation différentielle $y'' + y = 0$ vérifiant $f(0) = 1$ et $f'(0) = 1$ peut s'écrire : $f : x \mapsto \sqrt{2}\cos\left(x - \frac{\pi}{4}\right)$. STI2D STL/SPCL	V	F

50 * C QCM

Pour chacune des questions ci-dessous, une seule réponse est exacte.

	a	b	c
1. Les solutions sur $\mathbb{R}$ de l'équation différentielle $y' - 2y = 0$ sont définies par :	$f(x) = ke^{-2x}$	$f(x) = ke^{2x}$	$f(x) = ke^{0,5x}$
2. Les solutions sur $\mathbb{R}$ de l'équation différentielle $3y' - 2y = 1$ sont définies par :	$f(x) = k\,e^{\frac{2}{3}x} + \frac{3}{2}$	$f(x) = k\,e^{\frac{3}{2}x} + \frac{3}{2}$	$f(x) = k\,e^{\frac{3}{2}x} + \frac{2}{3}$
3. La solution f de l'équation différentielle $4y' + 8y = 16$ vérifiant $f(0) = 3$ est définie sur $\mathbb{R}$ par :	$f(x) = 3 + e^{-2x}$	$f(x) = e^{2x} + 2$	$f(x) = 2 + e^{-2x}$
4. Les solutions de l'équation différentielle $y'' + 4y = 0$ sont définies sur $\mathbb{R}$ par : STI2D STL/SPCL	$f(x) = k\cos 4x + k'\sin 4x$	$f(x) = k\sin 4x$	$f(x) = k\cos 2x + k'\sin 2x$
5. La solution f de l'équation différentielle $y'' + \frac{4}{9}y = 0$ vérifiant $f(0) = \sqrt{3}$ et $f'(0) = \frac{2}{3}$ est définie sur $\mathbb{R}$ par : STI2D STL/SPCL	$f(x) = \cos\left(\frac{2}{3}x\right) + \sin\left(\frac{2}{3}x\right)$	$f(x) = \sqrt{3}\cos\left(\frac{2}{3}x\right) + \sin\left(\frac{2}{3}x\right)$	$f(x) = \cos\left(\frac{2}{3}x\right) + \sqrt{3}\sin\left(\frac{2}{3}x\right)$

51 ** C On considère l'équation différentielle (E) : $y' = -2y + 3$.

1. Déterminer la solution particulière f définie sur $\mathbb{R}$ de l'équation différentielle (E) qui vérifie $f(1) = 2$.

2. Calculer la dérivée de f et ses limites en $+\infty$ et en $-\infty$ de f et dresser son tableau de variations sur $\mathbb{R}$.

3. Montrer que la fonction F définie sur $\mathbb{R}$ par :
$F(x) = -\frac{1}{4}e^{-2x+2} + \frac{3}{2}x + 2$ est une primitive de f.

4. En déduire la valeur exacte de la valeur moyenne de f sur $[0 ; \ln 2]$.

52 * C On considère l'équation différentielle (E) : STI2D STL/SPCL
$y'' + 100y = 0$.

1. Déterminer la solution f de (E) définie sur $\mathbb{R}$ telle que $f(0) = 1$ et $f'(0) = 10$.

2. Montrer que $f(x) = \sqrt{2}\cos\left(10x - \frac{\pi}{4}\right)$.

3. Résoudre sur $[0 ; \pi]$ l'équation $f(x) = 1$.

S'entraîner au Bac

53 ** D'après Bac STI2D STL Antilles Guyane, 2015

On étudie la charge d'un condensateur et l'on dispose pour cela du circuit électrique ci-contre composé de :

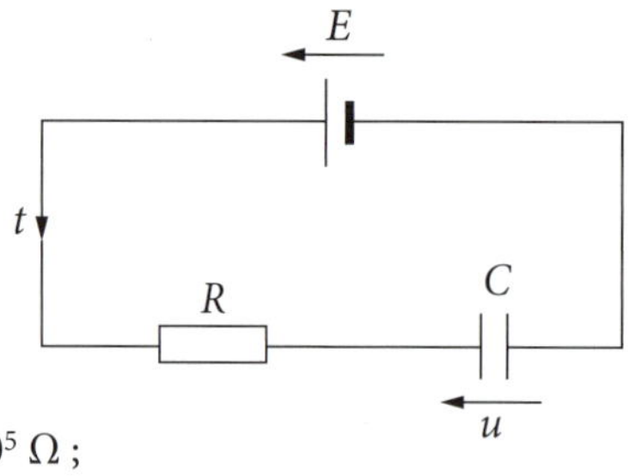

- une source de tension continue E de 10 V ;
- une résistance R de $10^5\ \Omega$;
- un condensateur de capacité C de 10^{-6} F.

On note u la tension exprimée en volts aux bornes du condensateur. Cette tension u est une fonction du temps t exprimé en secondes.

La fonction u est définie et dérivable sur $[0\ ;+\infty[$; elle vérifie l'équation différentielle : $RCu' + u = E$ où u' est la fonction dérivée de u.

1. Justifier que l'équation différentielle est équivalente à : $u' + 10u = 100$.

2. a. Déterminer la forme générale $u(t)$ des solutions de cette équation différentielle.

b. On considère qu'à l'instant $t = 0$, le condensateur est déchargé. Parmi les solutions, déterminer l'unique fonction u telle que $u(0) = 0$.

c. Déterminer, en justifiant la réponse, la limite en $+\infty$ de la fonction u ainsi obtenue. En donner une interprétation.

3. La fonction u obtenue à la question **2b** est représentée ci-dessous avec les unités suivantes : 1 unité pour 1 s sur l'axe des abscisses et 1 unité pour 1 V sur l'axe des ordonnées. Elle représente la charge du condensateur en fonction du temps.

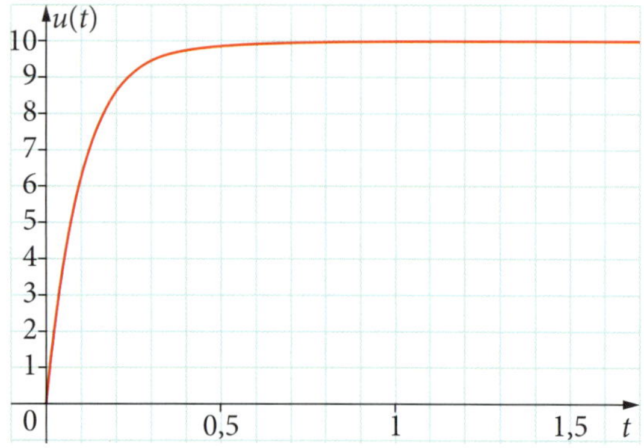

On appelle T le temps de charge en secondes pour que $u(T)$ soit égal à 95 % de E.

a. Déterminer graphiquement le temps de charge T.

b. Retrouver, par le calcul, le résultat précédent.

54 ** D'après Bac STI2D Polynésie, 2013

La grand-mère de Théo sort un gratin du four, le plat étant alors à 100 °C. Elle conseille à son petit-fils de ne pas le toucher afin de ne pas se brûler, et de laisser le plat refroidir dans la cuisine dont la température ambiante est supposée constante à 20 °C.

Théo lui rétorque que quand il sera à 37 °C, il pourra le toucher sans risque ; et sa grand-mère lui répond qu'il lui faudra attendre 30 min pour cela.

La température du plat est donnée par une fonction g du temps t, exprimé en minutes, qui est solution de l'équation différentielle (E) : $y' + 0{,}04y = 0{,}8$.

1. Résoudre l'équation différentielle (E) et donner sa solution particulière g définie par la condition initiale $g(0) = 100$.

2. a. En utilisant l'expression de $g(t)$ trouvée à la question précédente, la grand-mère de Théo a-t-elle bien évalué le temps nécessaire pour atteindre 37 °C ?

b. Quelle est la valeur exacte du temps nécessaire pour obtenir cette température ? En donner une valeur arrondie à la seconde près.

55 ** D'après Bac STI2D Nouvelle-Calédonie, 2014

C1 C2 C3 C4 C5 C6

Un réservoir contient 1 000 L d'eau potable. À la suite d'un incident, de l'eau de mer pénètre dans ce réservoir à raison de 10 L par minute. On s'intéresse à la salinité de cette eau, c'est-à-dire au taux de sel (en grammes par litre), qui doit rester inférieur à 3,9 $g.L^{-1}$.

On modélise la situation en notant s la salinité exprimée en grammes par litre et t le temps écoulé en minutes depuis le début de l'incident. On suppose que l'évolution de s est représentée par l'équation différentielle (E) : $y' + 0{,}01y = 0{,}39$.

1. Résoudre l'équation (E).

2. On admet pour la suite qu'en considérant les conditions initiales, la fonction s est définie par :
$s(t) = 39 - 38{,}88e^{-0{,}01t}$.

a. Quelle est la salinité de l'eau dans le réservoir avant l'incident, c'est-à-dire à $t = 0$?

b. Justifier que la fonction s est strictement croissante.

c. Déterminer la salinité de l'eau du réservoir 60 min après le début de l'incident. Arrondir à 10^{-2} près.

d. Que devient la salinité de l'eau du réservoir si on n'intervient jamais ?

3. La salinité doit rester inférieure à 3,9 $g{\cdot}L^{-1}$. De combien de temps le service de surveillance dispose-t-il pour arrêter l'arrivée de l'eau salée afin de limiter l'impact de l'incident ? Justifier la réponse.

56 ** D'après Bac STI2D Métropole, 2010 STI2D STL/SPCL

On considère l'équation différentielle (E) : $4y'' + 9y = 0$ où y désigne une fonction numérique de la variable réelle t définie et deux fois dérivable sur l'ensemble $\mathbb{R}$ des nombres réels.

1. Résoudre l'équation différentielle (E).
2. Déterminer la solution particulière f de l'équation différentielle (E) vérifiant les conditions $f(0) = 1$ et $f'(2\pi) = \dfrac{3}{2}$.
3. Démontrer que pour tout nombre réel t :
$f(t) = \sqrt{2}\cos\left(2t + \dfrac{\pi}{4}\right)$.
4. Déterminer la valeur moyenne de la fonction f sur l'intervalle $\left[0\,;\dfrac{2\pi}{3}\right]$.

57 **D'après Bac STI Métropole, 2010

Partie A

On considère l'équation différentielle notée (E) :
$y' + 0{,}1y = 3$ où y désigne une fonction inconnue de la variable réelle t, dérivable sur l'intervalle $[0\,;+\infty[$.
1. Résoudre l'équation différentielle notée (F) : $z' + 0{,}1z = 0$ où z désigne une fonction inconnue de la variable réelle t, dérivable sur l'intervalle $[0\,;+\infty[$.
2. On pose, pour tout nombre réel t appartenant à l'intervalle $[0\,;+\infty[$, $y(t) = z(t) + 30$, où la fonction z est solution de l'équation différentielle (F).
a. Démontrer que la fonction y est solution de l'équation différentielle (E).
b. Parmi les fonctions précédentes, déterminer celle qui vérifie $y(0) = 20$.

Partie B

La température en degrés Celsius (°C) du lubrifiant d'un moteur varie en fonction du temps t de fonctionnement exprimé en heures.
La fonction f est définie pour tout nombre réel t de l'intervalle $[0\,;+\infty[$ par $f(t) = 30 - 10e^{-0{,}1t}$.
1. a. Déterminer la température du lubrifiant à l'arrêt.
b. Déterminer la température du lubrifiant au bout de vingt-quatre heures.
2. On s'intéresse au comportement de la fonction f en $+\infty$.
a. Déterminer $\lim\limits_{t\to\infty} f(t)$.
b. Donner une interprétation graphique du résultat obtenu.
c. Donner une signification concrète de ce résultat pour le lubrifiant.

Aller plus loin

58 *** Taux d'alcoolémie

Le taux d'alcoolémie $T(t)$ (en grammes par litre, $g{\cdot}L^{-1}$) d'une personne ayant absorbé à jeun une certaine quantité d'alcool vérifie sur $[0\,;+\infty[$ l'équation différentielle $y' + y = 6e^{-t}$ où t est le temps (en heures) écoulé après l'ingestion.
1. On pose $g(t) = T(t)e^{t}$. Montrer que $g'(t) = 6$.
2. On admet que, pour tout t de $[0\,;+\infty[$, $g(t) = 6t + b$ où b est un réel non nul. Que vaut b ?
3. a. Exprimer $T(t)$ en fonction de t.
b. Étudier le sens de variation de T.
c. Déterminer le taux d'alcoolémie maximal et le temps au bout duquel il est atteint.
d. Résoudre $T(t) < 0{,}5$. Interpréter le résultat.

59 *** Soit les équations différentielles : STI2D STL/SPCL

(E) : $y'' + 16y = 4x$ et (E′) : $y'' + 16y = 0$.
1. Montrer que $f : x \mapsto 0{,}25x$ est une solution de (E).
2. Déterminer les solutions g de (E′).
3. On suppose que la fonction $u : x \mapsto f(x) + g(x)$ est solution de (E).
Trouver la solution particulière u de (E) telle que $u(0) = 0$ et $u'(0) = \dfrac{1}{4}$.

60 *** Charge d'un condensateur ALGO

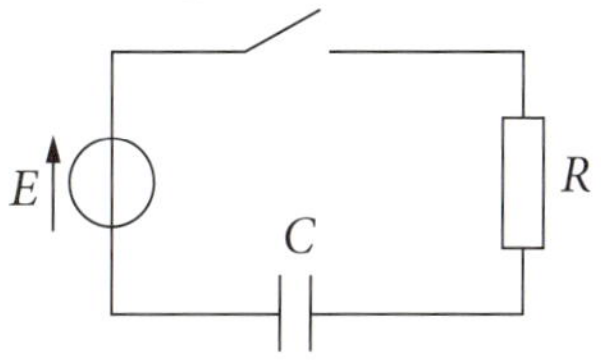

On considère un montage électrique constitué d'une résistance R, d'un condensateur C et d'un générateur basse fréquence d'amplitude $E = 5$ V (volts) et de fréquence $\omega = 5\,000$ Hz (hertz), associés en série.
Dans ce circuit électrique, la charge q du condensateur vérifie l'équation différentielle suivante :
$$\frac{dq(t)}{dt} + \frac{1}{RC}q(t) = E\cos(\omega t).$$
On considère que la charge initiale du condensateur est : $q(0) = 2\times10^{-3}$ C (coulombs).
Dans la suite de l'exercice on prendra : $R = 1\,000\ \Omega$ (ohms) et $C = 2\times10^{-6}$ F (farads).
On se propose de résoudre cette équation différentielle.
En l'absence de méthode de résolution directe, on va employer une technique d'approximation de la solution sur un intervalle $[0\,;T]$, appelée méthode d'Euler.
Cette méthode consiste à approcher, pour une valeur t_n, le nombre dérivé $\dfrac{dq(t_n)}{dt}$ par $\dfrac{q(t_n+h)-q(t_n)}{h}$ avec h petit.
Voici la procédure :
- on choisit 1 001 valeurs $0 = t_0 < t_1 < \dots\ t_{1\,000} = T$ partageant l'intervalle $[0\,;T]$ en 1 000 intervalles de même longueur $\Delta h = \dfrac{T}{1\,000}$;
- en partant de $q(t_0)$, on calcule la valeur $q(t_1)$ à l'aide de la formule $q'(t_n) = \dfrac{q(t_{n+1})-q(t_n)}{\Delta h}$ et l'on place le point $(t_1\,;y(t_1))$ sur un graphique ;
- on procède de même pour placer les points $(t_2\,;y(t_2))$, $(t_3\,;y(t_3))$, …, $(t_{1\,000}\,;y(t_{1\,000}))$.

Programmer cet algorithme pour $T = 0{,}2$ s.

?

En EduPython, on place un point de coordonnées $(x\,;y)$ sur un graphique en tapant **repere.plot(a,b)**. L'instruction **repere.show()** en fin de programme permet d'afficher le graphique.

ACCOMPAGNEMENT PERSONNALISÉ

SOUTIEN AP1 — Comment résoudre une équation différentielle de la forme $y' + ay = b$?

I. La méthode

Après avoir identifié les réels a et b, on écrit les solutions de la forme $f : x \mapsto k\mathrm{e}^{-ax} + \frac{b}{a}$, k réel non nul.

II. Application

Résoudre les équations différentielles suivantes :

a. $y' + 4y = 20$ **b.** $y' - 6y = 9$ **c.** $5y' + 10y = 25$

SOUTIEN AP2 — Comment résoudre une équation différentielle de la forme $y'' + \omega^2 y = 0$?

STI2D STL/SPCL

I. La méthode

Après avoir identifié ω, on écrit les solutions de la forme $f : x \mapsto k \cos \omega x + k' \sin \omega x$, k et k' réels non nuls.

II. Application

Résoudre les équations différentielles suivantes :

a. $y'' + \pi^2 y = 0$ **b.** $y'' + \frac{4}{25}y = 0$ **c.** $81y'' + y = 0$

APPROFONDISSEMENT AP3 — Comment déterminer une fonction solution d'une équation différentielle du premier ordre vérifiant une condition initiale ?

I. La méthode

Déterminer les fonctions solutions de l'équation différentielle $y' + ay = b$ de la forme $f : x \mapsto k\mathrm{e}^{-ax} + \frac{b}{a}$ puis trouver le réel k en utilisant la condition initiale.

II. Application

Déterminer les solutions particulières de chacune des équations suivant la condition initiale.

a. $y' + 5{,}5y = 0$ avec $f(2) = 8$.

b. $3y' - 2y = 7$ avec $f(0) = 1$.

c. $y' = 4y + 4$ et $f(-2) = -1$.

APPROFONDISSEMENT AP4 — Comment transformer l'expression d'une fonction solution particulière d'une équation différentielle du second ordre ?

STI2D STL/SPCL

I. La méthode

Après avoir déterminé la solution particulière de l'équation différentielle, utiliser les formules trigonométriques :

$\cos(a - b) = \cos a \cos b + \sin a \sin b$

$\cos(a + b) = \cos a \cos b - \sin a \sin b$

$\sin(a - b) = \sin a \cos b - \cos a \sin b$

$\sin(a + b) = \sin a \cos b + \cos a \sin b$

II. Application

Soit l'équation différentielle (E) : $y'' + 25y = 0$.

a. Déterminer la fonction f solution de (E) telle que $f(\pi) = -\sqrt{3}$ et $f'(\pi) = 5$.

b. Montrer que, pour tout réel x :

$$f(x) = 2\cos\left(5x + \frac{\pi}{6}\right).$$

Chapitre 8

Géométrie et nombres complexes

OBJECTIFS

- Connaître les formules d'addition et de duplication des sinus et cosinus. ▶ Cours I
- Être capable de déterminer la forme exponentielle d'un nombre complexe. ▶ Cours II
- Connaître la formule $e^{i\theta} \times e^{i\theta'} = e^{i(\theta+\theta')}$. ▶ Cours II
- Savoir déterminer le produit, le quotient de deux nombres complexes sous forme exponentielle. ▶ Cours III
- Savoir déterminer le conjugué d'un nombre complexe sous forme exponentielle. ▶ Cours III

Benoît Mandelbrot (1924-2010) a développé la notion de fractales pour modéliser des formes naturelles ou non. Pour cela, il a utilisé des suites de nombres complexes.

QCM Pour chacune des questions posées, indiquer la bonne réponse.

	a	b	c	d
1 Soit $\vec{u}(1\,;3)$ et $\vec{v}(5\,;7)$. Le produit scalaire $\vec{u}\cdot\vec{v}$ est égal à :	-26	26	16	-16
2 Soit $\vec{u}(2\,;-3)$. $\|\vec{u}\|$ est égale à :	$\sqrt{13}$	-1	1	0
3 Soit $\vec{u}$ et $\vec{v}$ tels que $\|\vec{u}\| = \sqrt{2}$, $\|\vec{v}\| = 2$ et $(\vec{u}, \vec{v}) = \frac{\pi}{4}$. Le produit scalaire $\vec{u}\cdot\vec{v}$ est égal à :	4	$\frac{\sqrt{2}}{2}$	2	$\sqrt{2}$
4 On donne $z = 3 + 4\,\mathrm{i}$. $\lvert z\rvert$ est égal à :	$\sqrt{5}$	$-\sqrt{5}$	7	5
5 On donne $z = 1 + \mathrm{i}$. Un argument de z est égal à :	$\frac{\pi}{4}$	$\frac{3\pi}{4}$	$-\frac{\pi}{4}$	$-\frac{3\pi}{4}$
6 On donne $\arg(z) = -\frac{3\pi}{5}$. Un argument de $\bar{z}$ est égal à :	$-\frac{\pi}{5}$	$\frac{\pi}{5}$	$\frac{3\pi}{5}$	$\frac{7\pi}{5}$
7 On donne $z = -\sqrt{2} - \mathrm{i}\sqrt{2}$. Une forme trigonométrique de z est :	$\left[\sqrt{2}\,;-\frac{3\pi}{4}\right]$	$\left[2\,;\frac{3\pi}{4}\right]$	$\left[-2\,;-\frac{3\pi}{4}\right]$	$\left[2\,;-\frac{3\pi}{4}\right]$

Rappels

1 Produit scalaire

On se place dans un repère orthonormé $(O\,;\vec{i}, \vec{j})$.

- Si $\vec{u}(x\,;y)$ et $\vec{v}(x'\,;y')$ alors $\vec{u}\cdot\vec{v} = xx' + yy'$.
- $\vec{u}\cdot\vec{v} = \|\vec{u}\| \times \|\vec{v}\| \cos(\vec{u}, \vec{v})$.

2 Norme d'un vecteur

Si $\vec{u}\,(x\,;y)$ alors $\|\vec{u}\| = \sqrt{x^2 + y^2}$.

3 Module et argument

Si $z = a + b\mathrm{i}$ est un nombre complexe non nul, alors :

- le module de z est égal à $\lvert z\rvert = \sqrt{a^2 + b^2}$;
- un argument de z à $2k\pi$ près (k étant un entier relatif) est $\theta = \arg(z)$ tel que :

$$\begin{cases} \cos\theta = \dfrac{a}{\lvert z\rvert} \\ \sin\theta = \dfrac{b}{\lvert z\rvert} \end{cases}.$$

4 Conjugué

Si $z = a + b\mathrm{i}$ est un nombre complexe non nul, alors le conjugué $\bar{z}$ de z est : $\bar{z} = a - b\mathrm{i}$.

On a $\lvert\bar{z}\rvert = \lvert z\rvert$ et $\arg(\bar{z}) = -\arg(z)$ à $2k\pi$ près ($k \in \mathbb{Z}$).

Activités d'approche

Activité 1 Formule de soustraction du cosinus

lienmini.fr/m111-c08-act1

On munit le plan d'un repère orthonormé $(O\,;\vec{u}\,,\vec{v}\,)$.
On considère le cercle trigonométrique $\mathscr{C}$.

Soit a et b deux nombres réels appartenant à $\left[0\,;\dfrac{\pi}{2}\right[$ avec $a > b$.

Soit M et N deux points de $\mathscr{C}$ tels que $(\vec{u}\,,\overrightarrow{OM}\,) = a$ et $(\vec{u}\,,\overrightarrow{ON}\,) = b$.

1. a. Exprimer les coordonnées cartésiennes de M en fonction de a et celles de N en fonction de b.
b. En déduire une expression du produit scalaire $\overrightarrow{OM}\cdot\overrightarrow{ON}$.
2. a. Donner une mesure de l'angle orienté $(\overrightarrow{ON}\,,\overrightarrow{OM}\,)$ en fonction de a et de b.
b. En déduire une deuxième expression du produit scalaire $\overrightarrow{OM}\cdot\overrightarrow{ON}$.
3. À l'aide des questions 1 et 2, exprimer $\cos(a - b)$ en fonction de $\cos a$, $\cos b$, $\sin a$ et $\sin b$.
4. Dans le fichier *Geogebra*, modifier les curseurs a et b :
- tout d'abord sur $\left[\dfrac{\pi}{2};\pi\right]$,
- puis sur $\left[-\dfrac{\pi}{2};0\right]$,
- et enfin sur $\left[-\pi;-\dfrac{\pi}{2}\right]$.

Cela change-t-il le résultat ?

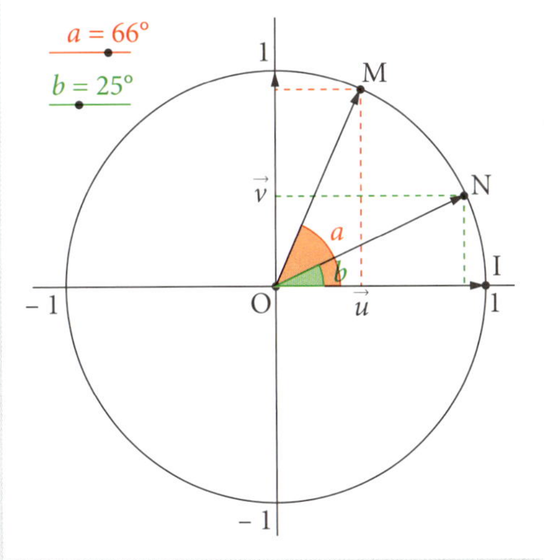

info

Un repère orthonormé est la donnée d'un point appelé origine et de deux vecteurs non nuls $\vec{u}$ et $\vec{v}$ tels que : $(\vec{u},\vec{v}) = \dfrac{\pi}{2}$ et $\|\vec{u}\| = \|\vec{v}\| = 1$.

info

Le cercle trigonométrique $\mathscr{C}$ est le cercle de centre O, de rayon 1 et parcouru dans le sens trigonométrique (sens inverse des aiguilles d'une montre).

Activité 2 Relation fonctionnelle

On considère le nombre complexe z non nul avec $z = a + bi$.

1. Rappeler les formules permettant de calculer le module, noté r, et un argument, noté θ, de z.
2. Écrire alors le nombre complexe z sous forme trigonométrique.
3. On considère la fonction f définie pour tout réel θ, et à valeurs dans $\mathbb{C}$, par : $f(\theta) = \cos\theta + \mathrm{i}\sin\theta$.

Soit θ et θ' deux réels.
a. Exprimer $f(\theta)\times f(\theta')$ sous forme algébrique.
b. En utilisant les formules d'addition $\cos(a + b)$ et $\sin(a + b)$, donner une expression algébrique de $f(\theta + \theta')$.
c. Établir alors l'égalité $f(\theta + \theta') = f(\theta)\times f(\theta')$.

Conclusion

La fonction exponentielle vérifie aussi l'égalité fonctionnelle :
$f(a + b) = f(a)\times f(b)$.
D'où la notation : $\cos\theta + \mathrm{i}\sin\theta = \mathrm{e}^{\mathrm{i}\theta}$.

I. Applications du produit scalaire dans le plan

info

On rappelle que dans un repère orthonormé $(O ; \vec{i}, \vec{j})$: $\vec{u} \cdot \vec{v} = xx' + yy'$ avec $\vec{u}(x ; y)$ et $\vec{v}(x' ; y')$.
$\vec{u} \cdot \vec{v} = \|\vec{u}\| \times \|\vec{v}\| \times \cos(\vec{u}, \vec{v})$.

A. Application du produit scalaire à la trigonométrie

Dans l'activité d'approche 1, on a considéré les points M(cos a ; sin a) et N(cos b ; sin b) dans un repère orthonormé donné.
On a obtenu $\overrightarrow{OM} \cdot \overrightarrow{ON} = \cos a \cos b + \sin a \sin b$.
En outre, une mesure de l'angle orienté $(\overrightarrow{OM} ; \overrightarrow{ON})$ est $a - b$.
Une autre expression du produit scalaire donne :
$\overrightarrow{OM} \cdot \overrightarrow{ON} = \|\overrightarrow{OM}\| \times \|\overrightarrow{ON}\| \times \cos(\overrightarrow{OM} ; \overrightarrow{ON}) = \cos(a - b)$ car $\|\overrightarrow{OM}\| = \text{OM} = 1$ et $\|\overrightarrow{ON}\| = \text{ON} = 1$ puisque les points M et N appartiennent au cercle trigonométrique.
Par égalité des deux expressions du produit scalaire $\overrightarrow{OM} \cdot \overrightarrow{ON}$, on obtient : $\cos(a - b) = \cos a \cos b + \sin a \sin b$.

Propriété 1 Soit a et b deux nombres réels :
$\cos(a - b) = \cos a \cos b + \sin a \sin b$.

VOIR EXERCICE RÉSOLU 1

info

$\cos(a + b) = \cos(a - (-b))$
$\cos(-a) = \cos a$ et
$\sin(-a) = -\sin a$.

B. Les formules « d'addition » des sinus et cosinus

Propriété 2 Soit a et b deux nombres réels :
$\cos(a + b) = \cos a \cos b - \sin a \sin b$.

info

$\sin a = \cos\left(\frac{\pi}{2} - a\right)$
et $\cos a = \sin\left(\frac{\pi}{2} - a\right)$.

Propriété 3 Soit a et b deux nombres réels :
$\sin(a + b) = \sin a \cos b + \sin b \cos a$
et $\sin(a - b) = \sin a \cos b - \sin b \cos a$.

VOIR EXERCICE RÉSOLU 2

info

$2a = a + a$
$\cos^2 a + \sin^2 a = 1$.

C. Les formules de duplication

Propriété 4 Soit a un nombre réel :
$\cos(2a) = \cos^2 a - \sin^2 a = 2\cos^2 a - 1 = 1 - 2\sin^2 a$.

Propriété 5 Soit a un nombre réel :
$\sin(2a) = 2 \sin a \cos a$.

VOIR EXERCICE RÉSOLU 3

D. Linéarisation

Linéariser une expression trigonométrique consiste à transformer un produit de fonctions trigonométriques en une somme de fonctions trigonométriques.

info

La propriété 6 est une conséquence directe de la propriété 4.

Propriété 6 Soit a un nombre réel :
$\cos^2 a = \frac{1}{2}(1 + \cos(2a))$
et $\sin^2 a = \frac{1}{2}(1 - \cos(2a))$.

EXERCICE RÉSOLU 1

Savoir utiliser les formules d'addition

En remarquant que $\frac{\pi}{12} = \frac{\pi}{3} - \frac{\pi}{4}$, déterminer les valeurs exactes de $\cos\frac{\pi}{12}$ et de $\sin\frac{\pi}{12}$.

→ Résolution

$$\cos\frac{\pi}{12} = \cos\left(\frac{\pi}{3} - \frac{\pi}{4}\right) = \cos\frac{\pi}{3}\cos\frac{\pi}{4} + \sin\frac{\pi}{3}\sin\frac{\pi}{4}$$
$$= \frac{1}{2}\frac{\sqrt{2}}{2} + \frac{\sqrt{3}}{2}\frac{\sqrt{2}}{2} = \frac{\sqrt{2}+\sqrt{6}}{4}.$$
$$\sin\frac{\pi}{12} = \sin\left(\frac{\pi}{3} - \frac{\pi}{4}\right) = \sin\frac{\pi}{3}\cos\frac{\pi}{4} - \sin\frac{\pi}{4}\cos\frac{\pi}{3}$$
$$= \frac{\sqrt{3}}{2}\frac{\sqrt{2}}{2} - \frac{1}{2}\frac{\sqrt{2}}{2} = \frac{\sqrt{6}-\sqrt{2}}{4}.$$

Méthode

➲ On utilise les formules $\cos(a - b)$ et $\sin(a - b)$.

➲ On mobilise ses connaissances sur les valeurs exactes de $\cos\frac{\pi}{3}$, $\sin\frac{\pi}{3}$, $\cos\frac{\pi}{4}$ et $\sin\frac{\pi}{4}$.

VOIR EXERCICES D'APPLICATION 6 à 8

EXERCICE RÉSOLU 2

Savoir utiliser les formules de duplication

À partir des valeurs exactes de $\cos\frac{\pi}{3}$ et de $\sin\frac{\pi}{3}$, déterminer les valeurs exactes de $\cos\frac{2\pi}{3}$, de $\sin\frac{2\pi}{3}$.

→ Résolution

$$\cos\frac{2\pi}{3} = \cos^2\frac{\pi}{3} - \sin^2\frac{\pi}{3} = \frac{1}{4} - \frac{3}{4} = -\frac{1}{2}.$$
$$\sin\frac{2\pi}{3} = 2\sin\frac{\pi}{3}\cos\frac{\pi}{3} = 2\times\frac{\sqrt{3}}{2}\times\frac{1}{2} = \frac{\sqrt{3}}{2}.$$

Méthode

➲ On utilise les formules de duplication :
$\cos(2a) = \cos^2 a - \sin^2 a$ et
$\sin(2a) = 2\sin a\cos a$.

VOIR EXERCICES D'APPLICATION 9 et 10

EXERCICE RÉSOLU 3

Savoir linéariser

Déterminer les valeurs exactes de $\cos\frac{\pi}{8}$ et de $\sin\frac{\pi}{8}$.

→ Résolution

$$\cos^2\frac{\pi}{8} = \frac{1}{2}\left(1+\cos\frac{2\pi}{8}\right) = \frac{1}{2}\left(1+\cos\frac{\pi}{4}\right) = \frac{1}{2}\left(1+\frac{\sqrt{2}}{2}\right) = \frac{1}{2}\times\frac{2+\sqrt{2}}{2} = \frac{2+\sqrt{2}}{4}.$$

Comme $0 < \frac{\pi}{8} < \frac{\pi}{2}$: $\cos\frac{\pi}{8} > 0$. D'où $\cos\frac{\pi}{8} = \frac{\sqrt{2+\sqrt{2}}}{2}$.

$$\sin^2\frac{\pi}{8} = \frac{1}{2}\left(1-\cos\frac{2\pi}{8}\right) = \frac{1}{2}\left(1-\cos\frac{\pi}{4}\right) = \frac{1}{2}\left(1-\frac{\sqrt{2}}{2}\right) = \frac{1}{2}\times\frac{2-\sqrt{2}}{2} = \frac{2-\sqrt{2}}{4}.$$

Comme $0 < \frac{\pi}{8} < \frac{\pi}{2}$, $\sin\frac{\pi}{8} > 0$. D'où $\sin\frac{\pi}{8} = \frac{\sqrt{2-\sqrt{2}}}{2}$.

Méthode

➲ On utilise les formules de linéarisation.

➲ On observe que $0 < \frac{\pi}{8} < \frac{\pi}{2}$ pour établir le signe de $\cos\frac{\pi}{8}$ et de $\sin\frac{\pi}{8}$.

VOIR EXERCICE D'APPLICATION 11

info

Le nombre complexe non nul z de module r et dont un argument est θ à $2k\pi$ près ($k \in \mathbb{Z}$) s'écrit sous la forme trigonométrique :
$z = r(\cos\theta + \mathrm{i}\sin\theta)$.

II. Écriture exponentielle d'un nombre complexe

Dans tout ce paragraphe, le plan est muni d'un repère orthonormé direct $(\mathrm{O}\,;\vec{u},\vec{v})$. Le plan muni d'un tel repère est appelé plan complexe.

VOIR EXERCICES RÉSOLUS 4 et 5

A. Définition

Définition Soit z un nombre complexe non nul de module r et dont un argument est θ à $2k\pi$ près ($k \in \mathbb{Z}$).
L'écriture exponentielle de z est : $z = r\mathrm{e}^{\mathrm{i}\theta}$.

Cas particulier

Le nombre complexe $z = 0$ est un cas particulier car ce nombre a bien un module égal à 0 mais il n'a pas d'argument.
Si on considère que $0 = 0 \times \mathrm{e}^{\mathrm{i}\theta}$ quel que soit le réel θ alors on peut étendre cette définition à $z = 0$.

VOIR EXERCICE RÉSOLU 6

B. Représentation graphique

Soit z un nombre complexe non nul de module r et dont un argument est θ à $2k\pi$ près ($k \in \mathbb{Z}$).

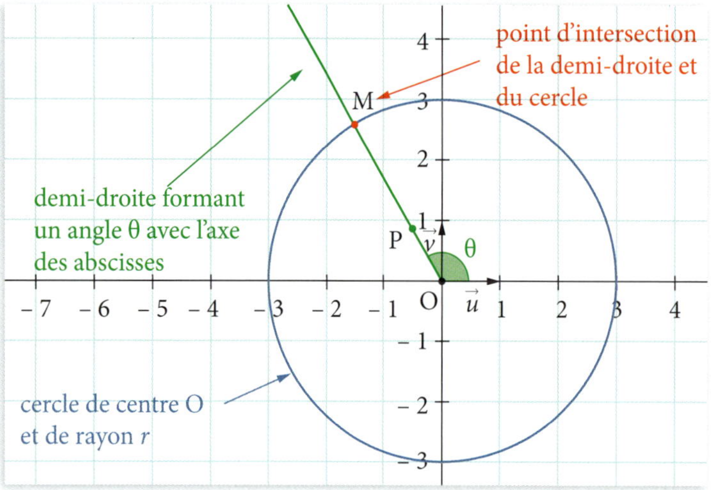

Dans le repère orthonormé direct $(\mathrm{O}\,;\vec{u},\vec{v})$, on considère le point M d'affixe $z = r\,\mathrm{e}^{\mathrm{i}\theta}$.

En première, on a établi que :
- $\mathrm{OM} = r$ donc M appartient au cercle de centre O et de rayon r ;
- $(\vec{u}, \overrightarrow{\mathrm{OM}}) = \theta$ donc M appartient à la demi-droite d'origine O et passant par le point P tel que $(\vec{u}, \overrightarrow{\mathrm{OP}}) = \theta$.

M est donc le point d'intersection du cercle de centre O et de rayon r, noté $\mathscr{C}(\mathrm{O}\,; r)$, et [OP).

C. Propriété

Propriété 7 Pour tous les nombres réels θ et θ' : $\mathrm{e}^{\mathrm{i}\theta}\mathrm{e}^{\mathrm{i}\theta'} = \mathrm{e}^{\mathrm{i}(\theta+\theta')}$.

info

$a + \mathrm{i}b$ est la forme algébrique d'un nombre complexe, avec a et b réels.

Démonstration

$$\begin{aligned}\mathrm{e}^{\mathrm{i}\theta}\mathrm{e}^{\mathrm{i}\theta'} &= (\cos\theta + \mathrm{i}\sin\theta)(\cos\theta' + \mathrm{i}\sin\theta')\\ &= \cos\theta\cos\theta' + \mathrm{i}\cos\theta\sin\theta' + \mathrm{i}\sin\theta\cos\theta' + \mathrm{i}^2\sin\theta\sin\theta'\\ &= [\cos\theta\cos\theta' - \sin\theta\sin\theta'] + \mathrm{i}\,[\sin\theta\cos\theta' + \cos\theta\sin\theta']\\ &= \cos(\theta+\theta') + \mathrm{i}\sin(\theta+\theta') = \mathrm{e}^{\mathrm{i}(\theta+\theta')}.\end{aligned}$$

EXERCICE RÉSOLU 4

Savoir écrire un nombre complexe sous forme exponentielle

Écrire chacun des nombres complexes suivants sous forme algébrique.

1. $z_1 = 2 + 2\text{i}$ **2.** $z_2 = -\sqrt{3} + \text{i}$ **3.** $z_3 = 2\text{i}$ **4.** $z_4 = -5$

→ Résolution

1. $r_1 = \sqrt{2^2+2^2} = \sqrt{8} = 2\sqrt{2}$. On note $\theta_1 = \arg(z_1)$.

$\cos\theta_1 = \dfrac{2}{2\sqrt{2}} = \dfrac{1}{\sqrt{2}} = \dfrac{\sqrt{2}}{2} = \sin\theta_1$. D'où $\theta_1 = \dfrac{\pi}{4}$. Et $z_1 = 2\sqrt{2}\,\text{e}^{\text{i}\frac{\pi}{4}}$.

2. $r_2 = \sqrt{\left(-\sqrt{3}\right)+1} = \sqrt{4} = 2$. On note $\theta_2 = \arg(z_2)$.

$\cos\theta_2 = -\dfrac{\sqrt{3}}{2}$ et $\sin\theta_2 = \dfrac{1}{2}$. D'où $\theta_2 = \dfrac{5\pi}{6}$. Soit $z_2 = 2\,\text{e}^{\text{i}\frac{5\pi}{6}}$.

3. z_3 est un imaginaire pur. D'où $z_3 = 2\,\text{e}^{\text{i}\frac{\pi}{2}}$.

4. z_4 est un réel. D'où $z_4 = 5\text{e}^{\text{i}\pi}$.

Méthode

Pour chaque nombre complexe donné sous la forme algébrique $a + \text{i}b$:

- on calcule le module $r = \sqrt{a^2 + b^2}$;
- on détermine la valeur d'un de ses arguments θ en utilisant $\begin{cases} \cos\theta = \dfrac{a}{r} \\ \sin\theta = \dfrac{b}{r} \end{cases}$;
- on écrit la forme exponentielle de z qui est $r\,\text{e}^{\text{i}\theta}$.

VOIR EXERCICE D'APPLICATION 14

EXERCICE RÉSOLU 5

Savoir écrire un nombre complexe sous forme algébrique

Écrire chacun des nombres complexes suivants sous forme algébrique.

1. $z_1 = 2\,\text{e}^{-\text{i}\frac{\pi}{3}}$ **2.** $z_2 = \sqrt{2}\text{e}^{\text{i}\frac{3\pi}{4}}$ **3.** $z_3 = 3\,\text{e}^{\text{i}\pi}$

→ Résolution

1. $z_1 = 2\left(\cos\left(-\dfrac{\pi}{3}\right) + \text{i}\sin\left(-\dfrac{\pi}{3}\right)\right) = 2\left(\dfrac{1}{2} - \text{i}\dfrac{\sqrt{3}}{2}\right) = 1 - \text{i}\sqrt{3}$.

2. $z_2 = \sqrt{2}\left(\cos\left(\dfrac{3\pi}{4}\right) + \text{i}\sin\left(\dfrac{3\pi}{4}\right)\right) = \sqrt{2}\left(-\dfrac{\sqrt{2}}{2} + \text{i}\dfrac{\sqrt{2}}{2}\right) = -1 + \text{i}$.

3. z_3 a pour argument π, c'est donc un réel négatif.
Son module est 3 ; on en conclut que $z_3 = -3$.

Méthode

- On utilise l'égalité $\text{e}^{\text{i}\theta} = \cos\theta + \text{i}\sin\theta$.
- On simplifie l'expression pour aboutir à l'écriture $a + \text{i}b$.

VOIR EXERCICES D'APPLICATION 15 et 18

EXERCICE RÉSOLU 6

Représenter graphiquement des points d'affixe sous forme exponentielle

Dans un repère orthonormé direct $(\text{O}\,;\vec{u},\vec{v})$, représenter les points A, B, C et D d'affixes respectives :

$z_1 = 2\,\text{e}^{-\text{i}\frac{\pi}{3}}$, $z_2 = 3\,\text{e}^{\text{i}\frac{5\pi}{6}}$, $z_3 = 4\,\text{e}^{\text{i}\pi}$ et $z_4 = \text{e}^{-\text{i}\frac{\pi}{2}}$.

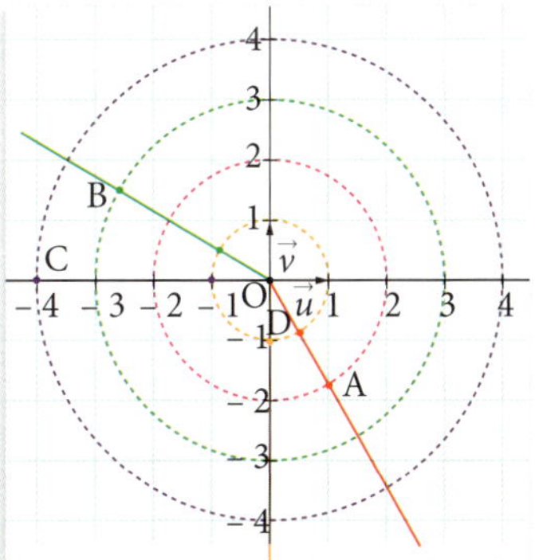

→ Résolution

Avec *GeoGebra*, on peut entrer la commande $(r\,;\theta)$ qui permettra de visualiser directement la position du point M d'affixe de module r et dont un argument est θ.

Méthode

- On trace le cercle de centre O et de rayon $r = |r|$.
- On construit la demi-droite d'origine O et passant par le point P tel que : $(\vec{u}, \overrightarrow{\text{OP}}) = \theta = \arg(z)$.
- On conclut : le point cherché est l'intersection de ces deux ensembles.

VOIR EXERCICE D'APPLICATION 18

III. Opérations sur les formes exponentielles

Tous les arguments utilisés sont définis à $2k\pi$ près ($k \in \mathbb{Z}$).

VOIR EXERCICES RÉSOLUS 7 et 8

A. Produit de deux nombres complexes

Propriété 8 Soit $z = r\,e^{i\theta}$ et $z' = r'\,e^{i\theta'}$ deux nombres complexes sous forme exponentielle.
zz' a pour module rr' et pour argument $\theta + \theta'$.
Donc $zz' = rr'\,e^{i(\theta+\theta')}$.
On écrira $|zz'| = |z||z'|$ et $\arg(zz') = \arg(z) + \arg(z')$.

Conséquence
$z^2 = zz = rr\,e^{i(\theta+\theta)} = r^2\,e^{2i\theta}$.
Par extension, on pourra retenir :

info
L'utilisation de ces propriétés permet de gagner un temps précieux dans des calculs fastidieux.

Propriété 9 Soit $z = r\,e^{i\theta}$ un nombre complexe sous forme exponentielle et soit n un entier naturel.
z^n a pour module r^n et pour argument $n\theta$.
Donc $z^n = r^n\,e^{ni\theta}$.
On écrira $|z^n| = |z|^n$ et $\arg(z^n) = n\arg(z)$.

VOIR EXERCICE RÉSOLU 9

B. Quotient de deux nombres complexes

Propriété 10 Soit $z = r\,e^{i\theta}$ et $z' = r'\,e^{i\theta'}$ deux nombres complexes sous forme exponentielle avec z' non nul.
$\frac{z}{z'}$ a pour module $\frac{r}{r'}$ et pour argument $\theta - \theta'$.
Donc $\frac{z}{z'} = \frac{r}{r'}e^{i(\theta-\theta')}$.
On écrira $\left|\frac{z}{z'}\right| = \frac{|z|}{|z'|}$ et $\arg\left(\frac{z}{z'}\right) = \arg(z) - \arg(z')$.

Conséquence Soit $z = re^{i\theta}$ un nombre complexe non nul.
$\left|\frac{1}{z}\right| = \frac{|1|}{|z|} = \frac{1}{r}$ et $\arg\left(\frac{1}{z}\right) = \arg(1) - \arg(z) = 0 - \theta = -\theta$.

Propriété 11 Soit $z = r\,e^{i\theta}$ un nombre complexe non nul sous forme exponentielle.
$\frac{1}{z}$ a pour module $\frac{1}{r}$ et pour argument $-\theta$.
Donc $\frac{1}{z} = \frac{1}{r}\,e^{-i\theta}$.
On écrira $\left|\frac{1}{z}\right| = \frac{1}{|z|}$ et $\arg\left(\frac{1}{z}\right) = -\arg(z)$.

VOIR EXERCICE RÉSOLU 9

C. Conjugué

info
Deux nombres complexes conjugués ont même module et des arguments opposés.

Propriété 12 Soit $z = r\,e^{i\theta}$ un nombre complexe sous forme exponentielle.
$\bar{z}$ a pour module r et pour argument $-\theta$.
Donc $\bar{z} = r\,e^{-i\theta}$.

EXERCICE RÉSOLU 7

Savoir calculer des produits de nombres complexes sous forme exponentielle

Soit les nombres complexes : $z_1 = 2\,e^{i\frac{\pi}{3}}$, $z_2 = 3\,e^{i\frac{\pi}{6}}$ et $z_3 = \sqrt{2}e^{-i\frac{3\pi}{4}}$.
Déterminer sous forme exponentielle :

a. z_1z_2 **b.** z_1z_3 **c.** z_1^2 **d.** z_2^3

→ Résolution

a. $z_1z_2 = 2\,e^{i\frac{\pi}{3}} \times 3\,e^{i\frac{\pi}{6}} = (2\times 3)\,e^{i\left(\frac{\pi}{3}+\frac{\pi}{6}\right)} = 6\,e^{i\frac{3\pi}{6}} = 6\,e^{i\frac{\pi}{2}}$.

b. $z_1z_3 = 2\,e^{i\frac{\pi}{3}} \times \sqrt{2}e^{-i\frac{3\pi}{4}} = 2\sqrt{2}e^{i\left(\frac{\pi}{3}-\frac{3\pi}{4}\right)} = 2\sqrt{2}e^{-i\frac{5\pi}{12}}$.

c. $z_1^2 = \left(2e^{i\frac{\pi}{3}}\right)^2 = 2^2\,e^{i\frac{2\pi}{3}} = 4\,e^{i\frac{2\pi}{3}}$.

d. $z_2^3 = \left(3e^{i\frac{\pi}{6}}\right)^3 = 3^3\,e^{i\frac{3\pi}{6}} = 27\,e^{i\frac{\pi}{2}}$.

Méthode

➲ On utilise les propriétés 8 et 9 du cours.

➲ On n'utilise pas la forme algébrique qui rendrait les calculs très longs.

➲ On simplifie les fractions, les puissances et les racines carrées.

VOIR EXERCICES D'APPLICATION 19 à 21

EXERCICE RÉSOLU 8

Savoir calculer des quotients de nombres complexes

À partir des nombres complexes donnés dans l'exercice résolu 7, déterminer sous forme exponentielle :

a. $\dfrac{z_1}{z_2}$ **b.** $\dfrac{z_3}{z_1}$ **c.** $\dfrac{1}{z_2}$ **d.** $\dfrac{z_1}{z_3}$

→ Résolution

a. $\dfrac{z_1}{z_2} = \dfrac{2e^{i\frac{\pi}{3}}}{3e^{i\frac{\pi}{6}}} = \dfrac{2}{3}e^{i\left(\frac{\pi}{3}-\frac{\pi}{6}\right)} = \dfrac{2}{3}e^{i\frac{\pi}{6}}$.

b. $\dfrac{z_3}{z_1} = \dfrac{\sqrt{2}e^{-i\frac{3\pi}{4}}}{2e^{i\frac{\pi}{3}}} = \dfrac{\sqrt{2}}{2}e^{i\left(-\frac{3\pi}{4}-\frac{\pi}{3}\right)} = \dfrac{\sqrt{2}}{2}e^{-i\frac{13\pi}{12}}$.

c. $\dfrac{1}{z_2} = \dfrac{1}{3e^{i\frac{\pi}{6}}} = \dfrac{1}{3}e^{-i\frac{\pi}{6}}$.

d. $\dfrac{z_1}{z_3} = \dfrac{1}{\dfrac{z_3}{z_1}} = \dfrac{1}{\dfrac{\sqrt{2}}{2}e^{-i\frac{13\pi}{12}}} = \dfrac{1}{\dfrac{\sqrt{2}}{2}}e^{i\frac{13\pi}{12}} = \dfrac{2}{\sqrt{2}}e^{i\frac{13\pi}{12}} = \sqrt{2}e^{i\frac{13\pi}{12}}$.

Méthode

➲ On utilise les propriétés 10 et 11 du cours.

➲ On simplifie les fractions.

➲ On fait attention aux signes.

VOIR EXERCICES D'APPLICATION 22 et 23

EXERCICE RÉSOLU 9

Savoir exprimer sous forme trigonométrique un nombre complexe non nul

À partir des nombres complexes donnés dans l'exercice résolu 7, déterminer sous forme exponentielle :

a. $\overline{z_1}$ **b.** $\overline{z_3}$ **c.** $\overline{\dfrac{1}{z_2}}$

→ Résolution

a. $\overline{z_1} = 2\,e^{-i\frac{\pi}{3}}$. **b.** $\overline{z_3} = \sqrt{2}e^{i\frac{3\pi}{4}}$.

c. $\overline{\dfrac{1}{z_2}} = \overline{\left(\dfrac{1}{z_2}\right)} = \overline{\dfrac{1}{3}e^{-i\frac{\pi}{6}}}$ d'après l'exercice 8 (question c). D'où : $\overline{\dfrac{1}{z_2}} = \dfrac{1}{3}e^{i\frac{\pi}{6}}$.

Méthode

➲ On utilise la propriété 12 du cours.

➲ On en déduit :

$|\overline{z}| = |z|$ et $\arg(\overline{z}) = -\arg(z)$.

VOIR EXERCICE D'APPLICATION 24

L'ESSENTIEL

Formules d'addition des sinus et cosinus

Soit a et b deux nombres réels.

- $\cos(a - b) = \cos a \cos b + \sin a \sin b$.
- $\cos(a + b) = \cos a \cos b - \sin a \sin b$.
- $\sin(a + b) = \sin a \cos b + \sin b \cos a$.
- $\sin(a - b) = \sin a \cos b - \sin b \cos a$.

Formules de duplication

Soit a un nombre réel.

- $\cos(2a) = \cos^2 a - \sin^2 a = 2\cos^2 a - 1 = 1 - 2\sin^2 a$
- $\sin(2a) = 2 \sin a \cos a$

Linéarisation

Soit a un nombre réel.

- $\cos^2 a = \frac{1}{2}(1 + \cos(2a))$
- $\sin^2 a = \frac{1}{2}(1 - \cos(2a))$

info

$\cos^2 a + \sin^2 a = 1$

Forme exponentielle

Soit z un nombre complexe non nul de module r et dont un argument est θ à $2k\pi$ près ($k \in \mathbb{Z}$).
L'écriture exponentielle de z est : $z = r\,e^{i\theta}$.

Opérations sur les formes exponentielles

Soit $z = r\,e^{i\theta}$ et $z' = r'\,e^{i\theta'}$ deux nombres complexes sous forme exponentielle.

Produit de deux nombres complexes

zz' a pour module rr' et pour argument $\theta + \theta'$.
Donc $zz' = rr'\,e^{i(\theta+\theta')}$.

Conséquence

Soit n un entier naturel. z^n a pour module r^n et pour argument $n\theta$.
Donc $z^n = r^n\,e^{ni\theta}$.

info

$|zz'| = |z| \times |z'|$ et
$\arg(zz') = \arg(z) + \arg(z')$
$|z^n| = |z|^n$ et $\arg(z^n) = n\arg(z)$.

Quotient de deux nombres complexes

$\frac{z}{z'}$ a pour module $\frac{r}{r'}$ et pour argument $\theta - \theta'$. Donc $\frac{z}{z'} = \frac{r}{r'}e^{i(\theta-\theta')}$.

Conséquence

$\frac{1}{z}$ a pour module $\frac{1}{r}$ et pour argument $-\theta$. Donc $\frac{1}{z} = \frac{1}{r}e^{-i\theta}$.

info

$\left|\frac{z}{z'}\right| = \frac{|z|}{|z'|}$ et $\arg\left(\frac{z}{z'}\right) = \arg(z) - \arg(z')$.

$\left|\frac{1}{z}\right| = \frac{1}{|z|}$ et $\arg\left(\frac{1}{z}\right) = -\arg(z)$.

Conjugué

Soit $z = r\,e^{i\theta}$ un nombre complexe sous forme exponentielle.
$\overline{z}$ a pour module r et pour argument $-\theta$. Donc $\overline{z} = r\,e^{-i\theta}$.

info

$|\overline{z}| = |z|$ et $\arg(\overline{z}) = -\arg(z)$

TP1 Étude d'une configuration géométrique...

Objectif : **Savoir représenter avec précision des points dans le plan complexe muni d'un repère orthonormé $(O\,;\vec{u},\vec{v})$. On contrôlera tous les graphiques avec *GeoGebra*.**

Le plan complexe est muni d'un repère orthonormé $(O\,;\vec{u},\vec{v})$.

1. Placer les points A et B d'affixes respectives $z_A = \sqrt{3} + i$ et $z_B = 2e^{i\frac{2\pi}{3}}$.

?

- Point A : l'ordonnée est entière. Le point A est donc situé sur la droite horizontale d'équation $y = \text{Im}(z_A)$. On calcule $|z_A|$, A appartient au cercle de centre O et de rayon $|z_A|$.
- Point B : voir le cours **II B**.

Avec *GeoGebra*, pour le point A, écrire dans la barre de saisie : **z_A=sqrt(3)+i**. La commande **sqrt** est l'écriture d'une racine carrée.
Pour le point B, écrire dans la barre de saisie : **z_B=2exp(i*2π/3)**. La commande **exp** est l'écriture de la fonction exponentielle.

2. Déterminer la forme algébrique de z_I, affixe du point I, milieu du segment [AB].

Placer le point I dans le fichier *GeoGebra*.

3. Déterminer par le calcul le module de z_I.

4. En faisant un clic droit sur le point I, puis en sélectionnant **coordonnées polaires**, donner une mesure en degrés de l'argument de z_I. En déduire une mesure exprimée en radians de l'argument de z_I.

5. Exprimer alors l'affixe de z_I sous forme exponentielle.

6. En déduire les valeurs exactes de $\cos\frac{5\pi}{12}$ et de $\sin\frac{5\pi}{12}$.

TP2 Fonction Transfert

Objectif : **Savoir utiliser un logiciel de géométrie dynamique pour émettre une conjecture puis la démontrer.**

On considère la fonction T qui, à tout nombre réel ω, associe le nombre complexe $T(\omega) = \frac{4}{1+j\omega}$, où j est le nombre complexe de module 1 et d'argument $\frac{\pi}{2}$.

On note M(ω) le point d'affixe $T(\omega)$ dans le plan complexe muni d'un repère orthonormé $(O\,;\vec{u},\vec{v})$.

1. Construire à l'aide du logiciel *GeoGebra* les points M(0), M(0,1), M(0,2), M(0,5), M(1), M(2), M(3), M(4), M(5).

?

- On pourra créer un curseur pour ω.
- Dans la barre de saisie, écrire : **z_M=4/(1+j*ω)**.
- Activer la trace de z_M.
- Animer ω.

2. Conjecturer la nature de l'ensemble $\mathscr{E}$ des points M(ω) avec ω réel positif.

3. Écrire sous la forme d'un quotient de deux nombres complexes la différence $\frac{4}{1+j\omega} - 2$.

?

Factoriser le numérateur par 2.

4. Calculer le module de $\frac{4}{1+j\omega} - 2$.

?

$\left|\frac{z}{z'}\right| = \frac{|z|}{|z'|}$ et $|zz'| = |z| \times |z'|$.

5. La conjecture émise à la question **2.** est-elle exacte ?

TP3 Impédances, admittances complexes

Objectif : **Savoir appliquer les connaissances mathématiques concrètement.**

Partie A Impédance complexe aux bornes d'un dipôle

Un dipôle passif soumis à une tension sinusoïdale u définie par $u(t) = 16\sqrt{2}\sin\left(9\,525\,t - \frac{\pi}{6}\right)$ est traversé par un courant d'intensité i définie par $i(t) = 0{,}008\sqrt{2}\sin\left(9\,525\,t + \frac{\pi}{12}\right)$.

?

Toute grandeur alternative sinusoïdale de type $s(t) = S\sqrt{2}\sin(\omega t + \varphi)$ peut être représentée par un vecteur de Fresnel tournant à la vitesse ω dans le sens trigonométrique.
La représentation vectorielle du vecteur $\vec{S}$ est donnée ci-contre, sa norme est S et sa direction φ. L'affixe du vecteur $\vec{S}$ est notée $\underline{S}$ en physique, et sa forme trigonométrique est notée $\underline{S} = [S\,;\,\varphi]$, où S est la valeur efficace et φ le déphasage exprimé en radians ou en degrés.
D'où $\underline{S} = S\mathrm{e}^{\mathrm{j}\varphi}$.

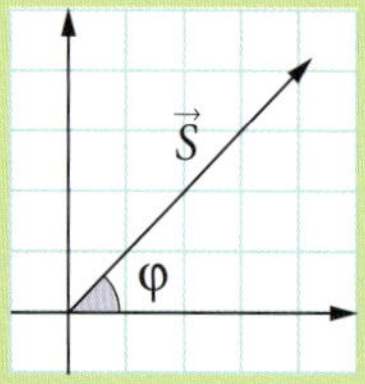

1. Donner $\underline{U}$ et $\underline{I}$ sous forme exponentielle.

2. Calculer l'impédance $\underline{Z}$ du dipôle sous forme exponentielle. On rappelle que $\underline{Z} = \frac{\underline{U}}{\underline{I}}$.

3. En déduire le module de l'impédance noté Z.

Partie B Impédance complexe aux bornes d'une résistance

On considère un circuit comportant une résistance $R = 100\ \Omega$ (ohms). Le circuit est alimenté par une tension u telle que :
$u(t) = 42{,}4\sin\left(2\pi \times 100t - \frac{\pi}{3}\right)$.

?

L'impédance d'une résistance est $\underline{Z_R} = R$.

1. Donner $\underline{U}$ et $\underline{Z_R}$ sous forme exponentielle.

2. Exprimer alors $\underline{I}$ sous forme exponentielle.

3. En déduire l'expression de l'intensité i en fonction du temps t.

Partie C Impédance d'un montage en série

?

- L'impédance d'une inductance est $\underline{Z_L} = \mathrm{j}L\omega$ et celle d'un condensateur est $\underline{Z_C} = \frac{1}{C\mathrm{j}\omega}$.
- L'impédance d'un montage en série est la somme des impédances.

On donne $R = 100\ \Omega$, $L = 2\ \mathrm{H}$, $C = 10 \times 10^{-6}\ \mathrm{F}$ et $\omega = 100\ \mathrm{rad{\cdot}s^{-1}}$.

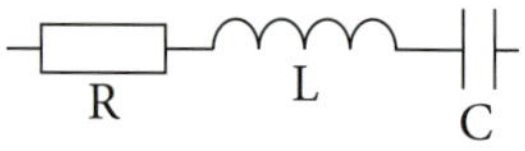

1. Calculer l'impédance complexe $\underline{Z}$ de ce circuit.

2. Calculer le module Z de l'impédance.

3. Si la tension mesurée aux bornes du circuit est $U = 10$ V, quelle est la valeur de l'intensité mesurée ?

Partie D Admittance complexe

?

- L'admittance est l'inverse de l'impédance.
- L'admittance d'un montage en parallèle est la somme des admittances.

1. Circuit RL

On donne le montage en parallèle ci-contre avec $R = 10\ \Omega$ et $L\omega = 150\ \Omega$.

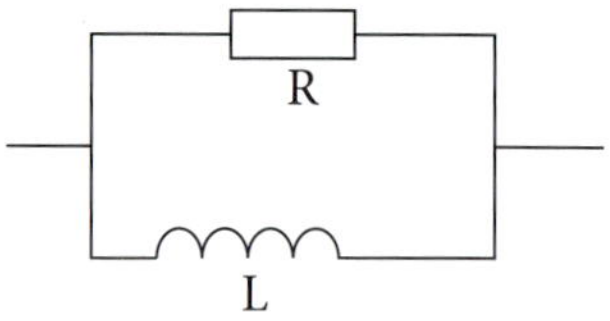

a. Calculer les admittances de la résistance et de l'inductance.

b. En déduire l'admittance du circuit.

c. Donner la valeur du module de l'admittance.

d. Si la tension mesurée aux bornes du circuit est $U = 10$ V, quelle est la valeur de l'intensité mesurée ?

2. Circuit RLC

On ajoute toujours en parallèle au circuit précédent un condensateur tel que $\frac{1}{C\omega} = 120\ \Omega$.

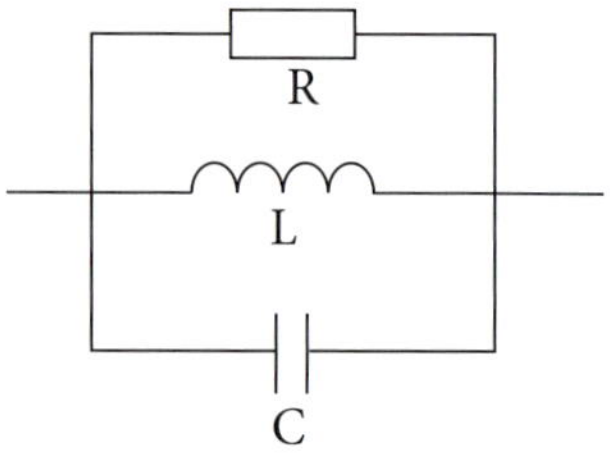

a. Calculer les admittances de la résistance, de l'inductance et du condensateur.

b. En déduire l'admittance du circuit.

c. Donner la valeur du module de l'admittance.

Appliquer

Les exercices de la partie « Appliquer » sont tous corrigés en fin d'ouvrage.

Produit scalaire

1 * On donne $\|\vec{u}\| = 5$, $\|\vec{v}\| = 7$ et $(\vec{u}, \vec{v}) = \dfrac{\pi}{6}$.
Calculer le produit scalaire $\vec{u} \cdot \vec{v}$.

2 * **QCM**
Pour chacune des questions suivantes, une seule réponse est exacte.
1. $\overrightarrow{AB}$ et $\overrightarrow{AC}$ sont deux vecteurs tels que AB = 2, AC = 5 et $(\overrightarrow{AB}, \overrightarrow{AC}) = \dfrac{\pi}{3}$.
a. $\overrightarrow{AB} \cdot \overrightarrow{AC} = 5$ b. $\overrightarrow{AB} \cdot \overrightarrow{AC} = 5\sqrt{3}$
c. $\overrightarrow{AB} \cdot \overrightarrow{AC} = 10$ d. $\overrightarrow{AB} \cdot \overrightarrow{AC} = -5$
2. ABC est un triangle équilatéral de côté a :
a. $\overrightarrow{AB} \cdot \overrightarrow{AC} = \dfrac{a}{2}$ b. $\overrightarrow{AB} \cdot \overrightarrow{BC} = -a^2$
c. $\overrightarrow{CA} \cdot \overrightarrow{AC} = a^2$ d. $\overrightarrow{AB} \cdot \overrightarrow{AB} = -a^2$

Dans les **questions 3 et 4**, ABC est un triangle tel que BC = 8, AC = 10 et AB = 6. I est le milieu du segment [BC].
3. $\cos \widehat{BAC}$ est égal à :
a. $\dfrac{1}{5}$ b. $\dfrac{2}{5}$ c. $\dfrac{3}{5}$ d. $\dfrac{4}{5}$
4. La distance AI est égale à :
a. 6 b. $2\sqrt{13}$ c. $2\sqrt{42}$ d. 3

3 * Deux forces $\vec{F_1}$ et $\vec{F_2}$ s'appliquent au point A et ont pour intensités $F_1 = 6$ N et $F_2 = 4$ N (N représente des newtons).

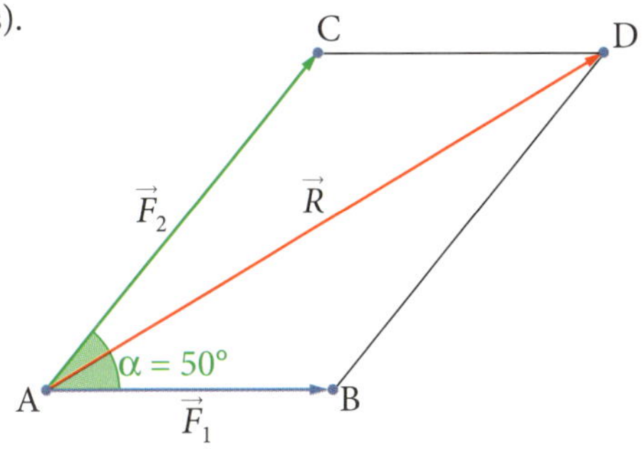

Déterminer l'intensité R de la résultante de ces deux forces.

Une force résulte de l'action d'un objet sur un autre, comme le boxeur sur un punching-ball.

4 * Dans un repère orthonormé, les vecteurs $\vec{u}$ et $\vec{v}$ ont pour coordonnées respectives (2 ; – 3) et (– 1 ; 4).
1. Calculer $\vec{u} \cdot \vec{v}$, $\vec{u}^2$ et $\|\vec{v}\|$.
2. Vérifier les résultats obtenus en utilisant un logiciel de géométrie dynamique.

5 * Le plan est muni d'un repère orthonormé $(O ; \vec{u}, \vec{v})$. On donne les points A, B et C d'affixes respectives $z_A = 2 + 2i$, $z_B = 6 + 4i$ et $z_C = 2 + 4i$.
1. Représenter A, B et C dans le plan complexe.
2. Déterminer l'affixe des vecteurs $\overrightarrow{AB}$ et $\overrightarrow{AC}$.
3. Calculer le produit scalaire $\overrightarrow{AB} \cdot \overrightarrow{AC}$.
4. Déterminer la valeur des distances AB et AC.
5. En déduire une valeur approchée exprimée en degrés et à 10^{-1} près de l'angle $(\overrightarrow{AB}, \overrightarrow{AC})$.
6. Vérifier les résultats obtenus à l'aide d'un logiciel de géométrie dynamique.

Formules d'addition et de duplication

VOIR EXERCICE RÉSOLU 1

6 * 1. a. Exprimer $\cos(\pi - x)$ en fonction de $\cos x$ et $\sin x$.
b. Exprimer $\sin(\pi - x)$ en fonction de $\cos x$ et $\sin x$.
2. a. Exprimer $\cos(\pi + x)$ en fonction de $\cos x$ et $\sin x$.
b. Exprimer $\sin(\pi + x)$ en fonction de $\cos x$ et $\sin x$.

7 * 1. En remarquant que $\dfrac{\pi}{3} + \dfrac{\pi}{4} = \dfrac{7\pi}{12}$, calculer les valeurs exactes de $\cos \dfrac{7\pi}{12}$ et de $\sin \dfrac{7\pi}{12}$.
2. En déduire les valeurs exactes de $\cos \dfrac{5\pi}{12}$ et de $\sin \dfrac{5\pi}{12}$.

8 * 1. a. Exprimer $\cos\left(\dfrac{\pi}{6} - x\right)$ en fonction de $\cos x$ et $\sin x$.
b. Exprimer $\sin\left(\dfrac{\pi}{6} - x\right)$ en fonction de $\cos x$ et $\sin x$.
2. a. Exprimer $\cos\left(\dfrac{\pi}{4} + x\right)$ en fonction de $\cos x$ et $\sin x$.
b. Exprimer $\sin\left(\dfrac{\pi}{4} + x\right)$ en fonction de $\cos x$ et $\sin x$.

9 ** VOIR EXERCICE RÉSOLU 2
1. En remarquant que $2 \times \dfrac{\pi}{8} = \dfrac{\pi}{4}$, déterminer les valeurs exactes de $\cos \dfrac{\pi}{8}$ et de $\sin \dfrac{\pi}{8}$.
2. En déduire celles de $\cos \dfrac{3\pi}{8}$, de $\cos \dfrac{5\pi}{8}$ et de $\cos \dfrac{7\pi}{8}$.
3. Quelle est la valeur de :
$\cos^2 \dfrac{\pi}{8} + \cos^2 \dfrac{3\pi}{8} + \cos^2 \dfrac{5\pi}{8} + \cos^2 \dfrac{7\pi}{8}$?

10 ** VOIR EXERCICE RÉSOLU 2
Soit x un réel de l'intervalle $\left[0 ; \dfrac{\pi}{2}\right]$ vérifiant :
$\sin x = \dfrac{\sqrt{6} + \sqrt{2}}{4}$.

1. Montrer que $\cos(2x) = -\dfrac{\sqrt{3}}{2}$.
2. En déduire la valeur de $2x$, puis celle de x.
3. Calculer $\cos x$.

11 ** VOIR EXERCICE RÉSOLU 3

En utilisant les formules de linéarisation, déterminer les valeurs exactes de $\cos\dfrac{\pi}{12}$ et de $\sin\dfrac{\pi}{12}$.

Calcul dans $\mathbb{C}$

12 * Soit $z_1 = 2 + 3i$ et $z_2 = -5 - i$ deux nombres complexes. Écrire les nombres complexes suivants sous forme algébrique $a + bi$, avec a et b réels.

1. a. $z_1 + z_2$ b. $2z_1 - 3z_2$
2. a. $z_1 z_2$ b. z_1^2
3. a. $(1 - 2z_1)(2 + z_2)$ b. $(3z_1 - 2)(-1 - z_2)$

13 * Soit $z_1 = 2 - 3i$ et $z_2 = -1 - 2i$ deux nombres complexes.
Écrire les nombres complexes suivants sous forme algébrique $a + bi$, avec a et b réels.

1. a. $\dfrac{1}{z_1}$ b. $\dfrac{1}{z_2}$
2. a. $\dfrac{z_1}{z_2}$ b. $\dfrac{1-z_1}{1+z_2}$

Forme exponentielle

14 * VOIR EXERCICE RÉSOLU 4

Après avoir déterminé le module et l'un des arguments de chacun des nombres complexes suivants, l'écrire sous forme exponentielle.

a. $z = 1 + i$ b. $z = -2i$ c. $z = -5$
d. $z = -\sqrt{3} - i$ e. $z = -2 + 2i$ f. $z = -1 + i\sqrt{3}$

15 * VOIR EXERCICE RÉSOLU 5

Mettre sous forme algébrique chacun des nombres complexes suivants :

a. $z = e^{i\frac{\pi}{3}}$ b. $z = e^{-i\frac{\pi}{6}}$ c. $z = 5e^{i\frac{\pi}{2}}$
d. $z = 4e^{i\pi}$ e. $z = \sqrt{2}e^{i\frac{5\pi}{6}}$ f. $z = e^{i\frac{\pi}{3}} - e^{-i\frac{\pi}{3}}$

16 * 1. Écrire sous forme exponentielle le nombre complexe $z = -3 + i\sqrt{3}$.
2. En déduire la forme exponentielle de $-3 - i\sqrt{3}$; $3 - i\sqrt{3}$ et $3 + i\sqrt{3}$.

17 ** ALGO 1. L'algorithme ci-après, écrit en langage naturel, a pour objectif de calculer le module et un argument du produit de deux nombres complexes écrits sous forme exponentielle. r et θ (respectivement r' et θ') représentent respectivement le module et un argument de z (respectivement z'). ρ et φ représentent respectivement le module et un argument du produit zz'.

Compléter l'algorithme.

```
Variables : r, θ, r', θ', ρ et φ des nombres réels
Traitement : r prend la valeur du module de z
             θ prend la valeur d'un argument de z
             r' prend la valeur du module de z'
             θ' prend la valeur d'un argument de z'
             ρ prend la valeur ..................
             φ prend la valeur ..................
Affichage : Afficher ..................
```

2. Programmer cet algorithme sur la calculatrice.
3. Utiliser ce programme pour vérifier les réponses obtenues à l'exercice 19.

18 * VOIR EXERCICE RÉSOLU 6

Le plan complexe est muni d'un repère orthonormé direct $(O ; \vec{u}, \vec{v})$.

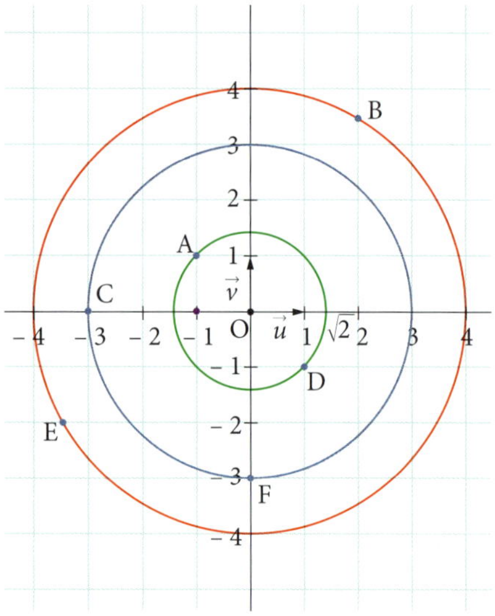

1. Lire sur le graphique les affixes des points A, B, C, D, E et F exprimées sous forme exponentielle.
2. Exprimer alors les affixes de ces points sous forme algébrique.

19 * VOIR EXERCICE RÉSOLU 7

Mettre chacun des nombres complexes suivants sous forme algébrique.

a. $z = 5e^{i\frac{\pi}{2}} \times 2e^{i\frac{\pi}{3}}$ b. $z = 2e^{i\frac{\pi}{12}} \times 4e^{-i\frac{5\pi}{6}}$
c. $z = 7e^{i\frac{\pi}{2}} \times 3e^{-i\frac{\pi}{4}}$ d. $z = 4e^{i\frac{5\pi}{3}} \times 6e^{-i\frac{7\pi}{6}}$
e. $z = \sqrt{2}\,e^{i\frac{5\pi}{6}} \times \sqrt{3}\,e^{-i\frac{7\pi}{12}}$ f. $z = \sqrt{5}\,e^{i\frac{\pi}{3}} \times \sqrt{20}\,e^{-i\frac{\pi}{3}}$

20 ** VOIR EXERCICE RÉSOLU 7

Soit les nombres complexes :
$z_1 = -\sqrt{2} + i\sqrt{2}$ et $z_2 = 4 - 4i\sqrt{3}$.

1. Écrire les nombres complexes z_1 et z_2 sous forme exponentielle.
2. En déduire la forme exponentielle de :
a. z_1^2 b. z_2^2 c. z_1^4 d. z_2^3.
3. Justifier que z_1^4 et z_2^3 sont des réels et que z_1^2 est un imaginaire pur.

21 * **Vrai ou faux ?** VOIR EXERCICE RÉSOLU 7

Soit les nombres complexes $z_1 = 3 - 3i$, $z_2 = 1 - i\sqrt{3}$ et $z_3 = (1 + i)^2$.

Les propositions suivantes sont-elles vraies ou fausses ? Justifier.

a. $z_1z_2 = 6\sqrt{2}e^{-i\frac{\pi}{12}}$ b. $z_1z_3 = 6\sqrt{2}e^{i\frac{\pi}{4}}$

c. $\dfrac{z_1}{z_3} = 3\sqrt{2}e^{-i\frac{\pi}{4}}$ d. $z_2z_3^2 = 8e^{i\frac{2\pi}{3}}$

22 * VOIR EXERCICE RÉSOLU 8

Soit $z_1 = 3\,e^{i\frac{\pi}{4}}$, $z_2 = 5\,e^{-i\frac{\pi}{6}}$ et $z_3 = \sqrt{3}e^{i\frac{5\pi}{6}}$.

Écrire chacun des nombres complexes suivants sous forme exponentielle.

a. $\dfrac{z_1}{z_2}$ b. $\dfrac{z_2}{z_3}$ c. $\dfrac{z_3}{z_1}$ d. $\dfrac{z_1z_2}{z_3}$

23 ** VOIR EXERCICE RÉSOLU 8

Soit $z_1 = \sqrt{2}e^{-i\frac{3\pi}{4}}$, $z_2 = 2\,e^{i\frac{5\pi}{6}}$ et $z_3 = 4\,e^{-i\frac{7\pi}{3}}$.

Écrire chacun des nombres complexes suivants sous forme exponentielle.

a. $\dfrac{z_1}{z_2}$ b. $\dfrac{z_2}{z_3}$ c. $\dfrac{z_1^2}{z_2}$ d. $\dfrac{z_1z_3}{z_2}$.

Géométrie

24 * VOIR EXERCICE RÉSOLU 9

Le plan complexe est muni d'un repère orthonormé direct $(O ; \vec{u}, \vec{v})$ d'unité graphique 2 cm.

On considère les points A, B et C d'affixes respectives $a = \dfrac{\sqrt{3}}{2} + \dfrac{3}{2}i$, $b = -\bar{a}$ et $c = 3i$.

1. Écrire les nombres complexes a, b et c sous forme exponentielle.
2. Placer les points A, B et C dans le repère en laissant apparaître les traits de construction.
3. Vérifier la construction réalisée à l'aide d'un logiciel de géométrie dynamique.
4. Démontrer que le triangle ABC est équilatéral.

25 * Le plan complexe est muni d'un repère orthonormé direct $(O ; \vec{u}, \vec{v})$.

On considère les points A et B d'affixes respectives $z_A = -i$ et $z_B = z_Ae^{i\frac{\pi}{3}}$.

1. Utiliser un logiciel de géométrie dynamique afin de réaliser la figure.
2. Démontrer que le triangle OAB est équilatéral.
3. Déterminer l'affixe z_C du point C tel que OBAC soit un losange.

26 * lienmini.fr/m111-c08-ex26

Le plan complexe est muni d'un repère orthonormé direct $(O ; \vec{u}, \vec{v})$. On considère les points A, B, et C d'affixes respectives $z_A = -1 - i$, $z_B = 3\sqrt{2}e^{i\frac{\pi}{4}}$ et $z_C = 7 - i$.

1. Ouvrir le fichier.
2. Quelle est la nature du triangle ABC ? Justifier.
3. Déterminer l'affixe z_D du point D tel que le quadrilatère ABCD soit un carré.
4. Placer D sur la figure du fichier.
5. Déterminer l'aire du carré ABCD.
6. Vérifier à l'aide du fichier.

Circuits électriques

27 ** Un circuit est constitué d'un montage en parallèle et d'un montage en série avec $R = 15\ \Omega$, $L\omega = 210\ \Omega$ et $\dfrac{1}{C\omega} = 160\ \Omega$.

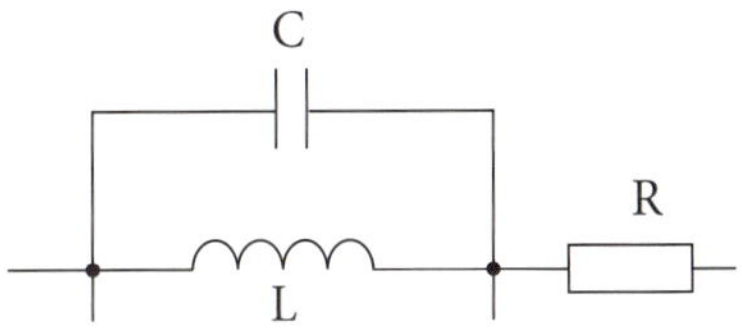

1. Déterminer l'admittance de la portion de circuit LC.
2. En déduire l'impédance du circuit complet.
3. Si la tension mesurée aux bornes du circuit est $U = 12$ V, quelle est la valeur de l'intensité mesurée ?

28 ** Un circuit est constitué d'un montage en parallèle et d'un montage en série avec $R_a = 10\ \Omega$, $L\omega = 160\ \Omega$, $\dfrac{1}{C\omega} = 100\ \Omega$ et $R_c = 20\ \Omega$.

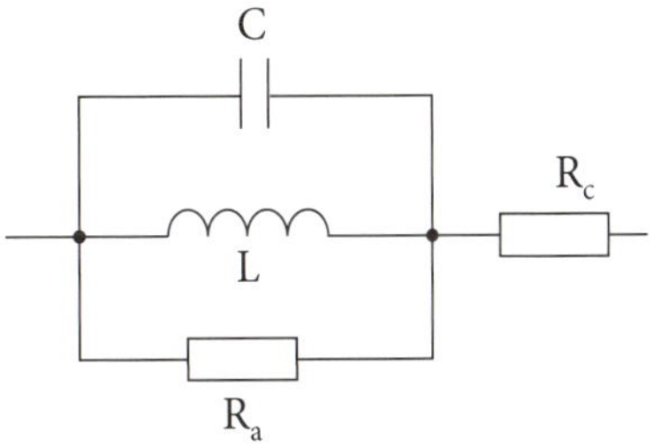

1. Déterminer l'admittance de la portion de circuit RLC.
2. En déduire l'impédance du circuit complet.
3. Si la tension mesurée aux bornes du circuit est $U = 10$ V, quelle est la valeur de l'intensité mesurée ?

Approfondir

Les exercices notés C sont corrigés en fin d'ouvrage.

29 * C **QCM**

Pour chacune des questions, indiquer la bonne réponse. Justifier.

1. Soit $z = -\dfrac{1}{2} + i\dfrac{\sqrt{3}}{2}$. Alors l'écriture exponentielle du conjugué de z est :

a. $\bar{z} = e^{-i\frac{\pi}{3}}$ b. $\bar{z} = \dfrac{1}{2}e^{i\frac{\pi}{6}}$ c. $\bar{z} = \dfrac{1}{2}e^{-i\frac{2\pi}{3}}$ d. $\bar{z} = e^{-i\frac{2\pi}{3}}$

2. Un argument de $z = \sqrt{7}e^{i\frac{\pi}{12}} \times e^{-i\frac{3\pi}{4}}$ est :

a. $\frac{\pi}{14}$ **b.** $\frac{13\pi}{14}$ **c.** $-\frac{2\pi}{3}$ **d.** $\sqrt{7}$

Dans les **questions 3 et 4**, on considère le nombre complexe $z = 2e^{-i\frac{\pi}{4}}$ où i est le nombre complexe de module 1 et d'argument $\frac{\pi}{2}$.

3. Le carré de z est égal à :

a. – 4i **b.** – 4 **c.** –2i **d.** 4

4. L'inverse de z est égal à :

a. $\frac{1}{2}e^{-i\frac{\pi}{4}}$ **b.** $-2e^{-i\frac{\pi}{4}}$ **c.** $2e^{i\frac{\pi}{4}}$ **d.** $\frac{1}{2}e^{i\frac{\pi}{4}}$

30 ** Équation et géométrie

Le plan complexe est rapporté au repère orthonormé direct $(O\ ;\ \vec{u},\ \vec{v})$ d'unité 2 cm. Le nombre i désigne le nombre complexe de module 1 et dont un argument est $\frac{\pi}{2}$.

1. Résoudre, dans l'ensemble des nombres complexes, l'équation d'inconnue z (on donnera la solution sous forme algébrique) : $iz + \sqrt{3} - 3i = 0$.

2. On note A et B les points du plan complexe d'affixes respectives : $a = 3 + i\sqrt{3}$ et $b = 2e^{i\frac{\pi}{3}}$.

a. Déterminer la forme exponentielle de a.

b. Exprimer le nombre complexe b sous forme algébrique.

c. Placer les points A et B dans le repère.

d. Démontrer que le triangle OBA est un triangle isocèle.

31 ** C De la trigonométrie !

On considère les nombres complexes $z_1 = 2 + 2i$ et $z_2 = \sqrt{3} - i$.

1. Écrire z_1 et z_2 sous forme exponentielle.

2. Déterminer la forme exponentielle du quotient $\frac{z_1}{z_2}$.

3. En déduire le module et un argument de $\frac{z_1}{z_2}$.

4. Donner la forme algébrique de $\frac{z_1}{z_2}$.

5. En déduire les valeurs exactes de $\cos\frac{5\pi}{12}$ et de $\sin\frac{5\pi}{12}$.

32 ** Valeur exacte de cos $\frac{7\pi}{12}$

On note i le nombre complexe de module 1 et d'argument $\frac{\pi}{2}$.

On considère les nombres complexes $a = 1 + i$ et $b = a \times 2e^{i\frac{\pi}{3}}$.

1. Déterminer le module et un argument de chacun des nombres complexes a et b.

2. Vérifier que $b = (1 - \sqrt{3}) + i(1 + \sqrt{3})$.

3. En déduire que $\cos\frac{7\pi}{12} = \frac{1-\sqrt{3}}{2\sqrt{2}}$.

33 ** C Le nombre j en mathématiques

C1 C2 C3 C4 C5 C6

On pose $j = -\frac{1}{2} + i\frac{\sqrt{3}}{2}$.

1. Vérifier que j est solution de l'équation du second degré $z^2 + z + 1 = 0$ dans $\mathbb{C}$.

2. Le conjugué de j est-il solution de cette équation dans $\mathbb{C}$?

3. Écrire j sous forme exponentielle.

4. En déduire l'expression de j^3 sous forme exponentielle puis sous forme algébrique. Que remarque-t-on ?

5. Justifier que $\frac{1}{j} = \bar{j} = j^2$.

6. On considère dans le plan complexe muni d'un repère orthonormé direct $(O\ ;\ \vec{u},\ \vec{v})$ d'unité graphique 2 cm les points A, B et C d'affixes respectives j, j^2 et j^3.

a. Placer avec précision les points A, B et C. On laissera les traits de construction sur la figure réalisée « à la main ».

b. Quelle est la nature du triangle ABC ? Justifier.

On pourra vérifier les réponses de la question **6** à l'aide d'un logiciel de géométrie dynamique.

34 ** Écriture algébrique, écriture exponentielle ALGO

On considère un nombre complexe $z = a + bi$ et on définit la fonction suivante :

```
from lycee import *

def module(a,b):
    return sqrt(a**2+b**2)
```

1. Que retourne l'instruction **module(3,4)** ? Quel est le rôle de ce programme ?

2. On considère le nombre complexe $z = 3 + 4i$. Déterminer le module et l'argument de z.

3. À la suite du programme précédent, écrire une fonction **argument()** qui demande la partie réelle a et la partie imaginaire b d'un nombre complexe $z = a + bi$ et qui retourne son argument.

?

En langage Python, la commande **acos(x)** permet de calculer la mesure d'un angle dont le cosinus vaut x.

4. On donne le programme suivant qui demande la partie réelle a et la partie imaginaire b d'un nombre complexe $z = a + bi$, et qui retourne son écriture exponentielle (avec des valeurs du module et de l'argument approchées à 10^{-3}).

```
def expo(a,b):
    r = module(a,b)
    a = a/r
    b = b/r
    arg=argument(a,b)
    print("l'écriture exponentielle de {}+{}i est {}exp({}pi)"
        .format(round(a,3),round(b,3),round(r,3),round(arg/pi,3)))
```

Dans un repère orthonormé du plan complexe $(O\ ;\vec{u},\vec{v})$, on considère les points A et B d'affixes respectives $z_A = 2\sqrt{2} + 2i\sqrt{2}$ et $z_B = \sqrt{6} + \sqrt{2} - 2i\sqrt{2-\sqrt{3}}$.

a. En utilisant le programme précédent, conjecturer la nature du triangle OAB.

b. Prouver cette conjecture.

?

On rappelle qu'en Python $\sqrt{a}$ s'obtient grâce à l'instruction **sqrt(a)**.

35 * Ⓒ **Équation et quadrilatère**

Le plan complexe est rapporté au repère orthonormé direct $(O ; \vec{u}, \vec{v})$ (unité graphique : 2 cm).

1. Résoudre dans $\mathbb{C}$ l'équation : $z - iz\sqrt{3} = 4$. On donnera la forme algébrique de la solution.

2. On considère les nombres complexes $z_1 = 1 + i\sqrt{3}$ et $z_2 = z_1 \times e^{i\frac{\pi}{2}}$.

On note A le point d'affixe z_1 et B le point d'affixe z_2.

a. Écrire les nombres complexes z_1 et z_2 sous forme exponentielle.

b. Placer les points A et B dans le repère.

c. Montrer que le triangle OAB est un triangle rectangle isocèle en O.

3. Soit le nombre complexe z_3 défini par $z_3 = z_1 + z_2$.

a. Écrire z_3 sous forme algébrique.

b. Placer le point C d'affixe z_3 dans le repère.

c. Quelle est la nature du quadrilatère OACB ? Justifier.

36 * **QCM**

Pour chacune des questions suivantes, indiquer la bonne réponse. Justifier.

1. Une écriture sous forme exponentielle du nombre complexe $z = \sqrt{6} - i\sqrt{2}$ est :

a. $z = 4e^{-i\frac{\pi}{6}}$ b. $= 2\sqrt{2}e^{-i\frac{\pi}{6}}$ c. $= 4\,e^{-i\frac{\pi}{3}}$ d. $= 2\sqrt{2}e^{i\frac{\pi}{6}}$

2. Si $z_1 = 3\sqrt{2}e^{i\frac{\pi}{4}}$ et $z_2 = \sqrt{2}e^{-i\frac{5\pi}{6}}$, alors le quotient $\frac{z_1}{z_2}$ vaut :

a. $3\sqrt{2}e^{-i\frac{7\pi}{12}}$ b. $3e^{-2i\pi}$ c. $3\sqrt{2}e^{i\frac{13\pi}{12}}$ d. $3\,e^{i\frac{13\pi}{12}}$

3. Soit $z = -\sqrt{2}e^{i\frac{\pi}{4}}$. Son module est égal à :

a. $\sqrt{2}$ b. $-\sqrt{2}$ c. -2 d. 2

4. Soit $z = -\sqrt{2}e^{i\frac{\pi}{4}}$. Un de ses arguments est égal à :

a. $\frac{\pi}{4}$ b. $-\frac{\pi}{4}$ c. $-\frac{3\pi}{4}$ d. $\frac{3\pi}{4}$

37 ** Ⓒ **Un problème de longueur**

C1 C2 C3 C4 C5 C6 lienmini.fr/m111-c08-ex37

Le plan complexe est muni d'un repère orthonormé direct $(O ; \vec{u}, \vec{v})$.

Pour l'ensemble de cet exercice, on pourra s'appuyer sur un logiciel de géométrie dynamique.

On considère les points A et B d'affixes respectives $z_A = 1$ et $z_B = -\frac{1}{2} - i\frac{\sqrt{3}}{2}$.

Soit C le symétrique de B par rapport à l'axe des abscisses.

Partie A

1. Déterminer la forme exponentielle de z_B. En déduire celle de z_C, affixe du point C.

2. Tracer le triangle ABC dans le fichier.

3. Déterminer la nature du triangle ABC.

Partie B

Soit I le projeté orthogonal du point O sur la droite (BC), J le projeté orthogonal du point O sur la droite (AC) et K le projeté orthogonal du point O sur la droite (AB).

1. Le point I est déjà représenté dans le fichier. Placer les points J et K sur la figure de ce fichier.

2. a. Justifier que J est le milieu du segment [AC].

b. Calculer l'affixe z_J de J, puis son module.

c. Donner les affixes z_I et z_K des points I et K ainsi que leur module.

3. En déduire la valeur de la somme L des distances : $L = OI + OJ + OK$.

38 * **Calcul d'aire**

Le plan est rapporté au repère orthonormé direct $(O ; \vec{u}, \vec{v})$ d'unité graphique 1 cm. On note i le nombre complexe de module 1 et d'argument $\frac{\pi}{2}$.

1. On considère les points B et C d'affixes respectives : $z_B = 4\sqrt{3} + 4i$ et $z_C = 4\sqrt{3} - 4i$.

a. Vérifier que $z_B = 8\,e^{i\frac{\pi}{6}}$.

b. En déduire une écriture exponentielle du nombre complexe z_C.

c. Placer précisément les points B et C dans le repère défini précédemment.

d. Démontrer que le triangle OBC est équilatéral.

2. Le point A a pour coordonnées (3 ; 0). Le point D a pour coordonnées $(4\sqrt{3} ; 0)$.

a. Écrire les affixes z_A et z_D des points A et D.

b. Calculer les affixes du point E milieu du segment [BD] et du point F milieu du segment [CD].

c. Placer les points A, D, E et F dans le repère.

d. Calculer l'aire exacte, en cm², du triangle AEF.

3. Vérifier l'ensemble de l'exercice avec un logiciel de géométrie dynamique.

39 * **Triangle et cercle circonscrit**

Le plan est muni d'un repère orthonormé $(O ; \vec{u}, \vec{v})$ d'unité graphique 2 cm.

On considère les points A, B et C d'affixes respectives :

$a = 1 + i$, $b = a \times 2\,e^{i\frac{\pi}{3}}$ et $c = -\sqrt{3} + i\sqrt{3}$.

1. a. Déterminer le module et un argument de chacun des nombres complexes a, b et c.

b. Placer les points A, B et C dans le repère.

2. a. Démontrer que le triangle OAB est un triangle rectangle.

b. Déterminer le centre et le rayon du cercle circonscrit au triangle OAB et construire ce cercle.

3. Déterminer la nature du quadrilatère OABC et prouver que le point C appartient au cercle circonscrit au triangle OAB.

40 ** Le plan est muni du repère orthonormé direct $(O ; \vec{u}, \vec{v})$. On note i le nombre complexe de module 1 et d'argument $\frac{\pi}{2}$.

On considère les points A et B d'affixes respectives :

$z_A = 3 - i\sqrt{3}$ et $z_B = e^{i\frac{\pi}{4}} z_A$.

1. Déterminer la nature du triangle OAB. Justifier.

2. a. Donner la forme algébrique de $e^{i\frac{\pi}{4}}$.

b. Vérifier que $z_B = \dfrac{(3\sqrt{2}+\sqrt{6})}{2} + i\dfrac{(3\sqrt{2}-\sqrt{6})}{2}$.

3. a. Déterminer la forme exponentielle de z_A.

b. Vérifier que $z_B = 2\sqrt{3}e^{i\frac{\pi}{12}}$.

4. À l'aide des questions **2** et **3**, donner la valeur exacte de $\cos\dfrac{\pi}{12}$ et de $\sin\dfrac{\pi}{12}$.

41 ** Cercle circonscrit et alignement de points

C1 C2 C3 C4 C5 C6 lienmini.fr/m111-c08-ex41

On note i le nombre complexe de module 1 et d'argument $\dfrac{\pi}{2}$.

1. a. Résoudre dans l'ensemble des nombres complexes $\mathbb{C}$ les équations : $\dfrac{-2}{z-2} = 2$.

b. Vérifier que $1 + i$ et $1 - i$ sont solutions de l'équation $z^2 - 2z + 2 = 0$.

2. Le plan complexe est rapporté au repère orthonormé direct $(O\,;\,\vec{u},\,\vec{v})$ d'unité graphique 2 cm.
Soit A, B et C trois points du plan complexe d'affixes respectives : $z_A = 1 + i$, $z_B = 1 - i$ et $z_C = 1$.

a. Ouvrir le fichier.
On complétera la figure au fur et à mesure.

b. Écrire z_A et z_B sous forme exponentielle.

c. Déterminer la nature du triangle OAB.

d. Tracer alors le cercle circonscrit au triangle OAB, qu'on notera Γ.

3. Soit D le point d'affixe $z_D = 2e^{i\frac{\pi}{3}}$.

a. Écrire z_D sous forme algébrique et placer le point D.

b. Montrer que les points A, B, C et D sont alignés.

4. Soit D′ le milieu du segment [OD]. Montrer que D′ appartient au cercle Γ.

42 ** C QCM

Le plan est muni du repère orthonormé direct $(O\,;\,\vec{u},\,\vec{v})$.
On note i le nombre complexe de module 1 et d'argument $\dfrac{\pi}{2}$.
On considère les nombres complexes $z_1 = 1 - i\sqrt{3}$ et $z_2 = -\sqrt{3} + i$ d'images respectives A et B.

Pour chacune des questions, indiquer la bonne réponse. Justifier.

1. Le module de z_1 et un argument de z_1 sont respectivement :

a. 2 et $\dfrac{\pi}{3}$ **b.** $\sqrt{2}$ et $-\dfrac{\pi}{3}$ **c.** 2 et $-\dfrac{\pi}{3}$ **d.** $\sqrt{2}$ et $\dfrac{\pi}{3}$

2. La forme algébrique de $\dfrac{z_1}{z_2}$ est égale à :

a. $\dfrac{1-i\sqrt{3}}{-\sqrt{3}+i}$ **b.** $-\dfrac{\sqrt{3}}{2}+\dfrac{1}{2}i$ **c.** $-\dfrac{1}{\sqrt{3}}-\sqrt{3}$ **d.** $-\dfrac{\sqrt{3}}{2}-\dfrac{1}{2}i$

3. Un argument de $\dfrac{z_2}{z_1}$ est égal à :

a. $-\dfrac{5\pi}{6}$ **b.** $-\dfrac{\pi}{2}$ **c.** $\dfrac{5\pi}{6}$ **d.** $\dfrac{\pi}{2}$

4. L'ensemble des points M du plan, d'affixe z, tels que $|z - z_1| = 2$ est :

a. la droite (AB) ; **b.** une demi-droite d'origine A ;
c. un point ; **d.** un cercle de centre A.

5. L'ensemble des points M du plan, d'affixe z, tels que $\arg(z) = \dfrac{\pi}{3} + 2k\pi$, $k \in \mathbb{Z}$, est :

a. une droite ; **b.** un cercle de centre O ;
c. une demi-droite privée de son origine ; **d.** un point.

6. On considère dans $\mathbb{C}$ l'équation d'inconnue z : $z^2 - 4z + 7 = 0$.

a. L'équation n'a pas de solution.
b. Les solutions sont $2 - \sqrt{3}$ et $2 + \sqrt{3}$.
c. L'équation a une seule solution.
d. Les solutions sont $2 - i\sqrt{3}$ et $2 + i\sqrt{3}$.

43 **

Determine the combined impedance of the following configuration of components.

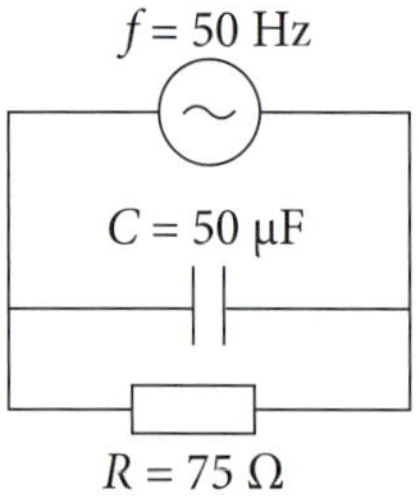

44 *

1. Find the modulus and argument of the complex numbers $z_1 = 1 + i$ and $z_2 = 1 - i\sqrt{3}$.

2. Write each of these numbers in the exponential form.

3. Hence find in the exponential form $re^{i\theta}$ where $-\pi < \theta \leqslant \pi$ and $r > 0$ the following complex numbers:

a. z_1z_2 **b.** $\dfrac{z_1}{z_2}$ **c.** z_1^2 **d.** z_2^3 **e.** $\dfrac{z_1^2}{z_2^3}$

Pour se tester

45 * C VRAI ou FAUX ?

Répondre par vrai ou faux aux affirmations suivantes. Justifier. Dans les **questions 1 et 2**, on considère le nombre complexe $z = -2\,e^{-i\frac{2\pi}{3}}$.	Vrai	Faux
1. Le nombre complexe z^3 est égal à -8.	V	F
2. Un argument de z est $-\dfrac{2\pi}{3}$.	V	F
3. La forme exponentielle du nombre complexe $z = \sqrt{6} + i\sqrt{6}$ est $6\,e^{i\frac{\pi}{4}}$.	V	F
4. On considère les nombres complexes $z_1 = \sqrt{6} + i\sqrt{6}$ et $z_2 = -\sqrt{6} + i\sqrt{6}$. Le nombre z_2 est égal à $\overline{z_1}$.	V	F

46 * C QCM

Pour chacune des questions ci-dessous, une seule réponse est exacte.

On considère les nombres complexes $z = 2\,e^{i\frac{2\pi}{3}}$ et $z' = 2\,e^{-i\frac{2\pi}{3}}$

	a	b	c	d
1. La forme algébrique de z est égale à :	$-1 + i\sqrt{3}$	$1 + i\sqrt{3}$	$2 + i\sqrt{3}$	$\sqrt{3} - i$
2. Le nombre complexe z' est le nombre complexe :	opposé de z	inverse de z	conjugué de z	opposé du conjugué de z
3. Le nombre zz' :	est un nombre réel.	est un nombre imaginaire pur.	a pour module 2.	est un nombre complexe dont un argument est $\dfrac{4\pi}{3}$.
4. Un argument du nombre complexe z'' tel que $zz'' = i$ est :	$\dfrac{\pi}{3}$	$\dfrac{5\pi}{6}$	$\dfrac{\pi}{6}$	$-\dfrac{\pi}{6}$

47 ** C Le plan est rapporté au repère orthonormé direct $(O\,;\vec{u},\vec{v})$ d'unité graphique 2 cm.
On considère les nombres complexes :
$z_1 = \dfrac{3\sqrt{2}}{1+i}$ et $z_2 = \dfrac{4i}{1+i\sqrt{3}}$.
1. Écrire les nombres complexes z_1 et z_2 sous forme algébrique puis sous forme exponentielle.
2. Placer avec précision les points A et B d'affixes respectives z_1 et z_2 dans le repère $(O\,;\vec{u},\vec{v})$. (On laissera apparents les traits de construction.)
3. Calculer sous forme algébrique le produit z_1z_2.
4. Déterminer la forme exponentielle du produit z_1z_2. En déduire le module et un argument de z_1z_2.
5. Déduire des questions **3** et **4** les valeurs exactes de $\cos\dfrac{\pi}{12}$ et de $\sin\dfrac{\pi}{12}$.

48 ** C Le plan est rapporté à un repère orthonormé direct $(O\,;\vec{u},\vec{v})$.
1. On considère l'équation (E) d'inconnue z :
$(2 - i)z = 2 - 6i$.
a. Résoudre dans $\mathbb{C}$ l'équation (E). On notera z_1 la solution de (E) que l'on écrira sous forme algébrique.
b. Déterminer la forme exponentielle de z_1.
c. Soit z_2 le nombre complexe défini par $z_2 = e^{-i\frac{\pi}{2}} z_1$. Déterminer la forme exponentielle puis la forme algébrique de z_2.
2. Soit A, B et C les points d'affixes respectives $z_A = 2 - 2i$, $z_B = -2 - 2i$ et $z_C = -4i$.
a. Placer les points A, B et C dans le plan complexe.
b. Calculer le produit scalaire $\overrightarrow{CA}\cdot\overrightarrow{CB}$.
c. Déterminer la nature du triangle ABC. Justifier.

49 ** C Le plan est rapporté à un repère orthonormé direct $(O\,;\vec{u},\vec{v})$. On considère les points A et B d'affixes respectives $z_A = -2 + 2i\sqrt{3}$ et $z_B = iz_A$.
1. Donner la forme algébrique de z_B.
2. Déterminer les longueurs OA et OB.
3. Déterminer une mesure des angles $(\vec{u},\overrightarrow{OA})$ et $(\vec{u},\overrightarrow{OB})$.
4. Donner la nature précise du triangle OAB.
5. On note C le point tel que OACB soit un parallélogramme.
a. Déterminer l'affixe z_C de C. Justifier la réponse.
b. Donner la nature précise du parallélogramme OACB.

S'entraîner au Bac

50 ** D'après Bac STI2D STL Antilles Guyane, 2014

C1 C2 C3 C4 C5 C6

Les parties A et B de cet exercice sont indépendantes.

Le plan est rapporté à un repère orthonormé direct $(O ; \vec{u}, \vec{v})$ d'unités 5 cm.

On note i le nombre complexe de module 1 et d'argument $\frac{\pi}{2}$.

Soit z le nombre complexe de module 2 et d'argument $\frac{\pi}{3}$, $\overline{z}$ est le nombre complexe conjugué de z.

Partie A

1. Donner les écritures algébriques de z, de $\overline{z}$ et de $\frac{1}{2}\overline{z}$.

2. On considère le nombre complexe $p = \frac{2+\overline{z}}{2-\overline{z}}$.

a. Montrer que $p = -\mathrm{i}\sqrt{3}$.

b. Les points M, N et P sont les points d'affixes respectives 1, $\frac{1}{2}\overline{z}$ et p. Placer ces trois points dans le repère. Justifier l'alignement de ces trois points.

Partie B

Soit u le nombre complexe défini par $u = \frac{1}{2}z$.

1. Écrire u sous la forme exponentielle.

2. a. Donner l'écriture exponentielle puis l'écriture algébrique de u^3.

b. Vérifier les relations suivantes : $u^4 = -u$ et $u^5 = -u^2$.

c. Vérifier que $1 + u + u^2 + u^3 + u^4 + u^5 + u^6 = 1$.

51 ** D'après Bac STI2D STL Nouvelle-Calédonie, 2014

On note i le nombre complexe de module 1 et d'argument $\frac{\pi}{2}$.

On considère les nombres complexes z_1, z_2 et z_3 définis par :

$z_1 = 1 + \mathrm{i}\sqrt{3}$, $z_2 = \mathrm{e}^{-\mathrm{i}\frac{\pi}{4}}$ et $z_3 = \mathrm{e}^{\mathrm{i}\frac{\pi}{12}}$.

1. Déterminer l'écriture exponentielle de z_1.
2. Déterminer l'écriture algébrique de z_2.
3. Démontrer que $z_1 z_2 = 2z_3$.
4. En déduire l'écriture algébrique de z_3.
5. En déduire que $\cos\frac{\pi}{12} = \frac{\sqrt{2}+\sqrt{6}}{4}$ et $\sin\frac{\pi}{12} = \frac{-\sqrt{2}+\sqrt{6}}{4}$.

52 ** D'après Bac STI2D STL Métropole, 2013

Cet exercice est un questionnaire à choix multiples. Pour chacune des questions suivantes, une seule des quatre réponses proposées est exacte.

1. La forme exponentielle du nombre complexe $z = -5 + 5\mathrm{i}$ est :

a. $z = 5\mathrm{e}^{\mathrm{i}\frac{3\pi}{4}}$ b. $z = 5\sqrt{2}\mathrm{e}^{\mathrm{i}\frac{3\pi}{4}}$ c. $z = 5\mathrm{e}^{-\mathrm{i}\frac{\pi}{4}}$

d. $z = 5\sqrt{2}\mathrm{e}^{-\mathrm{i}\frac{\pi}{4}}$

2. Si $z_1 = 2\sqrt{2}\mathrm{e}^{\mathrm{i}\frac{3\pi}{4}}$ et $z_2 = \sqrt{2}\mathrm{e}^{-\mathrm{i}\frac{\pi}{3}}$, alors le produit $z_1 z_2$ est un nombre complexe :

a. de module 4 et dont un argument est $\frac{2\pi}{7}$;

b. de module $2\sqrt{2}$ et dont un argument est $\frac{5\pi}{12}$;

c. de module 4 et dont un argument est $\frac{5\pi}{12}$;

d. de module $2\sqrt{2}$ et dont un argument est $\frac{13\pi}{12}$.

3. Le nombre complexe $\frac{\sqrt{2}-\mathrm{i}\sqrt{2}}{\sqrt{2}+\mathrm{i}\sqrt{2}}$ est égal à :

a. 1 b. i c. – 1 d. – i

4. Le nombre complexe z de module $2\sqrt{3}$ et dont un argument est $\frac{2\pi}{3}$ a pour forme algébrique :

a. $\sqrt{3} - 3\mathrm{i}$ b. $3 - \mathrm{i}\sqrt{3}$ c. $-\sqrt{3} + 3\mathrm{i}$

d. $-3 + \mathrm{i}\sqrt{3}$

53 ** Equations et géométrie C1 C2 C3 C4 C5 C6

Le plan complexe est muni d'un repère orthonormé direct $(O ; \vec{u}, \vec{v})$ d'unité graphique 2 cm. On note i le nombre complexe de module 1 et d'argument $\frac{\pi}{2}$.

1. Vérifier que les nombres complexes $z_1 = -\sqrt{3} + \mathrm{i}$ et $z_2 = \overline{z_1}$ sont solutions dans l'ensemble $\mathbb{C}$ de l'équation : $z^2 + 2z\sqrt{3} + 4 = 0$.

2. On considère les points A et B du plan d'affixes respectives : $z_A = z_1$ et $z_B = z_2$.

a. Déterminer le module et un argument de chacun des nombres complexes z_A et z_B.

b. Écrire z_A sous la forme $r\mathrm{e}^{\mathrm{i}\theta}$, où r est un réel strictement positif et θ un réel de l'intervalle $]-\pi ; \pi]$.

c. Placer les points A et B dans le plan muni du repère $(O ; \vec{u}, \vec{v})$.

d. Démontrer que le triangle OAB est un triangle équilatéral.

3. On considère l'équation d'inconnue z : $2z - 4\mathrm{i} = \mathrm{i}z + 2$.

a. Démontrer que le nombre complexe 2i est la seule solution de cette équation.

b. On note C le point d'affixe 2i. Placer le point C dans le plan muni du repère $(O ; \vec{u}, \vec{v})$.

c. Démontrer que le quadrilatère OBAC est un losange.

54 ** D'après Bac S Liban, 2014 ALGO C1 C2 C3 C4 C5 C6

On considère la suite de nombres complexes (z_n) définie par $z_0 = \sqrt{3} - \mathrm{i}$ et, pour tout entier naturel n :

$z_{n+1} = (1 + \mathrm{i})z_n$.

Les parties A et B peuvent être traitées de façon indépendante.

Partie A

Pour tout entier naturel n, on pose $u_n = |z_n|$.

1. Calculer u_0.
2. Démontrer que (u_n) est la suite géométrique de raison $\sqrt{2}$ et de premier terme 2.
3. Pour tout entier naturel n, exprimer u_n en fonction de n.
4. Déterminer la limite de la suite (u_n).
5. Étant donné un réel positif p, on souhaite déterminer, à l'aide d'un algorithme, la plus petite valeur de l'entier naturel n telle que $u_n > p$.

Recopier l'algorithme ci-dessous et le compléter par les instructions de traitement et d'affichage, de façon à afficher la valeur cherchée de l'entier n.

```
Variables :  u est un réel
             p est un réel
             n est un entier
Traitement : Affecter à n la valeur 0
             Affecter à u la valeur 2
             Demander la valeur de p
             ..................
             ..................
             ..................
Affichage :  ..................
```

Partie B

1. Déterminer la forme algébrique de z_1.
2. Déterminer la forme exponentielle de z_0 et de $1 + \mathrm{i}$.
En déduire la forme exponentielle de z_1.
3. Déduire des questions précédentes la valeur exacte de $\cos\frac{\pi}{12}$.

Ensemble de Julia : une représentation de suites particulières de nombres complexes

55 * QCM

Pour chacune des questions suivantes, indiquer la bonne réponse. Justifier.

1. Le plan est rapporté à un repère orthonormé $(\mathrm{O}\,;\overrightarrow{\mathrm{OA}},\overrightarrow{\mathrm{OB}})$.
L'ensemble $\mathscr{E}$ des images des nombres complexes z vérifiant la relation $|z| = 1$ est représenté en rouge par :

a.
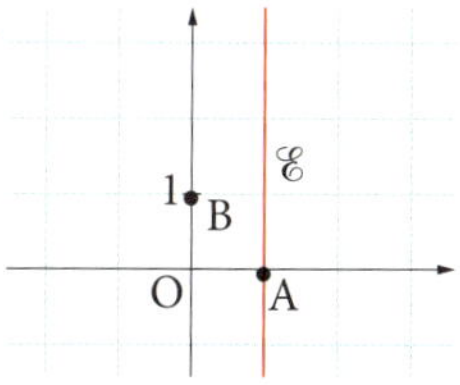

b.
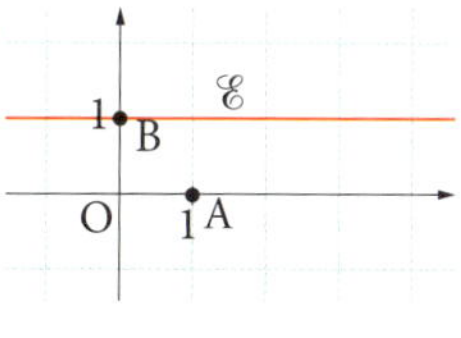

c.
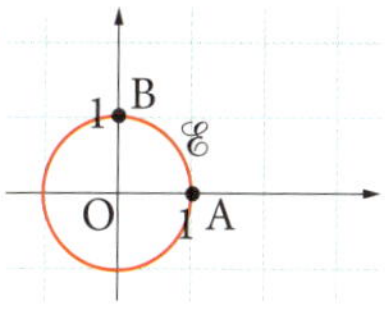

d.
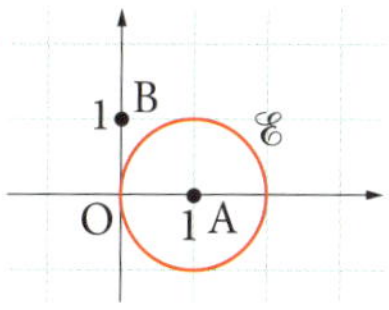

2. On considère les deux nombres complexes $z_1 = \sqrt{2}\mathrm{e}^{\mathrm{i}\frac{\pi}{4}}$ et $z_2 = -\sqrt{3} + \mathrm{i}$ où i est le nombre complexe de module 1 et d'argument $\frac{\pi}{2}$.
Le produit z_1z_2 est égal à :
a. $2\sqrt{2}\mathrm{e}^{\mathrm{i}\frac{11\pi}{12}}$ b. $(1+\sqrt{3})(-1+\mathrm{i})$ c. $2\sqrt{2}\mathrm{e}^{\mathrm{i}\frac{13\pi}{12}}$
d. $1-\sqrt{3}+2\mathrm{i}$

3. On considère le nombre complexe $z = 3\,\mathrm{e}^{-\mathrm{i}\frac{\pi}{6}}$. La forme algébrique du nombre complexe z est :
a. $-\frac{3\sqrt{3}}{2}+\frac{3}{2}\mathrm{i}$ b. $\frac{3\sqrt{3}}{2}-\frac{3}{2}\mathrm{i}$ c. $\frac{3\sqrt{3}}{2}+\frac{3}{2}\mathrm{i}$
d. $-\frac{3\sqrt{3}}{2}-\frac{3}{2}\mathrm{i}$

4. $z_1 = 1+\mathrm{i}\sqrt{3}$ et $z_2 = \sqrt{3}-\mathrm{i}$. La forme exponentielle du nombre complexe z_1z_2 est :
a. $4\,\mathrm{e}^{\mathrm{i}\frac{\pi}{6}}$ b. $-4\,\mathrm{e}^{-\mathrm{i}\frac{\pi}{6}}$ c. $2\,\mathrm{e}^{\mathrm{i}\frac{\pi}{6}}$ d. $4\,\mathrm{e}^{\mathrm{i}\frac{\pi}{2}}$

5. La forme exponentielle du nombre complexe $z = -3+\mathrm{i}3\sqrt{3}$ est :
a. $3\,\mathrm{e}^{\mathrm{i}\frac{2\pi}{3}}$ b. $6\,\mathrm{e}^{\mathrm{i}\frac{2\pi}{3}}$ c. $6\,\mathrm{e}^{-\mathrm{i}\frac{2\pi}{3}}$ d. $-6\,\mathrm{e}^{-\mathrm{i}\frac{2\pi}{3}}$

6. On considère le nombre complexe $z = \sqrt{2}-\mathrm{i}\sqrt{2}$. Le nombre complexe z^2 est égal à :
a. 2 b. 4 c. – 4 d. – 4i

Aller plus loin

56 ** Vrai ou faux ?

Indiquer si chacune des questions **1** et **2** est vraie ou fausse en justifiant la réponse.

1. Dans le plan muni d'un repère orthonormé, on note S l'ensemble des points M dont l'affixe z vérifie les deux conditions :
$|z-1| = |z-\mathrm{i}|$ et $|z-3-2\mathrm{i}| \leqslant 2$.
Sur la figure ci-contre, on a représenté le cercle de centre le point d'affixe $3+2\mathrm{i}$ et de rayon 2, et la droite d'équation $y = x$.
Cette droite coupe le cercle en deux points A et B.
L'ensemble S est le segment [AB].

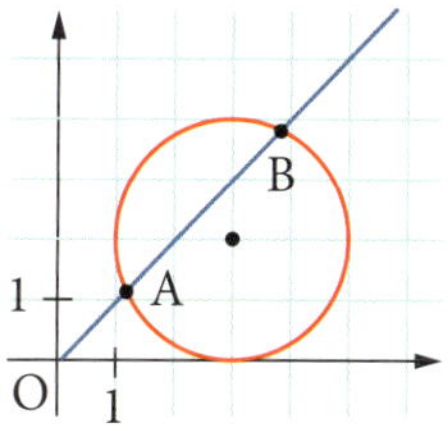

2. Le nombre complexe $\left(\sqrt{3}+\mathrm{i}\right)^{1\,515}$ est un réel.

57 *** Propriétés du nombre j C1 C2 C3 C4 C5 C6

Le plan complexe est muni d'un repère orthonormé direct $(\mathrm{O}\,;\vec{u},\vec{v})$.

On donne le nombre complexe $\mathrm{j} = -\frac{1}{2}+\mathrm{i}\frac{\sqrt{3}}{2}$.

Le but de cet exercice est d'étudier quelques propriétés du nombre j et de mettre en évidence un lien de ce nombre avec les triangles équilatéraux.

Partie A

1. Vérifier que le nombre complexe j est une solution de l'équation $z^2 + z + 1 = 0$.

2. Déterminer le module et un argument du nombre complexe j, puis donner sa forme exponentielle.

3. Démontrer les égalités suivantes :

a. $j^3 = 1$;

b. $j^2 = -1 - j$.

4. On note P, Q, R les images respectives des nombres complexes 1, j et j^2 dans le plan.
Quelle est la nature du triangle PQR ? Justifier la réponse.

Partie B

Soit a, b, c trois nombres complexes vérifiant l'égalité $a + jb + j^2c = 0$.
On note A, B, C les images respectives des nombres a, b, c dans le plan.

1. En utilisant la question **A3b**, démontrer l'égalité : $a - c = j(c - b)$.

2. En déduire que AC = BC.

3. Démontrer l'égalité : $a - b = j^2(b - c)$.

4. En déduire que le triangle ABC est équilatéral.

58 *** La rotation n'est pas si loin...

Le plan complexe est muni d'un repère orthonormé direct $(O ; \vec{u}, \vec{v})$.
On désigne par i le nombre complexe de module 1 et d'argument $\frac{\pi}{2}$.

1. Vérifier que les nombres complexes $z_1 = 4 + 4i\sqrt{3}$ et $z_2 = \overline{z_1}$ sont solutions dans $\mathbb{C}$ de l'équation (E) d'inconnue z : $z^2 - 8z + 64 = 0$.

2. On considère les points A, B et C d'affixes respectives $a = z_1$, $b = z_2$ et $c = 8i$.

a. Calculer le module et un argument du nombre a.

b. Donner la forme exponentielle des nombres a et b.

c. Montrer que les points A, B et C sont sur un même cercle de centre O dont on déterminera le rayon.

d. Placer les points A, B et C dans le repère $(O ; \vec{u}, \vec{v})$.
Dans la suite de l'exercice, on complétera cette figure au fur et à mesure de l'avancement des questions.

3. On considère les points A′, B′ et C′ d'affixes respectives $a' = a\,e^{i\frac{\pi}{3}}$, $b' = b\,e^{i\frac{\pi}{3}}$ et $c' = c\,e^{i\frac{\pi}{3}}$.

a. Montrer que $b' = 8$.

b. Calculer le module et un argument du nombre a'.
Pour la suite, on admet que :
$a' = -4 + 4i\sqrt{3}$ et $c' = -4\sqrt{3} + 4i$.

4. On rappelle que si M et N sont deux points du plan d'affixes respectives m et n alors le milieu I du segment [MN] a pour affixe $\frac{m+n}{2}$ et la longueur MN est égale à $|n - m|$.

a. On note r, s et t les affixes des milieux respectifs R, S et T des segments [A′B], [B′C] et [C′A]. Calculer r et s.
On admet que $t = 2 - 2\sqrt{3} + i(2 + 2\sqrt{3})$.

b. Quelle conjecture peut-on faire quant à la nature du triangle RST ? Justifier.

59 *** Suites et algorithme ALGO C1 C2 C3 C4 C5 C6

Le plan complexe est rapporté au repère orthonormé direct $(O ; \vec{u}, \vec{v})$.
On désigne par i le nombre complexe de module 1 et d'argument $\frac{\pi}{2}$.
Pour tout entier naturel n, on note A_n le point d'affixe z_n défini par :

$$z_0 = 1 \quad \text{et} \quad z_{n+1} = \left(\frac{3}{4} + \frac{\sqrt{3}}{4}i\right)z_n.$$

On définit la suite (r_n) par $r_n = |z_n|$ pour tout entier naturel n.

1. Donner la forme exponentielle du nombre complexe $\frac{3}{4} + \frac{\sqrt{3}}{4}i$.

2. a. Montrer que la suite (r_n) est géométrique de raison $\frac{\sqrt{3}}{2}$.

b. En déduire l'expression de r_n en fonction de n.

c. Que dire de la longueur OA_n lorsque n tend vers $+\infty$?

3. On considère l'algorithme suivant :

```
Variables :  n entier naturel
             R réel
             P réel strictement positif
Traitement : Demander la valeur de P
             R prend la valeur 1
             n prend la valeur 0
             Tant que R > P
                 n prend la valeur n + 1
                 R prend la valeur √3/2 R
             Fin Tant que
Affichage :  Afficher n
```

a. Quelle est la valeur affichée par l'algorithme pour $P = 0{,}5$?

b. Pour $P = 0{,}01$, on obtient $n = 33$. Quel est le rôle de cet algorithme ?

4. a. Démontrer que le triangle OA_nA_{n+1} est rectangle en A_{n+1}.

b. On admet que $z_n = r_n e^{i\frac{n\pi}{6}}$. Déterminer les valeurs de n pour lesquelles A_n est un point de l'axe des ordonnées.

lienmini.fr/m111-c08-ex59

c. En utilisant le fichier, représenter les points A_6, A_7, A_8 et A_9. Les traits de construction seront laissés apparents.

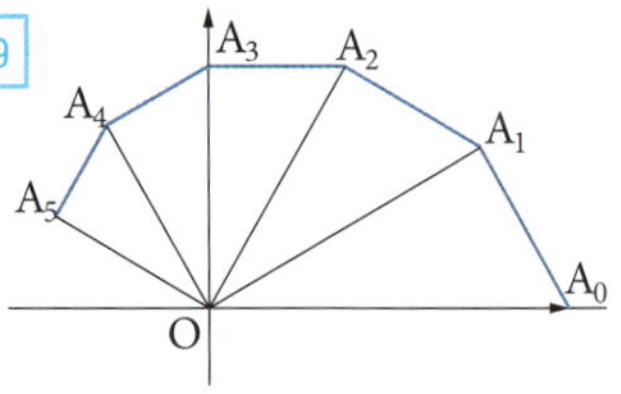

60 *** Somme de nombres complexes ALGO

On considère la somme suivante : $z = 1 + i + i^2 + i^3 + \ldots + i^{100}$.

?

- On rappelle qu'en Python, on peut définir le nombre complexe $a + ib$ grâce à l'instruction **complex(a,b)**.
- En langage Python, a^n s'obtient grâce à la syntaxe **a**n**.

1. Écrire un programme permettant de déterminer l'écriture algébrique de z.

2. Expliquer ce résultat par le calcul.

SOUTIEN AP1 Comment exprimer un nombre complexe sous forme exponentielle ?

I. La méthode

1 On détermine le module r de z : si $z = a + bi$, où a et b réels, alors $r = |z| = \sqrt{a^2 + b^2}$.

2 On détermine un argument de z : si $z = a + bi$, où a et b réels, de module r, alors en notant θ un de ses arguments, $\begin{cases} \cos\theta = \dfrac{a}{r} \\ \sin\theta = \dfrac{b}{r} \end{cases}$.

3 On écrit z sous la forme exponentielle $re^{i\theta}$.

II. Application

Écrire sous forme exponentielle chacun des nombres complexes suivants.

a. $z = \sqrt{3} - i$ **b.** $z = -2 + 2i$

c. $z = -4 - 4i\sqrt{3}$ **d.** $z = -6i$

SOUTIEN AP2 Comment calculer à partir de la forme exponentielle ?

I. La méthode

Soit z et z' deux nombres complexes dont on donne l'écriture exponentielle.

1 Le produit

a. Pour calculer le module du produit $z \times z'$, on multiplie les modules de z et de z' : $|z \times z'| = |z| \times |z'|$.

b. Pour calculer un argument de $z \times z'$, on **ajoute** les arguments de z et de z' :

$\arg(z \times z') = \arg(z) + \arg(z')$.

c. On exprime alors $z \times z'$ sous forme exponentielle.

2 Le quotient

a. Pour calculer le module du quotient $\dfrac{z}{z'}$, on divise le module de z par celui de z' :

$\left|\dfrac{z}{z'}\right| = \dfrac{|z|}{|z'|}$.

b. Pour calculer un argument du quotient $\dfrac{z}{z'}$, on **soustrait** un argument de z' à un argument de z :

$\arg\left(\dfrac{z}{z'}\right) = \arg(z) - \arg(z')$.

c. On exprime alors $\dfrac{z}{z'}$ sous forme exponentielle.

3 Les puissances

Soit n un entier naturel non nul.

a. Pour calculer le module de z^n, on élève le module de z à la puissance n :

$|z^n| = |z|^n$.

b. Pour déterminer un argument de z^n, on multiplie par n un argument de z :

$\arg(z^n) = n \times \arg(z)$.

c. On exprime alors z^n sous forme exponentielle.

4 Remarque

Après avoir calculé un argument, on pourra l'exprimer comme élément de l'intervalle $]-\pi\,;\pi]$, ce qui permet d'avoir la mesure principale d'un angle.

II. Application

On donne sous forme exponentielle les nombres complexes suivants :

$z_1 = 2e^{i\frac{\pi}{4}}$, $z_2 = \sqrt{2}e^{-i\frac{\pi}{6}}$ et $z_3 = 2e^{-i\frac{2\pi}{3}}$.

Écrire sous forme exponentielle les nombres suivants :

$z_1 \times z_2$, $z_2 \times z_3$, $z_1 \times z_3$, $\dfrac{z_1}{z_2}$, $\dfrac{z_1}{z_3}$, $\dfrac{z_3}{z_2}$,

z_1^2, z_2^6 et z_3^9.

APPROFONDISSEMENT AP3 — Comment résoudre dans $\mathbb{C}$ une équation du second degré ?

I. La méthode

Soit $az^2 + bz + c = 0$ une équation du second degré d'inconnue complexe z où a, b et c sont des réels avec $a \neq 0$. Le discriminant est : $\Delta = b^2 - 4ac$.

1er cas : $\Delta > 0$

L'équation admet deux solutions **réelles :**

$z_1 = \dfrac{-b+\sqrt{\Delta}}{2a}$ et $z_2 = \dfrac{-b-\sqrt{\Delta}}{2a}$.

2e cas : $\Delta = 0$

L'équation admet une seule solution **réelle** $z_1 = \dfrac{-b}{2a}$.

3e cas : $\Delta < 0$

L'équation admet deux solutions **complexes conjuguées** $z_1 = \dfrac{-b+\mathrm{i}\sqrt{-\Delta}}{2a}$ et $z_2 = \dfrac{-b-\mathrm{i}\sqrt{-\Delta}}{2a}$.

II. Démonstration du 3e cas

On rappelle la forme canonique de $az^2 + bz + c$:

$$az^2 + bz + c = a\left[\left(z+\frac{b}{2a}\right)^2 - \frac{\Delta}{4a^2}\right].$$

a. Justifier que $\Delta = \left(\mathrm{i}\sqrt{-\Delta}\right)^2$.

b. En déduire la factorisation de $az^2 + bz + c$ sous la forme $a\left(z+\dfrac{b+\mathrm{i}\sqrt{-\Delta}}{2a}\right)\left(z+\dfrac{b-\mathrm{i}\sqrt{-\Delta}}{2a}\right)$.

c. En déduire les solutions de $az^2 + bz + c = 0$.

III. Application

Résoudre dans $\mathbb{C}$ les équations suivantes :

a. $z^2 + 4 = 0$ **b.** $z^2 - 2z + 5 = 0$

c. $-10z^2 + 2z - 1 = 0$ **d.** $z^2 + z + 1 = 0$

? Si $\Delta < 0$, alors on détermine avec soin l'une des deux solutions complexes. La seconde s'obtient très rapidement, puisque c'est le conjugué de la première.

APPROFONDISSEMENT AP4 — Comment travailler sur les formes trigonométriques ?

I. La méthode

Soit la fonction f définie sur $\mathbb{R}$ par :

$f(x) = a\cos x + b\sin x$, où a et b sont deux nombres réels.

1 Utilisation d'un graphique

a. À l'aide d'un logiciel de géométrie dynamique, créer deux curseurs a et b et représenter la fonction f.

b. Faire varier les curseurs a et b.

c. Quelle est l'allure de la courbe obtenue dans chacun des cas ?

2 Nouvelle expression de f

On considère toujours la fonction f définie sur $\mathbb{R}$ par $f(x) = a\cos x + b\sin x$, où a et b sont deux nombres réels. On considère le nombre complexe $z = a + \mathrm{i}b$. On note r le module de z et θ un argument de z.

a. Exprimer les réels a et b en fonction de r et θ.

b. En déduire qu'une autre expression de f est : $f(x) = r\cos(x - \theta)$ pour tout réel x.

? $\cos(a - b) = \cos a\cos b + \sin a\sin b$.

II. Application

Reprendre la méthode mise en place pour exprimer sous la forme $r\cos(x - \theta)$ les fonctions suivantes définies sur $\mathbb{R}$:

a. $f(x) = \sqrt{3}\cos x + \sin x$.

b. $g(x) = \sqrt{2}\cos x - \sqrt{2}\sin x$.

Chapitre 9

Lois à densité et prise de décision

Désintégration d'un atome : les lois à densité permettent de modéliser le comportement de variables statistiques continues comme le temps nécessaire à la désintégration d'un atome.

OBJECTIFS

- Utiliser la loi uniforme pour concevoir et exploiter une simulation. ▶ Cours I
- Utiliser la loi exponentielle pour calculer des probabilités, déterminer et interpréter son espérance. ▶ Cours II
- Utiliser une calculatrice ou un tableur pour calculer des probabilités avec la loi normale. ▶ Cours III
- Déterminer la loi normale approchant une loi binomiale. ▶ Cours III
- Déterminer l'intervalle de fluctuation asymptotique d'une fréquence, et l'exploiter pour rejeter ou non une hypothèse sur une proportion. ▶ Cours IV
- Déterminer l'intervalle de confiance pour estimer une proportion, et juger de l'égalité de deux proportions à l'aide des intervalles de confiance correspondant. ▶ Cours IV

POUR BIEN DÉMARRER

QCM Pour chacune des questions posées, indiquer la bonne réponse.	a	b	c	d
Dans les **questions 1 à 6**, la proportion de cellules de levure dont le diamètre est compris entre 4 et 8 µm est supposée égale à 0,68. Dans une classe, 25 élèves mesurent quatre fois chacun le diamètre de cellules de levure pour donner un échantillon de 100 mesures indépendantes.				
1 La variable aléatoire X qui indique le nombre de mesures comprises entre 4 et 8 µm suit la loi binomiale :	$\mathcal{B}(25\,;0{,}68)$	$\mathcal{B}(0{,}68\,;25)$	$\mathcal{B}(100\,;0{,}68)$	$\mathcal{B}(4\,;8)$
2 La probabilité d'obtenir au moins une mesure comprise entre 4 et 8 µm s'écrit :	$P(X=1)$	$P(X \leqslant 1)$	$P(X>1)$	$P(X \geqslant 1)$
3 À 10^{-5} près, la probabilité d'obtenir exactement la moitié des mesures comprises entre 4 et 8 µm est égale à :	0,000 08	0,018 75	0,034 00	0,500 00
4 Le nombre moyen de mesures comprises entre 4 et 8 µm dans un tel échantillon est égal à :	17	25	68	100
5 Un intervalle de fluctuation à 95 % de la fréquence de mesures comprises entre 4 et 8 µm dans un tel échantillon est :	$[0{,}48\,;\,0{,}88]$	$[0{,}58\,;0{,}78]$	$\left[\frac{12}{25}\,;\,\frac{21}{25}\right]$	$\left[\frac{29}{50}\,;\,\frac{38}{50}\right]$
6 Les élèves ont observé qu'exactement 52 de leurs mesures sont comprises entre 4 et 8 µm. Ce constat remet-il en question la valeur 0,68 de la proportion ?	non, au seuil 5 %	non, de façon certaine	oui, au seuil 5 %	oui, de façon certaine

Rappels

1 Schéma de Bernoulli et loi binomiale

• Un schéma de Bernoulli consiste à répéter n fois, de manière identique et indépendante, une même épreuve de Bernoulli, expérience aléatoire à deux issues possibles : « succès » avec probabilité p et « échec » avec probabilité $1-p$.

• La variable aléatoire X qui donne le nombre de succès de ce schéma de Bernoulli suit loi binomiale de paramètres n et p, notée $\mathcal{B}(n\,;p)$.

2 Intervalle de fluctuation

• Dans une population où la proportion d'un caractère est p, l'intervalle de fluctuation, au seuil de 95 %, de la fréquence $F=\dfrac{X}{n}$ dans un échantillon de taille n est :

$\mathrm{I}=\left[p-\dfrac{1}{\sqrt{n}}\,;\,p+\dfrac{1}{\sqrt{n}}\right]$ si $n \geqslant 25$ et $0{,}2 \leqslant p \leqslant 0{,}8$;

$\mathrm{I}=\left[\dfrac{a}{n};\dfrac{b}{n}\right]$, où a est le plus petit entier tel que $P(X \leqslant a) > 0{,}025$ et b est le plus petit entier tel que $P(X \leqslant b) \geqslant 0{,}975$, X suivant la loi binomiale $\mathcal{B}(n\,;p)$.

• Pour prendre une décision, on fait une hypothèse sur la valeur de p et on détermine l'intervalle I. Si la fréquence f observée sur un échantillon appartient à I, alors on ne peut pas rejeter l'hypothèse. Sinon, on rejette l'hypothèse au seuil 5 %.

Activités d'approche

Activité 1 Loi uniforme discrète ou continue ?

On choisit au hasard un nombre, s'écrivant avec au plus deux décimales, dans l'intervalle $[0\,;1[$.

1. a. Justifier qu'il y a 10^2 issues possibles.

b. Calculer la probabilité que le nombre choisi soit égal à 0,12.

c. Calculer la probabilité que le nombre choisi appartienne à l'intervalle :

$I = [0\,; 0{,}02[$. $J = [0{,}23\,; 0{,}25[$. $K = [0{,}3\,; 0{,}7[$.

Comparer chaque probabilité avec l'amplitude de l'intervalle correspondant.

d. Conjecturer la valeur des probabilités des événements « le nombre choisi est égal à c », c appartenant à $[0\,; 1[$, et « le nombre choisi appartient à l'intervalle $L = [c\,; d[$ contenu dans $[0\,; 1[$ ».

2. Reprendre les questions du **1** pour choisir un nombre s'écrivant avec au plus :

a. trois décimales. b. n décimales, $n \geqslant 2$.

3. Que peut-on conjecturer lorsque le nombre n de décimales tend vers $+\infty$?

4. À l'aide d'un tableur, on a effectué 1 000 simulations du tirage d'un nombre X au hasard dans l'intervalle $[0\,; 1[$ et obtenu l'histogramme des fréquences ci-contre.

Conjecturer la valeur de la probabilité qu'un résultat X appartienne à l'une des dix classes. Cela est-il cohérent avec les conjectures de la question **3** ?

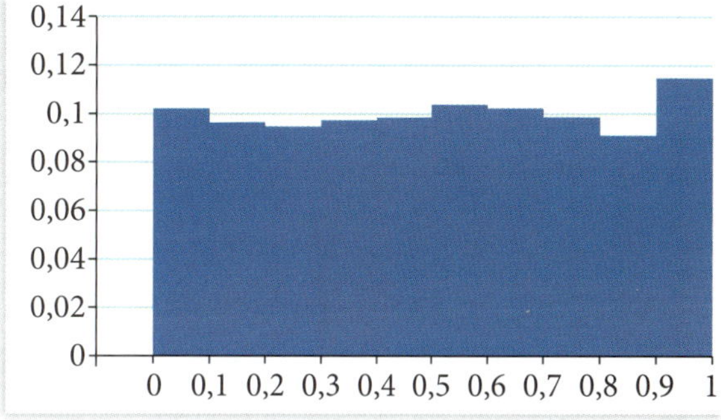

Activité 2 De l'uniforme à la normale

lienmini.fr/m111-c09-act2

1. Trois élèves choisissent chacun au hasard et indépendamment l'un de l'autre un nombre réel dans l'intervalle $[0\,; 1]$; on note X_1, X_2 et X_3 les nombres choisis et on considère leur somme $X = X_1 + X_2 + X_3$.

a. Dans quel intervalle la somme X prend-elle ses valeurs ?

b. Intuitivement, X suit-elle la loi uniforme sur $[0\,; 3]$?

c. Dans la calculatrice, entrer un programme qui simule la somme X.

d. Utiliser ce programme 30 fois et noter à chaque fois si la somme obtenue est comprise entre 0 et 1, entre 1 et 2, ou entre 2 et 3. Peut-on penser à la loi uniforme sur $[0\,; 3]$?

2. À l'aide du tableur, on a repris le travail des questions de **1** avec 35 élèves et on a répété 500 fois le programme de la question **1c**.

a. L'histogramme des fréquences des 500 sommes obtenues est donné ci-contre. Peut-on penser que X suit la loi uniforme sur $[0\,; 35]$?

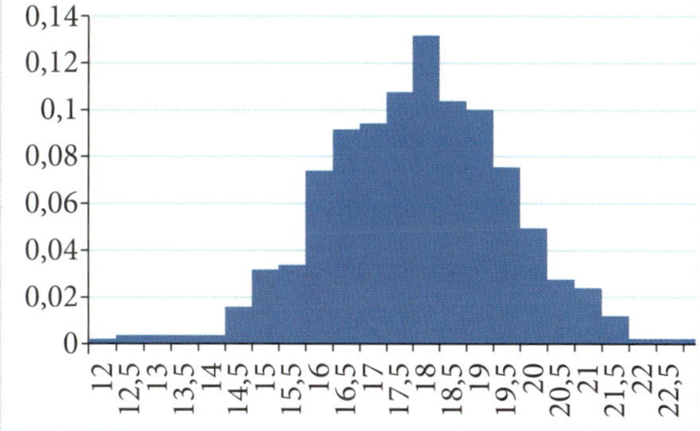

On désigne par m et s respectivement la moyenne et l'écart type de la série des 500 sommes simulées.

b. Calculer les fréquences des événements suivants : « X est inférieure ou égale à m », « X est comprise entre $m - s$ et $m + s$ », « X est comprise entre $m - 2s$ et $m + 2s$ ».

c. Appuyer plusieurs fois sur la touche F9 pour observer le comportement de ces fréquences.

info

En fait, l'allure « en cloche » de l'histogramme fait penser à la loi normale, étudiée dans ce chapitre.

I. Loi uniforme sur [*a* ; *b*]

VOIR EXERCICE RÉSOLU 1

info

Une loi uniforme modélise un phénomène qui se ramène au choix d'un nombre réel au hasard dans un intervalle [*a* ; *b*].

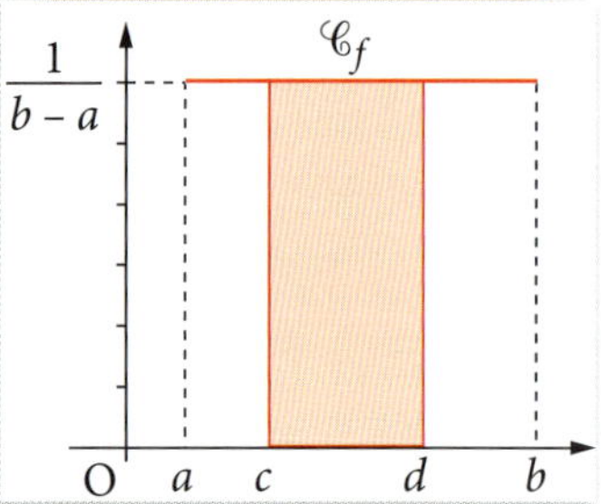

A. Variable aléatoire de loi uniforme

Dans l'activité 1, on a introduit la loi uniforme sur [0 ; 1] qui modélise le choix d'un nombre réel au hasard dans [0 ; 1]. On généralise ici à un intervalle [*a* ; *b*].

Définition Soit a et b deux nombres réels tels que $a < b$.
Une variable aléatoire X suit la loi uniforme sur $[a ; b]$ si, pour tout intervalle $I = [c ; d]$ inclus dans $[a ; b]$, la probabilité de l'événement « $X \in I$ » est l'aire du domaine $\{M(x ; y) ; x \in I \text{ et } 0 \leqslant y \leqslant f(x)\}$, où f est la fonction constante définie sur $[a ; b]$ par $f(x) = \dfrac{1}{b-a}$. Sa courbe représentative $\mathscr{C}_f$ est donnée ci-contre.
La fonction f ainsi définie est appelée fonction de densité de la loi uniforme sur $[a ; b]$. On dit aussi que f est une densité de la variable aléatoire X.

Propriété Soit X une variable aléatoire suivant la loi uniforme sur $[a ; b]$.
Pour tout intervalle $[c ; d]$ inclus dans $[a ; b]$, on a $P(c \leqslant X \leqslant d) = \dfrac{d-c}{b-a}$.

Démonstration

$$P(c \leqslant X \leqslant d) = \int_c^d f(x)\,dx = \int_c^d \frac{1}{b-a}\,dx = \frac{1}{b-a}\int_c^d 1\,dx = \frac{1}{b-a}[x]_c^d = \frac{d-c}{b-a}.$$

info

L'événement $X \in [c ; d]$ s'écrit aussi $[c \leqslant X \leqslant d]$. Sa probabilité est le rapport entre la longueur de $[c ; d]$ et la longueur de $[a ; b]$.

Exemple Si X suit la loi uniforme sur $[2 ; 5]$, alors $P(3 \leqslant X \leqslant 4) = \dfrac{4-3}{5-2} = \dfrac{1}{3}$ et $P(X = 3) = P(3 \leqslant X \leqslant 3) = \dfrac{3-3}{5-2} = 0$.

Remarque

La propriété précédente donne $P(a \leqslant X \leqslant b) = \dfrac{b-a}{b-a} = 1$. Cela correspond au fait qu'une variable aléatoire de loi uniforme sur $[a ; b]$ ne prend que des valeurs dans l'intervalle $[a ; b]$. Cela indique aussi que $\int_a^b f(x)\,dx = 1$.

info

L'aire du domaine situé entre l'axe des abscisses et la courbe de la densité f est égale à 1 unité d'aire.

VOIR EXERCICE RÉSOLU 2

B. Espérance et variance d'une variable aléatoire de loi uniforme

Définitions Soit X une variable aléatoire suivant la loi uniforme sur $[a ; b]$ et f une densité de la loi uniforme sur $[a ; b]$.

- L'espérance et la variance de X sont les nombre réels, notés $E(X)$ et $V(X)$, définis par $E(X) = \int_a^b xf(x)\,dx$ et $V(X) = \int_a^b (x - E(X))^2 f(x)\,dx$.
- L'écart type de X, noté $\sigma(X)$, est le nombre réel $\sigma(X) = \sqrt{V(X)}$.

Propriété (admise) L'espérance et la variance d'une variable aléatoire X suivant la loi uniforme sur $[a ; b]$ sont $E(X) = \dfrac{a+b}{2}$ et $V(X) = \dfrac{(b-a)^2}{12}$.

Exemple Si X suit la loi uniforme sur $[2 ; 5]$, alors $E(X) = \dfrac{2+5}{2} = \dfrac{7}{2}$ et $V(X) = \dfrac{3}{4}$.

VOIR EXERCICE RÉSOLU 3

C. Simulation d'une loi uniforme sur [0 ; 1] et sur [*a* ; *b*]

Choix au hasard d'un nombre réel dans l'intervalle	[0 ; 1]	[*a* ; *b*]
Instruction tableur	=ALEA()	=(b-a)*ALEA()+a

EXERCICE RÉSOLU 1

Savoir reconnaître une situation relevant de la loi uniforme et calculer des probabilités

On choisit un nombre réel X au hasard entre 1 et 9.
Calculer les probabilités : $P(5 \leqslant X \leqslant 8)$, $P(X \leqslant 4)$ et $P(X = 4)$.

→ Résolution

X est une variable aléatoire qui suit la loi uniforme sur $[a ; b]$, avec $a = 1$ et $b = 9$. On calcule alors : $P(5 \leqslant X \leqslant 8) = \dfrac{8-5}{9-1} = \dfrac{3}{8}$,
$P(X \leqslant 4) = P(1 \leqslant X \leqslant 4) = \dfrac{4-1}{9-1} = \dfrac{3}{8}$ et $P(X = 4) = P(4 \leqslant X \leqslant 4) = 0$.

Méthode

- On identifie la loi suivie par X.
- Pour une loi uniforme sur un intervalle, on précise les bornes a et b de l'intervalle.
- On applique les formules de calcul de probabilité correspondantes.

VOIR EXERCICES D'APPLICATION 1 et 2

EXERCICE RÉSOLU 2

Savoir calculer l'espérance et la variance d'une variable aléatoire de loi uniforme sur [a ; b]

Soit X une variable aléatoire suivant la loi uniforme sur $[1 ; 7]$. Calculer l'espérance et la variance de X. En déduire l'écart type de X.

→ Résolution

X suit la loi uniforme sur $[a ; b]$, avec $a = 1$ et $b = 7$. On a $E(X) = \dfrac{1+7}{2} = 4$ et $V(X) = \dfrac{(7-1)^2}{12} = 3$. On en déduit que $\sigma(X) = \sqrt{V(X)} = \sqrt{3}$.

Méthode

- On précise les bornes a et b de l'intervalle de la loi uniforme suivie par X.
- On applique les formules de l'espérance et de la variance.

VOIR EXERCICES D'APPLICATION 3 et 4

EXERCICE RÉSOLU 3

Savoir exploiter une simulation avec une loi uniforme

Sur un quart de cercle $\mathscr{C}$ de rayon [AB] tel que AB = 1, on choisit au hasard un point M, et on désigne par H le projeté orthogonal de M sur [AB].

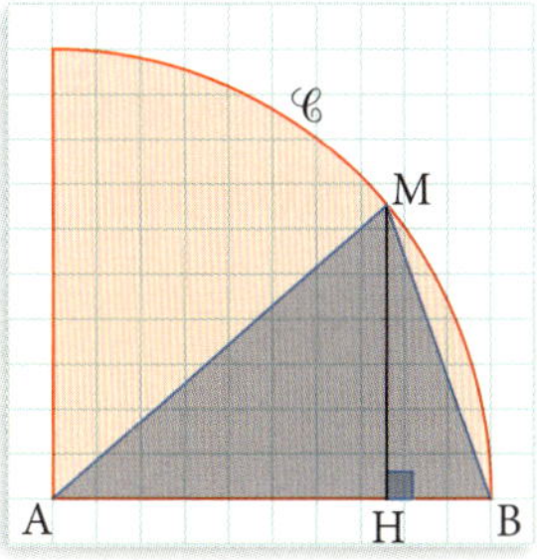

1. Justifier que cette situation revient à considérer la variable aléatoire X qui, à chaque point M de $\mathscr{C}$, associe l'angle BAM, et suit une loi uniforme à préciser.

2. À l'aide du tableur, simuler 1 000 choix au hasard d'un point M sur $\mathscr{C}$ et estimer la probabilité p de l'événement E : « MH ⩽ 0,5 ».

→ Résolution

1. Choisir un point M au hasard sur $\mathscr{C}$ équivaut à choisir l'angle $\widehat{BAM}$, et donc à considérer une variable aléatoire X de loi uniforme sur $\left[0 ; \dfrac{\pi}{2}\right]$.

2. Dans les cellules B2 à B1001, on entre l'instruction **=(PI()/2)*ALEA()**. Comme MH = $\sin(\widehat{BAM})$, on entre dans C2 l'instruction **=sin(B2)** recopiée dans C3 à C1001. L'instruction **=NB.SI(C2:C1001;«<=0,5»)/1000** donne la fréquence de réalisations de E en 1000 expériences, estimation de p.

Méthode

- On identifie le choix d'un point M au choix d'une valeur numérique caractéristique de sa position sur $\mathscr{C}$.
- On modélise cette expérience aléatoire par le choix au hasard d'un nombre réel dans un intervalle.
- On utilise les instructions tableur de la loi uniforme pour simuler 1 000 valeurs de X.
- On calcule la distance MH.
- On calcule la fréquence de réalisation de E pour estimer p.

VOIR EXERCICES D'APPLICATION 5 et 6

II. Loi exponentielle

VOIR EXERCICES RÉSOLUS 4 et 5

A. Variable aléatoire de loi exponentielle

info

Une loi exponentielle modélise la durée de vie d'un phénomène sans mémoire, ou sans vieillissement, ou sans usure. Par exemple, la durée de vie de la radioactivité ou d'un composant électronique.

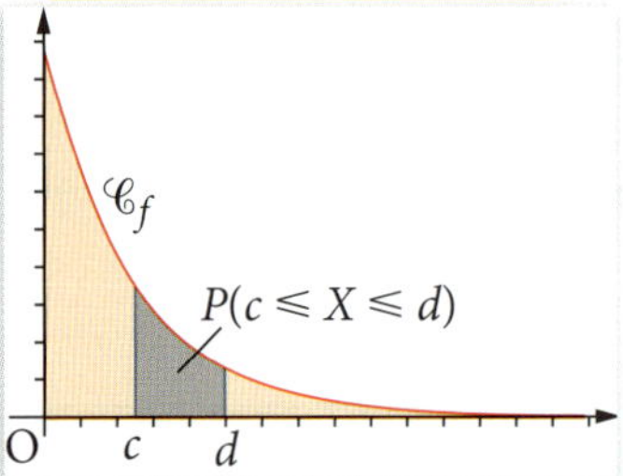

Définition Soit λ un nombre réel tel que $\lambda > 0$.
Une variable aléatoire X suit la loi exponentielle de paramètre λ si, pour tout intervalle $\mathrm{I} = [c\,;d]$ inclus dans $[0\,;+\infty[$, la probabilité de l'événement « $X \in \mathrm{I}$ » est l'aire du domaine $\{\mathrm{M}(x\,;y)\,;\, x \in \mathrm{I} \text{ et } 0 \leqslant y \leqslant f(x)\}$, où f est la fonction définie sur $[0\,;+\infty[$ par $f(x) = \lambda \mathrm{e}^{-\lambda x}$.
La fonction f ainsi définie est appelée fonction de densité de la loi exponentielle de paramètre λ.
On dit aussi que f est une densité de la variable aléatoire X.

Propriété Soit X une variable aléatoire suivant la loi exponentielle de paramètre λ.
Pour tout intervalle $[c\,;d]$ inclus dans $[0\,;+\infty[$, on a $P(c \leqslant X \leqslant d) = \mathrm{e}^{-\lambda c} - \mathrm{e}^{-\lambda d}$.

Démonstration

$$P(c \leqslant X \leqslant d) = \int_c^d f(x)\,\mathrm{d}x = \int_c^d \lambda \mathrm{e}^{-\lambda x}\,\mathrm{d}x = \left[-\mathrm{e}^{-\lambda x}\right]_c^d = \mathrm{e}^{-\lambda c} - \mathrm{e}^{-\lambda d}.$$

Propriété Si une variable aléatoire X suit la loi exponentielle de paramètre λ, alors pour tout $x \geqslant 0$, on a $P(X \leqslant x) = 1 - \mathrm{e}^{-\lambda x}$.

info

Cette propriété permet de retrouver le paramètre λ lorsqu'on connaît une probabilité de type $P(X \leqslant x)$.

Démonstration

$$P(X \leqslant x) = P(0 \leqslant X \leqslant x) = \mathrm{e}^{-\lambda \times 0} - \mathrm{e}^{-\lambda x} = 1 - \mathrm{e}^{-\lambda x}.$$

Exemple

Si X suit la loi exponentielle de paramètre $\lambda = 0{,}5$, $P(3 \leqslant X \leqslant 4) = \mathrm{e}^{-0{,}5\times 3} - \mathrm{e}^{-0{,}5\times 4}$,
$P(X = 3) = P(3 \leqslant X \leqslant 3) = \mathrm{e}^{-0{,}5\times 3} - \mathrm{e}^{-0{,}5\times 3} = 0$ et $P(X \leqslant 4) = 1 - \mathrm{e}^{-0{,}5\times 4} = 1 - \mathrm{e}^{-2}$.

Remarque

La propriété précédente donne $\lim\limits_{x \to +\infty} \int_0^x f(t)\,\mathrm{d}t = \lim\limits_{x \to +\infty} P(X \leqslant x) = 1$: l'aire du domaine situé entre l'axe des abscisses et la courbe de la densité f est égale à 1 unité d'aire. Cela correspond au fait qu'une variable aléatoire de loi exponentielle ne prend que des valeurs positives ou nulles, c'est-à-dire dans l'intervalle $[0\,;+\infty[$.

VOIR EXERCICE RÉSOLU 6

B. Espérance d'une variable aléatoire de loi exponentielle

Définition Soit X une variable aléatoire suivant la loi exponentielle de paramètre λ, de densité f. L'espérance de X est le réel défini par $E(X) = \lim\limits_{x \to +\infty} \int_0^x t f(t)\,\mathrm{d}t$.

info

Cette propriété permet aussi de déterminer le paramètre λ lorsqu'on connaît l'espérance de X : $\lambda = \dfrac{1}{E(X)}$.

Propriété (admise) L'espérance d'une variable aléatoire X suivant la loi exponentielle de paramètre λ est $E(X) = \dfrac{1}{\lambda}$.

Exemple

Si X est une variable aléatoire suivant la loi exponentielle de paramètre $\lambda = 0{,}04$, alors l'espérance de X est $E(X) = \dfrac{1}{0{,}04} = 25$.

Interprétation

Lorsqu'une expérience aléatoire faisant intervenir une variable aléatoire X de loi exponentielle de paramètre λ est répétée un très grand nombre de fois, la moyenne des valeurs prises par X se rapproche de $\dfrac{1}{\lambda}$.

EXERCICE RÉSOLU 4

Savoir calculer des probabilités avec une loi exponentielle

Soit X une variable aléatoire suivant la loi exponentielle de paramètre $\lambda = 0{,}01$.

1. Calculer les probabilités suivantes : $P(50 \leqslant X \leqslant 150)$, $P(X \leqslant 50)$, $P(X > 50)$ et $P(X = 50)$.

2. Déterminer le réel x tel que $P(X \leqslant x) = 0{,}95$.

→ Résolution

1. On calcule successivement les probabilités suivantes :
$P(50 \leqslant X \leqslant 150) = \mathrm{e}^{-0{,}01\times 50} - \mathrm{e}^{-0{,}01\times 150} = \mathrm{e}^{-0{,}5} - \mathrm{e}^{-1{,}5}$.
$P(X \leqslant 50) = P(0 \leqslant X \leqslant 50) = 1 - \mathrm{e}^{-0{,}01\times 50} = 1 - \mathrm{e}^{-0{,}5}$.
$P(X > 50) = 1 - P(X \leqslant 50) = 1 - \left(1 - \mathrm{e}^{-0{,}5}\right) = \mathrm{e}^{-0{,}5}$.
$P(X = 50) = P(50 \leqslant X \leqslant 50) = \mathrm{e}^{-0{,}01\times 50} - \mathrm{e}^{-0{,}01\times 50} = 0$.

2. On cherche x tel que $P(X \leqslant x) = 0{,}95$, c'est-à-dire $1 - \mathrm{e}^{-0{,}01x} = 0{,}95$.
Cette égalité équivaut successivement à $\mathrm{e}^{-0{,}01x} = 0{,}05$, $-0{,}01x = \ln(0{,}05)$ et $x = \dfrac{\ln(0{,}05)}{-0{,}01} \approx 299{,}57$.

Méthode

➲ On remarque que X suit une loi exponentielle et on précise son paramètre λ.

➲ On applique alors les formules de calcul de probabilités correspondantes.

VOIR EXERCICES D'APPLICATION 7 et 8

EXERCICE RÉSOLU 5

Savoir trouver le paramètre d'une loi exponentielle à partir d'une probabilité

Soit X une variable aléatoire suivant une loi exponentielle de paramètre λ. On suppose que $P(X \leqslant 100) = 0{,}632\,1$. En déduire la valeur du paramètre λ.

→ Résolution

Comme X suit une loi exponentielle de paramètre λ, on sait que :
$P(X \leqslant 100) = 1 - \mathrm{e}^{-\lambda\times 100} = 1 - \mathrm{e}^{-100\lambda}$.
On en déduit que $1 - \mathrm{e}^{-100\lambda} = 0{,}632\,1$, ce qui équivaut successivement à $\mathrm{e}^{-100\lambda} = 0{,}367\,9$ et $-100\lambda = \ln(0{,}367\,9)$.
D'où $\lambda = \dfrac{\ln(0{,}3679)}{-100} \approx 0{,}01$.

Méthode

➲ On remarque que l'inconnue est le paramètre de la loi exponentielle étudiée.

➲ On utilise alors la formule générale donnant $P(X \leqslant x)$ dans le cadre de ce type de loi.

VOIR EXERCICES D'APPLICATION 9 et 10

EXERCICE RÉSOLU 6

Savoir trouver le paramètre d'une loi exponentielle à partir de l'espérance

Soit X une variable aléatoire suivant une loi exponentielle de paramètre λ. On suppose que $E(X) = 200$. En déduire la valeur du paramètre λ.

→ Résolution

Comme X suit une loi exponentielle de paramètre λ, on sait que $E(X) = \dfrac{1}{\lambda}$.

On en déduit que $\lambda = \dfrac{1}{E(X)} = \dfrac{1}{200} = 0{,}005$.

Méthode

➲ On remarque que l'inconnue est le paramètre de la loi exponentielle étudiée.

➲ On utilise alors la formule générale donnant $E(X)$ pour ce type de loi.

VOIR EXERCICES D'APPLICATION 11 à 13

III. Loi normale

VOIR EXERCICE RÉSOLU 7

info

Comme pour les lois uniforme sur $[a\ ;\ b]$ et exponentielle, l'aire du domaine situé sous la courbe de densité est égale à 1 unité d'aire.

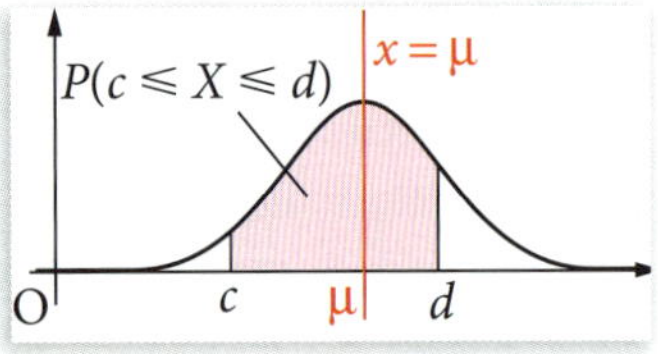

info

Il n'y a pas d'expression explicite pour $\int_c^d f(x)\,dx$, mais des algorithmes sont implantés dans la calculatrice et le tableur pour obtenir une valeur approchée $P(c \leqslant X \leqslant d)$.

A. Variable aléatoire de loi normale

1. Définition et propriétés

Définition Soit μ et σ deux réels tels que $\sigma > 0$.
Une variable aléatoire X suit la loi normale de paramètres μ et σ si, pour tout intervalle $\mathrm{I} = [c\ ;\ d]$ borné inclus dans $]-\infty\ ;+\infty[$, la probabilité de l'événement « $X \in \mathrm{I}$ » est l'aire du domaine $\{\mathrm{M}(x\ ;y)\ ;\ x \in \mathrm{I} \text{ et } 0 \leqslant y \leqslant f(x)\}$, où f est la fonction définie sur $]-\infty\ ;+\infty[$ par $f(x) = \dfrac{1}{\sigma\sqrt{2\pi}}\mathrm{e}^{-\frac{1}{2}\left(\frac{x-\mu}{\sigma}\right)^2}$.
La fonction f ainsi définie est appelée fonction de densité de la loi normale de paramètres μ et σ. Cette loi est notée $\mathcal{N}(\mu\ ;\sigma)$.

Propriétés (admises)
Si X est une variable aléatoire suivant la loi normale $\mathcal{N}(\mu\ ;\sigma)$, alors :
- la courbe représentative de la densité f est symétrique par rapport à la droite D d'équation $x = \mu$;
- pour tout intervalle $[c\ ;\ d]$, on a $P(c \leqslant X \leqslant d) = \int_c^d f(x)\,\mathrm{d}x$;
- $P(X \leqslant \mu) = P(X \geqslant \mu) = 0{,}5$.

Propriété (admise) Si X est une variable aléatoire suivant la loi normale $\mathcal{N}(\mu\ ;\sigma)$, alors les paramètres μ et σ sont l'espérance et l'écart type de X : $E(X) = \mu$ et $\sigma(X) = \sigma$.

2. Calcul de $P(X \leqslant d)$

Comme certaines calculatrices ne fournissent pas $P(X \leqslant d)$ mais seulement $P(c \leqslant X \leqslant d)$, on peut procéder comme indiqué ci-dessous.

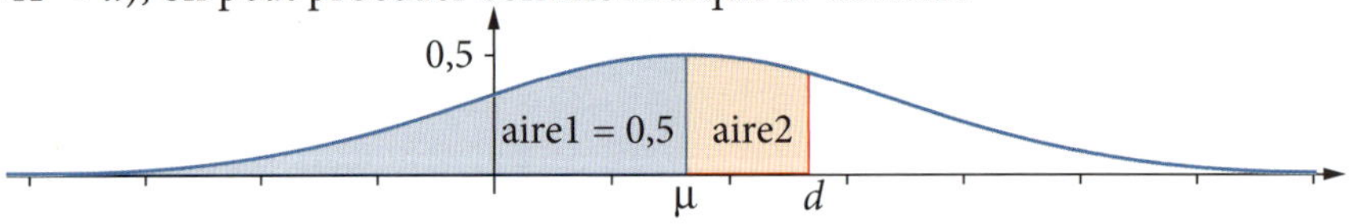

Si $d > \mu$, alors $P(X \leqslant d) = \text{aire1} + \text{aire2} = 0{,}5 + P(\mu \leqslant X \leqslant d)$.

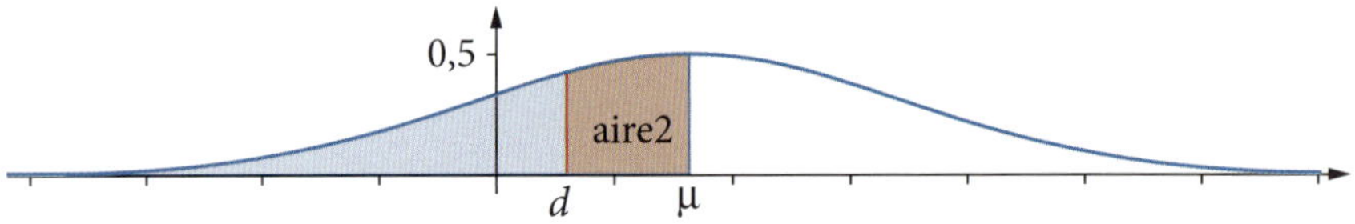

Si $d < \mu$, alors $P(X \leqslant d) = \text{aire1} - \text{aire2} = 0{,}5 - P(d \leqslant X \leqslant \mu)$.

3. Intervalles remarquables

VOIR EXERCICE RÉSOLU 8

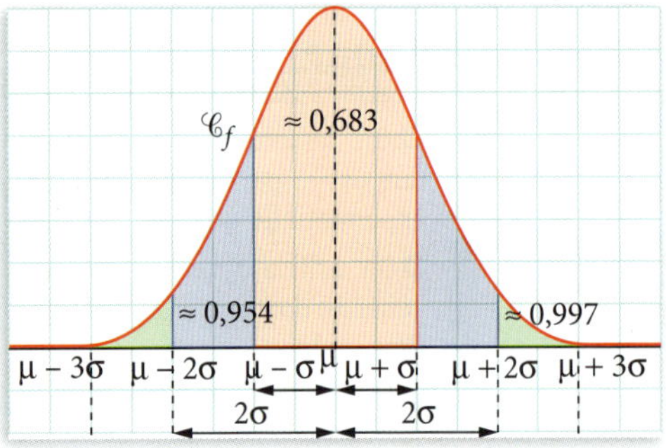

Propriété (admise) Si X est une variable aléatoire suivant la loi normale $\mathcal{N}(\mu\ ;\sigma)$, alors : $P(\mu - \sigma \leqslant X \leqslant \mu + \sigma) \approx 0{,}683$,
$P(\mu - 2\sigma \leqslant X \leqslant \mu + 2\sigma) \approx 0{,}954$
et $P(\mu - 3\sigma \leqslant X \leqslant \mu + 3\sigma) \approx 0{,}997$.

Si X est une variable aléatoire suivant la loi normale $\mathcal{N}(\mu\ ;\sigma)$, avec $\mu = 3$ et $\sigma = 2$, alors $P(1 \leqslant X \leqslant 5) \approx 0{,}683$,
$P(-1 \leqslant X \leqslant 7) \approx 0{,}954$ et $P(-3 \leqslant X \leqslant 9) \approx 0{,}997$.

EXERCICE RÉSOLU 7

Savoir calculer des probabilités avec la loi normale

Soit X une variable aléatoire suivant la loi normale $\mathcal{N}(\mu\ ;\sigma)$, avec $\mu = 5$ et $\sigma = 2$.
Calculer les probabilités suivantes avec une calculatrice.

a. $P(-1 \leqslant X \leqslant 11)$ **b.** $P(X \leqslant 3)$ **c.** $P(X \leqslant 9)$ **d.** $P(X > 9)$

→ Résolution

a. On saisira –1, 11, 5 et 2 dans l'ordre indiqué.

Avec la calculatrice TI-83 PremiumCE

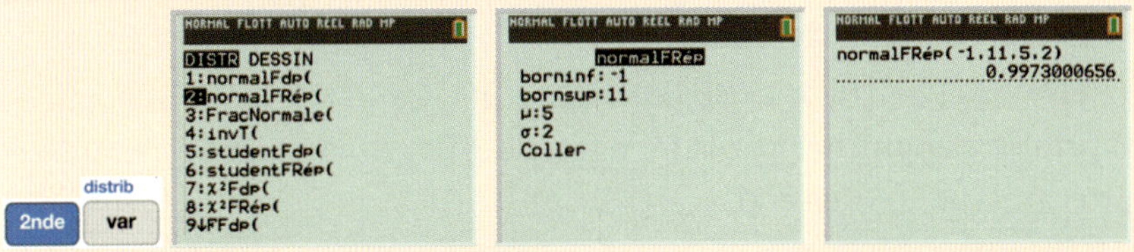

Avec la calculatrice Casio Gaph35+
Menu STAT puis DIST puis NORM puis Ncd

b. Comme $3 < \mu$ puisque $\mu = 5$, on a $P(X \leqslant 3) = 0{,}5 - P(3 \leqslant X \leqslant 5)$. On calcule $P(3 \leqslant X \leqslant 5) \approx 0{,}341\,3$ et on en déduit $P(X \leqslant 3) \approx 0{,}158\,7$.

c. Comme $9 > \mu$, on a $P(X \leqslant 9) = 0{,}5 + P(5 \leqslant X \leqslant 9) \approx 0{,}977\,2$.

d. On a $P(X > 9) = 1 - P(X \leqslant 9)$. De la question **c**, on déduit $P(X > 9) \approx 0{,}022\,8$.

Méthode

- On identifie les paramètres μ et σ de la loi normale étudiée.
- On utilise la calculatrice ou le tableur pour obtenir les probabilités de type : $P(c \leqslant X \leqslant d)$.
- On utilise les formules adaptées pour les probabilités de type $P(X \leqslant d)$ ou $P(X > c)$.

VOIR EXERCICES D'APPLICATION 14 à 17

EXERCICE RÉSOLU 8

Savoir utiliser les probabilités d'intervalles remarquables avec la loi normale

Soit X une variable aléatoire suivant la loi normale $\mathcal{N}(\mu\ ;\sigma)$, avec $\mu = 10$.

1. Dans cette question uniquement, on suppose que $\sigma = 2$.
Donner des valeurs approchées des probabilités suivantes.

a. $P(8 \leqslant X \leqslant 12)$ **b.** $P(6 \leqslant X \leqslant 14)$ **c.** $P(4 \leqslant X \leqslant 16)$

2. a. Déterminer une valeur approchée de σ pour que : $P(4 \leqslant X \leqslant 16) \approx 0{,}95$.

b. Retrouver ce résultat à l'aide du graphique ci-contre.

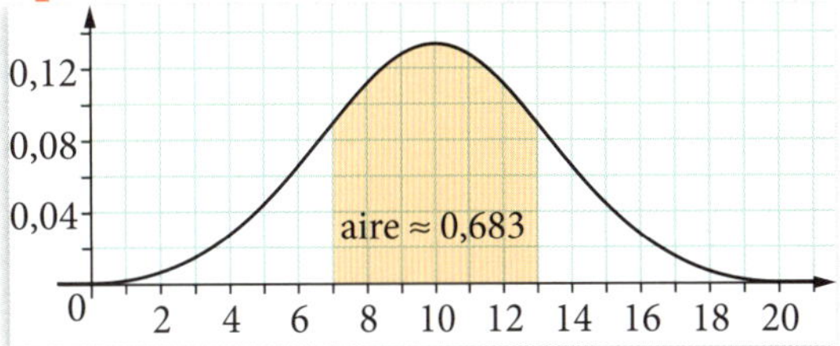

→ Résolution

1. a. On a $\mu = 10$ et $\sigma = 2$.
On en déduit : $P(8 \leqslant X \leqslant 12) = P(\mu - \sigma \leqslant X \leqslant \mu + \sigma) \approx 0{,}683$.

b. De façon analogue $P(6 \leqslant X \leqslant 14) = P(\mu - 2\sigma \leqslant X \leqslant \mu + 2\sigma) \approx 0{,}954$.

c. De même : $P(4 \leqslant X \leqslant 16) = P(\mu - 3\sigma \leqslant X \leqslant \mu + 3\sigma) \approx 0{,}997$.

2. a. On a $\mu = 10$ et σ est inconnu. On sait que σ vérifie $P(10 - 2\sigma \leqslant X \leqslant 10 + 2\sigma) \approx 0{,}95$. En cherchant σ tel que $10 - 2\sigma \approx 4$ et $10 + 2\sigma \approx 16$, on obtient $2\sigma \approx 6$, et donc $\sigma \approx 3$.

b. D'après le graphique, $P(7 \leqslant X \leqslant 13) = P(\mu - 3 \leqslant X \leqslant \mu + 3) \approx 0{,}683$. Or $P(\mu - \sigma \leqslant X \leqslant \mu + \sigma) \approx 0{,}683$, donc $\sigma \approx 3$.

Méthode

- On identifie les paramètres μ et σ de la loi normale étudiée.
- On remarque que tous les événements considérés sont de la forme : $(\mu - t\sigma \leqslant X \leqslant \mu + t\sigma)$.
- On utilise les probabilités connues pour ce type d'intervalle avec la loi normale.
- On utilise la lecture graphique d'une probabilité de type $P(c \leqslant X \leqslant d)$.

VOIR EXERCICES D'APPLICATION 18 à 21

III. Loi normale (suite)

VOIR EXERCICE RÉSOLU 9

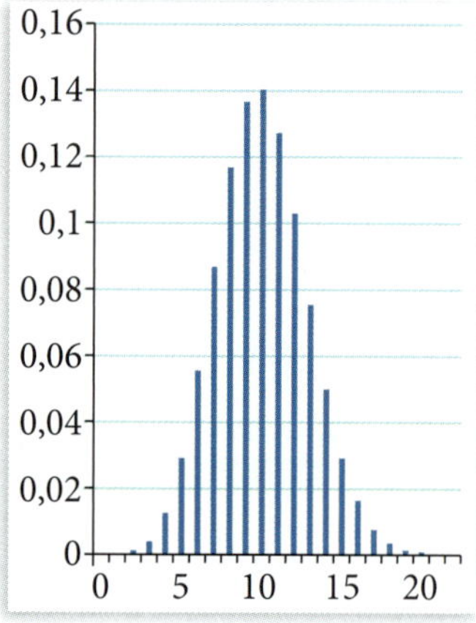

B. Approximation d'une loi binomiale par une loi normale

• La variable aléatoire X associée à un schéma de Bernoulli suit une loi binomiale $\mathcal{B}(n\,;p)$.

• Son espérance est $E(X) = np$ et son écart type $\sigma(X) = \sqrt{np(1-p)}$.

On a représenté ci-contre le diagramme en bâtons de la loi binomiale $\mathcal{B}(n\,;p)$ de paramètres $n = 50$ et $p = 0,2$. On constate une certaine analogie avec la courbe de densité « en cloche » d'une loi normale.

Propriété (admise) Lorsque $n \geqslant 30$, $np \geqslant 5$ et $n(1-p) \geqslant 5$, la loi binomiale $\mathcal{B}(n\,;p)$ peut être approchée par la loi normale $\mathcal{N}(\mu\,;\sigma)$ de même espérance et de même écart type : $\mu = np$ et $\sigma = \sqrt{np(1-p)}$.

IV. Application à la prise de décision

A. Échantillonnage, loi binomiale et loi normale

• Dans une population, on étudie un certain caractère de proportion p. On y prélève au hasard et avec remise un échantillon de taille n sur lequel on observe une fréquence f du caractère. On s'intéresse aux fluctuations de la fréquence f.

• Le prélèvement d'un échantillon de taille n est un schéma de Bernoulli, répétition de l'épreuve de Bernoulli « choisir un individu au hasard dans la population » dont le succès est « posséder le caractère étudié » et a pour probabilité p. La variable aléatoire X associée correspond donc au nombre d'individus de l'échantillon ayant le caractère étudié, et suit la loi binomiale $\mathcal{B}(n\,;p)$. La fréquence du caractère dans l'échantillon est alors $F = \dfrac{X}{n}$.

• Lorsque $n \geqslant 30$, $np \geqslant 5$ et $n(1-p) \geqslant 5$, X suit approximativement la loi normale $\mathcal{N}(\mu\,;\sigma)$ avec $\mu = np$ et $\sigma = \sqrt{np(1-p)}$.

On a alors $P(\mu - 2\sigma \leqslant X \leqslant \mu + 2\sigma) \approx 0,95$ (à 10^{-2} près), mais aussi :

$P(\mu - 1,96\sigma \leqslant X \leqslant \mu + 1,96\sigma) \approx 0,95$ (à 10^{-5} près).

On remarque enfin que l'événement « $\mu - 1,96\sigma \leqslant X \leqslant \mu + 1,96\sigma$ » peut s'écrire :

$$p - 1,96\sqrt{\frac{p(1-p)}{n}} \leqslant F \leqslant p + 1,96\sqrt{\frac{p(1-p)}{n}}.$$

info

• Intervalle de fluctuation de F au seuil de 95 % vu en seconde : $\left[p-\dfrac{1}{\sqrt{n}}\,;p+\dfrac{1}{\sqrt{n}}\right]$.

• Conditions d'application : $n \geqslant 25$ et $0,2 \leqslant p \leqslant 0,8$.

VOIR EXERCICE RÉSOLU 10

B. Intervalle de fluctuation asymptotique d'une fréquence et prise de décision

Définition Si $n \geqslant 30$, $np \geqslant 5$ et $n(1-p) \geqslant 5$, l'intervalle de fluctuation asymptotique à 95 % de la fréquence F est l'intervalle :

$$\mathrm{I} = \left[p-1,96\sqrt{\frac{p(1-p)}{n}}\,;p+1,96\sqrt{\frac{p(1-p)}{n}}\right].$$

Règle de décision Au seuil 5 %, si la fréquence f observée sur un échantillon appartient à l'intervalle de fluctuation asymptotique, alors on ne rejette pas l'hypothèse selon laquelle la proportion du caractère dans la population est égale à p. Sinon, on la rejette.

info

On peut exploiter l'intervalle de fluctuation asymptotique d'une fréquence pour rejeter ou non une hypothèse sur la proportion p dans la population.

EXERCICE RÉSOLU 9

Savoir approcher une loi binomiale par une loi normale

On considère une variable aléatoire X de loi binomiale $\mathcal{B}(200\,;\,0{,}04)$.

1. Justifier que l'on peut approcher la variable aléatoire X par une variable aléatoire Y qui suit la loi normale d'espérance $\mu = 8$ et d'écart type $\sigma \approx 2{,}77$ (valeur arrondie à 10^{-2} près).

2. Calculer les probabilités $P(X \leqslant 12)$ et $P(Y \leqslant 12)$ puis comparer les deux résultats.

→ Résolution

1. X suit la loi binomiale $\mathcal{B}(n\,;\,p)$ avec $n = 200$ et $p = 0{,}04$.
On a :
$n = 200 \geqslant 30$, $np = 200 \times 0{,}04 = 8 \geqslant 5$ et $n(1-p) = 200 \times 0{,}96 = 192 \geqslant 5$.
Les conditions d'approximation de la loi binomiale par la loi normale sont donc vérifiées. Les paramètres de cette loi normale sont $\mu = np = 8$ et
$\sigma = \sqrt{np(1-p)} = \sqrt{200 \times 0{,}04 \times 0{,}96} = \sqrt{7{,}68} \approx 2{,}77$.

2. À l'aide de la calculatrice, on obtient $P(X \leqslant 12) \approx 0{,}940$ avec la loi binomiale et $P(Y \leqslant 12) \approx 0{,}926$ avec la loi normale.
Ces deux résultats étant relativement proches, l'approximation est correcte.

Méthode

- On vérifie les conditions d'approximation.
- On utilise la calculatrice pour obtenir les probabilités demandées avec la loi binomiale et la loi normale.
- On compare les résultats obtenus.

VOIR EXERCICES D'APPLICATION 22 et 23

EXERCICE RÉSOLU 10

Savoir déterminer un intervalle de fluctuation asymptotique et prendre une décision

Un industriel fabrique des vannes électroniques destinées à des circuits hydrauliques. Il affirme que seulement 2 % des vannes produites sont défectueuses. Supposant cette affirmation vraie, on désigne par F la fréquence de vannes défectueuses dans un échantillon aléatoire de 400 vannes prises avec remise dans la production totale.

1. Déterminer l'intervalle I de fluctuation asymptotique à 95 % de la variable aléatoire F.

2. On choisit 400 vannes au hasard dans la production et on observe que 10 sont défectueuses. Ce résultat remet-il en cause, au seuil 5 %, l'affirmation de l'industriel ?

→ Résolution

1. L'industriel affirme que la proportion de vannes défectueuses dans la production (population) est $p = 0{,}02$. Considérant des échantillons de taille $n = 400$, on a $n \geqslant 30$, $np = 400 \times 0{,}02 = 8 \geqslant 5$ et $n(1-p) = 400 \times 0{,}98 = 392 \geqslant 5$.
L'intervalle de fluctuation asymptotique à 95 % de F est :

$$I = \left[0{,}02 - 1{,}96\sqrt{\frac{0{,}02 \times 0{,}98}{400}}\,;\,0{,}02 + 1{,}96\sqrt{\frac{0{,}02 \times 0{,}98}{400}}\right] = [0{,}006\,28\,;\,0{,}033\,72].$$

2. La fréquence observée sur l'échantillon est $f = \frac{10}{400} = 0{,}025$. Comme elle appartient à I, on ne rejette pas l'hypothèse $p = 0{,}02$ au seuil 5 %. On ne remet donc pas en cause l'affirmation de l'industriel.

Méthode

- On distingue bien l'hypothèse faite sur la proportion p et la valeur observée de la fréquence f.
- Après avoir vérifié les conditions, on détermine l'intervalle de fluctuation asymptotique de F.
- On prend la décision en regardant si f est dans l'intervalle ou pas.

VOIR EXERCICES D'APPLICATION 24 et 25

IV. Application à la prise de décision (suite)

VOIR EXERCICE RÉSOLU 11

info

Lorsque l'effectif de la population est trop important, on ne peut pas observer tous les individus. On ne peut donc pas connaître précisément la proportion p.

C. Intervalle de confiance d'une proportion

• Dans de nombreuses situations, la proportion p d'un caractère dans une population n'est pas connue, mais on peut disposer de la fréquence f du caractère dans un échantillon de taille n.

• En classe de seconde, on a déjà vu que l'appartenance de f à l'intervalle de fluctuation était équivalente à l'appartenance de p à l'intervalle de confiance. Autrement dit : $f \in \left[p - \frac{1}{\sqrt{n}} ; p + \frac{1}{\sqrt{n}}\right]$ équivaut à $p \in \left[f - \frac{1}{\sqrt{n}} ; f + \frac{1}{\sqrt{n}}\right]$. Ce qui donne un encadrement de p à partir de f.

• Lorsque $n \geqslant 30$, $np \geqslant 5$ et $n(1 - p) \geqslant 5$, les résultats d'approximation de la loi binomiale par la loi normale permettent d'obtenir un encadrement plus précis.

info

On peut utiliser l'intervalle de confiance d'une proportion pour estimer cette proportion par un encadrement.

Définition L'intervalle de confiance au niveau (de confiance) 95 % de la proportion p est l'intervalle :

$$I = \left[f - 1{,}96\sqrt{\frac{f(1-f)}{n}} ; f + 1{,}96\sqrt{\frac{f(1-f)}{n}}\right].$$

Cela signifie que 95 % des échantillons donnent un intervalle de confiance contenant effectivement p.

Exemple

On reprend la situation décrite dans l'exercice résolu 10. Un échantillon de 400 vannes a donné une fréquence de vannes défectueuses $f = 0{,}025$. L'intervalle de confiance au niveau 95 % de la proportion p de vannes défectueuses dans l'ensemble de la production est alors :

$$I = \left[0{,}025 - 1{,}96\sqrt{\frac{0{,}025 \times 0{,}975}{400}} ; 0{,}025 + 1{,}96\sqrt{\frac{0{,}025 \times 0{,}975}{400}}\right]$$

$I = [0{,}009\,70 ; 0{,}040\,30]$.

info

En pratique, les conditions de validité de cette formule peuvent être vérifiées a posteriori, à partir de l'encadrement de p obtenu.

VOIR EXERCICE RÉSOLU 12

D. Comparaison de deux proportions à l'aide d'intervalles de confiance

• On considère deux populations P_1 et P_2 dans lesquelles on étudie un même caractère. On désigne par p_1 et p_2 les proportions respectives de ce caractère dans les deux populations.

On suppose p_1 et p_2 inconnues, et on cherche à savoir si ces deux proportions peuvent être considérées comme différentes ou pas.

• À partir d'un échantillon de taille n_1 issu de P_1, on obtient une fréquence f_1 du caractère. De même, à partir d'un échantillon de taille n_2 issu de P_2, on obtient une fréquence f_2 du caractère.

• Sous les conditions d'approximation rappelées dans le paragraphe précédent, on obtient alors un intervalle de confiance de chacune des deux proportions p_1 et p_2.

Propriété La différence entre les deux fréquences f_1 et f_2 observées sur deux échantillons est considérée comme significative quand les intervalles de confiance correspondant (au niveau 95 %) sont disjoints.

Dans ce cas, on considère que les deux proportions p_1 et p_2 sont différentes.

Dans le cas contraire, on considère que les deux proportions p_1 et p_2 sont égales.

EXERCICE RÉSOLU 11

Savoir déterminer un intervalle de confiance d'une proportion

Des élèves s'intéressent à la proportion p de cellules de levure dont le diamètre est supérieur à 10 µm. Ils ont effectué 50 mesures du diamètre de cellules et ont observé que 15 d'entre elles donnent des diamètres supérieurs à 10 µm.
Déterminer un intervalle de confiance de p, au niveau de confiance 95 %.

➔ Résolution

On dispose d'un échantillon de $n = 50$ cellules de levure sur lequel on observe une fréquence $f = \frac{15}{50} = 0{,}3$ de cellules de diamètre supérieur à 10 µm.
L'intervalle de confiance au niveau de confiance 95 % de la proportion p est alors (bornes arrondies à 10^{-3} près) :

$$I = \left[0{,}3 - 1{,}96\sqrt{\frac{0{,}3\times 0{,}7}{50}} ; 0{,}025 + 1{,}96\sqrt{\frac{0{,}3\times 0{,}7}{50}}\right] = [0{,}173 ; 0{,}427].$$

La proportion p est donc comprise entre 0,173 et 0,427 au niveau 95 %.
De l'encadrement $0{,}173 \leqslant p \leqslant 0{,}427$ et de $n = 50$, on déduit que $8{,}65 \leqslant np \leqslant 21{,}35$ et $28{,}65 \leqslant n(1-p) \leqslant 41{,}35$.
Ainsi, on a bien $n \geqslant 30$, $np \geqslant 5$ et $n(1-p) \geqslant 5$.

Méthode

➔ On détermine la valeur de f et on applique la formule de l'intervalle de confiance.

➔ À partir de l'encadrement de p obtenu, on vérifie *a posteriori* les conditions de validité de cette formule.

VOIR
EXERCICES D'APPLICATION 26 et 27

EXERCICE RÉSOLU 12

Savoir comparer deux proportions à l'aide d'intervalles de confiance

Dans trois villes voisines, on constitue trois échantillons aléatoires de 500 jeunes de 15 à 20 ans et on observe que le temps passé chaque jour devant un écran est supérieur à quatre heures pour 210 jeunes de la ville V_1, 160 jeunes de la ville V_2 et 170 jeunes de la ville V_3.

1. Pour chaque ville, déterminer un intervalle de confiance au niveau 95 % de la proportion de jeunes passant plus de quatre heures par jour devant un écran.

2. Comparer les proportions de ces trois villes.

➔ Résolution

1. Sur ces échantillons de taille $n_1 = n_2 = n_3 = 500$, on a observé les fréquences $f_1 = \frac{210}{500}$, $f_2 = \frac{160}{500}$ et $f_3 = \frac{170}{500}$. Suivant la même méthode que dans l'exercice résolu 11, on obtient les intervalles de confiance au niveau 95 % suivants : $I_1 = [0{,}377 ; 0{,}463]$, $I_2 = [0{,}279 ; 0{,}361]$ et $I_3 = [0{,}298 ; 0{,}382]$.

2. Les intervalles I_1 et I_2 sont disjoints. Comme, au niveau 95 %, $p_1 \in I_1$ et $p_2 \in I_2$, on considère que $p_1 \neq p_2$. La différence des fréquences observées f_1 et f_2 est significative, trop grande pour être considérée comme le résultat des seules fluctuations d'échantillonnage autour d'une valeur commune $p_1 = p_2$.
À l'opposé, les intervalles I_2 et I_3 ont une intersection importante : on considère que $p_2 = p_3$. La différence des fréquences f_2 et f_3 n'est pas significative.
Les intervalles I_1 et I_3 ne sont pas disjoints, mais la taille réduite de leur intersection incite à la prudence avant de conclure.

Méthode

➔ Pour chaque population, on calcule la fréquence obtenue sur un échantillon et on en déduit un intervalle de confiance de la proportion.

➔ On étudie l'intersection de ces intervalles pris deux par deux pour comparer les proportions correspondantes.

VOIR
EXERCICE D'APPLICATION 28

L'ESSENTIEL

Lois à densité

Soit a et b deux réels tels que $a < b$, λ un réel tel que $\lambda > 0$, μ et σ deux réels tels que $\sigma > 0$.

	Loi uniforme sur $[a\,;b]$	**Loi exponentielle de paramètre λ**	**Loi normale $\mathcal{N}(\mu\,;\sigma)$**
Fonction de densité f	définie sur $[a\,;b]$ par : $f(x) = \dfrac{1}{b-a}$.	définie sur $[0\,;+\infty[$ par : $f(x) = \lambda e^{-\lambda x}$.	définie sur $]-\infty\,;+\infty[$ par : $f(x) = \dfrac{1}{\sigma\sqrt{2\pi}} e^{-\frac{1}{2}\left(\frac{x-\mu}{\sigma}\right)^2}$.
Aire correspondant à la probabilité $P(c \leqslant X \leqslant d)$	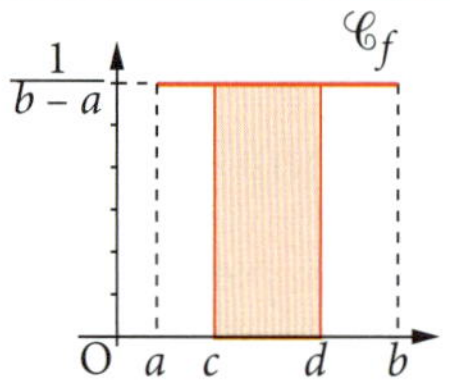	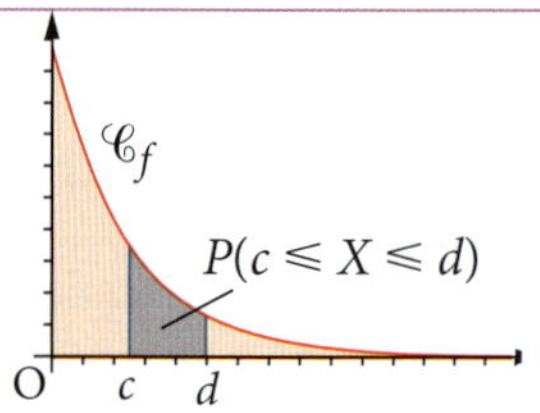	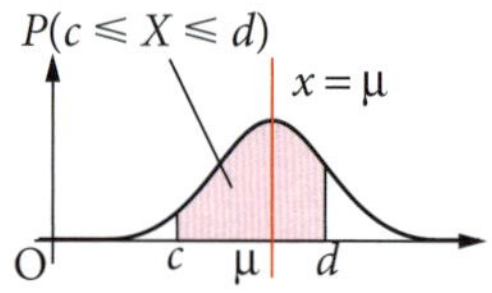
Calcul de probabilités	Pour $[c\,;d] \subset [a\,;b]$: $P(c \leqslant X \leqslant d) = \dfrac{d-c}{b-a}$	Pour $[c\,;d] \subset [0\,;+\infty[$ et $x \geqslant 0$: $P(c \leqslant X \leqslant d) = e^{-\lambda c} - e^{-\lambda d}$ $P(X \leqslant x) = 1 - e^{-\lambda x}$	À la calculatrice ou au tableur
Espérance	$\dfrac{a+b}{2}$	$\dfrac{1}{\lambda}$	μ
Variance et écart type	$\dfrac{(b-a)^2}{12}$ et $\dfrac{b-a}{\sqrt{12}}$		σ^2 et σ

Intervalles remarquables de la loi normale $\mathcal{N}(\mu\,;\sigma)$

$P(\mu - \sigma \leqslant X \leqslant \mu + \sigma) \approx 0{,}683$, $P(\mu - 2\sigma \leqslant X \leqslant \mu + 2\sigma) \approx 0{,}954$ et $P(\mu - 3\sigma \leqslant X \leqslant \mu + 3\sigma) \approx 0{,}997$.

Approximation de la loi binomiale par la loi normale

Lorsque $n \geqslant 30$, $np \geqslant 5$ et $n(1-p) \geqslant 5$, la loi binomiale $\mathscr{B}(n\,;p)$ peut être approchée par la loi normale $\mathcal{N}(\mu\,;\sigma)$ de même espérance et même écart type : $\mu = np$ et $\sigma = \sqrt{np(1-p)}$.

Échantillonnage et prise de décision

Intervalle de fluctuation asymptotique à 95 % de la fréquence F

Si $n \geqslant 30$, $np \geqslant 5$ et $n(1-p) \geqslant 5$, $\mathrm{I} = \left[p - 1{,}96\sqrt{\dfrac{p(1-p)}{n}}\,;p + 1{,}96\sqrt{\dfrac{p(1-p)}{n}}\right]$.

Prendre la décision de rejeter ou non une hypothèse sur une proportion p dans une population à partir d'une fréquence f observée sur un échantillon

Si f appartient à l'intervalle de fluctuation asymptotique I, alors on ne rejette pas, au seuil 5 %, l'hypothèse selon laquelle la proportion du caractère dans la population est égale à p.

Si f n'appartient pas I, alors on rejette cette hypothèse au seuil 5 %.

Intervalle de confiance au niveau 95 % d'une proposition p

$$\mathrm{I} = \left[f - 1{,}96\sqrt{\frac{f(1-f)}{n}}\,;f + 1{,}96\sqrt{\frac{f(1-f)}{n}}\right].$$

Comparaison de deux proportions à l'aide d'intervalles de confiance

La différence entre les deux fréquences observées sur deux échantillons est considérée comme significative quand les intervalles de confiance correspondant (au niveau 95 %) sont disjoints.

Dans ce cas, on considère que les deux proportions sont différentes.

Dans le cas contraire, on considère que les deux proportions sont égales.

TP1 Temps d'attente avant la désintégration d'un atome

Objectif : **Modéliser un phénomène concret à l'aide de la loi exponentielle.**

La radioactivité diminue avec le temps. Mais un temps plus ou moins long selon les atomes et qui dépasse parfois celui d'une existence humaine. À mesure qu'un atome se désintègre, sa radioactivité disparaît puisqu'il se transforme en atome stable, donc non radioactif.

On considère une matière radioactive. On note T la variable aléatoire qui à tout atome radioactif pris au hasard associe le temps d'attente avant sa désintégration ; autrement dit sa durée de vie.

On suppose que T est une variable aléatoire de densité f définie sur $[0 ; +\infty[$.

On désigne par F la primitive de f qui s'annule en 0. On a ainsi, pour tout réel t de $[0 ; +\infty[$:

$F(t) = \int_0^t f(x)\,\mathrm{d}x = P(T \leqslant t)$.

1. On considère l'intervalle de temps $[t ; t + h]$, avec $t \geqslant 0$ et $h > 0$.

a. Quelle est la longueur de cet intervalle ?

b. Traduire par une phrase les événements $(T > t)$ et $(t \leqslant T \leqslant t + h)$.

c. Justifier l'égalité :

$P(T \leqslant t + h) = P(T \leqslant t) + P(t \leqslant T \leqslant t + h)$.

En déduire que $P(t \leqslant T \leqslant t + h) = F(t + h) - F(t)$.

d. Justifier que $P(T > t) = 1 - F(t)$.

La proportion de masse théoriquement perdue par la substance radioactive sur l'intervalle de temps $[t ; t + h]$ est égale au rapport de la proportion d'atomes se désintégrant pendant cet intervalle de temps $[t ; t + h]$ à la proportion d'atomes non désintégrés au temps t.

e. Justifier que ce rapport peut s'écrire :

$$\frac{P(t \leqslant T \leqslant t+h)}{P(T > t)} = \frac{F(t+h) - F(t)}{1 - F(t)}.$$

2. On désigne par « taux moyen de désintégration par unité de temps entre t et $t + h$ » la quantité : $\frac{F(t+h) - F(t)}{1 - F(t)}\frac{1}{h}$,

et par « taux instantané de désintégration au temps t » la limite :

$$\lambda(t) = \lim_{h \to 0} \frac{F(t+h) - F(t)}{1 - F(t)}\frac{1}{h}.$$

a. Montrer que $\lambda(t) = \frac{F'(t)}{1 - F(t)}$.

b. Considérant que la désintégration radioactive est caractérisée par son invariance, c'est-à-dire que la fonction λ est constante (pour tout $t \geqslant 0$, $\lambda(t) = \lambda$), en déduire que la fonction F est solution de l'équation différentielle (E) : $y' + \lambda y = \lambda$.

c. Résoudre l'équation différentielle (E) sur $[0 ; +\infty[$.

d. On rappelle que $F(0) = 0$. En déduire une expression de $F(t)$ en fonction de t et de λ.

e. En déduire une expression de la densité f de T. Quelle est la loi suivie par T ? Quel est son paramètre ?

3. La période ou demi-vie $t_{\frac{1}{2}}$ d'un élément radioactif est définie comme le temps nécessaire pour que la moitié des atomes de cet élément, initialement présent dans un échantillon, ait disparue par désintégration radioactive.

Soit N_0 le nombre initial d'atomes. On rappelle que la probabilité qu'un atome ne soit pas désintégré à l'intant t est $P(T > t) = \mathrm{e}^{-\lambda t}$. On suppose que la désintégration d'un atome est indépendante de la désintégration des autres atomes.

a. Justifier que la variable aléatoire X_t égale au nombre d'atomes non désintégrés à l'instant t suit la loi binomiale de paramètres N_0 et $\mathrm{e}^{-\lambda t}$.

b. En déduire le nombre moyen N_t d'atomes non désintégrés à l'instant t.

c. Considérant que la demi-vie $t_{\frac{1}{2}}$ vérifie l'égalité $N_t = \frac{1}{2}N_0$, en déduire que $t_{\frac{1}{2}} = \frac{\ln 2}{\lambda}$.

?

Ce résultat traduit aussi la notion de médiane par l'égalité suivante : $P[T \leqslant t_{\frac{1}{2}}] = P[T > t_{\frac{1}{2}}]$.

4. La durée de vie T d'un atome d'iode 131 suit la loi exponentielle de paramètre $\lambda = 0{,}086\,4$ jour^{-1}.

a. Calculer la demi-vie de l'iode 131 (en jours).

b. Calculer la probabilité qu'un atome d'iode 131 se désintègre :

– pendant les deux premières semaines d'observation ;

– pendant le premier mois (de 31 jours).

c. Quelle est la durée de vie moyenne d'un atome d'iode 131 ?

TP2 Les « cloches » de Gauss avec *GeoGebra*

Objectif : **Étudier l'influence des paramètres μ et σ sur la courbe de densité de la loi normale.**

On considère la fonction $f_{\mu,\sigma}$ définie sur $\mathbb{R}$ par :

$$f_{\mu,\sigma}(x) = \frac{1}{\sigma\sqrt{2\pi}}e^{-\frac{1}{2}\left(\frac{x-\mu}{\sigma}\right)^2}.$$

1. Sur *GeoGebra*, régler le rapport **axeX : axeY** à **1:1** ; dans **option arrondi** choisir 3 décimales puis créer :

– un curseur μ variant de – 10 à 10 avec un incrément de 0,1 et une largeur de 200 ; choisir μ = 1 pour commencer ;

– un curseur σ variant de 0 à 5 avec un incrément de 0,1 et une largeur de 200 ; choisir σ = 1 pour commencer ;

– la courbe $\mathscr{C}_{\mu,\sigma}$ de $f_{\mu,\sigma}$;

– la droite d'équation $x = \mu$.

2. Faire varier μ. Quel type de transformation géométrique semble faire passer d'une courbe à une autre lorsqu'on modifie μ ?

3. Faire varier σ. Quelle conjecture peut-on faire sur le maximum de la fonction $f_{\mu,\sigma}$ lorsque σ augmente ?

4. On considère une variable aléatoire X de loi normale $\mathcal{N}(\mu\,;\sigma)$.

a. Exprimer la probabilité :
$p = P(\mu - \sigma \leqslant X \leqslant \mu + \sigma)$ à l'aide d'une intégrale.

b. Créer ce nombre sur le fichier *GeoGebra* ; on peut utiliser la commande **Integrale** dans la ligne de saisie.

Faire varier μ et σ. Que constate-t-on pour le nombre p ? Quel résultat du cours permettait de prévoir ce résultat ?

TP3 Que de fluctuations ! ALGO

Objectif : **Comparer les intervalles de fluctuation vus en seconde, première et terminale.**

lienmini.fr/m111-c09-tp3

En France en 2010, la population des personnes âgées de 15 à 19 ans présentait une proportion de fumeurs réguliers $p = 0{,}236$ (*source : Inpes*). On y a prélevé, au hasard et avec remise, des échantillons de taille n sur lesquels on a observé une fréquence f de fumeurs réguliers.

On suppose que $n = 500$.

1. Vérifier les conditions $n \geqslant 30$ et $0{,}2 \leqslant p \leqslant 0{,}8$ puis déterminer l'intervalle de fluctuation à 95 % de la fréquence F, c'est-à-dire :

$$I_1 = \left[p - \frac{1}{\sqrt{n}}\,;\,p + \frac{1}{\sqrt{n}}\right].$$

2. a. Construire la table des $P(X \leqslant k)$ pour une variable aléatoire X de la loi binomiale $\mathscr{B}(n\,;p)$.

b. En déduire le plus petit entier a tel que $P(X \leqslant a) > 0{,}025$ et le plus petit entier b tel que $P(X \leqslant b) \geqslant 0{,}975$.

c. En déduire l'intervalle de fluctuation à environ 95 % associé, c'est-à-dire : $I_2 = \left[\frac{a}{n};\frac{b}{n}\right]$.

3. Vérifier les conditions $n \geqslant 30$, $np \geqslant 5$ et $n(1-p) \geqslant 5$ puis déterminer l'intervalle de fluctuation asymptotique à 95 % de la fréquence F, c'est-à-dire :

$$I_3 = \left[p - 1{,}96\sqrt{\frac{p(1-p)}{n}}\,;p + 1{,}96\sqrt{\frac{p(1-p)}{n}}\right].$$

4. Comparer les trois intervalles obtenus.

5. a. On suppose maintenant que $p = 0{,}4$. Avec Python, réaliser un programme qui détermine les bornes de l'intervalle de fluctuation asymptotique à 95 % de la fréquence F pour un échantillon de taille n, la valeur de n étant choisie par l'utilisateur. Les bornes de l'intervalle seront données avec une précision de 10^{-3}.

?

Avec Python, la commande **round(a,p)** permet d'obtenir l'arrondi d'un nombre **a** à **p** décimales.

b. Tester le programme pour $n = 1\,000$, $n = 10\,000$ puis $n = 100\,000$.
Qu'observe-t-on ?

Appliquer

Les exercices de la partie « Appliquer » sont tous corrigés en fin d'ouvrage.

Loi uniforme

1 * VOIR EXERCICE RÉSOLU 1 Soit X une variable aléatoire suivant la loi uniforme sur $[2 ; 6]$. Calculer les probabilités suivantes et les représenter graphiquement sous forme d'aire de domaine situé sous la courbe de densité.
a. $P(3 \leqslant X \leqslant 4)$ b. $P(X \leqslant 3)$ c. $P(X > 5)$

2 * VOIR EXERCICE RÉSOLU 1 Soit X une variable aléatoire suivant la loi uniforme sur $[-3 ; 1]$. Calculer les probabilités suivantes.
a. $P(-2 \leqslant X \leqslant 1)$ b. $P(X \leqslant 0)$ c. $P(X > -1)$

3 * VOIR EXERCICE RÉSOLU 2 Dans chaque cas, calculer l'espérance, la variance et l'écart type de X.
a. X suit la loi uniforme sur $[2 ; 5]$.
b. X suit la loi uniforme sur $[0 ; 10]$.
c. X suit la loi uniforme sur $[-2 ; 2]$.

4 * VOIR EXERCICE RÉSOLU 2 Tous les jours, Guy joue en ligne sur un site, avec trois amis. Lorsqu'il se connecte sur le site, la durée D (en secondes) qu'il faut pour réunir les quatre joueurs est une variable aléatoire qui suit une loi uniforme sur l'intervalle $[20 ; 120]$.
1. Déterminer la probabilité que les quatre joueurs soient réunis au bout de 60 s au maximum.
2. Calculer l'espérance mathématique de D. Interpréter ce résultat.

5 * VOIR EXERCICE RÉSOLU 3 On considère un triangle OAB rectangle isocèle en O tel que OA = 2. On choisit au hasard un point M sur le segment [OB].
1. Justifier que cette situation revient à considérer la variable aléatoire X qui, à chaque point M de [OB], associe la distance OM. Justifier que X suit une loi uniforme sur un intervalle à préciser.
2. À l'aide du tableur, simuler 1 000 choix au hasard d'un point M de [OB] et de la distance OM.
3. Exploiter cette simulation pour estimer la probabilité p de l'événement E : « l'aire du triangle OAM est inférieure ou égale à $\frac{1}{2}$ ».

6 * VOIR EXERCICE RÉSOLU 3 On reprend les données de l'exercice 4.
1. À l'aide du tableur, simuler 1 000 durées nécessaires à la réunion des quatre joueurs.
2. Exploiter cette simulation pour estimer :
a. la probabilité p de l'événement « les quatre joueurs sont réunis au bout de 60 s au maximum ».
b. la durée moyenne nécessaire à la réunion des quatre joueurs.

Loi exponentielle

7 * VOIR EXERCICE RÉSOLU 4 Soit X une variable aléatoire suivant la loi exponentielle de paramètre $\lambda = 0{,}04$.
Calculer les probabilités suivantes :
a. $P(X \leqslant 20)$ b. $P(X > 40)$
c. $P(20 \leqslant X \leqslant 40)$ d. $P(X = 30)$
Tous les résultats seront arrondis à 10^{-4} près.

8 * VOIR EXERCICE RÉSOLU 4 Soit X une variable aléatoire suivant la loi exponentielle de paramètre $\lambda = 0{,}000\,2$.
1. Calculer les probabilités suivantes :
a. $P(X \leqslant 2\,000)$ b. $P(X > 6\,000)$
c. $P(1\,000 \leqslant X \leqslant 8\,000)$
Tous les résultats seront arrondis à 10^{-4} près.
2. Déterminer le réel x tel que $P(X \leqslant x) = 0{,}8$.

9 * VOIR EXERCICE RÉSOLU 5 Soit X une variable aléatoire suivant la loi exponentielle de paramètre λ. On suppose que $P(X \leqslant 2) = 0{,}864\,7$. En déduire la valeur exacte de λ.

10 * **Jouets en peluche** VOIR EXERCICE RÉSOLU 5

Une entreprise de jouets en peluche souhaite commercialiser un nouveau produit et, à cette fin, effectue divers tests permettant de rejeter les peluches ne répondant pas aux normes en vigueur.
On considère que la vie d'une peluche se termine lorsqu'elle subit un dommage majeur (déchirure, arrachage...). On admet que la durée de vie en années d'une peluche, notée D, suit une loi exponentielle de paramètre λ.
1. On sait que $P(D \leqslant 4) = 0{,}5$. Interpréter ce résultat dans le contexte de cet exercice.
2. En déduire la valeur exacte de λ.

VOIR EXERCICE RÉSOLU 6

11 * Dans chaque cas, calculer l'espérance de X.
a. X suit la loi exponentielle de paramètre $\lambda = 0{,}04$.
b. X suit la loi exponentielle de paramètre $\lambda = 0{,}000\,2$.
c. X suit la loi exponentielle de paramètre $\lambda = 5$.

12 * Soit X une variable aléatoire suivant une loi exponentielle de paramètre λ. On suppose que $E(X) = 2\,000$.
En déduire la valeur exacte de λ.

13 * On modélise le temps d'attente, exprimé en minutes, à un guichet par une variable aléatoire T qui suit la loi exponentielle de paramètre $\lambda = 0{,}7$.

1. Calculer la probabilité qu'un client attende au plus cinq minutes à ce guichet.
2. Calculer la probabilité qu'un client attende au moins cinq minutes à ce guichet
3. Calculer le temps d'attente moyen à ce guichet.

Loi normale

VOIR EXERCICE RÉSOLU 7

14 * Soit X une variable aléatoire suivant la loi normale $\mathcal{N}(\mu\ ;\sigma)$, avec $\mu = 4$ et $\sigma = 2$. Calculer les probabilités suivantes et les représenter graphiquement sous forme d'aire de domaine situé sous la courbe de densité.

a. $P(3 \leqslant X \leqslant 7)$ b. $P(X \leqslant 3)$ c. $P(X > 8)$

Tous les résultats seront arrondis à 10^{-4} près.

15 * Soit X une variable aléatoire suivant la loi normale $\mathcal{N}(\mu\ ;\sigma)$, avec $\mu = 120$ et $\sigma = 4$. Calculer les probabilités suivantes.

a. $P(110 \leqslant X \leqslant 125)$ b. $P(X \leqslant 125)$ c. $P(X > 110)$

Tous les résultats seront arrondis à 10^{-4} près.

16 * Sur les graphiques ci-dessous on a tracé la courbe représentative de la densité de la loi normale $\mathcal{N}(\mu\ ;\sigma)$, avec $\mu = 4$ et $\sigma = 2$. Soit X une variable aléatoire suivant cette loi.

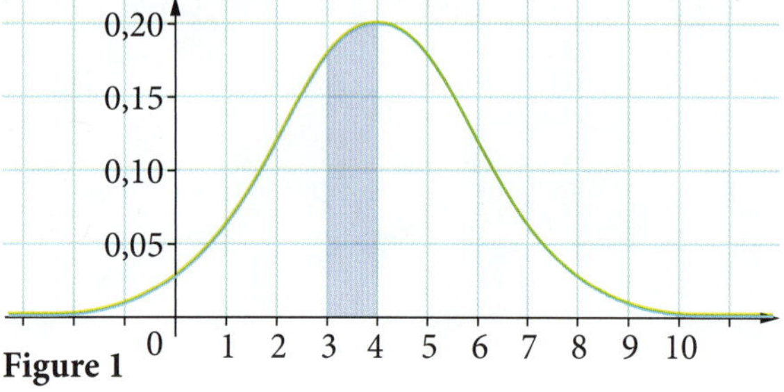

Figure 1

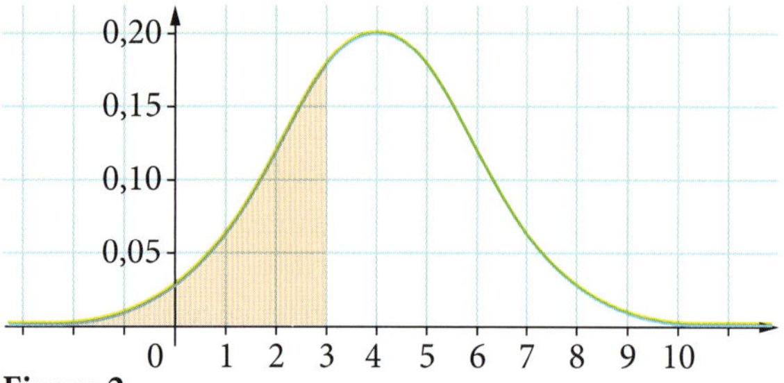

Figure 2

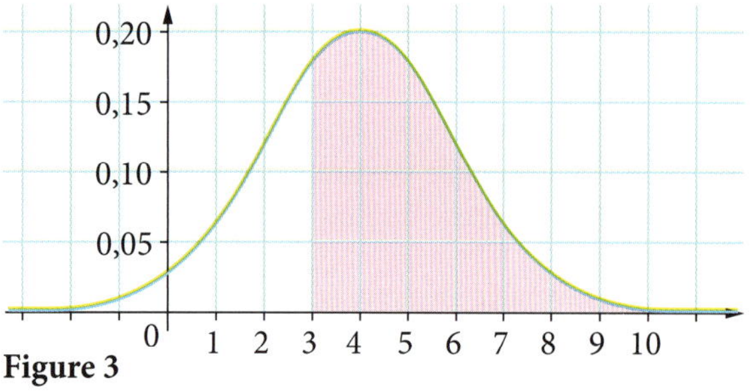

Figure 3

1. Dans chaque cas, exprimer l'aire du domaine coloré en unités d'aire à l'aide d'une probabilité liée à X.
2. Quelle aire colorée est égale à $0{,}5 - P(3 \leqslant X \leqslant 4)$?
3. Quelle aire colorée est égale à $0{,}5 + P(3 \leqslant X \leqslant 4)$?

17 * Sur les graphiques ci-dessous on a tracé la courbe représentative de la densité de la loi normale $\mathcal{N}(\mu\ ;\sigma)$, avec $\mu = 2$ et $\sigma = 1$. Soit X une variable aléatoire suivant cette loi.

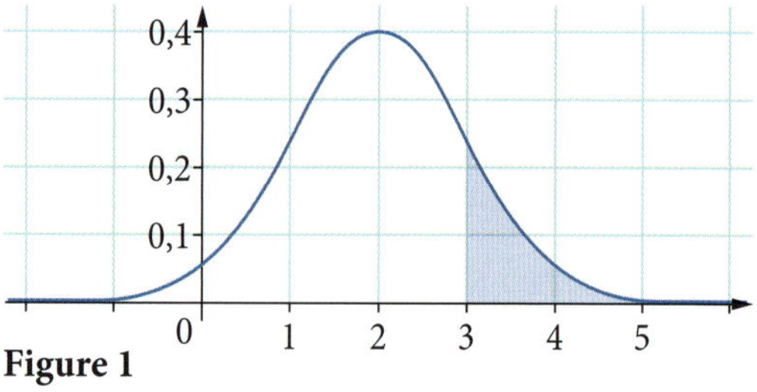

Figure 1

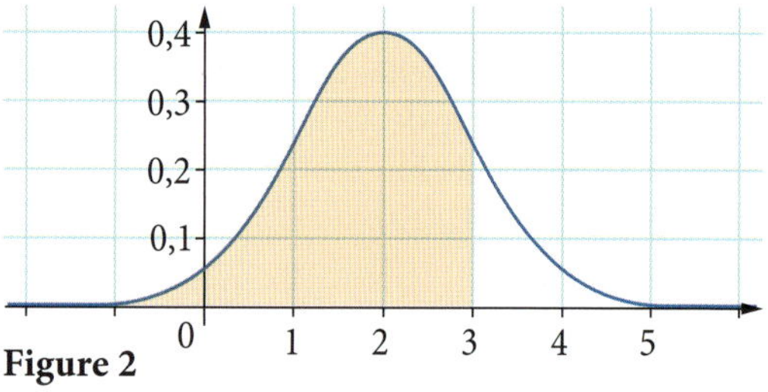

Figure 2

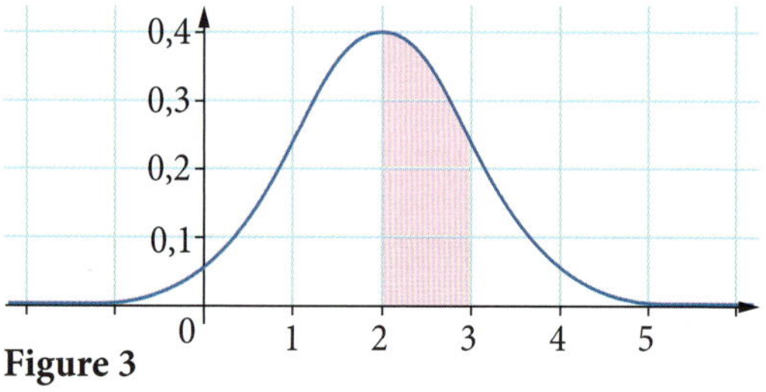

Figure 3

1. Dans chaque cas, exprimer l'aire du domaine coloré en unités d'aire à l'aide d'une probabilité liée à X.
2. Quelle aire colorée est égale à $0{,}5 - P(2 \leqslant X \leqslant 3)$?
3. Quelle aire colorée est égale à $0{,}5 + P(2 \leqslant X \leqslant 3)$?

VOIR EXERCICE RÉSOLU 8

18 * Soit X une variable aléatoire suivant la loi normale $\mathcal{N}(\mu\ ;\sigma)$, avec $\mu = 4$ et $\sigma = 1{,}5$.
Sans utiliser la calculatrice, donner une valeur approchée à 10^{-3} près des probabilités suivantes.

a. $P(2{,}5 \leqslant X \leqslant 5{,}5)$
b. $P(1 \leqslant X \leqslant 7)$
c. $P(-0{,}5 \leqslant X \leqslant 8{,}5)$

19 * Soit X une variable aléatoire suivant une loi normale $\mathcal{N}(\mu\ ;\sigma)$, avec $\mu = 4$.
Dans chacun des cas suivants, déterminer une valeur approchée de σ.

a. $P(3 \leqslant X \leqslant 5) \approx 0{,}683$
b. $P(3{,}5 \leqslant X \leqslant 4{,}5) \approx 0{,}954$
c. $P(3{,}94 \leqslant X \leqslant 4{,}06) \approx 0{,}997$

20 * Le graphique ci-dessous donne une représentation graphique de la densité d'une variable aléatoire suivant une loi normale. L'aire du domaine coloré en bleu est environ égale à 0,95.
Par lecture graphique, en déduire l'espérance et l'écart type de cette loi normale.

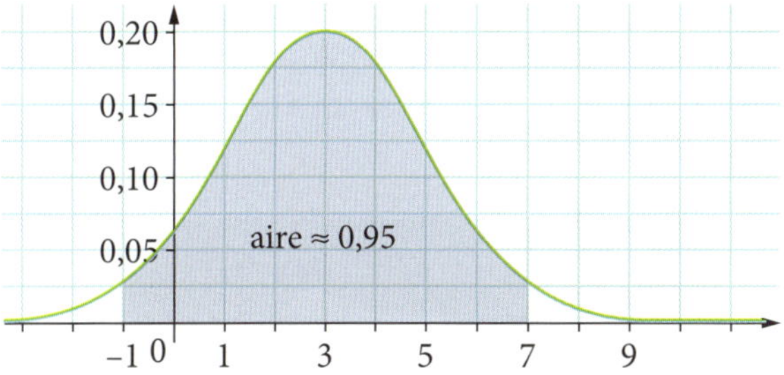

21 * Le graphique ci-dessous donne une représentation graphique de la densité d'une variable aléatoire suivant une loi normale. L'aire du domaine coloré est environ égale à 0,997.
Par lecture graphique, en déduire l'espérance et l'écart type de cette loi normale.

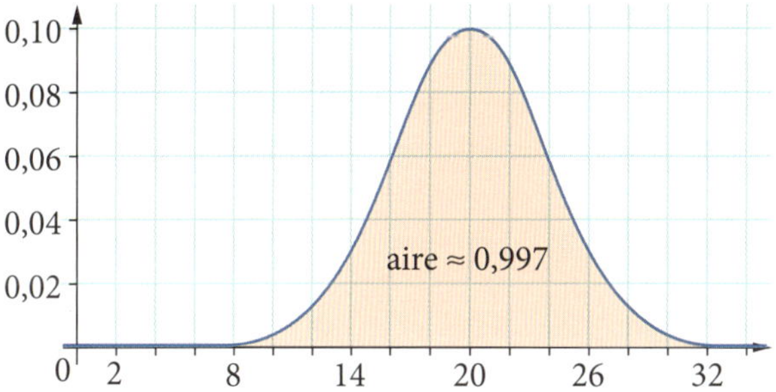

Loi binomiale et loi normale

VOIR EXERCICE RÉSOLU 9

22 * Soit X une variable aléatoire suivant la loi binomiale $\mathcal{B}(100\,;0{,}2)$.
1. Après avoir vérifié les conditions d'approximation, indiquer par quelle loi normale on peut approcher la loi de X.
2. En déduire la valeur exacte et une valeur approchée de $P(X \leqslant 20)$ et $P(X \leqslant 28)$.

23 * Soit X une variable aléatoire suivant la loi binomiale $\mathcal{B}(400\,;0{,}1)$.
1. Après avoir vérifié les conditions d'approximation, indiquer par quelle loi normale on peut approcher la loi de X.
2. En déduire la valeur exacte et une valeur approchée de $P(X \leqslant 40)$ et $P(X \leqslant 46)$.

Intervalle de fluctuation asymptotique et prise de décision

VOIR EXERCICE RÉSOLU 10

24 * **Production de smartphones**
Une entreprise produit à la chaîne des smartphones et indique que 97 % d'entre eux sont commercialisables. On cherche à contrôler la qualité de la production. Pour cela, on choisit de façon aléatoire un échantillon de 300 smartphones.

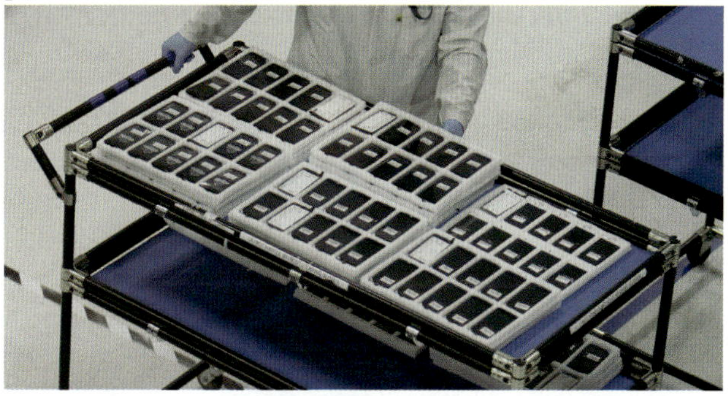

1. Vérifier les conditions de détermination de l'intervalle de fluctuation asymptotique à 95 % de la fréquence de smartphones commercialisables.
2. Déterminer cet intervalle.
3. On constate que 280 smartphones de l'échantillon sont commercialisables. Ce résultat remet-il en question le pourcentage annoncé par l'entreprise ?

25 * **Portail automatique**
Une entreprise fabrique des moteurs pour automatiser un portail. Elle annonce que le pourcentage de moteurs défectueux dans la production est égal à 1 %. Afin de vérifier cette affirmation, 800 moteurs sont prélevés au hasard dans la production. On constate que 15 moteurs sont défectueux. Le résultat de ce test remet-il en question l'annonce de l'entreprise ? Justifier. On pourra s'aider d'un intervalle de fluctuation asymptotique.

Intervalle de confiance

VOIR EXERCICE RÉSOLU 11

26 * **Tournois de billard**
Le président de la fédération française de billard (FFB) souhaite estimer le niveau de satisfaction de ses 14 000 licenciés quant à l'organisation des tournois.
Antoine estime que les 80 adhérents de son club constituent un échantillon représentatif des licenciés de la FFB. Il est chargé de faire une étude au sein de son club : les 80 adhérents ont répondu, et 66 ont déclaré qu'ils étaient satisfaits.
1. Quelle est, sur cet échantillon, la fréquence observée f de personnes satisfaites de la FFB ?
2. Déterminer un intervalle de confiance au niveau de confiance 95 % de la proportion p de licenciés satisfaits de la FFB. Les bornes de l'intervalle seront arrondies au millième.

27 * Le lendemain d'une épreuve de mathématiques au baccalauréat, on corrige un échantillon de 160 copies choisies au hasard parmi l'ensemble des copies et on observe que 78 copies ont obtenu une note supérieure ou égale à 10.
1. Déterminer la proportion des copies de l'échantillon ayant obtenu une note supérieure ou égale à 10.
2. Déterminer un intervalle de confiance au niveau de confiance de 95 % de la proportion des copies qui obtien-

dront une note supérieure ou égale à 10 dans l'ensemble des copies. Les résultats seront donnés sous forme décimale, arrondis au dix millième, ou sous forme de pourcentages arrondis à 0,01 %.

28 * Exploitation agricole

VOIR EXERCICE RÉSOLU 12

Sur une exploitation agricole, une maladie rend la conservation de fruits difficile. Un organisme de recherche en agronomie teste un traitement sur un champ : sur une partie du champ, les fruits sont traités, sur l'autre, non.
On considère que le nombre de fruits récoltés est extrêmement grand et que la maladie touche les fruits de manière aléatoire. On prélève au hasard 100 fruits sur la partie du champ traité, on constate que 18 fruits sont abîmés. On prélève au hasard 100 fruits sur l'autre partie du champ, on constate que 32 fruits sont abîmés.

1. Déterminer un intervalle de confiance de la proportion de fruits abîmés par la maladie au niveau de confiance de 95 % :
a. pour la partie du champ traitée ;
b. pour la partie du champ non traitée.
2. Au vu des intervalles obtenus à la question **1**, peut-on considérer que le traitement est efficace ?

Approfondir

Les exercices notés C sont corrigés en fin d'ouvrage.

29 ** C Vrai ou faux ?

Une variable aléatoire X suit la loi uniforme sur l'intervalle $[0 ; 5]$ dont la fonction de densité est représentée ci-dessous.

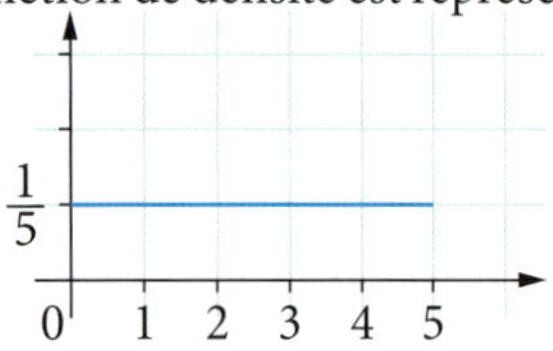

Répondre par vrai ou faux aux affirmations suivantes. Justifier.

1. $P(X \geqslant 3) = P(X < 3)$
2. $P(1 \leqslant X \leqslant 4) = \frac{1}{3}$
3. $E(X) = \frac{5}{2}$
4. $E(X) = \frac{1}{5}$

30 **

Deux amis, Aymeric et Coralie, doivent se retrouver un soir pour aller au cinéma. Coralie arrive à 19 h 30 alors qu'Aymeric arrive au hasard entre 19 h et 20 h.
On désigne par X la variable aléatoire donnant l'heure d'arrivée d'Aymeric et on admet que X suit la loi uniforme sur l'intervalle $[19 ; 20]$.

1. Calculer l'espérance de X. Interpréter ce résultat.
2. Calculer la probabilité que Coralie attende Aymeric plus de dix minutes.

31 ** Composants électroniques

C1 C2 C3 C4 C5 C6

La durée de vie, exprimée en années, d'un composant électronique peut être modélisée par une variable aléatoire X suivant la loi exponentielle de paramètre λ, avec $\lambda > 0$.
La courbe de la fonction densité associée est :

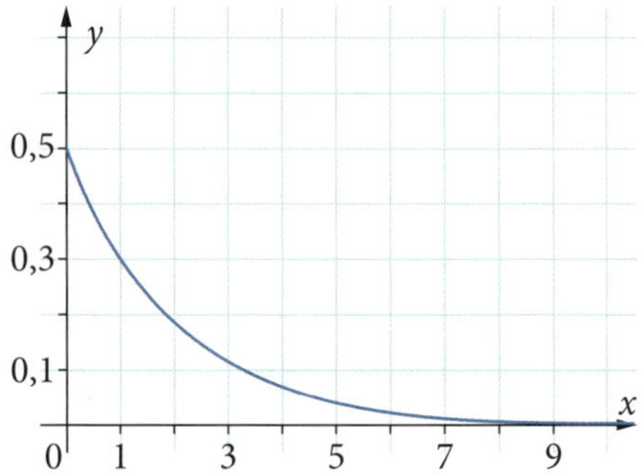

1. a. Sur le graphique, représenter les probabilités $P(X \leqslant 1)$ et $P(X > 2)$.
b. Indiquer où se lit directement la valeur de λ.
2. On suppose que $E(X) = 2$.
a. Que représente, dans le cadre de l'exercice, la valeur de cette espérance mathématique ?
b. À partir de cette espérance mathématique, retrouver la valeur de λ.
c. Calculer $P(X \leqslant 2)$ puis $P(1 \leqslant X \leqslant 2)$. On donnera les valeurs exactes puis les valeurs arrondies à 0,01 près.
Interpréter ces résultats.

32 *** C Balance électronique

Un boulanger utilise une balance électronique. Le temps de fonctionnement sans dérèglement, en jours, de cette balance électronique est une variable aléatoire T qui suit une loi exponentielle de paramètre λ.

1. On sait que la probabilité que la balance électronique ne se dérègle pas avant 30 jours est de 0,913. En déduire la valeur de λ arrondie au millième.

Dans toute la suite on prendra $\lambda = 0{,}003$.

2. Quelle est la probabilité que la balance électronique fonctionne sans dérèglement avant 90 jours ?
3. Le vendeur de cette balance électronique a assuré au boulanger qu'il y avait une chance sur deux pour que la balance ne se dérègle pas avant un an. A-t-il raison ? Si non, pour combien de jours est-ce vrai ?

33 ** C1 C2 C3 C4 C5 C6

Un industriel commercialise son produit vedette auprès de nombreux clients. La demande mensuelle est une variable aléatoire D qui suit la loi normale d'espérance $\mu = 800$ et d'écart type $\sigma = 40$.
1. À l'aide de la calculatrice, déterminer $P(780 \leqslant D \leqslant 820)$. Interpréter ce résultat.
2. En utilisant des propriétés du cours, donner une valeur approchée de $P(760 \leqslant D \leqslant 840)$ et $P(D \leqslant 880)$.
3. L'industriel pense que s'il constitue un stock mensuel de 880 produits, il n'aura pas plus de 1 % de chance d'être en rupture de stock. A-t-il raison ?

34 ** **Pièces cylindriques** C1 C2 C3 C4 C5 C6

Une entreprise industrielle fabrique en grande quantité des pièces cylindriques. Le diamètre, exprimé en millimètres, d'une pièce est conforme lorsqu'il appartient à l'intervalle [74,4 ; 75,6].
On note X la variable aléatoire qui, à chaque pièce prélevée au hasard dans la production, associe son diamètre en millimètres. On suppose que X suit une loi normale de moyenne μ et d'écart type 0,25.
La courbe ci-dessous est la représentation graphique de la densité de probabilité de X.

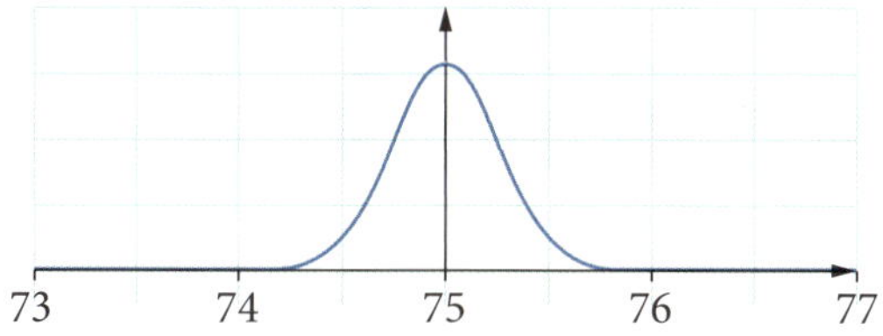

1. Indiquer par lecture graphique la valeur de μ.
2. Déterminer à l'aide de la calculatrice la probabilité $P(74{,}4 \leqslant X \leqslant 75{,}6)$. Interpréter le résultat obtenu.
3. En utilisant un résultat du cours, déterminer la valeur de h pour que $P(75 - h \leqslant X \leqslant 75 + h) \approx 0{,}95$. Interpréter le résultat obtenu.
Les résultats seront arrondis, si nécessaire, à 10^{-3} près.

35 ** **Chocolaterie** C1 C2 C3 C4 C5 C6

Une chocolaterie industrielle fabrique des tablettes de chocolat de 200 g. Une machine qui fabrique les tablettes est préréglée afin de respecter cette masse de 200 g. Lors de la fabrication, toutes les tablettes de chocolat sont pesées et celles dont la masse est inférieure à 195 g sont rejetées. L'entreprise ne les commercialisera pas sous cette forme.
1. On désigne par X la variable aléatoire qui, à chaque tablette de chocolat prélevée au hasard dans la production, associe sa masse en grammes. On admet que X suit la loi normale d'espérance 200 et d'écart type 2,86.
a. Déterminer la probabilité de l'événement « $195 \leqslant X \leqslant 205$ ».
b. Déterminer la probabilité qu'une tablette de chocolat prise au hasard dans la production ne soit pas rejetée après pesée.
Les résultats seront arrondis à 10^{-4} près.

2. Une étude statistique a établi que, si la machine est bien réglée, la proportion de tablettes de chocolat rejetées est de 4 %. Afin de vérifier le réglage de la machine, le responsable qualité prélève de manière aléatoire un échantillon de 150 tablettes et observe que 10 tablettes sont rejetées.
Cette observation remet-elle en cause le réglage de la machine ? On pourra utiliser un intervalle de fluctuation asymptotique.

36 *** C **Fabrication de dentifrice**

Une société qui fabrique du dentifrice souhaite augmenter sa part de marché. Elle envisage pour cela de modifier le goût de son dentifrice.
1. Avant de modifier le goût, la société a demandé aux dentistes adhérents d'une association d'interroger leurs patients. Parmi les patients de ces dentistes qui utilisent ce dentifrice, 200 personnes ont été choisies au hasard et 45 % d'entre elles ont déclaré apprécier le goût du dentifrice. On note p la proportion de personnes appréciant le goût du dentifrice parmi les patients qui utilisent ce dentifrice avant la modification.
Déterminer l'intervalle de confiance de la proportion p au niveau de confiance de 95 %.
2. Le goût a été modifié et une nouvelle étude est menée auprès de 300 personnes choisies au hasard parmi les patients des dentistes de l'association. Parmi ces 300 personnes, 165 ont apprécié le nouveau goût du dentifrice.
Au vu des résultats, le chef de projet de la société lance la production de ce nouveau dentifrice. Que penser de la décision du chef de projet ? Justifier la réponse en exploitant un deuxième intervalle de confiance.

37 ** **Pièces de plomberie** ALGO

Une usine fabrique des pièces de plomberie et indique que 1,5 % des pièces produites sont défectueuses.
Lorsqu'on prélève 1 000 pièces au hasard et avec remise dans la production, la variable aléatoire X qui, à tout prélèvement ainsi défini, associe le nombre de pièces défectueuses suit la loi binomiale $\mathcal{B}(1\,000 ; 0{,}015)$.

1. Noah a écrit en Python le programme suivant.

```
from lycee import *

S=[]
for i in range(10000):
    defectueuse = 0
    for k in range(1000):
        piece = random()
        if piece<0.015:
            defectueuse = defectueuse + 1
    S.append(defectueuse)
barre(S,30)

repere.show()
```

a. Que réalise ce programme ?

b. Compléter ce programme pour qu'il affiche une estimation de la probabilité qu'au plus 10 pièces soient défectueuses.

c. Compléter le programme précédent pour qu'il affiche la moyenne m et l'écart type s de la série de valeurs. On donnera des valeurs approchées à 10^{-1} près.

2. Noah pense qu'il peut approcher la loi suivie par X par la loi normale $\mathcal{N}(m\ ;\ s)$. On sait que pour cette loi, environ 68 % des valeurs appartiennent à l'intervalle $[m-s\ ;\ m+s]$. L'hypothèse de Noah semble-t-elle acceptable ?

38 ** **1.** Suppose the random variable X has a uniform distribution on the interval $[-1\ ;\ 5]$.

a. Compute the following probability: $P(X > 1)$.

b. Calculate the mean $E(X)$ of X.

2. Let X be a normal random variable with mean $\mu = 3$ and variance $\sigma^2 = 4$. Compute the following probability: $P(-1 \leqslant X \leqslant 4)$.

39 ** The cure rate for a standard treatment of a disease is 45 %. Dr. Snyder has perfected a primitive treatment which he claims is much better. As evidence, he says that he has used his new treatment on 50 patients with the disease and cured 25 of them. What to think of this? Is this new treatment better? Use a 95 % confidence interval to answer the question.

40 ** Microscope

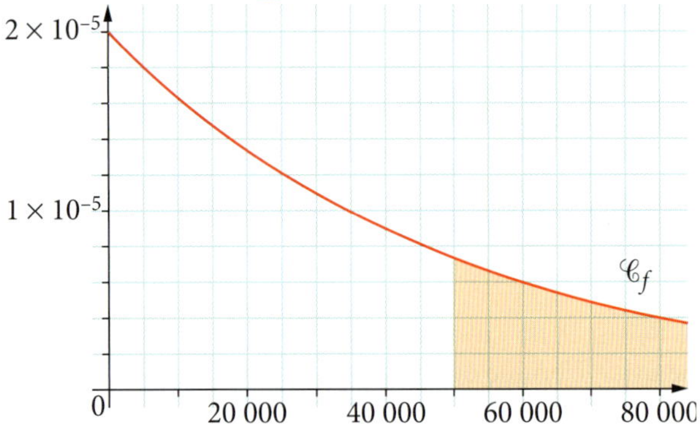

Un dentiste souhaite remplacer son microscope et se renseigne sur un nouveau modèle dont la durée de vie de la lampe (en heures) est une variable aléatoire X qui suit une loi exponentielle de paramètre λ, $\lambda > 0$.

1. La courbe de densité f de cette loi dans un repère orthogonal est donnée (l'aire totale sous la courbe vaut alors une unité d'aire). Sachant que l'aire du domaine coloré vaut 0,368 unité d'aire, déterminer la probabilité qu'une lampe de ce modèle prise au hasard ait une durée de vie de moins de 50 000 h.

2. La durée de vie moyenne d'une lampe de ce modèle est de 60 000 h. En déduire une valeur approchée de λ à 10^{-6} près.

3. Dans cette question, on choisit $\lambda = 0{,}000\ 02$.

a. Calculer la probabilité qu'une lampe prise au hasard ait une durée de vie comprise entre 51 000 et 64 500 h.

b. Déterminer le nombre d'heures que la durée de vie d'une lampe dépasse avec une probabilité égale à 0,6.

41 ** C Emballages alimentaires

Les résultats seront arrondis à 10^{-3} près.

Une entreprise produit en grande quantité des emballages alimentaires de forme cubique en polypropylène. Elle utilise pour cela la technique du thermoformage, qui consiste à chauffer une plaque de plastique puis à la former à l'aide d'un moule. Lors du refroidissement, la pièce rétrécit légèrement mais conserve la forme du moule.

On souhaite analyser la qualité de sa production.

Partie A Loi normale

Une boîte est jugée conforme lorsque la mesure de son arête, exprimée en millimètres, appartient à l'intervalle $[16{,}7\ ;\ 17{,}3]$. La mesure de l'arête d'une boîte est modélisée par une variable aléatoire C qui suit la loi normale d'espérance 17 et d'écart type 0,14.

1. Calculer $P(16{,}7 \leqslant C \leqslant 17{,}3)$.

2. Déterminer la probabilité qu'une boîte prélevée au hasard dans la production soit non conforme.

Partie B Loi binomiale

On désigne par p la probabilité qu'une boîte prélevée au hasard dans la production soit non conforme.

On prélève au hasard 200 boîtes dans la production. La production est assez importante pour que l'on puisse assimiler ce prélèvement à un tirage aléatoire avec remise.

On admet que la variable aléatoire X qui, à un lot de 200 boîtes, associe le nombre de boîtes non conformes qu'il contient, suit la loi binomiale de paramètres 200 et p, et qu'en moyenne chaque lot de 200 boîtes en contient 6 non conformes.

1. Justifier que $p = 0{,}03$.

2. Calculer la probabilité qu'il y ait au moins deux boîtes non conformes dans ce lot de 200 boîtes.

Partie C Intervalle de fluctuation

Dans le cadre d'un fonctionnement correct du thermoformage, on admet que la proportion de boîtes non conformes dans la production est $p = 0{,}03$.

1. Déterminer l'intervalle de fluctuation asymptotique à 95 % d'une fréquence calculée sur un échantillon de taille 200.

2. Au cours d'un contrôle, un technicien a compté 10 boîtes non conformes sur 200 prélevées au hasard dans la production. Doit-il prendre la décision d'effectuer des réglages sur la thermoformeuse ? Justifier la réponse.

Pour se tester

42 ** C VRAI ou FAUX ?

Répondre par vrai ou faux aux affirmations suivantes. Justifier.	Vrai	Faux
1. Un industriel fabrique des vannes électroniques destinées à des circuits hydrauliques. La durée de vie d'une vanne, exprimée en heures, est une variable aléatoire T qui suit la loi exponentielle de paramètre $\lambda = 0{,}000\,2$.		
a. La durée de vie moyenne d'une vanne est de 2 000 h.	V	F
b. La probabilité que la durée de vie d'une vanne soit supérieure à 6 000 h est environ 0,3.	V	F
2. L'entreprise PrintFactory fabrique, en grande quantité, des cartouches d'encre noire pour imprimante. La variable aléatoire X qui, à chaque cartouche produite, associe sa durée de vie exprimée en nombre de pages, suit la loi normale d'espérance $\mu = 250$ et d'écart type $\sigma = 10$.		
a. Environ 95 % des cartouches produites ont une durée de vie comprise entre 230 et 270 pages.	V	F
b. Moins de 50 % des cartouches produites ont une durée de vie inférieure à 300 pages.	V	F
3. On sait que 39 % de la population française est du groupe sanguin A+. On cherche à savoir si cette proportion est la même parmi les donneurs de sang. On interroge 183 donneurs de sang et parmi eux, 34 % sont du groupe sanguin A+.		
On ne peut pas rejeter, au seuil de 5 %, l'hypothèse selon laquelle la proportion de personnes du groupe sanguin A+ parmi les donneurs de sang est de 39 % comme dans l'ensemble de la population.	V	F

43 ** C Fabrication de comprimés

Les probabilités seront arrondies à 10^{-3} près.

Une usine pharmaceutique fabrique des comprimés.

Son service « contrôle et qualité » est chargé de trier les comprimés et d'écarter ceux qui ont un défaut d'enrobage. Lors d'un contrôle, ce service constate que 4 % des comprimés ont un défaut d'enrobage.

Un technicien, responsable de la chaîne de fabrication, prélève un échantillon de 200 comprimés par tirages aléatoires avec remise. On désigne par X la variable aléatoire qui, à tout prélèvement de 200 comprimés, associe le nombre de comprimés présentant un défaut d'enrobage.

1. Justifier que la variable aléatoire X suit une loi binomiale et donner les paramètres de cette loi.

2. Déterminer la probabilité des événements suivants.

a. A : « Le prélèvement contient exactement 3 comprimés présentant un défaut d'enrobage. »

b. B : « Le prélèvement contient au moins 3 comprimés présentant un défaut d'enrobage. »

3. On décide d'approcher la variable aléatoire X par une variable aléatoire Y qui suit une loi normale d'espérance μ et d'écart type σ.

a. Justifier que l'on puisse prendre $\mu = 8$ et $\sigma \approx 2{,}77$ (valeur arrondie à 10^{-2} près).

b. Calculer $P(Y \geqslant 3)$ et comparer avec le résultat du **2b**.

44 ** C QCM

	a	b	c	d
1. Choisissant au hasard un réel de l'intervalle $[-2\,;5]$, la probabilité qu'il appartienne à l'intervalle $[-1\,;1]$ est :	$\frac{1}{5}$	$\frac{2}{7}$	$\frac{1}{2}$	0,7
2. Si une variable aléatoire X suit la loi normale $\mathcal{N}(1\,;4)$, alors une valeur approchée au centième de $P(2 \leqslant X \leqslant 3)$ est :	0,09	0,13	0,15	0,34
3. Dans une commune comptant plus de 100 000 habitants, un institut réalise un sondage auprès de la population. Sur 100 personnes interrogées, 55 affirment être satisfaites de leur maire. L'intervalle de confiance au niveau de confiance 95 % permettant de connaître la cote de popularité du maire est :	[0,35 ; 0,75]	[0,40 ; 0,70]	[0,45 ; 0,65]	[0,50 ; 0,60]

S'entraîner au Bac

45 ** D'après Bac STI2D/STL SPCL Antilles-Guyane, 2014

Dans cet exercice, on s'intéresse à deux types de téléviseurs à écran plat, A et B.

Les réponses aux questions 1a, 1b et 1c seront arrondies au centième.

1. La durée de fonctionnement, exprimée en heures, d'un téléviseur du type A, avant que survienne la première panne, est modélisée par une variable aléatoire X suivant la loi exponentielle de paramètre $\lambda = 2 \times 10^{-5}$.

a. Calculer la probabilité que la première panne survienne avant la 32 000e heure de fonctionnement.

b. On s'intéresse à un téléviseur de type A fonctionnant chaque jour pendant quatre heures. Calculer la probabilité que la première panne d'écran ne survienne pas avant dix ans.

On prendra 1 année = 365 jours.

c. Calculer la probabilité que la première panne survienne après 10 000 h et avant 40 000 h de fonctionnement.

d. Calculer l'espérance mathématique de la variable aléatoire X et en donner une interprétation.

2. La durée de fonctionnement avant la première panne d'un téléviseur de type B est modélisée par une variable aléatoire Y suivant la loi exponentielle de paramètre λ'.

Une étude statistique a permis d'évaluer $P(Y \leqslant 32\,000) = 0{,}8$.

Calculer la valeur arrondie à 10^{-5} près de λ'.

46 ** D'après Bac STI2D/STL SPCL Métropole, 2015

C1 C2 C3 C4 C5 C6

Dans l'ensemble de l'exercice, les résultats seront arrondis à 10^{-4} près.

L'usine Océfrais embouteille des jus de fruits. L'étiquette de la bouteille indique 1,5 L de jus de fruits. Le volume de la bouteille est de 1,55 L.

À l'embouteillage, le volume de jus de fruits versé dans une bouteille est une variable aléatoire X qui suit la loi normale de moyenne $\mu = 1{,}5$ et d'écart type $\sigma = 0{,}015$.

1. a. L'une des trois figures ci-après donne la courbe représentative $\mathcal{C}_f$ de la densité f de cette loi normale. Indiquer le numéro de la figure correspondante en expliquant le choix.

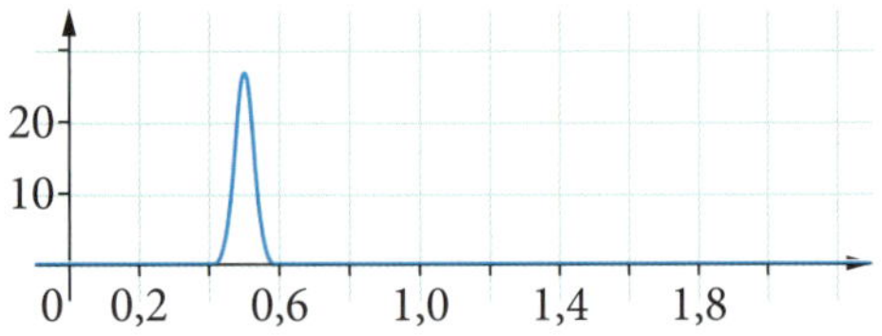

Figure 1

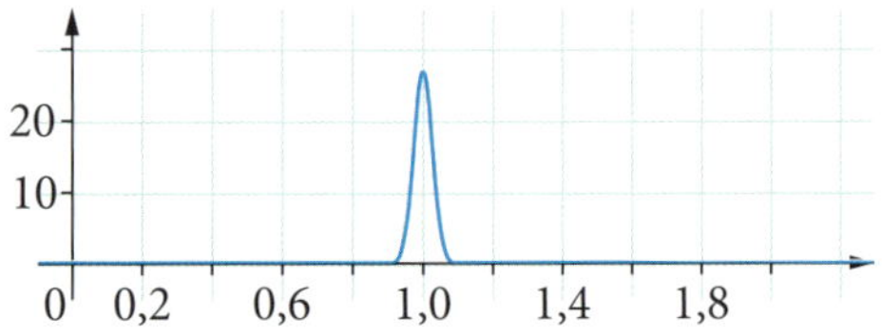

Figure 2

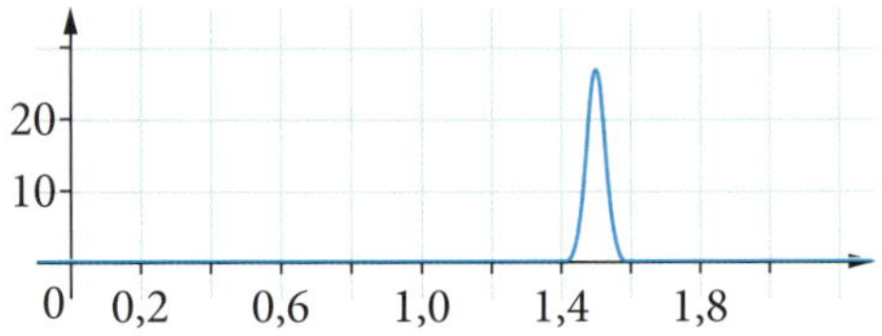

Figure 3

b. Déterminer $P(1{,}485 \leqslant X \leqslant 1{,}515)$.

2. On choisit au hasard une bouteille de jus de fruits.

a. Quelle est la probabilité que cette bouteille contienne exactement 1,48 L de jus de fruits ?

b. Calculer la probabilité que cette bouteille contienne entre 1,46 L et 1,54 L de jus de fruits.

c. Quelle est la probabilité que cette bouteille déborde sur la chaîne d'embouteillage ? On rappelle que toutes les bouteilles utilisées ont un volume de 1,55 L.

3. Une bouteille est dite conforme si elle contient entre 1,46 L et 1,54 L de jus de fruits. Selon l'usine Océfrais, la probabilité qu'une bouteille soit non conforme est 0,007 7.

Un supermarché achète un lot de 10 000 bouteilles.

a. Déterminer l'intervalle de fluctuation asymptotique à 95 % de la fréquence observée de bouteilles non conformes dans un tel lot.

b. Dans le lot de 10 000 bouteilles, on a compté 90 bouteilles non conformes. Le gérant du supermarché trouve le nombre de bouteilles non conformes anormalement élevé.

L'usine Océfrais a-t-elle des raisons de s'inquiéter ?

47 *** D'après Bac STI2D Nouvelle-Calédonie, 2014

Un grand constructeur automobile propose une nouvelle gamme de véhicules électriques équipés de batteries au nickel-cadmium.

Partie A

On s'intéresse à l'autonomie en kilomètres de cette nouvelle gamme de véhicules.

Soit X la variable aléatoire qui à un véhicule tiré au hasard associe son autonomie en kilomètres. On suppose que X suit la loi normale de moyenne $\mu = 104$ et d'écart type $\sigma = 6$.

On arrondira les résultats à 10^{-2} près.

On considère qu'un véhicule est conforme lorsque son autonomie est comprise entre 92 et 116. Déterminer la probabilité que le véhicule soit déclaré conforme.

Partie B

Les véhicules sont parqués par lots de 75 avant de recevoir leur certificat de conformité.

Soit Y la variable aléatoire qui, à tout échantillon de 75 véhicules choisis au hasard dans la production, associe le nombre de véhicules non conformes dans cet échantillon.

La production est assez importante pour qu'on puisse assimiler tout échantillon de 75 véhicules à un échantillon aléatoire prélevé avec remise. On suppose que la probabilité qu'un véhicule soit non conforme est 0,05.

1. Expliquer pourquoi Y suit une loi binomiale et donner les paramètres de cette loi.
2. Calculer la probabilité de l'événement « dans l'échantillon prélevé au hasard, tous les véhicules sont conformes ». On arrondira le résultat à 10^{-2} près.

Partie C

Le constructeur automobile veut juger de l'impact d'une campagne publicitaire menée dans les médias pour la vente de cette nouvelle gamme de véhicules.

Dans un échantillon, considéré comme prélevé au hasard et avec remise, de 1 000 véhicules produits, on constate la vente de 148 véhicules avant la campagne publicitaire. Sur une même période, après la campagne publicitaire, pour un échantillon de même taille et prélevé dans les mêmes conditions, on constate la vente de 177 véhicules.

Que peut-on en conclure sur la campagne publicitaire ?

On pourra déterminer les intervalles de confiance avec un niveau de confiance de 95 % correspondant à chacune de ces situations.

48 ** D'après Bac STL Biotechnologies Polynésie, 2015

Cet exercice est un questionnaire à choix multiples. Pour chacune des questions, une seule des réponses proposées est exacte. Indiquer, sans justification, le numéro de la question et la réponse correspondante.

1. On admet qu'une valeur mesurée suit une loi uniforme sur [0,995 ; 1,005]. La probabilité que la valeur mesurée soit comprise entre 0,998 et 1,002 est :

a. 0,01 b. 0,004
c. 0,4 d. 0,03

2. Dans cette question, l'unité de mesure est le micromètre. Un élève mesure le diamètre de cellules de levure. On admet que le résultat de la mesure X suit la loi normale d'espérance 6 et d'écart type 2.

La probabilité d'obtenir une mesure comprise entre 4 et 8 vaut à 10^{-3} près :

a. 0,954 b. 0,876
c. 0,683 d. 0,512

3. Des élèves mesurent le diamètre de cellules de levure. Ils effectuent 50 mesures et observent que 15 d'entre elles donnent des diamètres supérieurs à 10 µm. Le nombre p désigne la proportion de cellules dont le diamètre est supérieur à 10 µm. L'intervalle de confiance de p, au niveau de confiance 95 % avec des valeurs à 10^{-3} près, est :

a. [0,282 ; 0,318] b. [0,173 ; 0,427]
c. [9,7 ; 10,3]

49 ** D'après Bac STL Biotechnologies Métropole, 2014 C1 C2 C3 C4 C5 C6

Partie A

Un laborantin dispose d'un stock de pipettes jaugées. Une pipette est considérée conforme au cahier des charges si son volume est compris entre 24,95 et 25,05 mL.

On désigne par Y la variable aléatoire qui, à toute pipette prise au hasard dans le stock, associe son volume en millilitres.

Le fabricant affirme que Y suit la loi normale d'espérance 25 et d'écart type 0,03.

1. À l'aide de la calculatrice, déterminer une valeur approchée à 10^{-4} près de la probabilité pour qu'une pipette prise au hasard soit conforme au cahier des charges, selon les affirmations du fabricant.
2. Le laborantin prélève un échantillon de 100 pipettes et constate que seulement 83 d'entre elles sont conformes au cahier des charges.

a. Déterminer l'intervalle de fluctuation asymptotique au seuil de 95 % de la fréquence de pipettes conformes dans un échantillon de taille 100 (on donnera les bornes de l'intervalle à 10^{-4} près).

b. La fréquence de pipettes conformes observée remet-elle en question l'affirmation du fabricant ? Justifier.

Partie B

Dans cette partie, on s'intéresse aux défaillances d'une machine qui fabrique les pipettes. Lorsqu'une révision complète de cette machine a été effectuée, la durée de fonctionnement (en jours) avant une défaillance est une variable aléatoire notée X qui suit la loi exponentielle de paramètre $\lambda = 0{,}005$.

On rappelle que, dans ces conditions, pour tout t positif, la probabilité que cette machine ait une défaillance avant un temps t est égale à $P(X \leqslant t) = \int_0^t \lambda e^{-\lambda x}\,dx$.

1. Démontrer que $\int_0^t 0{,}005e^{-0{,}005\,x}\,dx = 1 - e^{-0{,}005\,t}$.
2. Déterminer la probabilité $P(X \leqslant 200)$ à 10^{-4} près. Quelle interprétation peut-on donner de cette probabilité ?
3. Déterminer, à 10^{-4} près, la probabilité que la machine ait une défaillance au-delà de 300 jours après une révision complète.
4. Un arrêt pour entretien doit intervenir systématiquement lorsque la probabilité que la machine soit défaillante est égale à 0,5.

Au bout de combien de jours faut-il prévoir l'arrêt pour l'entretien de cette machine ?

Aller plus loin

50 *** Comparaison de deux proportions

La vertéporfine est un médicament utilisé pour soigner une certaine forme de dégénérescence maculaire liée à l'âge (DMLA). Pour étudier l'efficacité de la vertéporfine à soigner cette forme de DMLA, une étude a été réalisée auprès de 240 patients atteints de DMLA et âgés de plus de 50 ans.

Lors de cette étude, les patients ont été répartis en deux groupes constitués au hasard :

- 160 patients ont reçu un traitement à base de vertéporfine ;
- 80 patients ont reçu un placebo.

Après un an de traitement, les patients ont été examinés pour déterminer s'ils avaient perdu moins de trois lignes d'acuité visuelle sur l'échelle ETDRS par rapport à leur vision de départ. Un tel patient est nommé « répondeur ».

On cherche à déterminer s'il existe une différence significative entre les proportions de répondeurs parmi les patients traités par vertéporfine et ceux ayant reçu un placebo.

On note F_1 la variable aléatoire qui, à tout échantillon aléatoire de 160 patients traités par vertéporfine, associe la fréquence des répondeurs. On suppose que F_1 suit la loi normale de moyenne p_1 inconnue et d'écart type :

$$\sigma_1 = \sqrt{\frac{p_1(1-p_1)}{160}}.$$

On note F_2 la variable aléatoire qui, à tout échantillon aléatoire de 80 patients ayant reçu un placebo, associe la fréquence des répondeurs. On suppose que F_2 suit la loi normale de moyenne p_2 inconnue et d'écart type :

$$\sigma_2 = \sqrt{\frac{p_2(1-p_2)}{80}}.$$

On note D la variable aléatoire définie par $D = F_1 - F_2$.

On définit une procédure, appelée test statistique, qui met en concurrence les deux hypothèses suivantes :

- l'hypothèse nulle, notée $H_0 : p_1 = p_2$.
- l'hypothèse alternative, notée $H_1 : p_1 \neq p_2$.

Le seuil de signification du test est fixé à 5 %.

Sur un échantillon aléatoire de 160 patients traités par vertéporfine, on a observé 108 répondeurs.

Sur un échantillon aléatoire de 80 patients ayant reçu un placebo, on a observé 36 répondeurs.

On admet que sous l'hypothèse H_0, la variable aléatoire D suit la loi normale de moyenne 0 et d'écart type :

$$\sqrt{\frac{0{,}6\times0{,}4}{160}+\frac{0{,}6\times0{,}4}{80}} \approx 0{,}067.$$

1. Sous l'hypothèse H_0, déterminer, en utilisant la propriété ci-dessous, un réel positif h tel que :
$P(-h \leqslant D \leqslant h) = 0{,}95$.

?

Propriété de la loi normale
Si X est une variable aléatoire de loi normale de moyenne μ et d'écart type σ :
$P[\mu - 2\sigma \leqslant X \leqslant \mu + 2\sigma] \approx 0{,}95$.

2. Énoncer la règle de décision permettant d'utiliser ce test.

3. À partir des observations faites sur les deux échantillons, peut-on, au seuil de signification de 5 %, rejeter l'hypothèse H_0 ?

51 ** Intervalle de confiance d'une moyenne

Une usine fabrique en série des pompes de surface destinées à l'irrigation agricole.

Une entreprise lui commande un nombre important de pompes. Lors de la livraison, le service qualité de l'entreprise cherche à estimer la moyenne inconnue μ, exprimée en $m^3 \cdot h^{-1}$, des débits des pompes qui lui sont livrées à partir de mesures faites sur un échantillon de cinquante pompes prises dans la livraison.

On considère que cet échantillon peut être assimilé à un prélèvement au hasard et avec remise de cinquante pompes dans la livraison.

1. Les résultats des mesures effectuées sont donnés dans le tableau ci-dessous :

Débit (en $m^3 \cdot h^{-1}$)	5,7	5,8	5,9	6	6,1	6,2	6,3
Nombre de pompes	9	8	10	9	10	3	1

Calculer la moyenne $\overline{x}$ et l'écart type s de la série de mesures ci-dessus. On arrondira l'écart type au millième.

2. On note $\overline{X}$ la variable aléatoire qui, à chaque échantillon de 50 pompes choisies au hasard dans la livraison, associe la moyenne des débits de ces 50 pompes, exprimée en $m^3 \cdot h^{-1}$.
On admet que $\overline{X}$ suit une loi normale de moyenne inconnue μ et d'écart type $\dfrac{0{,}16}{\sqrt{50}}$.

a. Déterminer un nombre a tel que :
$P(\mu - a \leqslant \overline{X} \leqslant \mu + a) = 0{,}95$.
Donner une valeur approchée au millième par excès de a.

b. En déduire un encadrement de μ ayant une probabilité 0,95. On l'appelle intervalle de confiance de la moyenne μ des débits des pompes livrées avec un niveau de confiance 95 %.

c. Calculer cet encadrement avec les données de la question **1**.

SOUTIEN AP1 — Comment calculer des probabilités avec les lois uniforme et exponentielle ?

I. La méthode

a. On identifie la loi suivie par X, puis on calcule une probabilité de type $P(c \leqslant X \leqslant d)$ en utilisant les formules correspondantes.

b. Pour une loi uniforme sur un intervalle $[a\,;\,b]$, bien identifier les valeurs a et b, puis calculer $P(c \leqslant X \leqslant d) = \dfrac{d-c}{b-a}$ pour tout intervalle $[c\,;\,d]$ inclus dans $[a\,;\,b]$.

c. Pour une loi exponentielle de paramètre λ, bien identifier la valeur de λ, puis calculer $P(c \leqslant X \leqslant d) = e^{-\lambda c} - e^{-\lambda d}$ pour tout intervalle $[c\,;\,d]$ inclus dans $[0\,;+\infty[$ et $P(X \leqslant x) = 1 - e^{-\lambda x}$ pour tout x dans $[0\,;+\infty[$.

De plus, pour tout x dans $]0\,;+\infty[$, on a :

$$P(X > x) = 1 - P(X \leqslant x) = e^{-\lambda x}.$$

II. Application

1 On admet qu'une valeur mesurée X suit une loi uniforme sur $[0{,}8\,;\,1{,}2]$. Calculer la probabilité que la valeur mesurée soit comprise entre 0,95 et 1,05.

2 Une entreprise agroalimentaire dispose d'un parc de machines d'ensachage toutes identiques, et dont la durée de vie en années est une variable aléatoire X qui suit la loi exponentielle de paramètre $\lambda = 0{,}1$. Quelle est la probabilité qu'une machine d'ensachage tombe en panne entre la dixième et la vingtième année ?

3 Un hypermarché vend des téléviseurs dont la durée de vie, exprimée en années, peut être modélisée par une variable aléatoire réelle X qui suit une loi exponentielle de paramètre $\lambda = \dfrac{1}{8}$.
Calculer la probabilité qu'un téléviseur pris au hasard fonctionne encore au bout de six ans.

SOUTIEN AP2 — Comment lire graphiquement des probabilités avec la loi normale ?

I. La méthode

Pour une variable aléatoire X de loi normale d'espérance μ et d'écart type σ, les probabilités suivantes sont égales aux aires des domaines correspondant sous la courbe de densité.

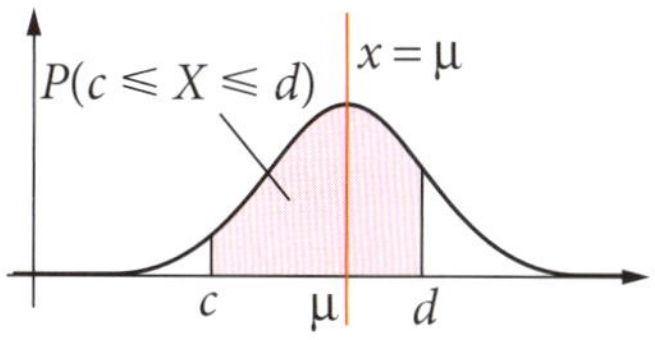

Pour tous réels c et d tels que $c \leqslant d$, on a :

- $P(c \leqslant X \leqslant d)$ = aire du domaine entre les droites d'équation $x = c$ et $x = d$;
- $P(X \leqslant c)$ = aire du domaine à gauche de la droite d'équation $x = c$;
- $P(X > d)$ = aire du domaine à droite de la droite d'équation $x = d$.

II. Application

Une entreprise produit des paquets de préparation pour pancakes qui doivent contenir 650 g de préparation. Un paquet est commercialisable s'il contient entre 648 g et 652 g de préparation.

On considère que la quantité X, exprimée en grammes (g), de préparation réellement introduite dans les paquets par une machine d'ensachage suit la loi normale d'espérance $\mu = 650$ et d'écart type $\sigma = 1$.

À l'aide d'un logiciel, on obtient les résultats de la figure ci-dessous.

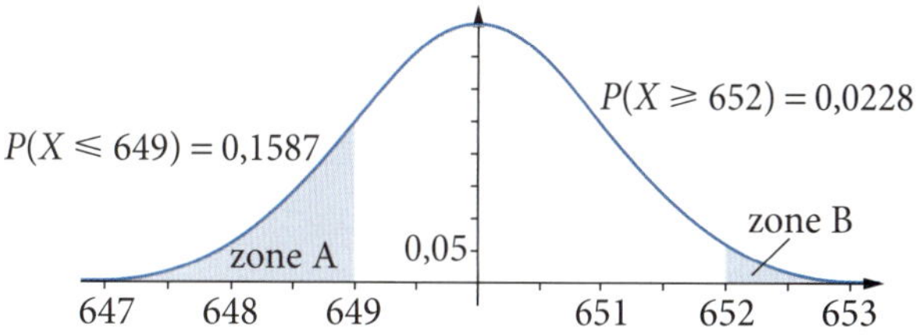

1 Déterminer la probabilité qu'un paquet de préparation pour pancakes pris au hasard dans la production ait pour masse entre 649 g et 652 g.

2 Calculer la probabilité qu'un paquet de préparation pour pancakes pris au hasard dans la production ait pour masse moins de 648 g.

APPROFONDISSEMENT AP3 — Comment programmer l'intervalle de fluctuation et prendre une décision ?

On considère une population sur laquelle on étudie un certain caractère de proportion p. On y prélève au hasard et avec remise un échantillon de taille n sur lequel on observe une fréquence f du caractère.

1 Écrire un algorithme permettant :

a. d'entrer les valeurs de p et n ;

b. de vérifier les conditions de validité de l'intervalle I de fluctuation asymptotique à 95 % de F ;

c. d'afficher l'intervalle I.

2 Modifier cet algorithme pour qu'il permette :

a. d'entrer une valeur f observée ;

b. d'afficher la décision de rejet ou de non rejet de la valeur de p.

3 Programmer cet algorithme dans la calculatrice pour répondre à la question suivante.

Les réglages d'une machine d'ensachage ont été effectués dans l'objectif d'obtenir une proportion $p = 0{,}97$ de paquets de préparation commercialisables. Afin d'évaluer l'efficacité de ces réglages, on effectue un contrôle qualité sur un premier échantillon de 400 paquets fabriqués.

a. En supposant que cet objectif a été atteint, déterminer un intervalle de fluctuation asymptotique à 95 % de la fréquence de paquets de préparation commercialisables dans un échantillon de taille 400.

b. Parmi les 400 paquets de l'échantillon, 381 sont commercialisables. En utilisant l'intervalle de fluctuation obtenu à la question **3a**, peut-on estimer au seuil de 5 % que l'objectif a été atteint ?

APPROFONDISSEMENT AP4 — Comment utiliser des simulations de la loi uniforme pour estimer une probabilité ?

Un standard téléphonique reçoit habituellement deux appels par période d'une minute, les deux appels pouvant arriver à n'importe quel moment.

1 Expliquer pourquoi les heures d'arrivée des deux appels peuvent être représentées par des variables aléatoires X et Y suivant la loi uniforme sur $[0 ; 1]$.

2 a. À l'aide du tableur, réaliser 500 simulations de ces deux appels et de la durée $|X - Y|$ les séparant.

b. En déduire une estimation de la probabilité de l'événement A : $|X - Y| \leqslant 0{,}5$. Interpréter ce résultat.

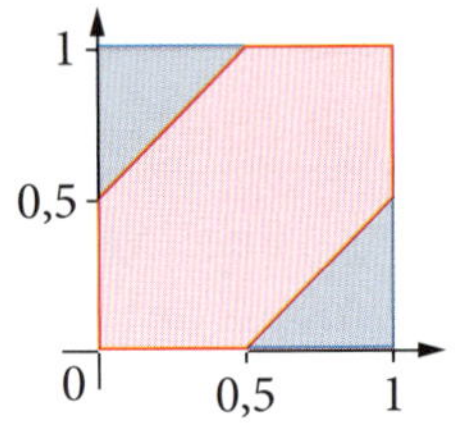

3 a. Expliquer en quoi le choix d'un point M(x ; y) dans le carré représenté sur la figure ci-contre permet de modéliser l'arrivée des deux appels.

b. Expliquer en quoi le choix d'un point M(x ; y) dans le domaine rose correspond à la réalisation de l'événement A.

c. En admettant que la probabilité de A est obtenue en divisant l'aire du domaine rose par l'aire du carré, calculer la probabilité de A. Comparer avec le résultat du **2b**.

4 Reprendre les questions **2** et **3** pour estimer puis calculer la probabilité de l'événement B :

$|X - Y| \geqslant \dfrac{1}{3}$.

Chapitre 10

STL
Biotechnologies

Statistiques à deux variables

OBJECTIFS

- Savoir construire le nuage de points d'une série statistique à deux variables. ▶ Cours I
- Savoir calculer les coordonnées du point moyen d'un nuage de points. ▶ Cours I
- Savoir déterminer l'équation de la droite d'ajustement par la méthode des moindres carrés d'un nuage de points. ▶ Cours II
- Savoir faire des estimations à l'aide de la droite d'ajustement par la méthode des moindres carrés. ▶ Cours II

Lorsqu'il étudie l'évolution d'une population de bactéries ou de microbes, un laboratoire est amené à déterminer un modèle mathématique à partir de relevés expérimentaux afin de faire des estimations et des prévisions.

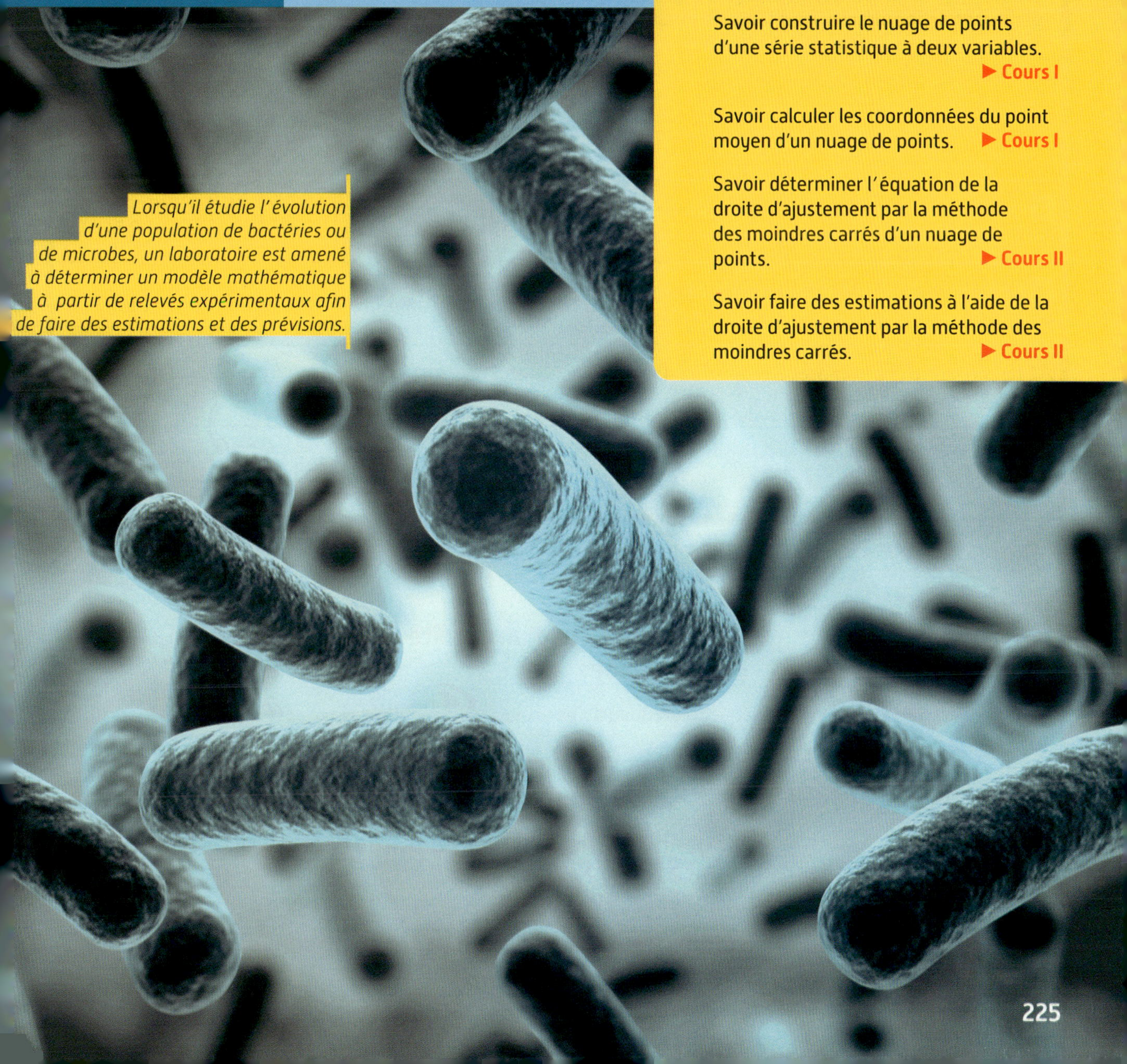

QCM Pour chacune des questions posées, indiquer la bonne réponse.

	a	b	c	d
Dans les **questions 1 à 3**, on munit le plan d'un repère orthogonal.				
1 On donne les points A(–1 ; 3) et B(0 ; –2). La droite (AB) a pour coefficient directeur :	– 5	$-\frac{1}{5}$	5	$\frac{1}{5}$
2 Soit $\mathcal{D}$ la droite d'équation réduite $y = -2{,}4x + 5{,}1$. Le point de $\mathcal{D}$ d'abscisse 3 a pour ordonnée :	12,3	– 2,1	– 0,875	2,7
3 Soit $\mathcal{D}$ la droite d'équation réduite $y = 0{,}2x - 6{,}2$. Le point de $\mathcal{D}$ d'ordonnée 4,3 a pour abscisse :	– 5,34	52,5	– 9,5	10,3
Dans les **questions 4 et 5**, le graphique ci-contre donne le montant de la facture que fait payer un opérateur téléphonique à ses clients en fonction du nombre de minutes dépassant le forfait.	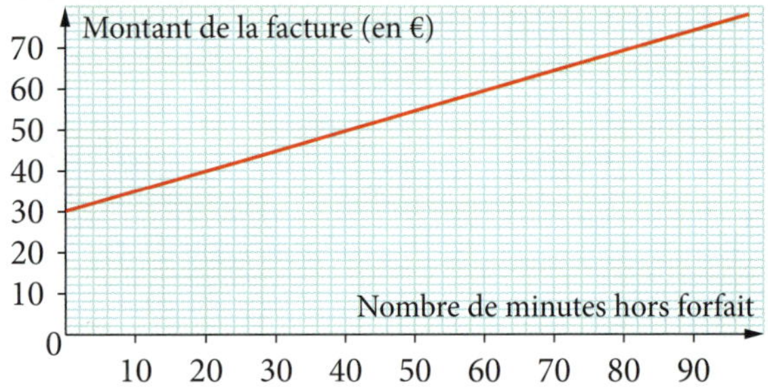			
4 Le montant de la facture pour 72 min de communication hors forfait est :	88 €	69 €	84 €	66 €
5 Le nombre de minutes de communication hors forfait correspondant à une facture de 42 € est :	42 min	28 min	24 min	44 min
6 La moyenne des nombres 23 ; 26 ; 20 ; 45 ; 51 ; 39 est $\overline{x}$ égale :	31	32,5	27	34
7 Si $x \in \mathbb{R}$, si $y \in]-\infty ; 10[$ et si $\ln(10 - y) = -3x + 2$, alors y égale :	$10 - e^{-3x+2}$	$10 + e^{-3x+2}$	$e^{-3x+2} - 10$	$10 - \ln(-3x + 2)$

Rappels

1 Équation réduite d'une droite non parallèle à l'axe des ordonnées

- L'équation réduite d'une droite $\mathcal{D}$ non parallèle à l'axe des ordonnées est de la forme : $y = ax + b$.
  (a : coefficient directeur de $\mathcal{D}$; b : ordonnée à l'origine de $\mathcal{D}$)
- Si $A(x_A ; y_A)$ et $B(x_B ; y_B)$ sont deux points de $\mathcal{D}$, alors $a = \frac{y_B - y_A}{x_B - x_A}$.

2 Moyenne d'une série de nombres réels

La moyenne de n nombres réels $x_1, x_2, \ldots, x_n$ est : $\overline{x} = \frac{x_1 + x_2 + \ldots + x_n}{n}$.

3 Lien entre exponentielle et logarithme népérien

Si $x \in \mathbb{R}$ et si $y \in]0 ; +\infty[$, alors : $\ln y = x$ équivaut à $y = e^x$.

Activités d'approche

Activité 1 Nuage de points d'une série statistique à deux variables et point moyen

On a relevé la superficie x, exprimée en mètres carrés et le prix de vente y, exprimé en milliers d'euros de huit maisons situées dans le quartier résidentiel d'une petite ville. Les résultats sont donnés dans le tableau suivant :

Superficie x_i (en m²)	61	72	86	93	105	122	143	184
Prix de vente y_i (en milliers d'euros)	195	210	238	264	280	300	354	415

On vient de donner une série statistique à deux variables.

1. a. Dans un repère orthogonal (unités : 1 cm pour 20 m² sur l'axe des abscisses et 1 cm pour 50 000 € sur l'axe des ordonnées), placer les points $M_1(x_1 ; y_1)$, $M_2(x_2, y_2)$, …, $M_8(x_8 ; y_8)$ associés à chacune des huit maisons.

b. Quelle remarque peut-on faire concernant la position de ces huit points ?

2. a. Calculer $\overline{x}$ et $\overline{y}$, moyennes respectives des superficies et des prix de vente des huit maisons.

b. Placer sur le graphique le point $G(\overline{x} ; \overline{y})$.Comment se situe-t-il par rapport au nuage ?

info
On construit le nuage de points de la série statistique.

info
Le point G s'appelle le point moyen du nuage de points.

Activité 2 Ajustements affines d'un nuage de points

On se donne une série statistique à deux variables x et y et une droite $\mathscr{D}$ non verticale. On appelle somme des carrés des écarts verticaux la somme :
$S = (M_1N_1)^2 + (M_2N_2)^2 + (M_3N_3)^2 + \ldots + (M_nN_n)^2$ où $M_1, M_2, \ldots, M_n$ sont les points du nuage de points de la série statistique et $N_1, N_2, \ldots, N_n$ les points de $\mathscr{D}$ de mêmes abscisses respectives que $M_1, M_2, \ldots, M_n$.

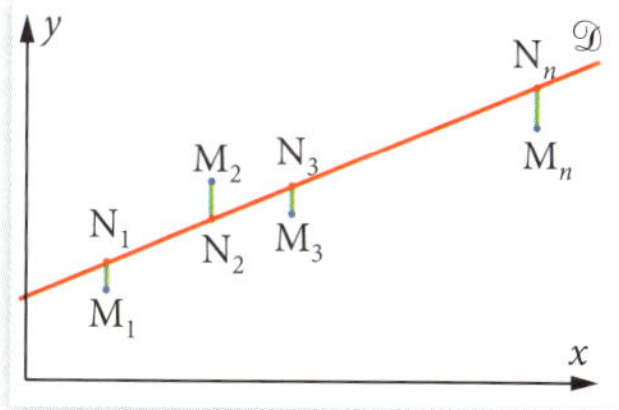

On se donne le tableau statistique suivant :

x_i	7	11	14	18	21	24
y_i	121	106	69	52	25	18

1. a. Dans un repère orthogonal, représenter le nuage de points de cette série (unités : 1 cm pour 2 sur l'axe des abscisses et 1 cm pour 10 sur l'axe des ordonnées) puis les droites (AB), (CD) et (EF) où A(8 ; 112), B(20 ; 37), C(9 ; 109), D(23 ; 16), E(6 ; 135) et F(25 : 0).

b. Que dire de ces droites par rapport au nuage de points ?

2. Déterminer l'équation réduite $y = ax + b$ de chacune des droites (a et b seront arrondis à 10^{-3} près si nécessaire).

3. On souhaite calculer la somme S pour chacune de ces trois droites grâce à un tableur. Ouvrir le fichier. lienmini.fr/m111-c10-act2

a. Dans les cellules C10 à C15, saisir les valeurs a et b obtenues à la question **2** pour chacune des trois droites.

b. Dans les cellules D3 à I3, saisir une formule que l'on étirera ensuite vers le bas, permettant de compléter jusqu'à la ligne 8.

c. Dans les cellules E10, E12 et E14, saisir la formule permettant d'afficher la somme S.

d. Si l'on doit choisir la droite passant le plus près des points du nuage, laquelle choisir ? Pourquoi ?

info
La droite qui rend minimale la somme S est appelée la droite d'ajustement de y en x par la méthode des moindres carrés. C'est la calculatrice qui donnera son équation.

I. Séries statistiques à deux variables

A. Définition

Définition Une série statistique à deux variables est une série statistique étudiant simultanément deux caractères sur un même échantillon de n individus extraits d'une population.

On peut présenter une série statistique à deux variables à l'aide d'un tableau statistique de la forme :

Valeurs du premier caractère	x_1	x_2	...	x_n
Valeurs du second caractère	y_1	y_2	...	y_n

Remarque Dans ce chapitre, la calculatrice est d'une grande utilité. Par exemple, pour saisir les données du tableau statistique.

Valeurs du premier caractère	1	4	6	13
Valeurs du second caractère	10	7	8	2

	Sur TI	**Sur Casio**
Instructions	stats puis dans la colonne ÉDIT, sélectionner 4 : EffListe pour effacer les listes puis 1 : Modifier ... pour rentrer les valeurs du 1er caractère dans L_1 et celles du 2nd caractère dans L_2.	MENU STAT EXE F6 : ▷ puis F4 : DEL·A pour effacer les listes déjà existantes. Rentrer les valeurs du 1er caractère dans LiSt 1 et celles du 2nd caractère dans LiSt 2.
Affichage	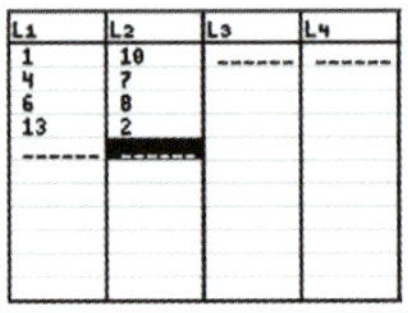	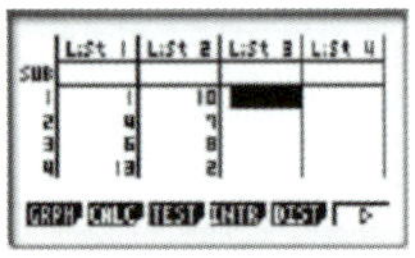

VOIR EXERCICE RÉSOLU 1

B. Nuage de points d'une série statistique à deux variables

Définition Dans un repère orthogonal $(O ; \vec{i} ; \vec{j})$ du plan, l'ensemble des points $M_i(x_i ; y_i)$ où i varie de 1 à n est appelé le nuage de points de la série statistique.

VOIR EXERCICE RÉSOLU 2

C. Point moyen du nuage de points

info

G est situé « au centre » du nuage de points.

Définition Soit $\bar{x}$ la moyenne des valeurs prises par le premier caractère et $\bar{y}$ celle des valeurs prises par le second caractère. On appelle point moyen du nuage de points de la série statistique, le point G de coordonnées $(\bar{x} ; \bar{y})$.

Remarque La calculatrice détermine les coordonnées du point moyen.

	Sur TI	**Sur Casio**
Instructions	stats puis aller jusqu'à la colonne CALC, sélectionner 2 : Stats 2 Var, descendre jusqu'à « Calculer » puis entrer.	F2 : DEL·A puis F2 : 2VAR.
Affichage	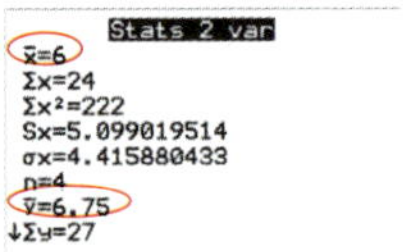	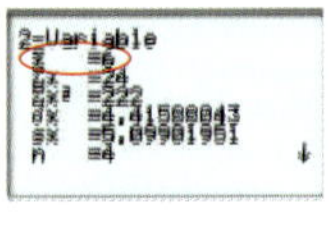 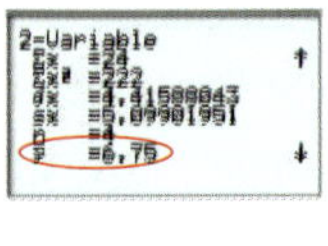

EXERCICE RÉSOLU 1

Représenter le nuage de points d'une série statistique à deux variables

Une personne court sur un tapis roulant dont la vitesse peut être modifiée. On a relevé sa fréquence cardiaque en battements par minute selon l'intensité du travail fourni, exprimée en kilojoules. Voici les résultats obtenus :

Intensité du travail fourni x_i (en kJ)	10	12	15	22	34	45	53	60
Fréquence cardiaque y_i (en battements par minute)	69	80	88	97	114	126	145	158

Construire le nuage de points représentant cette série statistique dans un repère orthogonal. On prendra comme unités graphiques 1 cm pour 10 kJ sur l'axe des abscisses et 1 cm pour 20 battements par minute sur l'axe des ordonnées en commençant la graduation à 60 battements par minute.

→ Résolution

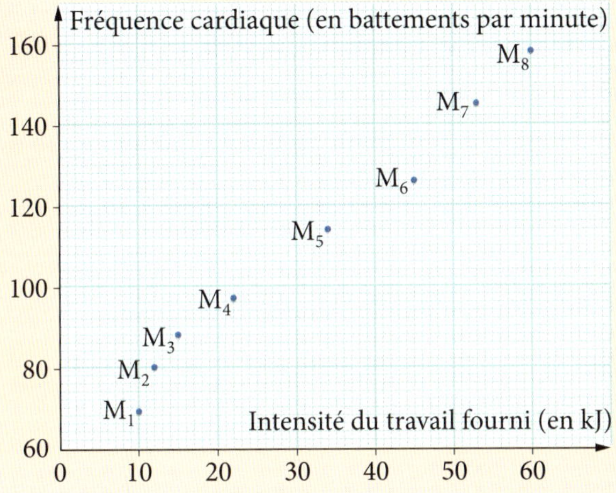

Méthode

- On construit les deux axes orthogonaux.
- On les gradue en faisant attention aux unités imposées et aux éventuelles indications sur le début des graduations.
- On légende les axes (axe des abscisses : premier caractère étudié ; axe des ordonnées : second caractère étudié).
- On place les points $M_i(x_i\,;\,y_i)$.

Attention : on ne relie pas les points entre eux.

VOIR EXERCICES D'APPLICATION 1 à 5

EXERCICE RÉSOLU 2

Déterminer les coordonnées du point moyen d'un nuage de points

Le tableau ci-dessous donne la production en France de véhicules de marque française entre 2007 et 2014.

Année x_i	2007	2008	2009	2010	2011	2012	2013	2014
Nombre de véhicules produits y_i (en milliers)	2573	2128	1691	1939	2007	1647	1445	1503

Source : CCFA

Calculer les coordonnées du point moyen G de cette série statistique.

→ Résolution

$$\overline{x} = \frac{2007+2008+2009+2010+2011+2012+2013+2014}{8} = 2010{,}5\ ;$$

$$\overline{y} = \frac{2573+2128+1691+1939+2007+1647+1445+1503}{8} = 1\,866{,}625.$$

Donc G(2010,5 ; 1 866,625).

Méthode

- On calcule $\overline{x}$ en additionnant toutes les valeurs prises par le premier caractère et en divisant le résultat par le nombre de valeurs.
- On calcule $\overline{y}$ de la même façon mais en travaillant avec le second caractère.
- On conclut en donnant les coordonnées de G.

VOIR EXERCICES D'APPLICATION 6 à 9

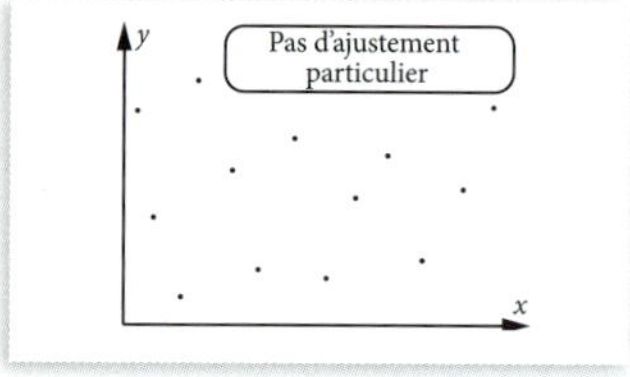

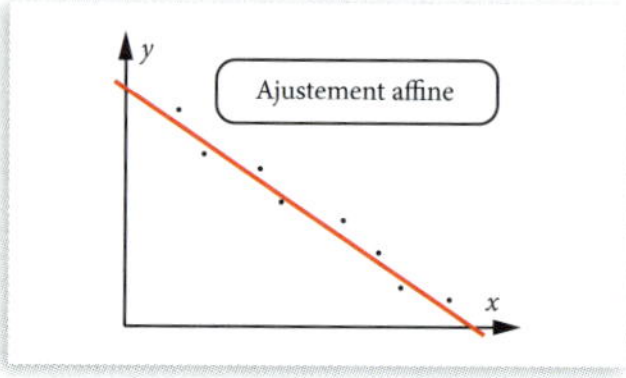

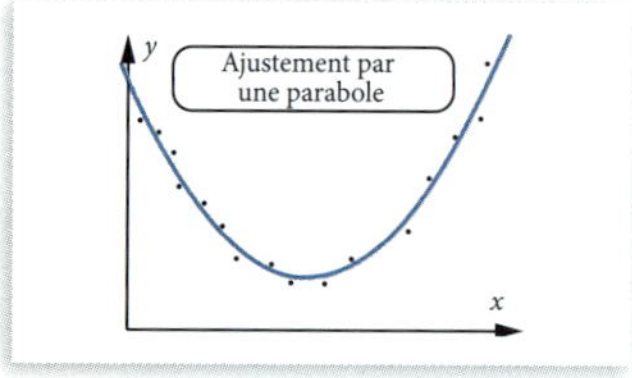

II. Ajustement affine

A. Ajustement du nuage de points d'une série statistique à deux variables

• L'objectif est de chercher s'il existe une relation, même approximative, entre les deux variables x et y d'une série statistique.

• L'allure du nuage de points représentant la série statistique peut parfois aider en suggérant une courbe « passant au plus près » des points du nuage : on parle alors d'**ajustement** du nuage. Si cette courbe représente une fonction f, on obtient ainsi une relation approximative entre x et y, de la forme $y = f(x)$.

• Dans le cas particulier où les points du nuage sont proches de l'alignement, la courbe cherchée est une droite et on dit alors que cette droite réalise un **ajustement affine** du nuage.

VOIR EXERCICES RÉSOLUS 3 et 4

B. Ajustement affine selon la méthode des moindres carrés

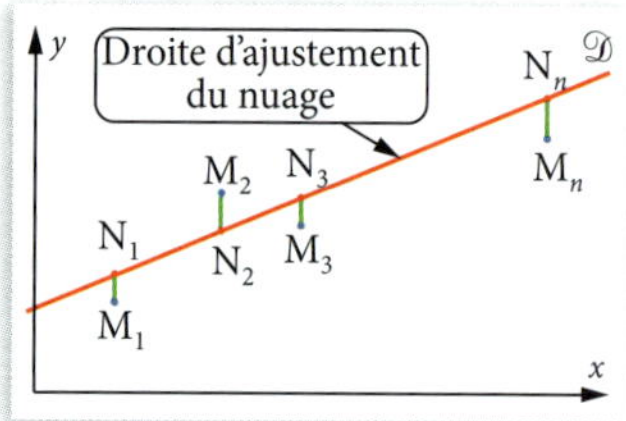

Si la forme d'un nuage de points suggère un ajustement affine, on peut trouver un grand nombre de droites ajustant ce nuage.
La méthode des moindres carrés consiste à déterminer celle rendant la somme $(M_1N_1)^2 + (M_2N_2)^2 + (M_3N_3)^2 + \dots + (M_nN_n)^2$ la plus petite possible.
On admettra que cette droite existe et qu'elle est unique.

Définition La droite obtenue par la méthode des moindres carrés est appelée la droite d'ajustement de y en x par la méthode des moindres carrés (ou la droite de régression de y en x).

Remarque importante Pour obtenir les coefficients a et b de l'équation réduite $y = ax + b$ de cette droite, on utilise la calculatrice ou un tableur. Avec le tableau de l'exemple précédent, une fois les données saisies :

	Sur TI	Sur Casio
Instructions	stats puis aller jusqu'à la colonne CALC, sélectionner 4 : RégLin(ax+b), descendre jusqu'à « Calculer » puis entrer.	F2 : CALC puis F3 : REG F1 : X puis F1 : ax+b
Affichage	RégLin y=ax+b a=-.641025641 b=10.59615385	

Propriété (admise) La droite d'ajustement de y en x par la méthode des moindres carrés passe par le point moyen du nuage de points de la série statistique.

Remarque

En déterminant l'équation de la droite d'ajustement $y = ax + b$ (et donc un lien approximatif entre x et y), on va pouvoir faire des estimations de valeurs de y correspondant à des valeurs de x données.
Ces estimations peuvent se faire soit graphiquement après avoir tracé la droite, soit par le calcul.

EXERCICE RÉSOLU 3

Déterminer l'équation réduite de la droite d'ajustement de y en x par la méthode des moindres carrés

Le tableau ci-dessous donne l'évolution du salaire minimum horaire, le SMIC horaire, de 2011 à 2015.

Année x_i	2011	2012	2013	2014	2015
SMIC horaire y_i (en €)	9,19	9,22	9,43	9,53	9,61

1. Représenter le nuage de points de la série statistique dans un repère orthogonal (unités : 1 cm pour 1 an sur l'axe des abscisses en commençant la graduation à 2010 et 10 cm pour 1 € sur l'axe des ordonnées en commençant la graduation à 9 €). Un ajustement affine est-il envisageable ?

2. Déterminer l'équation réduite de la droite $\mathcal{D}$ d'ajustement de y en x par la méthode des moindres carrés. Les coefficients a et b seront arrondis à 10^{-3} près. La représenter sur le graphique de la question 1.

→ Résolution

1. Un ajustement affine est envisageable avec ce nuage (figure ci-contre).

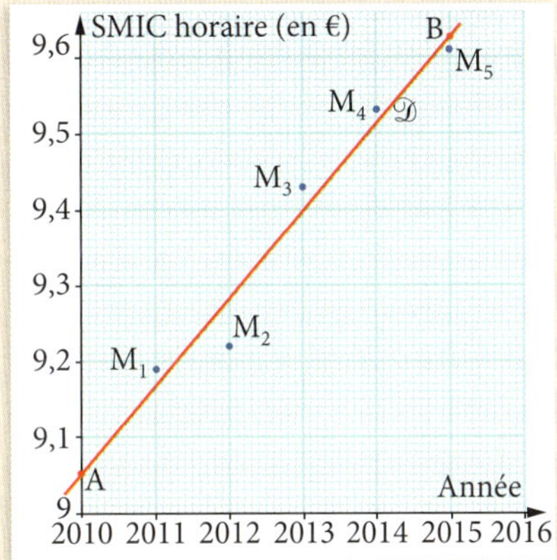

2. La calculatrice donne $a \approx 0,115$ et $b \approx -222,099$. L'équation réduite de la droite $\mathcal{D}$ est donc $y = 0,115x - 222,099$.
Pour représenter la droite, on détermine les coordonnées de deux points lui appartenant.
En prenant $x = 2010$, on obtient $y = 9,051$ et en prenant $x = 2015$, on obtient $y = 9,626$. Donc la droite $\mathcal{D}$ est la droite (AB) où A(2010 ; 9,051) et B(2015 ; 9,626).

Méthode

➲ On saisit les données du tableau statistique dans la calculatrice.

➲ On lit les coefficients a et b donnés par la calculatrice et on les remplace dans l'équation $y = ax + b$.

Pour représenter la droite

➲ On détermine les coordonnées de deux de ses points en donnant deux valeurs quelconques à x et en calculant y grâce à l'équation de la droite.

➲ On place les deux points trouvés et on trace la droite.

VOIR EXERCICES D'APPLICATION 10 à 12

EXERCICE RÉSOLU 4

Utiliser un ajustement affine pour faire des estimations

On prend l'énoncé de l'exercice résolu 3 et on souhaite faire des estimations du SMIC horaire en supposant que la droite $\mathcal{D}$ obtenue donne une approximation satisfaisante de l'évolution de y en fonction de x jusqu'en 2025.

1. Déterminer, par le calcul, le SMIC horaire estimé pour l'année 2018 (on arrondira le résultat au centime près).

2. Déterminer, par le calcul, à partir de quelle année on peut estimer que le SMIC horaire dépassera 10,50 €.

→ Résolution

1. Pour $x = 2018$, on obtient $y = 0,115 \times 2018 - 222,099 \approx 9,97$.
Le SMIC horaire pour l'année 2018 est donc estimé à 9,97 €.

2. L'inéquation $0,115x - 222,099 > 10,50$ équivaut à :
$x > \dfrac{10,50 + 222,099}{0,115}$, soit $x > 2\,022,6$. C'est donc à partir de l'année 2023 que l'on peut estimer que le SMIC horaire dépassera 10,50 €.

Méthode

➲ Si l'énoncé donne une valeur de x et demande une estimation de y, on remplace, dans $y = ax + b$, x par la valeur donnée et on calcule y.

➲ Si l'énoncé donne une valeur de y et demande une estimation de x, on remplace, dans $y = ax + b$, y par la valeur donnée et on résout l'équation (ou l'inéquation) pour obtenir x.

VOIR EXERCICES D'APPLICATION 13 à 15

L'ESSENTIEL

Série statistique à deux variables

La série statistique à deux variables, x et y, se présente sous la forme d'un tableau statistique :

Valeurs du premier caractère	x_1	x_2	.....	x_n
Valeurs du second caractère	y_1	y_2	.....	y_n

Nuage de points de la série

Le nuage de points de la série statistique est l'ensemble des points $M_i(x_i\,;\,y_i)$ pour i variant de 1 à n.

Point moyen du nuage

Le point moyen du nuage est le point $G(\overline{x}\,;\,\overline{y})$ tel que :

$$\overline{x} = \frac{x_1 + x_2 + ... + x_n}{n} \quad \text{et} \quad \overline{y} = \frac{y_1 + y_2 + ... + y_n}{n}.$$

Droite d'ajustement par la méthode des moindres carrés

La droite d'ajustement de y en x par la méthode des moindres carrés est la droite passant au plus près des points du nuage.
Elle passe par le point moyen G.
Son équation $y = ax + b$ (où a et b sont trouvés avec la calculatrice) permet d'obtenir une relation approximative entre y et x.

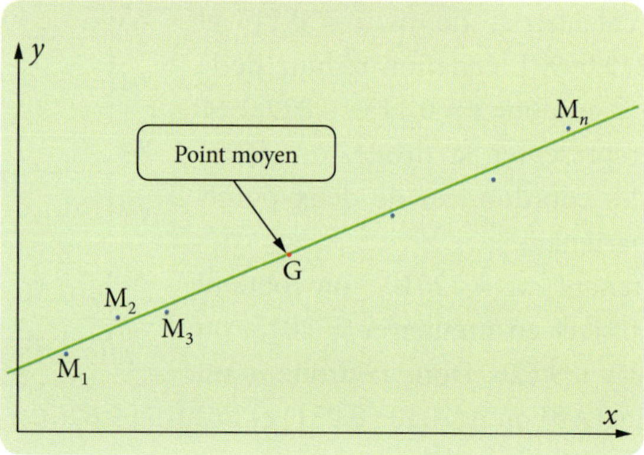

La calculatrice

	Sur TI	Sur Casio
Saisir les données du tableau statistique	stats puis dans la colonne ÉDIT, sélectionner 4 : EffListe pour effacer les listes puis 1 : Modifier … pour rentrer les valeurs du 1er caractère dans L_1 et celles du 2nd caractère dans L_2.	MENU STAT EXE F6 : ▷ puis F4 : DEL·A pour effacer les listes déjà existantes. Rentrer les valeurs du 1er caractère dans LiSt 1 et celles du 2nd caractère dans LiSt 2.
Lire les coordonnées du point moyen du nuage de points	stats puis aller jusqu'à la colonne CALC, sélectionner 2 : Stats 2 Var, descendre jusqu'à « Calculer » puis entrer.	F2 : DEL·A puis F2 : 2VAR.
Déterminer l'équation de la droite d'ajustement de y en x par la méthode des moindres carrés	stats puis aller jusqu'à la colonne CALC, sélectionner 4 : RégLin(ax+b), descendre jusqu'à « Calculer » puis entrer.	F2 : CALC puis F3 : REG F1 : X puis F1 : ax+b

TP1 Progression d'une maladie contagieuse

Objectif : **Découvrir d'autres types d'ajustements affines.**

lienmini.fr/m111-c10-tp1

Afin d'étudier la progression d'une maladie contagieuse, on a mené une enquête auprès d'un échantillon de 5 000 personnes. Le tableau ci-dessous donne le nombre d'individus ayant été contaminés au mois de janvier selon le rang du jour dans le mois.

Rang du jour x_i	1	2	5	8	11	14	18	21
Nombre de malades y_i	127	169	256	384	420	489	541	638

Partie A Observation du nuage de points

1. Ouvrir le fichier dans lequel est représenté le nuage des points $M_i(x_i\ ;\ y_i)$ pour i allant de 1 à 8 de la série statistique étudiée.

2. En observant ce nuage de points, dire si un ajustement affine semble envisageable.

Partie B La droite des extrêmes

1. Construire la droite (M_1M_8), appelée « la droite des extrêmes » et dire si elle convient pour ajuster le nuage de points de la série statistique étudiée.

2. Calculer son équation réduite et vérifier le résultat obtenu en le comparant à celui affiché par *GeoGebra* dans la fenêtre **Algèbre** (clic droit sur l'équation de la droite puis sélectionner **Equation** $\boldsymbol{y = ax + b}$).

3. On souhaite calculer la somme des carrés des écarts correspondant à la droite des extrêmes.

a. Construire les points N_i pour i allant de 1 à 8 des points de la droite (M_1M_8) de mêmes abscisses respectives que les points M_i.

b. Dans la barre de saisie, taper une formule permettant d'obtenir la somme S_1 des carrés des écarts cherchée. Noter le résultat obtenu.

Partie C La droite de Mayer

1. On désigne par G_1 le point moyen des quatre premiers points du nuage de points et par G_2 celui des quatre derniers. Déterminer les coordonnées de G_1 et de G_2.

2. Sur le fichier *GeoGebra*, effacer la droite des extrêmes, placer les points G_1 et G_2 et construire la droite (G_1G_2), appelée droite de Mayer. Cette droite semble-t-elle convenir pour ajuster le nuage de points ?

3. Calculer son équation réduite et vérifier le résultat obtenu en le comparant à celui affiché par *GeoGebra*.

4. En suivant la méthode utilisée dans la question **B3**, faire afficher la somme S_2 des carrés des écarts correspondant à la droite de Mayer. Noter le résultat obtenu.

Partie D Une droite donnée

1. On appelle $\mathcal{D}$ la droite de coefficient directeur 25 et passant par le point A(10 ; 390). Sur le fichier *GeoGebra*, effacer la droite de Mayer et construire la droite $\mathcal{D}$. Cette droite semble-t-elle convenir pour ajuster le nuage de points ?

2. Calculer son équation réduite et vérifier le résultat obtenu en le comparant à celui affiché par *GeoGebra*.

3. En suivant la méthode utilisée dans la question **B3**, faire afficher la somme S_3 des carrés des écarts correspondant à la droite $\mathcal{D}$. Noter le résultat obtenu.

Partie E Comparaison des ajustements affines

En comparant les trois sommes S_1, S_2 et S_3, classer les droites (M_1M_8), (G_1G_2) et $\mathcal{D}$, de celle qui propose le meilleur ajustement affine du nuage de points à celle qui propose le moins bon.

Utiliser la meilleure pour estimer le nombre de malades le dernier jour du mois.

TP2 Évolution du nombre d'utilisateurs d'une ligne aérienne

Objectif : **Effectuer un changement de variable pour se ramener à un ajustement affine.**

Il se peut que le nuage d'une série statistique suggère d'être ajusté par une courbe autre qu'une droite (parabole, courbe exponentielle,...). Dans ce cas, on procède à un changement de variable. C'est ce que l'on étudie dans ce TP.

Une compagnie aérienne a ouvert une nouvelle ligne en 2011. Le tableau ci-dessous donne l'évolution du nombre de passagers sur cette ligne entre 2011 et 2015 :

Année	2011	2012	2013	2014	2015
Rang de l'année x_i	1	2	3	4	5
Nombre de passagers y_i	5 321	7 204	10 312	15 003	20 954

1. **a.** Ouvrir un fichier *Excel* et saisir dans la colonne A, les valeurs de x_i et dans la colonne B, celles de y_i.

b. Représenter le nuage de points (x_i ; y_i) de la série en utilisant l'assistant graphique d'*Excel*.

c. Dans l'onglet **Disposition**, cliquer sur **Courbe de tendance** puis **Courbe de tendance linéaire**. Paraît-il envisageable d'ajuster ce nuage avec une droite ?

2. On se propose d'utiliser le tableur pour trouver un ajustement plus pertinent du nuage de points.

a. Représenter de nouveau le nuage de points de la série statistique étudiée, à côté du nuage de points précédent.

Dans l'onglet **Disposition**, cliquer sur **Courbe de tendance** puis sur **Autres options de la courbe de tendance**. Cocher les options **Exponentielle** et **Afficher l'équation sur le graphique**.

b. Observer les deux nuages de points représentés ainsi que les courbes d'ajustement obtenues et dire celle qui semble la plus appropriée pour ajuster le nuage de points. Noter son équation.

3. On se propose de retrouver cette équation de courbe d'ajustement en travaillant avec un nouveau tableau statistique et pour cela, on va procéder à un changement de variable.

On pose $z_i = \ln y_i$.

a. Dans la cellule C2 du fichier *Excel*, saisir une formule que l'on étirera vers le bas, permettant de compléter le nouveau tableau statistique suivant :

x_i	1	2	3	4	5
z_i (résultats arrondis à 10^{-2} près)					

b. Représenter le nouveau nuage de points (x_i ; z_i). Semble-t-il envisageable d'ajuster ce nuage avec une droite ?

c. Déterminer, à l'aide du logiciel, l'équation de la droite d'ajustement de z en x par la méthode des moindres carrés. Pour cela, aller dans l'onglet **Disposition**, cliquer sur **Courbe de tendance** puis sur **Autres options de la courbe de tendance**. Cocher les options **Linéaire** et **Afficher l'équation sur le graphique**.

d. En utilisant la relation $z = \ln y$ et la question précédente, montrer que l'expression de y en fonction de x peut s'écrire sous la forme :

$y = \alpha e^{\beta x}$ où α et β sont deux nombres réels (résultat de α arrondi à 10^{-1} près). Comparer l'expression obtenue à celle donnée par *Excel* dans la question **2b**.

4. En utilisant le modèle d'ajustement obtenu à la question précédente, estimer le nombre de passagers sur cette ligne aérienne en 2025.

5 En utilisant le modèle d'ajustement obtenu à la question précédente, estimer en quelle année le nombre de passagers sur cette ligne aérienne aura dépassé 100 000.

Appliquer

Les exercices de la partie « Appliquer » sont tous corrigés en fin d'ouvrage.

Nuages de points

VOIR EXERCICE RÉSOLU 1

Dans les **exercices 1 à 5**, on donne le tableau d'une série statistique à deux variables. Construire son nuage de points dans un repère orthogonal dont les unités graphiques sont données et dire si un ajustement affine est envisageable.

1 *

x_i	25	35	45	55	65	75
y_i	1,82	1,93	1,98	2,01	2,09	2,14

Unités graphiques : 2 cm pour 10 sur l'axe des abscisses et 5 cm pour 1 sur l'axe des ordonnées.

2 *

x_i	0	1	2	3	4	5	6	7
y_i	46	55	67	78	91	125	182	275

Unités graphiques : 1 cm pour 1 sur l'axe des abscisses et 1 cm pour 20 sur l'axe des ordonnées.

3 *

x_i	16,5	22	30	42	57	72	77
y_i	54	48	44,5	32	21,5	16,5	12

Unités graphiques : 1 cm pour 5 sur les deux axes.

4 *

x_i	2	4	6	8	10	12
y_i	82,16	82,44	82,58	82,46	82,32	82,00

Unités graphiques : 1 cm pour 1 sur l'axe des abscisses et 10 cm pour 1 sur l'axe des ordonnées en commençant la graduation à 81,5.

5 *

x_i	42	48	54	60	66
y_i	13,2	15,2	14,4	13,8	14,6

Unités graphiques : 0,5 cm pour 1 sur l'axe des abscisses en commençant la graduation à 40 et 2 cm pour 1 sur l'axe des ordonnées en commençant la graduation à 12.

Points moyens

VOIR EXERCICE RÉSOLU 2

Dans les **exercices 6 à 8**, on donne le tableau d'une série statistique à deux variables. Déterminer les coordonnées du point moyen G (si nécessaire, les résultats seront arrondis à 10^{-2} près).

6 * C1 C2 C3 **C4** C5 C6

x_i	0	6	12	18	24	30	36	42
y_i	26	31	33	36	37	41	71	49

7 *

x_i	1	2	3	4	5
y_i	2276	2284	2203	2187	2082

8 *

x_i	8	11	15	16	21	53
y_i	4,8	5,2	2,4	0,3	– 1,5	– 3,7

9 * C1 C2 C3 C4 C5 **C6**

Auriane a calculé les coordonnées du point moyen de la série statistique donnée par le tableau :

x_i	2	5	6	9	11
y_i	22,5	18,3	16,4	15,1	13,3

Elle a obtenu G(6,6 ; 13,1). Sans avoir fait aucun calcul, son amie Inès lui dit qu'elle s'est trompée. Qu'en est-il ?

Ajustements affines par la méthode des moindres carrés

VOIR EXERCICE RÉSOLU 3

Dans les **exercices 10 à 12**, déterminer à l'aide de la calculatrice la droite d'ajustement par la méthode des moindres carrés (coefficients arrondis à 10^{-3} près) puis déterminer les coordonnées de deux points lui appartenant.

10 *

x_i	1	2	3	4	5
y_i	123	129	135	140	145

11 *

t_i	3	5	7	9	11	13
y_i	9,92	9,86	9,85	9,84	9,79	9,76

12 *

t_i	18	20	21	25	28	30	33
N_i	24	44	62	100	132	145	161

Estimer avec la droite d'ajustement

VOIR EXERCICE RÉSOLU 4

13 * On a relevé, de l'année 2008 à l'année 2013, le nombre de tués y sur les routes françaises suivant l'année x. La droite d'ajustement de y en x par la méthode des moindres carrés a pour équation $y = -235x + 476\ 369$. On suppose que ce modèle d'ajustement reste fiable encore quelques années.

1. Estimer le nombre de tués sur les routes françaises en 2019.
2. Estimer en quelle année le nombre de tués sur les routes françaises deviendra inférieur à 1 000.

14 * On a relevé, de l'année 2005 à l'année 2014, le nombre de licences sportives z délivrées dans une ville suivant l'année x. La droite d'ajustement de z en x par la méthode des moindres carrés a pour équation $z = 112x - 216\,540$. On suppose que ce modèle d'ajustement reste fiable encore quelques années.
1. Estimer le nombre de licences sportives délivrées dans cette ville en 2020.
2. Estimer en quelle année le nombre de licences sportives délivrées dans cette ville dépassera 10 000.

15 ** Une population de bactéries placées dans un liquide se multiplie. On a étudié, pendant six heures, l'évolution du nombre N de bactéries, en millions, en fonction du temps t, en heures.
La droite d'ajustement de N en t par la méthode des moindres carrés a pour équation $N = 9{,}26t + 1{,}5$. On suppose que ce modèle d'ajustement reste fiable encore quelques heures.
1. Estimer le nombre de bactéries au bout d'un jour.
2. Estimer au bout de combien d'heures le nombre de bactéries dépassera 100 000 000.

16 * **QCM**
Pour chacune des questions posées, indiquer la bonne réponse.
Entre le 1er janvier 2011 et le 1er janvier 2015, on a relevé le prix d'un article de consommation courante.

Année	2011	2012	2013	2014	2015
Rang de l'année x_i	1	2	3	4	5
Prix y_i (en €)	7,9	8,3	8,7	9,4	9,8

1. Le point moyen du nuage de points de cette série statistique a pour coordonnées :
a. (2013 ; 3) b. (3 ; 8,7) c. (3 ; 8,82) d. (2013 ; 8,82)
2. La droite d'ajustement de y en x par la méthode des moindres carrés a pour équation :
a. $y = -0{,}49x + 4$ b. $y = 0{,}49x + 7{,}35$
c. $y = 0{,}49x - 977{,}55$ d. $y = x - 2010$
3. Avec l'ajustement précédent, le prix de cet article en 2020 est estimé à :
a. 997,15 € b. 10,15 € c. 12,25 € d. 11,90 €
4. Avec l'ajustement précédent, on peut estimer que le prix de cet article dépassera 15 € en :
a. 2026 b. 2025 c. 2021 d. 2029

Approfondir

Les exercices notés C sont corrigés en fin d'ouvrage.

17 * **Estimations graphiques et par calcul**
On a relevé la consommation de dioxygène y, exprimée en litres par minute (L·min^{-1}) d'une personne, en fonction de la puissance x de l'effort fourni, exprimée en watts (W).

Puissance x_i (en W)	40	80	120	160	200	240
Consommation en dioxygène y_i (en L·min^{-1})	1,1	1,6	2,2	2,5	3,4	3,9

1. Représenter le nuage de points $M_i(x_i\,;\,y_i)$ dans un repère orthogonal d'unités graphiques : 1 cm pour 20 W sur l'axe des abscisses et 2 cm pour 1 L·min^{-1} sur l'axe des ordonnées.
2. Calculer les coordonnées du point moyen G du nuage obtenu puis placer G sur le graphique précédent.
3. Déterminer une équation de la droite $\mathcal{D}$ d'ajustement de y en x par la méthode des moindres carrés (coefficients arrondis à 10^{-3} près). La représenter sur le graphique.
4. a. À l'aide de la droite $\mathcal{D}$, déterminer graphiquement la consommation en dioxygène lors d'un effort de 100 W.
b. À l'aide de la droite $\mathcal{D}$, déterminer graphiquement la puissance de l'effort fourni pour une consommation en dioxygène de 3 L·min^{-1}.
5. On considère que pour une puissance d'effort inférieure à 300 W, la droite $\mathcal{D}$ fournit un ajustement affine fiable du nuage de points.
a. Estimer, par le calcul, la consommation en dioxygène pour une puissance d'effort égale à 280 W.
b. Estimer, par le calcul, la puissance de l'effort fourni pour une consommation en dioxygène de 4 L·min^{-1} (résultat arrondi à l'unité).

18 * **Équation de la droite d'ajustement**
Un laboratoire a créé un site Internet permettant à ses clients d'obtenir les résultats de leurs analyses. Il a noté sa fréquentation chaque mois pendant six mois.

Rang du mois x_i	1	2	3	4	5	6
Nombre de visiteurs y_i	15	32	60	98	124	159

Ouvrir un fichier *Excel*.
1. Dans la colonne A, saisir les valeurs x_i et dans la colonne B, saisir les valeurs y_i.
2. À l'aide de l'instruction **MOYENNE**, faire afficher les coordonnées du point moyen du nuage de points.
3. Sélectionner les valeurs des deux colonnes et faire afficher le nuage de points de la série statistique à l'aide de l'assistant graphique du logiciel.
4. Pour lire l'équation de la droite $\mathcal{D}$ d'ajustement de y en x, aller dans l'onglet **Disposition**, cliquer sur **Courbe de tendance** puis sur **Autres options de la courbe de tendance**. Cocher l'option **Afficher l'équation sur le graphique** puis fermer la fenêtre.
Quelle est l'équation de $\mathcal{D}$ donnée par le logiciel ?
5. Selon ce modèle d'ajustement, estimer au bout de combien de mois ce laboratoire peut espérer voir le nombre de connectés à son site dépasser 300 ?

19 * C **Estimation graphique**
Le tableau ci-après donne le nombre de cartes SIM (en millions) en service de l'année 2009 à l'année 2014 en France.

Année	2009	2010	2011	2012	2013	2014
Rang de l'année x_i	1	2	3	4	5	6
Nombre de cartes SIM en service y_i (en millions)	60	62,4	65,2	68,4	69,9	71,1

1. Représenter le nuage de points $M_i(x_i\ ;\ y_i)$ dans un repère orthogonal d'unités graphiques : 1 cm pour 1 rang d'année sur l'axe des abscisses et 1 cm pour 1 million de cartes SIM sur l'axe des ordonnées en commençant la graduation à 59.
2. Calculer les coordonnées du point moyen G du nuage obtenu puis placer G sur le graphique précédent (résultats arrondis à 10^{-1} près).
3. Déterminer une équation de la droite $\mathscr{D}$ d'ajustement de y en x par la méthode des moindres carrés (coefficients arrondis à 10^{-1} près). La représenter sur le graphique.
4. Selon ce modèle d'ajustement, déterminer graphiquement en quelle année on peut envisager que le nombre de cartes SIM en service dépassera 75 000 000.

20 * Prévisions et estimations

Un rédacteur en chef lance un nouveau magazine le 1er janvier 2016. Il étudie l'évolution du nombre de lecteurs de son magazine au cours des premiers mois qui suivent sa création. Les résultats sont donnés dans le tableau suivant :

Rang du mois x_i	1	2	3	4	5
Nombres de lecteurs y_i (en milliers)	55	67	78	110	125

1. Représenter le nuage de points $M_i(x_i\ ;\ y_i)$ dans un repère orthogonal d'unités graphiques : 2 cm pour 1 rang de mois sur l'axe des abscisses et 1 cm pour 10 milliers de lecteurs sur l'axe des ordonnées.
Un ajustement affine du nuage est-il envisageable ?
2. Donner l'équation de la droite d'ajustement de y en x par la méthode des moindres carrés.
3. En utilisant cet ajustement, estimer par le calcul le nombre de lecteurs de ce magazine les sixième et septième mois qui suivent sa création.
4. Le huitième mois suivant la création du magazine, le rédacteur en chef constate que le sixième mois, le nombre de lecteurs était de 236 000 et le septième mois, il était de 318 000.
a. Compléter le nuage de points de la question **1** avec ces deux nouvelles données. Un ajustement affine du nouveau nuage est-il toujours envisageable ?
b. Soit f la fonction définie sur $[0\ ;+\infty[$ par :
$f(x) = 39\,e^{0,29x}$.
i. Étudier les variations de la fonction f sur $[0\ ;+\infty[$.
ii. Recopier et compléter le tableau suivant (résultats arrondis à 10^{-2} près) :

x	0	1	2	3	4	5	6	7	8	9	10
$f(x)$											

iii. Construire la courbe représentative de la fonction f sur le graphique de la question **1**.
iv. Que peut-on conseiller à ce rédacteur en chef s'il souhaite faire des prévisions pour les mois à venir ?
Estimer, par le calcul, le nombre de lecteurs un an après sa création.

21 * Point moyen

On considère la série statistique à deux variables, x et y, donnée par le tableau :

x	10	15	20	25	30
y	21,75	24	25	26	28,25

On s'intéresse au programme en Python suivant :

```
somme1=0

for i in range(5):
    x=float(input("abscisse du point :"))
    y=float(input("ordonnée du point :"))
    somme1=somme1+x

xmoyen=somme1/5

print(xmoyen)
```

1. Quel est le but de ce programme ?
2. Compléter ce programme afin qu'il détermine les coordonnées du point moyen de la série statistique.
3. Voici l'équation de la droite des moindres carrés qu'a trouvée Mickael :

$y = 0{,}3x +$ 

Malheureusement une tache d'encre a recouvert une partie de l'équation. En utilisant le résultat de la question **2**, retrouver l'équation de la droite des moindres carrés.

22 * Droite des moindres carrés

Le programme Python ci-dessous permet de représenter le nuage de points associé à la série statistique à deux variables x et y suivante :

x	1	3	5
y	0	6	4

```
from lycee import *

x=[1,3,5]
y=[0,6,4]
repere.plot(x,y,'bo')

repere.show()
```

Une classe d'étudiants a gonflé un ballon avec de l'hélium et le lâche par la fenêtre de la classe de physique. Comme l'hélium est un gaz plus léger que l'air, le ballon s'élève dans les airs. Le ballon est relié a une sonde qui permet d'obtenir les résultats suivants :

Temps x_i (en s)	10	15	23	38	45	49	56	62
Hauteur y_i (en m)	29,1	37,6	53,9	90,9	100,1	111,4	122,3	138,1

1. Écrire un programme en Python qui représente cette série statistique par un nuage de points.
2. Au vu de ce nuage de points, peut-on envisager un ajustement affine ?
3. Compléter le programme pour qu'il donne l'équation de la droite par la méthode des moindres carrés.

?

Avec EduPython, l'instruction **np.polyfit(x,y,1)** où x et y sont des listes respectivement constituées des abscisses et des ordonnées des points d'un nuage de points, retourne comme couple de variables le coefficient directeur et l'ordonnée à l'origine de la droite des moindres carrés.

4. Déduire une estimation de la hauteur à laquelle a été lâché le ballon.

23 ** C Changement de variable

Dans le tableau ci-dessous, on a relevé le prix y, en euros, d'un même appareil électronique chaque année de 2009 à 2015.

Année	2009	2010	2011	2012	2013	2014	2015
Rang de l'année x_i	0	1	2	3	4	5	6
Prix y_i	1 050	850	740	650	580	510	480
z_i							

On pose $z = \dfrac{1}{y}$.

1. Compléter le tableau ci-dessus (résultats arrondis à 10^{-4} près).
2. Donner l'équation de la droite d'ajustement de z en x par la méthode des moindres carrés (coefficients arrondis à 10^{-5} près).
3. En déduire l'expression de y en fonction de x.
4. On suppose que l'évolution du prix de cet appareil se poursuit suivant ce modèle encore quelques années.
a. Estimer le prix de cet appareil pour l'année 2018.
b. Déterminer à partir de quelle année le prix de cet appareil aura perdu 70 % de sa valeur initiale.

24 ** Distance d'arrêt

Au cours d'une séance d'essai, un pilote d'automobile doit, quand il reçoit un signal sonore dans son casque, arrêter le plus rapidement possible son véhicule. Au moment du top sonore, on mesure la vitesse de l'automobile puis la distance nécessaire pour arrêter le véhicule.
Pour six expériences, on a obtenu les résultats suivants :

Vitesse v_i en km.h^{-1}	21	43	62	77	98	115
Distance d'arrêt d_i (en m)	8	20	33	55	102	137

1. Les spécialistes pensent qu'on aura un meilleur ajustement en remplaçant les valeurs v_i par les valeurs $x_i = v_i^2$. Recopier et compléter le tableau suivant :

x_i						
d_i	8	20	33	55	102	137

2. a. Déterminer une équation de la droite d'ajustement de d en x par la méthode des moindres carrés (coefficients arrondis à 10^{-2} près).
b. En déduire une relation entre d et v.
c. Quelle est la distance d'arrêt estimée correspondant à une vitesse de 150 km.h^{-1} ?
d. Déterminer la vitesse estimée correspondant à une distance d'arrêt de 180 m.

25 ** Matériel de laboratoire

Dans cet exercice, les résultats seront arrondis à 10^{-2} près.
Le tableau suivant donne l'évolution du profit annuel d'une entreprise vendant du matériel de laboratoire de 2010 à 2015.

Année	2010	2011	2012	2013	2014	2015
Rang de l'année x_i	0	1	2	3	4	5
Profit y_i (en millions d'euros)	1,23	1,97	2,35	2,60	2,76	2,87

1. Représenter le nuage de points $M_i(x_i\,;\,y_i)$ dans un repère orthogonal d'unités graphiques : 2 cm pour 1 rang d'année sur l'axe des abscisses et 5 cm pour 1 million d'euros sur l'axe des ordonnées.
Un ajustement affine du nuage est-il envisageable ?
2. On pose $z_i = e^{y_i}$.
Compléter le tableau ci-dessous.

x_i	0	1	2	3	4	5
z_i						

3. Donner l'équation de la droite d'ajustement de z en x par la méthode des moindres carrés.
4. En déduire l'expression de y en fonction de x.
5. On suppose que l'évolution du profit annuel de cette entreprise se poursuit suivant ce modèle.
a. Calculer le profit annuel, exprimé en millions d'euros, estimé pour l'année 2020.
b. Déterminer à partir de quelle année le profit annuel initial aura au moins triplé.

26 ** C Comparaison de deux ajustements

Une machine est achetée 3 000 €.
Le prix de revente y, exprimé en euros, est donné en fonction du nombre x d'années d'utilisation par le tableau suivant :

x_i	0	1	2	3	4	5
y_i	3 000	2 400	1 920	1 536	1 229	983
z_i						

Partie A Ajustement affine

1. Représenter le nuage de points associé à la série statistique $(x_i\,;\,y_i)$ dans un repère orthogonal. Les unités graphiques seront 2 cm pour 1 année sur l'axe des abscisses et 1 cm pour 200 € sur l'axe des ordonnées.
2. Donner une équation de la droite $\mathcal{D}$ d'ajustement de y en x par la méthode des moindres carrés. Les coefficients seront arrondis à l'unité.

3. Avec ce modèle d'ajustement, estimer par le calcul le prix de revente de la machine au bout de huit ans. Commenter le résultat obtenu. Que peut-on alors penser d'un ajustement affine dans le cas de cette série statistique ?

Partie B Un ajustement non affine

On pose $z_i = \ln y_i$.

1. Compléter le tableau précédent (résultats arrondis à 10^{-2} près).

2. Déterminer une équation de la droite d'ajustement de z en x par la méthode des moindres carrés (coefficients arrondis à 10^{-2} près).

3. En déduire une relation entre y et x de la forme $y = A\mathrm{e}^{Bx}$ où A est un réel arrondi à l'unité.

4. Avec ce modèle d'ajustement, estimer par le calcul le prix de revente de la machine au bout de huit ans. Que peut-on alors penser du choix de ce nouvel ajustement ?

27 *** Changement de variable et estimations

ALGO C1 C2 C3 C4 C5 C6

Le tableau ci-dessous présente la capacité de production d'électricité des éoliennes, en mégawatts (MW), de 2005 à 2014 en Belgique.

Année	2005	2006	2007	2008	2009	2010	2011	2012	2013	2014
Rang de l'année x_i	1	2	3	4	5	6	7	8	9	10
Production P_i	167	194	287	384	563	886	1 078	1 375	1 651	1 959
$y_i = \ln P_i$										

On pose $y_i = \ln P_i$.

1. Compléter le tableau ci-dessus (résultats arrondis à 10^{-2} près).

2. Représenter le nuage de points $M_i(x_i\,;\,y_i)$ dans un repère orthogonal d'unités graphiques : 1 cm pour 1 rang d'année sur l'axe des abscisses et 5 cm pour 1 unité sur l'axe des ordonnées que l'on commencera à graduer à partir de 5.

3. Calculer les coordonnées du point moyen G du nuage obtenu (résultats arrondis à 10^{-2} près) puis placer G sur le graphique précédent.

4. Déterminer une équation de la droite $\mathscr{D}$ d'ajustement de y en x par la méthode des moindres carrés (coefficients arrondis à 10^{-2} près). La représenter sur le graphique.

5. En déduire une expression de P en fonction de x.

6. On suppose que cette expression constitue une bonne modélisation.

a. Estimer, par lecture graphique puis par le calcul, la capacité de production en mégawatts des éoliennes en Belgique en 2020 (arrondir au mégawatt près).

b. Estimer, par lecture graphique puis par un calcul, en quelle année la capacité de production des éoliennes en Belgique dépassera 5 GW (gigawatts).

7. Écrire un algorithme permettant d'afficher la réponse à la question **6b**. Le faire tourner afin de vérifier la réponse.

28 *** QCM

Pour chaque question posée, indiquer la bonne réponse.

1. Pour un seul de ces quatre nuages de points, un ajustement affine est envisageable. Lequel ?

a.
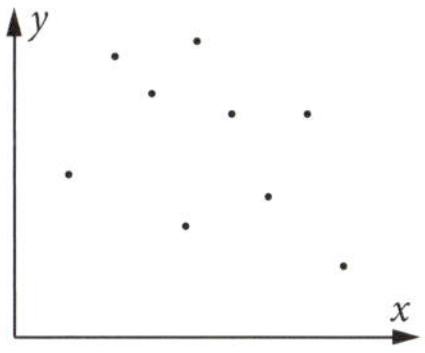

b.
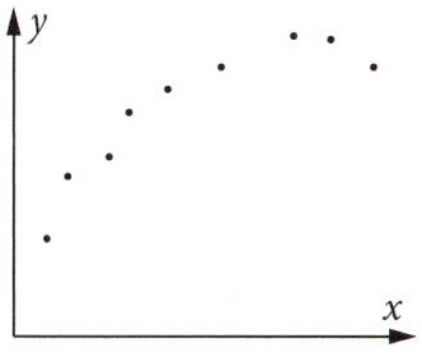

c.
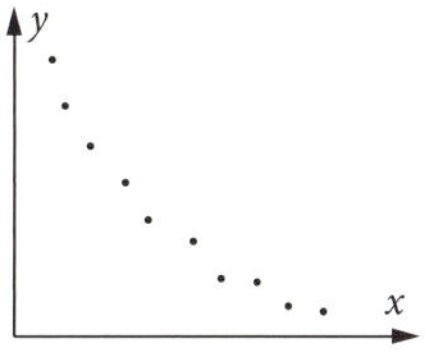

d.
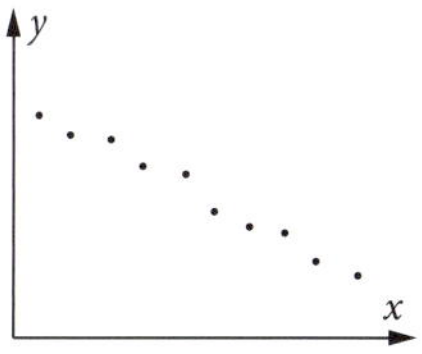

2. Le point moyen G du nuage de points représenté ci-contre a pour coordonnées :

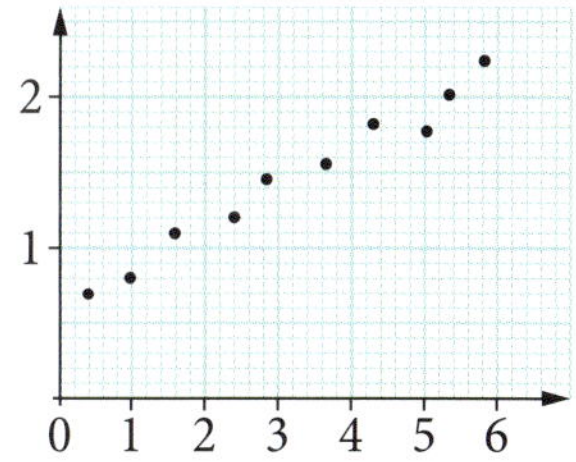

a. (2,27 ; 1,47)
b. (3,27 ; 1,47)
c. (3,27 ; 0,58)
d. (4,64 ; 1,75)

3. La droite d'ajustement de y en x par la méthode des moindres carrés du nuage de points représenté à la question **2** a pour équation :

a. $y = -2{,}61x + 0{,}57$ b. $y = 0{,}27x + 0{,}6$
c. $y = 1{,}74x + 0{,}58$ d. $y = 0{,}29x + 0{,}12$

4. Sous l'effet d'un antiseptique, une population de bactéries diminue en fonction du temps. On étudie, pendant quelques heures, l'évolution du nombre N de bactéries, exprimé en milliers, en fonction du temps t, en minutes.

En posant $z_i = \ln N_i$, on a obtenu le nuage de points de coordonnées $(t_i\,;\,z_i)$ représenté ci-dessous. La droite tracée est la droite d'ajustement de z en t de ce nuage de points par la méthode des moindres carrés.

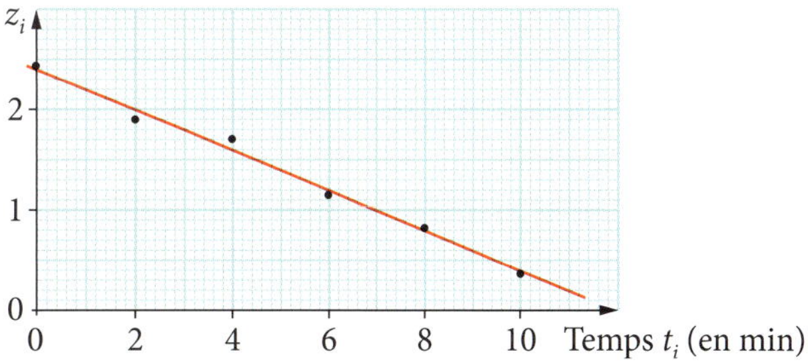

Le nombre de milliers de bactéries estimé au bout de cinq minutes est environ :

a. 4   b. 4 000   c. 1,4   d. 1 400

29 ** C Souche de bactéries

Un laboratoire étudie la croissance d'une souche de bactéries *Acétobacter*. Voici les résultats obtenus :

Temps x_i (en h)	4	5	6	7	8	9
Nombre N_i de bactéries par unité de volume (en milliers)	14	22	71	162	383	590

Tous les résultats obtenus seront arrondis à 10^{-2} près.

1. Représenter sur la calculatrice le nuage de points de cette série statistique. Pour cela, saisir les valeurs du tableau dans la calculatrice puis :

Sur TI	**Sur Casio**
① 2nde f(x), sélectionner 4 : GraphNaff puis entrer. ② 2nde f(x), appuyer 2 fois sur entrer puis zoom 9.	① GRPH puis SET ② EXIT puis GRPH.

Un ajustement affine du nuage obtenu semble-t-il envisageable ?

2. Le laboratoire décide donc de poser $y_i = \ln N_i$.
Compléter le tableau suivant :

Temps x_i (en h)	4	5	6	7	8	9
y_i						

3. Saisir ce nouveau tableau dans la calculatrice et faire apparaître le nouveau nuage de points.
Un ajustement affine du nuage obtenu semble-t-il, cette fois, envisageable ?
4. Donner l'équation de la droite d'ajustement de y en x par la méthode des moindres carrés.
5. En déduire une expression de N en fonction de x.
6. Avec ce modèle d'ajustement, estimer le temps nécessaire à l'obtention de 100 000 bactéries par unité de volume. On donnera le résultat en heures, minutes, secondes.

30 *** Réserve d'eau naturelle

Une réserve d'eau naturelle est aménagée pour la baignade. Un système d'évacuation permet de maintenir dans ce bassin, en toutes circonstances, un volume d'eau constant égal à 50 000 L.

À la suite de pluies torrentielles, des eaux de ruissellement, polluées par des pesticides, se déversent dans ce bassin. On a déterminé le volume y (en litres) de pesticides contenus dans le bassin à l'instant t (exprimé en heures). Les résultats figurent dans le tableau ci-après.

t_i	0	20	40	60	80	100
y_i	0	173	375	502	688	778
z_i						

On pose $z_i = -7 + \ln(2\,000 - y_i)$.

1. Compléter le tableau ci-dessus, en donnant les valeurs de z_i arrondies à 10^{-2} près.
2. Dans un repère orthogonal, représenter le nuage de points $M_i(t_i\,;\,z_i)$. On prendra 0,1 cm pour 1 heure en abscisses, et 20 cm pour 1 unité en ordonnées.
3. Donner l'équation de la droite d'ajustement de z en t par la méthode des moindres carrés (coefficients arrondis à 10^{-3} près).
4. Montrer que l'on peut choisir comme expression approchée de y en fonction de t :
$y = 2\,000(1 - e^{-0{,}005t})$.
5. La baignade devient dangereuse dès que le taux de pesticides contenus dans l'eau atteint 2 %.
Déterminer au bout de combien de jours la baignade sera dangereuse.

31 *

Following a restructuring plan in 2010, a company which sells medical equipment saw its annual profits rise. The following table shows the evolution :

Year	2010	2011	2012	2013	2014	2015
Year rank x_i	0	1	2	3	4	5
Profit P_i (millions of euros)	65	74	98	112	124	136

1. Find the reduced form of the regression line relative to the points $M_i(x_i\,;\,P_i)$ (coefficients should be rounded to 10^{-1}).
2. Use this equation to estimate the profit of this company in 2018.
3. Use this equation to estimate when the profits of this company will exceed 200 000 000 €.

Pour se tester

32 ** C VRAI ou FAUX ?

À la suite d'un accident nucléaire, on a relevé à chaque heure t, avec un appareil de mesure de radioactivité, le nombre n de particules recueillies en 1 s. Voici les résultats obtenus :

t_i	0	1	2	3	4	5	6
n_i	169	101	62	43	26	17	12

On pose $y_i = \ln(n_i - 3)$.

Répondre par vrai ou faux aux affirmations suivantes. Justifier.	Vrai	Faux
1. Le point moyen G du nuage de points $M_i(t_i\,;y_i)$ a pour coordonnées (3 ; 3,63) (ordonnée arrondie à 10^{-2} près)	V	F
2. Une expression approximative de n en fonction de t est : $n = -3 + 162{,}4e^{-0{,}48t}$.	V	F
3. Une estimation du nombre de particules recueillies en une seconde au bout de neuf heures est 5.	V	F
4. On estime que le nombre de particules recueillies en une seconde deviendra inférieur à 4 au bout de treize heures.	V	F

33 * C QCM

Pour chacune des questions posées, indiquer la bonne réponse.
On a recensé, au sein de 11 cliniques, le nombre de postes du personnel non médical y, en fonction du nombre de lits x de la clinique.
Le nuage de points de la série statistique étudiée est représenté ci-contre.

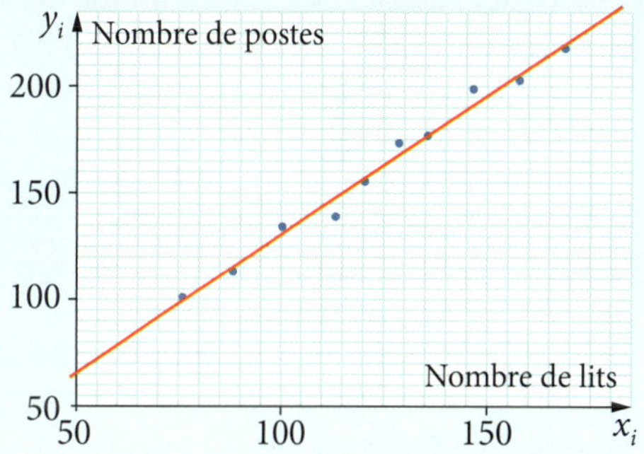

	a	b	c	d
1. Le nombre de postes du personnel non médical dans la clinique possédant 100 lits est :	133	76	84	126
2. La droite d'ajustement de y en x par la méthode des moindres carrés, représentée sur le graphique, a pour équation :	$y = 0{,}48x + 54{,}2$	$y = 3{,}25x + 53{,}7$	$y = 1{,}46x + 54{,}1$	$y = 1{,}30x - 0{,}24$
3. Si une clinique embauche 152 personnes occupant un poste non médical, elle devrait posséder :	208 lits	117 lits	197 lits	153 lits
4. Si une clinique possède 81 lits, le nombre de personnes du personnel non médical à embaucher est estimé à :	63	105	92	119

34 *** C Alcool dans le tube digestif

Dans le tableau ci-dessous, on donne la quantité d'alcool u, exprimée en moles d'alcool, présente dans le tube digestif d'une personne ayant consommé une boisson alcoolisée en fonction du temps t, exprimé en minutes.

t_i (en min)	0	2	4	9	15	18
u_i (en moles)	1,2	0,91	0,63	0,36	0,1	0,06
y_i						

On pose $y_i = \ln u_i$.

1. Compléter le tableau ci-dessus (résultats arrondis à 10^{-2} près).

2. Représenter le nuage de points $M_i(t_i\,;y_i)$ dans un repère orthogonal d'unités graphiques : 1 cm pour 2 min sur l'axe des abscisses et 5 cm pour 1 unité sur l'axe des ordonnées.

3. Déterminer une équation de la droite $\mathscr{D}$ d'ajustement de y en t par la méthode des moindres carrés (coefficients arrondis à 10^{-2} près). La représenter sur le graphique.

4. Déterminer une expression de u en fonction de t.

5. À l'aide de la droite $\mathscr{D}$, déterminer graphiquement une estimation de la quantité d'alcool présente dans le tube digestif de cette personne au bout de 12 min.

6. Estimer par le calcul au bout de combien de minutes la quantité d'alcool présente dans le tube digestif de cette personne deviendra inférieure à 0,01 mole d'alcool.

S'entraîner au Bac

35 * D'après Bac STL Biotechnologies Métropole, 2013

Le tableau suivant donne la tension artérielle moyenne y_i d'une population d'hommes à différents âges x_i :

Âge x_i (en années)	25	40	50	60	70
Tension artérielle y_i (en mm de mercure)	118,2	124,3	131,9	136,5	142,5

1. Représenter le nuage de points $M_i(x_i\ ;\ y_i)$ dans un repère orthogonal. On prendra pour unités graphiques 2 cm pour 10 ans sur l'axe des abscisses et 2 cm pour 10 mm de mercure sur l'axe des ordonnées que l'on commencera à graduer à partir de 100.

2. À l'aide de la calculatrice, déterminer une équation de la droite $\mathcal{D}$ d'ajustement de y en x par la méthode des moindres carrés. On arrondira les coefficients à 10^{-4} près.

Pour la suite de l'exercice, on prendra pour équation de la droite $\mathcal{D}$: $y = 0{,}55x + 103{,}75$.

3. Tracer la droite $\mathcal{D}$ sur le graphique précédent.

4. Avec ce modèle d'ajustement, estimer graphiquement, en laissant apparents les traits de construction, la tension artérielle moyenne d'un homme de 75 ans.

5. Avec ce modèle d'ajustement, estimer algébriquement, à partir de quel âge un homme a une tension artérielle moyenne supérieure à 150.

36 *** D'après Bac STL BGB, 2011

On observe l'évolution d'une culture microbienne. On note x le nombre de microbes à l'instant t exprimé en heures. Les mesures obtenues sont consignées dans le tableau ci-dessous :

Nombre d'heures t_i	2	3	4	5	6	8
Nombre de microbes x_i (en milliers)	0,9	1,5	2,5	4	6,7	18
y_i						

On pose $y_i = \ln x_i$.

1. Compléter le tableau ci-dessus (on arrondira les résultats à 10^{-2} près).

2. Construire le nuage de points $N_i(t_i\ ;\ y_i)$ dans un repère orthonormé (unité graphique : 2 cm).

3. Calculer les coordonnées du point moyen G de ce nuage (on arrondira les résultats à 10^{-2} près) et placer ce point G sur le graphique précédent.

4. À l'aide de la calculatrice, déterminer une équation de la droite $\mathcal{D}$ d'ajustement de y en t par la méthode des moindres carrés (on arrondira les coefficients à 10^{-2} près) puis tracer la droite $\mathcal{D}$.

5. En utilisant le graphique, déterminer le temps nécessaire pour que la population atteigne 11 000 individus (on expliquera la démarche utilisée et on laissera les traits de construction apparents).

6. Déterminer, par le calcul, le nombre x de microbes présents dans le milieu de culture au bout de 10 h (on arrondira au millier).

37 *** D'après Bac STL Biotechnologies Polynésie, 2015

On injecte dans le sang d'un malade un médicament à l'aide d'une perfusion. L'efficacité de ce médicament est optimale lorsque le débit de perfusion est stable et que la concentration du produit ne dépasse pas 250 $\mu g{\cdot}cm^{-3}$ (microgrammes par centimètre cube). On relève l'évolution de la concentration de ce médicament et on obtient les résultats suivants :

Temps t_i (en min)	0	2	4	6	10	12	15
Concentration c_i (en $\mu g{\cdot}cm^{-3}$)	0	64	94	130	195	220	230
y_i							

Dans l'exercice, les résultats seront arrondis à 10^{-2} près.

On pose : $y_i = \ln(250 - c_i)$.

1. Compléter le tableau ci-dessus.

2. Dans un repère orthogonal d'unité 1 cm en abscisse et 2 cm en ordonnée, représenter le nuage de points $M_i(t_i\ ;\ y_i)$ de la série statistique définie par le tableau précédent.

3. Déterminer une équation de la droite $\mathcal{D}$ d'ajustement de y en t par la méthode des moindres carrés. Représenter $\mathcal{D}$ dans le repère précédent.

4. En déduire une relation entre la concentration c et le temps t sous la forme $c = A + Be^{kt}$.

38 *** D'après Bac STL BGB La Réunion, 2009

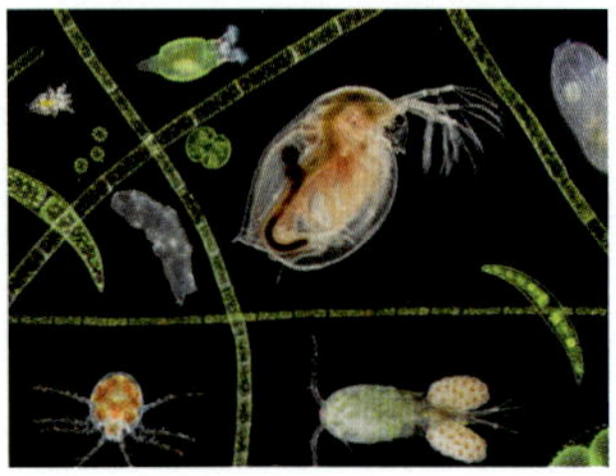

Un magasin d'aquariophilie fait l'élevage d'*Artemia salina*, petits crustacés appartenant au plancton marin. À l'aide d'un appareil à imagerie numérique, on a pu mesurer, pour des temps t_i exprimés en jours, le nombre N_i d'*Artemia* exprimé en centaines :

t_i	0	3	6	9	12	15	18	21	24
N_i	5	20	50	150	370	610	740	800	820
y_i									

1. On pose : $y_i = \ln\left(\dfrac{825}{N_i} - 1\right)$. Compléter le tableau ci-dessus en arrondissant les valeurs à 10^{-1} près.

2. a. Représenter le nuage de points $M_i(t_i\ ;\ y_i)$ dans un repère orthonormé d'unité graphique 1 cm.

b. Calculer les coordonnées, arrondies à 10^{-1} près, du point moyen G du nuage de points obtenu.

3. a. Donner une équation de la droite $\mathcal{D}$ d'ajustement de y en t par la méthode des moindres carrés. On arrondira les coefficients à 10^{-1} près.

b. Tracer $\mathcal{D}$ dans le repère précédent.

4. a. On utilise l'équation de $\mathcal{D}$ et la relation :

$$y = \ln\left(\frac{825}{N} - 1\right).$$

Démontrer que le nombre N d'*Artemia* que l'on peut prévoir après t jours d'élevage est donné, en centaines, par la formule : $N = \dfrac{825}{1+e^{-0,4t+5,1}}$.

b. Selon ce modèle d'ajustement, estimer le nombre d'*Artemia* au bout de dix jours d'élevage.

Aller plus loin

39 *** Des verres photochromiques

Les verres photochromiques s'assombrissent ou s'éclaircissent en fonction de la luminosité. Dans cet exercice, on étudie le coefficient de transmission d'un verre minéral photochromique en fonction de la longueur d'onde de la lumière.

Suite à une étude expérimentale, on a obtenu un nuage de points (figure ci-dessous) où x correspond à la longueur d'onde en nanomètres (nm), et y au coefficient de transmission, exprimé en pourcentage.

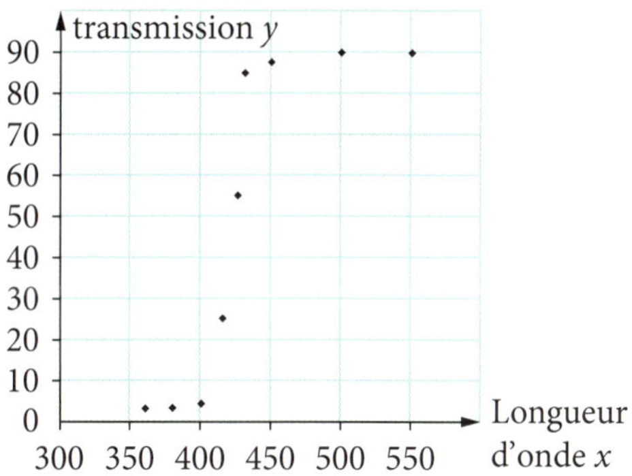

Partie A Ajustement affine

On s'intéresse tout d'abord à la phase de transition entre l'état sombre et l'état clair, correspondant aux données du tableau suivant.

Longueur d'onde x_i (en nm)	400	410	420	430
Coefficient de transmission y_i (en %)	4	25	55	85

1. Donner une équation de la droite d'ajustement y en x par la méthode des moindres carrés.

2. Utiliser l'équation précédente pour estimer le coefficient de transmission pour une longueur d'onde de 416 nm (arrondir à l'unité).

Partie B Étude de fonction et calcul intégral

Un modèle global de la situation expérimentale conduit à exprimer le coefficient de transmission, en pourcentage, en fonction de la longueur d'onde x, en nm, à l'aide de la fonction f définie sur $[0 ; +\infty[$ par :

$$f(x) = 90 - \frac{89}{1+e^{0,2(x-416)}}.$$

On note $\mathscr{C}$ la courbe représentative de la fonction f.

1. a. Démontrer que, pour tout $x \in [0 ; +\infty[$:

$$f'(x) = 17,8\frac{e^{0,2(x-416)}}{\left(1+e^{0,2(x-416)}\right)^2}.$$

b. En déduire le sens de variation de f sur $[0 ; +\infty[$.

2. Déterminer le coefficient directeur de la tangente T à la courbe $\mathscr{C}$ au point d'abscisse 416.

Ce coefficient directeur correspond à la vitesse de transition.

3. a. Montrer que pour tout $x \in [0 ; +\infty[$:

$$f(x) = 90 - 445 \times 0,2\frac{e^{-0,2(x-416)}}{1+e^{-0,2(x-416)}}.$$

b. Utiliser l'expression précédente pour donner une primitive de f sur l'intervalle $[0 ; +\infty[$.

c. En déduire la valeur approchée arrondie à 10^{-2} de l'aire, en unités d'aire, limitée par la courbe $\mathscr{C}$, l'axe des abscisses et les droites d'équations $x = 380$ et $x = 550$.

Cette aire correspond à la quantité d'énergie absorbée par le verre durant la transition sombre/clair.

40 *** Maladies cardiaques

Pour une étude cardio-vasculaire, on effectue une perfusion lente à débit constant d'une solution marquée par un indicateur radioactif.

Partie A Étude expérimentale

On relève l'évolution de la concentration au niveau du ventricule droit et on obtient les résultats suivants :

Temps t_i (en min)	0	2	4	6	8	10	12
Concentration c_i (en $\mu g \cdot cm^{-3}$)	0	54	84	100	109	114	117

Dans cette partie, les résultats seront arrondis au centième le plus proche.

1. On pose $z_i = \ln(120 - c_i)$.

Donner les valeurs de z_i pour i variant de 1 à 7.

2. Déterminer, par la méthode des moindres carrés, une équation de la droite de régression de z en t.

3. Donner une expression de la concentration c en fonction de t déduite de cet ajustement.

Partie B Résolution d'une équation différentielle

On admet que la fonction c est solution de l'équation différentielle :

(E) : $y' + 0,3y = 36$.

1. Résoudre l'équation différentielle (E).

2. Déterminer la fonction c solution de (E) qui vérifie : $c(0) = 0$.

Partie C Étude d'une fonction

Soit la fonction f définie sur $[0 ; +\infty[$ par :

$f(t) = 120(1 - e^{-0,3t})$.

1. Chercher les variations de f sur $[0 ; +\infty[$.

2. On admet que la limite de f en $+\infty$ est 120. Que peut-on en déduire pour sa courbe représentative ?

3. Représenter graphiquement la fonction f dans un repère orthogonal (unités : 1,5 cm pour une unité en abscisse et 1 mm pour une unité en ordonnée).

4. On appelle valeur moyenne d'une fonction f sur l'intervalle $[a ; b]$ le nombre réel :

$$\mu = \frac{1}{b-a}\int_a^b f(t)\,dt.$$

Calculer la valeur moyenne de la fonction f sur l'intervalle $[2 ; 12]$ et en donner une valeur approchée à l'unité près.

SOUTIEN AP1 Comment faire un changement de variable avec la fonction ln ?

I. La méthode

Quand on étudie une série statistique à deux variables x et y, on est souvent amené à faire le changement de variable $z = \ln y$. La détermination de l'équation de la droite $\mathscr{D}$ d'ajustement de z en x par la méthode des moindres carrés permet alors d'obtenir l'expression de y en fonction de x.

1 Avec le changement de variable $z = \ln y$ et l'équation $z = ax + b$ de $\mathscr{D}$, on écrit :
$\ln y = ax + b$

2 On utilise la propriété « si $y > 0$, $\ln y = X$ équivaut à $y = e^X$ » qui permet de déduire :
$y = e^{ax+b}$

3 Si l'énoncé demande d'écrire l'expression de y en fonction de x sous la forme $y = \alpha e^{\beta x}$, on utilise la propriété $e^{X+Y} = e^X \times e^Y$ pour en déduire :
$y = e^{ax} \times e^b$

4 On conclut : $y = e^b \times e^{ax}$ (e^b ← α ; a ← β)

On obtient une valeur approchée de α avec la calculatrice qui donne une valeur approchée de e^b.

Exemple

Si on pose $z = \ln y$ et que l'équation de $\mathscr{D}$ est $z = 2{,}6x + 1{,}5$ alors :
$\ln y = 2{,}6x + 1{,}5$
$y = e^{2{,}6x+1{,}5}$ $\quad y = e^{2{,}6x} \times e^{1{,}5}$ $\quad y = e^{1{,}5} \times e^{2{,}6x}$
En trouvant une valeur approchée de $e^{1{,}5}$ arrondie à 10^{-1} près, on a : $y = 4{,}5e^{2{,}6x}$.

II. Application

Dans chaque cas, on pose $z = \ln y$ et on donne l'équation de la droite d'ajustement de z en x par la méthode des moindres carrés. Déterminer l'expression de y en fonction de x sous la forme $y = \alpha e^{\beta x}$ où α sera arrondi à 10^{-1} près.

a. $z = 0{,}52x + 1{,}43$ **b.** $z = -3{,}18x + 7{,}2$
c. $z = 5{,}4x - 2{,}36$ **d.** $z = -0{,}4x - 1{,}3$

SOUTIEN AP2 Comment résoudre une inéquation faisant intervenir une exponentielle ?

Dans les questions d'estimations, on est souvent amené à déterminer à partir de quelle valeur de la variable x, on a $e^{ax+b} > c$ (ou $e^{ax+b} < c$) c étant un réel strictement positif.

I. La méthode

$e^{ax+b} > c$ est équivalent à :

$e^{ax+b} > e^{\ln c}$ — On utilise la propriété : « si $X > 0$, alors $X = e^{\ln X}$ ».

$ax + b > \ln c$ — On utilise la propriété : « $e^X > e^Y$ si et seulement si $X > Y$ ».

$ax > \ln c - b$ — On soustrait b aux deux membres de l'inéquation.

$x > \dfrac{\ln c - b}{a}$ (si $a > 0$) $\quad$ $x < \dfrac{\ln c - b}{a}$ (si $a < 0$) — On divise par a ($a \neq 0$) les deux membres de l'inéquation.

Pour répondre au problème posé, on doit alors donner une valeur approchée de $\dfrac{\ln c - b}{a}$. On arrondit par excès le résultat affiché par la calculatrice si $a > 0$ et par défaut si $a < 0$.

Exemple

On veut déterminer à partir de quelle valeur de x, arrondie à l'entier près, on a $e^{-0{,}3x+4{,}2} > 10$.

$e^{-0{,}3x+4{,}2} > 10$ équivaut à : $e^{-0{,}3x+4{,}2} > e^{\ln(10)}$
$-0{,}3x + 4{,}2 > \ln 10$
$-0{,}3x > \ln 10 - 4{,}2$
$x < \dfrac{\ln 10 - 4{,}2}{-0{,}3}$

Or : $\dfrac{\ln 10 - 4{,}2}{-0{,}3} \approx 6{,}32$. C'est donc à partir de l'entier $x = 6$, que l'on a : $e^{-0{,}3x+4{,}2} > 10$.

II. Application

Déterminer à partir de quelle valeur de x, arrondie à l'entier près, on a :

a. $e^{0{,}13x+2{,}9} > 320$ **b.** $e^{-0{,}2x+2{,}7} \leqslant 4$
c. $e^{1{,}3x-4{,}62} \geqslant 120\,750$ **d.** $e^{-0{,}041x-1{,}26} < 0{,}1$

APPROFONDISSEMENT AP3 Comment juger si un ajustement affine est envisageable ?

I. La méthode

Dans les exercices, la décision d'ajuster un nuage de points par une droite se prend à la seule vue du nuage. Les statisticiens ont éprouvé le besoin de quantifier cette prise de décision, en définissant un indicateur : le coefficient de corrélation linéaire. C'est un nombre réel, noté r, compris entre – 1 et 1 et que l'on obtient à la calculatrice au même endroit que les coefficients a et b de l'équation de la droite d'ajustement par la méthode des moindres carrés.

II. Application

1 Pour chacun des tableaux statistiques suivants, représenter sur la calculatrice le nuage de points, dire si un ajustement affine est envisageable puis lire la valeur du coefficient de corrélation linéaire r.

a.

x_i	2	3	4	6	7
y_i	1,5	4	1	5	3,5

b.

x_i	– 3	– 0,9	1,2	1,9	3,1	4,6
y_i	– 0,8	0,7	2	2,7	3,4	4,3

c.

x_i	0,8	1,5	2,7	4,1	6,2	8,3	8,9
y_i	8,9	6,1	4,4	2,8	1,9	1,7	1,6

d.

x_i	–2,4	–1,1	1,5	3,8	6,1	7	8,5
y_i	8,1	7,4	6,5	5,5	4,6	4,2	3,7

e.

x_i	1,4	1,6	2,1	2,9	3,4
y_i	0,9	2,5	4,2	5,1	5,2

f.

x_i	0	1	2	3	4	5
y_i	2	2,5	3,3	3,7	4,3	5

2 Que dire du coefficient de corrélation linéaire r dans les cas où un ajustement affine du nuage de points est envisageable ?

APPROFONDISSEMENT AP4 Comment utiliser une autre droite d'ajustement par la méthode des moindres carrés ?

I. La méthode

Pour une série statistique à deux variables x et y, on a vu que la droite d'ajustement de y en x rend minimale la somme des carrés des écarts verticaux. Elle est utilisée lorsqu'on pense que les valeurs prises par y dépendent de celles prises par x.

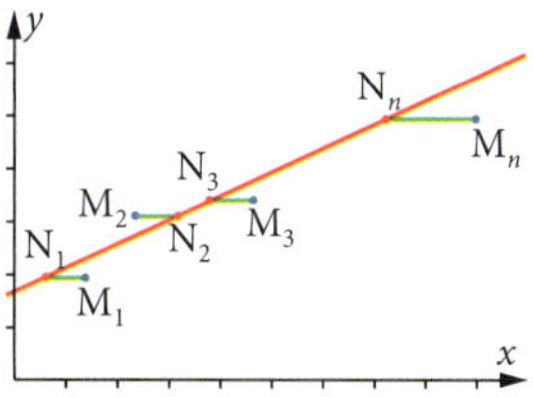

Mais lorsqu'on pense que ce sont les valeurs prises par x qui dépendent de celles prises par y, il est préférable d'utiliser la droite d'ajustement de x en y qui rend minimale la somme des carrés des écarts horizontaux $(M_1N_1)^2 + (M_2N_2)^2 + (M_3N_3)^2 + \dots + (M_nN_n)^2$. Elle a une équation de la forme $x = a'y + b'$ où les coefficients a' et b' s'obtiennent à la calculatrice.

Sur TI	Sur Casio
Dans 4 : RégLin(ax+b), saisir L2 dans Xliste et L1 dans Yliste, descendre jusqu'à « Calculer » puis entrer.	F2 : CALC puis F3 : SET. Saisir List2 dans 2Var XList et List1 dans 2Var YList. EXIT puis F3 : REG, F1 : X puis F1 : aX+b

II. Application

Une fuite de déchets radioactifs issue d'une zone de stockage, s'est répandue dans une rivière. Pour six régions situées en aval, on a relevé le nombre de décès annuels par cancer x et l'indice d'exposition y.

Nombre de décès annuels par cancer x_i	210	180	130	170	120	140
Indice d'exposition y_i	6,3	4,6	1,6	3,8	1,2	2,4

1 Avec la calculatrice, déterminer une équation de la droite d'ajustement de x en y par la méthode des moindres carrés sous la forme $x = a'y + b'$ (a' et b' arrondis à 10^{-2} près).

2 Avec cet ajustement, estimer le nombre de décès annuels par cancer dans une région où l'indice d'exposition serait égal à 5,3.

Casio Graph 35+E

I. Les fonctions

On utilisera ici la fonction f définie sur $\mathbb{R}$ par $f(x) = -x^2 + 3x + 4$ que l'on représentera avec [MENU] [3] (GRAPH).
Saisir la formule de la fonction en utilisant la touche [X,θ,T] pour la variable x puis taper [F6] (DRAW).
Pour régler la fenêtre graphique : [SHIFT] [F3] (V-Window).

1 Déterminer un nombre dérivé $f'(x_0)$ et tracer la tangente à la courbe représentative de f au point d'abscisse x_0 et en lire l'équation réduite

Pour lire $f'(2)$

① [MENU] [1] (RUN) [OPTN] [F4] (CALC) [F2] (d/dx) puis compléter, puis [EXE]

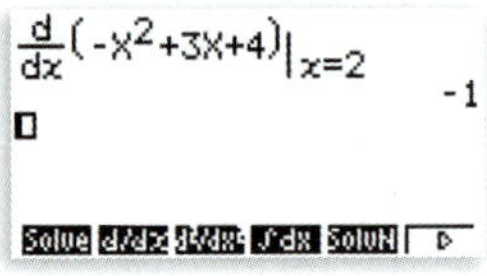

Pour tracer la tangente à la courbe représentative de f au point d'abscisse $x_0 = 2$ et en lire l'équation réduite

② Dans [SHIFT] [MENU] (SET UP), choisir Derivative ON.

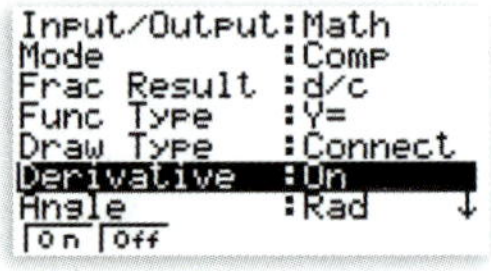

③ Puis taper [MENU] [3] (GRAPH) [F6] (DRAW) [SHIFT] [F4] (SKETCH) [F2] (Tang) [2] [EXE] [EXE]

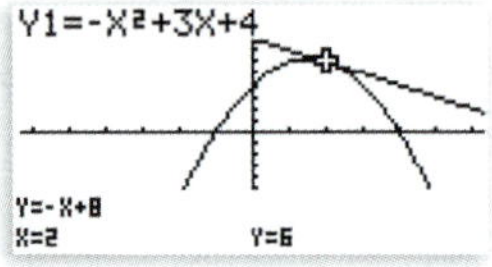

2 Calculer une intégrale

Pour calculer $\int_{-\frac{1}{3}}^{2} f(x)\,dx$.

① [MENU] [1] [OPTN] [F4] [F4]

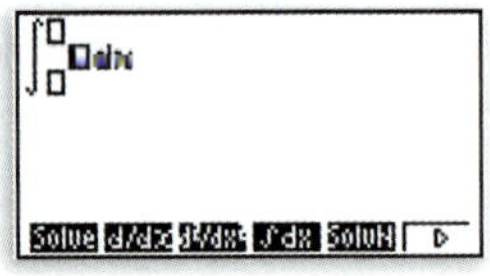

② On complète les cases vides avec les informations adéquates puis [EXE]

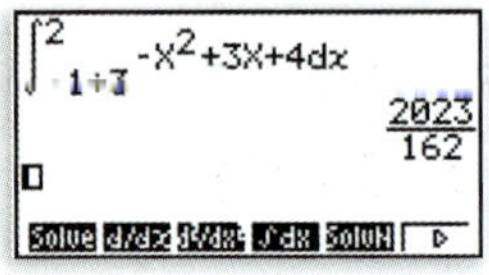

II. Les suites

Choisir [MENU] [6] (RECUR).

1 Afficher les premiers termes d'une suite du type $u_n = f(n)$ et les représenter

On utilisera ici la suite (u_n) définie par $u_n = \sqrt{n^3+1}$.

Pour afficher les premiers termes de la suite (u_n)

① [F3] (TYPE) puis choisir [F1] (a_n)

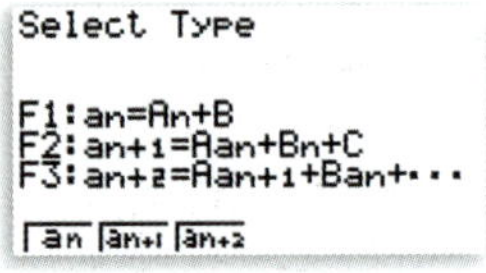

② Compléter par l'expression de la suite

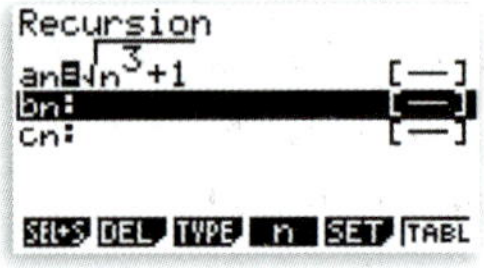

③ Saisir les paramètres [F5] (SET) [EXIT] puis [F6]

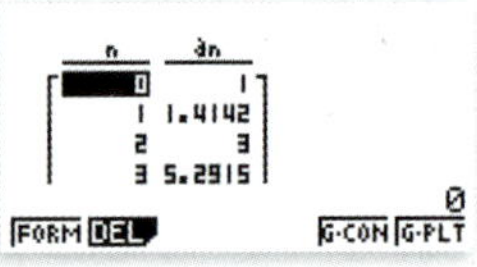

Pour les représenter

④ Choisir la fenêtre graphique [SHIFT] [F3] (V-Window) puis [F6] (G-PLT)

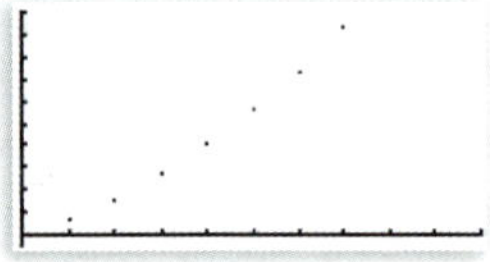

2 Afficher les premiers termes d'une suite du type $u_{n+1} = f(u_n)$ et les représenter.

On utilisera ici la suite (u_n) définie par $u_0 = 1$ et $u_{n+1} = 1{,}5u_n + 2$.

Pour afficher les premiers termes de la suite (u_n)

① F3 (TYPE) puis choisir F2 (a_{n+1})

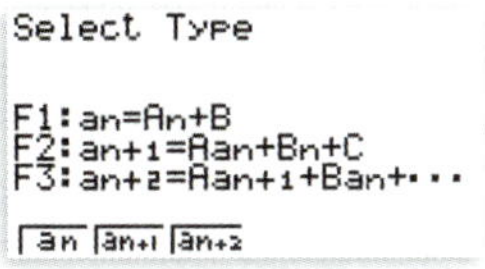

② Compléter par l'expression de la suite

③ Saisir les paramètres F5 (SET) EXIT puis F6 (TABL)

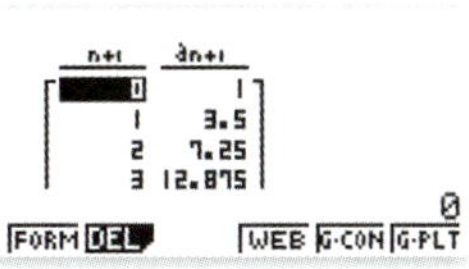

Pour les représenter

④ Choisir la fenêtre graphique SHIFT F3 (V-Window) puis dans le tableau taper F4 (WEB) EXE EXE EXE

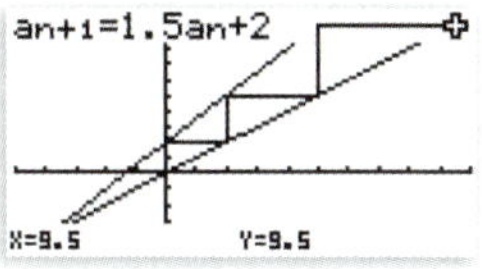

III. Les nombres complexes

Soit les nombres complexes $z_1 = 1 + \mathrm{i}\sqrt{3}$ et $z_2 = 4\left[\cos\left(-\dfrac{\pi}{6}\right) + \mathrm{i}\sin\left(-\dfrac{\pi}{6}\right)\right]$.

① Vérifier que la calculatrice est en mode RADIAN SHIFT MENU (SET UP)

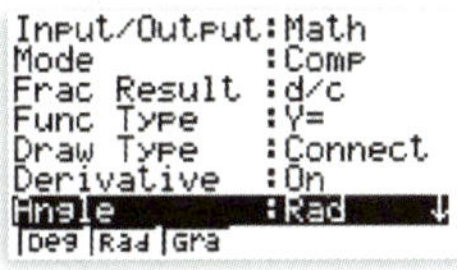

② Pour saisir $z_1 = 1 + \mathrm{i}\sqrt{3}$ MENU 1 (CALC) OPTN F3 (CPLX)

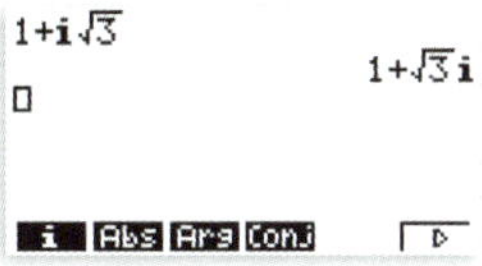

③ Pour obtenir le module et un argument de z_1
Après avoir saisi z_1, taper F6 puis F3 EXE
Module < argument sont affichés.

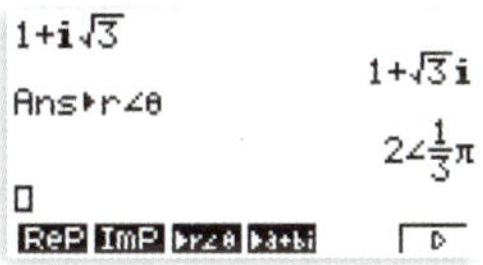

④ Pour obtenir la forme algébrique de z_2
Saisir z_2 puis EXE

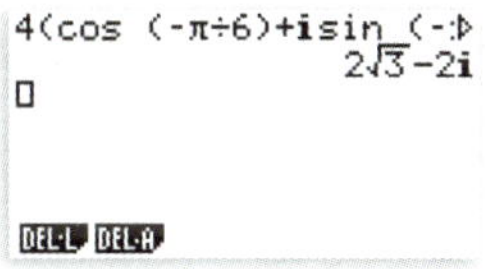

IV. Les statistiques à deux variables

On travaillera avec le tableau statistique ci-contre :

Valeurs du premier caractère	1	4	6	13
Valeurs du deuxième caractère	10	7	8	2

① Éditer un tableau statistique MENU 2 (STAT) compléter List 1 par les valeurs du 1er caractère et List 2 par les valeurs du 2e caractère

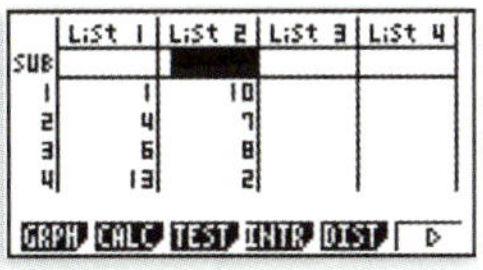

② Obtenir les coordonnées du point moyen F2 F6 (SET) puis EXE F2 (2Var)

abscisse $\overline{x}$ et ordonnée $\overline{y}$ du point moyen

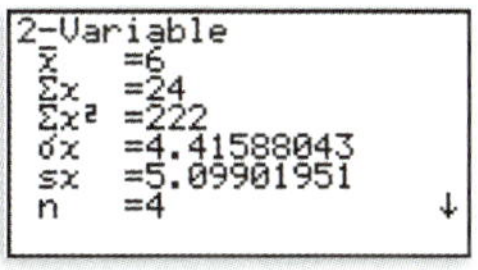

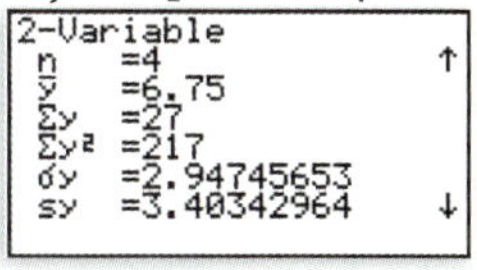

③ Obtenir l'équation de la droite d'ajustement de y en x par la méthode des moindres carrés

F2 F3 (REG)

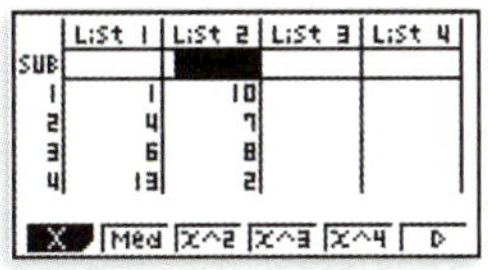

puis F1

puis F1 $(ax + b)$

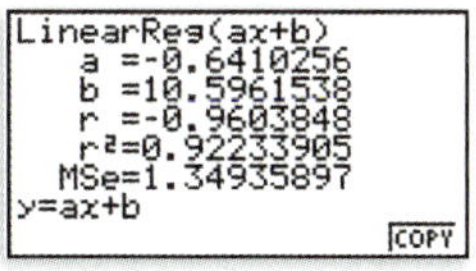

V. Les probabilités (loi binomiale et loi normale)

1 Loi binomiale

Soit X une variable aléatoire qui suit la loi binomiale de paramètres $n = 10$ et $p = 0{,}2$.

① Obtenir les valeurs de $p(X=k)$ dans un tableau
[MENU] [5] (TABL) on tape en Y_1 =
[OPTN] [F6] [F3] (STAT) puis [F1] (DIST) [F5] (BINM) [F1] (Bpd)
et on complète avec [X,θ,T], n, p puis [EXE] [F6] (TABL)

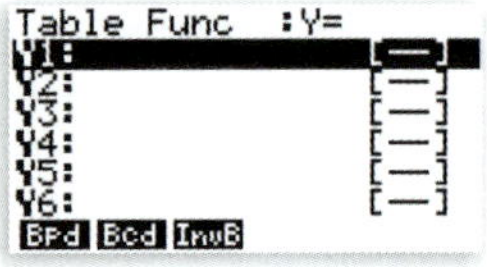

② Obtenir les valeurs de $p(X \leqslant k)$ dans un tableau
[MENU] [5] (TABL) on tape en Y_1 =
[OPTN] [F6] [F3] (STAT) puis [F1] (DIST) [F5] (BINM) [F1] (Bcd)
et on complète avec [X,θ,T], n, p puis [EXE] [F6] (TABL)

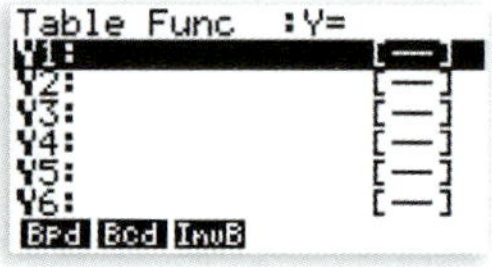

2 Loi normale

Soit X une variable aléatoire suivant la loi normale d'espérance $\mu = 100$ et d'écart type $\sigma = 15$.

① Obtenir les valeurs de $p(a \leqslant X \leqslant b)$
Pour calculer $p(110 \leqslant X \leqslant 130)$:
[MENU] 2(STAT) puis [F5] (DIST) [F1] (NORM)
puis [F2] (Ncd)
[F2] (Var) puis [EXE]

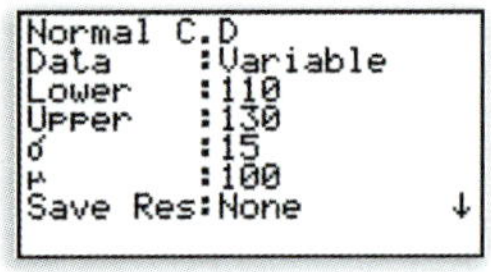

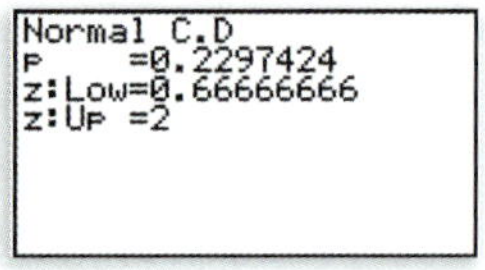

② Obtenir la valeur de b telle que $p(X \leqslant b) = k$ où k est donné
Pour déterminer b tel que $p(X \leqslant b) = 0{,}9$
[F5] [F1]
puis [F3] (InvN)

On complète comme précédemment avec les paramètres Area puis descendre [▼] [F1] (calc)

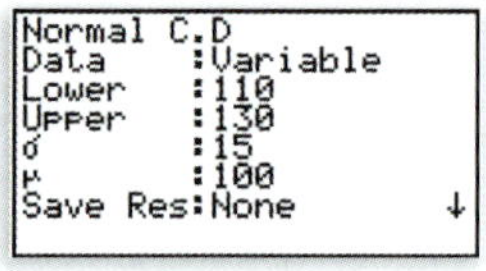

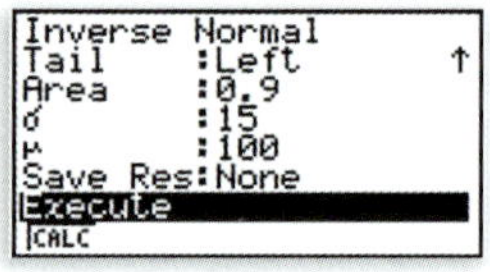

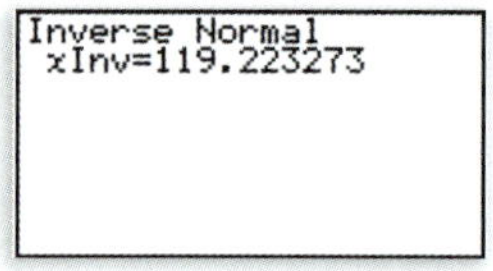

VI. La programmation

① Créer un nouveau programme
[MENU] [9] (PRGM) puis [F3] (NEW)

② Nommer le programme puis faire [EXE]

③ Taper [SHIFT] [VARS] (PRGM)

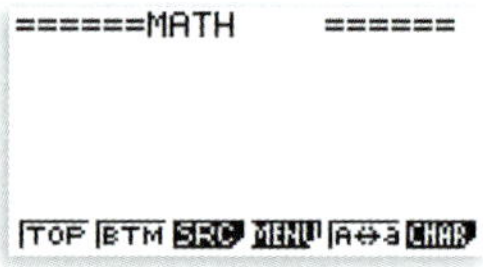

④ Taper [F1] (COM) puis [F6] pour obtenir les connecteurs logiques

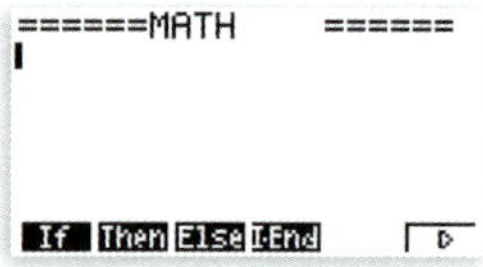

Obtenir les instructions les plus courantes Pour → Utiliser la touche [←]

Instruction en langage naturel	Instruction en langage Casio 35+E	Procédure pour y accéder
Saisir A	? → A	Pour ? : [SHIFT] [VARS] (PRGM) puis [F4] puis la touche [←]
Afficher A	A ◢	[SHIFT] [VARS] (PRGM) puis [F5]
A prend la valeur 0	0 → A	Utiliser la touche [←]
Si…alors … sinon…	If … Then…Else..I-End	[SHIFT] [VARS] (PRGM) puis [F1] (COM)
Pour I allant de 0 à N	For 0 → I to N … Next	[SHIFT] [VARS] (PRGM) puis [F1] (COM) puis [F6]
Tant que …	Whle … WEnd	[SHIFT] [VARS] (PRGM) puis [F1] (COM) puis [F6] puis [F6]
=, ≠, >, ⩾, <, ⩽	=, ≠, >, ⩾, <, ⩽	[SHIFT] [VARS] (PRGM) puis [F6] puis [F3] (REL)

TI-83 Premium CE

I. Les fonctions

Soit $\mathscr{C}$ la courbe représentative de la fonction f définie sur $\mathbb{R}$ par $f(x) = -x^2 + 3x + 4$ (obtenue avec [f(x)] puis [graphe]).

1 Déterminer un nombre dérivé $f'(x_0)$, tracer la tangente à la courbe $\mathscr{C}$ au point d'abscisse x_0 et en lire l'équation réduite

Pour lire $f'(x_0)$ avec $x_0 = 2$:

[math] puis descendre jusqu'à *8 : nbreDérivé(*, compléter puis [entrer]

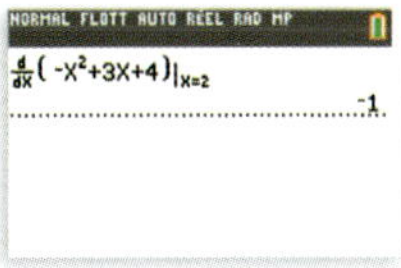

Pour tracer la tangente à la courbe $\mathscr{C}$ au point d'abscisse $x_0 = 2$ et en lire l'équation réduite :

① À partir de la courbe $\mathscr{C}$, [2nde] [prgm] puis sélectionner *5 : Tangente(*.

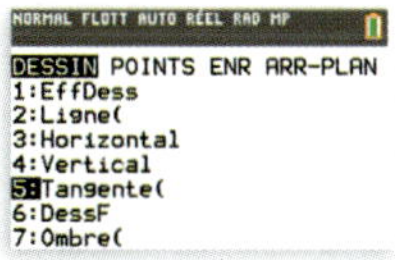

② Taper la valeur de l'abscisse x_0, ici 2, puis [entrer].

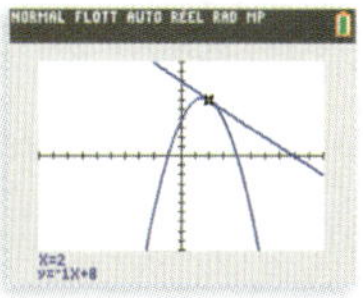

2 Calculer une intégrale

Pour calculer $\int_{-\frac{1}{3}}^{2} f(x)\,dx$.

① [2nde] [8] puis sélectionner [∫□d□].

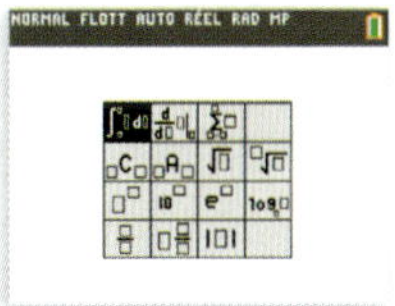

② Compléter les cases vides avec les informations adéquates puis [entrer].

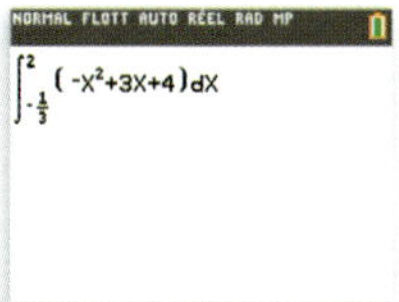

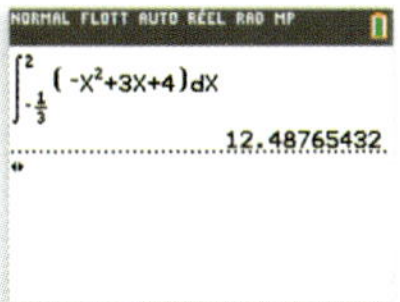

③ Pour obtenir une valeur exacte du résultat, appuyer sur [◂▸].

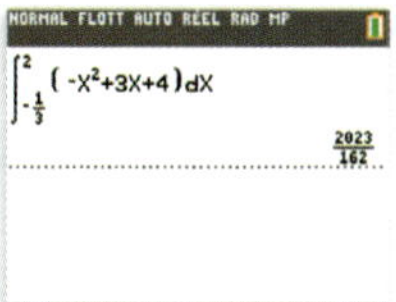

II. Les suites

[mode] puis à la cinquième ligne, sélectionner *SUITE* pour mettre la calculatrice en mode « Suite ».

1 Afficher les premiers termes d'une suite du type $u_n = f(n)$ et les représenter

Soit (u_n) la suite définie par $u_n = \sqrt{n^3+1}$.

Pour afficher les premiers termes de la suite (u_n)

① [f(x)] pour compléter la valeur de *nMin* et taper l'expression de u_n en fonction de n (en utilisant [X,T,θ,n] pour n).

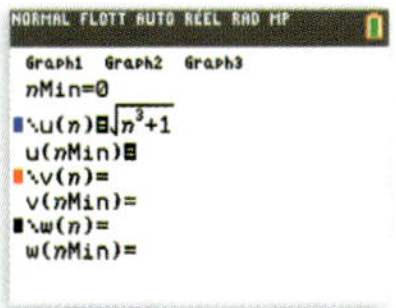

② [2nde] [fenêtre] pour paramétrer TblStart = 0 et ΔTbl = 1 puis [2nde] [graphe].

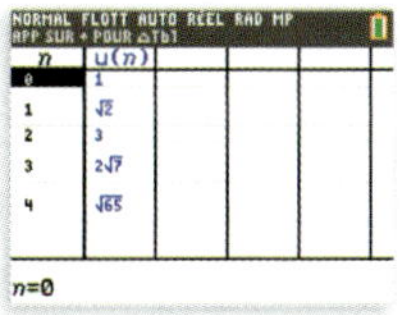

Pour les représenter

[fenêtre] pour paramétrer la fenêtre puis [graphe].

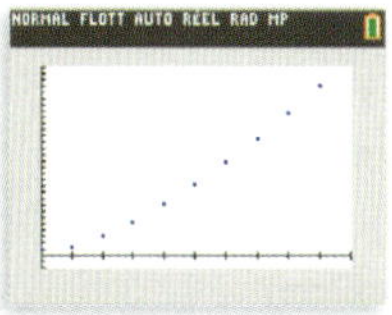

2 Afficher les premiers termes d'une suite du type $u_{n+1} = f(u_n)$ et la représenter

Soit (u_n) la suite définie par $u_0 = 1$ et $u_{n+1} = 1{,}5u_n + 2$.

Pour afficher les premiers termes de la suite (u_n)

① f(x) pour compléter la valeur de *nMin*, taper l'expression de u_n en fonction de u_{n-1} (taper 2nde 7 pour *u* et X,T,θ,n pour *n*) et saisir la valeur du premier terme.

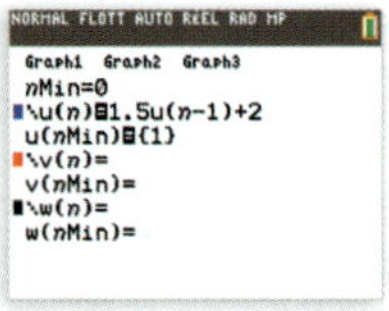

② 2nde fenêtre pour paramétrer TblStart = 0 et ΔTbl = 1 puis 2nde graphe.

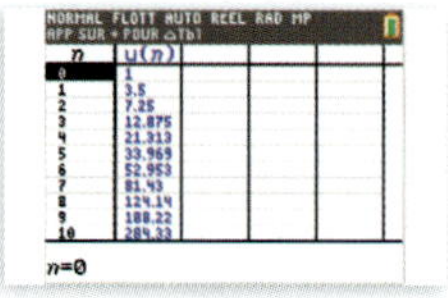

Pour les représenter

① 2nde zoom puis sélectionner Toile.

② fenêtre pour paramétrer la fenêtre, graphe, trace puis ›....

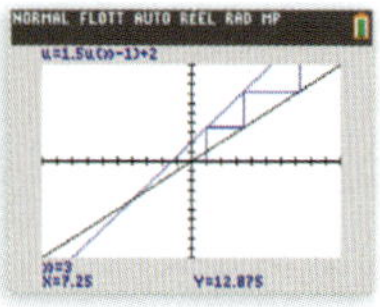

III. Les nombres complexes

Soit z_1 et z_2 les nombres complexes $z_1 = 1 + \mathrm{i}\sqrt{3}$ et $z_2 = 4\left[\cos\left(-\frac{\pi}{6}\right) + \mathrm{i}\sin\left(-\frac{\pi}{6}\right)\right]$.

mode puis à la quatrième ligne, sélectionner RADIAN.

1 Obtenir le module et un argument en radians d'un nombre complexe

Pour obtenir le module de z_1

math puis aller à la colonne CMPLX, sélectionner *abs(*. Saisir l'expression de z_1 puis entrer. (2nde . pour écrire le nombre i)

Pour obtenir un argument de z_1

math puis aller à la colonne CMPLX, sélectionner *angle(*. Saisir l'expression de z_1 puis entrer.

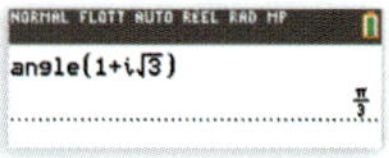

2 Obtenir une forme exponentielle de z_1

Saisir l'expression de z_1.

math puis aller à la colonne CMPLX, sélectionner ▶ *Polaire* puis entrer.

3 Obtenir la forme algébrique d'un nombre complexe

Saisir l'expression de z_2.

math puis aller à la colonne CMPLX, sélectionner ▶ *Rect* puis entrer.

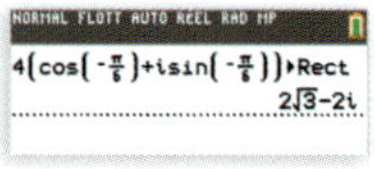

IV. Les statistiques à deux variables

On travaillera avec le tableau statistique ci-contre :

Valeurs du premier caractère	1	4	6	13
Valeurs du deuxième caractère	10	7	8	2

1 Éditer un tableau statistique

① stats puis dans la colonne ÉDIT, sélectionner *4 : EffListe*, saisir L_1,L_2 (2nde 1 pour L_1 et 2nde 2 pour L_2) puis entrer.

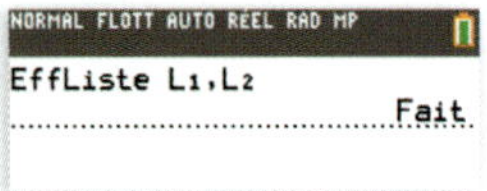

② stats puis sélectionner *1 : Modifier* ... pour rentrer les valeurs du premier caractère dans L_1 et celles du deuxième caractère dans L_2.

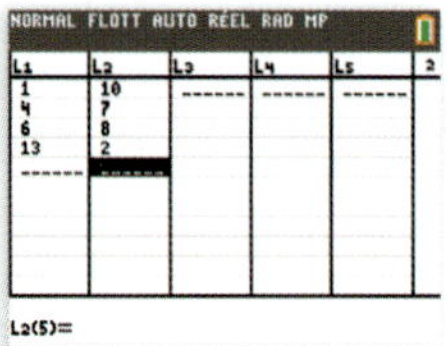

2 Obtenir les coordonnées du point moyen et l'équation de la droite d'ajustement de *y* en *x* par la méthode des moindres carrés

① stats puis aller à la colonne CALC, sélectionner *2 : Stats 2 Var*, descendre jusqu'à *Calculer* puis entrer.

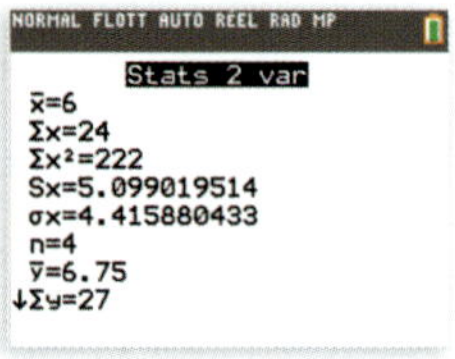

② stats puis aller à la colonne CALC, sélectionner *4 : RégLin(ax+b)*, descendre jusqu'à *Calculer* puis entrer.

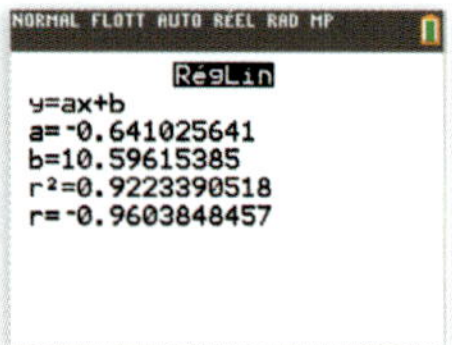

V. Les probabilités (loi binomiale et loi normale)

1 Loi binomiale

Soit X une variable aléatoire qui suit la loi binomiale de paramètres $n = 10$ et $p = 0,2$.

① Obtenir les valeurs de $p(X=k)$ dans un tableau

[f(x)] puis dans Y_1 =, saisir *binompdf(10,0.2,X)* (pour l'instruction *binompdf*, [2nde] [var] puis descendre jusqu'à *binomFdp(.)*

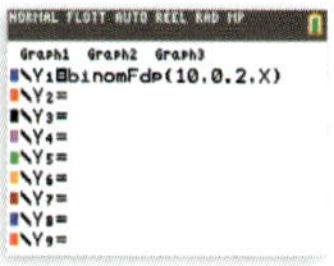

[2nde] [fenêtre] pour paramétrer TblStart = 0 et ΔTbl = 1 puis [2nde] [graphe].

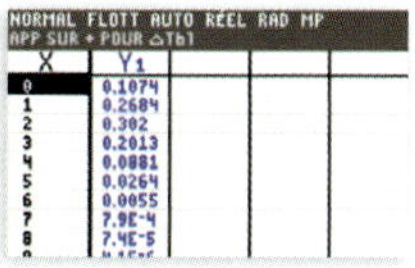

② Pour obtenir un tableau des valeurs de $P(X \leqslant k)$, on suit la même procédure que $P(X = k)$ en remplaçant *binomFdp* par *binomFRép* (instruction obtenue sous l'instruction *binomFRép*).

2 Loi normale

Soit X une variable aléatoire suivant la loi normale d'espérance $\mu = 100$ et d'écart type $\sigma = 15$.

① Obtenir les valeurs de $p(a \leqslant X \leqslant b)$
(Par exemple, pour calculer $P(110 \leqslant X \leqslant 130)$)
[2nde] [var], sélectionner *2 : normalFRép(*.
Saisir 110 dans *borninf*, 130 dans *bornsup*, 100 dans μ et 15 dans σ. Descendre jusqu'à *Coller* puis [entrer].

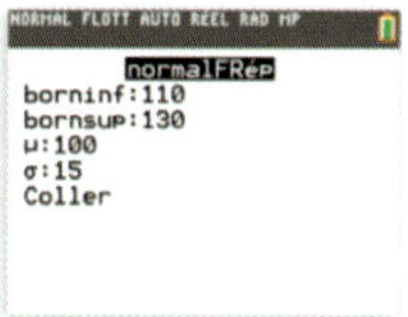

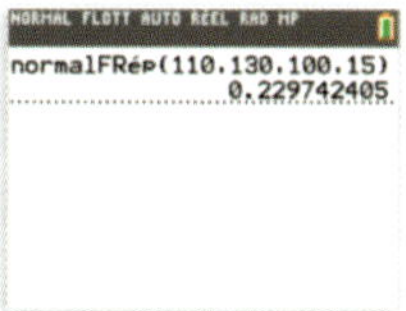

② Obtenir la valeur de b telle que $p(X \leqslant b) = k$ où k est donné
(Par exemple, pour déterminer b tel que $P(X \leqslant b) = 0,9$)
[2nde] [var], sélectionner *3 : FracNormale(* .
Saisir 0,9 dans *aire*, 100 dans μ et 15 dans σ. Descendre jusqu'à *Coller* puis [entrer].

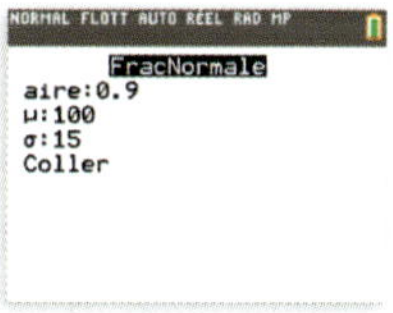

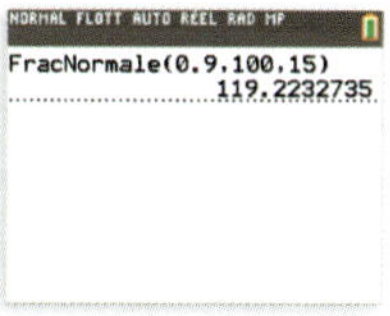

VI. La programmation

1 Créer un nouveau programme

[prgm], aller dans la colonne NOUVEAU, puis sélectionner *1:Créer,* donner un nom au programme puis [entrer] .

2 Obtenir les instructions les plus courantes

Instruction en langage naturel	Instruction en langage TI	Procédure pour y accéder
Saisir A	Input A	[prgm], aller dans la colonne E/S, sélectionner *1 : Input* puis saisir A.
Afficher A	Disp A	[prgm], aller dans la colonne E/S puis sélectionner *3 : Disp* puis saisir A.
A prend la valeur 0	0 → A	Saisir 0, [sto→] puis A.
Si… alors … sinon …	If…Then…Else…End	[prgm], aller dans la colonne CTL, puis sélectionner *1 : If, 2 : Then, 3 : Else* puis *7 : End.*
Pour I allant de 0 à N	For(I,0,N)…End	[prgm], aller dans la colonne CTL, puis sélectionner *4 : For(* puis *7 : End.*
Tant que …	While…End	[prgm], aller dans la colonne CTL, puis sélectionner *4 : While* puis *7 : End.*
=, ≠, >, ⩾, <, ⩽,	=, ≠, >, ⩾, <, ⩽,	[2nde] [math] puis sélectionner *1 :* = , *2 :* ≠ , *3 :* > , *4 :* ⩾ , *5 :* < ou *6 :* ⩽.

LOGICIELS

Algobox

Le logiciel *Algobox* est un langage de programmation qui peut être téléchargé gratuitement.
La syntaxe de ce langage est très proche du langage naturel, celui utilisé pour décrire les algorithmes.

I. Présentation générale

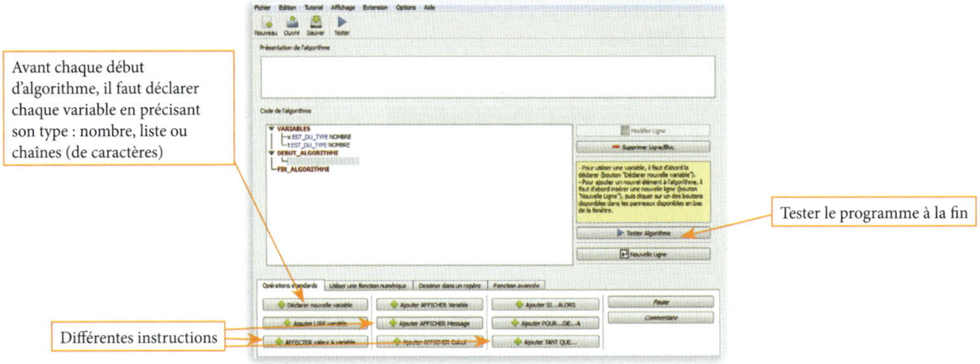

II. Les instructions essentielles

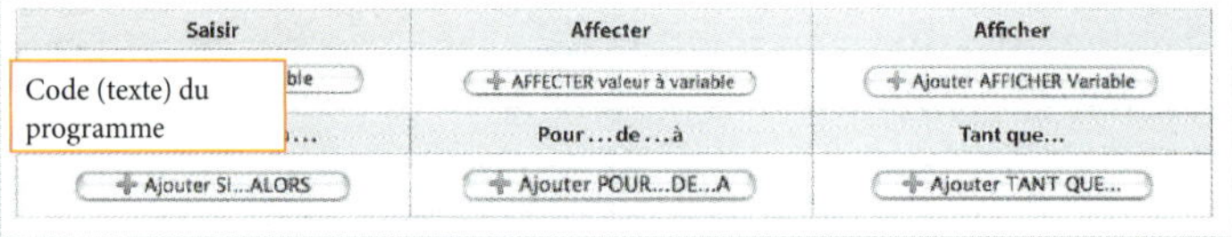

1 Écrire un programme

Chaque variable utilisée dans le programme doit être déclarée. On doit aussi préciser son type : nombre, liste ou chaîne de caractères. Pour ajouter une instruction au programme, on insère une nouvelle ligne, on sélectionne l'instruction souhaitée (dans l'onglet « Opérations standards »), puis on renseigne la fenêtre.

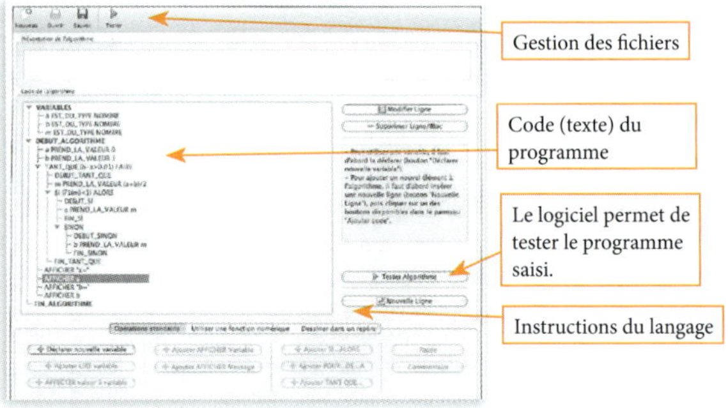

2 Étapes de l'écriture d'un programme

a. Déclarer une variable

Pour utiliser une variable, il faut la déclarer en utilisant la commande [Déclarer nouvelle variable].
Dans la fenêtre qui s'ouvre, inscrire le nom de la variable, puis choisir son type dans le menu déroulant.

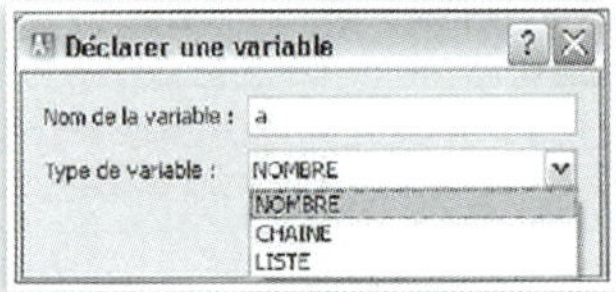

b. Ajouter une instruction

Pour ajouter une instruction, on commence par ajouter une nouvelle ligne à l'endroit choisi à l'aide de la commande [Nouvelle Ligne].

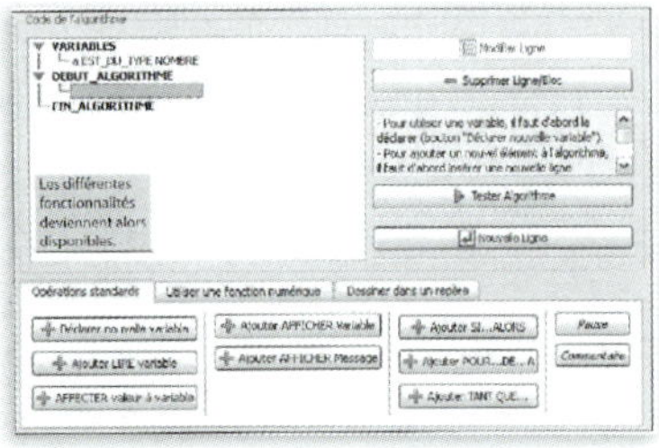

c. Exécuter un algorithme

Cet algorithme permet de jouer à « Pile ou Face ? » avec une pièce non truquée.

Lancer le programme à l'aide de la commande [Tester Algorithme]

Dans la fenêtre qui s'ouvre, utiliser la commande [Lancer Algorithme]

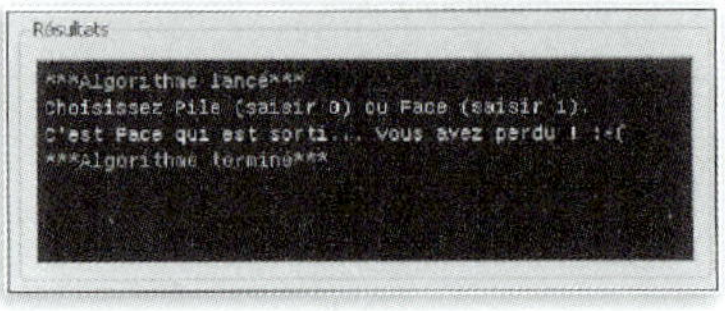

GeoGebra

GeoGebra est un logiciel libre et multiplateformes. Il permet de construire des figures de géométrie dynamique, de représenter graphiquement des fonctions, de les étudier et de lier aspect géométrique et aspect algébrique. Un tableur est également disponible.

I. Présentation générale

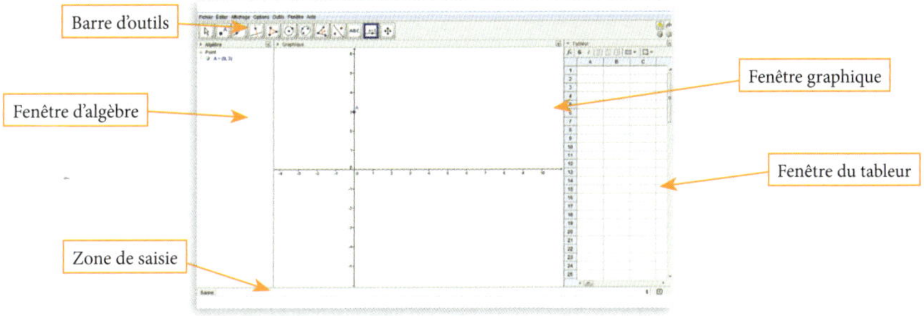

II. Présentation de chaque zone

1 La barre d'outils

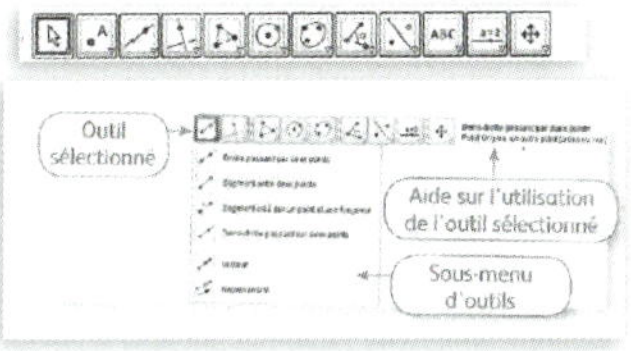

Chaque icône de la barre d'outils permet d'accéder à un sous-menu contenant des outils de même type. Lorsqu'un outil est sélectionné, une aide sur son utilisation est affichée à droite de la barre d'outils.

2 La fenêtre algèbre

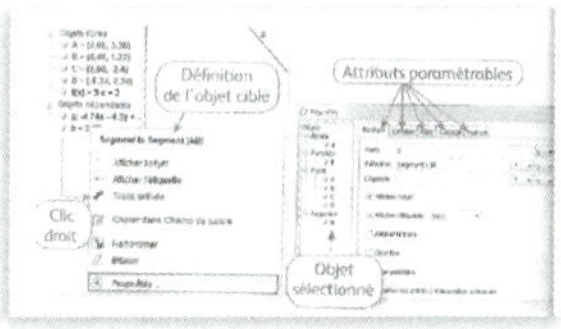

La fenêtre algèbre recense tous les objets créés.
Elle permet d'accéder à leur définition et par le biais de la fenêtre des propriétés, à l'ensemble de leurs attributs paramétrables.

3 La fenêtre graphique

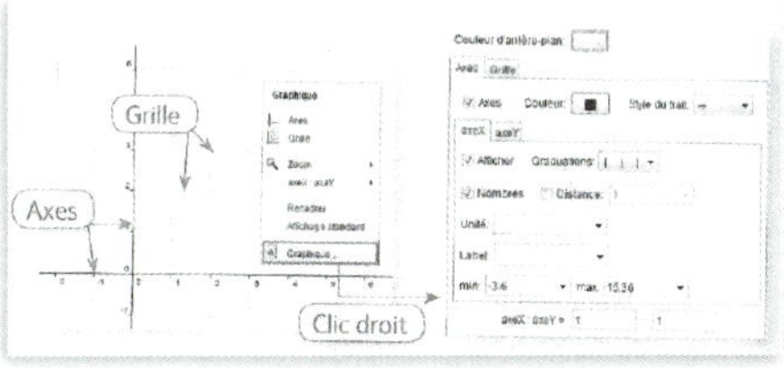

La fenêtre graphique montre les objets géométriques et mathématiques affichables.
On peut y faire apparaître un repère orthonormal et une grille dont les paramètres sont accessibles à partir du menu graphique obtenu par clic-droit dans cette fenêtre.

4 La zone de saisie

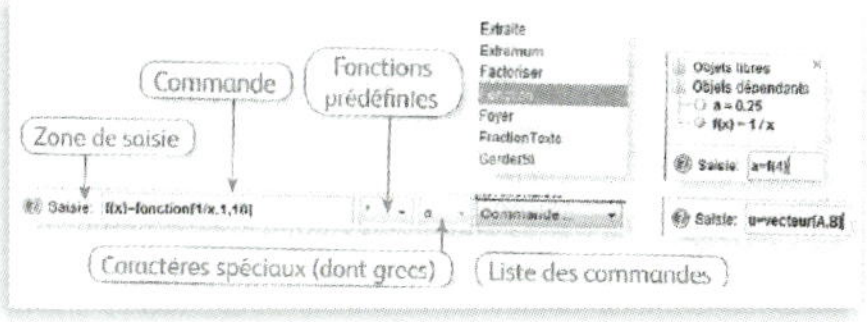

La zone de saisie permet de créer des objets mathématiques à partir de commandes. La liste de ces dernières est accessible par le menu déroulant.

III. Les autres utilisations de *GeoGebra*

1 Tableur

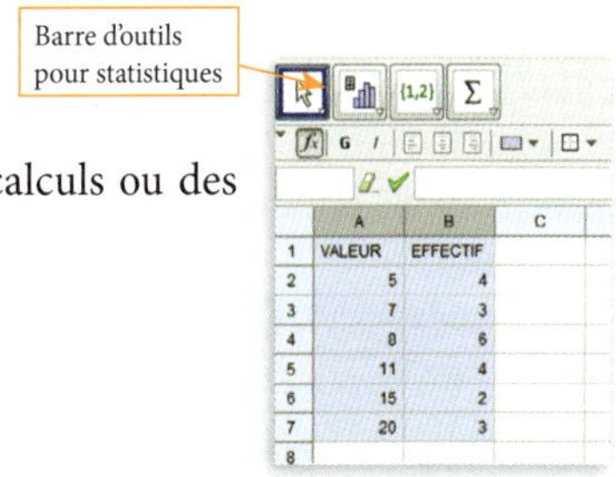

Pour afficher le tableur, sélectionner **Tableur** dans le menu **Affichage**.
On peut reporter des données graphiques dans le tableur ou l'utiliser pour faire des calculs ou des statistiques.

2 Calcul formel

Sélectionner **Calcul formel** dans le menu **Affichage**.

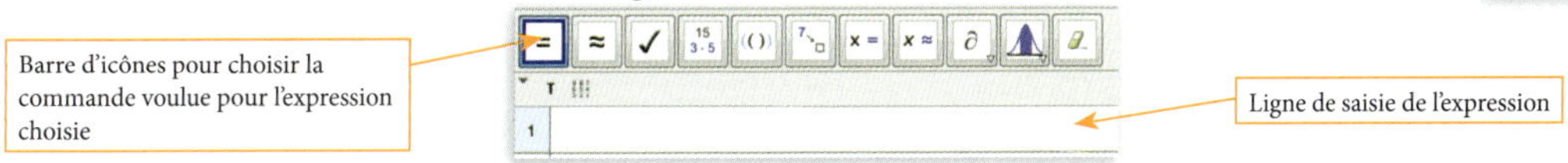

XCas

Xcas est un logiciel libre qui peut être téléchargé gratuitement.
Xcas permet d'effectuer des calculs numériques, du calcul formel (c'est-à-dire du calcul avec des lettres), de la géométrie (dans le plan ou dans l'espace), des représentations graphiques, du tableur, des statistiques et de la programmation.
La plupart des commandes utilisées sont accessibles dans les menus **Scolaire> terminale**, **Expression** ou **Cmds**. Chaque calcul (programme, etc.) est effectué sur une ligne blanche numérotée.

I. Présentation générale

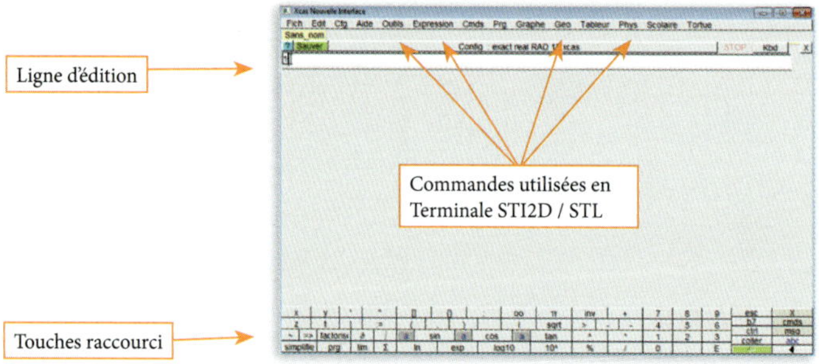

II. Exemples d'utilisation de *XCas*

1 Le calcul formel

a. Le calcul numérique

- Les résultats sont des valeurs exactes.
- La fonction evalf() donne la valeur approchée d'un résultat (en indiquant si besoin le nombre de décimales désirées).
- Sqrt ()(square root) calcule la racine carrée.
- Floor () détermine la partie entière d'un réel.
- Hasard(a,b) choisit un nombre au hasard entre a et b.

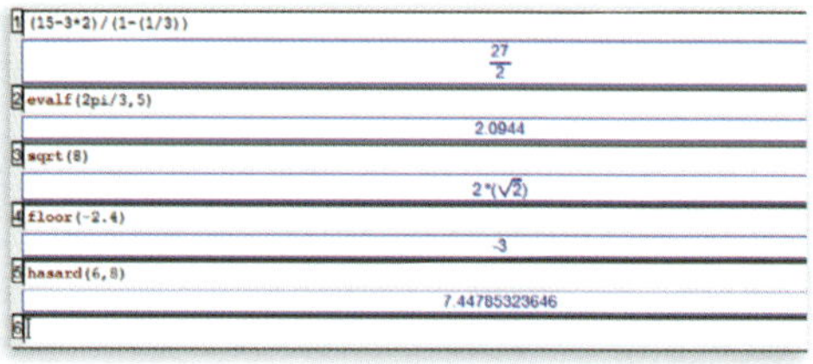

b. Le calcul algébrique

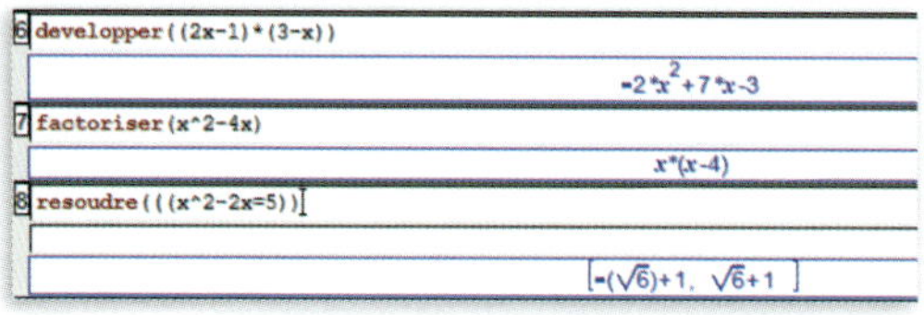

c. Les fonctions

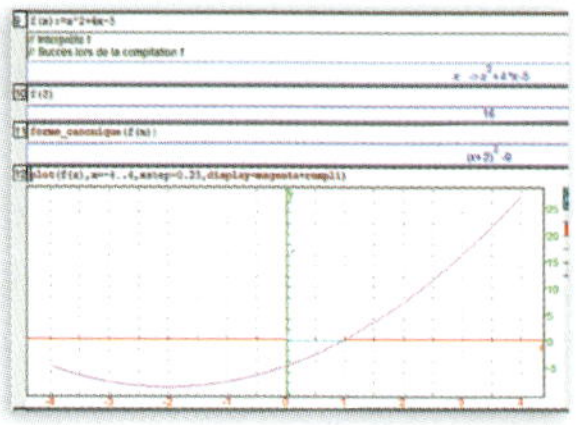

2 Géométrie (alt+g)

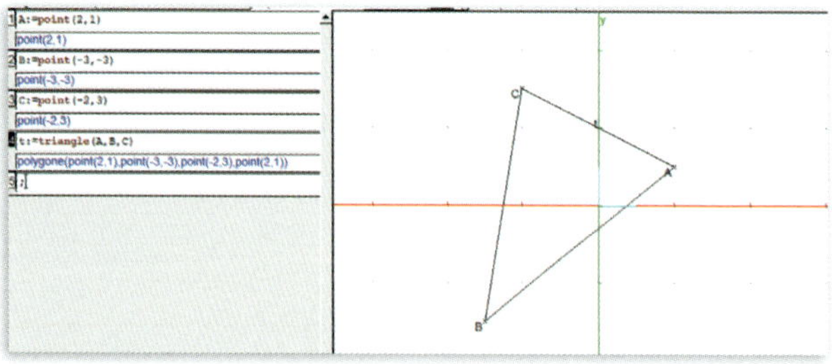

3 Programmation

On tape **alt+p** pour obtenir la fenêtre de programmation.
Pour écrire un programme, on se place sur une ligne blanche puis on utilise le menu **Prg>Nouveau programme**.
On efface le « : ; », s'il apparaît.

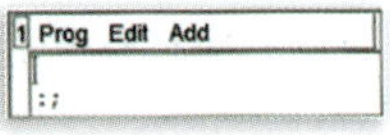

Il faut ensuite donner un nom au programme, par exemple « Essai ». Pour cela, on écrit : **Essai() :=(**

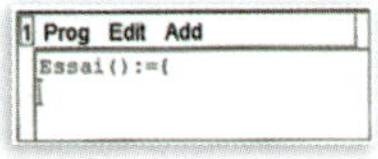

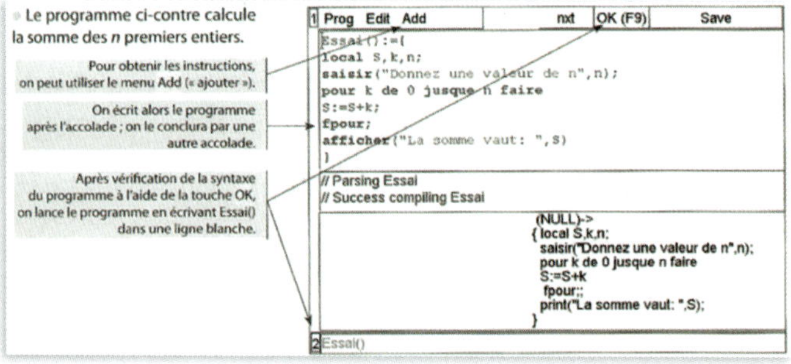

LibreOffice, OpenOffice et Excel

I. Présentation générale

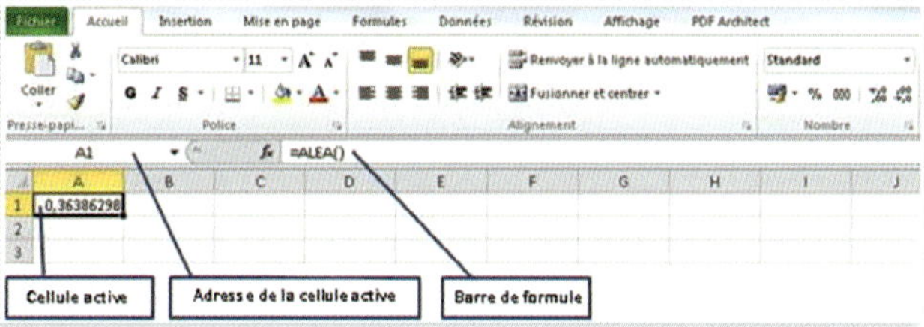

1 Sélection de cellules

- Pour sélectionner une cellule, placer le pointeur de la souris dessus et cliquer avec le bouton gauche.
- Pour sélectionner une plage de cellules (par exemple de A1 à D10), cliquer sur la première et glisser le pointeur de la souris sur l'ensemble de la plage en gardant le bouton gauche enfoncé.

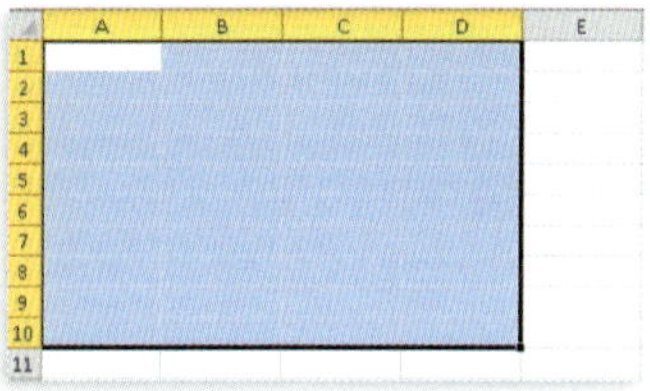

2 Recopie de formules

- Pour recopier la formule d'une cellule, cliquer sur la cellule, approcher le pointeur vers le coin inférieur droit de la cellule (le pointeur prend la forme d'une croix) et glisser le pointeur de la souris sur l'ensemble des cellules dans lesquelles on veut recopier en gardant le bouton gauche enfoncé.
- Lorsqu'on recopie la formule d'une cellule dans une autre, elle n'est pas « recopiée à l'identique ».
- Lorsqu'on recopie vers la droite, les adresses des cellules apparaissant dans la formule voient leur lettre de colonne augmentée d'un rang à chaque colonne ; on parle de référence relative.
- Lorsqu'on recopie vers le bas, les adresses des cellules apparaissant dans la formule voient leur numéro de ligne augmenter d'une unité à chaque ligne.

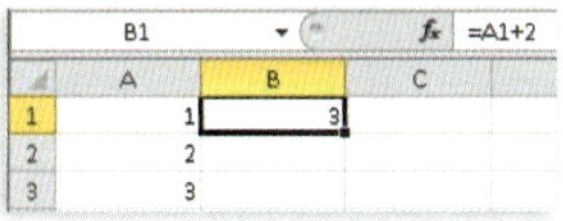

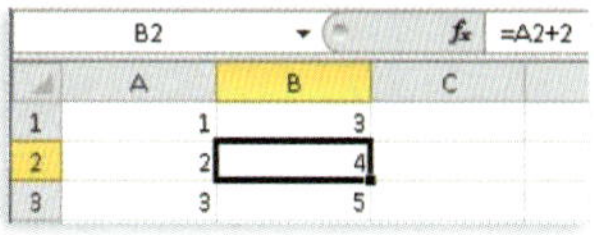

- Pour recopier la formule à l'identique, sans modifier colonne et/ou ligne des cellules apparaissant dans la formule, il faut ajouter un $ devant la lettre de la colonne et/ou le numéro de la ligne ; on parle de référence absolue.

II. Calcul

1 Calcul des termes d'une suite définie de façon explicite

Pour calculer les termes d'une suite définie par une expression de type $u_n = f(n)$:

- taper $\boldsymbol{n}$ dans la cellule A1 et $\boldsymbol{u_n}$ dans la cellule B1 ;
- dans la colonne A, à partir de la cellule A2, entrer les valeurs de n : **0**, **1**, **2**, **3**, … ;
- dans la cellule B2, entrer la formule = ***f*(A2)** ;
- recopier cette formule vers le bas.

2 Calcul des termes d'une suite géométrique

Pour calculer les termes d'une suite géométrique de premier terme a et de raison r :

- dans la cellule A1, entrer la valeur **a** ;
- dans la cellule A2, entrer la formule **=A1+r** ;
- recopier vers le bas la formule de la cellule A2.

3 Loi uniforme sur [a ; b] et simulation d'un schéma de Bernoulli

Action	Formule
Affiche un nombre décimal choisi au hasard dans l'intervalle [a ; b]	=(b–a)*ALEA()+a
Affiche 1 avec probabilité p ou 0 avec probabilité 1–p	=SI(ALEA()<p;1;0)
Affiche le nombre de cellules de la plage A1:D10 qui contiennent un nombre égal à 1	=NB.SI(A1:D10;"=1")

4 Calcul de probabilités avec la loi binomiale

Pour une variable aléatoire X de loi binomiale $\mathcal{B}(n\,;p)$:

- $P(X = k)$ s'obtient par la formule =LOI.BINOMIALE(k;n;p;FAUX)
- $P(X \leqslant k)$ s'obtient par la formule =LOI.BINOMIALE(k;n;p;VRAI)

5 Calcul de probabilités avec la loi normale

Pour une variable aléatoire X de loi normale $\mathcal{N}(\mu\,;\sigma)$:

- $P(X \leqslant d)$ s'obtient par la formule =LOI.NORMALE(d;μ;σ;VRAI) ;
- $P(c \leqslant X \leqslant d) = P(X \leqslant d) - P(X \leqslant c)$ s'obtient par la formule =LOI.NORMALE(d;μ;σ;VRAI)-LOI.NORMALE (c;μ;σ;VRAI).

Python

Python est un langage informatique permettant de programmer des algorithmes sur ordinateur.
La distribution Python utilisée dans le manuel est disponible en téléchargement libre à l'adresse suivante : http://edupython.tuxfamily.org/
Cette distribution possède l'avantage de disposer d'un nombre important de modules destinés à faire des mathématiques (tracés, calcul numérique, algèbre, traitement d'images, calcul formel...) et surtout d'un module lycee adapté à l'enseignement de l'algorithmique au lycée.

I. Présentation générale

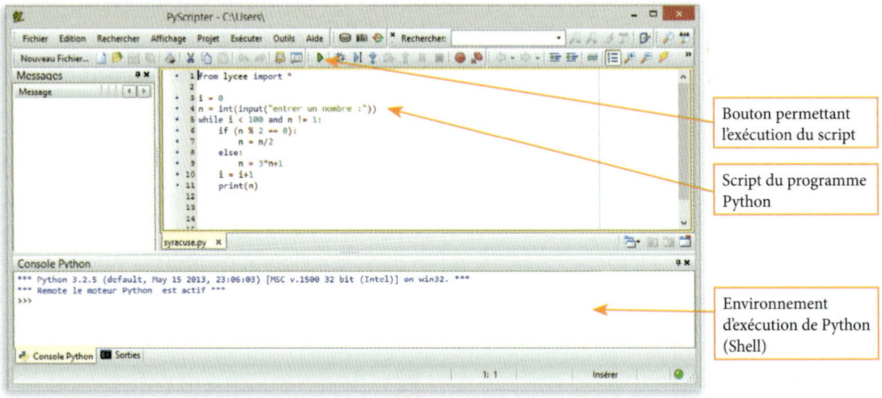

II. Modules

Un module est une bibliothèque de fonctions complémentaires utiles à l'exécution de certains scripts Python.
Afin de disposer de fonctions spécifiques à l'enseignement des mathématiques de lycée, le module lycee est régulièrement utilisé.
L'importation de ce module s'effectue en début de script grâce à la ligne de code suivante :
from lycee import *

III. Variables et affichage

1 Les variables

En programmation, une variable permet de stocker une information (valeur, texte…) dans le but de la réutiliser ultérieurement.
En Python, on veillera à ce que le nom de la variable respecte les règles suivantes :

- être constitué de caractères alphanumériques non accentués,
- ne pas commencer par un chiffre,
- porter un nom évocateur,
- respecter la casse (majuscule/minuscule).

Dans l'instruction suivante, la quantité à droite est évaluée puis stockée dans la variable age1.

```
age1 = 18
```

Une variable peut être redéfinie au cours d'un programme. Dans ce cas, son ancienne valeur est écrasée et remplacée par la nouvelle.

2 L'affichage

Il est souvent utile d'afficher un texte ou la valeur d'une variable dans le Shell. Pour cela, on utilise l'instruction print().
Remarque Pour afficher un texte, celui-ci doit être délimité par des guillemets.
Exemple

```
pattes = 2
print("Une poule possède", pattes, "pattes")
pattes = 4
print("Le nombre de pattes d'un chien est ", pattes)
pattes = 2*pattes
print("Les araignées en ont ", pattes)
```

Ce programme affiche le texte suivant :
Une poule possède 2 pattes
Le nombre de pattes d'un chien est 4
Les araignées en ont 8

IV. Instruction conditionnelle

Pour effectuer une action sous condition en Python, on utilise l'instruction if selon la syntaxe suivante :

```
pH = eval(input("Entrer la valeur du pH :"))

if pH == 7:
    print("solution neutre")
elif pH < 7:
    print("solution acide")
else :
    print("solution basique")
```

Ce programme affiche le texte **solution neutre** si la valeur de pH vaut 7, sinon il affiche **solution acide** si la valeur de pH est strictement inférieure à 7, autrement il affiche **solution basique**.

L'instruction input("texte") permet à l'utilisateur de saisir une valeur au clavier. Dans l'exemple, cette valeur est stockée dans la variable pH.
L'instruction eval() précise que l'utilisateur doit saisir un nombre.
Avec le module lycee, on peut remplacer l'instruction eval(input("texte")) par demande("texte").
La ligne contenant l'instruction if et sa condition est toujours ponctuée de :.
Afin de délimiter le bloc d'instructions affecté à une condition, on effectue un retrait en début de ligne. Cette mise en forme obligatoire porte le nom d'*indentation*.

Remarque Pour tester une égalité dans une condition, on utilise l'opérateur ==.
Voici les différents opérateurs permettant d'effectuer des tests dans des conditions :

Symbole	Signification
==	est égal à
< , >	est strictement inférieur à, est strictement supérieur à
<= , >=	est inférieur ou égal à, est supérieur ou égal à
!=	est différent de

V. Boucle itérative

Pour effectuer une répétition en Python, on utilise une boucle for selon la syntaxe suivante :

```
for n in range(100):
    impair = 2*n + 1
    print(impair)
```

Ce programme permet d'afficher les 100 premiers nombres impairs.

Une fois de plus, il est nécessaire d'effectuer une indentation du bloc d'instructions que l'on souhaite répéter.
L'instruction for n in range(N): permet d'initialiser une variable n prenant successivement les N valeurs entières comprises entre 0 et $N - 1$.

VI. Boucle conditionnelle

En Python, l'instruction while permet de répéter un bloc d'instructions tant qu'une condition donnée est vérifiée.

```
compteur = 1

while compteur <= 10:
    print(compteur)
    compteur = compteur+1
```

Ce programme affiche successivement les nombres de 1 à 10.

Remarque Attention aux boucles infinies. Il s'agit d'un programme contenant une boucle while pour laquelle la condition d'arrêt n'est jamais réalisée.
Pour interrompre un programme en cours d'exécution, il suffit d'appuyer sur le bouton  ou sur CTRL + F2.

Exemple

```
compteur = 1
while compteur > 0:
    compteur = compteur+1
    print(compteur)
```

Dans ce script, la condition compteur > 0 est toujours vérifiée. Le programme tournera donc indéfiniment.

Chapitre 1 – Les suites

Appliquer

1 1. $\lim_{n\to+\infty} u_n = +\infty$
2. $N = 15$

2 1. $\lim_{n\to+\infty} u_n = -\infty$
2. $N = 10$

3 1. $u_0 = 5$
2. $u_{n+1} = 3u_n - 5$
3. 12 est le plus petit entier N tel que $u_N \geqslant 10^6$.

4 1. $\lim_{n\to+\infty} u_n = +\infty$
2.

```
Variables :    N entier, U réel
Traitement :   N prend la valeur 0
               U prend la valeur 3
               Tant que U<10^5
                    N prend la valeur N+1
                    U prend la valeur 5U+3
               Fin Tant que
Affichage :    Afficher N
```

3. $N = 7$ lienmini.fr/m111-c01-ex04-corr.

5 a. $\lim_{n\to+\infty} u_n = +\infty$
b. $\lim_{n\to+\infty} u_n = -\infty$
c. $\lim_{n\to+\infty} u_n = +\infty$
d. $\lim_{n\to+\infty} u_n = -\infty$

6 1. $\lim_{n\to+\infty} u_n = 1{,}5$
2. $N = 3$

7 1. $\lim_{n\to+\infty} u_n = 0$
2. $N = 5$

8 a. $\lim_{n\to+\infty} u_n = 2$
b. $\lim_{n\to+\infty} u_n = 0$
c. $\lim_{n\to+\infty} u_n = 6$
d. $\lim_{n\to+\infty} u_n = -1$

9 1.

N	U	$\lvert U - 4\rvert > 10^{-2}$?
0	5	Oui
1	4,5	Oui
2	4,25	Oui
3	4,125	Oui
4	4,063	Oui
5	4,031	Oui
6	4,016	Oui
7	4,008	Non

Valeur affichée : 7
2. 7 est le plus petit entier N tel que $\lvert u_N - 4\rvert \leqslant 10^{-2}$.
3. $\lim_{n\to+\infty} u_n = 4$

10 1. $\lim_{n\to+\infty} u_n = 2$
2.

```
Variables :    N entier, U réel
Traitement :   N prend la valeur 0
               U prend la valeur  0
               Tant que |U-2|>10^-1
                    N prend la valeur N+1
                    U prend la valeur 0,3*U+1,4
               Fin Tant que
Affichage :    Afficher N
```

3. $N = 3$ lienmini.fr/m111-c01-ex10-corr.

11 a. Oui : $u_0 = 3$ et $q = 2$.
b. Non.
c. Oui : $q = 0{,}9$.
d. Oui : $u_0 = -4$ et $q = 2$.
e. Oui : $u_0 = 2$ et $q = \frac{1}{3}$.

12 a. Oui : $q = 1{,}015$.
b. Oui : $q = 0{,}95$.
c. Non.

13 a. $u_4 = 0{,}625$
b. $u_5 = -9\,375$
c. $u_0 = \frac{u_3}{q^3} = 3$
d. $q = \frac{u_5}{u_4} = 3$ et $u_0 = \frac{u_4}{q^4} = 2$.

14 a. $u_{n+1} = 1{,}5 \times u_n$ et $u_n = 1{,}5^n \times 2$.
b. $u_{n+1} = 2 \times u_n$ et $u_n = 2^{n-1} \times 7{,}2$.
c. $u_{n+1} = \frac{1}{3} \times u_n$ et $u_n = \left(\frac{1}{3}\right)^n \times (-4)$.

15 1. lienmini.fr/m111-c01-ex15-corr
2. Valeur affichée : 640.

16 1. $u_0 = 2$
2. 10 termes.
3. $u_{n+1} = 0{,}5 \times u_n$
4. $u_n = 0{,}5^n \times 2$.

17 1. $S = u_0 \times \frac{1-q^6}{1-q} = 196{,}875$

2. $S' = u_1 \times \frac{1-q^8}{1-q} = \frac{6\,375}{64}$.

18 a. $S_n = 120 \times \frac{1-\left(\frac{1}{2}\right)^{n+1}}{1-\frac{1}{2}} = 240 \times \left[1-\left(\frac{1}{2}\right)^{n+1}\right]$

b. $S_n = 60 \times \frac{1-\left(\frac{1}{3}\right)^{n+1}}{1-\frac{1}{3}} = 90 \times \left[1-\left(\frac{1}{3}\right)^{n+1}\right]$

c. $S_n = 3 \times \frac{1-\left(\frac{3}{2}\right)^{n+1}}{1-\frac{3}{2}} = -6 \times \left[1-\left(\frac{3}{2}\right)^{n+1}\right]$

19 a. $S = 1 \times \frac{1-\left(\frac{1}{2}\right)^7}{1-\frac{1}{2}} = \frac{127}{64}$

b. $S = 1 \times \frac{1-(-3)^8}{1-(-3)} = -1\,640$

20 1. $u_0 = 2$

2. La suite est géométrique de raison 3.

3. $S = u_0 + u_1 + ... + u_5$

4. $S = 2 \times \frac{1-3^6}{1-3} = 728$

21 a. $0 < q < 1$ donc $\lim\limits_{n\to+\infty} q^n = 0$.

b. $q > 1$ donc $\lim\limits_{n\to+\infty} q^n = +\infty$.

c. $q > 1$ donc $\lim\limits_{n\to+\infty} q^n = +\infty$.

d. $0 < q < 1$ donc $\lim\limits_{n\to+\infty} q^n = 0$.

22 a. $0 < 0{,}5 < 1$ donc $\lim\limits_{n\to+\infty} 0{,}5^n = 0$ et $\lim\limits_{n\to+\infty} 5 \times 0{,}5^n = 0$.

b. $0 < 0{,}1 < 1$ donc $\lim\limits_{n\to+\infty} 0{,}1^n = 0$ et $\lim\limits_{n\to+\infty} 100 \times 0{,}1^n = 0$.

c. $2 > 1$ donc $\lim\limits_{n\to+\infty} 2^n = +\infty$ et $\lim\limits_{n\to+\infty} -5 \times 2^n = -\infty$ car $-5 < 0$.

d. $3 > 1$ donc $\lim\limits_{n\to+\infty} 3^n = +\infty$ et $\lim\limits_{n\to+\infty} 0{,}001 \times 3^n = +\infty$ car $0{,}001 > 0$.

e. $1{,}001 > 1$ donc $\lim\limits_{n\to+\infty} 1{,}001^n = +\infty$ et $\lim\limits_{n\to+\infty} 5 \times 1{,}001^n = +\infty$ car $5 > 0$.

23 a. $3 > 1$ donc $\lim\limits_{n\to+\infty} 3^n = +\infty$ et $\lim\limits_{n\to+\infty} -2 \times 3^n + 5 = -\infty$ car $-2 < 0$.

b. $0 < 0{,}1 < 1$ donc $\lim\limits_{n\to+\infty} 0{,}1^n = 0$ et $\lim\limits_{n\to+\infty} 1\,000 \times 0{,}1^n - 0{,}1 = -0{,}1$.

c. $0 < \frac{1\,000}{1\,001} < 1$ donc $\lim\limits_{n\to+\infty} \left(\frac{1\,000}{1\,001}\right)^n = 0$ et $\lim\limits_{n\to+\infty} 5 \times \left(\frac{1\,000}{1\,001}\right)^n - 3 = -3$.

d. $0 < 0{,}02 < 1$ donc $\lim\limits_{n\to+\infty} 0{,}02^n = 0$ et $\lim\limits_{n\to+\infty} 3 \times 10^{2015} \times 0{,}02^n = 0$.

24 a. $\lim\limits_{n\to+\infty} 0{,}5^n = 0$ donc $\lim\limits_{n\to+\infty} \frac{1-0{,}5^n}{0{,}5} = 2$.

b. $\lim\limits_{n\to+\infty} 20(1-3^n) = -\infty$.

c. $\lim\limits_{n\to+\infty} 250(1-0{,}9^n) = 250$.

d. $\lim\limits_{n\to+\infty} 2(1{,}000\,1^n - 5) = +\infty$.

Approfondir

27 1. Pour tout entier naturel n, $u_{n+1} = 0{,}98 u_n$. La suite est géométrique de raison $0{,}98$. D'où :
$u_n = 120\,000 \times 0{,}98^n$.

2. a. $u_5 = 120\,000 \times 0{,}98^5 \approx 108\,470$.

b. À partir de 2020.

3. $S = 120\,000 \times \frac{1-0{,}98^{15}}{1-0{,}98} \approx 1\,568\,585$.

4.

```
Variables :    A réel, n entier naturel
Traitement :   Affecter à A la valeur 120 000
               Affecter à n la valeur 0
               Tant que A > 90 000
                    n prend la valeur n+1
                    A prend la valeur A*0,98
               Fin Tant que
Affichage :    Afficher n
```

29 1. Pour tout entier naturel n :

$v_{n+1} = u_{n+1} + 27 = \frac{1}{3}u_n - 18 + 27 = \frac{1}{3}u_n + 9 = \frac{1}{3}v_n$.

2. $v_n = 33 \times \left(\frac{1}{3}\right)^n$ et $u_n = 33 \times \left(\frac{1}{3}\right)^n - 27$.

3. $\lim\limits_{n\to+\infty} u_n = -27$.

Pour se tester

32 1. Vrai car $\lim\limits_{n\to+\infty} u_n = 0$ et $u_n \geqslant 0$ pour tout n.

2. a. Faux car $1{,}001 > 1$.

b. Vrai car

$S = 0{,}000\,07 \times \frac{1-1{,}001^{101}}{1-1{,}001} = -0{,}07(1-1{,}001^{101}) = 0{,}07(1{,}001^{101} - 1)$.

3. Faux car $1{,}02^{35} < 2$.

4. Faux, elle converge vers 20.

33 1. c. 2. b. 3. c. 4. c.

34 1. $\lim\limits_{n\to+\infty} u_n = 5$.

2.

```
Variables :    U réel, N entier
Traitement :   U prend la valeur 8
               N prend la valeur 0
               Tant que U - 5 > 0,01
                   U prend la valeur 0,4*U+3
                   N prend la valeur N + 1
               Fin Tant que
Affichage :    Afficher N
```

3. a. Pour tout entier naturel n :
$v_{n+1} = u_{n+1} - 5 = 0,4u_n + 3 - 5 = 0,4u_n - 2 = 0,4v_n$.

(v_n) est géométrique de raison 0,4 et de premier terme $v_0 = 8 - 5 = 3$.

b. $v_n = 3 \times 0,4^n$.

c. $\lim\limits_{n\to+\infty} v_n = 0$.

d. Oui car $u_n = v_n + 5$ donc $\lim\limits_{n\to+\infty} u_n = 5$.

35 **a.** $S = 1 \times \dfrac{1-2^{11}}{1-2} = 2^{11} - 1 = 2\,047$

b. $S = 4 \times \dfrac{1-2^7}{1-2} = 4 \times (2^7 - 1) = 508$

c. $S = 1 \times \dfrac{1-(-4)^9}{1-(-4)} = 52\,429$

36 On note, pour tout entier naturel n non nul, u_n le nombre de grains sur la $n^{\text{ième}}$ case de l'échiquier.
$u_1 = 1$ et $u_{n+1} = 2u_n$: la suite est géométrique de raison 2.

Donc $S = u_1 + u_2 + ... + u_{64} = 1 \times \dfrac{1-2^{64}}{1-2} = 2^{64} - 1 \approx 1,8 \times 10^{19}$.

La récolte du royaume ne suffira pas.

Chapitre 2 – Limites de fonctions

Appliquer

1 **a.** $y = 2$ et $x = 0$.

b. $\lim\limits_{x \to -\infty} f(x) = 2$, $\lim\limits_{x \to +\infty} f(x) = 2$, $\lim\limits_{\substack{x \to 0 \\ <}} f(x) = -\infty$ et $\lim\limits_{\substack{x \to 0 \\ >}} f(x) = -\infty$.

c.

x	$-\infty$		0		$+\infty$
$f(x)$	2	↘ $-\infty$	‖	$-\infty$ ↗	2

2 **a.** $y = 0$

b. $\lim\limits_{x \to -\infty} f(x) = 0$ et $\lim\limits_{x \to +\infty} f(x) = 0$.

c.

x	$-\infty$		-1		1		$+\infty$
$f(x)$	0	↗	1	↘	-1	↗	0

3 **a.** $y = 4$ et $x = 2$.

b. $\lim\limits_{x \to -\infty} f(x) = 4$ et $\lim\limits_{\substack{x \to 2 \\ <}} f(x) = +\infty$.

c.

x	$-\infty$		-2		2
$f(x)$	4	↘	-4	↗ $+\infty$	‖

4 $y = 0{,}5$; $\lim\limits_{x \to -\infty} f(x) = 0{,}5$ et $\lim\limits_{x \to +\infty} f(x) = 0{,}5$.

5 **a.** $\mathcal{D} =]0 ; +\infty[$

b. $\lim\limits_{\substack{x \to 0 \\ >}} f(x) = +\infty$ et $\lim\limits_{x \to +\infty} f(x) = 1$.

c. $x = 0$ et $y = 1$.

d.

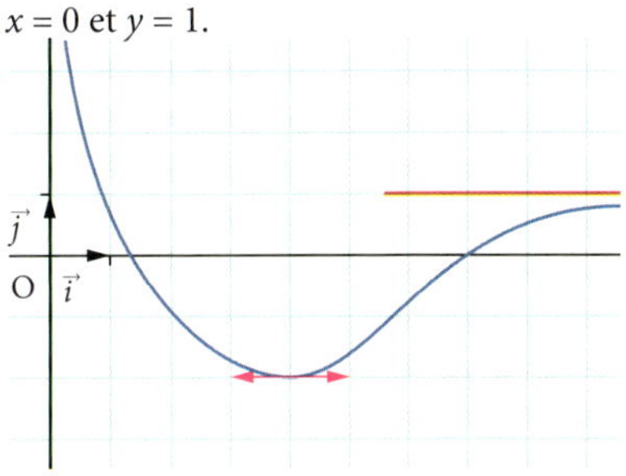

6 **a.** $\mathcal{D} =]-\infty ; 0[\cup]0 ; +\infty[$

b. $\lim\limits_{x \to -\infty} f(x) = -3$, $\lim\limits_{\substack{x \to 0 \\ <}} f(x) = -\infty$, $\lim\limits_{\substack{x \to 0 \\ >}} f(x) = +\infty$ et $\lim\limits_{x \to +\infty} f(x) = 2$.

c. $y = -3$, $x = 0$ et $y = 2$.

d.

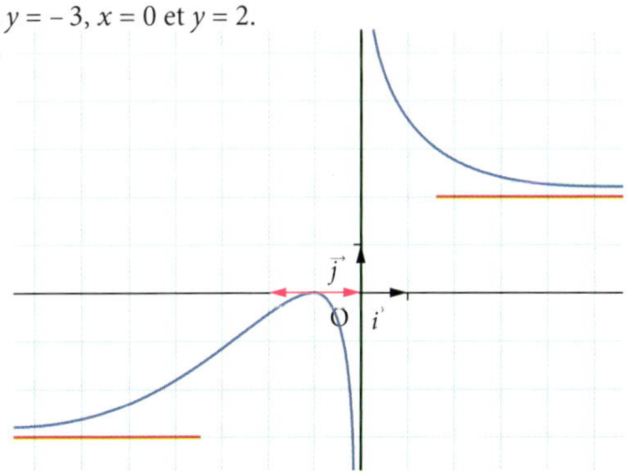

7 **a.** $x = -3$ et $y = 1$.

b. $\lim\limits_{x \to -\infty} f(x) = 1$, $\lim\limits_{\substack{x \to -3 \\ <}} f(x) = -\infty$, $\lim\limits_{\substack{x \to -3 \\ >}} f(x) = +\infty$ et

$\lim\limits_{x \to +\infty} f(x) = +\infty$.

c.

x	$-\infty$		-3		-2		$+\infty$
$f(x)$	1	↘ $-\infty$	‖	$+\infty$ ↘	2	↗	$+\infty$

8 **a.** $x = 0$

b. $\lim\limits_{x \to -\infty} f(x) = +\infty$, $\lim\limits_{\substack{x \to 0 \\ <}} f(x) = -\infty$, $\lim\limits_{\substack{x \to 0 \\ >}} f(x) = +\infty$ et

$\lim\limits_{x \to +\infty} f(x) = +\infty$.

c.

x	$-\infty$		0		1		$+\infty$
$f(x)$	$+\infty$	↘ $-\infty$	‖	$+\infty$ ↘	$0{,}5$	↗	$+\infty$

9 **a.** $\mathcal{D} =]-\infty ; 3[\cup]3 ; +\infty[$

b. $\lim\limits_{x \to -\infty} f(x) = +\infty$, $\lim\limits_{\substack{x \to 3 \\ <}} f(x) = -\infty$, $\lim\limits_{\substack{x \to 3 \\ >}} f(x) = -\infty$ et $\lim\limits_{x \to +\infty} f(x) = 2$.

c. $x = 3$ et $y = 2$.

d.

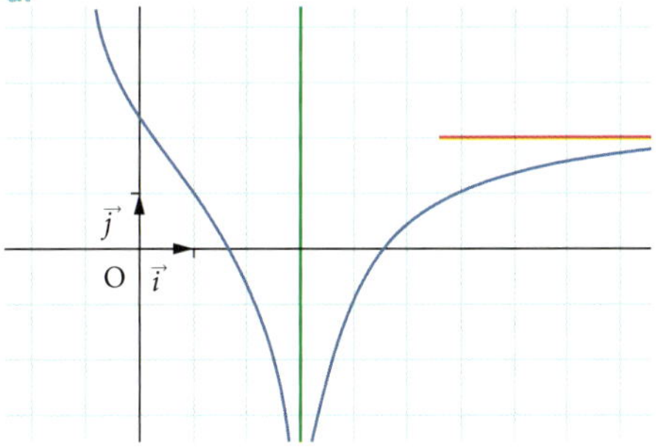

10 $\mathcal{D} =]-\infty ; -3[\cup]-3 ; 2{,}5[\cup]2{,}5 ; +\infty[$

b. $\lim\limits_{x \to -\infty} f(x) = 2$, $\lim\limits_{\substack{x \to -3 \\ <}} f(x) = -\infty$, $\lim\limits_{\substack{x \to -3 \\ >}} f(x) = +\infty$, $\lim\limits_{\substack{x \to 2{,}5 \\ <}} f(x) = +\infty$,

$\lim\limits_{\substack{x \to 2{,}5 \\ >}} f(x) = -\infty$ et $\lim\limits_{x \to +\infty} f(x) = +\infty$.

c. $y = 2$, $x = -3$ et $x = 2{,}5$.

d.

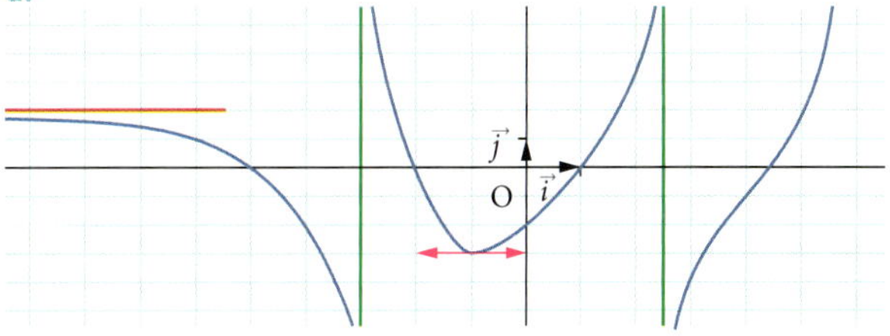

11 **a.** $-\infty$ **b.** $-\infty$ **c.** $-\infty$ **d.** $+\infty$

12 **a.** $-\infty$ **b.** $+\infty$ **c.** $+\infty$ **d.** $-\infty$

13 **a.** $-\infty$ **b.** $+\infty$ **c.** $-\infty$

14 a. $+\infty$ b. $+\infty$

15 a. $-\infty$ b. $-\infty$

16 a. $-\infty$

b. $\frac{1}{3}$; une asymptote horizontale d'équation $y = \frac{1}{3}$ en $+\infty$.

17 a. $+\infty$ b. $-\infty$

18 a. 4 ; une asymptote horizontale d'équation $y = 4$ en $+\infty$.

b. $+\infty$

19 1.

x	$-\infty$		0,5		$+\infty$
$2x-1$		$-$	0	$+$	

2. $\lim\limits_{\substack{x\to 0,5\\<}} f(x) = -\infty$ et $\lim\limits_{\substack{x\to 0,5\\>}} f(x) = +\infty$.

3. $x = 0,5$

20 1.

x	$-\infty$		2		$+\infty$
$2-x$		$+$	0	$-$	

2. $\lim\limits_{\substack{x\to 2\\<}} f(x) = -\infty$ et $\lim\limits_{\substack{x\to 2\\>}} f(x) = +\infty$.

3. $x = 2$

21 1.

x	$-\infty$		-1		3		$+\infty$
x^2-2x-3		$+$	0	$-$	0	$+$	

2. $\lim\limits_{\substack{x\to -1\\<}} f(x) = +\infty$, $\lim\limits_{\substack{x\to -1\\>}} f(x) = -\infty$, $\lim\limits_{\substack{x\to 3\\<}} f(x) = +\infty$ et

$\lim\limits_{\substack{x\to 3\\>}} f(x) = -\infty$.

3. $x = -1$ et $x = 3$.

22 1.

x	$-\infty$		$-\frac{1}{3}$		2		$+\infty$
$-3x^2+5x+2$		$-$	0	$+$	0	$-$	

2. $\lim\limits_{\substack{x\to -1/3\\<}} f(x) = +\infty$, $\lim\limits_{\substack{x\to -1/3\\>}} f(x) = -\infty$, $\lim\limits_{\substack{x\to 2\\<}} f(x) = +\infty$ et

$\lim\limits_{\substack{x\to 2\\>}} f(x) = -\infty$.

3. $x = -\frac{1}{3}$ et $x = 2$.

23 1. Pour tout réel x, $5x^2 \geqslant 0$ (s'annule pour $x = 0$).

2. $\lim\limits_{\substack{x\to 0\\<}} f(x) = -\infty$ et $\lim\limits_{\substack{x\to 0\\>}} f(x) = -\infty$.

3. $x = 0$

24 1.

x	$-\infty$		0		$+\infty$
$3x^5$		$-$	0	$+$	

2. $\lim\limits_{\substack{x\to 0\\<}} f(x) = +\infty$ et $\lim\limits_{\substack{x\to 0\\>}} f(x) = -\infty$.

3. $x = 0$

25 a. $\lim\limits_{x\to-\infty} f(x) = +\infty$ et $\lim\limits_{x\to+\infty} f(x) = +\infty$.

b. $\lim\limits_{x\to-\infty} f(x) = 0$ et $\lim\limits_{\substack{x\to 3\\<}} f(x) = -\infty$.

26 a. $\lim\limits_{x\to-\infty} f(x) = -\infty$ et $\lim\limits_{x\to+\infty} f(x) = -\infty$.

b. $\lim\limits_{x\to-\infty} f(x) = 0$ et $\lim\limits_{\substack{x\to 1\\<}} f(x) = +\infty$.

27 a. $\lim\limits_{\substack{x\to 8\\>}} f(x) = +\infty$ et $\lim\limits_{x\to+\infty} f(x) = 49$.

b. $\lim\limits_{\substack{x\to 2\\>}} f(x) = +\infty$ et $\lim\limits_{x\to+\infty} f(x) = -\infty$.

Approfondir

29 a. $\lim\limits_{x\to-\infty} f(x) = \lim\limits_{x\to-\infty} \frac{5}{2}\times\frac{1-\frac{3}{5x}+\frac{1}{5x^2}}{1+\frac{7}{2x^2}} = \frac{5}{2}$; une asymptote horizontale d'équation $y = \frac{5}{2}$ en $-\infty$.

b. $\lim\limits_{x\to+\infty} f(x) = \lim\limits_{x\to+\infty} \frac{4}{x^4}\times\frac{1-\frac{3}{4x}}{1-\frac{1}{x^4}+\frac{1}{x^5}} = 0$; une asymptote horizontale d'équation $y = 0$ en $+\infty$.

34 1. $f(x) = x^5(1+\frac{2}{x^2}+\frac{1}{x^4}-\frac{2}{x^5})$ donc $\lim\limits_{x\to-\infty} f(x) = -\infty$ et

$\lim\limits_{x\to+\infty} f(x) = +\infty$.

2. $f'(x) = 5x^4 + 6x^2 + 1$

3. Pour tout réel x, $f'(x) > 0$.

4.

x	$-\infty$		$+\infty$
$f'(x)$		$+$	
$f(x)$	$-\infty$	$\nearrow$	$+\infty$

36 1. • $f(x) = x\times\frac{1+\frac{11}{2x}+\frac{7}{x^2}}{1+\frac{5}{2x}}$ donc $\lim\limits_{x\to-\infty} f(x) = -\infty$ et

$\lim\limits_{x\to+\infty} f(x) = +\infty$.

• $\lim\limits_{\substack{x\to -2,5\\<}} 2x^2+11x+14 = -1$ et $\lim\limits_{\substack{x\to -2,5\\<}} 2x+5 = 0^-$ donc

$\lim\limits_{\substack{x\to -2,5\\<}} f(x) = +\infty$.

$\lim\limits_{\substack{x\to -2,5\\>}} 2x^2+11x+14 = -1$ et $\lim\limits_{\substack{x\to -2,5\\>}} 2x+5 = 0^+$ donc

$\lim\limits_{\substack{x\to -2,5\\>}} f(x) = -\infty$.

• En appliquant la formule de la dérivée d'un quotient, on obtient :

$f'(x) = \frac{4x^2+20x+27}{(2x+5)^2} = \frac{4x^2+20x+27}{4x^2+20x+25}$.

• $\Delta = -32$. $\Delta < 0$ donc l'équation $4x^2 + 20x + 27 = 0$ n'a pas de solution.

2. Pour tout $x \in \mathbb{R}\setminus\{-2{,}5\}$, $(2x+5)^2 > 0$ et $4x^2 + 20x + 27 > 0$ (car du signe de $a = 4$) donc $f'(x) > 0$.

D'où :

x	$-\infty$	$-2{,}5$	$+\infty$
$f'(x)$	$+$	‖	$+$
$f(x)$	$-\infty \nearrow +\infty$	‖	$-\infty \nearrow +\infty$

38 **1.** $f'(x) = a - \dfrac{b}{(x-c)^2}$

2. « -1 valeur interdite » conduit à $c = -1$; $f(0) = 2$ conduit à $b = -3$ et $f'(0) = 0$ conduit à $a = -3$.

Donc $f(x) = -3x + 5 - \dfrac{3}{x+1}$.

41 **1. a.** $f(x) = -\dfrac{1-\frac{4}{x}}{1-\frac{4}{x^2}}$ donc $\lim\limits_{x\to-\infty} f(x) = -1$ et $\lim\limits_{x\to+\infty} f(x) = -1$.

$\lim\limits_{\substack{x\to-2\\<}} -x^2 + 4x = -12$ et $\lim\limits_{\substack{x\to-2\\<}} x^2 - 4 = 0^+$ donc $\lim\limits_{\substack{x\to-2\\<}} f(x) = -\infty$;

$\lim\limits_{\substack{x\to-2\\>}} -x^2 + 4x = -12$ et $\lim\limits_{\substack{x\to-2\\>}} x^2 - 4 = 0^-$ donc $\lim\limits_{\substack{x\to-2\\>}} f(x) = +\infty$.

$\lim\limits_{\substack{x\to2\\<}} -x^2 + 4x = 4$ et $\lim\limits_{\substack{x\to2\\<}} x^2 - 4 = 0^-$ donc $\lim\limits_{\substack{x\to2\\<}} f(x) = -\infty$;

$\lim\limits_{\substack{x\to2\\>}} -x^2 + 4x = 4$ et $\lim\limits_{\substack{x\to2\\>}} x^2 - 4 = 0^+$ donc $\lim\limits_{\substack{x\to2\\>}} f(x) = +\infty$.

b. $x = -2$, $x = 2$ et $y = -1$.

2. a. En appliquant la formule de la dérivée d'un quotient, on obtient :

$$f'(x) = \frac{-4x^2+8x-16}{(x^2-4)^2}.$$

Pour tout $x \in \mathbb{R}\setminus\{-2\,;2\}$, $(x^2-4)^2 > 0$ et $-4x^2 + 8x - 16 < 0$ (car c'est un trinôme dont le discriminant est négatif et donc du signe de $a = -4$). Donc $f'(x) < 0$.

b.

x	$-\infty$	-2		2	$+\infty$
$f'(x)$	$-$	‖	$-$	‖	$-$
$f(x)$	$-1 \searrow -\infty$	‖	$+\infty \searrow -\infty$	‖	$+\infty \searrow -1$

3. T a pour équation $y = f'(0)(x-0) + f(0)$, soit $y = -x$.

Pour se tester

47 **1.** Faux car $\lim\limits_{x\to-\infty} -2x^3 + 4x^2 + x - 5 =$

$$\lim_{x\to-\infty} -2x^3\left(1-\frac{2}{x}-\frac{1}{2x^2}+\frac{5}{2x^3}\right) = +\infty.$$

2. Faux car $\lim\limits_{\substack{x\to2\\>}} x^3 - 11 = -3$ et $\lim\limits_{\substack{x\to2\\>}} -3x^2 + 7x - 2 = 0$,

donc $\lim\limits_{\substack{x\to2\\>}} \dfrac{x^3-11}{-3x^2+7x-2} = +\infty$.

3. Faux car $x^2 + 4x + 4 = (x+2)^2$. Donc l'ensemble de définition de f est $\mathbb{R}\setminus\{-2\}$; il n'y a donc qu'une seule asymptote verticale.

4. Vrai car $\lim\limits_{x\to-\infty} f(x) = \lim\limits_{x\to-\infty} -\dfrac{1-\frac{6}{x}}{1-\frac{1}{x}} = -1$; de même pour la limite en $+\infty$.

5. Faux car $\lim\limits_{x\to-\infty} \dfrac{3x^2+1}{2x^2-7} = \lim\limits_{x\to-\infty} \dfrac{3}{2}\times\dfrac{1+\frac{1}{3x^2}}{1-\frac{7}{2x^2}} = \dfrac{3}{2}$,

donc $\lim\limits_{x\to-\infty} \left(\dfrac{3x^2+1}{2x^2-7}\right)^4 = \left(\dfrac{3}{2}\right)^4 = \dfrac{81}{16}$.

48 **1.** b. **2.** d. **3.** a. **4.** c.

49 **1.** $\lim\limits_{x\to-\infty} f(x) = \lim\limits_{x\to-\infty} \dfrac{1+\frac{4}{x}+\frac{4}{x^2}}{1-\frac{2}{x}-\frac{3}{x^2}} = 1$; une asymptote horizontale d'équation $y = 1$ en $-\infty$.

2. $\lim\limits_{\substack{x\to-1\\<}} x^2 + 4x + 4 = 1$ et $\lim\limits_{\substack{x\to-1\\<}} x^2 - 2x - 3 = 0^+$

donc $\lim\limits_{\substack{x\to-1\\<}} f(x) = +\infty$; une asymptote verticale d'équation $x = -1$.

3. En appliquant la formule de la dérivée d'un quotient, on obtient :

$$f'(x) = \frac{-6x^2-14x-4}{(x^2-2x-3)^2}.$$

Pour tout $x \in\,]-\infty\,;-1[$, $(x^2 - 2x - 3)^2 > 0$; donc $f'(x)$ est du signe du trinôme $-6x^2 - 14x - 4$ dont les racines sont -2 et $-\dfrac{1}{3}$, soit négatif sur $]-\infty\,;-2]$ et sur $\left[-\dfrac{1}{3}\,;+\infty\right[$ et positif sur $\left[-2\,;-\dfrac{1}{3}\right]$.

D'où :

x	$-\infty$	-2	-1
$f'(x)$	$-$	0	$+$ ‖
$f(x)$	$1 \searrow$	0	$\nearrow +\infty$ ‖

50 **1.** Asymptote verticale d'équation $x = 5$ donc $c = -5$.

2. a. $\lim\limits_{x\to-\infty} f(x) = -2$

b. $\lim\limits_{x\to-\infty} f(x) = ax \times \dfrac{1+\frac{b}{ax}}{1-\frac{5}{x}} = a$ donc $a = -2$.

3. $f(2) = 1$ conduit à $b = 1$.

4. $f(x) = \dfrac{-2x+1}{x-5}$.

Chapitre 3 – Dérivées et primitives

Appliquer

1 a. $f'(x) = -5$ b. $g'(x) = 2x - 4$
c. $h'(x) = \frac{3}{2}$ d. $u'(x) = -6x + \frac{1}{2}$

2 a. $f'(x) = -\frac{2}{x^2}$ b. $g'(x) = \frac{5}{x^2} + 2$
c. $h'(x) = 3x^2 - 12x + 3$ d. $i'(x) = 6x^3 + x^2 - \frac{1}{2}x + 3$

3 a. $u'(t) = -3 \sin t$ b. $v'(t) = 5 \cos t$
c. $w'(t) = -6 \sin(2t + \pi)$ d. $z'(t) = 2 \sin\left(4t + \frac{\pi}{3}\right)$

4 a. $f'(x) = 4x + 7$ b. $g'(x) = 18x^2 - 22x - 12$
c. $h'(x) = 2(\cos^2(2x) - \sin^2(2x))$ d. $i'(x) = 3 - \frac{1}{x^2}$

5 a. $u'(x) = \frac{5}{(3x+1)^2}$ b. $v'(x) = \frac{5}{(3-x)^2}$
c. $w'(x) = \frac{2x}{(x^2+1)^2}$ d. $z'(t) = \frac{1}{(\cos t)^2}$

6 $y = -3x + 1$

7 $y = 12x - 4$

8 $y = 5x + 1$

9 a. $f'(x) = 2(x+3)$ b. $f'(x) = 6(2x-1)^2$
c. $f'(x) = -4(4-x)^3$

10 a. $f'(x) = (4x + 4)(x^2 + 2x - 1)$ b. $f'(x) = 18x\,(3x^2+1)^2$
c. $f'(x) = 4(3x^2 + 2x)(x^3 + x^2 - 1)^3$

11 a. $f'(x) = -3 \sin x \cos^2 x$ b. $f'(x) = 2 \cos x \sin x$
c. $f'(x) = -4 \sin(2x + \pi)\cos(2x + \pi)$

12 a. $f'(x) = (x^2+3)(10x^2+4x+6)$
b. $f'(x) = (4 - 3x^2)(-30x^2+12x+8)$
c. $f'(x) = -\sin^3 x + 2 \cos^2 x \sin x$

13 a. $f'(x) = -6(2x+1)^{-4}$ b. $f'(x) = -4(x+1)^{-3}$
c. $f'(x) = 2 \sin x \cos^{-3} x$

14 a. $f'(x) = \frac{-2}{(x+1)^3}$ b. $f'(x) = \frac{-6}{(3x-3)^3}$
c. $f'(x) = \frac{4}{(x+3)^3}$

15 a. $f'(x) = \frac{-4x}{(x^2+1)^3}$ b. $f'(x) = \frac{-1}{(x+1)^3}$
c. $f'(x) = \frac{-48x}{(3x^2+1)^3}$

16 a. $f'(x) = \frac{-x}{(x+2)^3}$
b. $f'(x) = \frac{32x^3 - 72x^2 - 24x + 10}{(2x-2)^5}$ c. $f'(x) = \frac{6x+3}{(x^2+x+1)^3}$

17 a. $f''(x) = 18x^2 - 12x + 6$ b. $f''(x) = 96(4x+1)$
c. $f''(x) = \frac{12}{(x+3)^4}$ d. $f''(x) = 18 \cos(3x + \pi)$
e. $f''(x) = 18(\cos^2(3x) - \sin^2(3x))$

18 a. $g'(x) = -2x \sin(x^2+1)$ b. $g'(x) = \frac{1}{x^2}\cos\left(\frac{1}{x}\right)$
c. $g'(x) = 3x^2 \cos(x^3)$

19 a. $g'(x) = -\cos x\big(\sin(\sin x)\big)$
b. $g'(x) = \sin x\big(\sin(\cos x)\big)$
c. $g'(x) = -\sin x\big(\cos(\cos x)\big)$

20 F est dérivable sur $\mathbb{R}$ comme somme de fonctions dérivables sur $\mathbb{R}$.
$F'(x) = 4 \times \frac{1}{2}\, x^3 - 3 \times \frac{5}{3}\, x^2 + 2x - 1 = 2x^3 - 5x^2 + 2x - 1 = f(x)$.

21 F est dérivable sur $]0 ; +\infty[$ car $F(x) = -2 \times \frac{1}{x}$ et la fonction inverse est dérivable sur $]0 ; +\infty[$.

$F'(x) = -2 \times \left(-\frac{1}{x^2}\right) = f(x)$.

22 F est dérivable sur $]0 ; +\infty[$ comme produit de la fonction inverse par elle-même.

$F'(x) = -\frac{2x}{x^4} = f(x)$.

23 F est dérivable sur $]0 ; +\infty[$ comme somme de fonctions dérivables sur $]0 ; +\infty[$.

$F'(x) = 2x + 3 - \left(-\frac{1}{x^2}\right) = f(x)$.

24 F est dérivable sur $]0 ; +\infty[$ comme fonction du type $v(u(x))$ où $u(x) = \frac{1}{x}$, avec u dérivable sur $]0 ; +\infty[$, et où $v(X) = \cos X$, avec v dérivable sur $\mathbb{R}$.
Donc F est dérivable sur $]0 ; +\infty[$ et

$F'(x) = -\frac{1}{x^2} \times -\sin\left(\frac{1}{x}\right) = f(x)$.

25 F est dérivable sur $\mathbb{R}$ et $F'(x) = f(x)$. Donc F est une primitive de f sur $\mathbb{R}$.
L'ensemble des primitives G de f sur $\mathbb{R}$ sont donc définies par $G(x) = F(x) + C$, avec C constante réelle.
C vérifie : $F(1) + C = 0$; $C = -2$.
La primitive particulière est définie par : $G(x) = x^3 + x - 2$.

26 F est dérivable sur $\mathbb{R}$ et $F'(x) = f(x)$. Donc F est une primitive de f sur $\mathbb{R}$.
L'ensemble des primitives G de f sur $\mathbb{R}$ sont donc définies par $G(x = F(x) + C$, avec C constante réelle.

C vérifie : $F\left(\frac{\pi}{2}\right) + C = 0$; $C = \frac{1}{2}$.

La primitive particulière est définie par :

$G(x) = -\frac{1}{2}\cos(2x + \pi) + \frac{1}{2}$.

27 F est dérivable sur $]0\ ;+\infty[$ et $F'(x) = f(x)$. Donc F est une primitive de f sur $\mathbb{R}$.
L'ensemble des primitives G de f sur $\mathbb{R}$ sont donc définies par $G(x) = F(x) + C$, avec C constante réelle.
C vérifie $G(1) = F(1) + C = 0$; d'où $C = -2$.

La primitive particulière est définie par : $G(x) = x^2 + \dfrac{1}{x} - 2$.

28 $F(x) = \dfrac{1}{3}x^3 - \dfrac{1}{2}x^2 + x + C$, C constante réelle.

29 $F(x) = \dfrac{1}{2}x^3 + x^2 - x + C$, C constante réelle.

30 $F(x) = \dfrac{1}{2}x^3 + \dfrac{1}{4}x^2 - x + C$, C constante réelle.

31 $F(x) = -3\sin x - 2\cos x + C$, C constante réelle.

32 $F(x) = x^3 - x^2 + \dfrac{1}{x} + C$, C constante réelle.

33 $F(x) = x^2 - x - \dfrac{3}{x} + C$, C constante réelle.

34 $F(x) = \dfrac{1}{3}(3-4x)^3 + C$, C constante réelle.

35 $F(x) = \dfrac{1}{2}(x^2+1)^2 + C$, C constante réelle.

36 $F(x) = \dfrac{1}{4}(x^2+1)^4 + C$, C constante réelle.

37 $F(x) = \dfrac{1}{3}\sin^3 x + C$, C constante réelle.

38 $F(x) = \dfrac{3}{4}\cos^4 x + C$, C constante réelle.

39 $F(x) = \dfrac{-1}{x^2+1} + C$, C constante réelle.

40 $F(x) = \dfrac{-1}{x^2+x+1} + C$, C constante réelle.

41 $F(x) = \dfrac{-1}{6\left(x^2+1\right)^3} + C$, C constante réelle.

Approfondir

42 **1.** $f'(x) = \dfrac{-4}{(2x+1)^3}$. $f'(x) < 0$ sur $]-1,5\ ;+\infty[$.

2. $\lim\limits_{x\to+\infty} f(x) = 0$; $\lim\limits_{x\to-1,5} f(x) = +\infty$.

3.

x	$-1,5$		$+\infty$
$f'(x)$	‖	$-$	
$f(x)$	‖ $+\infty$	↘	0

Courbe représentative

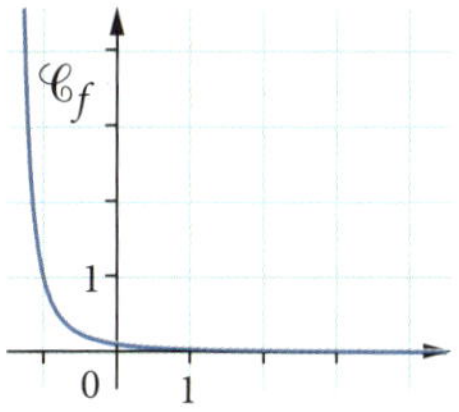

43 **1.** a. **2.** c. **3.** a. **4.** d.

44 **1.** $f'(x) = \dfrac{x^3-3x^2}{(x-1)^3} = \dfrac{x^2(x-3)}{(x-1)^3}$.

2. Pour tout $x > 1$, $x^2 > 0$ et $(x-1)^3 > 0$. $f'(x)$ est donc du signe de $x - 3$.
On a donc le tableau de signes suivant :

x	1		3		$+\infty$
Signe de $x-3$	‖	$-$	0	$+$	
Signe de $f'(x)$	‖	$-$	0	$+$	

3.

x	1		3		$+\infty$
$f'(x)$	‖	$-$	0	$+$	
$f(x)$	‖	↘	$\dfrac{27}{4}$	↗	

48 **1.** $f(x) = 1 + \dfrac{4}{(x+1)^2}$.

2. $F(x) = x - \dfrac{4}{x-1} + 2$.

49 **1.** F est dérivable sur $]-1\ ;+\infty[$ comme quotient de deux fonctions dérivables sur cet intervalle.

Pour $x \in\ ]-1\ ;+\infty[$, $F'(x) = \dfrac{4}{(x+1)^2}$. Donc $F'(x) = f(x)$. F est donc une primitive de f sur $]-1\ ;+\infty[$.
2. De même, G est dérivable sur $]-1\ ;+\infty[$ et on a

$G'(x) = \dfrac{4}{(x+1)^2} = f(x)$.

3. a. $F(x) - G(x) = 1$.
b. On a donc $F(x) = G(x) + 1$. L'ensemble des primitives de f sur l'intervalle $]-1\ ;+\infty[$ est l'ensemble des fonctions H définies par $H(x) = G(x) + C$, avec C constante réelle.

50 **1. a.** Pour tout x réel, on a $\cos^2 x + \sin^2 x = 1$.
Donc $\cos^2 x = 1 - \sin^2 x$. On a donc $\cos^3 x = \cos x - \cos x \sin^2 x$.

b. $F(x) = \sin x - \frac{1}{3}\sin^3 x$.

2. On écrit $\sin^2 x = 1 - \cos^2 x$ d'où $\sin^3 x = \sin x - \sin x \cos^2 x$.

Une primitive est G définie par $G(x) = -\cos x + \frac{1}{3}\cos^3 x$.

51 **1.** $v(t) = \frac{1}{2}\sin\left(2t + \frac{\pi}{2}\right) - \frac{1}{2}$.

2. $x(t) = -\frac{1}{4}\cos\left(2t + \frac{\pi}{2}\right) - \frac{1}{2}t$.

52 **1.** $f'(x) = -\sin x + \cos x$; $f''(x) = -\cos x - \sin x = -f(x)$.

2. a. Sur $\left[0 ; \frac{\pi}{2}\right]$, $\cos x > 0$ et $\sin x > 0$ donc $f''(x) < 0$.

b.

x	$-1{,}5$	$\frac{\pi}{2}$
$f''(x)$	$-$	
$f'(x)$	1 ↘	-1

c. $f'\left(\frac{\pi}{4}\right) = 0$. On a donc $f'(x) > 0$ pour $x \in [0 ; \frac{\pi}{4}]$ et

$f'(x) < 0$ pour $x \in \left[\frac{\pi}{4} ; \frac{\pi}{2}\right]$.

d.

x	0		$\frac{\pi}{4}$		$\frac{\pi}{2}$
$f'(x)$		$-$	0	$+$	
$f(x)$	1	↗	$\sqrt{2}$	↘	1

3.

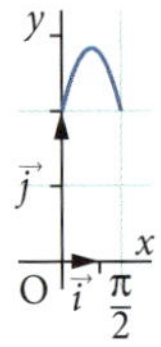

4. a. $F(x) = \sin x - \cos x$.
b. $g(x) = 1 + 2\cos x \sin x$.
c. Soit G la primitive de g qui s'annule en 0. $G(x) = x + \sin^2 x$.

53 **1.** $A = 0{,}5$ et $B = 0{,}5$.

2. a. Sur l'intervalle $[0 ; \pi]$, les solutions sont $t = \frac{\pi}{4}$; $t = \frac{7\pi}{12}$ et $t = \frac{11\pi}{12}$.

b. On a $f(t) = 0$ pour la première fois lorsque $t = \frac{\pi}{4}$ soit $t \approx 0{,}785$ s à 10^{-3} près.

54 **1.** $f(x) = x^3 + x$.

2. $F(x) = \frac{1}{4}x^4 + \frac{1}{2}x^2$.

57 **1.** $v(t) = 0{,}2t$.
2. $t = 415$ s $= 6$ min 55 s.
3. a. $x(t) = 0{,}1t^2$.
b. $x(415) = 17\,222{,}5$ m.
c. $t \approx 316$ s et $v \approx 63{,}2$ m.s$^{-1} \approx 227{,}5$ km.h^{-1}.

Pour se tester

60 **1. a.** F. **b.** V. **c.** V.
2. a. F. **b.** V. **c.** V.

61 **1.** d. **2.** c. **3.** b. **4.** c. **5.** a.

62 **1.** F est dérivable sur $]-\infty ; -3[$ et

$F'(x) = 2 - 3 \times \left(-\frac{1}{(x+3)^2}\right) = 2 + \frac{3}{(x+3)^2} = f(x)$.

$F(0) = -1$.
2. $F'(x) = f(x)$ et $f(x) > 0$ sur $]-\infty ; -3[$. Donc F est croissante sur $]-\infty ; -3[$.
3. $\lim\limits_{x \to -\infty} F(x) = -\infty$ et $\lim\limits_{x \to -3} F(x) = +\infty$.

x	$-\infty$	-3
$f''(x)$	$-$	
$f'(x)$	$-\infty$ ↗	$+\infty$

4. Sur l'intervalle $]-4 ; -3[$, F est dérivable et strictement décroissante.
De plus, $F(-4) < 0$ et $F(-3) > 0$, donc 0 est dans l'intervalle image.
L'équation $F(x) = 0$ admet une unique solution x_0 dans l'intervalle $]-4 ; -3[$. Avec la fonction tableur de la calculatrice, on obtient : $-3{,}44 < x_0 < -3{,}43$.

Chapitre 4 – Les fonctions logarithmes

Appliquer

1 $A = 4 \ln 2 + 4 \ln 5$ $\quad B = 3 \ln 5 - 3 \ln 2$
$C = -\ln 2 - \ln 5$ $\quad D = \ln 2 + 2{,}5 \ln 5$

2 **1.** $A(x) = \ln(x^2) - \ln(3x) = \ln\left(\dfrac{x^2}{3x}\right) = \ln\left(\dfrac{x}{3}\right) = B(x).$

2. $A(x) = \ln(2x) - \ln(\sqrt{x}) = \ln\left(\dfrac{2x}{\sqrt{x}}\right) = \ln(2\sqrt{x}) = B(x).$

3. $A(x) = \ln(x^4) + \ln(2x) - (\ln 4 + \ln(x^3)) = \ln(x^4 \times 2x) - \ln(4x^3)$

$= \ln\left(\dfrac{2x^5}{4x^3}\right) = \ln\left(\dfrac{x^2}{2}\right) = B(x).$

3 $A = 0{,}5$ $\quad B = -1$ $\quad C = 0$ $\quad D = 20$ $\quad E = 5{,}5.$

4 $\lim\limits_{x\to+\infty} x^2 + 3\ln x + \dfrac{2}{x} = +\infty$; $\lim\limits_{\substack{x\to 0\\ >}} \ln x - x + 1 = -\infty.$

5 $\lim\limits_{x\to+\infty} (x^2 + 2)\ln x = +\infty$; $\lim\limits_{x\to+\infty} (4x^3 + x^2 + 1)\ln x = +\infty.$

6 $\lim\limits_{\substack{x\to 0\\ >}} \dfrac{\ln x}{x^2} = -\infty$; $\lim\limits_{\substack{x\to 0\\ >}} \dfrac{\ln x}{x-2} = +\infty.$

7 $\lim\limits_{\substack{x\to 3\\ <}} \dfrac{2\ln x}{x-3} = -\infty$; $\lim\limits_{\substack{x\to 0{,}5\\ <}} \dfrac{\ln x}{2x-1} = +\infty.$

8 **a.** $\lim\limits_{x\to+\infty} 5 + \dfrac{3}{x}\ln x = \lim\limits_{x\to+\infty} 5 + 3\dfrac{\ln x}{x} = 5$

b. $\lim\limits_{x\to+\infty} \ln x - 2x + 6 = \lim\limits_{x\to+\infty} x\left(\dfrac{\ln x}{x} - 2 + \dfrac{6}{x}\right) = -\infty$

9 **a.** $\lim\limits_{x\to+\infty} 3x + 1 - \ln x = \lim\limits_{x\to+\infty} x\left(3 + \dfrac{1}{x} - \dfrac{\ln x}{x}\right) = +\infty$

b. $\lim\limits_{x\to+\infty} 1 + x^2 - 4\ln x = \lim\limits_{x\to+\infty} x\left(\dfrac{1}{x} + x - 4\dfrac{\ln x}{x}\right) = +\infty$

10 **a.** $\lim\limits_{x\to+\infty} \dfrac{\ln x}{4x-1} = \lim\limits_{x\to+\infty} \dfrac{\ln x}{x} \times \dfrac{1}{4 - \dfrac{1}{x}} = 0$

b. $\lim\limits_{x\to+\infty} \dfrac{x+1}{\ln x} = \lim\limits_{x\to+\infty} \dfrac{1}{\dfrac{\ln x}{x}} + \dfrac{1}{\ln x} = +\infty$

11 $f'(x) = \dfrac{x+2}{x}$; $g'(x) = \dfrac{8x^2-1}{x}.$

12 $f'(x) = x(2\ln x + 1)$; $g'(x) = -\dfrac{x\ln x + x + 2}{x}.$

13 $f'(x) = -\ln x$; $g'(x) = \dfrac{3(\ln x)^2}{x}.$

14 $f'(x) = \dfrac{1-\ln x}{x^2}$; $g'(x) = \dfrac{\ln x - 3}{x^2}.$

15 $f'(x) = \dfrac{-1}{x(\ln x)^2}$; $g'(x) = \dfrac{x+3-x\ln x}{x(x+3)^2}.$

16 **a.** $f'(x) = \dfrac{2}{2x-5}$ $\quad$ **b.** $f'(x) = \dfrac{2x+1}{x^2+x+1}$

17 **a.** $f'(x) = \dfrac{-x}{x+1}$ $\quad$ **b.** $f'(x) = \dfrac{2x^2+2}{x}$

18 **a.** $f'(x) = \dfrac{(3x+1)\ln(3x+1)+3x}{3x+1}$

b. $f'(x) = \dfrac{-x\ln(x^3)+12-3x}{x}$

19 **a.** $f'(x) = \dfrac{3x-(3x-6)\ln(3x-6)}{x^2(3x-6)}$

b. $f'(x) = \dfrac{2-2\ln(2x+1)}{(2x+1)^2}$

20 **a.** $\lim\limits_{\substack{x\to\frac{1}{4}\\ >}} f(x) = -\infty$ et $\lim\limits_{x\to+\infty} f(x) = +\infty.$

b. $\lim\limits_{x\to-\infty} f(x) = +\infty$ et $\lim\limits_{\substack{x\to 5\\ <}} f(x) = -\infty.$

21 **a.** $\lim\limits_{x\to-\infty} f(x) = +\infty$ et $\lim\limits_{\substack{x\to -1\\ <}} f(x) = -\infty$; $\lim\limits_{\substack{x\to\frac{1}{2}\\ >}} f(x) = -\infty$ et $\lim\limits_{x\to+\infty} f(x) = +\infty.$

b. $\lim\limits_{\substack{x\to 0\\ >}} f(x) = +\infty$ et $\lim\limits_{x\to+\infty} f(x) = +\infty.$

22 **a.** $\lim\limits_{x\to-\infty} \dfrac{x}{3x+1} = \dfrac{1}{3}$ donc $\lim\limits_{x\to-\infty} f(x) = \ln\dfrac{1}{3}$;

$\lim\limits_{\substack{x\to-\frac{1}{3}\\ <}} \dfrac{x}{3x+1} = +\infty$ donc $\lim\limits_{\substack{x\to-\frac{1}{3}\\ <}} f(x) = +\infty$;

$\lim\limits_{\substack{x\to 0\\ >}} \dfrac{x}{3x+1} = 0$ donc $\lim\limits_{\substack{x\to 0\\ >}} f(x) = -\infty$; $\lim\limits_{x\to+\infty} \dfrac{x}{3x+1} = \dfrac{1}{3}$ donc $\lim\limits_{x\to+\infty} f(x) = \ln\dfrac{1}{3}.$

b. $\lim\limits_{x\to-\infty} \dfrac{2}{4-x} = 0$ donc $\lim\limits_{x\to-\infty} f(x) = -\infty$; $\lim\limits_{\substack{x\to 4\\ <}} \dfrac{2}{4-x} = +\infty$ donc $\lim\limits_{\substack{x\to 4\\ <}} f(x) = +\infty.$

c. $\lim\limits_{\substack{x\to 0\\ >}} \dfrac{2x^3}{x+2} = 0$ donc $\lim\limits_{\substack{x\to 0\\ >}} f(x) = -\infty$; $\lim\limits_{x\to+\infty} \dfrac{2x^3}{x+2} = +\infty$ donc $\lim\limits_{x\to+\infty} f(x) = +\infty.$

23 **a.** $F(x) = \dfrac{1}{2}x^2 + \ln x$ $\quad$ **b.** $F(x) = 5x - 3\ln x$

24 **a.** $F(x) = \ln x + \dfrac{1}{x}$ $\quad$ **b.** $F(x) = \dfrac{3}{4}x^2 - \dfrac{2}{3}\ln x$

25 a. $F(x) = \frac{1}{3}x^3 - x + 2\ln x + \frac{11}{3}$

b. $F(x) = \frac{3}{2}x^2 + 2x - \frac{1}{5}\ln x + \frac{1}{5}\ln 2 - 10$

26 a. $F(x) = \ln(x^2 - 1)$ b. $F(x) = 4\ln(3 - x)$

27 a. $F(x) = 3\ln(2x + 1)$ b. $F(x) = 3\ln(x^2 + x + 5)$

28 a. $F(x) = \frac{4}{7}\ln(7x + 3)$ b. $F(x) = -\frac{2}{3}\ln(1 - 3x)$

29 a. $F(x) = 5\ln(x + 1) - 5\ln 3$ b. $F(x) = 3x + \ln(2x - 5) - 5$

30 a. $F(x) = \frac{1}{6}\ln(3x^2 + 1)$ b. $F(x) = x^2 - \frac{3}{2}\ln(1 - 2x) + 1$

31 a. $\mathcal{D} =]0\,;+\infty[$ et $S = \varnothing$. b. $\mathcal{D} =]5\,;+\infty[$ et $S = \varnothing$.

32 a. $\mathcal{D} =]0\,;+\infty[$ et $S = \left\{\frac{e}{4}\right\}$. b. $\mathcal{D} = \mathbb{R}^*$ et $S = \{-1\,;1\}$.

33 a. $\mathcal{D} =]-\infty\,;0{,}5[$ et $S = \left\{\frac{1-e^4}{2}\right\}$. b. $\mathcal{D} = \mathbb{R}^*$ et $S = \{-e\,;e\}$.

34 a. $\mathcal{D} =]2\,;+\infty[$ et $S = \{4\}$. b. $\mathcal{D} =]1\,;+\infty[$ et $S = \{1{,}5\}$.

35 a. $\mathcal{D} =]3\,;+\infty[$ et $S = \{5\}$. b. $\mathcal{D} =]4\,;9[$ et $S = \{6\}$.

36 a. $\mathcal{D} = \left]\frac{1}{2}\,;3\right[$ et $S = \left]\frac{1}{2}\,;\frac{4}{3}\right[$.

b. $\mathcal{D} = \left]0\,;\frac{2}{5}\right[$ et $S = \left[\frac{1}{3}\,;\frac{2}{5}\right[$.

37 a. $\mathcal{D} = \left]\frac{5}{3}\,;+\infty\right[$ et $S =]2\,;+\infty[$

b. $\mathcal{D} =]-\infty\,;4[$ et $S = [4 - e\,;4[$.

38 a. $\mathcal{D} =]7\,;+\infty[$ et $S = [7 + e^{-1}\,;+\infty[$.

b. $\mathcal{D} = \left]-\infty\,;\frac{5}{3}\right[$ et $S = \left]\frac{5-e^6}{3}\,;\frac{5}{3}\right[$.

39 a. $\mathcal{D} =]-\infty\,;0[\cup \left]\frac{1}{3}\,;+\infty\right[$ et $S = \left[-\frac{2}{3}\,;0\right[\cup \left]\frac{1}{3}\,;1\right]$.

b. $\mathcal{D} =]0\,;+\infty[$ et $S = \left]\frac{1}{2}\,;+\infty\right[$.

40 a. $\mathcal{D} =]-2\,;7[$ et $S =]-2\,;2{,}5[$.
b. $\mathcal{D} =]0\,;+\infty[$ et $S = [3\,;+\infty[$.

41 a. S est l'ensemble des entiers naturels inférieurs ou égaux à 3.
b. S est l'ensemble des entiers naturels supérieurs ou égaux à 7.

42 a. S est l'ensemble des entiers naturels supérieurs ou égaux à 5.
b. S est l'ensemble des entiers naturels inférieurs ou égaux à 6.

43 a. $S = \mathbb{N}$.
b. S est l'ensemble des entiers naturels supérieurs ou égaux à 26.

Approfondir

45 1. Les racines du trinôme sont 2 et 5 donc :
$X^2 - 7X + 10 = (X - 2)(X - 5)$.

2. Sur $]0\,;+\infty[$, $(\ln x)^2 - 7\ln x + 10 < 0$ équivaut à $(\ln x - 2)(\ln x - 5) < 0$.

x	0		e^2		e^5		$+\infty$
$\ln x - 2$	‖	$-$	0	$+$		$+$	
$\ln x - 5$	‖	$-$		$-$	0	$+$	
$(\ln x - 2)(\ln x - 5)$	‖	$+$	0	$-$	0	$+$	

car $\ln x - 2 \geqslant 0$ si et seulement si $x \geqslant e^2$, et $\ln x - 5 \geqslant 0$ si et seulement si $x \geqslant e^5$.
Donc $S =]e^2\,;e^5[$.

52 1. **=1,2*B2 – 500.**
2. $u_{n+1} = 1{,}2u_n - 500$. La suite (u_n) n'est pas géométrique car on n'a pas $u_{n+1} = q \times u_n$.
3. $v_n = u_n - 2\,500$.
4. a. On conjecture que la suite (v_n) est une suite géométrique de raison $q = 1{,}2$ et de premier terme $v_0 = 12\,500$.
b. $v_{n+1} = u_{n+1} - 2\,500 = 1{,}2u_n - 500 - 2\,500 = 1{,}2u_n - 3\,000$
$= 1{,}2(u_n - 2\,500) = 1{,}2v_n$.
$v_n = 12\,500 \times (1{,}2)^n$.
c. $u_n = 12\,500 \times (1{,}2)^n + 2\,500$.
d. $u_n > 500\,000 \Leftrightarrow 12\,500 \times (1{,}2)^n + 2\,500 > 500\,000$

$$\Leftrightarrow (1{,}2)^n > 39{,}8 \Leftrightarrow n > \frac{\ln 39{,}8}{\ln 1{,}2}.$$

Or $\frac{\ln 39{,}8}{\ln 1{,}2} \approx 20{,}2$. C'est donc au bout de 21 minutes que cette culture liquide contiendra plus de 500 000 bactéries.

55 1. $\lim\limits_{\substack{x\to 0\\>}} \frac{x^2}{4} - 1 = -1$ et $\lim\limits_{\substack{x\to 0\\>}} -2\ln x = +\infty$, donc

$\lim\limits_{\substack{x\to 0\\>}} f(x) = +\infty$.

$\lim\limits_{x\to+\infty} f(x) = \lim\limits_{x\to+\infty} x\left(\frac{x}{4} - \frac{1}{x} - \frac{2\ln x}{x}\right) = +\infty$.

2. $f'(x) = \frac{2x}{4} - \frac{2}{x} = \frac{x^2 - 4}{2x}$.

3. Sur $]0\,;+\infty[$, $2x > 0$, donc $f'(x)$ est du signe du trinôme $x^2 - 4$ dont les racines sont -2 et 2. D'où :

x	0		2		$+\infty$
$f'(x)$	‖	$-$	0	$+$	
$f(x)$	‖ $+\infty$	↘	$-2\ln 2$	↗	$+\infty$

4. $y = f'(1)(x - 1) + f(1)$, soit $y = -1{,}5x + 0{,}75$.
5. a. $g'(x) = \ln x$.

b. $F(x) = \frac{x^3}{12} + x - 2x\ln x + k$ où $k \in \mathbb{R}$.

$F(1) = 0$ conduit à $k = -\frac{13}{12}$, donc $F(x) = \frac{x^3}{12} + x - 2x\ln x - \frac{13}{12}$.

58 1. $\lim\limits_{\substack{x\to 0\\>}} 2 - \ln x = +\infty$ et $\lim\limits_{\substack{x\to 0\\>}} \ln x = -\infty$, donc $\lim\limits_{\substack{x\to 0\\>}} f(x) = -\infty$.
On en déduit : une asymptote verticale d'équation $x = 0$.

2. $\lim\limits_{x\to+\infty} 2 - \ln x = -\infty$ et $\lim\limits_{x\to+\infty} \ln x = +\infty$, donc $\lim\limits_{x\to+\infty} f(x) = -\infty$.
3. En appliquant la formule de la dérivée d'un produit, on obtient :

$f'(x) = \dfrac{2(1-\ln x)}{x}$.

4. Sur $]0 ; +\infty[$: $2 > 0$, $x > 0$ et $1 - \ln x \geqslant 0 \Leftrightarrow x \leqslant \mathrm{e}$. D'où :

x	0		e		$+\infty$
$f'(x)$	‖	+	0	−	
$f(x)$	‖ $-\infty$	↗	1	↘	$-\infty$

5. a. $f(x) = 0 \Leftrightarrow x = 1$ ou $x = \mathrm{e}^2$. Donc deux points d'intersection : A(1 ; 0) et B(e^2 ; 0).
b. $f'(1) = 2$.

Pour se tester

60 **1.** Faux car 1 n'est pas solution.
2. Vrai car $\lim\limits_{\substack{x\to0\\>}} 2x - 5 - \ln x = +\infty$ et $\lim\limits_{\substack{x\to0\\>}} x = 0^+$.
Donc $\lim\limits_{\substack{x\to0\\>}} f(x) = +\infty$.
3. Faux car $f'(x) = (2x + 1)\ln x + x + 1$.
4. Vrai car $f'(x) = \dfrac{2x-3}{x^2-3x+2}$ et, sur $]2 ; +\infty[$, $2x - 3 > 0$ et $x^2 - 3x + 2 > 0$. Donc $f'(x) > 0$.

61 **1.** a. **2.** d. **3.** c. **4.** c.

62 **1. a.** $\lim\limits_{\substack{x\to0\\>}} 1 + \ln x = -\infty$ et $\lim\limits_{\substack{x\to0\\>}} x = 0^+$, donc $\lim\limits_{\substack{x\to0\\>}} f(x) = -\infty$.

$\lim\limits_{x\to+\infty} f(x) = \lim\limits_{x\to+\infty} \dfrac{1}{x} + \dfrac{\ln x}{x}$.

Or $\lim\limits_{x\to+\infty} \dfrac{1}{x} = 0$ et $\lim\limits_{x\to+\infty} \dfrac{\ln x}{x} = 0$,

donc $\lim\limits_{x\to+\infty} f(x) = 0$.

b. Une asymptote verticale d'équation $x = 0$ et une asymptote horizontale d'équation $y = 0$ en $+\infty$.
2. En appliquant la formule de la dérivée d'un quotient, on obtient

$f'(x) = -\dfrac{\ln x}{x^2}$.

Sur $]0 ; +\infty[$, $x^2 > 0$ et $-\ln x \geqslant 0 \Leftrightarrow x \leqslant 1$. D'où :

x	0		1		$+\infty$
$f'(x)$	‖	+	0	−	
$f(x)$	‖ $-\infty$	↗	1	↘	0

3. $y = f'(\mathrm{e})(x - \mathrm{e}) + f(\mathrm{e})$, soit $y = -\mathrm{e}^{-2}x + 3\mathrm{e}^{-1}$.

63 **1.** $\lim\limits_{\substack{x\to2,5\\>}} x = 2,5$; $\lim\limits_{\substack{x\to2,5\\>}} 2x - 5 = 0$ et $\lim\limits_{X\to0} \ln X = -\infty$, donc

$\lim\limits_{\substack{x\to2,5\\>}} \ln(2x - 5) = -\infty$.

On en déduit que $\lim\limits_{\substack{x\to2,5\\>}} f(x) = -\infty$.

$\lim\limits_{x\to+\infty} x = +\infty$; $\lim\limits_{x\to+\infty} 2x - 5 = +\infty$ et $\lim\limits_{X\to+\infty} \ln X = +\infty$, donc

$\lim\limits_{x\to+\infty} \ln(2x - 5) = +\infty$.

On en déduit que $\lim\limits_{x\to+\infty} f(x) = +\infty$.

$f'(x) = \dfrac{2x-3}{2x-5}$. Sur $]2,5 ; +\infty[$, $f'(x) > 0$.

Donc f est strictement croissante sur $]2,5 ; +\infty[$.
2. f est dérivable et strictement croissante sur $]2,5 ; +\infty[$. Lorsque $x \in\ ]2,5 ; +\infty[$, $f(x) \in \mathbb{R}$.
$0 \in \mathbb{R}$, donc l'équation $f(x) = 0$ admet une unique solution dans $]2,5 ; +\infty[$. La courbe $\mathscr{C}$ coupe donc bien l'axe des abscisses en un seul point.
3. $F'(x) = \ln(2x - 5) + (x - 2,5)\dfrac{2}{2x-5} + x - 1 = \ln(2x - 5) + x$
$= f(x)$.

64 **1.** $I_{n+1} = 0,75 I_n$. Donc (I_n) est une suite géométrique de raison 0,75.
2. $I_n = 160\times(0,75)^n$.
3. $I_n \leqslant 40 \Leftrightarrow 160\times(0,75)^n \leqslant 40 \Leftrightarrow (0,75)^n \leqslant 0,25 \Leftrightarrow n \geqslant \dfrac{\ln 0,25}{\ln 0,75}$.

Or $\dfrac{\ln 0,25}{\ln 0,75} \approx 4,8$; il faut donc au moins 5 plaques pour que ce rayon ait une intensité sortante inférieure ou égale à 40 cd.

Chapitre 5 – Fonctions exponentielles

Appliquer

1 a. $\ln x = \ln e^{-3} \Leftrightarrow x = e^{-3}$. b. $\ln x = 7 = \ln e^7 \Leftrightarrow x = e^7$.
c. $2\ln x = \ln 1 \Leftrightarrow x = 1$.

2 a. $\ln x = 9 = \ln e^9 \Leftrightarrow x = e^9$.

b. $\dfrac{1}{2\ln x} = -1 \Leftrightarrow -1 = 2\ln x \Leftrightarrow \dfrac{-1}{2} = \ln x = \ln e^{\frac{-1}{2}} \Leftrightarrow x = e^{\frac{-1}{2}}$.

c. $12\ln x = -2 \Leftrightarrow \ln x = \dfrac{-1}{6} = \ln e^{\frac{-1}{6}} \Leftrightarrow x = e^{\frac{-1}{6}}$.

3 a. $e^x = e^{\ln 5} \Leftrightarrow x = \ln 5$.
b. $e^x = -1$, impossible car $e^x > 0$.
c. $e^x = \dfrac{1}{4} = e^{\ln\frac{1}{4}} \Leftrightarrow x = \ln\dfrac{1}{4} = -\ln 4$.

4 a. $e^{0,5x} = 1,5 = e^{\ln 1,5} \Leftrightarrow 0,5x = \ln 1,5 \Leftrightarrow x = 2\ln 1,5 = \ln 2,25$.
b. $2 = 4e^x \Leftrightarrow 0,5 = e^x \Leftrightarrow e^{\ln 0,5} = e^x \Leftrightarrow \ln 0,5 = x \Leftrightarrow x = -\ln 2$.
c. $e^{-x} = \dfrac{1}{40} = e^{\ln\frac{1}{40}} \Leftrightarrow -x = -\ln 40 \Leftrightarrow x = \ln 40$.

5 a. $e^{3x-4} = e^0 \Leftrightarrow 3x - 4 = 0 \Leftrightarrow x = \dfrac{4}{3}$.
b. $e^{1-x} = 1 = e^0 \Leftrightarrow 1 - x = 0 \Leftrightarrow x = 1$.
c. $e^x = -3(e^x + 1) \Leftrightarrow 4e^x = -3$, impossible car $e^x > 0$.

6 1. $\Delta = 25$. Les solutions sont $X_1 = -0,5$ et $X_2 = 2$.
2. $e^x = -0,5$ ou $e^x = 2$. D'où $x = \ln 2$, car $e^x > 0$.

7 a. $\ln x > \ln e^{-2} \Leftrightarrow x > e^{-2}$. L'ensemble des solutions est $]e^{-2}; +\infty[$.
b. $\ln x < \dfrac{-1}{4} \Leftrightarrow \ln x < \ln e^{\frac{-1}{4}} \Leftrightarrow x < e^{\frac{-1}{4}}$.
L'ensemble des solutions est $\left[0 ; e^{\frac{-1}{4}}\right[$.
c. $\ln 3x > 0,5 \Leftrightarrow \ln 3x > \ln e^{0,5} \Leftrightarrow 3x > e^{0,5} \Leftrightarrow x > \dfrac{1}{3}e^{0,5}$.
L'ensemble des solutions est $\left]\dfrac{\sqrt{e}}{3} ; +\infty\right[$.

8 a. $e^x \geqslant e^0 \Leftrightarrow x \geqslant 0$. L'ensemble des solutions est $[0 ; +\infty[$.
b. $4 \leqslant e^x \Leftrightarrow e^{\ln 4} \leqslant e^x \Leftrightarrow \ln 4 \leqslant x$. L'ensemble des solutions est $[\ln 4 ; +\infty[$.
c. $4e^x < 3 \Leftrightarrow e^x < \dfrac{3}{4} \Leftrightarrow e^x < e^{\ln\frac{3}{4}} \Leftrightarrow x < \ln\dfrac{3}{4}$.
L'ensemble des solutions est $\left]-\infty ; \ln\dfrac{3}{4}\right[$.

9 a. $\mathbb{R}$ car $e^x > 0$ pour tout réel x.
b. $e^{-x} < e^0 \Leftrightarrow -x < 0 \Leftrightarrow x > 0$.
L'ensemble des solutions est $]0 ; +\infty[$.
c. $e^{2x} \geqslant e^{\ln 5} \Leftrightarrow 2x \geqslant \ln 5 \Leftrightarrow x \geqslant \dfrac{1}{2}\ln 5 \Leftrightarrow x \geqslant \ln\sqrt{5}$.
L'ensemble des solutions est $[\ln\sqrt{5} ; +\infty[$.
d. $e^{1,5x} < e^{\ln 0,5} \Leftrightarrow 1,5x < \ln 0,5 \Leftrightarrow x < \dfrac{2}{3}\ln 0,5$.
L'ensemble des solutions est $\left]-\infty ; \dfrac{2}{3}\ln 0,5\right[$.

10 a. -1 b. 2 c. 1

11 a. 2 b. $0,5$ c. 4

12 a. $2e$ b. $\dfrac{e}{9}$ c. $\dfrac{e}{\sqrt{3}}$

13 a. $x + \ln 3$ b. x^4 c. $3x$

14 a. e^6 b. e^2 c. $e^{\frac{-3}{2}}$

15 a. $e^{0,2}$ b. $e^{4,5}$ c. $e^{2,5}$

16 a. 12 b. $\dfrac{e^2}{8}$ c. $\dfrac{9}{4}$

17 a. $+\infty$ b. $-\infty$ c. $+\infty$ d. 1 e. 0 f. 2

18 a. $+\infty$ b. $+\infty$ c. -4

19 1. $f(x) = e^x - e^{2x} - 2e^x + 2 = -e^{2x} - e^x + 2$
2. $\lim\limits_{x\to\infty} f(x) = -\infty$ et $\lim\limits_{x\to-\infty} f(x) = 2$.
3. La droite horizontale d'équation $y = 2$ est asymptote à la courbe représentative de f.

20 a. $\lim\limits_{x\to+\infty} f(x) = +\infty$ et $\lim\limits_{x\to-\infty} f(x) = \ln 2$.
b. $\lim\limits_{x\to+\infty} f(x) = -\infty$ et $\lim\limits_{x\to-\infty} f(x) = -\infty$.
c. $\lim\limits_{x\to+\infty} f(x) = -\infty$ et $\lim\limits_{x\to-\infty} f(x) = 0$.

21 1. $f(x) = \dfrac{e^x(2+e^{-x})}{e^x(2e^{-x}-1)} = \dfrac{2+e^{-x}}{2e^{-x}-1}$.
2. $\lim\limits_{x\to+\infty} f(x) = -2$ et $\lim\limits_{x\to-\infty} f(x) = \dfrac{1}{2}$.

22 1. $\lim\limits_{x\to-\infty} f(x) = -\infty$.
2. Il suffit de développer avec $x \neq 0$.
3. $\lim\limits_{x\to+\infty} f(x) = -\infty$.

23 a. $f'(x) = 2e^x - 1$.
b. $f'(x) = e^x + xe^x = e^x(1 + x)$.
c. $f'(x) = \dfrac{e^x \times x - e^x \times 1}{x^2} = \dfrac{e^x(x-1)}{x^2}$.

24 a. $f'(x) = \dfrac{-3}{e^x} + 2$.
b. $f'(x) = e^x + (x - 2)e^x = e^x(x - 1)$.
c. $f'(x) = \dfrac{-e^x}{(e^x+2)^2}$.

25 a. $f'(x) = \dfrac{e^x(x+1) - e^x \times 1}{(x+1)^2} = \dfrac{xe^x}{(x+1)^2}$.
b. $f'(x) = \dfrac{e^x - e^{-x}}{2}$.
c. $f'(x) = e^x(e^x + 1) + (e^x - 3)(e^x) = e^x(2e^x - 2)$.

26 a. $f'(x) = 2 + e^x > 0$ pour tout réel x. Donc f est strictement croissante sur $\mathbb{R}$.
b. $f'(x) = -1 + 2e^x$. Or $f'(x) > 0$ pour $x > \ln 0{,}5$. Donc f est croissante sur $]\ln 0{,}5\,;+\infty[$ et décroissante sur $]-\infty\,;\ln 0{,}5[$.
c. $f'(x) = -2e^{-x} < 0$ sur $\mathbb{R}$. Donc f est strictement décroissante sur $\mathbb{R}$.

27 a. $f'(x) = e^x(1 + x)$. Or $f'(x) > 0$ pour $x > -1$. Donc f est strictement croissante sur $]-1\,;+\infty[$ et décroissante sur $]-\infty\,;-1[$.
b. $f'(x) = e^x(1 - x)$. Or $f'(x) > 0$ pour $x < 1$. Donc f est croissante sur $]-\infty\,;1[$ et décroissante sur $]1\,;+\infty[$.
c. $f'(x) = e^x(e^x + 2) + e^x(e^x) = e^x(2e^x + 2) > 0$. Donc f est strictement croissante sur $\mathbb{R}$.

28 a. $f'(x) = \dfrac{e^x \times x - e^x \times 1}{x^2} = \dfrac{e^x(x-1)}{x^2}$. Or $x^2 > 0$ et $e^x > 0$, d'où $f'(x) > 0$ pour $x > 1$. Donc f est strictement croissante sur $]1\,;+\infty[$ et strictement décroissante sur $]-\infty\,;1[$.
b. $f'(x) = \dfrac{e^x(x+1) - e^x \times 1}{(x+1)^2} = \dfrac{e^x \times x}{(x+1)^2}$. Or $(x + 1)^2 > 0$.
Donc $f'(x) > 0$ pour $x > 0$. D'où f est strictement croissante sur $]0\,;+\infty[$ et strictement décroissante sur $]-\infty\,;0[$.
c. $f'(x) = \dfrac{1 \times e^x - (x+1) \times e^x}{(e^x)^2} = \dfrac{e^x(-x)}{e^{2x}} = \dfrac{-x}{e^x}$. D'où $f'(x) > 0$ sur $]-\infty\,;0[$. Donc f est strictement croissante sur $]-\infty\,;0[$ et strictement décroissante sur $]0\,;+\infty[$.

29 a. $F(x) = \dfrac{x^2}{2} + 4x - 2e^x + k$ et $F(0) = -2e^0 + k = 1$, d'où $k = 3$.
$F(x) = \dfrac{x^2}{2} + 4x - 2e^x + 3$.
b. $F(x) = e^x - \dfrac{x^3}{3} + k$ et $F(0) = 1 + k = \ln 2$. D'où $k = \ln 2 - 1$.
$F(x) = e^x - \dfrac{x^3}{3} + \ln 2 - 1$.

30 a. $F(x) = \dfrac{(e^x+1)^2}{2} + k$ et $F(\ln 2) = \dfrac{9}{2} + k = 0$. Donc $k = -\dfrac{9}{2}$.
$F(x) = \dfrac{(e^x+1)^2}{2} - \dfrac{9}{2}$.
b. $F(x) = \dfrac{2(1-e^x)^3}{3} + k$ et $F(0) = 1$. D'où $k = 1$.
$F(x) = \dfrac{2(1-e^x)^3}{3} + 1$.

31 a. $F(x) = \ln(e^x + 1) + k$ et $F(0) = \ln 2 + k = 0$. D'où $k = -\ln 2$.
$F(x) = \ln(e^x + 1) - \ln 2$.
b. $F(x) = \dfrac{-3}{(e^x+2)} + k$ et $F(\ln 2) = \dfrac{-3}{4} + k = 0$. D'où $k = \dfrac{3}{4}$.
$F(x) = \dfrac{-3}{(e^x+2)} + \dfrac{3}{4}$.

32 a. 0 b. $+\infty$ c. e

33 a. $+\infty$ b. e^2 c. $+\infty$

34 a. 0 b. $+\infty$ c. 0

35 a. $\lim\limits_{x\to\infty} f(x) = +\infty$ et $\lim\limits_{x\to-\infty} f(x) = 0$.
b. $\lim\limits_{x\to\infty} f(x) = +\infty$ et $\lim\limits_{x\to-\infty} f(x) = +\infty$.

36 a. $f'(x) = -4e^{-2x+3}$ b. $f'(x) = 2 + e^{-x} + 3e^{3x}$
c. $f'(x) = (1 - 4x)\, e^{x-2x^2}$

37 a. $f'(x) = 1 \times e^{-2x} - 2xe^{-2x} = e^{-2x}(1 - 2x)$.
b. $f'(x) = -e^{-x}(1 + x) + e^{-x} = e^{-x}(-x)$.
c. $f'(x) = 2e^{2x}(e^{-x} + 2) + (e^{2x} - 1)(-e^{-x})$
$= 2e^x + 4e^{2x} - e^x + e^{-x} = 4e^{2x} + e^x + e^{-x}$.

38 a. $f'(x) = -4e^{-4x}$.
b. $f'(x) = -e^{-2x} + e^{2x}$.
c. $f'(x) = \dfrac{2e^{2x} \times x - e^{2x} \times 1}{x^2} = \dfrac{e^{2x}(2x-1)}{x^2}$.

39 a. $\lim\limits_{x\to\infty} f(x) = 0$ et $\lim\limits_{x\to-\infty} f(x) = +\infty$. $f'(x) = -2e^{1-x} < 0$. Donc f est strictement décroissante sur $\mathbb{R}$.
b. $\lim\limits_{x\to\infty} f(x) = 0$ et $\lim\limits_{x\to-\infty} f(x) = 0$. $f'(x) = -xe^{\frac{-x^2}{2}} > 0$ pour $x < 0$. Donc f est strictement croissante sur $]-\infty\,;0[$ et strictement décroissante sur $]0\,;+\infty[$.

40 a. $F(x) = -3e^{-x} + \dfrac{x^2}{2}$ b. $F(x) = \dfrac{1}{3}e^{3x+3}$
c. $F(x) = \dfrac{1}{2}e^{2x} - \dfrac{1}{2}e^{-2x}$

41 a. $F(x) = -e^{1-2x}$ b. $F(x) = e^{\frac{x^2}{2}-x+1}$ c. $F(x) = e^{\frac{1}{x^2}+1}$

42 a. $F(x) = \ln(e^{-2x} + 3)$ b. $F(x) = -e^{\frac{1}{x^2}}$
c. $F(x) = \dfrac{-1}{4}e^{-4x}$

43 a. $2{,}1^{3{,}9}$ b. $7^{1{,}5}$ c. $\left(\dfrac{1}{3}\right)^{\frac{13}{6}}$

44 a. $5{,}5^{\frac{45}{4}}$ b. $0{,}62^{3{,}9}$ c. $4{,}5^2$

45 a. $e^{x\ln 4} = e^{\ln 7} \Leftrightarrow x\ln 4 = \ln 7 \Leftrightarrow x = \dfrac{\ln 7}{\ln 4} \approx 1{,}40$.
b. $e^{x\ln 0{,}6} = e^0 \Leftrightarrow x = 0$
c. $e^{x\ln 10} = e^{\ln 500} \Leftrightarrow x = \dfrac{\ln 500}{\ln 10} \approx 2{,}69$.

46 a. $e^{(x+1)\ln 2} > e^{\ln 10} \Leftrightarrow (x+1)\ln 2 > \ln 10 \Leftrightarrow x > \dfrac{\ln 10}{\ln 2} - 1$.
L'ensemble des solutions est $\left]\dfrac{\ln 10}{\ln 2} - 1\,;+\infty\right[$.
b. $e^{x\ln 0{,}8} = e^{\ln\frac{1}{4}} \Leftrightarrow x = \dfrac{-\ln 4}{\ln 0{,}8} \approx 6{,}21$.
c. $e^{x\ln 3{,}1} = e^{\ln 0{,}5} \Leftrightarrow x = \dfrac{\ln 0{,}5}{\ln 3{,}1} \approx -0{,}61$.

47 a. $f'(x) = \ln 0{,}6 \times 0{,}6^x$ et $F(x) = \dfrac{1}{\ln 0{,}6} \times 0{,}6^x$.
b. $f'(x) = \ln 2{,}8 \times 2{,}8^x$ et $F(x) = \dfrac{1}{\ln 2{,}8} \times 2{,}8^x$.

c. $f'(x) = -\ln 8{,}5 \times \dfrac{1}{8{,}5^x}$ et $F(x) = \dfrac{-1}{\ln 8{,}5} \times \dfrac{1}{8{,}5^x}$.

48 L'équation devient : $e^{x\ln 4{,}5} = e^{\ln 19} \Leftrightarrow x = \dfrac{\ln 19}{\ln 4{,}5}$.

49 **a.** $\ln x^4 = \ln 7 \Leftrightarrow \ln x = \dfrac{\ln 7}{4} \Leftrightarrow x = e^{\frac{\ln 7}{4}} \approx 1{,}62$.
b. $\ln x^{0{,}5} = 0 \Leftrightarrow x = 1$.
c. $\ln x^{1{,}5} < \ln 2{,}5 \Leftrightarrow \ln x < \dfrac{1}{1{,}5} \ln 2{,}5 \Leftrightarrow x < e^{\frac{2\ln 2{,}5}{3}}$.

L'ensemble des solutions est $\left]-\infty\,;\, e^{\frac{2\ln 2{,}5}{3}}\right[$.

50 **a.** $\ln x^{\frac{1}{6}} > \ln 10 \Leftrightarrow \ln x > \dfrac{\ln 10}{6} \Leftrightarrow x > e^{\frac{\ln 10}{6}}$.

L'ensemble des solutions est $\left]e^{\frac{\ln 10}{6}}\,;\,+\infty\right[$.

b. $\ln(1-t)^{5{,}5} = \ln \dfrac{1}{4} \Leftrightarrow \ln(1-t) = \dfrac{-\ln 4}{5{,}5}$

$\Leftrightarrow 1 - t = e^{\frac{-\ln 4}{5{,}5}}$

$\Leftrightarrow t = 1 - e^{\frac{-\ln 4}{5{,}5}} \approx 0{,}22$.

c. $\ln x^{3{,}1} = \ln 0{,}5 \Leftrightarrow x = e^{\frac{-\ln 2}{3{,}1}} \approx 0{,}79$

51 **a.** $f'(x) = 0{,}6 \times x^{-0{,}4}$

b. $f'(t) = \dfrac{2}{3} t^{\frac{-1}{3}}$

c. $f'(x) = -8{,}5x^{-9{,}5}$

52 **1.** Vrai car $f'(x) = 0{,}33x^{-0{,}67} > 0$.
2. Faux, c'est égal à $x^{0{,}75}$.
3. Faux, la solution est $x = e^{\frac{\ln 2}{3{,}1}}$.
4. Vrai.

53 **a.** $+\infty$ **b.** $+\infty$ **c.** $-\infty$ **d.** $-\infty$

54 Il effectue le calcul : $\lim\limits_{x\to+\infty} 2x - e^x = \lim\limits_{x\to+\infty} x\left(2 - \dfrac{e^x}{x}\right) = -\infty$,

car $\lim\limits_{x\to+\infty} \dfrac{e^x}{x} = +\infty$.

Approfondir

55 **1.** $\lim\limits_{x\to-\infty} f(x) = -\infty$, car $\lim\limits_{x\to-\infty} e^x = 0$.
2. En développant. Et $\lim\limits_{x\to+\infty} f(x) = -\infty$, car $\lim\limits_{x\to+\infty} \dfrac{e^x}{x} = +\infty$.
3. a. $2 - e^x > 0 \Leftrightarrow 2 > e^x \Leftrightarrow e^{\ln 2} > e^x \Leftrightarrow \ln 2 > x$. Donc l'ensemble des solutions est $]-\infty\,;\,\ln 2[$.
b. $f'(x) = 2 - e^x$. Or d'après **a**, $f'(x) > 0$ pour $x < \ln 2$.
Donc f est strictement croissante sur $]-\infty\,;\,\ln 2[$ et strictement décroissante sur $]\ln 2\,;\,+\infty[$.
4. $y = x + 1$

5.

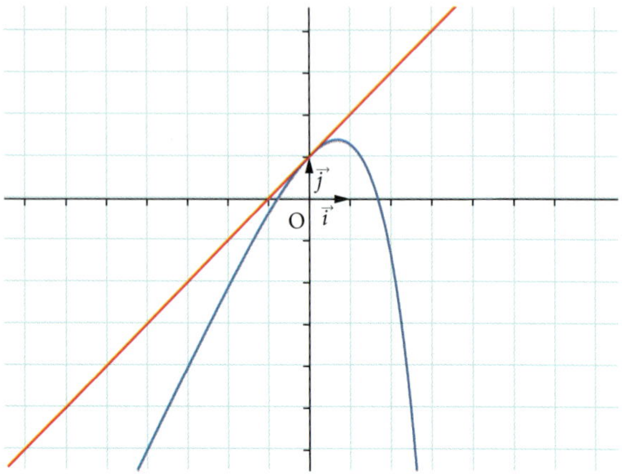

56 **1.** $\lim\limits_{x\to-\infty} f(x) = +\infty$.
2. À développer et $\lim\limits_{x\to+\infty} f(x) = +\infty$.

3. a. $e^x - \dfrac{1}{2} > 0 \Leftrightarrow e^x > \dfrac{1}{2} \Leftrightarrow e^x > e^{\ln\frac{1}{2}} \Leftrightarrow x > \ln\dfrac{1}{2}$.

Donc l'ensemble des solutions est $\left]\ln\dfrac{1}{2}\,;\,+\infty\right[$.

b. $f'(x) = e^x - \dfrac{1}{2}$. Et d'après **a**, $f'(x) > 0$ sur $\left]\ln\dfrac{1}{2}\,;\,+\infty\right[$, donc f est strictement croissante sur $\left]\ln\dfrac{1}{2}\,;\,+\infty\right[$ et strictement décroissante sur $\left]-\infty\,;\,\ln\dfrac{1}{2}\right[$.

$f\left(\ln\dfrac{1}{2}\right) = e^{\ln\frac{1}{2}} - \dfrac{1}{2}\ln\dfrac{1}{2} - 1 = \dfrac{1}{2} + \dfrac{1}{2}\ln 2 - 1 = \dfrac{-1}{2} + \dfrac{1}{2}\ln 2$.

57 **1. a.** $f'(x) = ae^x + (ax+b)e^x = e^x(ax + a + b)$.
b. $f(0) = 1 \Leftrightarrow b = 1$.
$f'(0) = 3 \Leftrightarrow a + b = 3$. Donc $a = 2$ et $f(x) = (2x+1)e^x$.
2. a. $f'(x) = e^x(2x + 2 + 1) = e^x(2x + 3)$.
b. $\lim\limits_{x\to+\infty} f(x) = +\infty$ et $\lim\limits_{x\to-\infty} f(x) = 0$.
c. $e^x > 0$, donc $f'(x)$ est du signe de $2x + 3$. Or $2x + 3 > 0$ pour $x > \dfrac{-3}{2}$, donc $f'(x) > 0$ sur $\left]\dfrac{-3}{2}\,;\,+\infty\right[$.

Donc f est strictement croissante sur $\left]\dfrac{-3}{2}\,;\,+\infty\right[$ et strictement décroissante sur $\left]-\infty\,;\,\dfrac{-3}{2}\right[$. Elle admet un minimum en $\dfrac{-3}{2}$ qui vaut $f\left(\dfrac{-3}{2}\right) = -2e^{\frac{-3}{2}}$.

59 **1.** $\lim\limits_{x\to-\infty} f(x) = -1$. La courbe $\mathscr{C}$ admet une asymptote horizontale d'équation $y = -1$.

2. $f(x) = \dfrac{e^x(2 - e^{-x})}{e^x(1 + e^{-x})} = \dfrac{2 - e^{-x}}{1 + e^{-x}}$. D'où $\lim\limits_{x\to+\infty} f(x) = 2$. La courbe $\mathscr{C}$ admet donc une asymptote horizontale d'équation $y = 2$.

3. a. $f'(x) = \dfrac{2e^x(e^x+1)-(2e^x-1)(e^x)}{(e^x+1)^2} = \dfrac{3e^x}{(e^x+1)^2}$.

b. $(e^x+1)^2 > 0$, d'où $f'(x) > 0$ sur $\mathbb{R}$. Donc f est strictement croissante sur $\mathbb{R}$.

4. $f(x) = 0 \Leftrightarrow 2\,e^x - 1 = 0 \Leftrightarrow e^x = 0{,}5 = e^{\ln 0{,}5} \Leftrightarrow x = \ln 0{,}5 = -\ln 2$.
Donc $\mathscr{C}$ coupe l'axe des abscisses au point A($-\ln 2$; 0).

5. $y = f'(-\ln 2)(x+\ln 2) + f(-\ln 2) = \dfrac{2}{3}(x+\ln 2) = \dfrac{2}{3}x + \dfrac{2}{3}\ln 2$.

62 **1.** $\lim\limits_{x\to+\infty} f(x) = \lim\limits_{x\to+\infty} e^x(2e^x-5)+2 = +\infty$ et $f(0) = -1$.

2. $f'(x) = 4e^{2x} - 5e^x = e^x(4e^x - 5)$. Or $e^x > 0$, donc $f'(x)$ est du signe de $4e^x - 5$.

$4e^x - 5 > 0$ pour $x > \ln\dfrac{5}{4}$, donc f est strictement croissante sur $\left]\ln\dfrac{5}{4}\,;+\infty\right[$ et strictement décroissante sur $\left]-\infty\,;\ln\dfrac{5}{4}\right[$. Elle admet un minimum en $\ln\dfrac{5}{4}$ qui vaut :

$$2e^{2\ln\frac{5}{4}} - 5e^{\ln\frac{5}{4}} + 2 = \frac{25}{8} - \frac{25}{4} + 2 = \frac{-9}{8}.$$

4. L'équation $2X^2 - 5X + 2 = 0$ admet comme solutions : $X_1 = 0{,}5$ et $X_2 = 2$.
Les solutions de $f(x) = 0$ sont $x_1 = \ln 0{,}5$ et $x_2 = \ln 2$.

x	$-\infty$		$\ln 0{,}5$		$\ln 2$		$+\infty$
$f(x)$		+	0	−	0	+	

63 **1.** $f'(x) = ae^{cx} + c(ax+b)e^{cx} = e^{cx}(cax + a + cb)$.

2. $f(0) = 0 \Leftrightarrow b = 0$; $f'(0) = 10 \Leftrightarrow a = 10$; $f'(1) = 0 \Leftrightarrow e^c(10c + 10) = 0$, donc $c = -1$.
D'où $f(x) = (10x)e^{-x}$.

3. a. $\lim\limits_{x\to+\infty} f(x) = 0$ et $\lim\limits_{x\to-\infty} f(x) = -\infty$.

b. $f'(x) = e^{-x}(-10x + 10)$. Or $e^{-x} > 0$, donc $f'(x)$ est du signe de $-10x + 10$.
$-10x + 10 > 0$ pour $x < 1$, donc f est strictement croissante sur $]-\infty\,; 1[$ et strictement décroissante sur $]1\,;+\infty[$.

64 **31.** $\lim\limits_{x\to-\infty} f(x) = +\infty$ et $\lim\limits_{x\to+\infty} f(x) = +\infty$.

2. $f'(x) = 2e^{2x} - 2e^{-x} = 2e^{-x}(e^{3x} - 1)$.

3. $2e^{-x} > 0$ et $e^{3x} - 1 > 0$ pour $x > 0$, donc $f'(x) > 0$ sur $]0\,;+\infty[$.
f est strictement croissante sur $]0\,;+\infty[$ et strictement décroissante sur $]-\infty\,; 0[$.

68 **1.** $R'(t) = 150 - 75e^{0{,}1t}$.
Or $150 - 75e^{0{,}1t} > 0 \Leftrightarrow 150 > 75e^{0{,}1t} \Leftrightarrow 2 > e^{0{,}1t} \Leftrightarrow \ln 2 > 0{,}1t$
$\Leftrightarrow 10\ln 2 > t$.
Donc $R'(t) > 0$ sur $[0\,; 10]$.

2. Sur $[0\,;10]$, $R(t)$ est strictement croissante.

69 **1.** $I = [0\,;+\infty[$.

2. $T(0) = 10$.

3. $T'(t) = 20e^{-0{,}5t} + (20t + 10) \times -0{,}5 \times e^{-0{,}5t}$
$= e^{-0{,}5t}(20 - 10t - 5) = e^{-0{,}5t}(15 - 10t)$.

Or $e^{-0{,}5t} > 0$, donc $T'(t)$ est du signe de $15 - 10t$.
$15 - 10t > 0$ pour $1{,}5 > t$, soit sur $[0\,; 1{,}5[$, donc $T(t)$ est strictement croissante sur $[0\,; 1{,}5[$.

4. $\lim\limits_{t\to+\infty} T(t) = 0$ car $\lim\limits_{t\to+\infty} te^{-0{,}5t} = 0$.

5.

```
desolve(y''+40000y=0,y)
```

$$c\_0 \cdot \cos(200\cdot x) + \frac{c\_1 \cdot \sin(200\cdot x)}{200}$$

Au bout de 4,67 secondes la température redescend à sa valeur initiale.

Pour se tester

79 **1.** F. **2.** F. **3.** F. **4.** V **5.** V.

80 **1.** a. **2.** b. **3.** b. **4.** c. **5.** a.

81 **1.** $\lim\limits_{x\to+\infty} f(x) = 10$ et $\lim\limits_{x\to-\infty} f(x) = +\infty$.

La droite d'équation $y = 10$ est asymptote horizontale à la courbe de f.

2. $f(x) < 12 \Leftrightarrow 10 + e^{-0{,}1x} < 12 \Leftrightarrow e^{-0{,}1x} < 2 \Leftrightarrow -0{,}1x < \ln 2$
$\Leftrightarrow x > -10\ln 2$.
L'ensemble des solutions est $]-10\ln 2\,;+\infty[$.

3. $f'(x) = -0{,}1\,e^{-0{,}1x} < 0$ donc f est strictement décroissante sur $\mathbb{R}$.

82 **1.** $\lim\limits_{x\to+\infty} f(x) = \lim\limits_{x\to+\infty} x\left(3 + \dfrac{2}{x} - \dfrac{e^x}{x}\right) = -\infty$

$\lim\limits_{x\to-\infty} f(x) = -\infty$

2. $3 - e^x > 0 \Leftrightarrow 3 > e^x \Leftrightarrow \ln 3 > x$. L'ensemble des solutions est $]-\infty\,; \ln 3[$.

3. $f'(x) = 3 - e^x$ et, d'après 2, $f'(x) > 0$ sur $]-\infty\,; \ln 3[$.
Donc f est strictement croissante sur $]-\infty\,; \ln 3[$ et strictement décroissante sur $]\ln 3\,;+\infty[$. Elle admet un maximum en $\ln 3$ et ce maximum vaut :
$f(\ln 3) = 3\ln 3 + 2 - 3 = \ln 27 - 1$.

83 **1.** $P(x) = 30\,000 \times \left(1 + \dfrac{2}{100}\right)^x = 30\,000 \times (1{,}02)^x$.

2. $P'(x) = 30\,000 \times \ln(1{,}02) \times (1{,}02)^x$.

3. $P(x) \geqslant 36\,000 \Leftrightarrow (1{,}02)^x \geqslant 1{,}2 \Leftrightarrow e^{x\ln 1{,}02} \geqslant e^{\ln 1{,}2}$
$\Leftrightarrow x\ln 1{,}02 \geqslant \ln 1{,}2 \Leftrightarrow x \geqslant \dfrac{\ln 1{,}2}{\ln 1{,}02} \approx 9{,}2$.

L'ensemble des solutions est $\left]\dfrac{\ln 1{,}2}{\ln 1{,}02}\,;+\infty\right[$. La production annuelle de vérins dépassera 36 000 au bout de 10 ans, soit en 2026.

84 **1.** $f(x) = e^{2x} - 4e^x + 3$.

2. • $f'(x) = 2e^{2x} - 4e^x$.
• Il faut résoudre $f(x) = 0$. $X^2 - 4X + 3 = 0$ admet deux solutions $X_1 = 1$ et $X_2 = 3$.
Donc les solutions sont $x_1 = \ln 1 = 0$ et $x_2 = \ln 3$.
• Il faut résoudre $f'(x) > 0 \Leftrightarrow 2e^x(e^x - 2) > 0$.
Or $2e^x > 0$, donc $f'(x) > 0$ pour $e^x > 2$, soit pour $x > \ln 2$.

• Il faut chercher une primitive de f : $F(x) = \dfrac{1}{2}e^{2x} - 4e^x + 3x$.

Chapitre 6 – Intégration

Appliquer

1 f n'est pas continue sur l'intervalle [0 ; 5]. g et h sont continues sur l'intervalle [0 ; 5].

2 f est continue sur l'intervalle [– 3 ; 4], les segments sont « bout à bout ».
g n'est pas continue, il y a des « sauts ».

3 I = (3 – 1) × 5 = 10. J = [3 – (– 1)] × 5 = 20 ;
K = 15 ; L = 20.

4 I = 16 ; J = 12 ;
$K = \dfrac{4\times4}{2} = 8$; $L = \dfrac{4\times4}{2} + 3\times4 = 20$.

5 $I = 2$; $J = \dfrac{(2+4)\times1}{2} = 3$;
K = 12 ; L = 24.

6 $I = \left[x^2+x\right]_1^3 = 10$; $J = \left[x^3+2x^2+x\right]_0^3 = 48$;

$K = \left[\dfrac{x^4}{4}+3x\right]_{-1}^{1} = 6$; $L = \left[5x-\dfrac{x^3}{3}\right]_0^2 = \dfrac{22}{3}$.

7 $I = \left[3e^x\right]_0^2 = 3e^2 - 3$; $J = \left[e^x\right]_{\ln 2}^{\ln 3} = 1$;

$K = \left[e^{x+3}\right]_0^3 = e^6 - e^3$; $L = \left[\dfrac{e^{2x}}{2}\right]_0^{\ln 3} = 4$.

8 $I = \left[-\cos x\right]_0^{\frac{\pi}{4}} = 1 - \dfrac{\sqrt2}{2}$; $J = \left[\sin\left(x+\dfrac{\pi}{3}\right)\right]_0^{\frac{2\pi}{3}} = -\dfrac{\sqrt3}{2}$;

$K = \left[-\dfrac{1}{3}\cos(3x)\right]_0^{\frac{\pi}{4}} = \dfrac{1}{3}+\dfrac{\sqrt2}{6}$; $L = \left[\dfrac{1}{2}\sin\left(2x-\dfrac{\pi}{4}\right)\right]_{-\frac{\pi}{4}}^{\frac{\pi}{4}} = \dfrac{\sqrt2}{2}$.

9 $I = \left[\ln x\right]_1^3 = \ln 3$; $J = \ln(x+1) = \ln 4 = 2\ln 2$;

$K = \left[3\ln(x+2)\right]_{-1}^{1} = 3\ln 3$; $L = \left[\dfrac{1}{2}\ln x\right]_1^{e} = \dfrac{1}{2}$.

10 $I = \left[\ln\left(x^2+1\right)\right]_1^3 = \ln 5$; $J = \left[\ln\left(x^3+x\right)\right]_1^2 = \ln 5$;

$K = \left[\ln\left(e^x+2\right)\right]_0^3 = \ln(e^3+2) - \ln 3$;

$L = \left[\ln(\sin x)\right]_{\frac{\pi}{4}}^{\frac{\pi}{3}} = \dfrac{\ln 3-\ln 2}{2}$.

11 $I = \left[e^{2x}\right]_0^{\ln 3} = 8$; $J = \left[e^{x^2+1}\right]_0^3 = e^{10} - e$;

$K = \left[e^{x^3+1}\right]_{-1}^{1} = e^2 - 1$; $L = \left[e^{\sin x}\right]_0^{\frac{\pi}{2}} = e - 1$.

12 $I = \left[\dfrac{(x+3)^3}{3}\right]_{-1}^{1} = \dfrac{56}{3}$; $J = \left[\dfrac{(3x-5)^3}{3}\right]_0^2 = 42$;

$K = \left[\dfrac{(2x+1)^4}{8}\right]_0^3 = 300$; $L = \left[\dfrac{(x^2+1)^3}{3}\right]_0^1 = \dfrac{7}{3}$.

13 $f(-4) = f(4) = 0$, donc

$\mathscr{A} = \displaystyle\int_{-4}^{4}\left(4-\dfrac{x^2}{4}\right)dx = \left[4x-\dfrac{x^3}{12}\right]_{-4}^{4} = \dfrac{64}{3}$ unités d'aire.

14 **1.** $\displaystyle\int_1^5 \dfrac{1}{x}dx = \left[\ln x\right]_1^5 = \ln 5$.

2. Ce résultat est l'aire du domaine limité par $\mathscr{C}_f$, l'axe des abscisses, les droites d'équations $x = 1$ et $x = 5$.

15 **1.** $f'(x) = (2x - 1)e^x$.

2. $\displaystyle\int_0^{\frac{3}{2}}(2x-1)e^x dx = \left[(2x-3)e^x\right]_0^{\frac{3}{2}} = 3$.

16 **1.** $F'(x) = 1 - [\cos^2 x - \sin^2 x] = f(x)$.

2. $J = \left[x-\sin x\cos x\right]_0^{2\pi} = 2\pi$.

17 **1.** $F'(x) = \ln(x) + x \times \dfrac{1}{x} - 1 = f(x)$.

2. $I = \left[x\ln x - x\right]_1^{e} = 1$.

18 **1.** $\dfrac{3}{x-2}-\dfrac{2}{x+1} = \dfrac{3(x+1)-2(x+1)}{(x-2)(x+1)} = \dfrac{x+7}{x^2-x-2}$.

2. $I = \left[3\ln(x-2)\right]_3^5 = 3\ln 3$ et

$J = \left[2\ln(x+1)\right]_3^5 = 2\ln 6 - 2\ln 4 = 2\ln 3 - 2\ln 2$.

3. $K = I - J = \ln 3 + 2\ln 2$.

19 **1.** $I = \displaystyle\int_0^3 \dfrac{2}{3}x\,dx = \left[\dfrac{x^2}{3}\right]_0^3 = 3$;

$J = \displaystyle\int_3^5\left(-\dfrac{x^2}{2}+3x-\dfrac{5}{2}\right)dx = \left[-\dfrac{x^3}{6}+\dfrac{3x^2}{2}-\dfrac{5x}{2}\right]_3^5 = \dfrac{8}{3}$.

2. $\displaystyle\int_0^5 f(x)dx = \int_0^3 f(x)dx + \int_3^5 f(x)dx = \dfrac{17}{3}$.

20 **1.** $\mu_{[-2\,;\,2]} = \dfrac{1}{4}\displaystyle\int_{-2}^{2}\left(1-\dfrac{x}{2}\right)dx = 1$;

$\mu_{[3\,;\,6]} = \dfrac{1}{3}\displaystyle\int_3^6\left(1-\dfrac{x}{2}\right)dx = -\dfrac{5}{4}$;

$\mu_{[0\,;\,4]} = \dfrac{1}{4}\displaystyle\int_0^4\left(1-\dfrac{x}{2}\right)dx = 0$.

2. Oui, car f est de signe constant sur les intervalles [– 2 ; 2] et [0 ; 4].

21 $V_{moy} = \dfrac{1}{2\pi} \times \displaystyle\int_0^{2\pi}\cos x\,dx = 0$.

22 $V_{moy} = \dfrac{1}{\pi} \times \displaystyle\int_0^{\pi}\sin x\,dx = \dfrac{2}{\pi}$.

23 $\displaystyle\int_0^{\ln 2}\left(e^{2x}-e^x\right)dx = \left[\dfrac{e^{2x}}{2}-e^x\right]_0^{\ln 2} = \dfrac{1}{2}$.

24 1. $I = \frac{9}{2}$.

2. Aire du triangle : $\frac{3\times 3}{2} = \frac{9}{2}$.

25 1. $f(x) = x^2 - 16 = (x-4)(x+4)$ polynôme du second degré est négatif pour tout x compris entre -4 et 4. Donc pour tout x de l'intervalle $[-2 ; 2]$.

2. $\mathcal{A} = -\int_{-2}^{2} f(x)\,dx = \frac{176}{3}$.

26 1. $\int_0^{\frac{3\pi}{2}} \cos x\,dx = [\sin x]_0^{\frac{3\pi}{2}} = -1$.

2. $\mathcal{A} = \int_0^{\frac{\pi}{2}} \cos x\,dx - \int_{\frac{\pi}{2}}^{\frac{3\pi}{2}} \cos x\,dx = 1 - (-2) = 3$.

27 $\mathcal{A} = \int_1^5 (g(x) - f(x))\,dx = \left[-\frac{x^3}{3} + 3x^2 - 5x\right]_1^5 = \frac{32}{3}$

(unités d'aire).

28 $2 - f(x) = 2 - \frac{2x+1}{x+1} = \frac{1}{x+1}$; $2 - f(x) > 0$ pour tout x compris entre 0 et 5. Donc :

$\mathcal{A} = \int_0^5 (2 - f(x))\,dx = [\ln(x+1)]_0^5 = \ln 6$.

Approfondir

30 1. $F'(x) = xe^{x^2}$.

2. $\int_0^1 x e^{x^2}\,dx = \left[\frac{1}{2}e^{x^2}\right]_0^1 = \frac{e-1}{2}$.

3. $e^{x^2} > 0$ et $x \geqslant 0$ pour tout x de l'intervalle $[0 ; 1]$, donc $xe^{x^2} \geqslant 0$ sur $[0 ; 1]$.

$\int_0^1 x e^{x^2}\,dx$ est l'aire exprimée en unités d'aire de la partie du plan limitée par l'axe des abscisses, la droite d'équation $x = 1$ et la courbe représentative de la fonction $x \mapsto xe^x$.

31 1. On calcule l'aire des trois domaines D1, D2, D3.

$\mathcal{A}(\mathcal{D}_1) = \int_0^4 f(x)\,dx = \int_0^3 f(x)\,dx + \int_3^4 f(x)\,dx$

$= \left[\frac{x^2}{2}\right]_0^3 + \left[\frac{x^3}{3} - 5x^2 + 24\right]_3^4 = \frac{35}{6}$.

$\mathcal{A}(\mathcal{D}_2) = -\int_4^6 f(x)\,dx = \frac{4}{3}$.

$\mathcal{A}(\mathcal{D}_3) = \int_6^{10} f(x)\,dx = \int_6^7 f(x)\,dx + \int_7^{10} f(x)\,dx = \frac{35}{6}$.

Aire totale : $\mathcal{A} = \mathcal{A}(\mathcal{D}_1) + \mathcal{A}(\mathcal{D}_2) + \mathcal{A}(\mathcal{D}_3) = 13$.

2. $m = \frac{1}{4-0} \times \int_0^4 f(x)\,dx = \frac{1}{4} \times \frac{35}{6} = \frac{35}{24}$.

33 1. a. $f(x) \leqslant g(x)$ pour $0 < x \leqslant 1$ et $f(x) \geqslant g(x)$ pour $x \geqslant 1$.
b. Si $0 < x \leqslant 1$, $\mathscr{C}_f$ est en dessous de $\mathscr{C}_g$ et si $x \geqslant 1$, $\mathscr{C}_f$ est au-dessus de $\mathscr{C}_g$.

c. $\mathcal{A} = \int_1^3 (f(x) - g(x))\,dx = \frac{10}{3} - \ln 3$.

2. a. $A\left(\frac{\sqrt{2}}{2} ; 0\right)$.

b. $f(x) = g(x) \Leftrightarrow (x = -\frac{1}{2}$ ou $x = 1)$. B(1 ; 1).

c. $\mathcal{A} = \int_{\frac{\sqrt{2}}{2}}^1 f(x)\,dx + \int_1^3 g(x)\,dx = 3 - 2\sqrt{2} + \ln 3$.

37 3. a. $F'(x) = f(x)$.

b. $\frac{1}{3}\int_0^3 f(x)\,dx = \frac{2e^3+1}{3} \approx 13{,}72$.

4. Les résultats sont voisins.

Pour se tester

39 1. V. 2. F. 3. V. 4. F.

40 1. b. 2. d. 3. a. 4. a. 5. b. 6. a.

41 1.

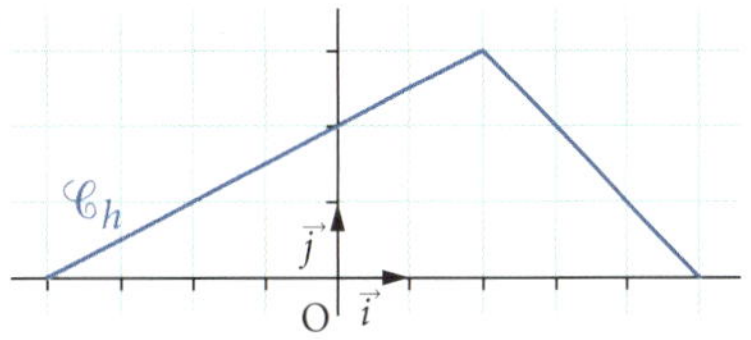

2. Oui.

3. $I = 1$; $J = 9$; $K = \frac{9}{2}$; $L = \frac{27}{2}$.

42 a. -8 b. $e^3 - 1$ c. $2\ln 2 + \frac{e^3}{3} - \frac{14}{3}$ d. 1.

43 $\mathcal{A} = \int_0^1 e^x\,dx = e - 1$.

44 1. $g'(x) = \ln x$. 2. $F(x) = x\ln x + x^2$. 3. $I = e^2 + e - 1$.

Chapitre 7 – Les équations différentielles

Appliquer

1 a. $f(x) = ke^{-8x}$ b. $f(x) = ke^{0,5x}$ c. $f(x) = ke^{-\pi x}$

2 a. $f(x) = k\,e^{\frac{-1}{3}x}$ b. $f(x) = ke^{-7x}$ c. $f(x) = ke^{4x}$

3 a. $f(x) = k\,e^{\frac{1}{4}x}$ b. $f(x) = ke^{-\sqrt{2}x}$ c. $f(x) = ke^{\frac{\pi}{3}x}$
d. $f(x) = ke^{\ln 3\,x}$

4 a. $x(t) = ke^{-t}$ b. $\theta(t) = ke^{\frac{1}{4}t}$ c. $i(t) = ke^{\frac{-1}{10}t}$

5 $f'(x) = 8e^{-2x}$ et $f' + 2f = 0$. $g(x) = 3e^{-2x}$ et $h(x) = e^{-2x}$.

6 $15e^{3x} = 5ae^{3x}$, donc $a = 3$.

7 a. $f(x) = ke^{-3x} + \frac{1}{3}$ b. $f(x) = ke^{x} - 3$
c. $f(x) = ke^{-x} + 10$

8 a. $f(x) = k\,e^{\frac{-1}{2}x} + 8$ b. $f(x) = ke^{-3x} + \frac{5}{3}$
c. $f(x) = ke^{-3x} - \frac{1}{3}$

9 a. $f(x) = k\,e^{-\sqrt{3}x} + \frac{\sqrt{3}}{3}$ b. $f(x) = k\,e^{\frac{-2}{3}x} + \frac{1}{4}$
c. $f(x) = ke^{-2x} + \frac{\pi}{2}$

10 a. $x(t) = ke^{0,5t} - 4$ b. $i(t) = ke^{-0,5t} + 6$
c. $\theta(t) = ke^{200t} + \frac{1}{20}$

11 $f(x) = e^{\frac{5}{2}x} - \frac{1}{5}$; $g(x) = 2\,e^{\frac{5}{2}x} - \frac{1}{5}$; $h(x) = 3\,e^{\frac{5}{2}x} - \frac{1}{5}$.

12 $15e^{-3x} - 5 \times 3e^{5x} - 50 = -50 = b$.

13 a. $f(x) = ke^{x} - 3$ et $f(1) = ke - 3 = 0$. Donc $k = 3e^{-1}$, d'où $f(x) = 3e^{x-1} - 3$.
b. $f(x) = ke^{3x}$ et $f(1) = 2$. Donc $k = 2e^{-3}$, d'où $f(x) = 2e^{3x-3}$.
c. $f(x) = ke^{-2x} - 0,5$ et $f'(x) = -2ke^{-2x}$ et $f'(3) = -2ke^{-6} = 1$. D'où $k = -0,5e^{6}$. Donc $f(x) = -0,5e^{-2x+6} - 0,5$.

14 a. $f(x) = ke^{-0,5x} + 4$ et $f(\ln 2) = k\,e^{\frac{-1}{2}\ln 2} + 4 = k\frac{\sqrt{2}}{2} + 4 = 1$.
D'où $k = -3\sqrt{2}$.
Donc $f(x) = -3\sqrt{2}\,e^{-0,5x} + 4$.
b. $f(x) = ke^{-3x} + 0,5$ et $f(-2) = ke^{6} + 0,5$. Donc $k = -0,5e^{-6}$ et $f(x) = -0,5e^{-3x-6} + 0,5$.
c. $f(x) = ke^{4x} + \frac{1}{8}$; $f'(x) = 4ke^{4x}$; $f'(1) = 4ke^{4} = 1$. Donc $k = 0,25e^{-4}$
et $f(x) = 0,25e^{4x-4} + \frac{1}{8}$.

15 1. $f(x) = ke^{-2x} + 5$.
2. $f(0) = k + 5 = 1$, donc $k = -4$. D'où $f(x) = -4e^{-2x} + 5$.
3. $g'(x) = -2ke^{-2x}$ et $g'(1) = -2ke^{-2} = 2$, d'où $k = -e^{2}$ et $g(x) = -e^{-2x+2}$.

16 1. Faux, une infinité.
2. Faux car $f'(x) = 2e^{-x} \neq f(x)$.
3. Faux car k peut être négatif.
4. Faux si $k < 0$.
5. Vrai car $\lim\limits_{x \to \infty} ke^{-1,5x} + \frac{1}{3} = \frac{1}{3}$.

17 1. Les quatre questions :
- Résoudre dans $\mathbb{R}$ l'équation différentielle $3y' + 9y = 12$.
- Calculer la limite de f (solution de l'équation ci-dessus) en $+\infty$.
- Calculer la dérivée de f.
- Donner une primitive de f.

2. $f(x) = ke^{-3x} + \frac{4}{3}$ et $f(\ln 5) = ke^{-3\ln 5} + \frac{4}{3} = 1$.
D'où $k = \frac{-1}{3}e^{3\ln 5} = \frac{-125}{3}$.

18 La fonction $f(x) = ke^{ax}$ avec k et a réels est définie et dérivable sur $\mathbb{R}$ et $f'(x) = kae^{ax}$.
Donc $f'(x) = af(x)$. f est solution de l'équation différentielle $y' = ay$.
On démontre que les fonctions $f(x) = ke^{ax}$ sont les seules solutions.
Soit une autre fonction g solution sur $\mathbb{R}$ de l'équation différentielle $y' = ay$; on note h la fonction définie sur $\mathbb{R}$ par $h(x) = g(x)e^{-ax}$. h est dérivable et $h'(x) = (g'(x) - ag(x))e^{-ax}$. Or $g'(x) = ag(x)$. Donc $h'(x) = 0$. Ainsi h est une fonction constante. Il existe alors un réel k tel que $h(x) = k$. Donc $g(x)e^{-ax} = k$, d'où $g(x) = ke^{ax}$. Ainsi la fonction g est la fonction f.

19 a. $f(x) = k\cos x + k'\sin x$ b. $f(x) = k\cos 9x + k'\sin 9x$
c. $f(x) = k\cos 10x + k'\sin 10x$

20 a. $f(x) = k\cos\left(\frac{1}{3}x\right) + k'\sin\left(\frac{1}{3}x\right)$
b. $f(x) = k\cos 2,5x + k'\sin 2,5x$
c. $f(x) = k\cos\sqrt{3}\,x + k'\sin\sqrt{3}\,x$

21 a. $f(x) = k\cos 0,5x + k'\sin 0,5x$
b. $f(x) = k\cos\left(\frac{\pi}{3}x\right) + k'\sin\left(\frac{\pi}{3}x\right)$
c. $f(x) = k\cos 10x + k'\sin 10x$

22 a. $x(t) = k\cos 2t + k'\sin 2t$ b. $f(x) = k\cos 6x + k'\sin 6x$
c. $u(t) = k\cos 0,1t + k'\sin 0,1t$

23 a. $f'(x) = e^{x} - \sin x$; $f''(x) = e^{x} - \cos x$ et $f''(x) + f(x) = 2e^{x}$. C'est vrai.
b. $f'(x) = -\cos x + x\sin x$; $f''(x) = -\sin x + \sin x + x\cos x$ et $f''(x) + f(x) = 0$. C'est faux.

24 $f'(x) = -6\sin 2x$ et $f''(x) = -12\cos 2x$. $f''(x) + 4f(x) = 0$.
$g'(x) = -4\cos 2x$; $g''(x) = 8\sin 2x$ et $g''(x) + 4g(x) = 0$.

25 a. $f(x) = k\cos 4x + k'\sin 4x$ et $f(0) = k = 1$;
$f'(x) = -4k\sin 4x + 4k'\cos 4x$.
$f'(0) = 1$, donc $4k' = 1$ et $k' = 0,25$. $f(x) = \cos 4x + 0,25\sin 4x$.
b. $f(x) = k\cos 2x + k'\sin 2x$; $f\left(\frac{\pi}{6}\right) = 0,5k + k'\frac{\sqrt{3}}{2} = 0$.
$f'(x) = -2k\sin 2x + 2k'\cos 2x$ et $f'\left(\frac{\pi}{6}\right) = -k\sqrt{3} + k' = 1$.
D'où $k = 0,5$ et $k' = 1 + \frac{\sqrt{3}}{2}$.

26 **a.** $f(x) = k\cos x + k'\sin x$; $f(0) = k = \dfrac{\sqrt{3}}{2}$ et $f'(0) = k' = 2$.

D'où $f(x) = \dfrac{\sqrt{3}}{2}\cos x + 2\sin x$.

b. $f(x) = k\cos 3x + k'\sin 3x$ et $f(\pi) = -k = 1$, donc $k = -1$.

$f\left(\dfrac{\pi}{2}\right) = -k' = -1$, donc $k' = 1$ et $f(x) = -\cos 3x + \sin 3x$.

27 $f(x) = k\cos\left(\dfrac{\pi}{3}x\right) + k'\sin\left(\dfrac{\pi}{3}x\right)$; $f'(0) = 1$ et $f(0) = 0$.

Donc $k = 0$ et $k' = 3$.

D'où $f(x) = 3\sin\left(\dfrac{\pi}{3}x\right)$.

28 **1.** $f(x) = k\cos\left(\dfrac{\pi}{2}x\right) + k'\sin\left(\dfrac{\pi}{2}x\right)$.

2. $f(0{,}5) = k\dfrac{\sqrt{2}}{2} + k'\dfrac{\sqrt{2}}{2} = \dfrac{\sqrt{2}}{2}$. Donc $k + k' = 1$.

$f'(0{,}5) = 0 = -k + k'$, d'où $k = k' = 0{,}5$.

29 **1.** $f(x) = k\cos x + k'\sin x$ et $f(0) = k = 1$.
$f'(x) = -k\sin x + k'\cos x$, donc $k' = 1$ et $f(x) = \cos x + \sin x$.
2. Développer $f(x)$ en utilisant les formules des rappels.

30 **1.** $f(x) = k\cos 3x + k'\sin 3x$ et $f(0) = k = \sqrt{2}$ et
$f'(x) = -3k\sin 3x + 3k'\cos 3x$.
D'où $k' = -\sqrt{2}$, donc $f(x) = \sqrt{2}\cos 3x - \sqrt{2}\sin 3x$.
2. Il faut développer.

31 **1.** Vrai. $f'(x) = -6\sin 3x$; $f''(x) = -18\cos 3x$ et
$f''(x) + 9f(x) = 0$.
$g'(x) = -3\cos 3x$ et $g''(x) = 9\sin 3x$ et $g''(x) + 9g(x) = 0$.
2. Vrai. $f'(x) = -2\sin x - 3\cos x$; $f''(x) = -2\cos x + 3\sin x$.
D'où $f''(x) + f(x) = 0$.

$g'(x) = -3\sin\left(x - \dfrac{\pi}{2}\right)$; $g''(x) = -3\cos\left(x - \dfrac{\pi}{2}\right)$.

3. Vrai. $g'(x) = -\sin\left(\dfrac{1}{2}x + \dfrac{\pi}{4}\right)$; $g''(x) = -0{,}5\cos\left(\dfrac{1}{2}x + \dfrac{\pi}{4}\right)$.

32 Résoudre dans $\mathbb{R}$ l'équation différentielle $4y'' + y = 0$ et déterminer l'unique solution f telle que $f(0) = 1$ et $f'(0) = 1$.

Approfondir

35 **1.** $f(x) = ke^{-x}$. **2.** $f(0) = 1$, donc $k = 1$.

3. $V = \dfrac{1}{3-2}\displaystyle\int_2^3 e^{-x}\,dx = e^{-2} - e^{-3}$.

37 **1.** $u(t) = k\,e^{\frac{-1}{3}t}$; $u(0) = 12$. Donc $k = 12$.

2. $u(t) < 1{,}2$ équivaut $12\,e^{\frac{-1}{3}t} < 1{,}2$. Donc $t > 3\ln 10$.

3. $V_m = \dfrac{1}{3\ln 10}\displaystyle\int_0^{3\ln 10} 12e^{\frac{-1}{3}t}\,dt = \dfrac{12}{\ln 1000}\left[-3e^{\frac{-1}{3}t}\right]_0^{\ln 1000}$

$= \dfrac{-36}{\ln 1000}\left(e^{\frac{-\ln 1000}{3}} - 1\right)$

4. $W(t) = 6 \times 15 \times 10^{-5} \times e^{\frac{-2}{3}t}$;

$W_m = \dfrac{-3 \times 45}{2} \times 10^{-5}\left(e^{\frac{-4}{3}} - 1\right) = 4{,}97 \times 10^{-4}$.

39 **1.** $f(x) = ke^{-0{,}05x} + 400$.
2. $f(0) = k + 400 = 0$, donc $k = -400$.
3. a. $\lim\limits_{x\to\infty} e^{-0{,}05x} = 0$ donc $\lim\limits_{x\to\infty} f(x) = 400$. La droite d'équation $y = 400$ est asymptote horizontale à la courbe représentative de f.
b. $f'(x) = 400 \times 0{,}05e^{-0{,}05x} > 0$. Donc f est strictement croissante sur $\mathbb{R}$.

c. La solution de cette équation est $x = \dfrac{\ln\frac{3}{4}}{-0{,}05} \approx 5{,}75$.

d. $V_m = \dfrac{1}{10}\displaystyle\int_0^{10} f(x)\,dx = 0{,}1[8\,000e^{-0.05x} + 400x]^{10} = 85{,}22$.

40 **1.** $i(t) = k\,e^{\frac{-2}{5}t} + 7{,}5$ et $i(0) = k + 7{,}5 = 0$. Donc $k = -7{,}5$.
2. $\lim\limits_{t\to\infty} i(t) = 7{,}5$.

41 **1.** $d(t) = ke^{-0{,}086t} + \dfrac{17{,}2}{0{,}086}$ et $d(0) = 0$, donc $k = -\dfrac{17{,}2}{0{,}086}$.

2. $d(t) < 0{,}6 \times 200$ équivaut à $t > \dfrac{\ln\frac{8}{20}}{-0{,}086}$, soit $t > 10{,}65$, donc au bout de 11 ans.

43 **1.** $f(x) = k\cos 2x + k'\sin 2x$.
2. $f(0) = k = \sqrt{3}$ et $f'(x) = -2k\sin 2x + 2k'\cos 2x$. D'où $k' = 1$.
3. Développer f.

4. $V_m = \dfrac{2}{\pi}\displaystyle\int_0^{\frac{\pi}{2}} f(x)\,dx = \dfrac{2}{\pi}\sin\left(\dfrac{5\pi}{6}\right) - \dfrac{2}{\pi}\sin\left(-\dfrac{\pi}{6}\right)$.

45 **1.** $f(x) = k\cos\left(\dfrac{1}{2}x\right) + k'\sin\left(\dfrac{1}{2}x\right)$.

2. $f(\pi) = k' = \sqrt{3}$ et $k = 1$.
3. Il faut développer.

4. $f(x) = 2\cos\left(\dfrac{x}{2} - \dfrac{\pi}{3}\right) = 1 = \cos 0$, d'où $x = \dfrac{2\pi}{3} + 2k\pi$ sur $[0\,;2\pi]$.

46 **1.**

```
desolve(y''+40000y=0,y)
```

$c\_0 \cdot \cos(200 \cdot x) + \dfrac{c\_1 \cdot \sin(200 \cdot x)}{200}$

2.

```
desolve([y''+40000*y=0,y(0)=sqrt(2)/400,y'(0)=sqrt(2)/2],y)
```

$(\sqrt{2}) \cdot \dfrac{1}{400} \cdot \cos(200 \cdot x) + \dfrac{\frac{1}{200} \cdot \sin(200 \cdot x)}{\sqrt{2}}$

3. Il faut développer.

4.

```
(800/pi)*integrer((1/200)*sin(200x+(pi/4)),x,0,pi/800)
```

$\dfrac{(\sqrt{2}) \cdot 800 \cdot \frac{1}{80000}}{\pi}$

47 1. La solution est $f(x) = \frac{1}{2}\cos\left(\frac{x}{3}\right) - \frac{\sqrt{3}}{2}\sin\left(\frac{x}{3}\right)$.

3.

```
sqrt((1/6*pi)*integrer((sin((x/3)+(5*pi/6))^2,x,0,6*pi)
Warning adding 2 ) at end of input
```

$$\sqrt{\frac{\pi^2}{2}}$$

Pour se tester

49 1. V. 2. F. 3. F. 4. V. 5. V.

50 1. b. 2. a. 3. c. 4. c. 5. b.

51 1. $f(x) = ke^{-2x} + 1{,}5$ et $f(1) = ke^{-2} + 1{,}5 = 2$. Donc $k = 0{,}5e^2$.
D'où $f(x) = 0{,}5e^{-2x+2} + 1{,}5$.

2. $\lim\limits_{x \to +\infty} f(x) = 1{,}5$ et $\lim\limits_{x \to -\infty} f(x) = +\infty$.

$f'(x) = -e^{-2x+2} < 0$, donc f est strictement décroissante sur $\mathbb{R}$.

3. $F'(x) = f(x)$.

4. $V_m = \frac{1}{\ln 2}\int_0^2 f(x)\mathrm{d}x = \frac{1}{\ln 2}\left(\frac{3}{16}e^2 + \frac{3}{2}\ln 2\right)$.

52 1. $f(x) = k\cos 10x + k'\sin 10x$; $f(0) = k = 1$ et
$f'(x) = -10k\sin 10x + 10k'\cos 10x$.
$f'(0) = 10k' = 10$, donc $k' = 1$. D'où $f(x) = \cos 10x + \sin 10x$.

2. Il faut développer.

3. $f(x) = 1$ équivaut à $10x - \frac{\pi}{4} = \pm\frac{\pi}{4}$. Donc $x = 0$ ou $x = \frac{\pi}{20}$.

Chapitre 8 – Géométrie et nombres complexes

Appliquer

1 $\vec{u}\cdot\vec{v} = \dfrac{35\sqrt{3}}{2}$

2 **1.** a. **2.** a. **3.** c. **4.** b.

3 $R = 9{,}1$

4 **1.** $\vec{u}\cdot\vec{v} = -14$; $\vec{u}^2 = 13$; $\|\vec{v}\| = \sqrt{17}$.

5 **1.**

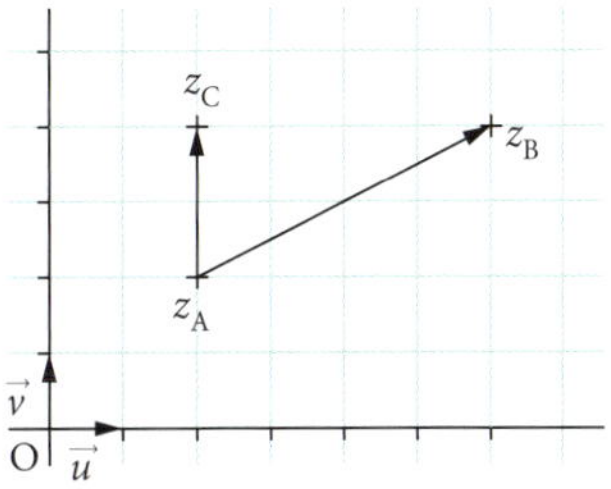

2. $z_{\overrightarrow{AB}} = 4 + 2\,\mathrm{i}$; $z_{\overrightarrow{AC}} = 2\mathrm{i}$.
3. $\overrightarrow{AB}\cdot\overrightarrow{AC} = 4$.
4. $AB = 2\sqrt{5}$ et $AC = 2$.
5. $\cos(\overrightarrow{AB}, \overrightarrow{AC}) = \dfrac{\sqrt{5}}{5}$ donc $(\overrightarrow{AB}, \overrightarrow{AC}) = 63{,}4°$ à 10^{-1} près.
6. lienmini.fr/m111-c08-ex05-corr.

6 **1. a.** $\cos(\pi - x) = \cos\pi\cos x + \sin\pi\sin x = -\cos x$.
b. $\sin(\pi - x) = \sin\pi\cos x - \sin x\cos\pi = \sin x$.
2. a. $\cos(\pi + x) = \cos\pi\cos x - \sin\pi\sin x = -\cos x$.
b. $\sin(\pi + x) = \sin\pi\cos x + \sin x\cos\pi = -\sin x$.

7 **1.** $\cos\dfrac{7\pi}{12} = \dfrac{-\sqrt{6}+\sqrt{2}}{4}$ et $\sin\dfrac{7\pi}{12} = \dfrac{\sqrt{6}+\sqrt{2}}{4}$.

2. $\dfrac{5\pi}{12} = \pi - \dfrac{7\pi}{12}$, donc $\cos\dfrac{5\pi}{12} = \dfrac{\sqrt{6}-\sqrt{2}}{4}$ et

$\sin\dfrac{5\pi}{12} = \dfrac{\sqrt{6}+\sqrt{2}}{4}$.

8 **1. a.** $\cos\left(\dfrac{\pi}{6} - x\right) = \cos\dfrac{\pi}{6}\cos x + \sin\dfrac{\pi}{6}\sin x$

$= \dfrac{\sqrt{3}}{2}\cos x + \dfrac{1}{2}\sin x.$

b. $\sin\left(\dfrac{\pi}{6} - x\right) = \sin\dfrac{\pi}{6}\cos x - \sin x\cos\dfrac{\pi}{6}$

$= \dfrac{1}{2}\cos x - \dfrac{\sqrt{3}}{2}\sin x.$

2. a. $\cos\left(\dfrac{\pi}{4} + x\right) = \cos\dfrac{\pi}{4}\cos x - \sin\dfrac{\pi}{4}\sin x$

$= \dfrac{\sqrt{2}}{2}\cos x - \dfrac{\sqrt{2}}{2}\sin x.$

b. $\sin\left(\dfrac{\pi}{4} + x\right) = \sin\dfrac{\pi}{4}\cos x + \sin x\cos\dfrac{\pi}{4}$

$= \dfrac{\sqrt{2}}{2}\cos x + \dfrac{\sqrt{2}}{2}\sin x.$

9 **1.** $\cos\dfrac{\pi}{8} = \dfrac{\sqrt{2+\sqrt{2}}}{2}$ et $\sin\dfrac{\pi}{8} = \dfrac{\sqrt{2-\sqrt{2}}}{2}$.

2. $\cos\dfrac{3\pi}{8} = \dfrac{\sqrt{2}\left(\sqrt{2+\sqrt{2}} - \sqrt{2-\sqrt{2}}\right)}{4}$,

$\cos\dfrac{5\pi}{8} = -\dfrac{\sqrt{2}\left(\sqrt{2+\sqrt{2}} - \sqrt{2-\sqrt{2}}\right)}{4}$ et $\cos\dfrac{7\pi}{8} = -\dfrac{\sqrt{2+\sqrt{2}}}{2}$.

3. $\cos^2\dfrac{\pi}{8} + \cos^2\dfrac{3\pi}{8} + \cos^2\dfrac{5\pi}{8} + \cos^2\dfrac{7\pi}{8} = 2.$

10 **1.** $\cos(2x) = 1 - 2\sin^2 x = -\dfrac{\sqrt{3}}{2}$.

2. $2x = \dfrac{5\pi}{6}$, donc $x = \dfrac{5\pi}{12}$.

3. $\cos x = \dfrac{\sqrt{6}-\sqrt{2}}{4}$.

11 $\cos\dfrac{\pi}{12} = \dfrac{\sqrt{6}+\sqrt{2}}{4}$ et $\sin\dfrac{\pi}{12} = \dfrac{\sqrt{6}-\sqrt{2}}{4}$.

12 **1. a.** $z_1 + z_2 = -3 + 2\,\mathrm{i}$ **b.** $2z_1 - 3z_2 = 19 + 9\,\mathrm{i}$
2. a. $z_1 z_2 = -7 - 17\,\mathrm{i}$ **b.** $z_1^2 = -5 + 12\,\mathrm{i}$
3. a. $(1 - 2z_1)(2 + z_2) = 3 + 21\,\mathrm{i}$ **b.** $(3z_1 - 2)(-1 - z_2) = 7 + 40\,\mathrm{i}$

13 **1. a.** $\dfrac{1}{z_1} = \dfrac{2}{13} + \dfrac{3}{13}\,\mathrm{i}$ **b.** $\dfrac{1}{z_2} = -\dfrac{1}{5} + \dfrac{2}{5}\,\mathrm{i}$

2. a. $\dfrac{z_1}{z_2} = \dfrac{4}{5} + \dfrac{7}{5}\,\mathrm{i}$ **b.** $\dfrac{1 - z_1}{1 + z_2} = -\dfrac{3}{2} - \dfrac{1}{2}\,\mathrm{i}$

14 **a.** $z = \sqrt{2}\mathrm{e}^{\mathrm{i}\frac{\pi}{4}}$ **b.** $z = 2\,\mathrm{e}^{-\mathrm{i}\frac{\pi}{2}}$ **c.** $z = 5\,\mathrm{e}^{\mathrm{i}\pi}$
d. $z = 2\,\mathrm{e}^{-\mathrm{i}\frac{5\pi}{6}}$ **e.** $z = 2\sqrt{2}\mathrm{e}^{\mathrm{i}\frac{3\pi}{4}}$ **f.** $z = 2\,\mathrm{e}^{\mathrm{i}\frac{2\pi}{3}}$

15 **a.** $z = \dfrac{1}{2} + \dfrac{\sqrt{3}}{2}\,\mathrm{i}$ **b.** $z = \dfrac{\sqrt{3}}{2} - \dfrac{1}{2}\,\mathrm{i}$ **c.** $z = 5\,\mathrm{i}$

d. $z = -4$ **e.** $z = -\dfrac{\sqrt{6}}{2} + \dfrac{\sqrt{2}}{2}\,\mathrm{i}$ **f.** $z = \mathrm{i}\sqrt{3}$

16 **1.** $z = 2\sqrt{3}\mathrm{e}^{\mathrm{i}\frac{5\pi}{6}}$

2. $-3 - \mathrm{i}\sqrt{3} = \bar{z}$, donc $-3 - \mathrm{i}\sqrt{3} = 2\sqrt{3}\mathrm{e}^{-\mathrm{i}\frac{5\pi}{6}}$.

$3 - \mathrm{i}\sqrt{3} = -z$, donc $3 - \mathrm{i}\sqrt{3} = 2\sqrt{3}\mathrm{e}^{-\mathrm{i}\frac{\pi}{6}}$.

$3 + \mathrm{i}\sqrt{3} = \overline{-z}$, donc $3 + \mathrm{i}\sqrt{3} = 2\sqrt{3}\mathrm{e}^{\mathrm{i}\frac{\pi}{6}}$.

17

```
Variables :   r, θ, r′, θ′, ρ et ϕ des nombres réels
Traitement :  r prend la valeur du module de z
              θ prend la valeur d'un argument de z
              r′ prend la valeur du module de z′
              θ′ prend la valeur d'un argument de z′
              ρ prend la valeur r × r′
              ϕ prend la valeur θ + θ′
Affichage :   Afficher ρ et φ
```

18 1. $z_A = \sqrt{2}e^{i\frac{3\pi}{4}}$; $z_B = 4\,e^{i\frac{\pi}{3}}$; $z_C = 3\,e^{i\pi}$; $z_D = \sqrt{2}e^{-i\frac{\pi}{4}}$; $z_E = 4\,e^{-i\frac{5\pi}{6}}$.
2. $z_A = -1 + i$; $z_B = 2 + 2\,i\sqrt{3}$; $z_C = -3$; $z_D = 1 - i$; $z_E = -2\sqrt{3} - 2\,i$.

19 a. $z = -5\sqrt{3} + 5\,i$ b. $z = -4\sqrt{2} - 4\sqrt{2}\,i$
c. $z = \dfrac{21\sqrt{2}}{2} + \dfrac{21\sqrt{2}}{2}\,i$ d. $z = 24\,i$
e. $z = \sqrt{3} + i\sqrt{3}$ f. $z = 10$

20 1. $z_1 = 2\,e^{i\frac{3\pi}{4}}$ et $z_2 = 8\,e^{-i\frac{\pi}{3}}$.
2. a. $z_1^2 = 4\,e^{-i\frac{\pi}{2}}$ b. $z_2^2 = 64\,e^{-i\frac{2\pi}{3}}$ c. $z_1^4 = 16\,e^{i\pi}$
d. $z_2^3 = 512\,e^{i\pi}$.
3. z_1^4 et z_2^3 ont pour argument π, donc ce sont des réels. z_1^2 a pour argument $-\dfrac{\pi}{2}$, c'est donc un imaginaire pur.

21 a. Faux. b. Vrai. c. Faux. d. Vrai.

22 a. $\dfrac{z_1}{z_2} = \dfrac{3}{5}e^{i\frac{5\pi}{12}}$ b. $\dfrac{z_2}{z_3} = \dfrac{5\sqrt{3}}{3}e^{i\pi}$
c. $\dfrac{z_3}{z_1} = \dfrac{\sqrt{3}}{3}e^{i\frac{7\pi}{12}}$ d. $\dfrac{z_1 z_2}{z_3} = 5\sqrt{3}e^{-i\frac{3\pi}{4}}$

23 a. $\dfrac{z_1}{z_2} = \dfrac{\sqrt{2}}{2}e^{i\frac{5\pi}{12}}$ b. $\dfrac{z_2}{z_3} = \dfrac{1}{2}e^{-i\frac{5\pi}{6}}$
c. $\dfrac{z_1^2}{z_2} = e^{-i\frac{\pi}{3}}$ d. $\dfrac{z_1 z_3}{z_2} = 2\sqrt{2}e^{i\frac{\pi}{12}}$.

24 1. $a = \sqrt{3}e^{i\frac{\pi}{3}}$ $b = \sqrt{3}e^{i\frac{2\pi}{3}}$ $c = 3\,e^{i\frac{\pi}{2}}$
2. et 3.

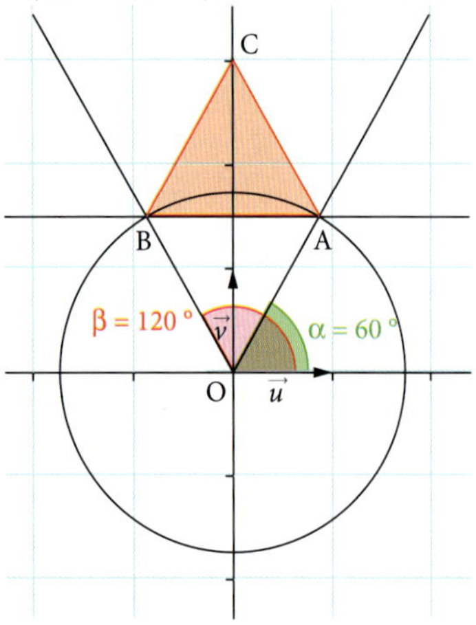

Voir fichier : lienmini.fr/m111-c08-ex24-corr.
4. AB = BC = AC = $\sqrt{3}$. Donc le triangle ABC est équilatéral.

25 1. Voir fichier : lienmini.fr/m111-c08-ex25-corr.
2. OA = OB = AB = 1. Donc le triangle OAB est équilatéral.
3. $\overrightarrow{OC} = \overrightarrow{BA}$. Donc $z_C = z_A - z_B = -\dfrac{\sqrt{3}}{2} - \dfrac{1}{2}\,i$.

26 1., 4. et 6. Voir fichier : lienmini.fr/m111-c08-ex26-corr.
2. ABC est isocèle et rectangle en B. En effet, AB = BC = $4\sqrt{2}$. De plus : AC = 8. Donc $AB^2 + BC^2 = AC^2$.
3. $z_D = 3 - 5\,i$.
5. L'aire du carré ABCD est égale à 32.

27 1. L'admittance du circuit LC est égale à – 672 j.
2. L'impédance du circuit complet est égale à 15 – 672 j.
3. L'intensité est égale à 0,018 A.

28 1. L'admittance du circuit RLC est égale à $\dfrac{1}{10} + \dfrac{3}{800}\,j$.
2. L'impédance du circuit complet est égale à $\dfrac{192180}{6409} - \dfrac{2400}{6409}\,j$.
3. L'intensité est égale à 0,333 A.

Approfondir

29 1. d. 2. c. 3. a. 4. d.

31 1. $z_1 = 2\sqrt{2}e^{i\frac{\pi}{4}}$ et $z_2 = 2\,e^{-i\frac{\pi}{6}}$.
$\dfrac{z_1}{z_2} = \sqrt{2}e^{i\frac{5\pi}{12}}$
3. $\left|\dfrac{z_1}{z_2}\right| = \sqrt{2}$ et $\arg\left(\dfrac{z_1}{z_2}\right) = \dfrac{5\pi}{12}$.
4. $\dfrac{z_1}{z_2} = \dfrac{-1+\sqrt{3}}{2} + i\,\dfrac{1+\sqrt{3}}{2}$
5. $\cos\dfrac{5\pi}{12} = \dfrac{-\sqrt{2}+\sqrt{6}}{4}$ et $\sin\dfrac{5\pi}{12} = \dfrac{\sqrt{2}+\sqrt{6}}{4}$.

33 1. $j^2 + j + 1 = 0$.
2. Oui.
3. $j = e^{i\frac{2\pi}{3}}$. 4. $j^3 = e^{i2\pi} = 1$.
5. $\dfrac{1}{j} = e^{-i\frac{2\pi}{3}} = \overline{j} = j^2$.
6. a. Voir fichier : lienmini.fr/m111-c08-ex33-corr.
b. ABC est un triangle équilatéral. AB = AC = BC = $\sqrt{3}$.

35 1. $z = 1 + i\sqrt{3}$.
2. a. $z_1 = 2\,e^{i\frac{\pi}{3}}$ et $z_2 = 2\,e^{i\frac{5\pi}{6}}$.
b. Voir fichier : lienmini.fr/m111-c08-ex35-corr.
c. OA = OB = 2 et AB = $2\sqrt{2}$. Donc $OA^2 + OB^2 = AB^2$. Donc OAB est isocèle et rectangle en O.

3. a. $z_3 = (1 - \sqrt{3}) + (1 + \sqrt{3})\text{i}$.

b. Voir fichier : lienmini.fr/m111-c08-ex35-corr.

c. C est le symétrique de O par rapport à la droite (AB) ; le triangle ABC est isocèle et rectangle en O ; donc OACB est un carré.

37 **A. 1.** $z_B = e^{-i\frac{2\pi}{3}}$ et $z_C = e^{i\frac{2\pi}{3}}$.

2. Voir fichier : lienmini.fr/m111-c08-ex37-corr.

3. $AB = BC = AC = \sqrt{3}$. Donc le triangle ABC est équilatéral.

B. 1.

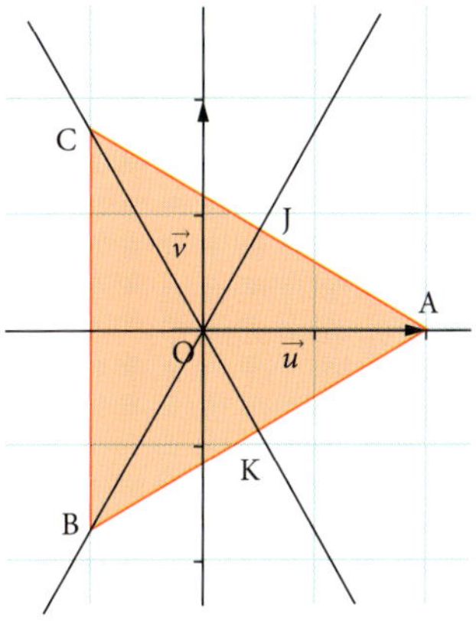

2. a. Le triangle ABC est équilatéral, donc J est le milieu de [AC].

b. $z_J = \frac{1}{4} + i\frac{\sqrt{3}}{4}$; $|z_J| = \frac{1}{2}$.

c. $z_I = -\frac{1}{2}$; $|z_I| = \frac{1}{2}$. $z_K = \frac{1}{4} - i\frac{\sqrt{3}}{4}$; $|z_K| = \frac{1}{2}$.

3. $L = \frac{3}{2}$.

42 **1.** c. **2.** b. **3.** c. **4.** d. **5.** c. **6.** d.

Pour se tester

45 **1.** Vrai. **2.** Faux. **3.** Faux. **4.** Faux.

46 **1.** a. **2.** c. **3.** a. **4.** d.

47 **1.** $z_1 = \frac{3\sqrt{2}}{2} - \frac{3\sqrt{2}}{2}\text{i}$ et $z_2 = \sqrt{3} + \text{i}$.

$z_1 = 3e^{-i\frac{\pi}{4}}$ et $z_2 = 2e^{i\frac{\pi}{6}}$.

2. Voir fichier : lienmini.fr/m111-c08-ex47-corr.

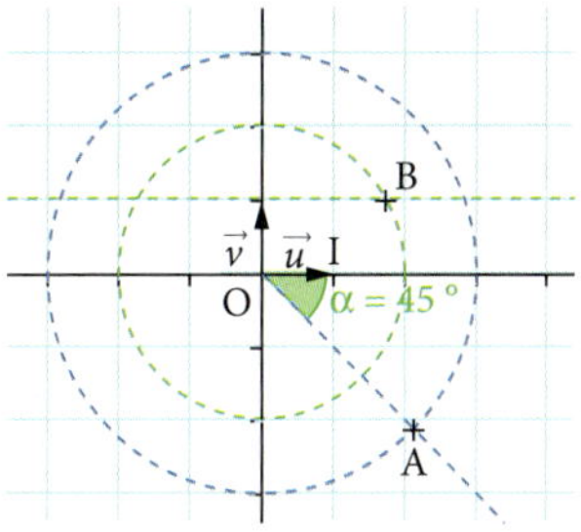

3. $z_1z_2 = \frac{3\sqrt{6}+3\sqrt{2}}{2} + \frac{3\sqrt{2}-3\sqrt{6}}{2}\text{i}$

4. $z_1z_2 = 3e^{-i\frac{\pi}{4}} \times 2e^{i\frac{\pi}{6}} = 6e^{-i\frac{\pi}{12}}$.

Donc $|z_1z_2| = 6$ et $\arg(z_1z_2) = -\frac{\pi}{12}$.

5. $\cos\left(-\frac{\pi}{12}\right) = \frac{\sqrt{6}+\sqrt{2}}{4} = \cos\frac{\pi}{12}$ et $\sin\left(-\frac{\pi}{12}\right) = \frac{\sqrt{2}-\sqrt{6}}{4}$.

Donc $\sin\frac{\pi}{12} = -\sin\left(-\frac{\pi}{12}\right) = \frac{\sqrt{6}-\sqrt{2}}{4}$.

48 **1. a.** $z_1 = 2 - 2\text{i}$

b. $z_1 = 2\sqrt{2}e^{-i\frac{\pi}{4}}$

c. $z_2 = 2\sqrt{2}\,e^{-i\frac{3\pi}{4}}$. Donc $z_2 = -2 - 2\text{i}$.

2. a. Voir fichier : lienmini.fr/m111-c08-ex48-corr.

b. $\overrightarrow{CA}\,(2\,;2)$ et $\overrightarrow{CB}\,(-2\,;2)$. Donc $\overrightarrow{CA}\cdot\overrightarrow{CB} = 0$.

c. $\overrightarrow{CA}\cdot\overrightarrow{CB} = 0$ permet de dire que les droites (CA) et (CB) sont perpendiculaires en C. Donc le triangle ABC est rectangle en C. De plus, $CA = CB = 2\sqrt{2}$, donc le triangle ABC est aussi isocèle en C.

49 **1.** $z_B = -2\sqrt{3} - 2\text{i}$

2. $OA = |z_A| = 4$ et $OB = |z_B| = 4$.

3. $\arg(z_A) = (\vec{u}\,;\overrightarrow{OA}) = \frac{2\pi}{3}$ et $\arg(z_B) = (\vec{u}\,;\overrightarrow{OB}) = -\frac{5\pi}{6}$.

4. OA = OB = 4, donc le triangle OAB est isocèle en O. De plus $(\overrightarrow{OB}\,;\overrightarrow{OA}) = \frac{3\pi}{2}$, donc le triangle OAB est aussi rectangle en O.

5. a. $\overrightarrow{BC} = \overrightarrow{OA}$, donc $z_C = z_A + z_B = (-2 - 2\sqrt{3}) + (-2 + 2\sqrt{3})\text{i}$.

b. OACB est un carré.

Chapitre 9 – Lois à densité et prise de décision

Appliquer

1 **a.** $P(3 \leqslant X \leqslant 4) = \frac{1}{4}$.

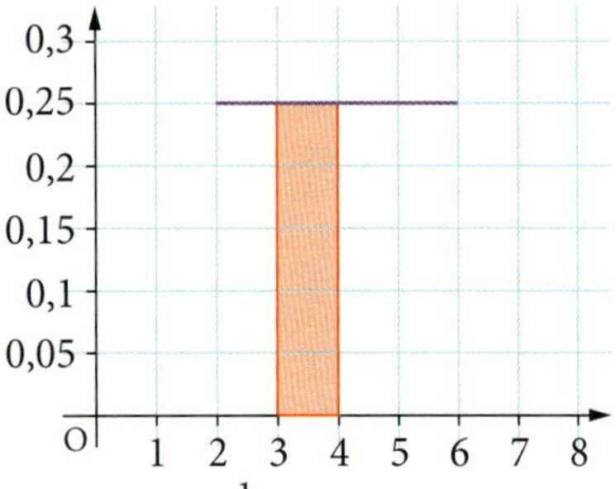

b. $P(X \leqslant 3) = \frac{1}{4}$.

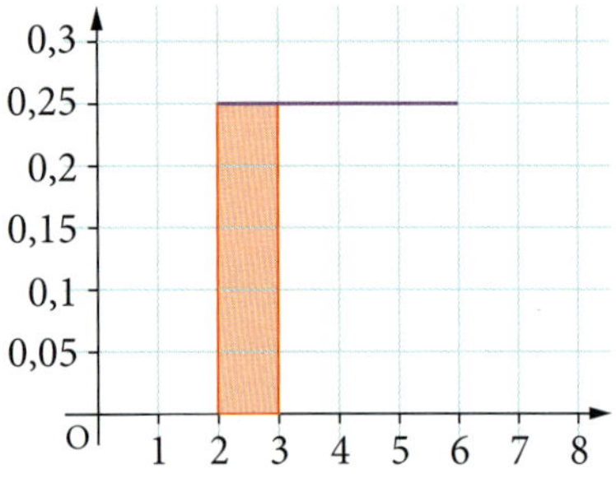

c. $P(X > 5) = \frac{1}{4}$.

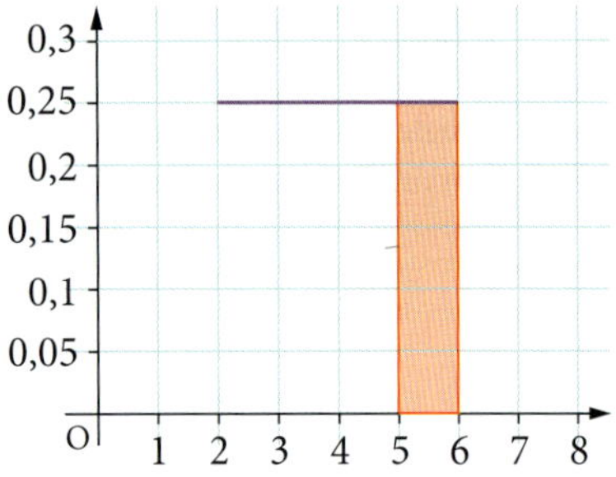

2 **a.** $P(-2 \leqslant X \leqslant 1) = \frac{3}{4}$. **b.** $P(X \leqslant 0) = \frac{3}{4}$.

c. $P(X > -1) = \frac{1}{2}$.

3 **a.** $E(X) = \frac{7}{2}$, $V(X) = \frac{3}{4}$ et $\sigma(X) = \frac{\sqrt{3}}{2}$.

b. $E(X) = 5$, $V(X) = \frac{25}{3}$ et $\sigma(X) = \frac{5}{\sqrt{3}}$.

c. $E(X) = 0$, $V(X) = \frac{4}{3}$ et $\sigma(X) = \frac{2}{\sqrt{3}}$.

4 **1.** $P(D \leqslant 60) = 0{,}4$.
2. $E(D) = 70$. Lorsque Guy se connecte, il faut en moyenne 70 secondes pour réunir les quatre joueurs.

5 **1.** La position du point M sur le segment [OB] est déterminée par la distance OM.
Choisir au hasard un point M sur ce segment de longueur 2 revient donc à choisir au hasard une distance OM = X comprise entre 0 et 2.
Cette variable aléatoire X suit donc la loi uniforme sur l'intervalle [0 ; 2].
2. Dans les cellules B2 à B1001 (par exemple), on entre la même instruction **2*ALEA()** qui donne une simulation de OM.
3. L'aire du triangle OAM est égale à OM. L'événement E est donc « la distance OM est inférieure ou égale à $\frac{1}{2}$ ».
L'instruction **=NB.SI(B2:B1001;"<=0,5")** donne le nombre de réalisations de E en 1 000 expériences. En le divisant par 1 000, on obtient la fréquence f de réalisation de E, estimation de p.
Remarque : on peut calculer $p = P(X \leqslant 0{,}5) = 0{,}25$.

6 **1.** Dans les cellules B2 à B1001 (par exemple), on entre la même instruction **100*ALEA()+20** qui donne une simulation de D.
2. a. L'instruction **=NB.SI(B2:B1001;"<=60")/1000** donne la fréquence f de réalisation de E, estimation de p.
b. L'instruction **=SOMME(B2:B1001)/1000** donne la durée moyenne nécessaire à la réunion des quatre joueurs en 1 000 expériences.

7 **a.** $P(X \leqslant 20) \approx 0{,}5507$. **b.** $P(X > 40) \approx 0{,}2019$.
c. $P(20 \leqslant X \leqslant 40) \approx 0{,}2474$. **d.** $P(X = 30) = 0$.

8 **1. a.** $P(X \leqslant 2\,000) \approx 0{,}329\,7$. **b.** $P(X > 6\,000) \approx 0{,}301\,2$.
c. $P(1\,000 \leqslant X \leqslant 8\,000) \approx 0{,}616\,8$.

2. $x = -\frac{\ln(0{,}2)}{0{,}000\,2} \approx 8\,047$.

9 $\lambda = -\frac{\ln(0{,}1353)}{2}$.

10 **1.** La probabilité qu'une peluche choisie au hasard ait une durée de vie inférieure ou égale à 4 ans est égale à 0,5.
Autrement dit, la moitié des peluches ont une durée de vie inférieure ou égale à 4 ans.

2. $\lambda = -\frac{\ln(0{,}5)}{4}$.

11 **a.** $E(X) = 25$.

b. $E(X) = 5\,000$.

c. $E(X) = 0{,}2$.

12 $\lambda = \frac{1}{2\,000} = 0{,}000\,5$.

13 **1.** $P(T \leqslant 5) = 1 - e^{-3{,}5} \approx 0{,}969\,8$.
2. $P(T \geqslant 5) = 1 - P(T \leqslant 5) = e^{-3{,}5} \approx 0{,}030\,2$.

3. Le temps d'attente moyen est $E(T) = \frac{1}{\lambda} = \frac{1}{0{,}7} \approx 1{,}428\,6$ min, soit environ 1 min 26 s.

14 a. $P(3 \leqslant X \leqslant 7) \approx 0,6247$.

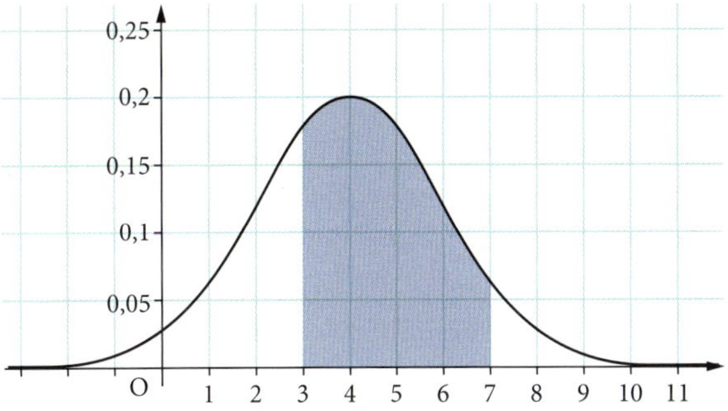

b. $P(X \leqslant 3) \approx 0,3085$.

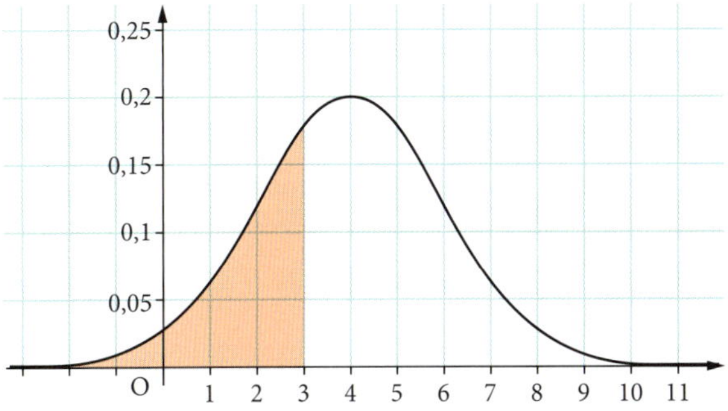

c. $P(X > 8) \approx 0,0228$.

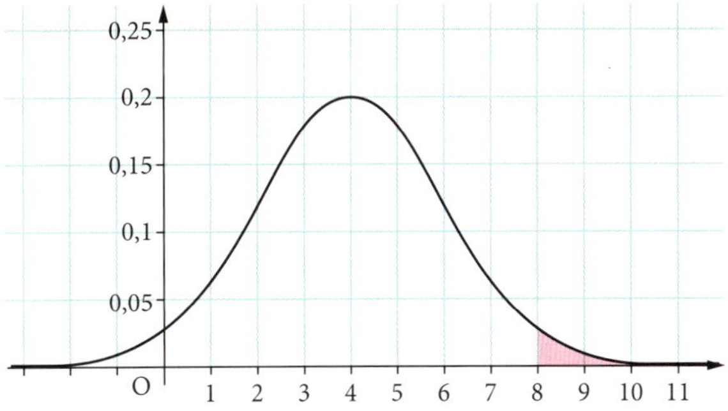

15 a. $P(110 \leqslant X \leqslant 125) \approx 0,8881$. b. $P(X \leqslant 125) \approx 0,8944$.
c. $P(X > 110) \approx 0,9938$.

16 1. Figure 1 : $P(3 \leqslant X \leqslant 4)$; figure 2 : $P(X \leqslant 3)$; figure 3 : $P(X \geqslant 3)$.
2. Figure 2.
3. Figure 3.

17 1. Figure 1 : $P(X \geqslant 3)$; figure 2 : $P(X \leqslant 3)$; figure 3 : $P(2 \leqslant X \leqslant 3)$.
2. Figure 1.
3. Figure 2.

18 a. $P(2,5 \leqslant X \leqslant 5,5) \approx 0,683$.
b. $P(1 \leqslant X \leqslant 7) \approx 0,954$.
c. $P(-0,5 \leqslant X \leqslant 8,5) \approx 0,997$.

19 a. $\sigma \approx 1$. b. $\sigma \approx 0,25$. c. $\sigma \approx 0,02$.

20 L'espérance est $\mu = 3$ et l'écart type est $\sigma \approx 2$.

21 L'espérance est $\mu = 20$ et l'écart type est $\sigma \approx 4$.

22 1. X suit la loi binomiale $\mathcal{B}(n\,;p)$ avec $n = 100$ et $p = 0,2$. On a $n = 200 \geqslant 30$, $np = 20 \geqslant 5$ et $n(1-p) = 80 \geqslant 5$. Les conditions d'approximation de la loi binomiale par la loi normale sont donc vérifiées. Les paramètres de cette loi normale sont $\mu = 20$ et $\sigma = 4$.
2. Avec la loi binomiale, les valeurs exactes sont :
$P(X \leqslant 20) \approx 0,5595$ et $P(X \leqslant 28) \approx 0,9800$.
Avec la loi normale, les valeurs approchées sont $P(Y \leqslant 20) = 0,5$ et $P(Y \leqslant 28) \approx 0,9772$.

23 1. X suit la loi binomiale $\mathcal{B}(n\,;p)$ avec $n = 400$ et $p = 0,1$. On a $n = 400 \geqslant 30$, $np = 40 \geqslant 5$ et $n(1-p) = 360 \geqslant 5$. Les conditions d'approximation de la loi binomiale par la loi normale sont donc vérifiées. Les paramètres de cette loi normale sont $\mu = 40$ et $\sigma = 6$.
2. Avec la loi binomiale, les valeurs exactes sont :
$P(X \leqslant 40) \approx 0,5420$ et $P(X \leqslant 46) \approx 0,8600$.
Avec la loi normale, les valeurs approchées sont $P(Y \leqslant 40) = 0,5$ et $P(Y \leqslant 46) \approx 0,8413$.

24 1. L'entreprise affirme que la proportion de smartphones commercialisables est $p = 0,97$. Considérant des échantillons de taille $n = 300$, et on a $n \geqslant 30$, $np = 291 \geqslant 5$ et $n(1-p) = 9 \geqslant 5$.
2. L'intervalle de fluctuation asymptotique à 95 % de F est I = [0,950 7 ; 0,989 3].
3. La fréquence observée sur l'échantillon est $f = \dfrac{280}{300} \approx 0,9333$.
Comme elle n'appartient pas à I, on rejette l'hypothèse $p = 0,97$ au seuil 5 %. Ce résultat remet en question l'affirmation de l'entreprise.

25 L'entreprise affirme que la proportion de moteurs défectueux est $p = 0,01$. Considérant des échantillons de taille $n = 800$, et on a $n \geqslant 30$, $np = 8 \geqslant 5$ et $n(1-p) = 792 \geqslant 5$.
L'intervalle de fluctuation asymptotique à 95 % de F est I = [0,003 1 ; 0,016 9].
La fréquence observée sur l'échantillon est $f = \dfrac{15}{800} = 0,01875$.
Comme elle n'appartient pas à I, on rejette l'hypothèse $p = 0,01$ au seuil 5 %. Ce résultat remet en question l'annonce de l'entreprise.

26 1. $f = \dfrac{66}{80} = 0,825$.
2. I = [0,742 ; 0,908].

27 1. $f = \dfrac{78}{160} = 0,4875$.
2. I = [0,410 0 ; 0,565 0].

28 1. a. $I_1 = [0,105\,;0,255]$ (bornes arrondies à 10^{-3} près)
b. $I_2 = [0,229\,;0,411]$ (bornes arrondies à 10^{-3} près)
2. Au vu des intervalles obtenus à la question **1**, on ne peut pas considérer que le traitement est efficace.

Approfondir

29 1. Faux. 2. Faux. 3. Vrai. 4. Faux.

32 1. $\lambda = -\dfrac{\ln(0,913)}{30} \approx 0,003$

2. $P(T > 90) = e^{-0,27} \approx 0,763$.
3. $P(T > 365) = e^{-1,095} \approx 0,335$. Le vendeur n'a pas raison. Le boulanger a en fait une chance sur deux que la balance ne se dérègle pas avant 231 jours environ.

36 1. $I_1 = [0,381 ; 0,519]$ (bornes arrondies à 10^{-3} près)
2. $I_2 = [0,494 ; 0,606]$ (bornes arrondies à 10^{-3} près). Au vu de ces intervalles de confiance au niveau 95 %, on ne peut pas considérer qu'il y a une différence entre les proportions de patients appréciant le goût des deux dentifrices. Le chef de projet aurait dû être plus prudent avant de lancer la production du nouveau dentifrice.

41 A. 1. $P(16,7 \leqslant C \leqslant 17,3) \approx 0,968$.
2. 0,032.
B. 1. Le nombre moyen de boîtes non conformes dans un lot de 200 boîtes est : $E(X) = 200p = 6$,
donc $p = \frac{6}{200} = 0,03$.
2. $P(X \geqslant 2) = 1 - P(X \leqslant 1) \approx 0,984$.
C. 1. $I = [0,006 ; 0,054]$.
2. La fréquence observée sur l'échantillon est $f = \frac{10}{200} = 0,05$.

Comme elle appartient à I, on ne rejette pas l'hypothèse $p = 0,03$ au seuil 5 %. Cela signifie que le fonctionnement du thermoformage peut être considéré comme correct et le technicien n'a pas à effectuer des réglages sur la thermoformeuse.

Pour se tester

42 1. Faux. 2. Vrai. 3. Vrai.
4. Faux. 5. Vrai.

43 1. Prélever un échantillon de 200 comprimés est un schéma de Bernoulli dans lequel on répète $n = 200$ fois, de manière identique et indépendante, l'épreuve « prélever un comprimé » dont les deux issues sont :

– le comprimé a un défaut d'enrobage (succès), ayant une probabilité $p = 0,04$;

– le comprimé n'a pas de défaut (échec), ayant une probabilité $1 - p = 0,96$.

La variable aléatoire X est donc égale au nombre de succès et suit la loi binomiale $\mathcal{B}(n ; p)$ avec $n = 200$ et $p = 0,04$.

2. a. $P(A) = P(X = 3) \approx 0,027$.

b. $P(B) = P(X \geqslant 3) = 1 - P(X \leqslant 2) \approx 0,988$.

3. a. On a $n = 200 \geqslant 30$, $np = 8 \geqslant 5$ et $n(1 - p) = 192 \geqslant 5$. Les conditions d'approximation de la loi binomiale par la loi normale sont donc vérifiées. Les paramètres de cette loi normale sont $\mu = 8$ et $\sigma = \sqrt{7,68}$.

b. On a alors $P(Y \geqslant 3) \approx 0,964$, résultat assez proche de celui du **2b**.

44 1. b. 2. b. 3. c.

Chapitre 10 – Statistiques à deux variables

Appliquer

1

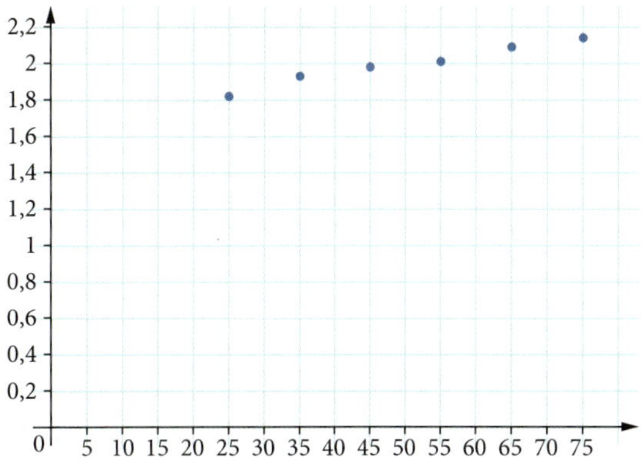

Ajustement affine envisageable.

2

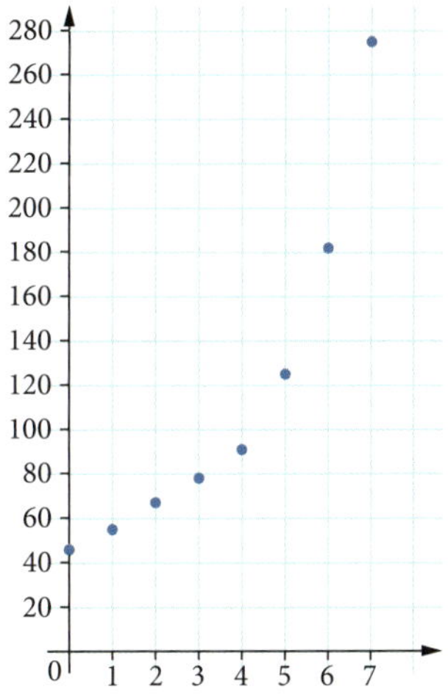

Ajustement affine non envisageable.

3

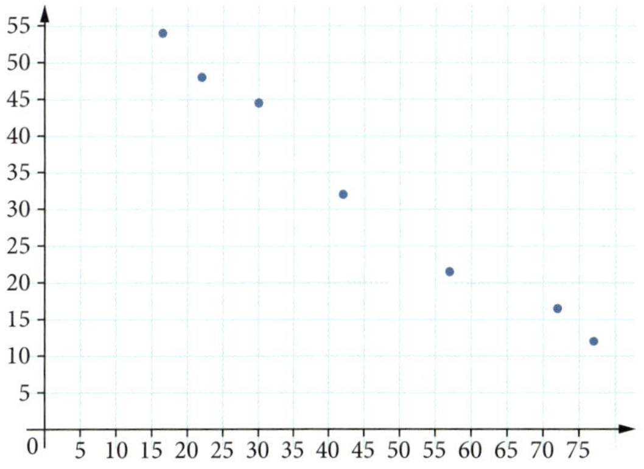

Ajustement affine envisageable.

4

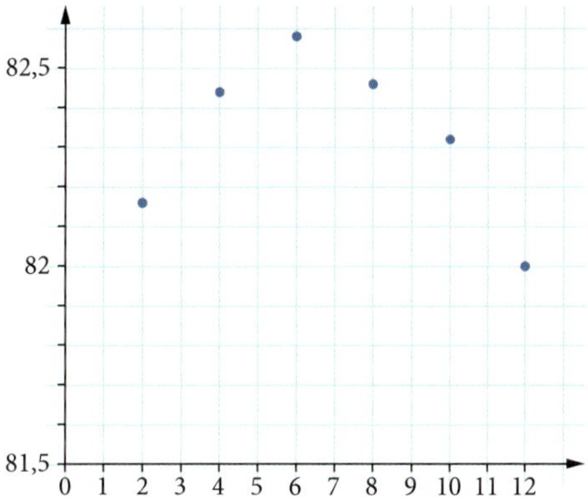

Ajustement affine non envisageable.

5

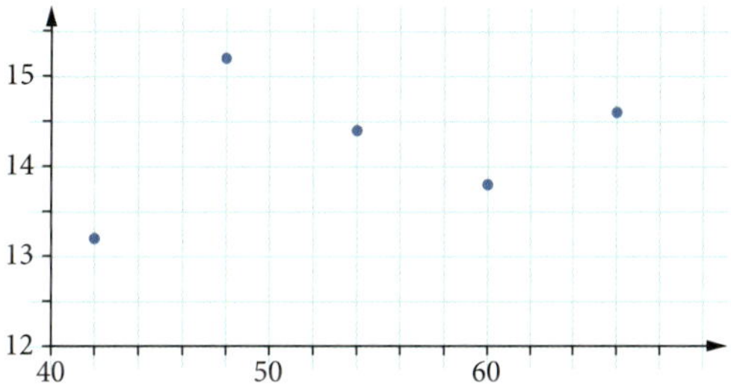

Ajustement affine non envisageable.

6 G(21 ; 40,5)

7 G(3 ; 2 206,4)

8 G(20,67 ; 1,25)

9 Inès a raison car vu les valeurs prises par y, $\overline{y}$ ne peut pas être égal à 13,1.

10 $y = 5{,}5x + 117{,}9$; A(0 ; 117,9) et B(5 ; 145,4).

11 $y = -0{,}003t + 9{,}821$; A(0 ; 9,821) et B(10 ; 9,791).

12 $N = 9{,}431t - 140{,}343$; A(20 ; 48,277) et B(30 ; 142,587).

13 1. $y = -235 \times 2019 + 476\,369 = 1\,904$.

2. $-235x + 476\,369 < 1\,000$ si et seulement si $x > \dfrac{1\,000 - 476\,369}{-235}$.

Or $\dfrac{1\,000 - 476\,369}{-235} \approx 2022{,}8$; c'est donc à partir de 2023 que l'on peut estimer que le nombre de tués deviendra inférieur à 1 000.

14 1. $z = 112 \times 2020 - 216\,540 = 9\,700$.

2. $112x - 216\,540 > 10\,000$ si et seulement si $x > \dfrac{10\,000 + 216\,540}{112}$.

Or $\dfrac{10\,000 + 216\,540}{112} \approx 2022{,}7$; c'est donc à partir de 2023 que l'on peut estimer que le nombre de licences sportives dépassera 10 000.

15 **1.** $N = 9{,}26 \times 24 + 1{,}5 = 223{,}74$. Le nombre estimé de bactéries au bout d'un jour est donc 223 740 000.

2. $9{,}26t + 1{,}5 > 100$ si et seulement si $x > \dfrac{100-1{,}5}{9{,}26}$.

Or $\dfrac{100-1{,}5}{9{,}26} \approx 10{,}6$; c'est donc au bout de 11 heures que l'on peut estimer que le nombre de bactéries dépassera 100 000 000.

16 **1.** c. **2.** b. **3.** c. **4.** a.

Approfondir

19 **1.**

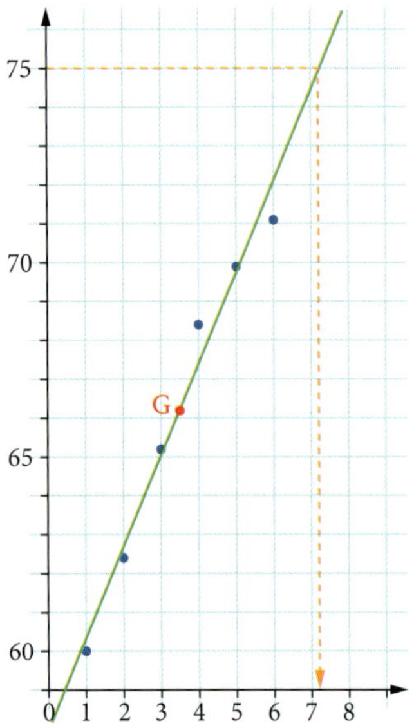

Un ajustement affine est envisageable.

2. G(3,5 ; 66,2)

3. $y = 2{,}32x + 58$.

4. Graphiquement, on estime que le nombre de cartes SIM dépassera 75 000 000 à partir de la 8e année, soit à partir de 2016.

23 **1.**

x_i	0	1	2	3	4	5	6
z_i	0,001	0,001 2	0,001 4	0,001 5	0,001 7	0,002	0,002 1

2. $z = 0{,}000\,19x + 0{,}001$.

3. $y = \dfrac{1}{0{,}000\,19x + 0{,}001}$.

4. a. $y = \dfrac{1}{0{,}000\,19 \times 9 + 0{,}001} \approx 369$ €.

b. $\dfrac{1}{0{,}000\,19x + 0{,}001} < 1\,050 \times 0{,}3$ si et seulement si

$x > \dfrac{\dfrac{1}{315} - 0{,}001}{0{,}000\,19}$.

Or $\dfrac{\dfrac{1}{315} - 0{,}001}{0{,}000\,19} \approx 11{,}4$; c'est donc au bout de 12 ans, soit en 2021, que le prix de l'appareil aura perdu 70 % de sa valeur initiale.

26 **A 1.**

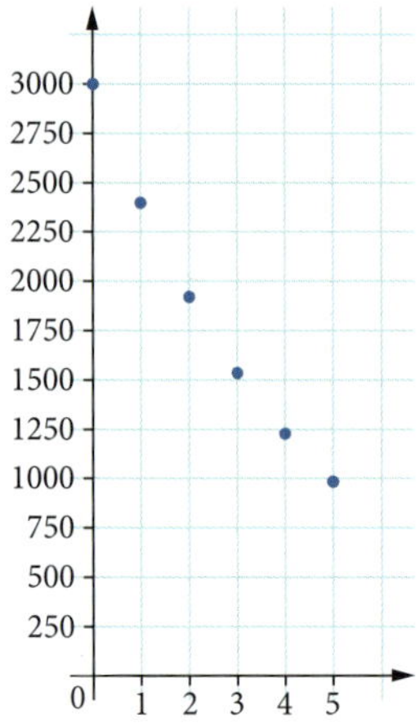

2. $y = -399x + 2\,843$.

3. $y = -399 \times 8 + 2\,843 = -349$.
On obtient un résultat négatif, ce qui est absurde. L'ajustement affine n'est donc pas approprié.

B 1.

x_i	0	1	2	3	4	5
z_i	8,01	7,78	7,56	7,34	7,11	6,89

2. $z = -0{,}22x + 8{,}01$.

3. $y = 3\,011\mathrm{e}^{-0{,}22x}$.

4. $y = 3\,011\mathrm{e}^{-0{,}22\times 8} \approx 518$.
Ce nouvel ajustement est donc plus approprié car il donne un résultat cohérent.

29 **1.** Un ajustement affine n'est pas envisageable.

2.

Temps x_i (en h)	4	5	6	7	8	9
y_i	2,64	3,09	4,26	5,09	5,95	6,38

3. Cette fois, un ajustement affine est envisageable.

4. $y = 0{,}8x - 0{,}65$.

5. $N = \mathrm{e}^{0{,}8x - 0{,}65}$.

6. $\mathrm{e}^{0{,}8x - 0{,}65} = 100$ si et seulement si $x = \dfrac{\ln 100 + 0{,}65}{0{,}8}$.

Or $\dfrac{\ln 100 + 0{,}65}{0{,}8} \approx 6{,}57$.

On peut donc estimer à 6 h 34 min 12 s le temps nécessaire à l'obtention de 100 000 bactéries par unité de volume.

Pour se tester

32 1. Vrai (voir calculatrice).

2. Faux car $n = 3 + 162{,}4\mathrm{e}^{-0{,}48t}$.

3. Vrai car $n = 3 + 162{,}4\mathrm{e}^{-0{,}48\times 9} \approx 5$.

4. Faux car $3 + 162{,}4\mathrm{e}^{-0{,}48t} \leqslant 4$ si et seulement si

$$t \geqslant -\frac{\ln\left(\frac{1}{162{,}4}\right)}{0{,}48}.$$

Or $-\frac{\ln\left(\frac{1}{162{,}4}\right)}{0{,}48} \approx 10{,}6$; c'est donc au bout de 11 h que le nombre de particules deviendra inférieur à 4.

33 1. a. 2. d.
3. b. 4. b.

34 1.

t_i	0	2	4	9	15	18
y_i	0,18	- 0,09	- 0,46	- 1,02	- 2,3	- 2,81

2.

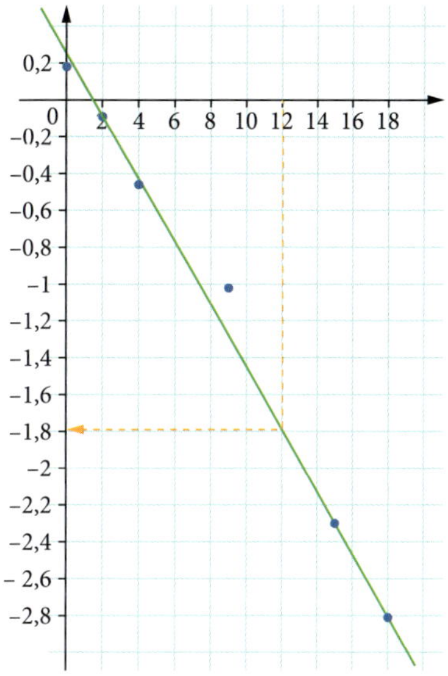

3. $y = -0{,}17t + 0{,}25$.

4. $u = \mathrm{e}^{-0{,}17t+0{,}25}$.

5. Graphiquement, on lit $y \approx -1{,}79$; d'où $u \approx \mathrm{e}^{-1{,}79} \approx 0{,}17$.

6. $\mathrm{e}^{-0{,}17t+0{,}25} < 0{,}01$ si et seulement si $t > -\frac{\ln 0{,}01 - 0{,}25}{0{,}17}$.

Or $-\frac{\ln 0{,}01 - 0{,}25}{0{,}17} \approx 28{,}5$; c'est donc au bout de 29 min que la quantité d'alcool deviendra inférieure à 0,01.

Achevé d'imprimer en septembre 2018 par Estimprim en france
N° d'éditeur : 2018_1049 - Dépôt légal : avril 2016
PEFC 10-31-1093
Certifié PEFC
pefc-france.org